백점 수학 무료 스마트러닝

첫째 QR코드 스캔하여 1초 만에 바로 강의 시청

둘째 최적화된 강의 커리큘럼으로 학습 효과 UP!

❶ **단원별 핵심 개념 강의**로 빈틈없는 개념 완성

❷ 응용 학습 **심화 문제 풀이 강의**로 실력 향상

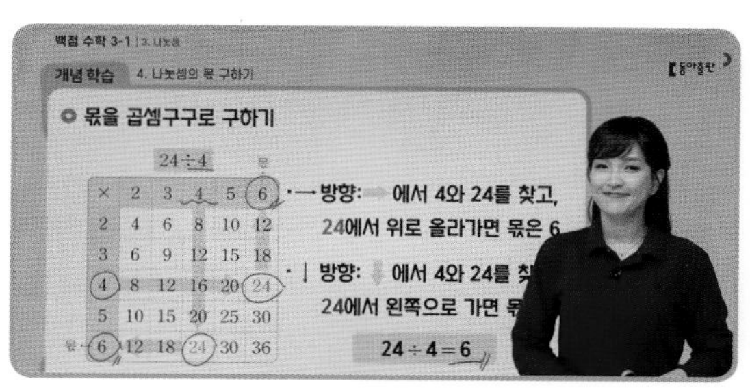

#백점 #초등수학 #무료

백점 **초등수학 4학년** 강의 목록

구분	개념 강의	교재 쪽수	문제 강의	교재 쪽수
1. 분수의 덧셈과 뺄셈	(진분수) + (진분수)	6	□ 안에 들어갈 수 있는 자연수 구하기	24
	받아올림이 없는 (대분수) + (대분수)	7	바르게 계산한 값 구하기	25
	받아올림이 있는 (대분수) + (대분수)	8	사용하고 남은 양 알아보기	26
	(진분수) – (진분수), 받아내림이 없는 (대분수) – (대분수)	9	이어 붙인 리본의 전체 길이 구하기	27
	(자연수) – (분수)	10	조건에 알맞은 분수 찾기	28
	받아내림이 있는 (대분수) – (대분수)	11	수 카드로 만든 두 분수의 합 또는 차 구하기	29
2. 삼각형	변의 길이에 따라 삼각형 분류	36	도형을 둘러싼 선의 길이 구하기	48
	이등변삼각형의 성질	37	이어 붙인 도형에서 변의 길이 구하기	49
	정삼각형의 성질	38	크고 작은 삼각형의 개수 구하기	50
	각의 크기에 따라 삼각형 분류, 두 가지 기준으로 삼각형 분류	39	이어 붙인 도형에서 각도 구하기	51
3. 소수의 덧셈과 뺄셈	소수 두 자리 수, 소수 세 자리 수	58	어떤 수 구하기	76
	소수의 크기 비교, 소수 사이의 관계	59	빈 상자의 무게 구하기	77
	소수 한 자리 수의 덧셈	60	설명하는 수 구하기	78
	소수 한 자리 수의 뺄셈	61	주어진 거리 구하기	79
	소수 두 자리 수의 덧셈	62	바르게 계산한 값 구하기	80
	소수 두 자리 수의 뺄셈	63	조건을 만족하는 소수 구하기	81
4. 사각형	수직	88	수선을 이용하여 각의 크기 구하기	106
	평행	89	도형에서 평행선 사이의 거리 구하기	107
	평행선 사이의 거리	90	도형에서 빨간색 선의 길이 구하기	108
	사다리꼴, 평행사변형	91	크고 작은 사각형의 개수 구하기	109
	마름모	92	평행선에서 각의 크기 구하기	110
	여러 가지 사각형	93	접은 종이에서 각의 크기 구하기	111
5. 꺾은선 그래프	꺾은선그래프 알기	118	찢어진 꺾은선그래프의 값 구하기	130
	꺾은선그래프를 보고 내용 알기	119	표와 꺾은선그래프 완성하기	131
	꺾은선그래프로 나타내기	120	물결선을 사용하여 나타내기	132
	꺾은선그래프 활용하기	121	꺾은선그래프의 두 가지 항목 비교하기	133
6. 다각형	다각형	140	정다각형의 한 변의 길이 구하기	152
	정다각형	141	사각형에 그은 대각선의 길이 구하기	153
	대각선	142	대각선의 성질을 이용하여 사각형에서 각도 구하기	154
	모양 만들기, 모양 채우기	143	정다각형의 한 각의 크기 구하기	155

백점 수학

초등수학 4학년

학습 계획표

학습 계획표를 따라
차근차근 수학 공부를
시작해 보세요.
백점 수학과 함께라면
수학 공부, 어렵지 않습니다.

단원	교재 쪽수	학습한 날			단원	교재 쪽수	학습한 날		
1. 분수의 덧셈과 뺄셈	6~11쪽	1일차	월	일	4. 사각형	88~93쪽	19일차	월	일
	12~17쪽	2일차	월	일		94~99쪽	20일차	월	일
	18~23쪽	3일차	월	일		100~105쪽	21일차	월	일
	24~26쪽	4일차	월	일		106~108쪽	22일차	월	일
	27~29쪽	5일차	월	일		109~111쪽	23일차	월	일
	30~33쪽	6일차	월	일		112~115쪽	24일차	월	일
2. 삼각형	36~39쪽	7일차	월	일	5. 꺾은선 그래프	118~121쪽	25일차	월	일
	40~43쪽	8일차	월	일		122~125쪽	26일차	월	일
	44~47쪽	9일차	월	일		126~129쪽	27일차	월	일
	48~49쪽	10일차	월	일		130~131쪽	28일차	월	일
	50~51쪽	11일차	월	일		132~133쪽	29일차	월	일
	52~55쪽	12일차	월	일		134~137쪽	30일차	월	일
3. 소수의 덧셈과 뺄셈	58~63쪽	13일차	월	일	6. 다각형	140~143쪽	31일차	월	일
	64~69쪽	14일차	월	일		144~147쪽	32일차	월	일
	70~75쪽	15일차	월	일		148~151쪽	33일차	월	일
	76~78쪽	16일차	월	일		152~153쪽	34일차	월	일
	79~81쪽	17일차	월	일		154~155쪽	35일차	월	일
	82~85쪽	18일차	월	일		156~159쪽	36일차	월	일

백점

BOOK 1 개념북

수학 4·2

구성과 특징

BOOK ① 개념북 문제를 통한 3단계 개념 학습

초등수학에서 가장 중요한 **개념 이해**와 **응용력 높이기**, 두 마리 토끼를 잡을 수 있도록 구성하였습니다. **개념 학습**에서는 한 단원의 개념을 끊김없이 한번에 익힐 수 있도록 4～6개의 개념으로 제시하여 드릴형 문제와 함께 빠르고 쉽게 학습할 수 있습니다. **문제 학습**에서는 개념별로 다양한 유형의 문제를 제시하여 개념 이해 정도를 확인하고 실력을 다질 수 있습니다. **응용 학습**에서는 각 단원의 개념과 이전 학습의 개념이 통합된 문제까지 해결할 수 있도록 자주 제시되는 주제별로 문제를 구성하여 응용력을 높일 수 있습니다.

1 개념 학습

핵심 개념과 드릴형 문제로 쉽고 빠르게 개념을 익힐 수 있습니다. QR을 통해 원리 이해를 돕는 **개념 강의**가 제공됩니다.

2 문제 학습

교과서 공통 핵심 문제로 여러 출판사의 핵심 유형 문제를 풀면서 실력을 쌓을 수 있습니다.

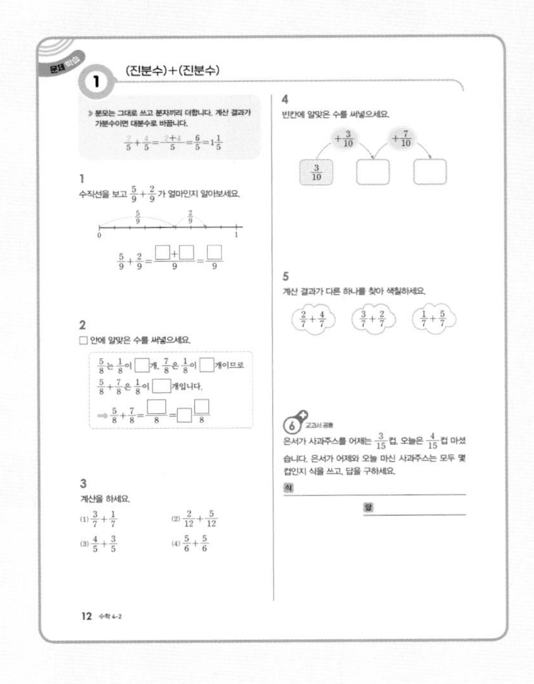

3 응용 학습

응용력을 높일 수 있는 문제를 유형으로 묶어 구성하여 실력을 높일 수 있습니다. QR을 통해 발전 문제의 **문제 풀이 강의**가 제공됩니다.

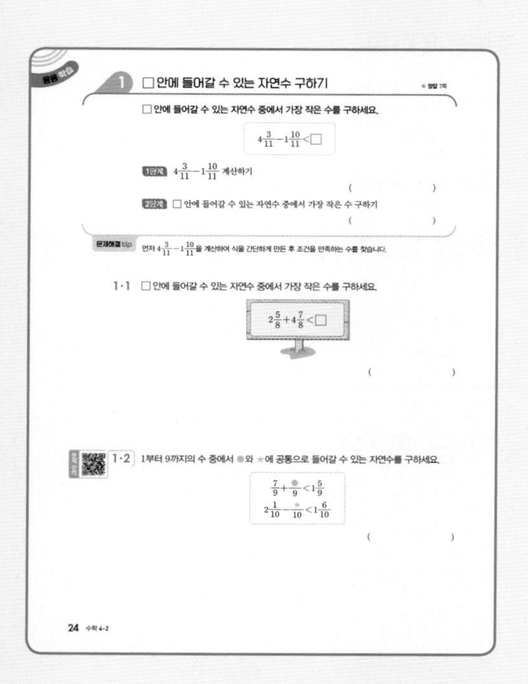

BOOK ② 평가북

학교 시험에 딱 맞춘 평가대비

단원 평가

단원 학습의 성취도를 확인하는 단원 평가에 대비할 수 있도록 기본/심화 2가지 수준의 평가로 구성하였습니다.

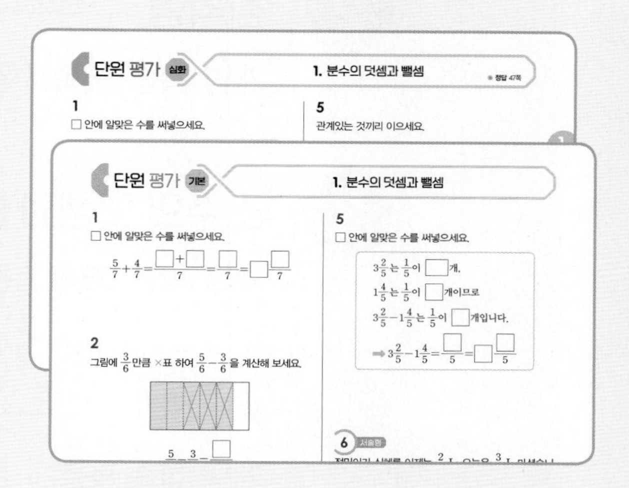

수행 평가

수시로 치러지는 수행 평가에 대비할 수 있도록 주제별로 구성하였습니다.

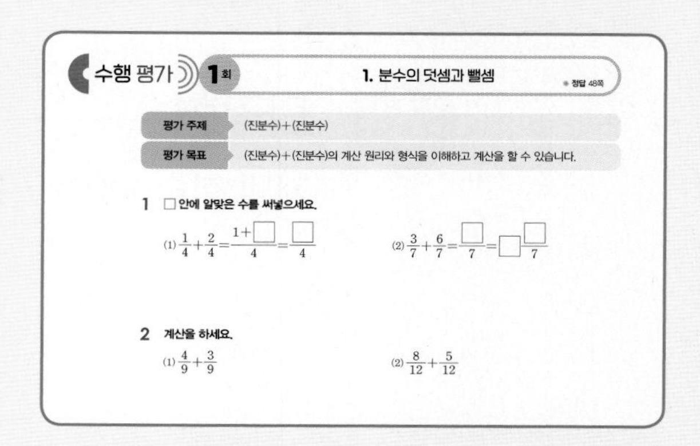

차례

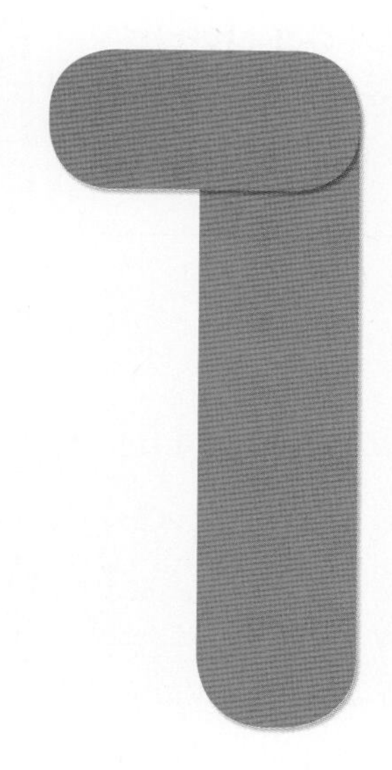

분수의 덧셈과 뺄셈

▶ 학습을 완료하면 V표를 하면서 학습 진도를 체크해요.

	개념학습						문제학습
백점 쪽수	6	7	8	9	10	11	12
확인							

	문제학습						
백점 쪽수	13	14	15	16	17	18	19
확인							

	문제학습				응용학습		
백점 쪽수	20	21	22	23	24	25	26
확인							

	응용학습			단원평가			
백점 쪽수	27	28	29	30	31	32	33
확인							

개념 학습 1

(진분수)+(진분수)

정답 1쪽

$\frac{2}{4}+\frac{1}{4}$의 계산 방법

분모는 그대로 쓰고 분자끼리 더합니다.

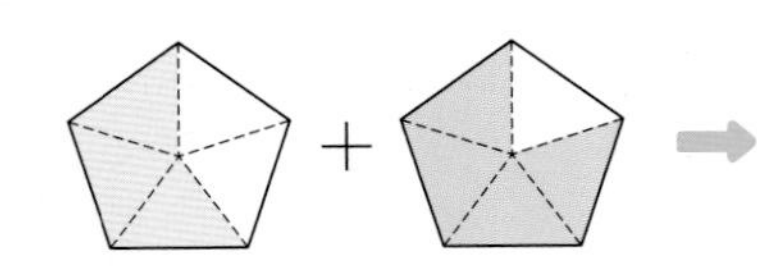
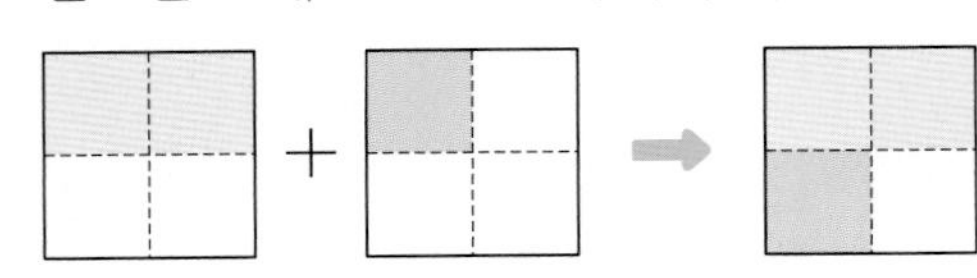

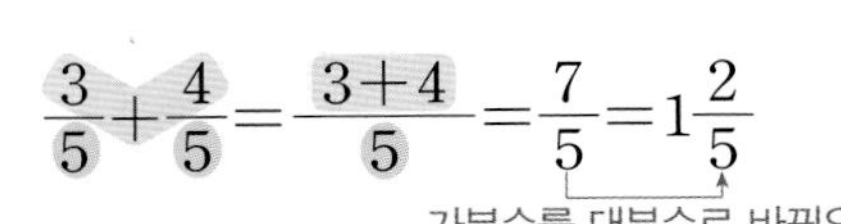

$\frac{2}{4}+\frac{1}{4}=\frac{2+1}{4}=\frac{3}{4}$

$\frac{3}{5}+\frac{4}{5}$의 계산 방법

분모는 그대로 쓰고 분자끼리 더합니다. 계산 결과가 가분수이면 대분수로 바꿉니다.

$\frac{3}{5}+\frac{4}{5}=\frac{3+4}{5}=\frac{7}{5}=1\frac{2}{5}$

가분수를 대분수로 바꿔요.

개념 강의

• 분모끼리 더하지 않도록 주의합니다.

➡ $\frac{2}{4}+\frac{1}{4}=\frac{2+1}{4+4}=\frac{3}{8}$(×), $\frac{2}{4}+\frac{1}{4}=\frac{2+1}{4}=\frac{3}{4}$(○)

1 그림에 알맞게 색칠하고 계산을 하세요.

(1)

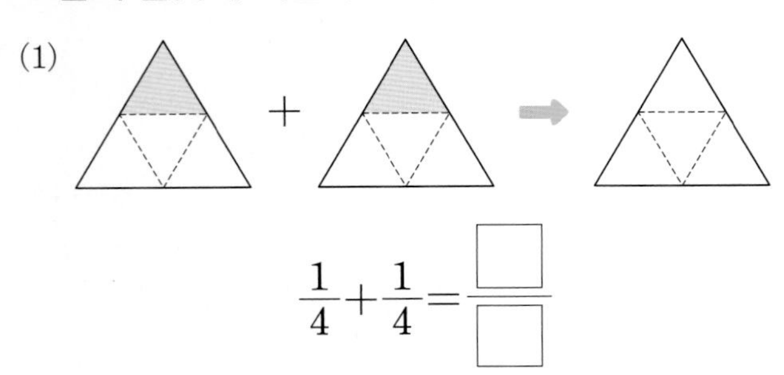

$\frac{1}{4}+\frac{1}{4}=\frac{\square}{\square}$

(2)

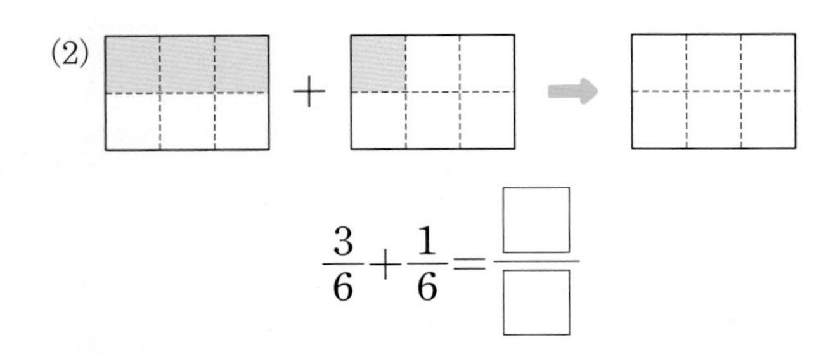

$\frac{3}{6}+\frac{1}{6}=\frac{\square}{\square}$

(3)

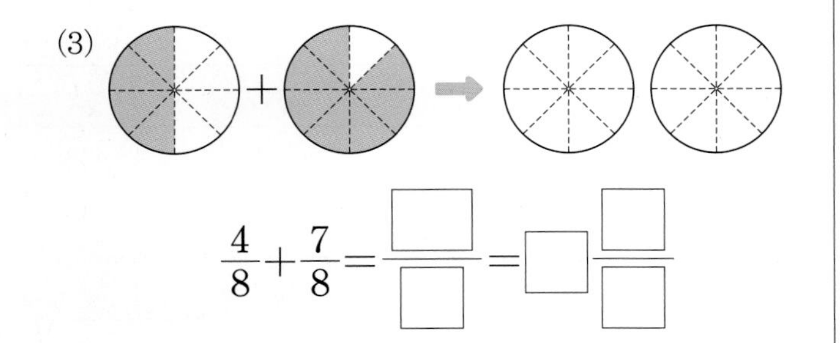

$\frac{4}{8}+\frac{7}{8}=\frac{\square}{\square}=\square\frac{\square}{\square}$

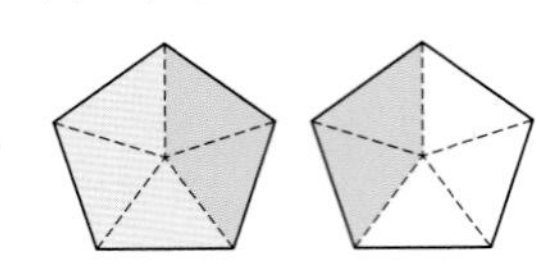

2 □ 안에 알맞은 수를 써넣으세요.

(1) $\frac{1}{5}+\frac{3}{5}=\frac{\square+\square}{5}=\frac{\square}{\square}$

(2) $\frac{2}{7}+\frac{4}{7}=\frac{\square+\square}{7}=\frac{\square}{\square}$

(3) $\frac{5}{9}+\frac{5}{9}=\frac{\square+\square}{9}$

$=\frac{\square}{\square}=\square\frac{\square}{\square}$

(4) $\frac{6}{11}+\frac{7}{11}=\frac{\square+\square}{11}$

$=\frac{\square}{\square}=\square\frac{\square}{\square}$

2 받아올림이 없는 (대분수)+(대분수)

● 정답 1쪽

○ $1\frac{1}{5}+2\frac{2}{5}$의 계산 방법

방법 1 자연수 부분끼리 더하고 진분수 부분끼리 더하기

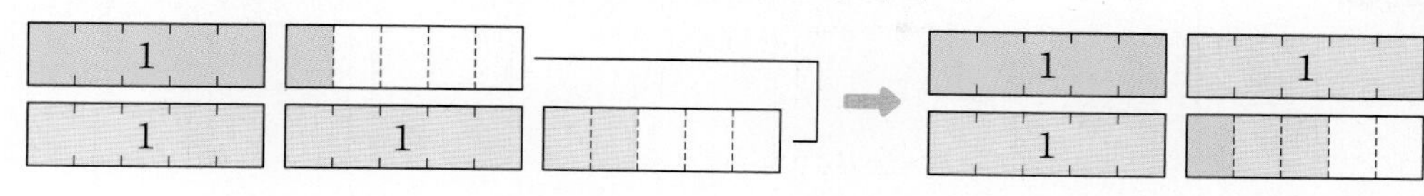

$$1\frac{1}{5}+2\frac{2}{5}=(1+2)+\left(\frac{1}{5}+\frac{2}{5}\right)=3+\frac{3}{5}=3\frac{3}{5}$$

방법 2 대분수를 가분수로 바꾸어 더하기

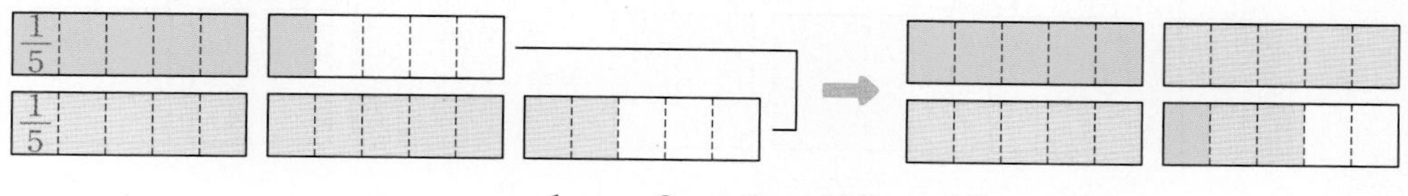

$$1\frac{1}{5}+2\frac{2}{5}=\frac{6}{5}+\frac{12}{5}=\frac{18}{5}=3\frac{3}{5}$$

개념 강의

• 가분수를 대분수로 바꿀 때 분자에서 분모만큼을 1로 바꿉니다.

➡ $\frac{18}{5}=\frac{15+3}{5}=\frac{15}{5}+\frac{3}{5}=3+\frac{3}{5}=3\frac{3}{5}$

1 그림에 알맞게 색칠하고 계산을 하세요.

(1)

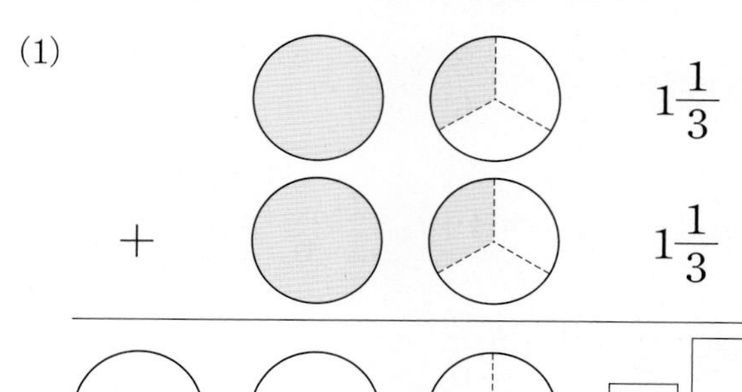

$1\frac{1}{3}$

$+\ 1\frac{1}{3}$

$\square\frac{\square}{\square}$

(2)

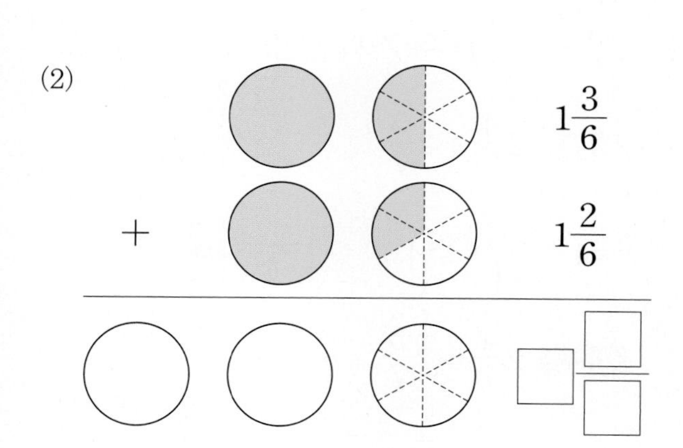

$1\frac{3}{6}$

$+\ 1\frac{2}{6}$

$\square\frac{\square}{\square}$

2 □ 안에 알맞은 수를 써넣으세요.

(1) $2\frac{1}{4}+1\frac{1}{4}=(2+1)+\left(\frac{1}{4}+\frac{1}{4}\right)$

$=\square+\frac{\square}{4}=\square\frac{\square}{4}$

(2) $1\frac{3}{7}+3\frac{2}{7}=(1+3)+\left(\frac{3}{7}+\frac{2}{7}\right)$

$=\square+\frac{\square}{7}=\square\frac{\square}{7}$

(3) $2\frac{4}{8}+2\frac{3}{8}=\frac{\square}{8}+\frac{\square}{8}$

$=\frac{\square}{8}=\square\frac{\square}{8}$

(4) $4\frac{2}{5}+1\frac{2}{5}=\frac{\square}{5}+\frac{\square}{5}$

$=\frac{\square}{5}=\square\frac{\square}{5}$

개념 학습 3

받아올림이 있는 (대분수)+(대분수)

정답 1쪽

$1\frac{5}{9}+1\frac{7}{9}$의 계산 방법

방법 1 자연수 부분끼리 더하고 진분수 부분끼리 더하기

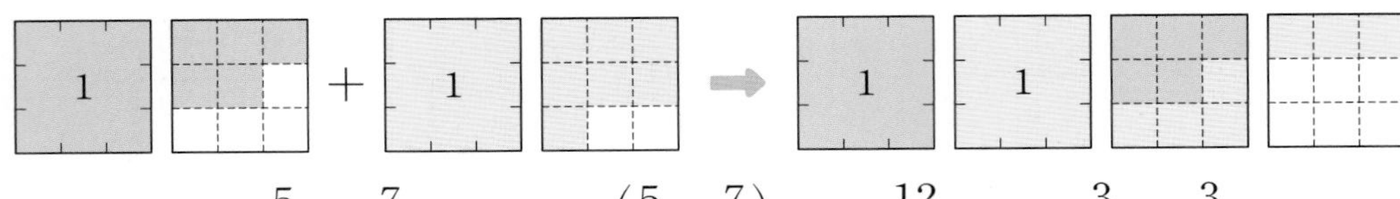

$$1\frac{5}{9}+1\frac{7}{9}=(1+1)+\left(\frac{5}{9}+\frac{7}{9}\right)=2+\frac{12}{9}=2+1\frac{3}{9}=3\frac{3}{9}$$

방법 2 대분수를 가분수로 바꾸어 더하기

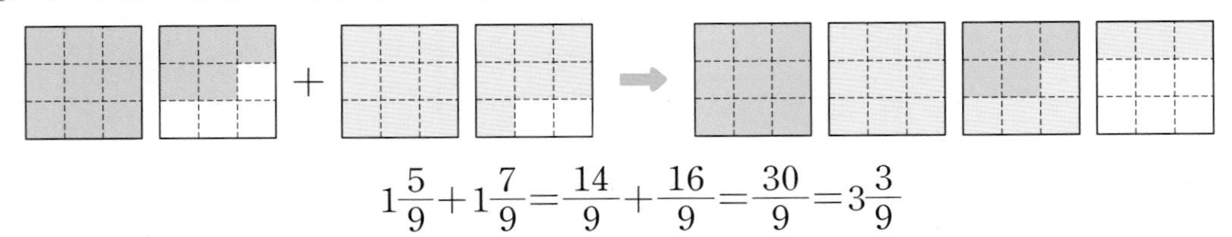

$$1\frac{5}{9}+1\frac{7}{9}=\frac{14}{9}+\frac{16}{9}=\frac{30}{9}=3\frac{3}{9}$$

개념 강의

- $1\frac{5}{9}$는 $\frac{1}{9}$이 14개, $1\frac{7}{9}$은 $\frac{1}{9}$이 16개이므로 $1\frac{5}{9}+1\frac{7}{9}$은 $\frac{1}{9}$이 $14+16=30$(개)입니다.

1 수직선을 보고 □ 안에 알맞은 수를 써넣으세요.

(1)

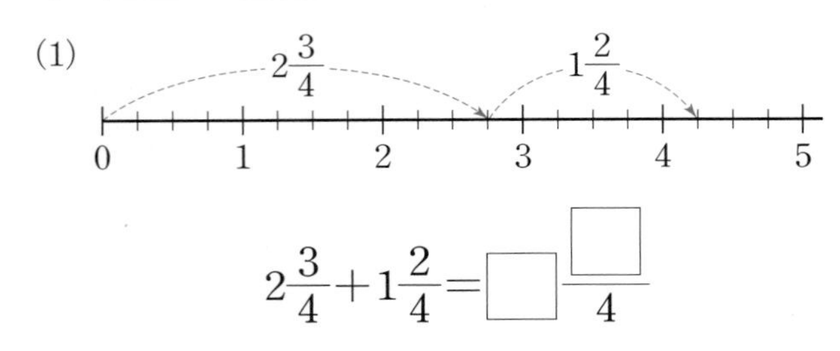

$2\frac{3}{4}+1\frac{2}{4}=\square\frac{\square}{4}$

(2)

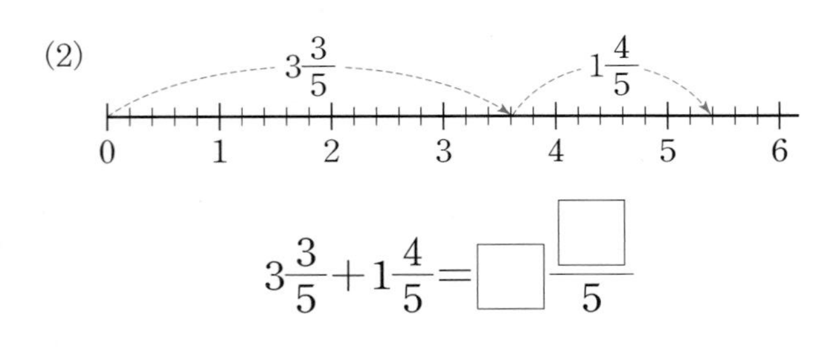

$3\frac{3}{5}+1\frac{4}{5}=\square\frac{\square}{5}$

(3)

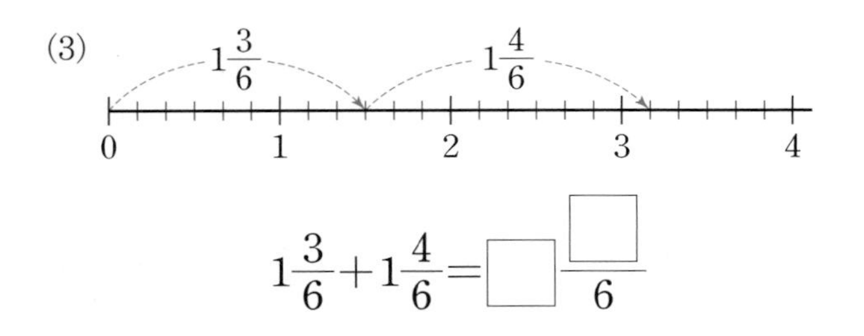

$1\frac{3}{6}+1\frac{4}{6}=\square\frac{\square}{6}$

2 $2\frac{5}{6}+1\frac{2}{6}$를 두 가지 방법으로 계산하세요.

방법 1 $2\frac{5}{6}+1\frac{2}{6}$

$=3+\frac{\square}{6}=3+\square\frac{\square}{6}=\square\frac{\square}{6}$

방법 2 $2\frac{5}{6}+1\frac{2}{6}$

$=\frac{17}{6}+\frac{\square}{6}=\frac{\square}{6}=\square\frac{\square}{6}$

3 $2\frac{4}{7}+2\frac{5}{7}$를 두 가지 방법으로 계산하세요.

방법 1 $2\frac{4}{7}+2\frac{5}{7}$

$=4+\frac{\square}{7}=4+\square\frac{\square}{7}=\square\frac{\square}{7}$

방법 2 $2\frac{4}{7}+2\frac{5}{7}$

$=\frac{\square}{7}+\frac{\square}{7}=\frac{\square}{7}=\square\frac{\square}{7}$

4 (진분수)−(진분수), 받아내림이 없는 (대분수)−(대분수)

● 정답 1쪽

◎ $\frac{6}{7}-\frac{2}{7}$의 계산 방법

분모는 그대로 쓰고 분자끼리 뺍니다.

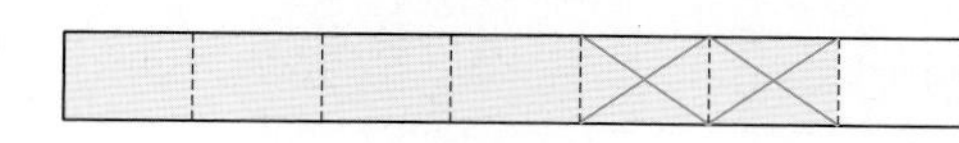

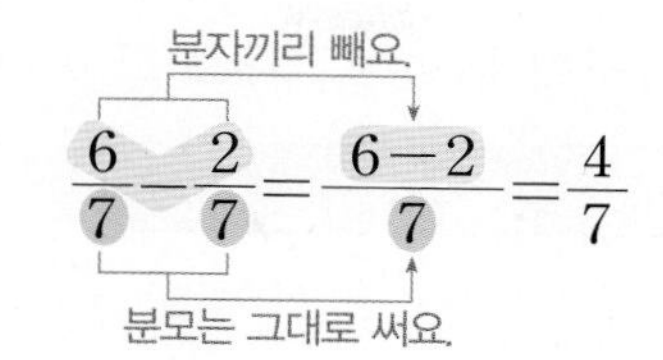

$$\frac{6}{7}-\frac{2}{7}=\frac{6-2}{7}=\frac{4}{7}$$

◎ $3\frac{3}{5}-1\frac{2}{5}$의 계산 방법

방법 1 자연수 부분끼리 빼고 진분수 부분끼리 빼기

$$3\frac{3}{5}-1\frac{2}{5}=(3-1)+\left(\frac{3}{5}-\frac{2}{5}\right)=2+\frac{1}{5}=2\frac{1}{5}$$

방법 2 대분수를 가분수로 바꾸어 빼기

$$3\frac{3}{5}-1\frac{2}{5}=\frac{18}{5}-\frac{7}{5}=\frac{11}{5}=2\frac{1}{5}$$

개념 강의

• $3\frac{3}{5}-1\frac{2}{5}$를 어림하면 $3-1=2$이고 $\frac{3}{5}$이 $\frac{2}{5}$보다 크므로 2보다 큽니다.

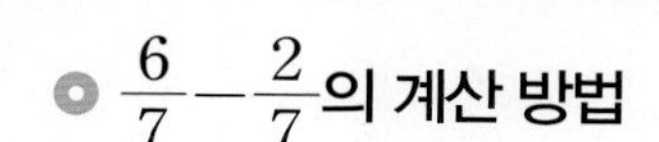

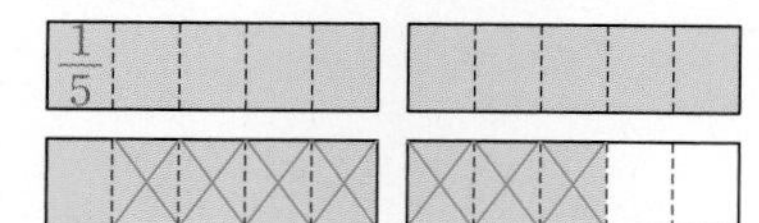

1 그림을 보고 □ 안에 알맞은 수를 써넣으세요.

(1)

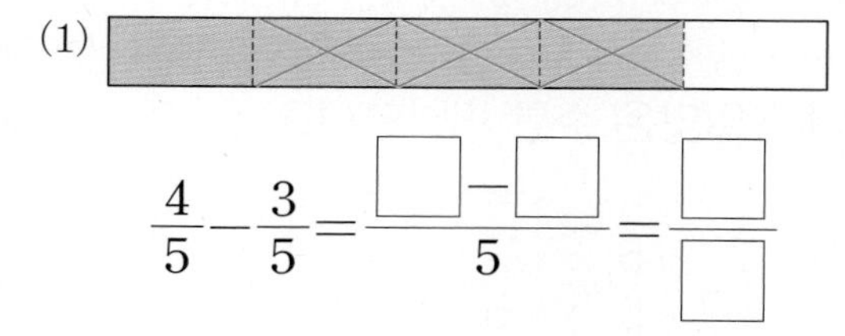

$\frac{4}{5}-\frac{3}{5}=\frac{\square-\square}{5}=\frac{\square}{\square}$

(2)

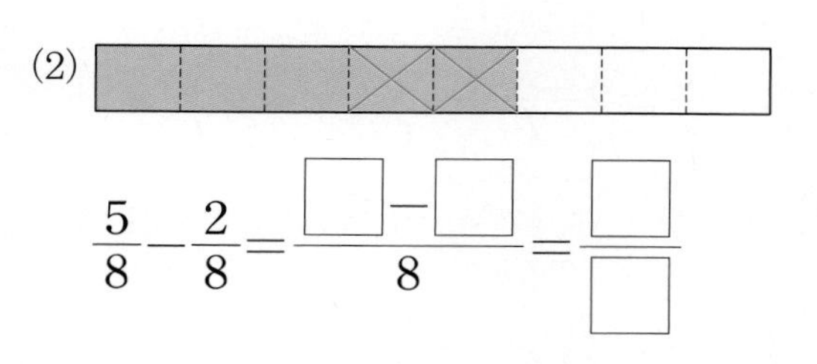

$\frac{5}{8}-\frac{2}{8}=\frac{\square-\square}{8}=\frac{\square}{\square}$

(3)

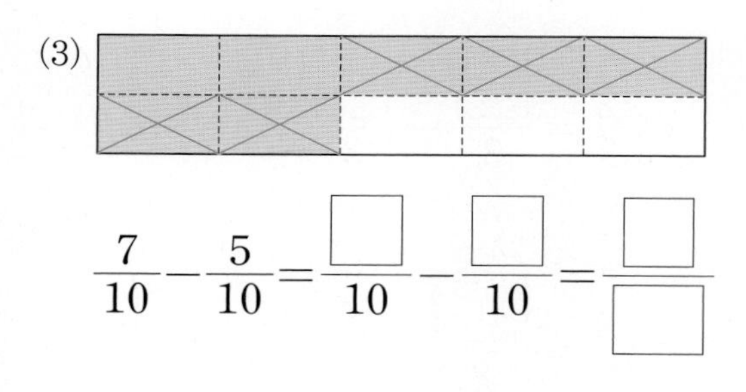

$\frac{7}{10}-\frac{5}{10}=\frac{\square}{10}-\frac{\square}{10}=\frac{\square}{\square}$

2 □ 안에 알맞은 수를 써넣으세요.

(1) $3\frac{2}{4}-2\frac{1}{4}=(3-2)+\left(\frac{2}{4}-\frac{1}{4}\right)$

$=\square+\frac{\square}{4}=\square\frac{\square}{4}$

(2) $4\frac{3}{5}-2\frac{2}{5}=(4-2)+\left(\frac{3}{5}-\frac{2}{5}\right)$

$=\square+\frac{\square}{5}=\square\frac{\square}{5}$

(3) $2\frac{4}{6}-1\frac{2}{6}=\frac{\square}{6}-\frac{\square}{6}$

$=\frac{\square}{6}=\square\frac{\square}{6}$

(4) $3\frac{5}{8}-1\frac{3}{8}=\frac{\square}{8}-\frac{\square}{8}$

$=\frac{\square}{8}=\square\frac{\square}{8}$

5 (자연수)−(분수)

● 정답 1쪽

◎ $1-\frac{3}{4}$의 계산 방법

1을 가분수로 바꾸어 분모는 그대로 쓰고 분자끼리 뺍니다.

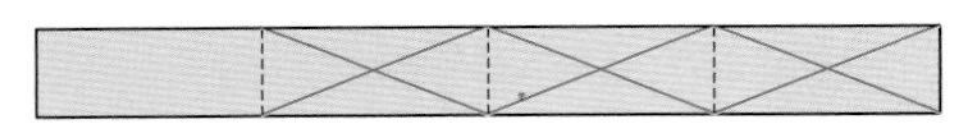

$1-\frac{3}{4}=\frac{4}{4}-\frac{3}{4}=\frac{4-3}{4}=\frac{1}{4}$

빼는 분수의 분모가 4이므로 1을 $\frac{4}{4}$로 바꿔요.

◎ $3-1\frac{1}{4}$의 계산 방법

방법 1 자연수에서 1만큼을 가분수로 바꾸어 계산하기

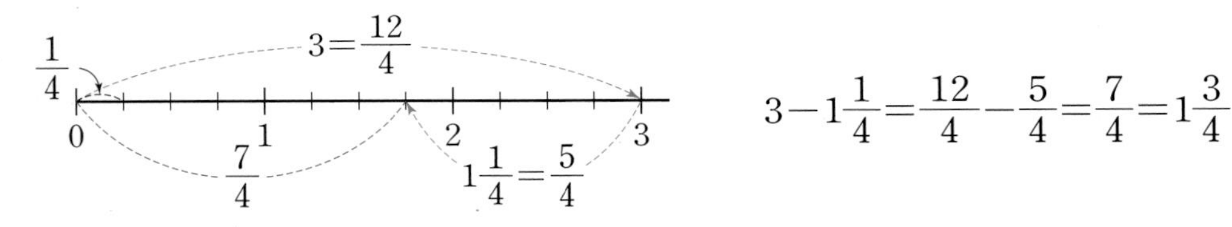

$3-1\frac{1}{4}=2\frac{4}{4}-1\frac{1}{4}=(2-1)+\left(\frac{4}{4}-\frac{1}{4}\right)$

3에서 1만큼을 $\frac{4}{4}$로 바꿔요.

$=1+\frac{3}{4}=1\frac{3}{4}$

방법 2 자연수와 대분수를 가분수로 바꾸어 빼기

$\frac{1}{4}$ $3=\frac{12}{4}$ 0 1 2 3 $\frac{7}{4}$ $1\frac{1}{4}=\frac{5}{4}$

$3-1\frac{1}{4}=\frac{12}{4}-\frac{5}{4}=\frac{7}{4}=1\frac{3}{4}$

개념 강의

• 자연수를 분수로 나타낼 수 있습니다. ➡ $1=\frac{1}{1}=\frac{2}{2}=\frac{3}{3}=\frac{4}{4}=\cdots$, $2=1\frac{1}{1}=1\frac{2}{2}=1\frac{3}{3}=1\frac{4}{4}=\cdots$

1 그림을 보고 □ 안에 알맞은 수를 써넣으세요.

(1)

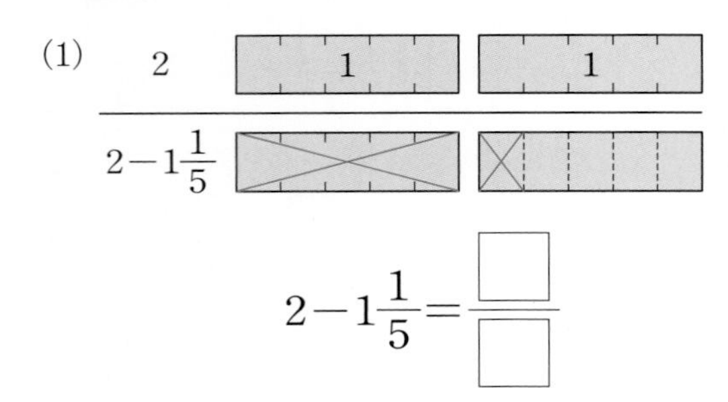

$2-1\frac{1}{5}=\frac{\square}{\square}$

(2)

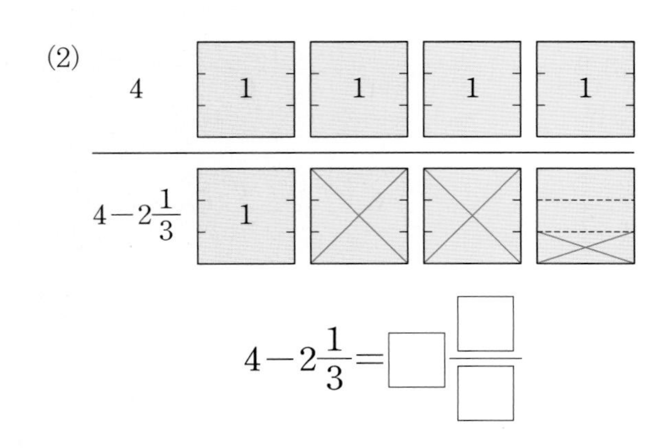

$4-2\frac{1}{3}=\square\frac{\square}{\square}$

2 □ 안에 알맞은 수를 써넣으세요.

(1) $1-\frac{2}{5}=\frac{5}{5}-\frac{\square}{5}=\frac{\square}{5}$

(2) $3-\frac{2}{7}=2\frac{\square}{7}-\frac{2}{7}=\square\frac{\square}{7}$

(3) $4-\frac{5}{6}=3\frac{\square}{6}-\frac{5}{6}=\square\frac{\square}{6}$

(4) $2-1\frac{2}{3}=\frac{\square}{3}-\frac{\square}{3}=\frac{\square}{3}$

(5) $3-2\frac{3}{8}=\frac{\square}{8}-\frac{\square}{8}=\frac{\square}{8}$

6 받아내림이 있는 (대분수)−(대분수)

● 정답 1쪽

◎ $3\frac{3}{7}-1\frac{4}{7}$의 계산 방법

방법 1 자연수에서 1만큼을 가분수로 바꾸어 계산하기

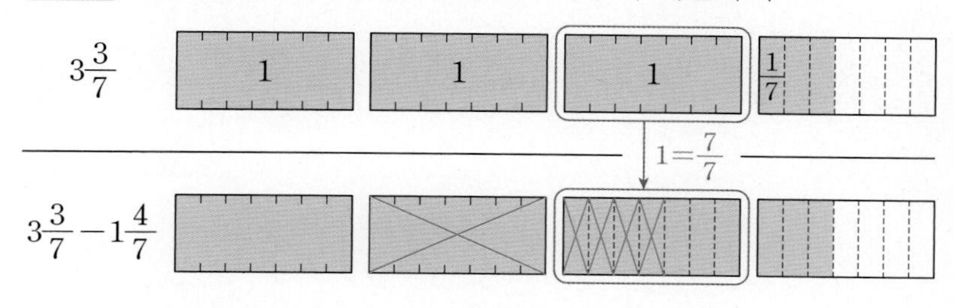

$3\frac{3}{7}-1\frac{4}{7}=2\frac{10}{7}-1\frac{4}{7}$

$=1\frac{6}{7}$

방법 2 대분수를 가분수로 바꾸어 빼기

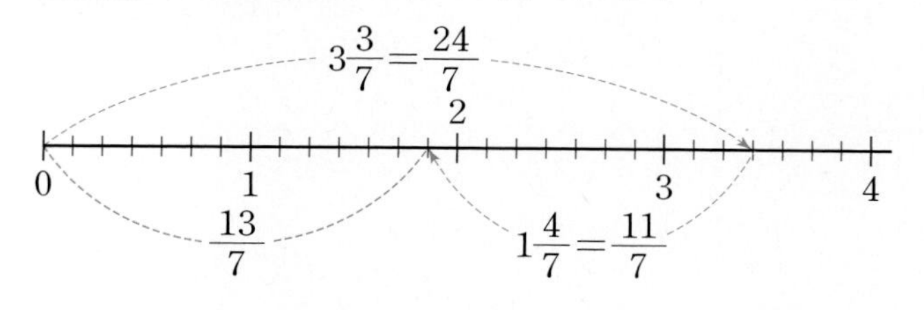

$3\frac{3}{7}-1\frac{4}{7}=\frac{24}{7}-\frac{11}{7}=\frac{13}{7}=1\frac{6}{7}$

개념 강의

• $\frac{3}{7}$에서 $\frac{4}{7}$를 뺄 수 없으므로 $3\frac{3}{7}$의 자연수에서 1만큼을 $\frac{7}{7}$로 바꾸어 계산합니다.

1 수직선을 보고 □ 안에 알맞은 수를 써넣으세요.

(1)

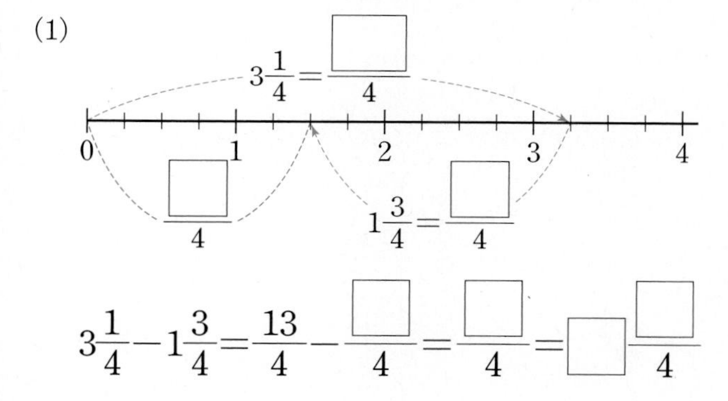

$3\frac{1}{4}-1\frac{3}{4}=\frac{13}{4}-\frac{□}{4}=\frac{□}{4}=□\frac{□}{4}$

(2)

$2\frac{2}{6}=\frac{□}{6}$

0 1 2

$\frac{□}{6}$ $1\frac{5}{6}=\frac{□}{6}$

$2\frac{2}{6}-1\frac{5}{6}=\frac{14}{6}-\frac{□}{6}=\frac{□}{6}$

2 $3\frac{3}{5}-1\frac{4}{5}$를 두 가지 방법으로 계산하세요.

방법 1 $3\frac{3}{5}-1\frac{4}{5}$

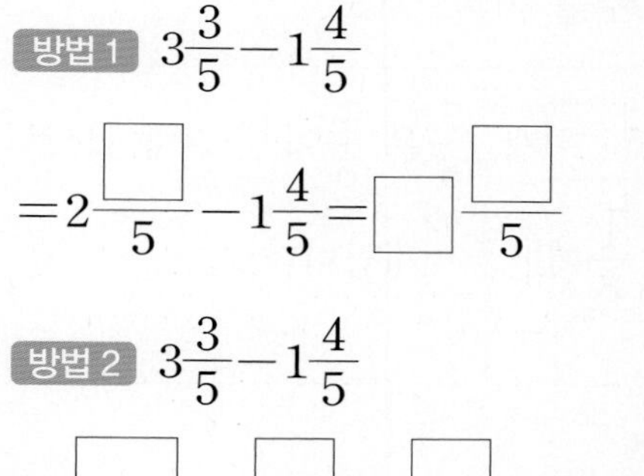

$=2\frac{□}{5}-1\frac{4}{5}=□\frac{□}{5}$

방법 2 $3\frac{3}{5}-1\frac{4}{5}$

$=\frac{□}{5}-\frac{□}{5}=\frac{□}{5}=□\frac{□}{5}$

3 $4\frac{5}{9}-1\frac{8}{9}$을 두 가지 방법으로 계산하세요.

방법 1 $4\frac{5}{9}-1\frac{8}{9}$

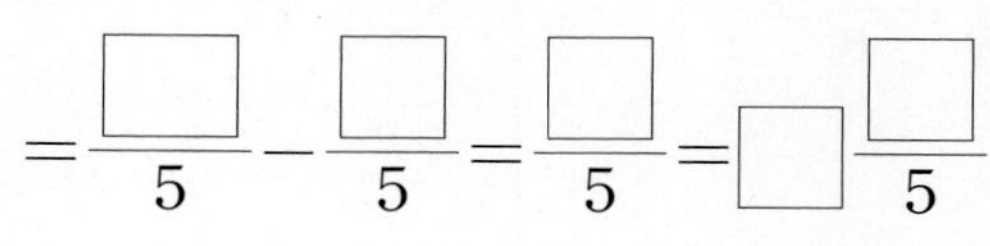

$=3\frac{□}{9}-1\frac{8}{9}=□\frac{□}{9}$

방법 2 $4\frac{5}{9}-1\frac{8}{9}$

$=\frac{□}{9}-\frac{□}{9}=\frac{□}{9}=□\frac{□}{9}$

1 (진분수)+(진분수)

> 분모는 그대로 쓰고 분자끼리 더합니다. 계산 결과가 가분수이면 대분수로 바꿉니다.

$$\frac{2}{5}+\frac{4}{5}=\frac{2+4}{5}=\frac{6}{5}=1\frac{1}{5}$$

1

수직선을 보고 $\frac{5}{9}+\frac{2}{9}$가 얼마인지 알아보세요.

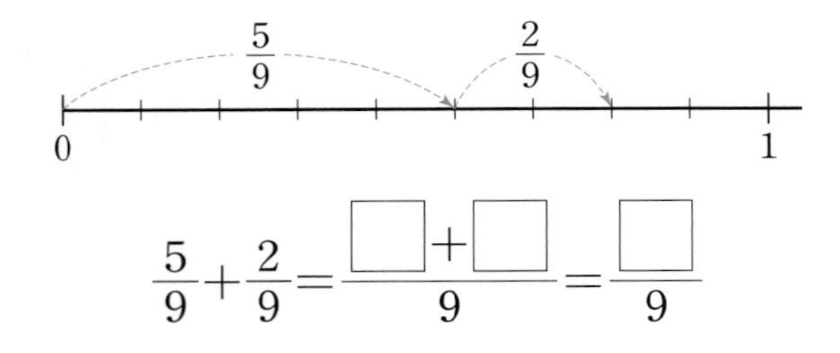

$$\frac{5}{9}+\frac{2}{9}=\frac{\square+\square}{9}=\frac{\square}{9}$$

2

□ 안에 알맞은 수를 써넣으세요.

$\frac{5}{8}$는 $\frac{1}{8}$이 □개, $\frac{7}{8}$은 $\frac{1}{8}$이 □개이므로
$\frac{5}{8}+\frac{7}{8}$은 $\frac{1}{8}$이 □개입니다.

➡ $\frac{5}{8}+\frac{7}{8}=\frac{\square}{8}=\square\frac{\square}{8}$

3

계산을 하세요.

(1) $\frac{3}{7}+\frac{1}{7}$

(2) $\frac{2}{12}+\frac{5}{12}$

(3) $\frac{4}{5}+\frac{3}{5}$

(4) $\frac{5}{6}+\frac{5}{6}$

4

빈칸에 알맞은 수를 써넣으세요.

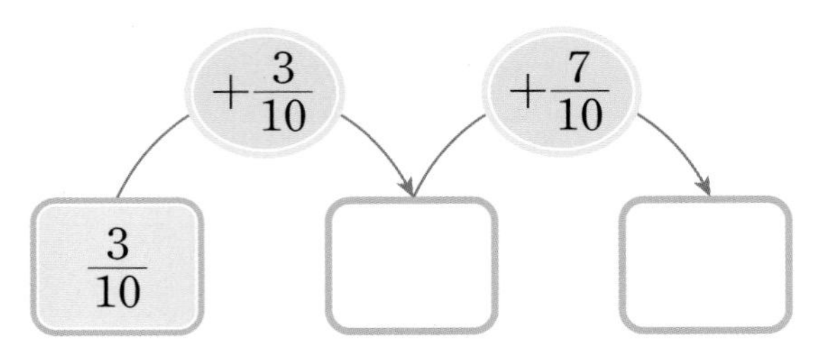

5

계산 결과가 다른 하나를 찾아 색칠하세요.

$\frac{2}{7}+\frac{4}{7}$ $\frac{3}{7}+\frac{2}{7}$ $\frac{1}{7}+\frac{5}{7}$

6

은서가 사과주스를 어제는 $\frac{3}{15}$컵, 오늘은 $\frac{4}{15}$컵 마셨습니다. 은서가 어제와 오늘 마신 사과주스는 모두 몇 컵인지 식을 쓰고, 답을 구하세요.

식 ______________________

____

7

계산 결과를 비교하여 ○ 안에 >, =, <를 알맞게 써넣으세요.

$\frac{2}{4}+\frac{5}{4}$ 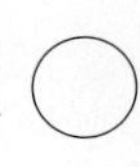 $\frac{6}{4}+\frac{1}{4}$

8

가장 큰 수와 가장 작은 수의 합을 구하세요.

$\frac{5}{11}$ $\frac{7}{11}$ $\frac{10}{11}$

( )

9

두 분수의 합이 $\frac{7}{8}$이 되도록 이으세요.

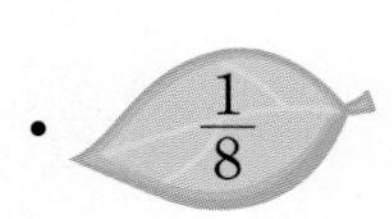
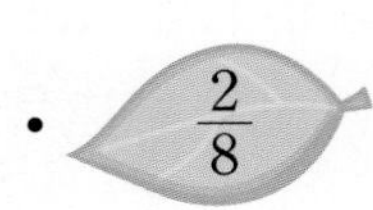

$\frac{5}{8}$ •	• $\frac{1}{8}$
$\frac{3}{8}$ •	• $\frac{2}{8}$
$\frac{6}{8}$ •	• $\frac{4}{8}$

10

다음 정사각형의 네 변의 길이의 합은 몇 m인지 구하세요.

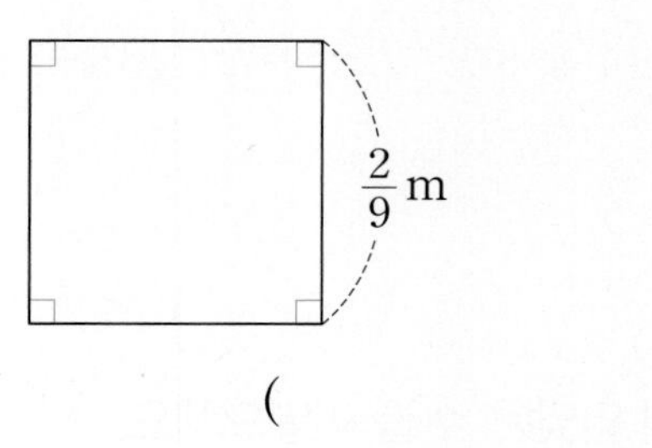

( )

다음 덧셈의 계산 결과는 진분수입니다. □ 안에 들어갈 수 있는 자연수를 모두 구하세요.

$\frac{8}{13}+\frac{\square}{13}$

( )

12

4장의 수 카드 중에서 2장을 뽑아 분모가 10인 진분수를 만들려고 합니다. 만들 수 있는 가장 큰 진분수와 가장 작은 진분수의 합을 구하세요.

6 7 9 10

( )

2 받아올림이 없는 (대분수)+(대분수)

> 자연수 부분끼리 더하고 진분수 부분끼리 더합니다.

$$2\frac{1}{5}+1\frac{3}{5}=\underbrace{(2+1)}_{\text{자연수}}+\underbrace{\left(\frac{1}{5}+\frac{3}{5}\right)}_{\text{분수}}=3+\frac{4}{5}=3\frac{4}{5}$$

($2\frac{1}{5}$ → 2, $\frac{1}{5}$ / $1\frac{3}{5}$ → 1, $\frac{3}{5}$)

1

□ 안에 알맞은 수를 써넣으세요.

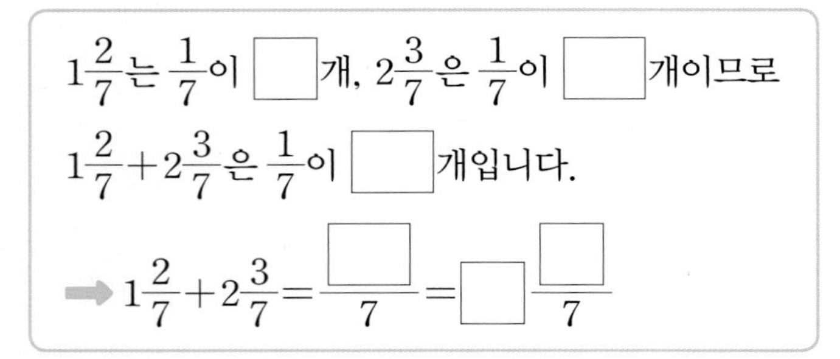

$1\frac{2}{7}$는 $\frac{1}{7}$이 □개, $2\frac{3}{7}$은 $\frac{1}{7}$이 □개이므로

$1\frac{2}{7}+2\frac{3}{7}$은 $\frac{1}{7}$이 □개입니다.

➡ $1\frac{2}{7}+2\frac{3}{7}=\frac{\square}{7}=\square\frac{\square}{7}$

2

계산을 하세요.

(1) $1\frac{2}{5}+3\frac{1}{5}$ (2) $4\frac{1}{3}+3\frac{1}{3}$

(3) $5\frac{1}{6}+2\frac{2}{6}$ (4) $6\frac{5}{8}+4\frac{2}{8}$

3

빈칸에 알맞은 수를 써넣으세요.

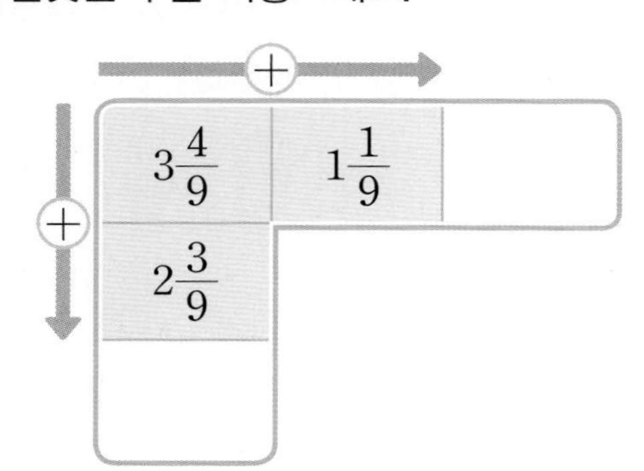

4

빈칸에 두 수의 합을 써넣으세요.

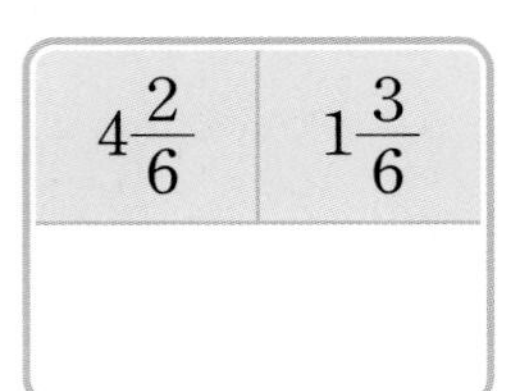

$4\frac{2}{6}$	$1\frac{3}{6}$

바르게 계산한 사람을 찾아 이름을 쓰세요.

$3\frac{4}{10}+1\frac{3}{10}=4\frac{7}{20}$

$2\frac{7}{9}+1\frac{1}{9}=3\frac{8}{9}$

( )

6

계산 결과가 더 작은 것의 기호를 쓰세요.

㉠ $2\frac{6}{11}+7\frac{1}{11}$

㉡ $5\frac{5}{11}+4\frac{3}{11}$

( )

7

다음이 나타내는 수를 구하세요.

$2\frac{3}{10}$보다 $3\frac{5}{10}$만큼 더 큰 수

( )

8

지안이는 감자를 $1\frac{3}{8}$ kg 캤고, 서우는 지안이보다 감자를 $1\frac{1}{8}$ kg 더 많이 캤습니다. 서우가 캔 감자는 몇 kg인지 식을 쓰고, 답을 구하세요.

식

답

9

$2\frac{2}{4}+1\frac{1}{4}$을 2가지 방법으로 계산하세요.

방법 2

10

주호네 집에서 놀이터를 거쳐 도서관까지 가는 거리는 몇 km일까요?

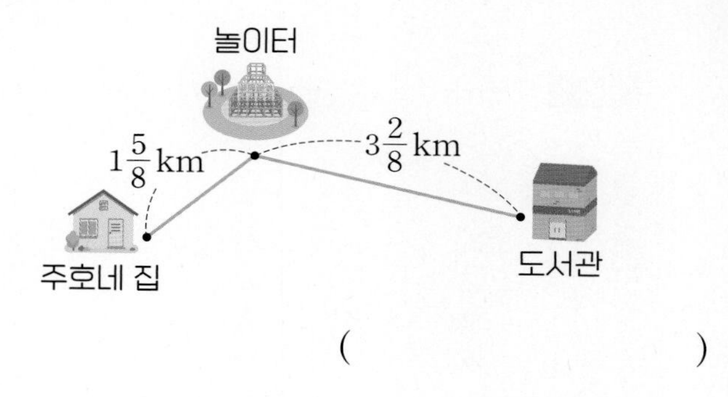

( )

11

대화를 읽고 희수가 마신 물의 양은 몇 L인지 구하세요.

연우: 나는 오늘 물을 $1\frac{2}{6}$ L 마셨어.

수현: 나는 연우보다 $1\frac{1}{6}$ L 더 많이 마셨어.

희수: 나는 수현이보다 $\frac{2}{6}$ L 더 많이 마셨어.

( )

12 교과서 공통

□ 안에 들어갈 수 있는 자연수를 모두 구하세요.

$$1\frac{2}{12}+3\frac{\square}{12}<4\frac{5}{12}$$

( )

3 받아올림이 있는 (대분수)+(대분수)

> 대분수를 자연수는 자연수끼리 진분수는 진분수끼리 계산하거나 대분수를 가분수로 바꾸어 더합니다.

진분수끼리

방법 1 $1\frac{4}{5}+3\frac{2}{5}=4+\frac{6}{5}=4+1\frac{1}{5}=5\frac{1}{5}$

자연수끼리

방법 2 $1\frac{4}{5}+3\frac{2}{5}=\frac{9}{5}+\frac{17}{5}=\frac{26}{5}=5\frac{1}{5}$

가분수로 바꾸기

1

보기 와 같이 계산을 하세요.

보기

$5\frac{2}{8}+1\frac{7}{8}=\frac{42}{8}+\frac{15}{8}=\frac{57}{8}=7\frac{1}{8}$

$1\frac{3}{5}+7\frac{4}{5}$

2

계산을 하세요.

(1) $3\frac{6}{8}+2\frac{6}{8}$

(2) $5\frac{8}{11}+2\frac{5}{11}$

3

빈칸에 알맞은 수를 써넣으세요.

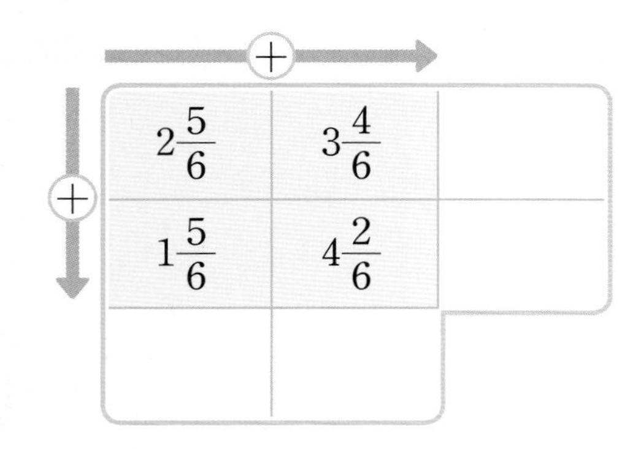

+		
$2\frac{5}{6}$	$3\frac{4}{6}$	
$1\frac{5}{6}$	$4\frac{2}{6}$	

4

관계있는 것끼리 이으세요.

$1\frac{2}{4}+4\frac{3}{4}$ •

$3\frac{3}{4}+2\frac{3}{4}$ •

• $6\frac{2}{4}$

• $5\frac{2}{4}$

• $6\frac{1}{4}$

5 교과서 공통

계산 결과가 더 큰 것에 ○표 하세요.

$3\frac{4}{10}+2\frac{9}{10}$ (　　)

$4\frac{8}{10}+1\frac{6}{10}$ (　　)

6

계산 결과가 6과 7 사이인 덧셈식에 모두 색칠하세요.

$3\frac{3}{5}+1\frac{4}{5}$

$2\frac{4}{7}+3\frac{6}{7}$

$3\frac{7}{8}+3\frac{5}{8}$

$4\frac{3}{9}+1\frac{7}{9}$

7

강우가 말하는 수가 얼마인지 구하세요.

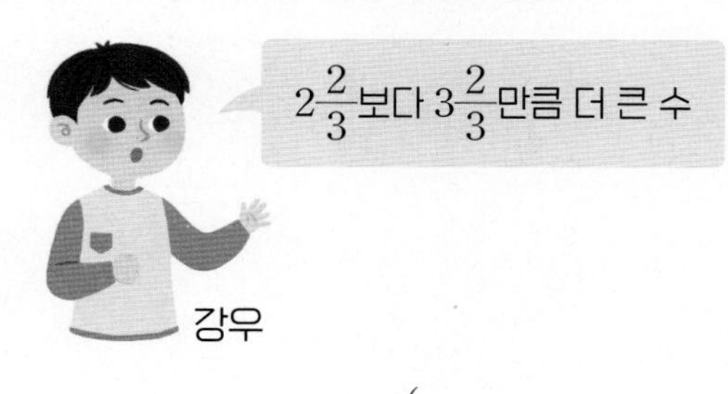

( )

8

$5\frac{4}{6}+2\frac{3}{6}$의 계산에서 잘못된 곳을 찾아 바르게 계산하세요.

틀린 계산

$$5\frac{4}{6}+2\frac{3}{6}=7+\frac{7}{12}=7\frac{7}{12}$$

바른 계산

9

지수가 어제는 $2\frac{2}{5}$시간, 오늘은 $3\frac{4}{5}$시간 동안 책을 읽었습니다. 지수가 어제와 오늘 책을 읽은 시간은 모두 몇 시간인지 구하세요.

( )

10

계산 결과가 큰 것부터 차례대로 기호를 쓰세요.

㉠ $2\frac{7}{8}+\frac{2}{8}$ ㉡ $1\frac{4}{8}+\frac{9}{8}$ ㉢ $1\frac{5}{8}+1\frac{5}{8}$

( )

11

분모가 9인 두 가분수의 합이 $3\frac{1}{9}$인 덧셈식을 3개 쓰세요. (단, $\frac{9}{9}+\frac{19}{9}$와 $\frac{19}{9}+\frac{9}{9}$는 한 가지로 생각합니다.)

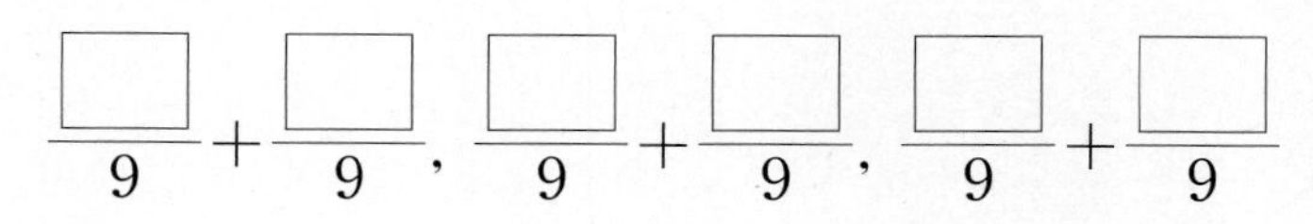

12 교과서 공통

수 카드 3장 중에서 2장을 뽑아 합이 가장 큰 덧셈식을 만들고, 계산하세요.

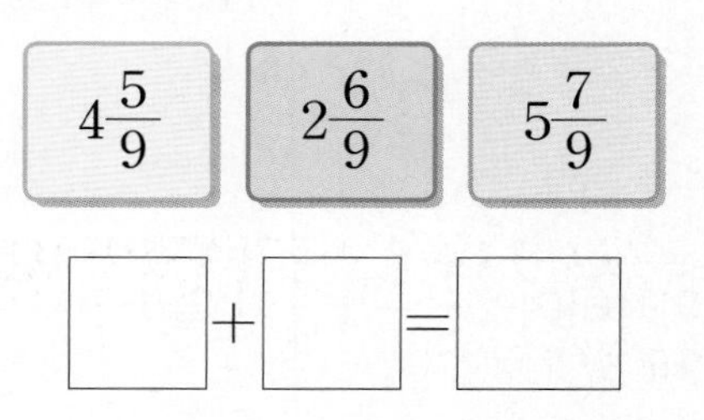

13

다음 조건을 모두 만족하는 수들의 합을 대분수로 나타내어 보세요.

- 1보다 크고 2보다 작습니다.
- 분모가 4입니다.

( )

4 (진분수)−(진분수), 받아내림이 없는 (대분수)−(대분수)

> 받아내림이 없는 (대분수)−(대분수)는 자연수 부분끼리 뺀 값과 진분수 부분끼리 뺀 값을 더해야 합니다.

$6\frac{3}{5}-1\frac{2}{5}$ ➡ 자연수 부분 $6-1$ + 진분수 부분 $\frac{3}{5}-\frac{2}{5}$

1

보기 와 같이 그림으로 나타내어 뺄셈을 하세요.

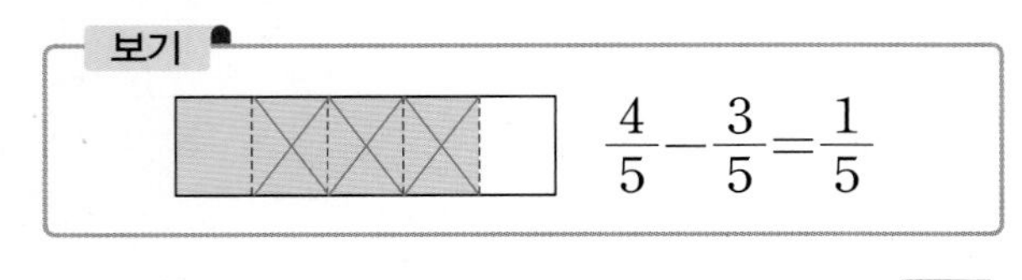

보기: $\frac{4}{5}-\frac{3}{5}=\frac{1}{5}$

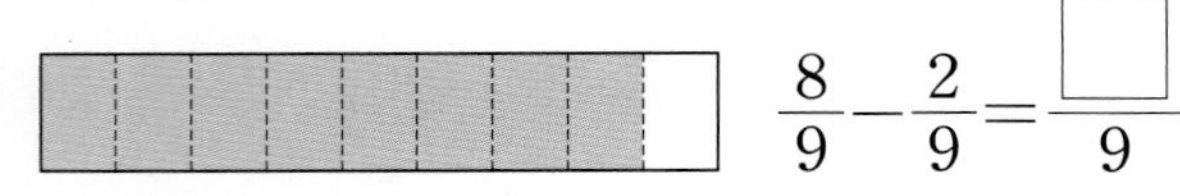

$\frac{8}{9}-\frac{2}{9}=\frac{\square}{9}$

2

수직선을 이용하여 $2\frac{7}{8}-1\frac{5}{8}$가 얼마인지 구하세요.

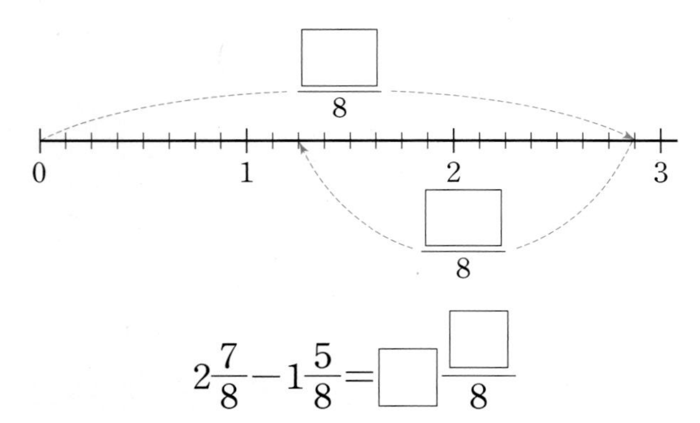

$2\frac{7}{8}-1\frac{5}{8}=\square\frac{\square}{8}$

3

계산을 하세요.

(1) $\frac{5}{9}-\frac{3}{9}$

(2) $\frac{9}{11}-\frac{5}{11}$

(3) $4\frac{3}{5}-2\frac{1}{5}$

(4) $3\frac{5}{7}-1\frac{4}{7}$

4

빈칸에 알맞은 수를 써넣으세요.

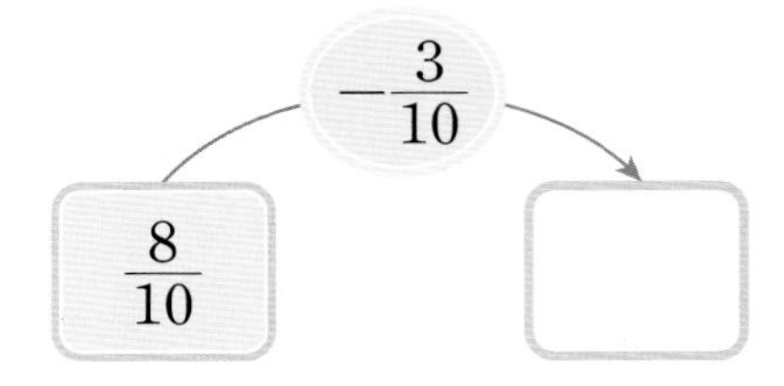

5

계산 결과를 비교하여 ○ 안에 >, =, <를 알맞게 써넣으세요.

$5\frac{3}{7}-2\frac{1}{7}$ ○ $4\frac{5}{7}-1\frac{3}{7}$

6

계산 결과가 $1\frac{2}{9}$인 칸에 모두 색칠하세요.

$6\frac{8}{9}-5\frac{4}{9}$	$4\frac{6}{9}-3\frac{4}{9}$
$3\frac{5}{9}-2\frac{3}{9}$	$5\frac{7}{9}-3\frac{5}{9}$
$5\frac{4}{9}-4\frac{1}{9}$	$7\frac{8}{9}-6\frac{6}{9}$

7 교과서 공통

㉠과 ㉡이 나타내는 수의 차를 구하세요.

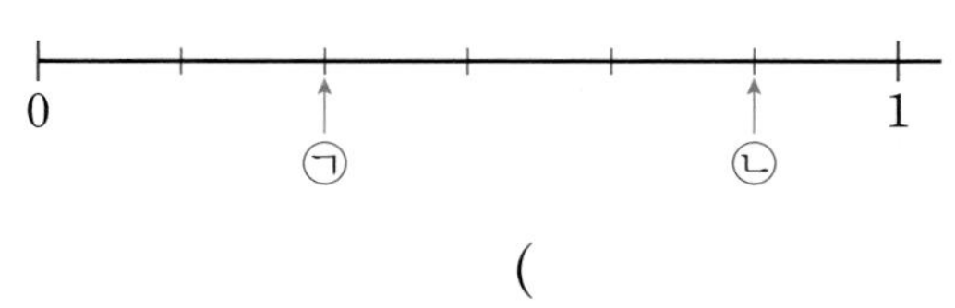

(　　　　　　　　)

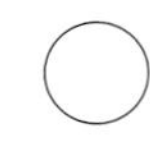

8

계산 결과가 작은 것부터 차례대로 기호를 쓰세요.

㉠ $\frac{8}{13}-\frac{4}{13}$

㉡ $\frac{12}{13}-\frac{9}{13}$

㉢ $\frac{11}{13}-\frac{10}{13}$

(　　　　　　　　　　)

9

빈칸에 알맞은 수를 써넣으세요.

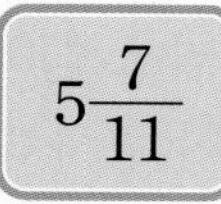
$5\frac{7}{11}$
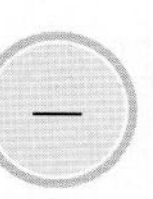
$-$

➡
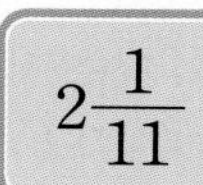
$2\frac{1}{11}$

10

수지와 준서가 설명하는 두 진분수를 구하세요.

두 진분수의 분모는 9야.

두 진분수의 합은 $\frac{7}{9}$, 차는 $\frac{3}{9}$이야.

(　　　　　　　　　　)

11

윤서네 집에서 공원까지의 거리와 도서관까지의 거리입니다. 공원과 도서관 중 윤서네 집에서 어느 곳이 몇 km 더 가까운지 구하세요.

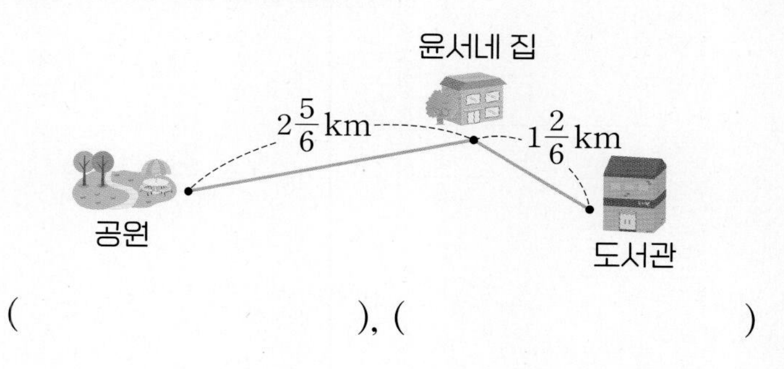

(　　　　　　　　　　), (　　　　　　　　　　)

12 교과서 공통

□ 안에 들어갈 수 있는 수를 모두 찾아 ○표 하세요.

$$\frac{10}{12}-\frac{\square}{12}<\frac{5}{12}$$

(3 , 4 , 5 , 6 , 7)

13

우유가 $3\frac{4}{5}$ L 있습니다. 빵 한 개를 만드는 데 우유가 $1\frac{1}{5}$ L 필요합니다. 만들 수 있는 빵은 모두 몇 개이고, 남는 우유는 몇 L인지 구하세요.

(　　　　　　　　　　), (　　　　　　　　　　)

문제 학습

5 (자연수)−(분수)

> 단위분수를 이용하여 (자연수)−(분수)를 계산할 수 있습니다.

$$5 \rightarrow \frac{1}{6}\text{이 } \boxed{30}\text{개} \rightarrow \frac{30}{6}$$

$$-\ 1\frac{1}{6} \rightarrow \frac{1}{6}\text{이 } \boxed{7}\text{개} \rightarrow \frac{7}{6}$$

$$5-1\frac{1}{6} \rightarrow \frac{1}{6}\text{이 } \boxed{23}\text{개} \Rightarrow \frac{23}{6}=3\frac{5}{6}$$

1

□ 안에 알맞은 수를 써넣으세요.

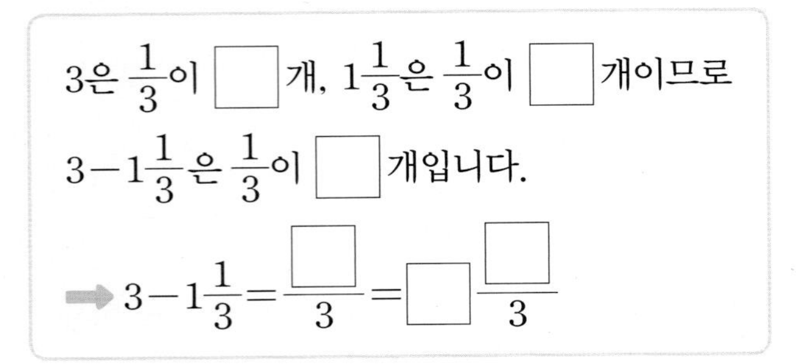
3은 $\frac{1}{3}$이 □개, $1\frac{1}{3}$은 $\frac{1}{3}$이 □개이므로

$3-1\frac{1}{3}$은 $\frac{1}{3}$이 □개입니다.

➡ $3-1\frac{1}{3}=\frac{\square}{3}=\square\frac{\square}{3}$

2

계산을 하세요.

(1) $1-\frac{3}{5}$　　(2) $2-\frac{1}{4}$

(3) $4-1\frac{2}{7}$　　(4) $5-2\frac{1}{6}$

3

빈칸에 알맞은 수를 써넣으세요.

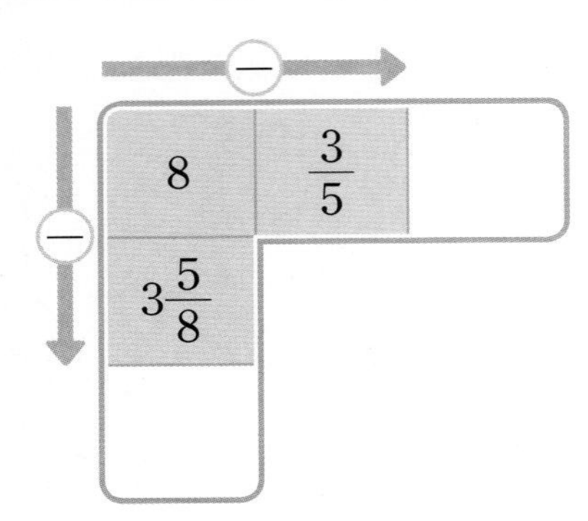

4

관계있는 것끼리 이으세요.

$2-\frac{2}{7}$ •	• $1\frac{5}{7}$
$4-\frac{8}{7}$ •	• $\frac{3}{7}$
$3-2\frac{4}{7}$ •	• $2\frac{6}{7}$

5

색 테이프 2 m를 사서 선물을 포장하는 데 $\frac{5}{7}$ m를 사용하였습니다. 남은 색 테이프의 길이만큼 그림에 색칠하고 남은 색 테이프의 길이는 몇 m인지 구하세요.

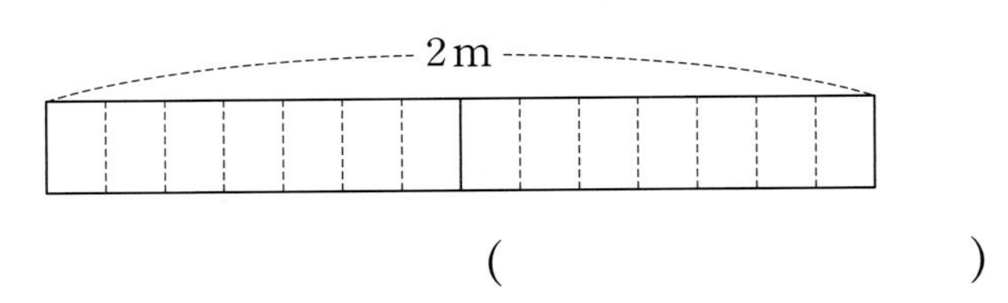

(　　　　　　　)

6 교과서 공통

가장 큰 수와 가장 작은 수의 차를 구하세요.

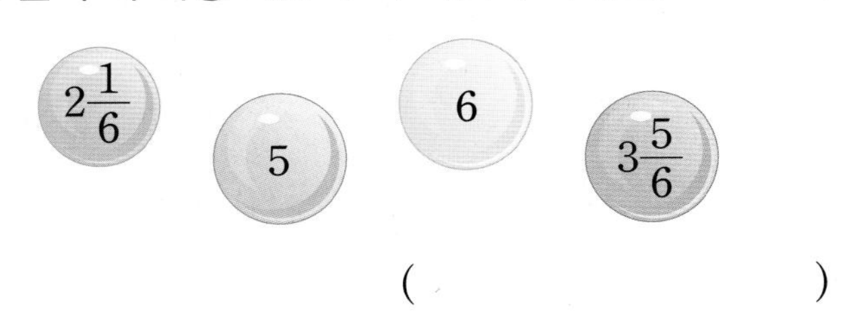

(　　　　　　　)

7

$9-1\frac{2}{5}$의 계산에서 잘못된 곳을 찾아 바르게 계산하세요.

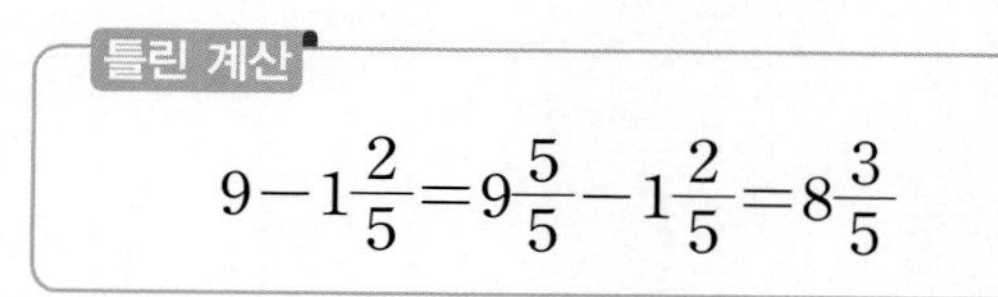

틀린 계산
$9-1\frac{2}{5}=9\frac{5}{5}-1\frac{2}{5}=8\frac{3}{5}$

바른 계산

8

□ 안에 알맞은 대분수를 구하세요.

$\square+2\frac{7}{9}=6$

(　　　　　　　　)

9

$8-1\frac{6}{10}$을 2가지 방법으로 계산하세요.

방법 1

방법 2

10

계산 결과가 작은 것부터 차례대로 ○ 안에 1, 2, 3을 써넣으세요.

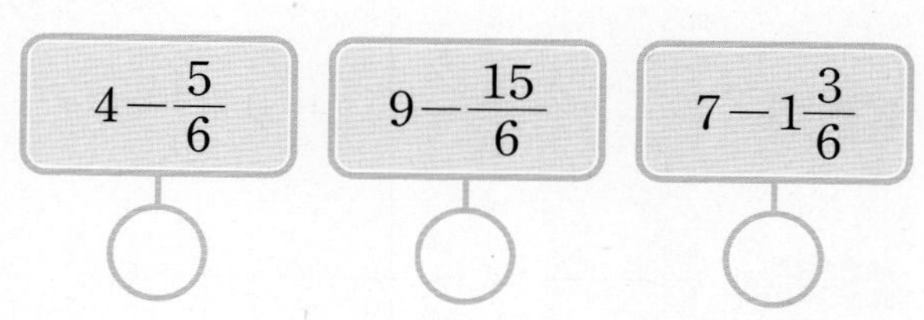

11 교과서 공통

미술 시간에 점토 3 kg 중에서 일부분을 사용하였더니 $1\frac{7}{8}$ kg이 남았습니다. 사용한 점토는 몇 kg인지 구하세요.

(　　　　　　　　)

12

효원이는 동화책을 어제까지 전체의 $\frac{4}{11}$만큼 읽고, 오늘은 전체의 $\frac{3}{11}$만큼 읽었습니다. 전체의 얼마만큼을 더 읽어야 동화책을 모두 읽게 될까요?

(　　　　　　　　)

13

㉠과 ㉡의 차는 얼마인지 구하세요.

- $1\frac{9}{10}-㉠=\frac{6}{10}$
- $㉡-2\frac{5}{10}=1\frac{5}{10}$

(　　　　　　　　)

6 받아내림이 있는 (대분수)−(대분수)

> 자연수에서 1만큼을 가분수로 바꾸어 계산하거나 대분수를 가분수로 바꾸어 계산합니다.

4에서 1만큼을 가분수로 바꾸기

방법 1 $4\frac{1}{5}-2\frac{2}{5}=3\frac{6}{5}-2\frac{2}{5}=1\frac{4}{5}$

방법 2 $4\frac{1}{5}-2\frac{2}{5}=\frac{21}{5}-\frac{12}{5}=\frac{9}{5}=1\frac{4}{5}$

가분수로 바꾸기

1

보기 와 같이 계산을 하세요.

보기

$6\frac{1}{3}-4\frac{2}{3}=\frac{19}{3}-\frac{14}{3}=\frac{5}{3}=1\frac{2}{3}$

$3\frac{2}{7}-1\frac{4}{7}$

2

계산을 하세요.

(1) $4\frac{5}{9}-1\frac{6}{9}$

(2) $5\frac{2}{8}-3\frac{5}{8}$

3

두 수의 차를 구하세요.

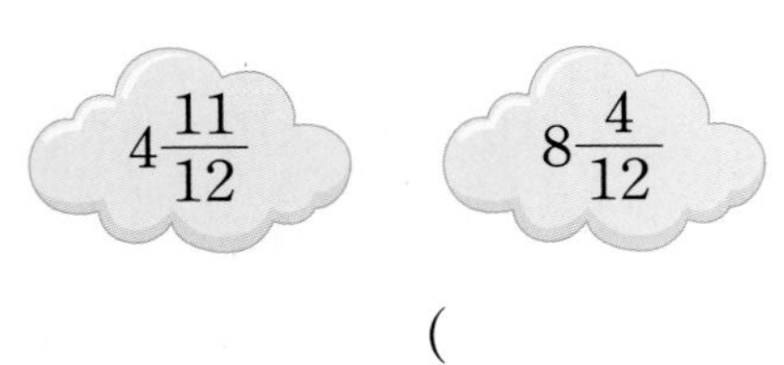

(   )

4

빈칸에 알맞은 수를 써넣으세요.

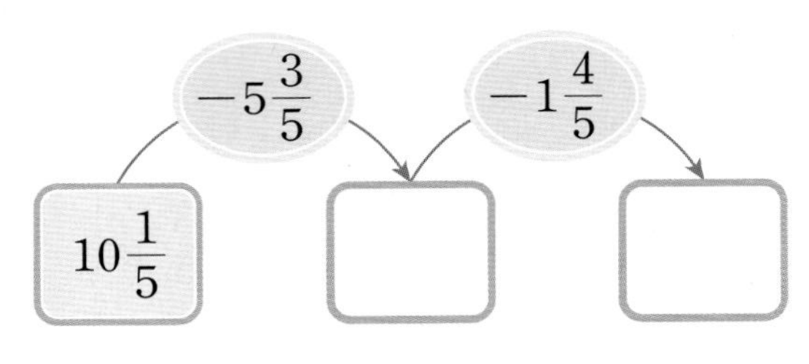

5

계산 결과가 $2\frac{7}{9}$인 식을 들고 있는 사람의 이름을 쓰세요.

(   )

두 막대의 길이의 차는 몇 m인지 구하세요.

$2\frac{4}{7}$ m

$1\frac{6}{7}$ m

(   )

7

계산 결과가 가장 작은 것을 찾아 기호를 쓰세요.

㉠ $6\frac{1}{8}-2\frac{3}{8}$

㉡ $7\frac{2}{8}-\frac{29}{8}$

㉢ $6\frac{3}{8}-1\frac{7}{8}$

(　　　　　　　)

8

계산 결과가 2보다 큰 뺄셈식에 모두 색칠하세요.

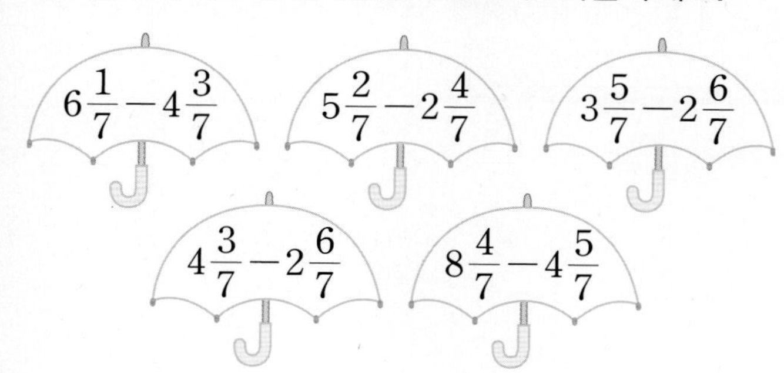

9

채원이가 찬 공은 $4\frac{3}{5}$ m 날아갔고, 준영이가 찬 공은 $2\frac{4}{5}$ m 날아갔습니다. 누가 찬 공이 몇 m 더 멀리 날아갔는지 구하세요.

(　　　　　　　), (　　　　　　　)

10

㉠에 알맞은 수를 구하세요.

$7-\frac{8}{9}=㉠+3\frac{2}{9}$

(　　　　　　　)

11 교과서 공통

사과 $3\frac{2}{5}$ kg과 귤 $2\frac{2}{5}$ kg을 바구니에 넣어 무게를 재어 보았더니 $6\frac{2}{5}$ kg이었습니다. 빈 바구니의 무게는 몇 kg인지 구하세요.

(　　　　　　　)

12

알맞은 뺄셈식을 만들고 계산해 보세요.

분수 카드 2장을 골라서 차가 가장 작은 뺄셈식을 만들어 봐.
지혜

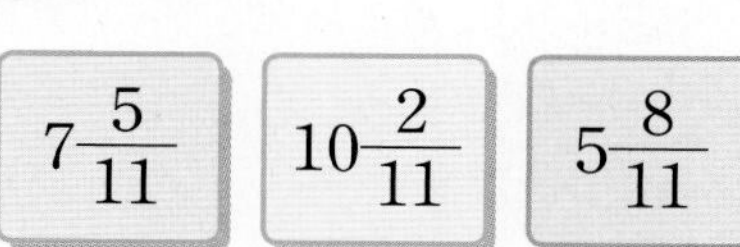

식 ____________________

답 ____________________

응용 학습

1 □ 안에 들어갈 수 있는 자연수 구하기

● 정답 7쪽

□ 안에 들어갈 수 있는 자연수 중에서 가장 작은 수를 구하세요.

$$4\frac{3}{11}-1\frac{10}{11}<\square$$

1단계 $4\frac{3}{11}-1\frac{10}{11}$ 계산하기

( )

2단계 □ 안에 들어갈 수 있는 자연수 중에서 가장 작은 수 구하기

( )

문제해결 tip 먼저 $4\frac{3}{11}-1\frac{10}{11}$을 계산하여 식을 간단하게 만든 후 조건을 만족하는 수를 찾습니다.

1·1 □ 안에 들어갈 수 있는 자연수 중에서 가장 작은 수를 구하세요.

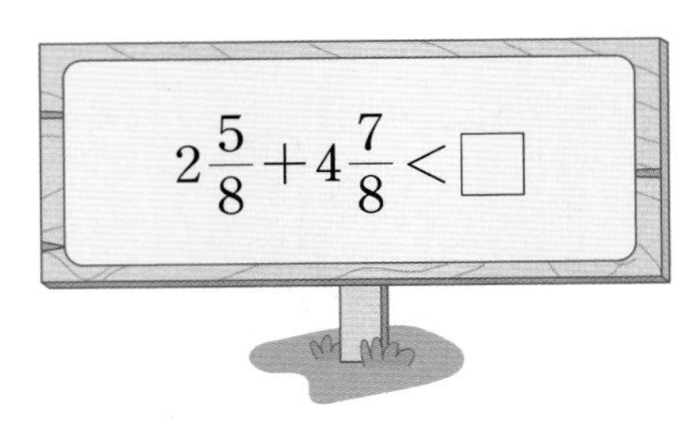

( )

문제 강의

1·2 1부터 9까지의 수 중에서 ●와 ★에 공통으로 들어갈 수 있는 자연수를 구하세요.

$$\frac{7}{9}+\frac{●}{9}<1\frac{5}{9}$$

$$2\frac{1}{10}-\frac{★}{10}<1\frac{6}{10}$$

( )

2 바르게 계산한 값 구하기

● 정답 7쪽

어떤 대분수에서 $3\frac{5}{12}$를 빼야 할 것을 잘못하여 더했더니 $8\frac{9}{12}$가 되었습니다. 바르게 계산하면 얼마인지 구하세요.

1단계 어떤 대분수 구하기

(　　　　　　　　　)

2단계 바르게 계산하기

(　　　　　　　　　)

1 단원

문제해결 tip 조건에 알맞는 식을 세우고 덧셈과 뺄셈의 관계를 이용하여 어떤 수를 구합니다.
➡ 잘못 계산한 식: (어떤 대분수)+●=▲, (어떤 대분수)=▲−●

2·1 어떤 대분수에 $3\frac{4}{6}$를 더해야 할 것을 잘못하여 뺐더니 $7\frac{5}{6}$가 되었습니다. 바르게 계산하면 얼마인지 구하세요.

(　　　　　　　　　)

문제 강의

2·2 두 사람의 대화를 보고 답을 구하세요.

어떤 대분수에서 $\frac{11}{17}$을 빼야 할 것을 잘못하여 더했더니 8이 되었어.

(　　　　　　　　　)

3 사용하고 남은 양 알아보기

● 정답 8쪽

채원이는 밀가루 $7\,\mathrm{kg}$을 가지고 있었습니다. 그중에서 $3\frac{5}{8}\,\mathrm{kg}$은 크림빵을 만드는 데 사용하고, $2\frac{4}{8}\,\mathrm{kg}$은 케이크를 만드는 데 사용하였습니다. 사용하고 남은 밀가루는 몇 kg인지 구하세요.

1단계 크림빵과 케이크를 만드는 데 사용한 밀가루의 양 구하기

( )

2단계 남은 밀가루의 양 구하기

( )

문제해결 tip 전체에서 사용한 양을 빼면 남은 양이 얼마인지 구할 수 있습니다.

3·1 수지가 사과 $2\,\mathrm{kg}$을 가지고 있었습니다. 주스와 잼을 만들고 남은 사과는 몇 kg인지 구하세요.

사과 $\frac{9}{15}\,\mathrm{kg}$을 주스를 만드는 데 사용하고,
사과 $\frac{11}{15}\,\mathrm{kg}$을 잼을 만드는 데 사용했어.

( )

3·2 지훈이가 호두 $6\frac{1}{7}\,\mathrm{kg}$을 가지고 있습니다. 호두파이 1개를 만드는 데 호두 $2\frac{3}{7}\,\mathrm{kg}$이 필요합니다. 지훈이가 가지고 있는 호두로 만들 수 있는 호두파이는 모두 몇 개이고, 남는 호두는 몇 kg인지 구하세요.

( ), ( )

4 이어 붙인 리본의 전체 길이 구하기

● 정답 8쪽

길이가 3m인 리본 2장을 $\frac{3}{8}$m만큼 겹쳐서 이어 붙였습니다. 이어 붙인 리본의 전체 길이는 몇 m인지 구하세요.

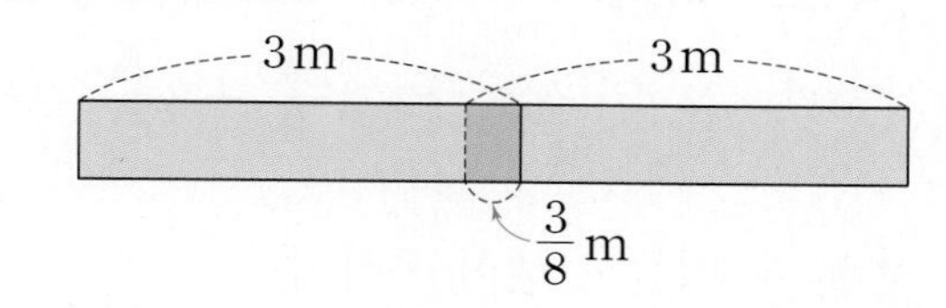

1단계 리본 2장의 길이의 합 구하기

( )

2단계 이어 붙인 리본의 전체 길이 구하기

( )

문제해결 tip 리본 2장의 길이의 합에서 겹쳐진 부분의 길이를 뺍니다.

4·1 길이가 $6\frac{1}{4}$cm인 색 테이프 2장을 $1\frac{3}{4}$cm만큼 겹쳐서 이어 붙였습니다. 이어 붙인 색 테이프의 전체 길이는 몇 cm인지 구하세요.

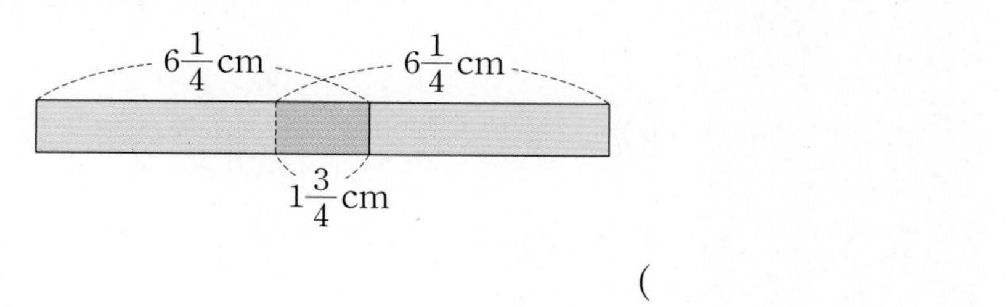

( )

4·2 길이가 9cm인 색 테이프 3장을 $1\frac{7}{10}$cm씩 겹쳐서 이어 붙였습니다. 이어 붙인 색 테이프의 전체 길이는 몇 cm인지 구하세요.

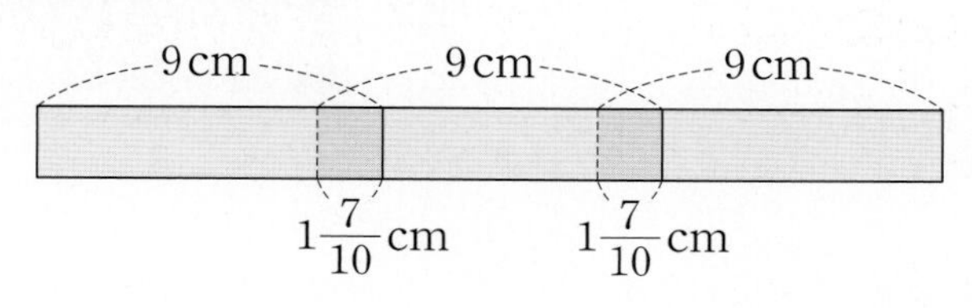

( )

5 조건에 알맞은 분수 찾기

정답 8쪽

대분수로만 만들어진 덧셈식에서 ■－▲가 가장 큰 때의 값을 구하세요. (단, ■>▲입니다.)

$$2\frac{■}{9}+3\frac{▲}{9}=5\frac{5}{9}$$

1단계 만들 수 있는 덧셈식 구하기

$$2\frac{\square}{9}+3\frac{\square}{9}=5\frac{5}{9},\ 2\frac{\square}{9}+3\frac{\square}{9}=5\frac{5}{9}$$

2단계 ■－▲가 가장 큰 때의 값 구하기

( )

문제해결 tip 계산식에서 모르는 두 수에 들어갈 수 있는 수를 모두 찾은 후 계산 결과가 가장 큰 때의 값을 구합니다.

5·1 대분수로만 만들어진 뺄셈식에서 ㉮＋㉯가 가장 큰 때의 값을 구하세요.

$$5\frac{㉮}{8}-4\frac{㉯}{8}=1\frac{1}{8}$$

( )

문제 강의

5·2 대분수로만 만들어진 뺄셈식에서 ㉠×㉡이 가장 큰 때의 값을 구하세요.

$$5\frac{㉠}{11}-3\frac{㉡}{11}=2\frac{5}{11}$$

( )

6 수 카드로 만든 두 분수의 합 또는 차 구하기

정답 9쪽

5장의 수 카드 중에서 3장을 뽑아 한 번씩만 사용하여 분모가 9인 대분수를 만들려고 합니다. 만들 수 있는 가장 큰 대분수와 가장 작은 대분수의 차를 구하세요.

3 4 5 6 9

1단계 만들 수 있는 가장 큰 대분수 구하기

( )

2단계 만들 수 있는 가장 작은 대분수 구하기

( )

3단계 가장 큰 대분수와 가장 작은 대분수의 차 구하기

( )

문제해결 tip 분모가 같은 대분수는 자연수 부분이 클수록 큰 수이고, 자연수 부분이 같으면 분자가 클수록 큰 수입니다.

6·1 4장의 수 카드 중에서 2장을 뽑아 한 번씩만 사용하여 만들 수 있는 분모가 8인 가장 작은 진분수와 3장을 뽑아 한 번씩만 사용하여 만들 수 있는 분모가 8인 가장 작은 대분수의 합을 구하세요.

1 2 7 8

( )

문제 강의

6·2 3장의 수 카드 중에서 2장을 뽑아 □ 안에 써넣어 계산 결과가 가장 큰 뺄셈식을 만들고, 계산 결과를 구하세요.

3 6 7

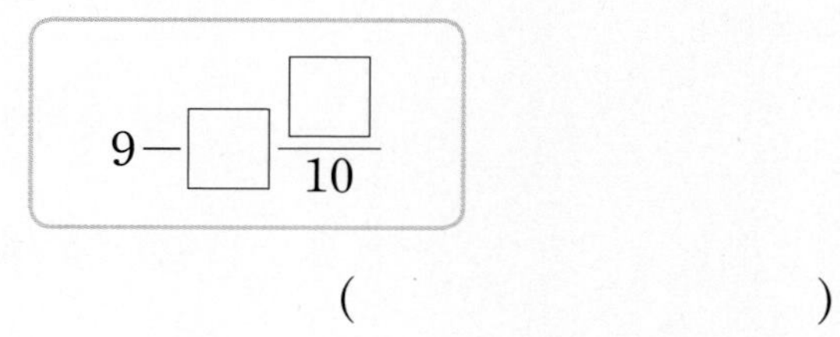

( )

1 분수의 덧셈과 뺄셈

● 정답 9쪽

• (진분수)+(진분수)
분모는 그대로 쓰고 분자끼리 더합니다.
• (진분수)−(진분수)
분모는 그대로 쓰고 분자끼리 뺍니다.

❶ (진분수)+(진분수), (진분수)−(진분수)

• (진분수)+(진분수)

$\frac{3}{7}+\frac{2}{7}=\frac{3+2}{7}=\frac{\square}{7}$

• (진분수)−(진분수)

$\frac{8}{9}-\frac{5}{9}=\frac{8-5}{9}=\frac{\square}{9}$

대분수의 덧셈에서 분수 부분의 합이 가분수이면 대분수로 바꿉니다.

❷ (대분수)+(대분수)

방법 1 자연수 부분끼리 더하고 진분수 부분끼리 더합니다.

$1\frac{3}{5}+1\frac{4}{5}=(1+1)+\left(\frac{3}{5}+\frac{4}{5}\right)=2+\square\frac{\square}{5}=\square\frac{\square}{5}$

방법 2 대분수를 가분수로 바꾸어 더합니다.

$1\frac{3}{5}+1\frac{4}{5}=\frac{8}{5}+\frac{9}{5}=\frac{17}{5}=\square\frac{\square}{5}$

자연수를 빼는 분수의 분모에 따라 여러 가지 방법으로 나타낼 수 있습니다.
$2=\frac{4}{2}=\frac{6}{3}=\frac{8}{4}=\cdots$

❸ (자연수)−(분수)

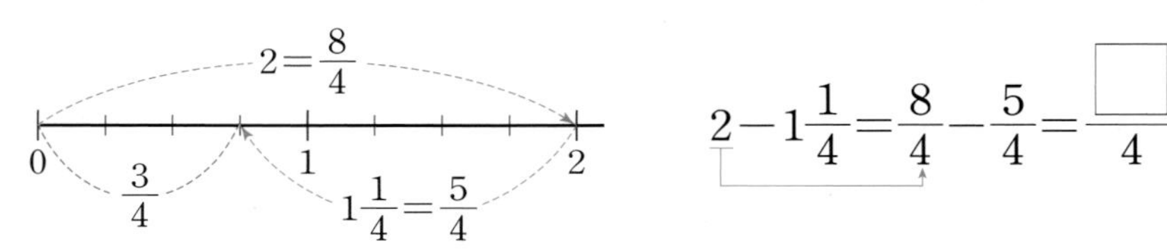

$2-1\frac{1}{4}=\frac{8}{4}-\frac{5}{4}=\frac{\square}{4}$

먼저 진분수 부분끼리 뺄 수 있는지 확인합니다. 진분수 부분끼리 뺄 수 없으면 빼어지는 분수의 자연수에서 1만큼을 가분수로 바꿉니다.

❹ (대분수)−(대분수)

방법 1 자연수에서 1만큼을 가분수로 바꾸어 계산합니다.

$6\frac{1}{3}-2\frac{2}{3}=5\frac{4}{3}-2\frac{2}{3}=(5-2)+\left(\frac{4}{3}-\frac{2}{3}\right)=\square\frac{\square}{3}$

➡ $\frac{1}{3}$에서 $\frac{2}{3}$를 뺄 수 없으므로 6에서 $\square$만큼을 가분수로 바꿉니다.

방법 2 대분수를 가분수로 바꾸어 뺍니다.

$6\frac{1}{3}-2\frac{2}{3}=\frac{19}{3}-\frac{8}{3}=\frac{\square}{3}=\square\frac{\square}{3}$

단원 평가 1. 분수의 덧셈과 뺄셈

● 정답 9쪽

1

수직선을 보고 □ 안에 알맞은 수를 써넣으세요.

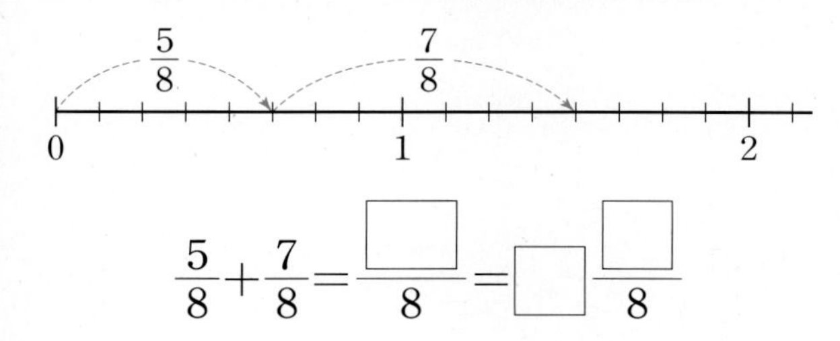

$$\frac{5}{8}+\frac{7}{8}=\frac{\square}{8}=\square\frac{\square}{8}$$

2

□ 안에 알맞은 수를 써넣으세요.

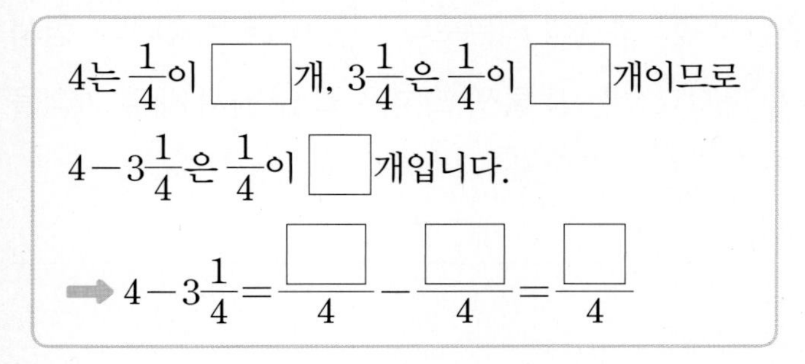

4는 $\frac{1}{4}$이 □개, $3\frac{1}{4}$은 $\frac{1}{4}$이 □개이므로

$4-3\frac{1}{4}$은 $\frac{1}{4}$이 □개입니다.

➡ $4-3\frac{1}{4}=\frac{\square}{4}-\frac{\square}{4}=\frac{\square}{4}$

3

계산을 하세요.

$$\frac{7}{13}-\frac{2}{13}=\frac{\square}{\square}$$

4

빈칸에 알맞은 수를 써넣으세요.

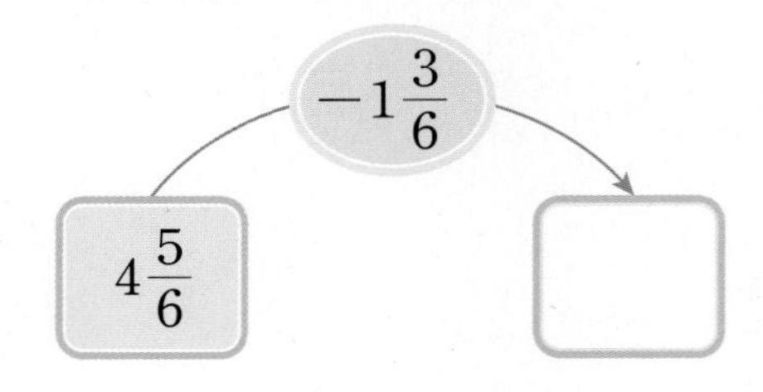

5

빈칸에 두 수의 합을 써넣으세요.

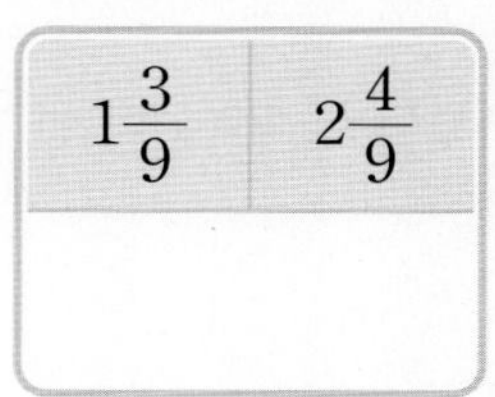

$1\frac{3}{9}$	$2\frac{4}{9}$

6

계산 결과를 비교하여 ○ 안에 >, =, <를 알맞게 써넣으세요.

$3\frac{3}{5}-\frac{7}{5}$ 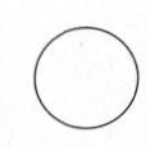 $4-1\frac{3}{5}$

7 서술형

㉠과 ㉡의 차는 얼마인지 해결 과정을 쓰고, 답을 구하세요.

㉠ $\frac{1}{13}$이 11개인 수

㉡ $\frac{1}{13}$이 8개인 수

____

( )

8

다음이 나타내는 수는 얼마인지 구하세요.

$\frac{6}{7}$보다 $\frac{4}{7}$만큼 더 큰 수

( )

9

계산 결과가 2와 3 사이인 뺄셈식에 ○표 하세요.

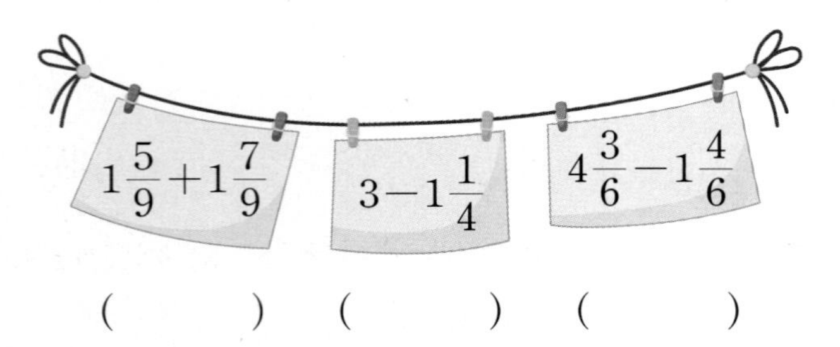

( ) ( ) ( )

10

$6\frac{2}{13}-2\frac{5}{13}$의 계산에서 잘못된 부분을 찾아 바르게 계산하세요.

틀린 계산

$6\frac{2}{13}-2\frac{5}{13}=6\frac{15}{13}-2\frac{5}{13}=4\frac{10}{13}$

바른 계산

11

계산 결과가 큰 것부터 차례대로 기호를 쓰세요.

㉠ $\frac{7}{11}-\frac{2}{11}$ ㉡ $\frac{6}{11}-\frac{3}{11}$

㉢ $\frac{10}{11}-\frac{4}{11}$ ㉣ $\frac{8}{11}-\frac{1}{11}$

( )

12

□ 안에 알맞은 수를 구하세요.

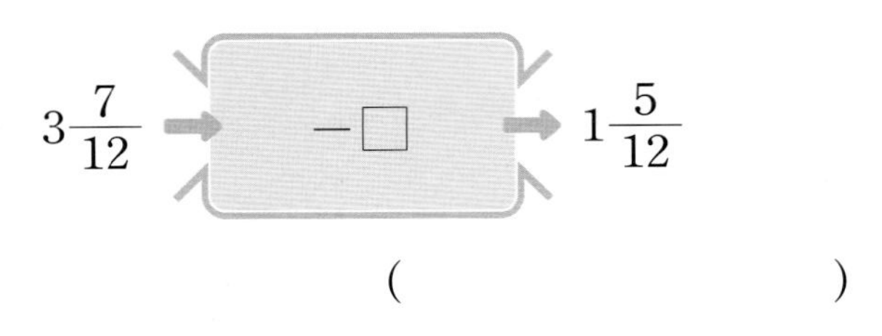

( )

13 서술형

형서가 가지고 있는 빨간색 리본은 $3\frac{5}{8}$ m이고, 초록색 리본은 빨간색 리본보다 $1\frac{6}{8}$ m 더 짧습니다. 형서가 가지고 있는 초록색 리본은 몇 m인지 해결 과정을 쓰고, 답을 구하세요.

( )

14

가장 큰 수와 두 번째로 큰 수의 합을 구하세요.

$4\frac{3}{9}$ $\frac{21}{9}$ $2\frac{7}{9}$

( )

15

□ 안에 알맞은 수를 써넣으세요.

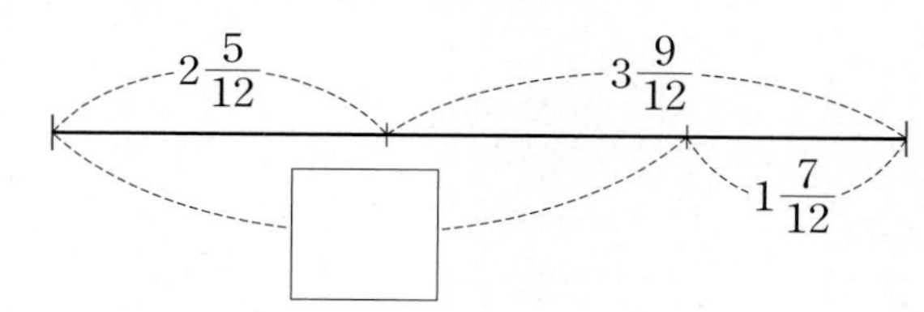

16 서술형

□ 안에 들어갈 수 있는 자연수를 모두 구하려고 합니다. 해결 과정을 쓰고, 답을 구하세요.

$$\frac{2}{6}+\frac{\square}{6}<1\frac{1}{6}$$

( )

17

현우네 집에서 수영장을 거쳐 놀이공원까지 가는 거리는 현우네 집에서 놀이공원까지 바로 가는 거리보다 몇 km 더 먼지 구하세요.

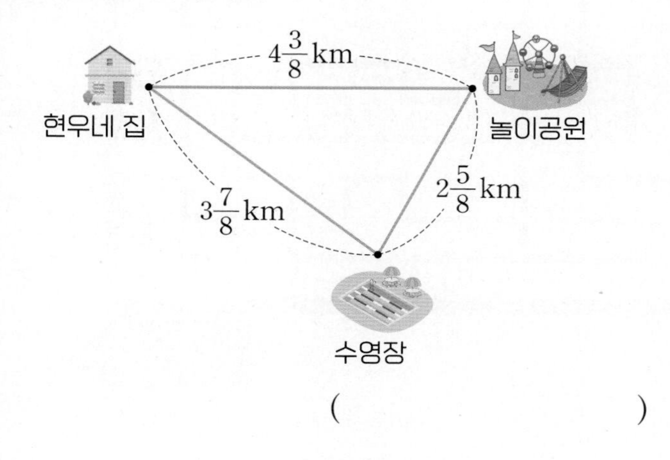

( )

18

설탕이 $7\frac{3}{4}$ kg 있습니다. 케이크 1개를 만드는 데 설탕 $3\frac{2}{4}$ kg이 필요합니다. 만들 수 있는 케이크는 모두 몇 개이고, 남는 설탕은 몇 kg인지 구하세요.

( ), ( )

19

길이가 $5\frac{4}{7}$ cm인 색 테이프 2장을 $\frac{6}{7}$ cm만큼 겹쳐서 이어 붙였습니다. 이어 붙인 색 테이프의 전체 길이는 몇 cm인지 구하세요.

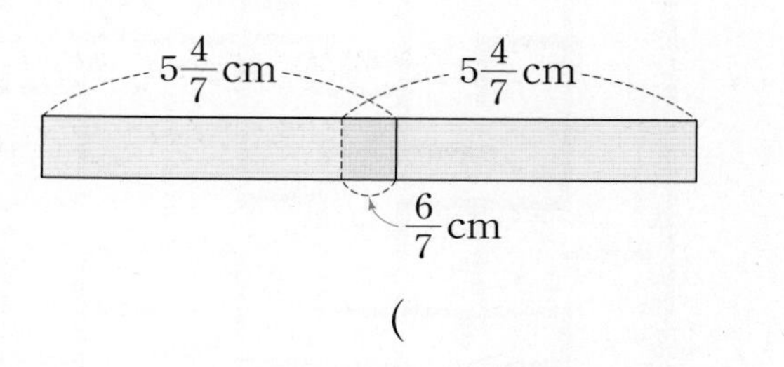

( )

20

보기에서 두 수를 골라 □ 안에 써넣어 계산 결과가 가장 작은 뺄셈식을 만들고 계산하세요.

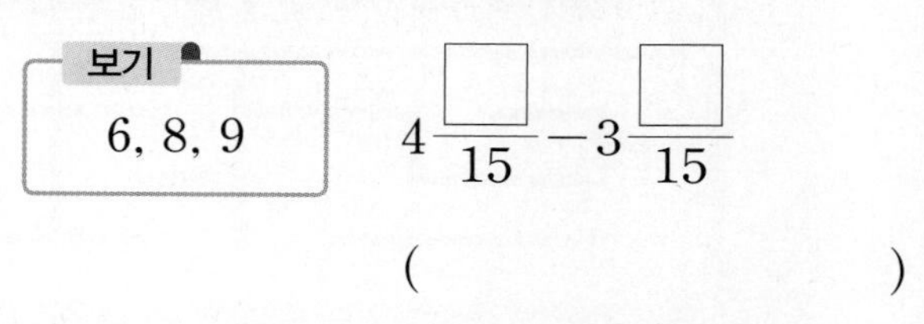

( )

미로를 따라 길을 찾아보세요.

정답 45쪽

삼각형

▶ 학습을 완료하면 V표를 하면서 학습 진도를 체크해요.

	개념학습				문제학습		
백점 쪽수	36	37	38	39	40	41	42
확인							

	문제학습					응용학습	
백점 쪽수	43	44	45	46	47	48	49
확인							

	응용학습		단원평가			
백점 쪽수	50	51	52	53	54	55
확인						

1 변의 길이에 따라 삼각형 분류

● 정답 10쪽

이등변삼각형

두 변의 길이가 같은 삼각형을 이등변삼각형이라고 합니다.

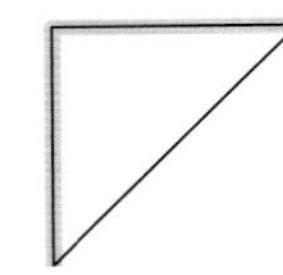
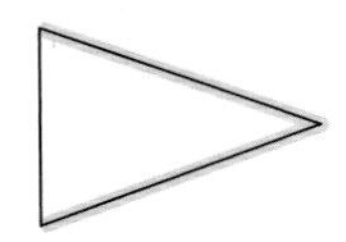
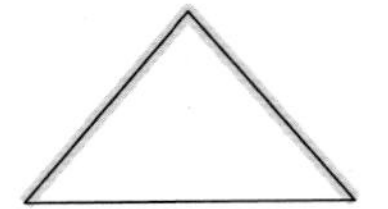

정삼각형

세 변의 길이가 같은 삼각형을 정삼각형이라고 합니다.

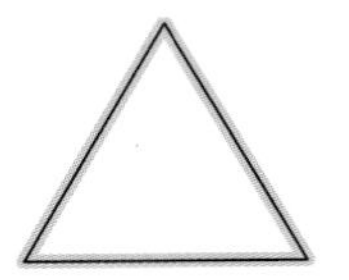
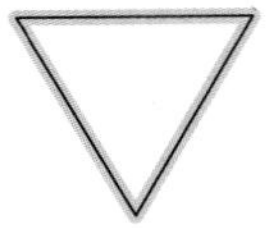

개념 강의

- 정삼각형은 두 변의 길이가 같으므로 이등변삼각형이라고 할 수 있습니다.
- 이등변삼각형은 항상 세 변의 길이가 같은 것은 아니므로 정삼각형이라고 할 수 없습니다.

1 이등변삼각형을 모두 찾아 기호를 쓰세요.

(1)

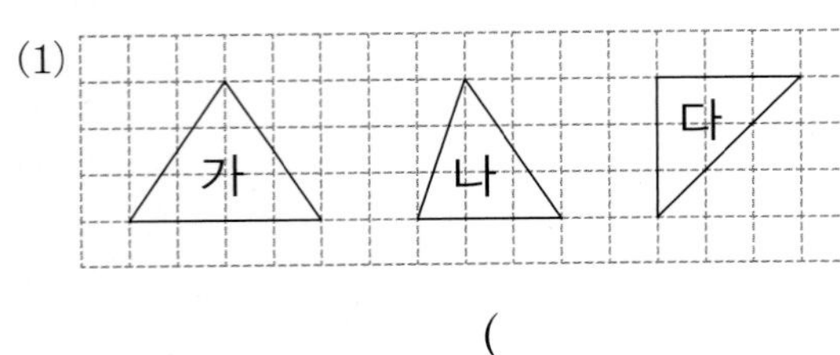

(　　　　　　　　　　)

(2)

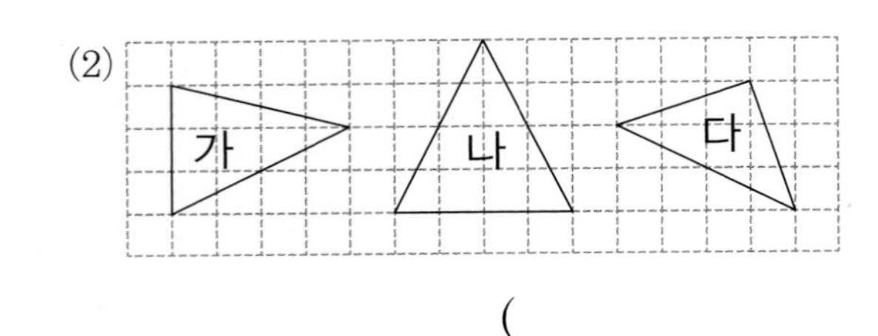

(　　　　　　　　　　)

2 정삼각형을 찾아 기호를 쓰세요.

(1)

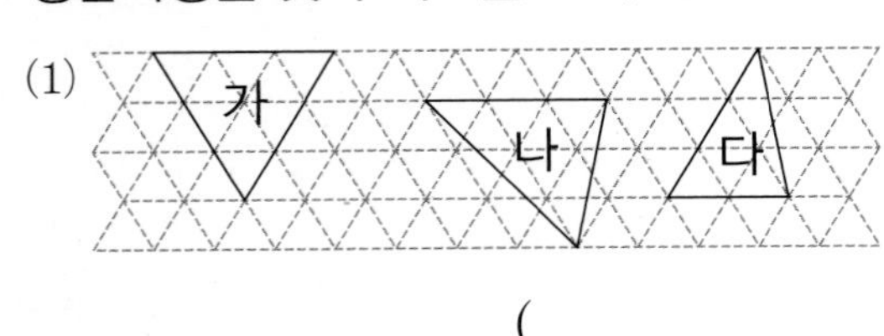

(　　　　　　　　　　)

(2)

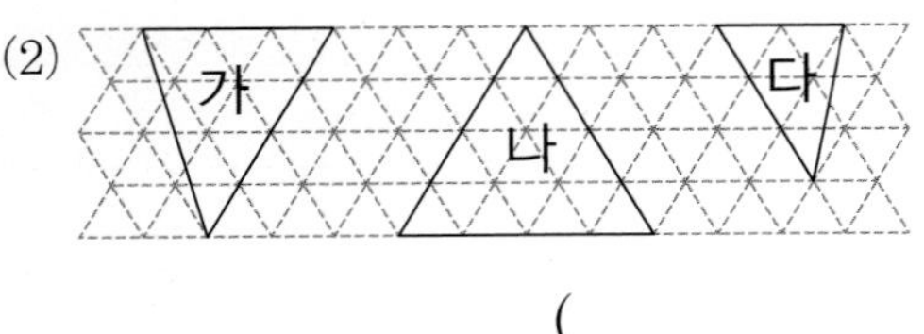

(　　　　　　　　　　)

3 이등변삼각형 ㄱㄴㄷ에서 변 ㄱㄷ과 길이가 같은 변을 찾아 쓰세요.

(1)

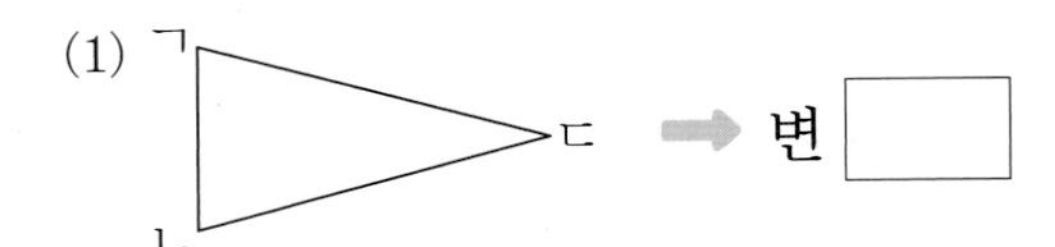

(2)

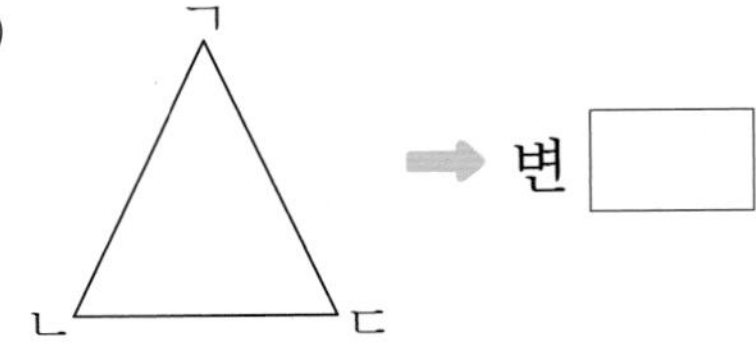

4 정삼각형 ㄱㄴㄷ에서 변 ㄱㄴ과 길이가 같은 변을 모두 찾아 쓰세요.

(1)

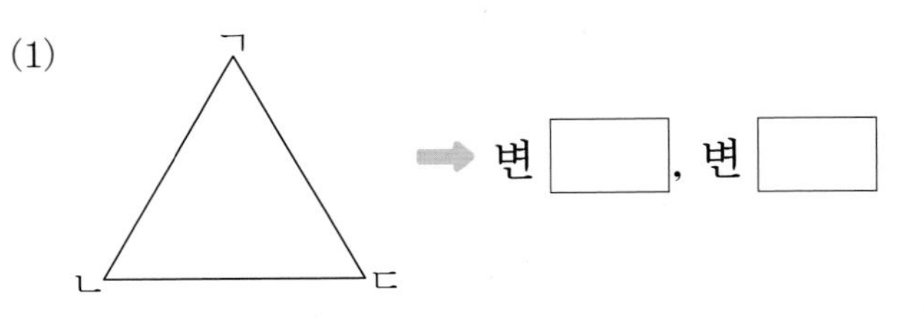

(2)

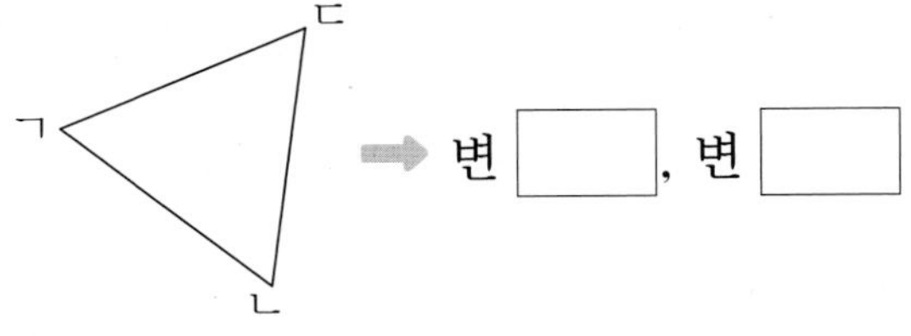

2 이등변삼각형의 성질

● 정답 10쪽

◎ 이등변삼각형의 성질

이등변삼각형은 길이가 같은 두 변에 있는 두 각의 크기가 같습니다.

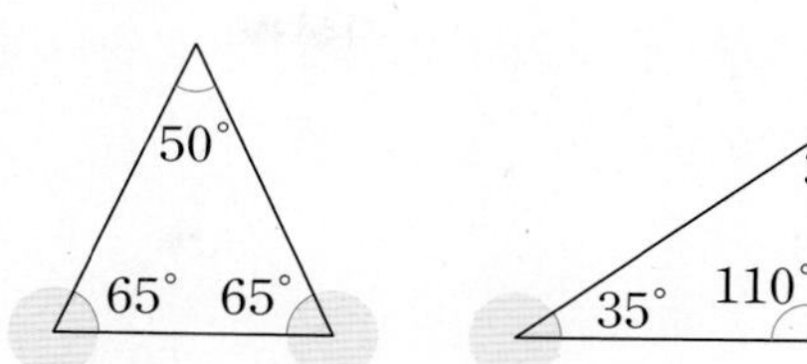

◎ 자와 각도기를 사용하여 두 각의 크기가 각각 40°인 삼각형 그리기

두 각의 크기가 같은 삼각형을 그리면 이등변삼각형이 돼요.

① 선분을 긋습니다.

② 선분의 양 끝에 크기가 각각 40°인 각을 그립니다.

③ 두 각의 변이 만나는 점을 찾아 삼각형을 완성합니다.

개념 강의

• 자를 사용하여 길이가 같은 두 변을 그리거나 각도기를 사용하여 크기가 같은 두 각을 그려서 이등변삼각형을 그릴 수 있습니다.

1 그림과 같이 색종이를 반으로 접어서 자른 후 펼쳐 이등변삼각형을 만들었습니다. □ 안에 알맞게 써넣고, 알맞은 말에 ○표 하세요.

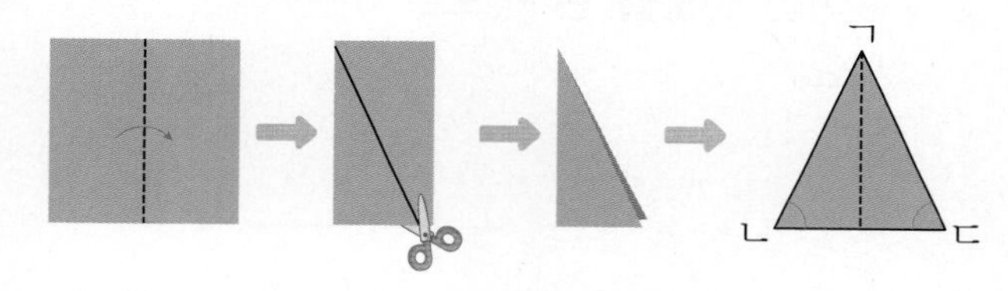

(1) 색종이를 겹쳐서 잘랐기 때문에 변 ㄱㄴ과 변 [ ]의 길이가 같습니다.

(2) 색종이를 겹쳐서 잘랐기 때문에 각 ㄱㄴㄷ과 각 [ ]의 크기가 같습니다.

(3) 이등변삼각형은 길이가 같은 두 변에 있는 두 각의 크기가 (같습니다 , 다릅니다).

2 주어진 선분을 한 변으로 하는 이등변삼각형을 그리세요.

(1)

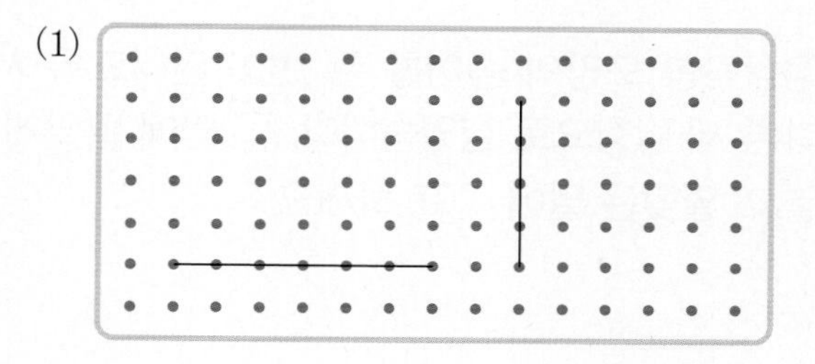

(2)

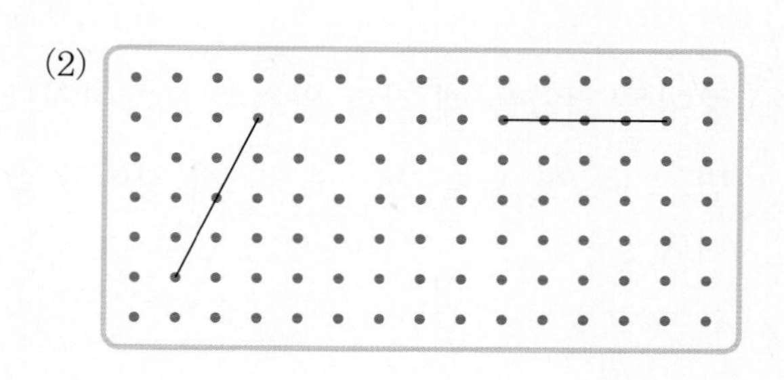

(3)

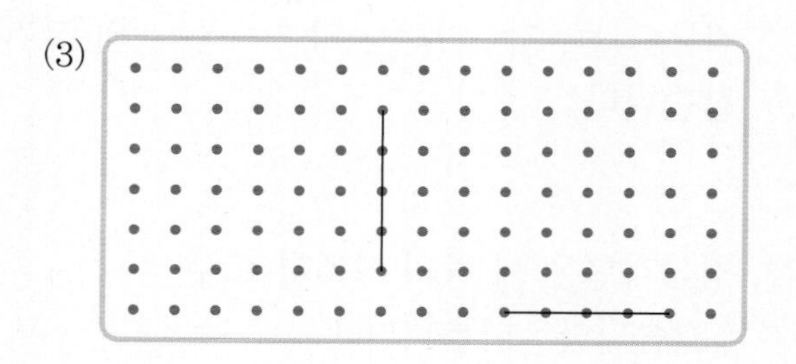

개념 학습

3 정삼각형의 성질

● 정답 11쪽

정삼각형의 성질

정삼각형은 세 각의 크기가 모두 같습니다.

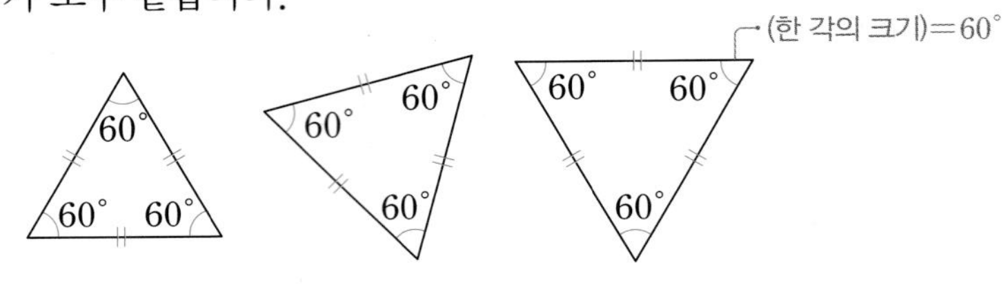

자와 각도기를 사용하여 두 각의 크기가 각각 60°인 삼각형 그리기

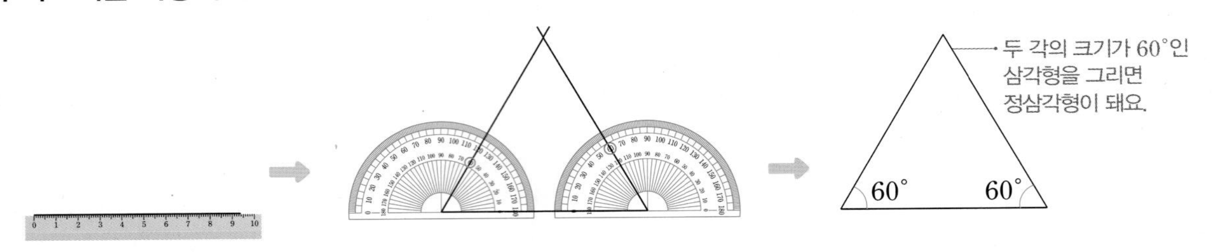

① 선분을 긋습니다.

② 선분의 양 끝에 크기가 각각 60°인 각을 그립니다.

③ 두 각의 변이 만나는 점을 찾아 삼각형을 완성합니다.

개념 강의

- 삼각형의 세 각의 크기의 합은 180°이고, 정삼각형은 세 각의 크기가 모두 같으므로 (정삼각형의 한 각의 크기)=180°÷3=60°입니다.

1 정삼각형 모양의 종이를 두 변이 만나도록 서로 다른 세 방향으로 접었습니다. □ 안에 알맞게 써넣고, 알맞은 말에 ○표 하세요.

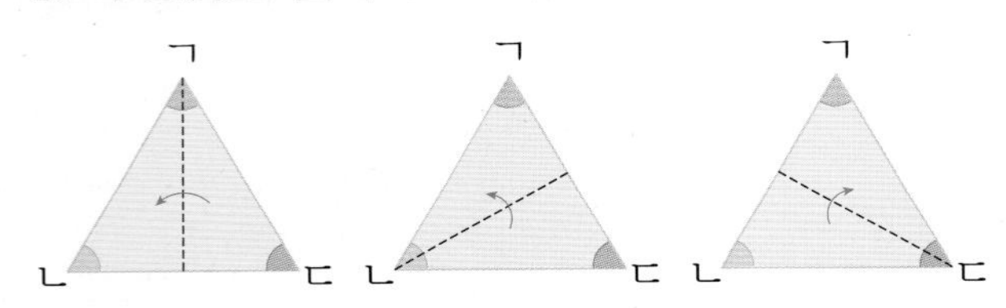

(1) 종이를 접었을 때 각각 완전히 포개어지므로 변 ㄱㄴ, 변 ㄴㄷ, 변 □의 길이가 같습니다.

(2) 종이를 접었을 때 각각 완전히 포개어지므로 각 ㄱㄴㄷ, 각 ㄴㄷㄱ, 각 □의 크기가 같습니다.

(3) 정삼각형은 세 각의 크기가 모두 (같습니다 , 다릅니다).

2 주어진 선분을 한 변으로 하는 정삼각형을 그리세요.

(1)

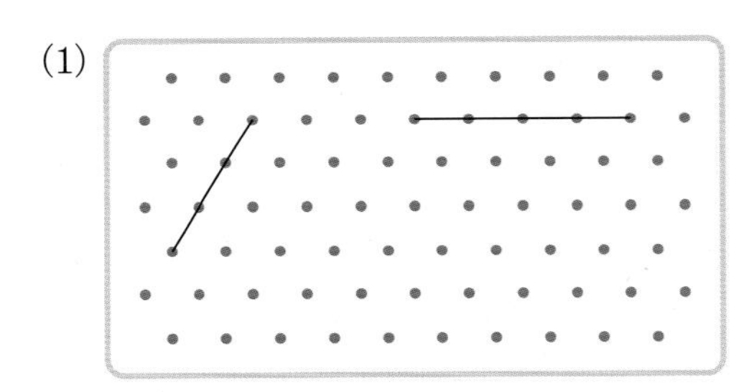

(2)

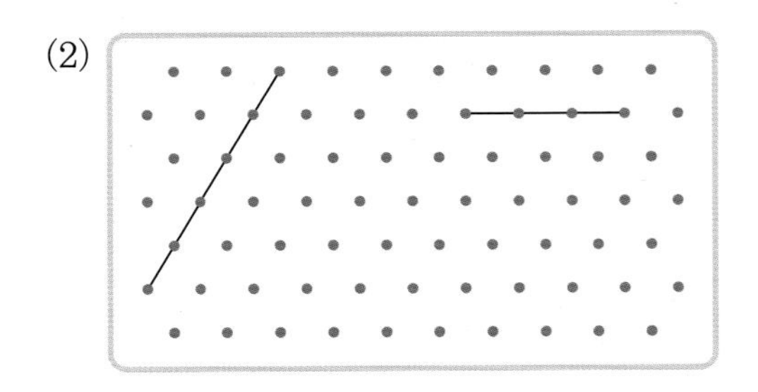

각의 크기에 따라 삼각형 분류, 두 가지 기준으로 삼각형 분류

● 정답 11쪽

◎ 예각삼각형

세 각이 모두 예각인 삼각형을 예각삼각형이라고 합니다.
(예각: 0° < (예각) < 90°)

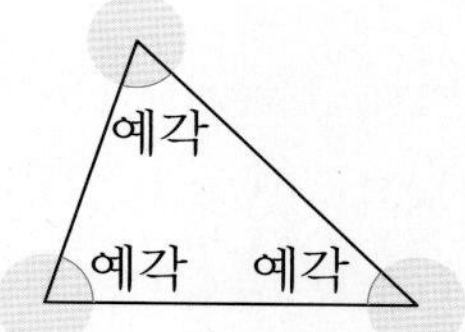

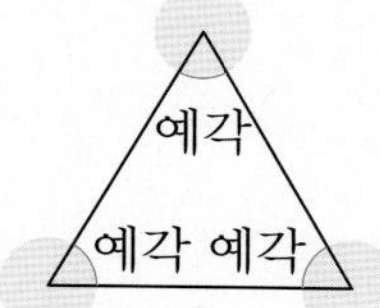

◎ 둔각삼각형

한 각이 둔각인 삼각형을 둔각삼각형이라고 합니다.
(둔각: 90° < (둔각) < 180°)

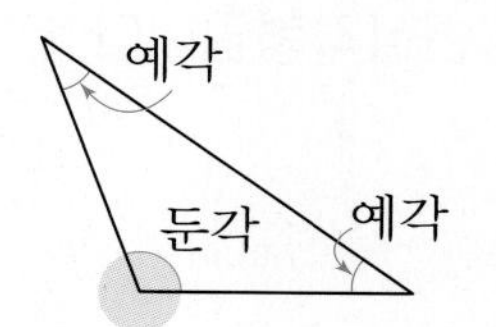

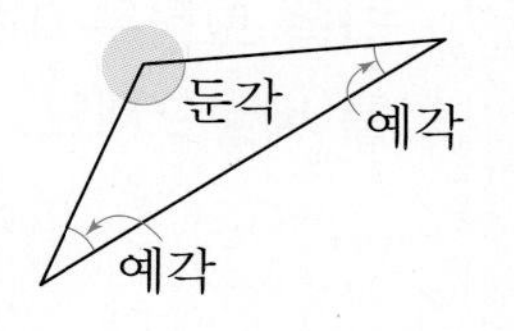

◎ 두 가지 기준으로 삼각형 분류하기

삼각형을 변의 길이와 각의 크기에 따라 분류할 수 있습니다.

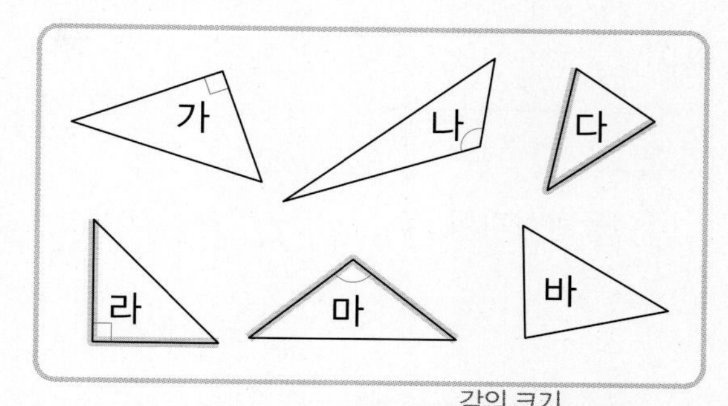

변의 길이 \ 각의 크기	예각삼각형	직각삼각형	둔각삼각형
이등변삼각형	다	라	마
세 변의 길이가 모두 다른 삼각형	바	가	나

개념 강의

- 예각이 1개 있다고 해서 예각삼각형이 아닙니다. 예각삼각형은 세 각이 모두 예각이어야 합니다.
- 삼각형의 세 각 중 한 각이 둔각이면 나머지 두 각은 예각입니다.

1 예각삼각형과 둔각삼각형을 각각 찾아 기호를 쓰세요.

(1)

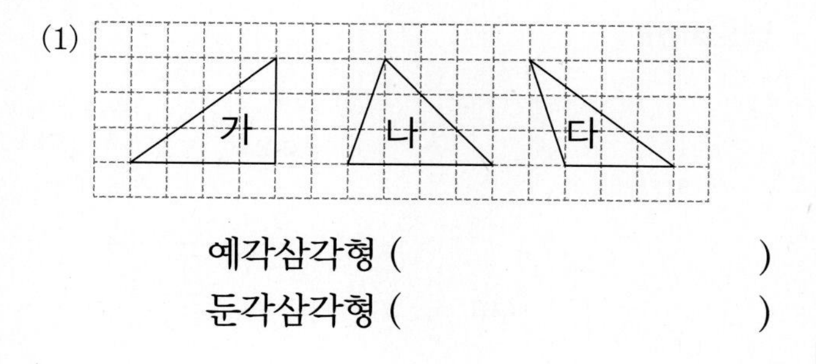

예각삼각형 (　　　　　　　　)
둔각삼각형 (　　　　　　　　)

(2)

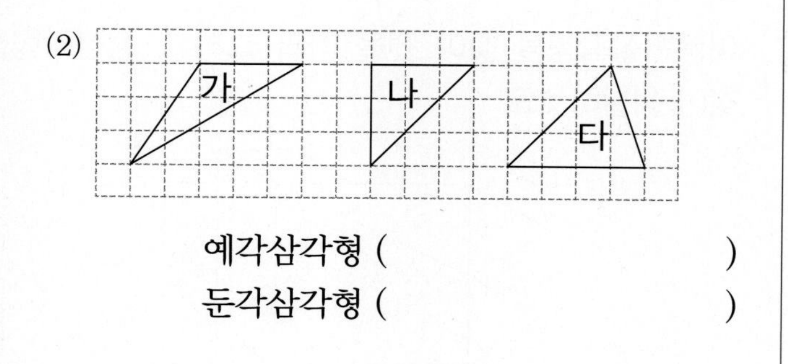

예각삼각형 (　　　　　　　　)
둔각삼각형 (　　　　　　　　)

2 삼각형을 보고 알맞은 말에 ○표 하세요.

(1)

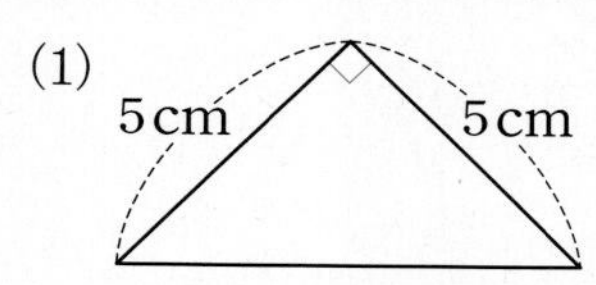

- 두 변의 길이가 같으므로
  (이등변삼각형 , 정삼각형)입니다.
- 한 각이 직각이므로
  (예각삼각형 , 직각삼각형 , 둔각삼각형)
  입니다.

(2)

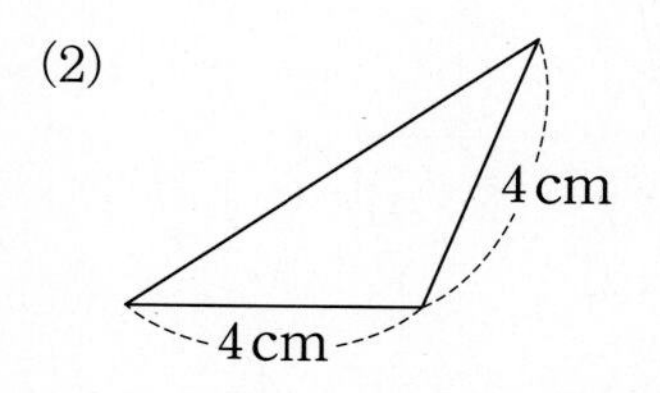

- 두 변의 길이가 같으므로
  (이등변삼각형 , 정삼각형)입니다.
- 한 각이 둔각이므로
  (예각삼각형 , 직각삼각형 , 둔각삼각형)
  입니다.

문제 학습

1 변의 길이에 따라 삼각형 분류

> 두 변의 길이가 같은 삼각형을 이등변삼각형, 세 변의 길이가 같은 삼각형을 정삼각형이라고 합니다.

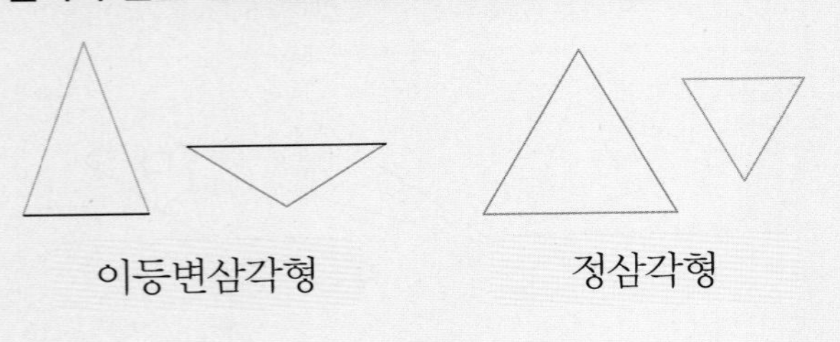

이등변삼각형 정삼각형

1

이등변삼각형을 모두 찾아 기호를 쓰세요.

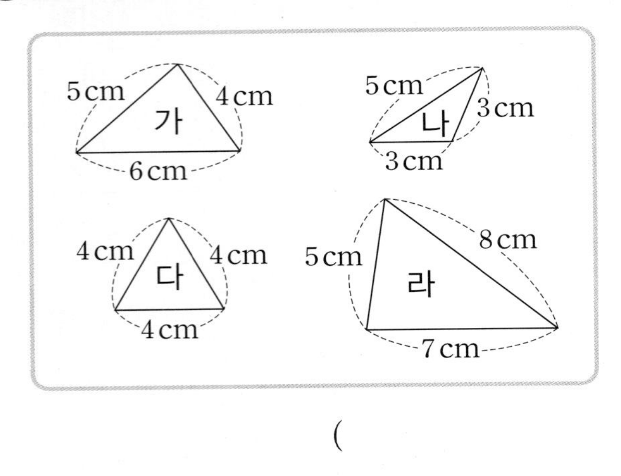

(   )

자를 사용하여 이등변삼각형과 정삼각형을 각각 찾아 기호를 쓰세요.

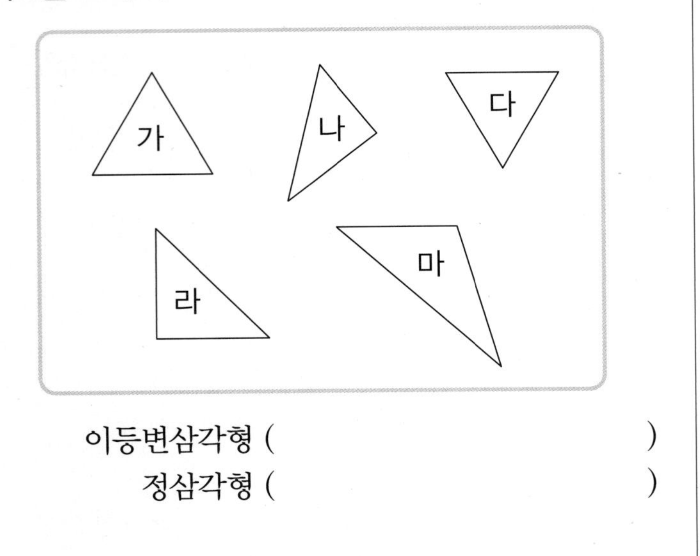

이등변삼각형 (   )

정삼각형 (   )

3

삼각형의 세 변의 길이를 나타낸 것입니다. 정삼각형을 찾아 기호를 쓰세요.

㉠ 8 cm, 12 cm, 15 cm
㉡ 10 cm, 10 cm, 10 cm
㉢ 14 cm, 14 cm, 20 cm

(   )

4

다음 도형은 이등변삼각형입니다. □ 안에 알맞은 수를 써넣으세요.

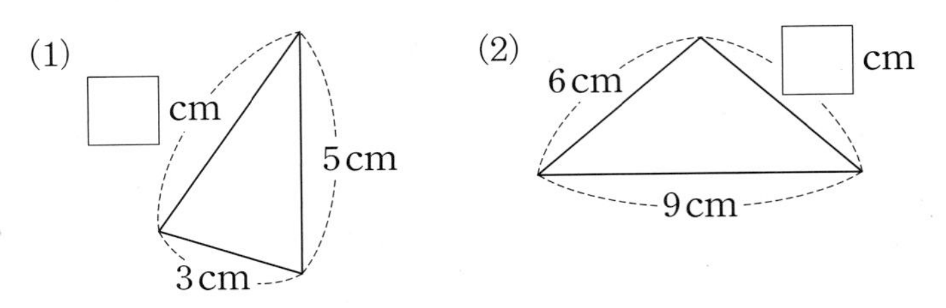

5

다음 도형은 정삼각형입니다. □ 안에 알맞은 수를 써넣으세요.

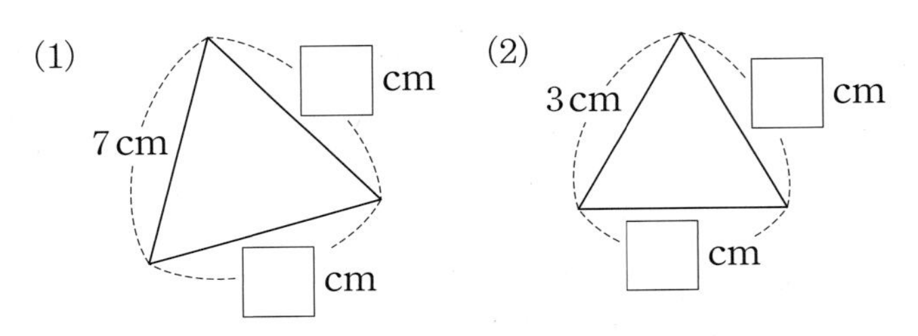

6

이등변삼각형을 찾아 선을 따라 그리고, 정삼각형을 찾아 색칠하세요.

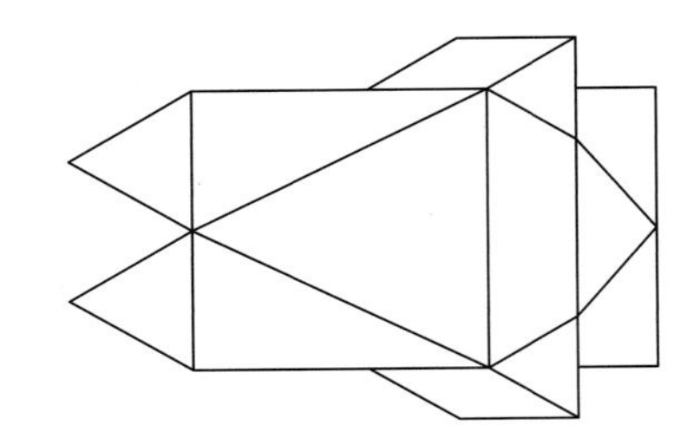

7

대화를 읽고 세 사람이 가지고 있는 빨대로 만들 수 있는 삼각형의 이름을 쓰세요.

도윤: 내가 가지고 있는 빨대는 7 cm야.
희수: 내가 가지고 있는 빨대는 12 cm야.
유진: 나는 도윤이와 같은 길이의 빨대를 가지고 있어.

( )

8

정삼각형과 이등변삼각형의 관계를 잘못 설명한 사람의 이름을 쓰세요.

정삼각형은
이등변삼각형이라고
할 수 있어.
수민

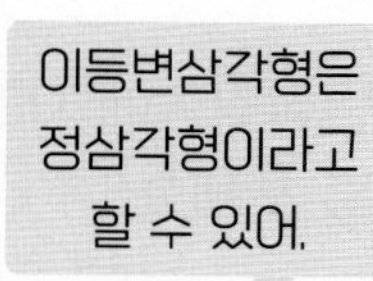

이등변삼각형은
정삼각형이라고
할 수 있어.

( )

9

끈을 겹치지 않게 사용하여 한 변의 길이가 9 cm인 정삼각형을 만들었습니다. 사용한 끈의 길이는 모두 몇 cm일까요?

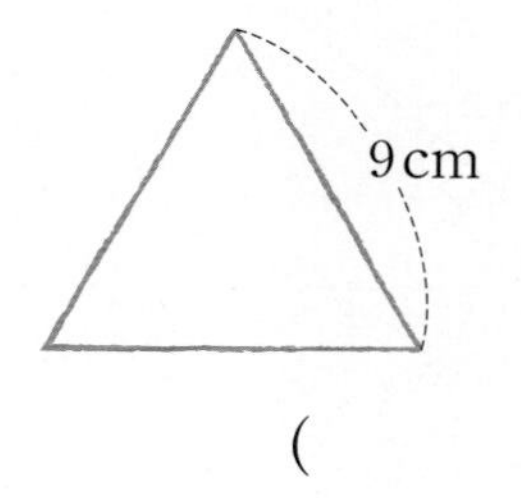

( )

10

이등변삼각형 ㄱㄴㄷ의 세 변의 길이의 합은 18 cm입니다. 변 ㄱㄷ의 길이는 몇 cm인지 구하세요.

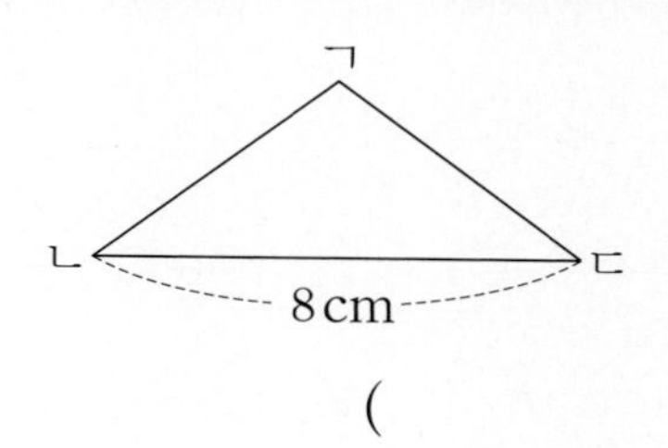

( )

11

다음에서 설명하고 있는 도형의 이름을 쓰세요.

- 굽은 선은 없습니다.
- 변은 모두 3개입니다.
- 꼭짓점은 모두 3개입니다.
- 변의 길이는 모두 5 cm입니다.

( )

12 교과서 공통

정삼각형의 세 변의 길이의 합과 정사각형의 네 변의 길이의 합이 같을 때 정삼각형의 한 변은 몇 cm일까요?

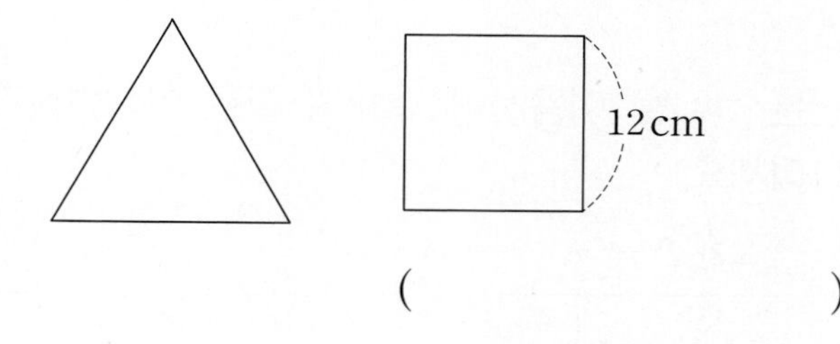

( )

2 단원

문제 학습

2 이등변삼각형의 성질

> 이등변삼각형은 길이가 같은 두 변에 있는 두 각의 크기가 같습니다.

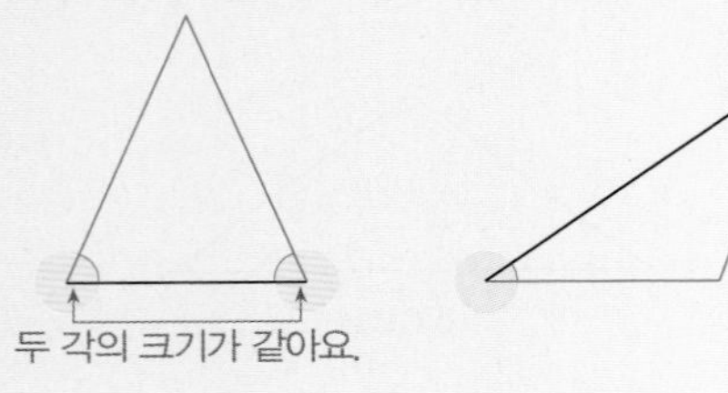

1

이등변삼각형 모양의 우표입니다. 크기가 같은 두 각을 찾아 ∠와 같이 표시하세요.

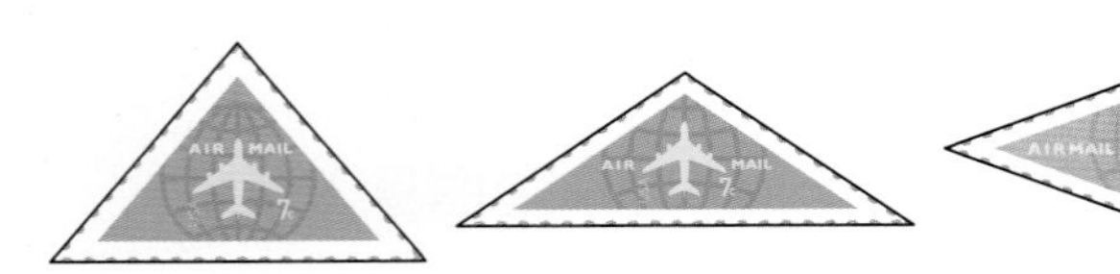

2

다음 도형은 이등변삼각형입니다. □ 안에 알맞은 수를 써넣으세요.

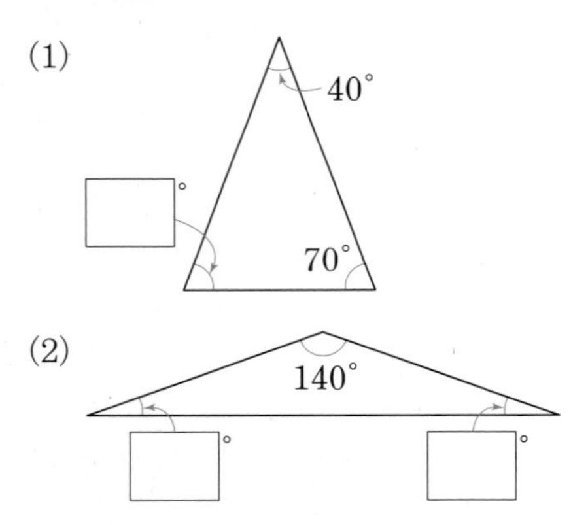

3

선분 ㄱㄴ을 이용하여 보기 와 같은 이등변삼각형을 그리세요.

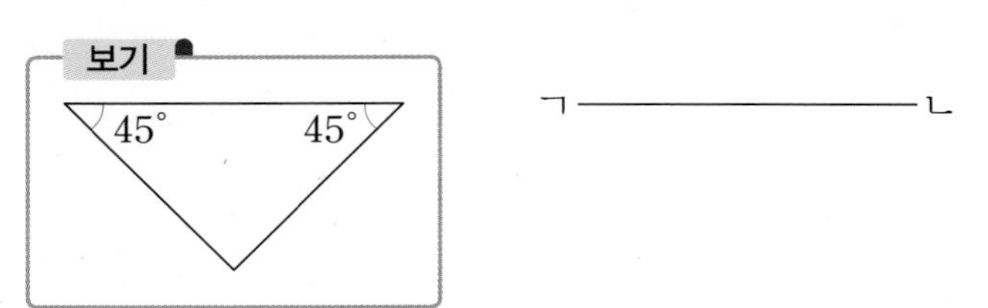

4

다음 도형은 이등변삼각형입니다. ㉠과 ㉡의 각도를 각각 구하세요.

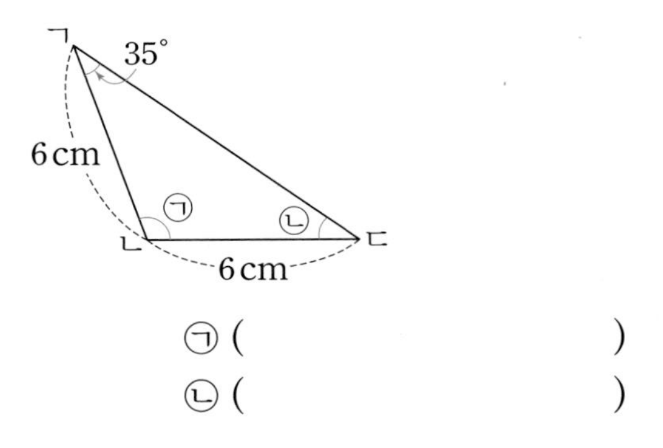

㉠ ( )

㉡ ( )

5

이등변삼각형에 대한 설명으로 옳은 것을 모두 찾아 기호를 쓰세요.

㉠ 두 변의 길이가 같습니다.
㉡ 세 변의 길이가 같습니다.
㉢ 두 각의 크기가 같습니다.
㉣ 세 각의 크기가 같습니다.

( )

6 교과서 공통

삼각형을 보고 □ 안에 알맞은 수를 써넣으세요.

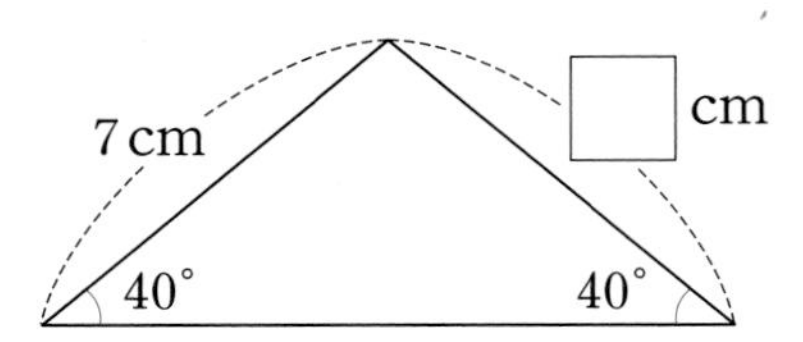

7

보기 에서 이등변삼각형이 그려지는 세 점을 찾아 기호를 쓰세요.

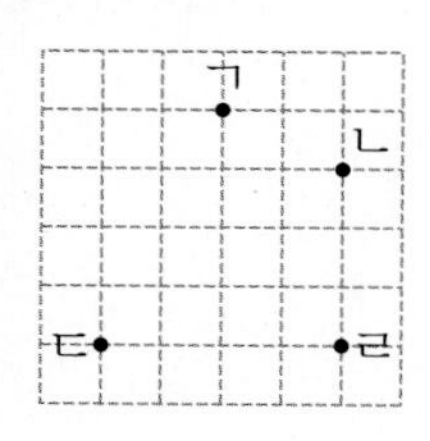

보기
㉠ 점 ㄱ, 점 ㄴ, 점 ㄷ
㉡ 점 ㄱ, 점 ㄷ, 점 ㄹ
㉢ 점 ㄴ, 점 ㄷ, 점 ㄹ

(　　　　　　　　)

8

삼각형 모양의 종이를 반으로 접었더니 완전히 겹쳐졌습니다. □ 안에 알맞은 수를 써넣으세요.

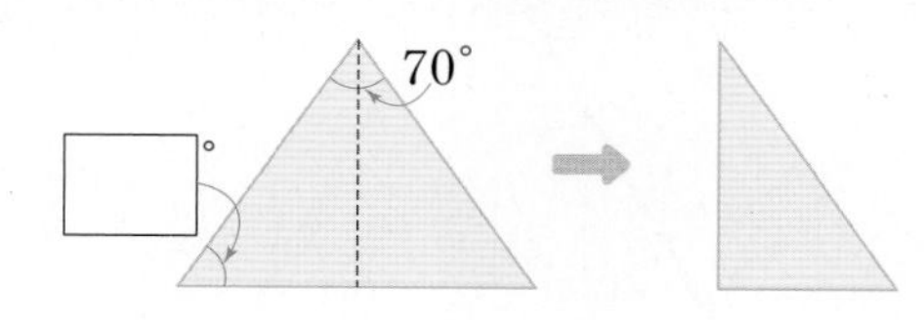

9 교과서 공통

삼각형의 세 각 중 두 각의 크기를 나타낸 것입니다. 이등변삼각형을 말한 사람은 누구인지 쓰세요.

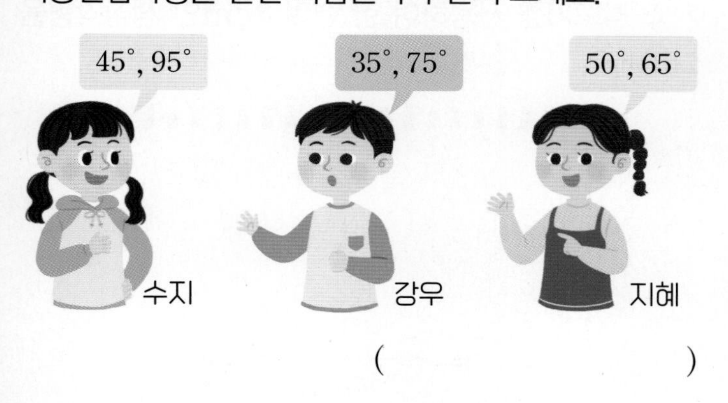

45°, 95°
35°, 75°
50°, 65°
수지
강우
지혜

(　　　　　　　　)

10

다음 도형이 이등변삼각형이 아닌 이유를 쓰세요.

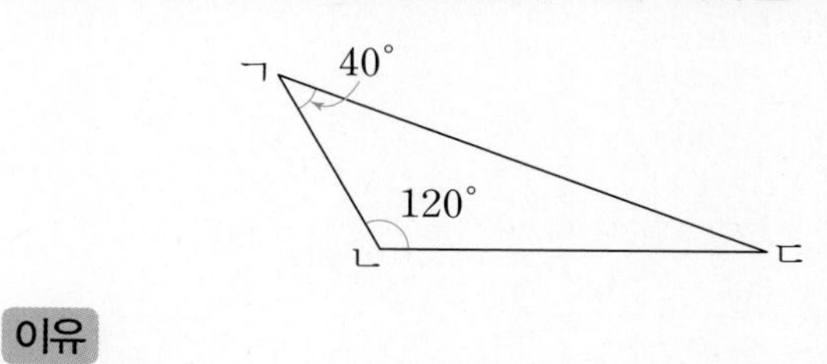

이유

11

삼각형 ㄱㄴㄷ은 이등변삼각형입니다. 각 ㄴㄱㄷ의 크기는 몇 도인지 구하세요.

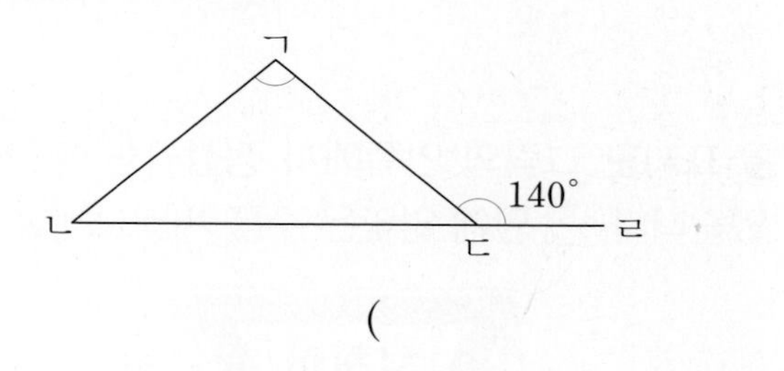

(　　　　　　　　)

12

점선으로 그려진 원의 반지름을 두 변으로 하는 삼각형을 그리려고 합니다. 자를 사용하여 한 각의 크기가 45°인 삼각형을 그리세요.

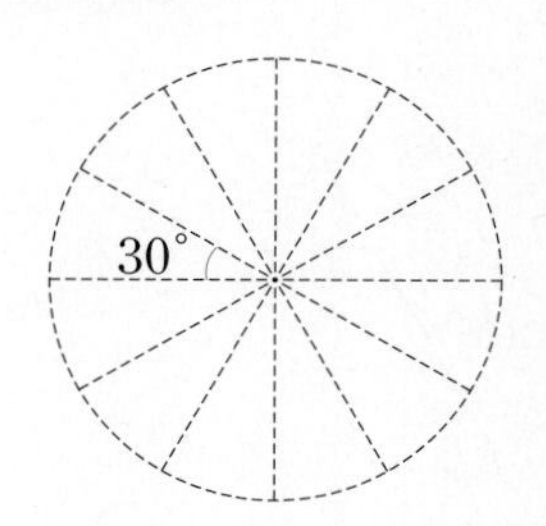

문제 학습

3 정삼각형의 성질

> **정삼각형은 세 각의 크기가 모두 60°로 같습니다.**

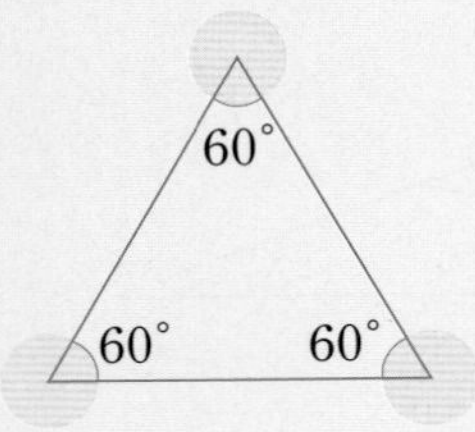

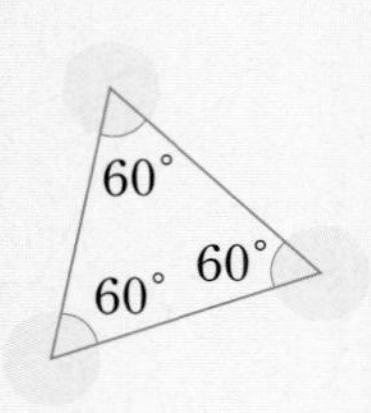

1

정삼각형을 찾아 ○표 하세요.

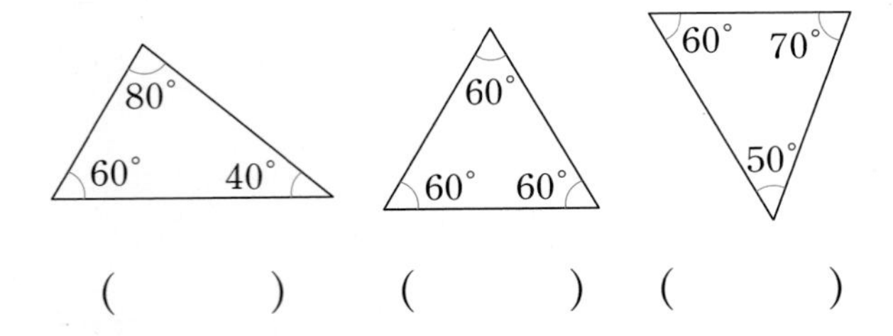

( ) ( ) ( )

2

교통 표지판 그림의 안쪽에서 정삼각형 모양을 찾을 수 있습니다. □ 안에 알맞은 수를 써넣으세요.

3

다음 도형은 정삼각형입니다. □ 안에 알맞은 수를 써넣으세요.

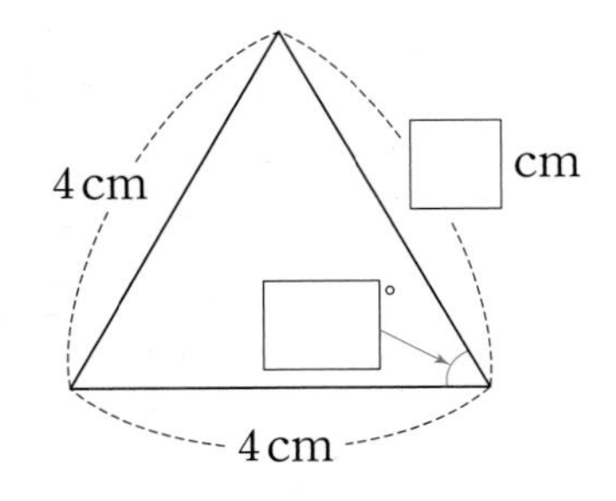

4

원 위에 같은 간격으로 12개의 점이 있습니다. 점 3개를 골라 정삼각형을 그리세요.

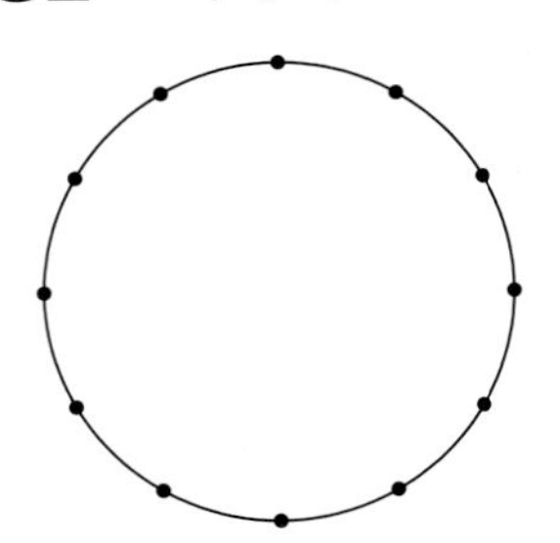

5

철사를 이용하여 다음과 같은 삼각형을 만들었습니다. 만든 삼각형의 세 변의 길이의 합은 몇 cm일까요?

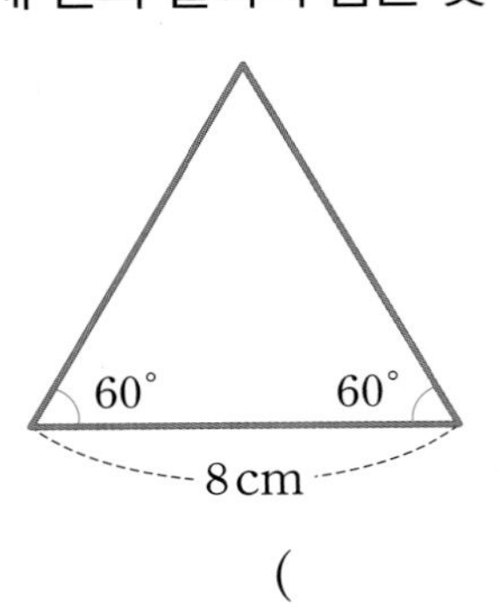

( )

6 교과서 공통

자와 각도기를 사용하여 한 변이 3 cm인 정삼각형을 그리세요.

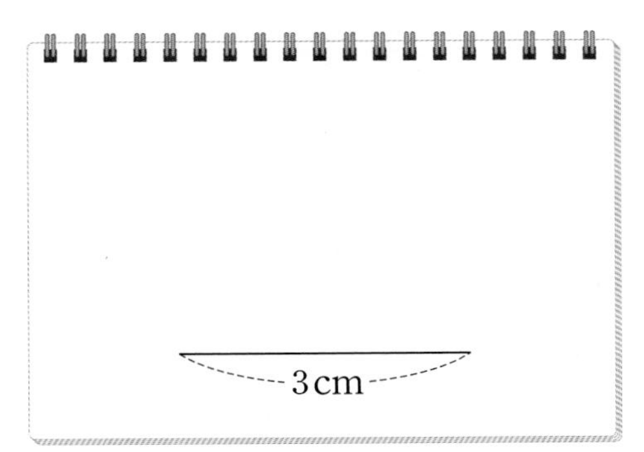

7

㉠과 ㉡의 각도의 합은 몇 도인지 구하세요.

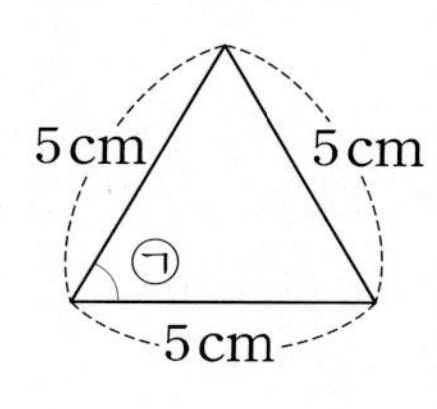

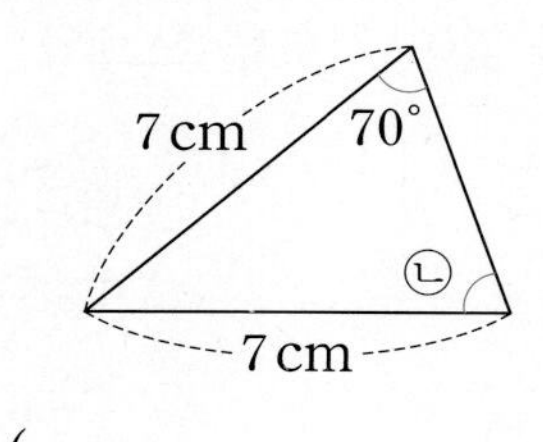

(　　　　　　　　　　)

8

세 정삼각형의 같은 점과 다른 점을 쓰세요.

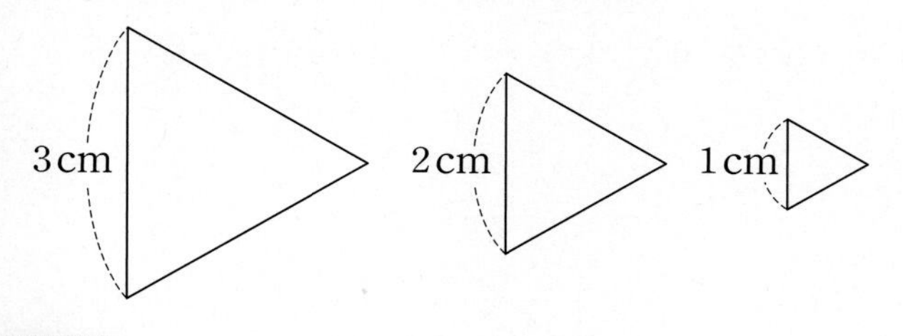

같은 점

다른 점

9

보기 와 같이 정삼각형을 이용하여 모양을 만드세요.

보기

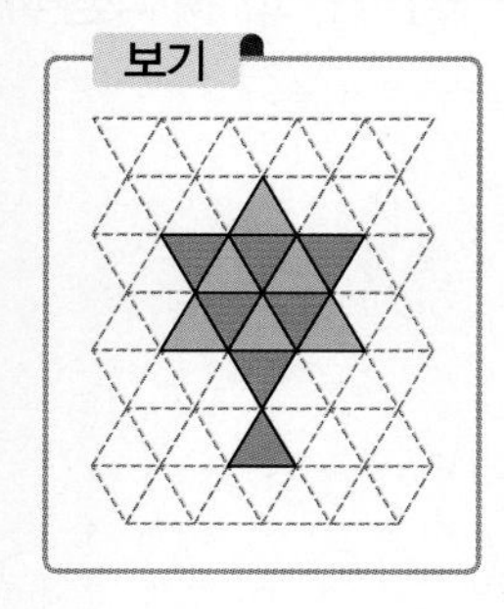

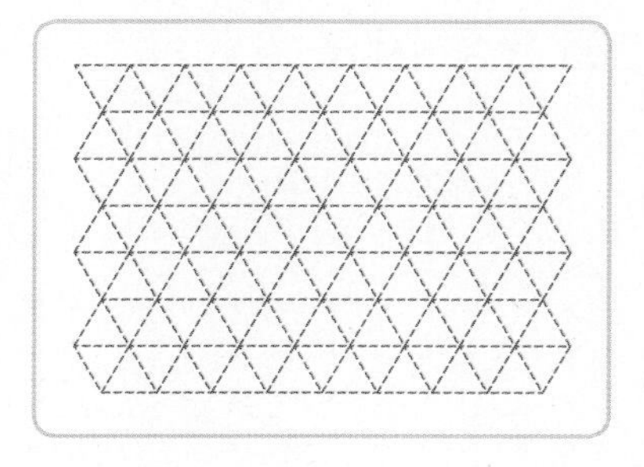

10

다음에서 설명하는 도형을 그리세요.

- 3개의 변으로 둘러싸인 도형입니다.
- 세 각의 크기가 모두 같습니다.

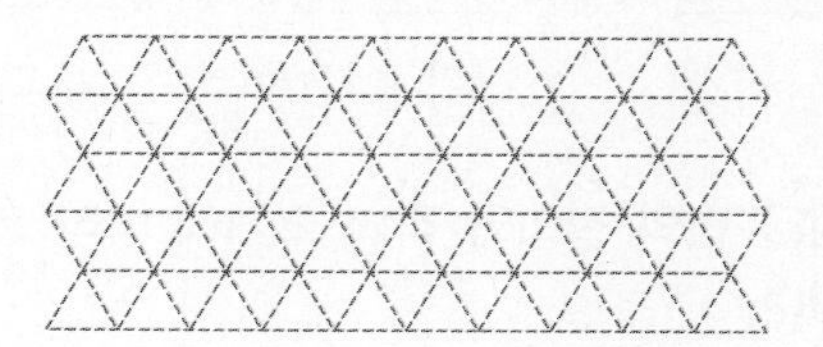

삼각형 ㄱㄴㄷ은 정삼각형입니다. 각 ㄱㄷㄹ의 크기는 몇 도인지 구하세요.

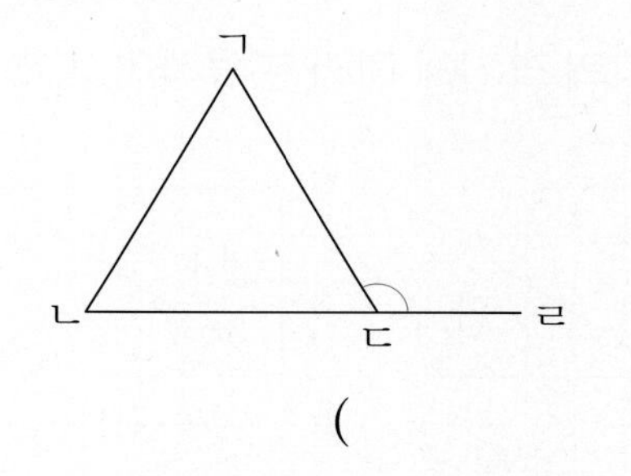

(　　　　　　　　　　)

12

삼각형 ㄱㄴㄷ은 정삼각형, 삼각형 ㄹㄴㄷ은 이등변삼각형입니다. 각 ㄱㄴㄹ의 크기는 몇 도인지 구하세요.

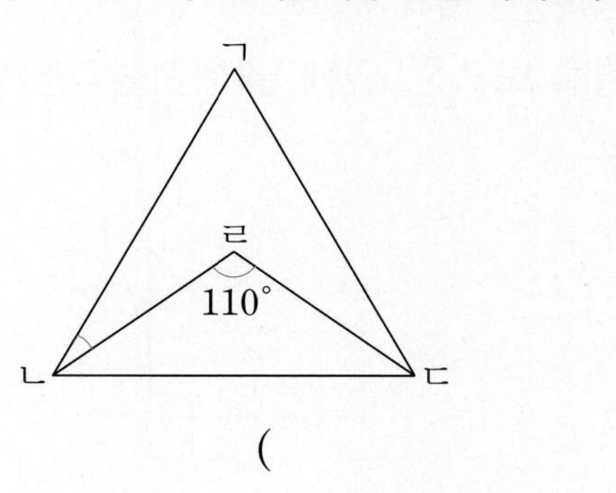

(　　　　　　　　　　)

4 각의 크기에 따라 삼각형 분류, 두 가지 기준으로 삼각형 분류

예각삼각형은 세 각이 모두 직각보다 작고, 둔각삼각형은 직각보다 큰 각이 있습니다.

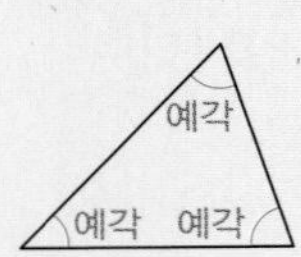

예각삼각형

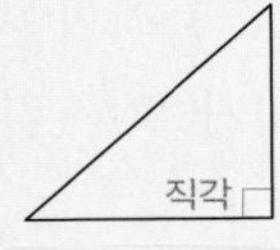

직각삼각형

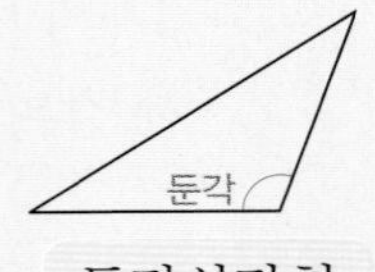

둔각삼각형

삼각형을 변의 길이와 각의 크기에 따라 분류할 수 있습니다.

이등변삼각형			세 변의 길이가 모두 다른 삼각형		
예각삼각형	직각삼각형	둔각삼각형	예각삼각형	직각삼각형	둔각삼각형

1

삼각형을 각의 크기에 따라 분류하여 기호를 쓰세요.

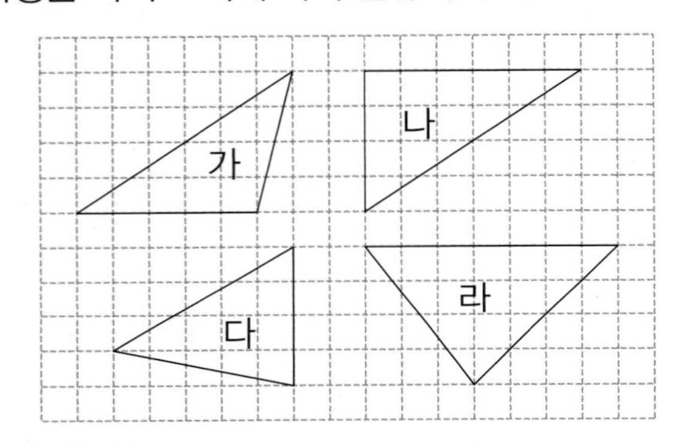

예각삼각형	직각삼각형	둔각삼각형

2

삼각형을 보고 □ 안에 알맞은 삼각형의 이름을 써넣으세요.

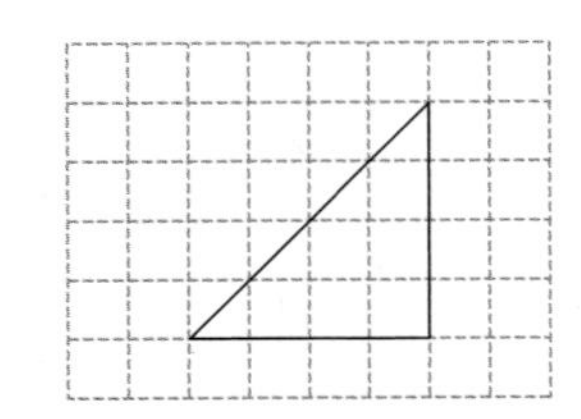

(1) 두 변의 길이가 같으므로 □ 입니다.

(2) 직각이 있으므로 □ 입니다.

3

삼각형의 세 각의 크기를 나타낸 것입니다. 둔각삼각형을 찾아 기호를 쓰세요.

㉠ 25°, 90°, 65°
㉡ 55°, 110°, 15°
㉢ 70°, 75°, 35°

(　　　　　　　)

4

관계있는 것끼리 이으세요.

이등변삼각형　　정삼각형

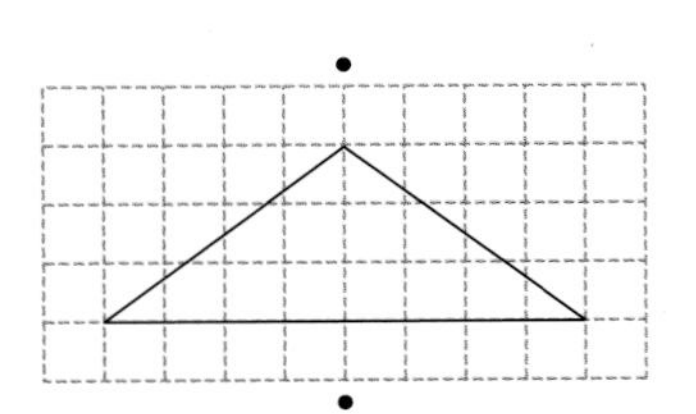

예각삼각형　　직각삼각형　　둔각삼각형

5 교과서 공통

주어진 선분을 한 변으로 하는 예각삼각형과 둔각삼각형을 완성하세요.

예각삼각형　　둔각삼각형

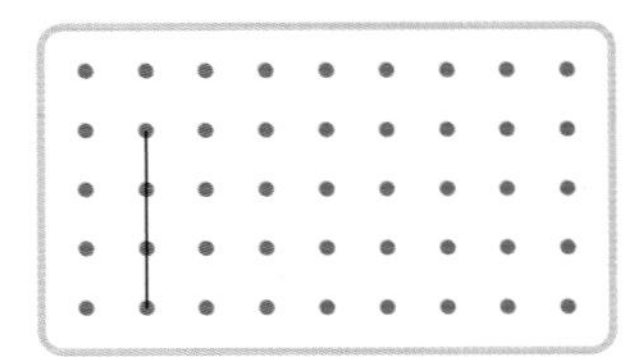

6

삼각형을 분류하여 빈칸에 알맞은 기호를 써넣으세요.

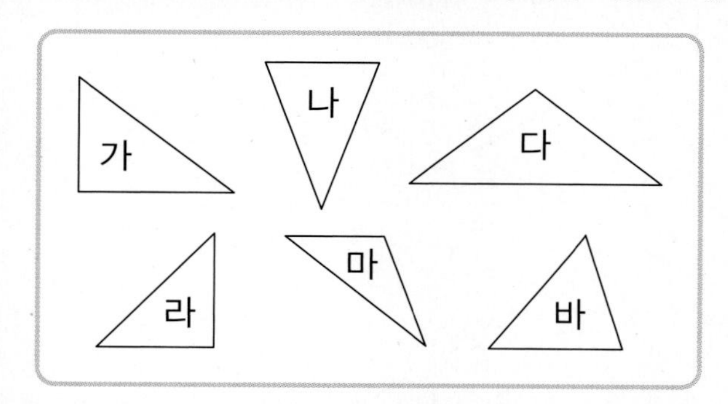

	예각삼각형	직각삼각형	둔각삼각형
이등변삼각형			
세 변의 길이가 모두 다른 삼각형			

7

직사각형 모양의 종이띠를 선을 따라 모두 잘랐습니다. 잘라 낸 도형 중 예각삼각형과 둔각삼각형을 각각 모두 찾아 기호를 쓰세요.

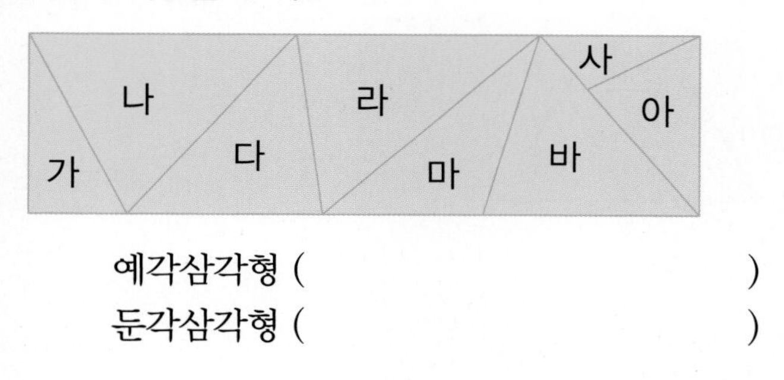

예각삼각형 (　　　　　　　　)

둔각삼각형 (　　　　　　　　)

8

삼각형에 대해 잘못 설명한 사람의 이름을 쓰세요.

둔각삼각형에는 둔각이 1개 있어.
예각삼각형에는 예각이 1개 있어.
수지
태우

(　　　　　　　　)

9

주어진 선분을 한 변으로 하는 둔각삼각형을 그리려고 합니다. 선분의 양 끝과 어떤 점을 이어야 할지 기호를 쓰세요.

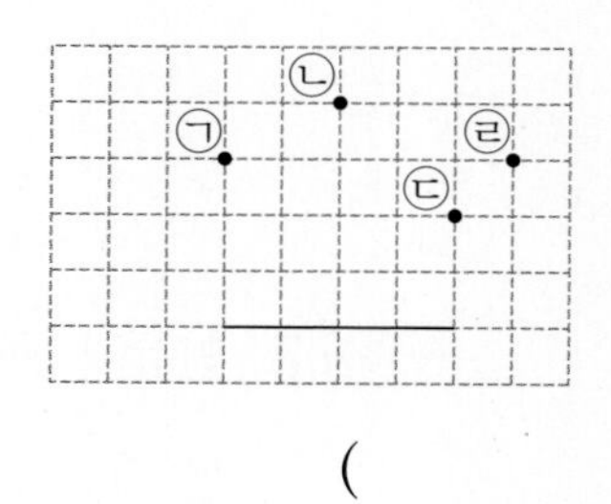

(　　　　　　　　)

10

다음에서 설명하는 삼각형을 그리세요.

- 두 변의 길이가 같습니다.
- 세 각이 모두 예각입니다.

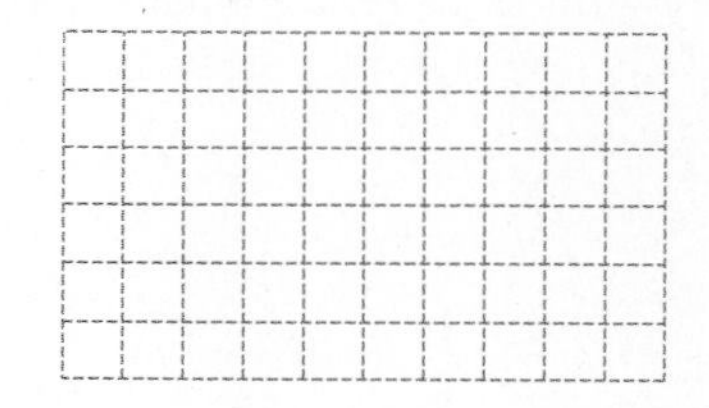

11 교과서 공통

삼각형의 이름이 될 수 있는 것을 모두 찾아 ○표 하세요.

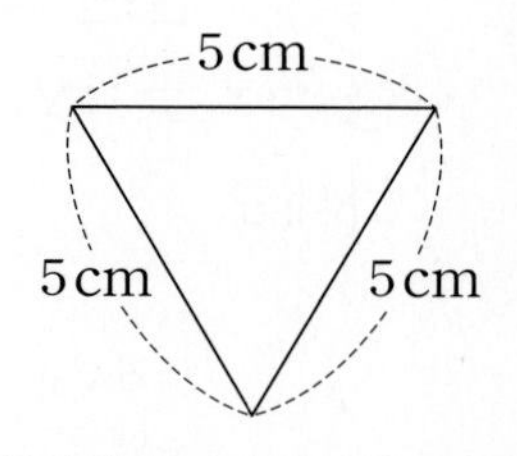

이등변삼각형　　정삼각형

예각삼각형　　직각삼각형　　둔각삼각형

1 도형을 둘러싼 선의 길이 구하기

● 정답 14쪽

한 변이 4 cm인 정삼각형 8개를 겹치지 않게 이어 붙여서 만든 도형입니다. 빨간색 선의 길이는 몇 cm인지 구하세요.

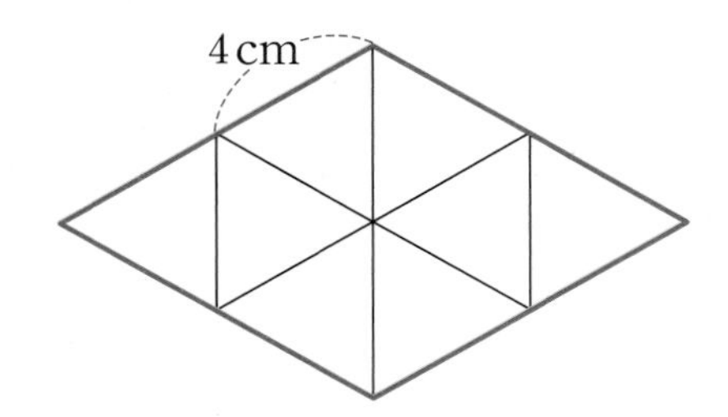

1단계 만든 도형의 한 변의 길이 구하기

( )

2단계 빨간색 선의 길이 구하기

( )

문제해결 tip 정삼각형은 세 변의 길이가 모두 같음을 이용하여 만든 도형의 한 변의 길이를 구합니다.

1·1 한 변이 8 cm인 정삼각형 4개를 겹치지 않게 이어 붙여서 큰 정삼각형을 만들었습니다. 빨간색 선의 길이는 몇 cm인지 구하세요.

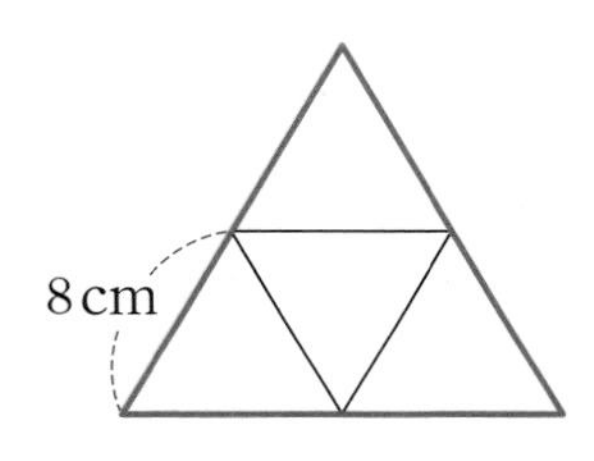

( )

1·2 크기가 같은 정삼각형 4개를 겹치지 않게 이어 붙여서 사각형을 만들었습니다. 사각형 ㄱㄴㄷㄹ의 네 변의 길이의 합이 72 cm일 때 정삼각형의 한 변은 몇 cm인지 구하세요.

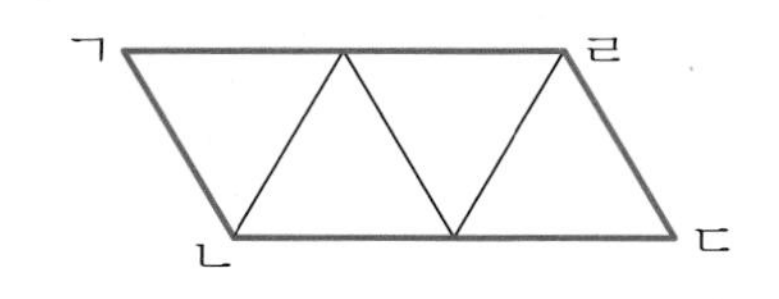

( )

2 이어 붙인 도형에서 변의 길이 구하기

정답 14쪽

정삼각형과 이등변삼각형을 겹치지 않게 이어 붙여 사각형 ㄱㄴㄷㄹ을 만들었습니다. 사각형 ㄱㄴㄷㄹ의 네 변의 길이의 합이 42 cm일 때 변 ㄱㄹ은 몇 cm인지 구하세요.

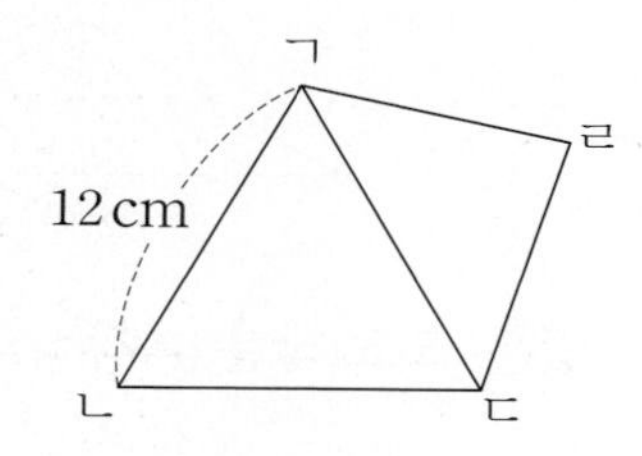

1단계 변 ㄴㄷ의 길이 구하기

( )

2단계 변 ㄱㄹ의 길이 구하기

( )

문제해결 tip 이등변삼각형의 성질과 정삼각형의 성질을 이용하여 길이가 같은 변을 찾습니다.

2·1 정삼각형과 이등변삼각형을 겹치지 않게 이어 붙여 사각형 ㄱㄴㄷㄹ을 만들었습니다. 사각형 ㄱㄴㄷㄹ의 네 변의 길이의 합이 32 cm일 때 변 ㄱㄴ은 몇 cm인지 구하세요.

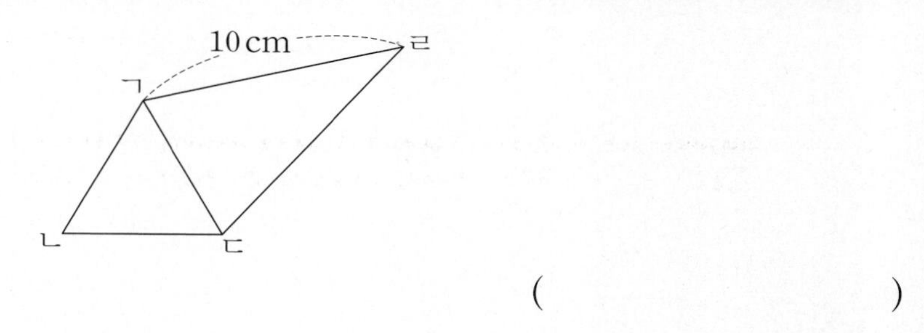

( )

2·2 이등변삼각형과 정삼각형을 겹치지 않게 이어 붙여 사각형 ㄱㄴㄷㄹ을 만들었습니다. 이등변삼각형 ㄱㄴㄷ의 세 변의 길이의 합이 31 cm일 때 사각형 ㄱㄴㄷㄹ의 네 변의 길이의 합은 몇 cm인지 구하세요.

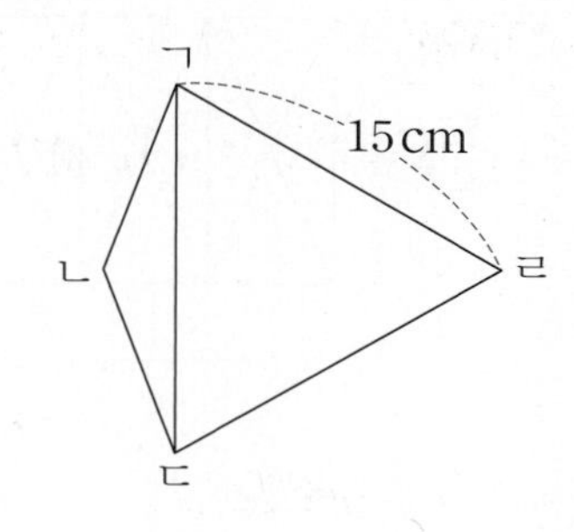

( )

2 단원

응용 학습

3 크고 작은 삼각형의 개수 구하기

정답 14쪽

도형에서 찾을 수 있는 크고 작은 예각삼각형과 둔각삼각형은 각각 몇 개인지 구하세요.

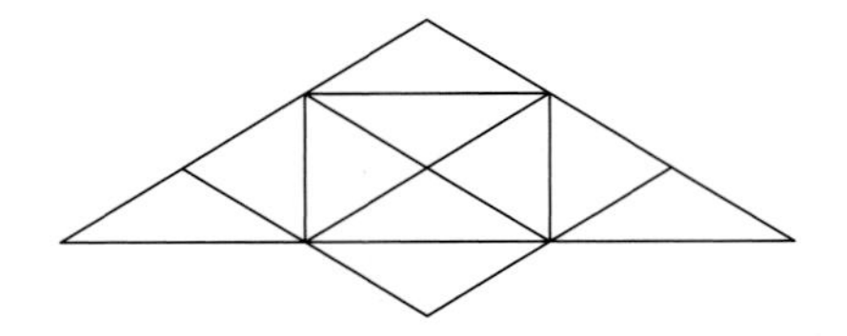

1단계 찾을 수 있는 크고 작은 예각삼각형의 개수 구하기

(　　　　　　　　　　　)

2단계 찾을 수 있는 크고 작은 둔각삼각형의 개수 구하기

(　　　　　　　　　　　)

문제해결 tip 가장 작은 삼각형의 개수부터 가장 작은 삼각형이 만나 이루는 큰 삼각형의 개수까지 차례로 확인합니다.

3·1 도형에서 찾을 수 있는 크고 작은 예각삼각형과 둔각삼각형의 개수의 합을 구하세요.

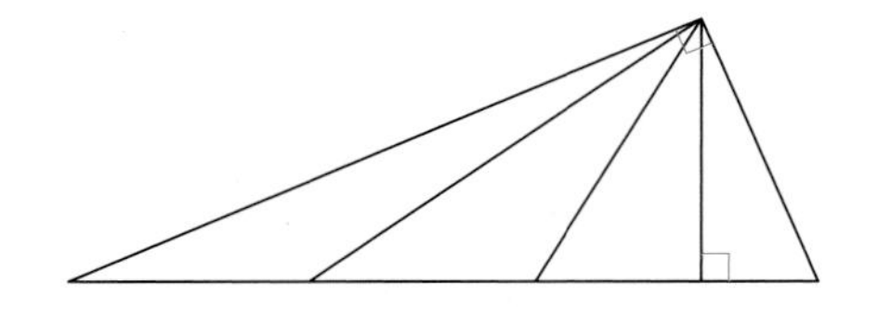

(　　　　　　　　　　　)

3·2 두 사람이 그린 그림입니다. 크고 작은 이등변삼각형을 더 많이 찾을 수 있는 그림을 그린 사람은 누구일까요?

보은

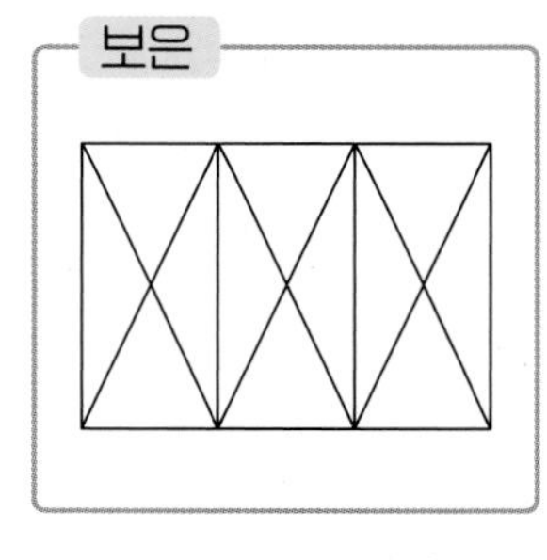

상학

(　　　　　　　　　　　)

4 이어 붙인 도형에서 각도 구하기

● 정답 15쪽

정삼각형과 이등변삼각형을 겹치지 않게 이어 붙여 사각형 ㄱㄴㄷㄹ을 만들었습니다. 각 ㄴㄱㄹ의 크기는 몇 도인지 구하세요.

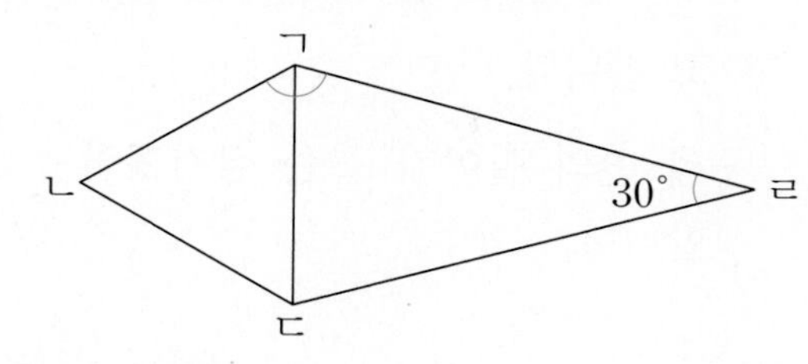

1단계 각 ㄴㄱㄷ의 크기 구하기

(　　　　　　)

2단계 각 ㄹㄱㄷ의 크기 구하기

(　　　　　　)

3단계 각 ㄴㄱㄹ의 크기 구하기

(　　　　　　)

문제해결 tip 이등변삼각형은 길이가 같은 두 변에 있는 두 각의 크기가 같음을 이용하여 크기가 같은 각을 찾습니다.

4·1 삼각형 ㄱㄴㄷ과 삼각형 ㄱㄷㄹ은 이등변삼각형입니다. 각 ㄷㄱㄹ의 크기는 몇 도인지 구하세요.

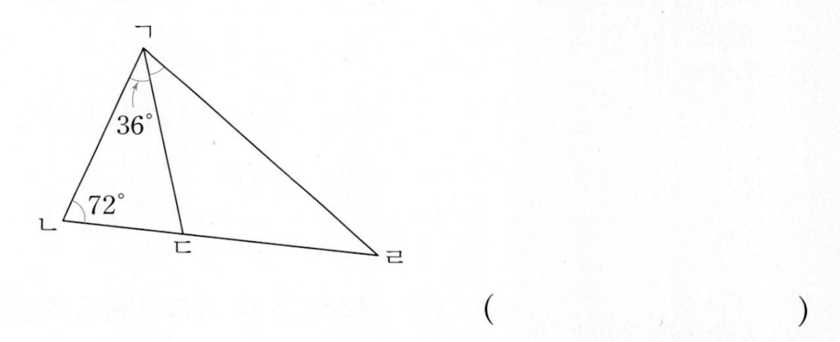

(　　　　　　)

4·2 도형에서 선분 ㄴㄷ과 선분 ㄱㄷ의 길이가 같고, 선분 ㄱㄹ과 선분 ㄷㄹ의 길이가 같습니다. 각 ㄱㄴㄷ의 크기는 몇 도인지 구하세요.

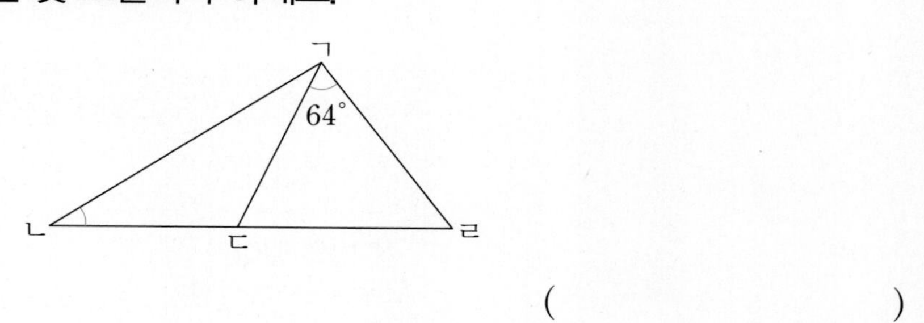

(　　　　　　)

2 삼각형

정답 15쪽

이등변삼각형은 두 변의 길이가 같은 삼각형이고, 정삼각형은 세 변의 길이가 같은 삼각형입니다.

① 변의 길이에 따라 삼각형 분류하기

- □ 변의 길이가 같은 삼각형을 이등변삼각형이라고 합니다.
- 세 변의 길이가 같은 삼각형을 □이라고 합니다.

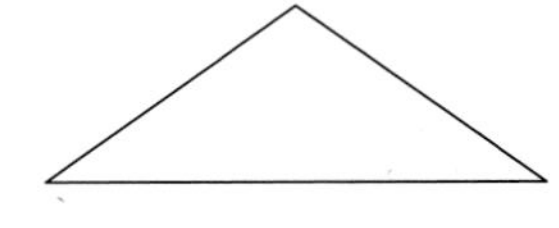

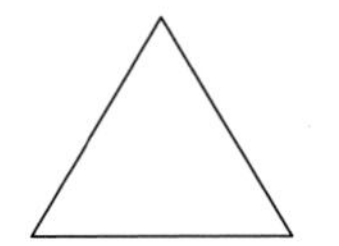

- 이등변삼각형은 길이가 같은 두 변에 있는 두 각의 크기가 같습니다.
- 정삼각형은 세 각의 크기가 같습니다.

② 이등변삼각형, 정삼각형의 성질

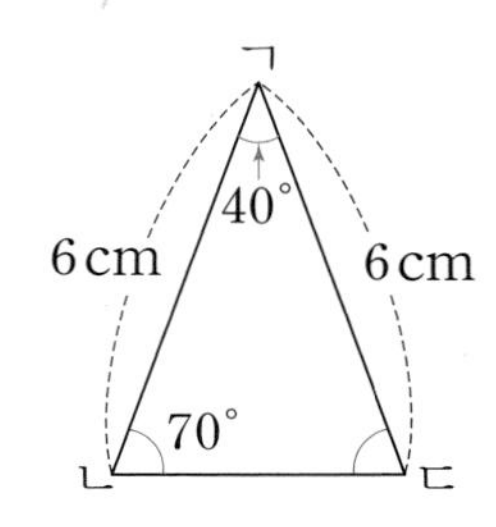

(각 ㄱㄷㄴ)=(각 □)

=□°

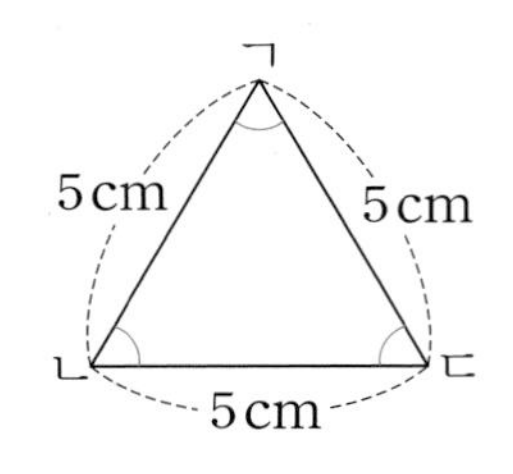

(각 ㄱㄴㄷ)=(각 □)

=(각 □)=□°

예각삼각형은 세 각이 모두 예각인 삼각형이고, 둔각삼각형은 한 각이 둔각인 삼각형입니다.

③ 각의 크기에 따라 삼각형 분류하기

- (한 , 두 , 세) 각이 모두 □인 삼각형을 예각삼각형이라고 합니다.
- (한 , 두 , 세) 각이 둔각인 삼각형을 □삼각형이라고 합니다.

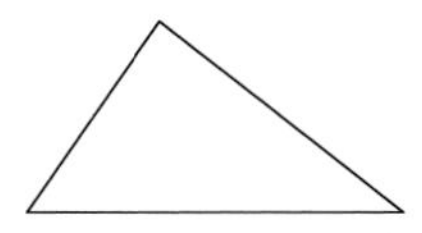

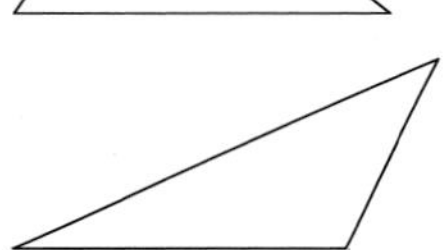

삼각형을 변의 길이와 각의 크기에 따라 분류할 수 있습니다.

④ 삼각형을 두 가지 기준으로 분류하기

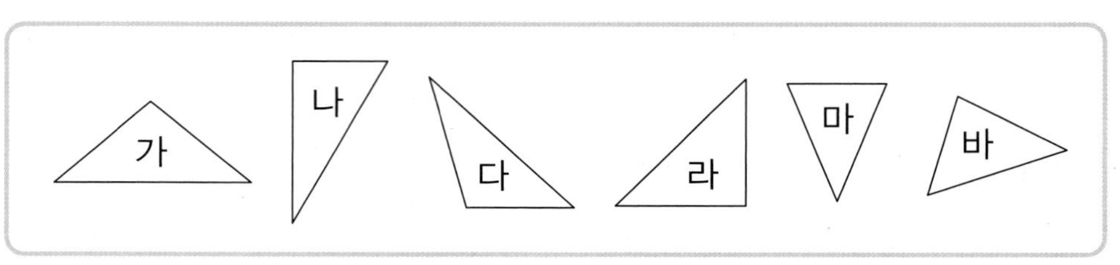

	예각삼각형	직각삼각형	둔각삼각형
이등변삼각형	마	□	가
세 변의 길이가 모두 다른 삼각형	□	나	□

1

이등변삼각형을 찾아 기호를 쓰세요.

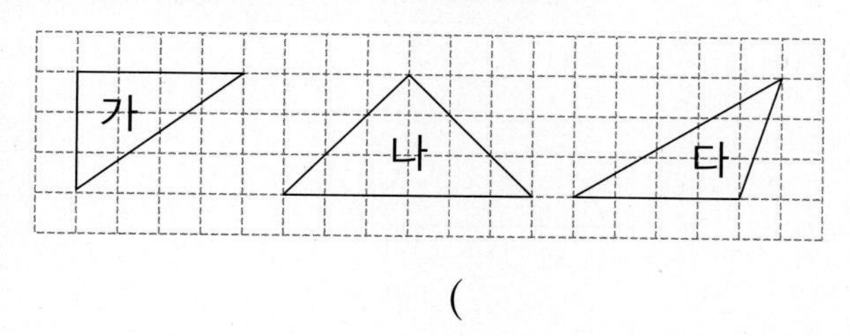

( )

2

주어진 선분을 한 변으로 하는 정삼각형을 그리고, □ 안에 알맞은 말을 써넣으세요.

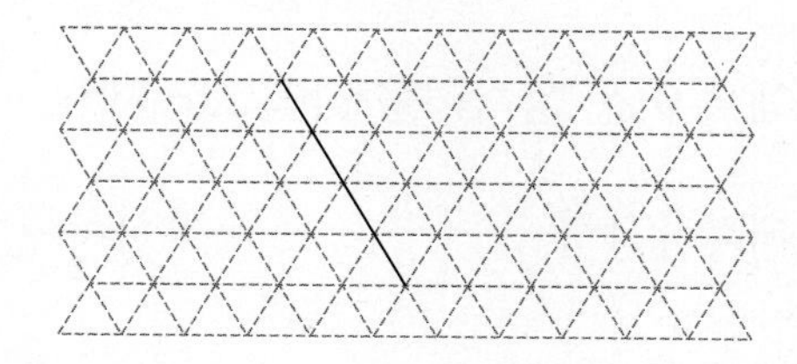

정삼각형은 □ 각의 크기가 같습니다.

3

다음 도형은 이등변삼각형입니다. □ 안에 알맞은 수를 써넣으세요.

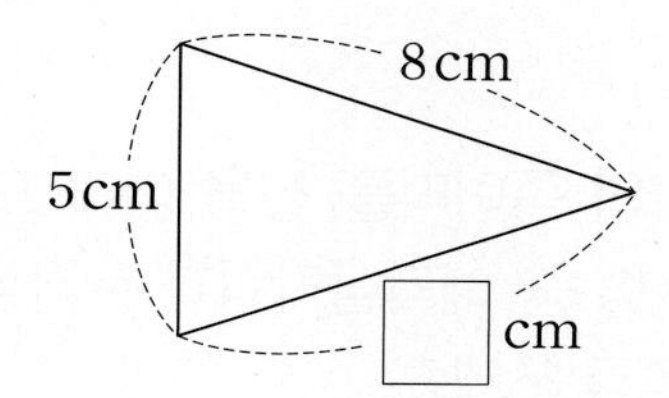

4

관계있는 것끼리 이으세요.

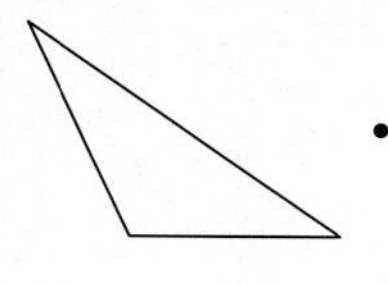

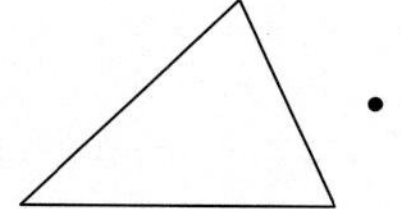

예각삼각형

둔각삼각형

5

다음 도형은 이등변삼각형입니다. □ 안에 알맞은 수를 써넣으세요.

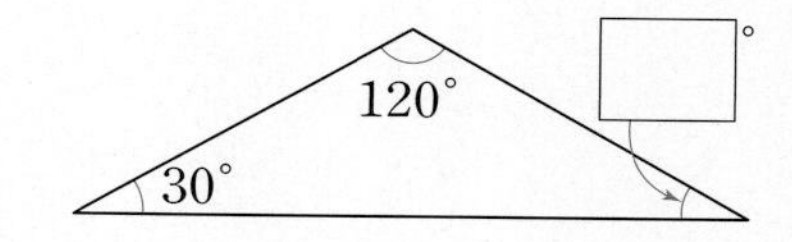

6

다음 도형은 정삼각형입니다. □ 안에 알맞은 수를 써넣으세요.

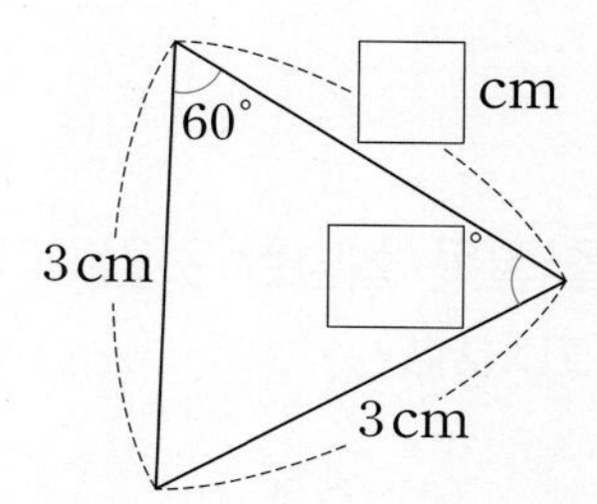

7 서술형

다음 도형은 이등변삼각형입니다. 삼각형 ㄱㄴㄷ의 세 변의 길이의 합은 몇 cm인지 해결 과정을 쓰고, 답을 구하세요.

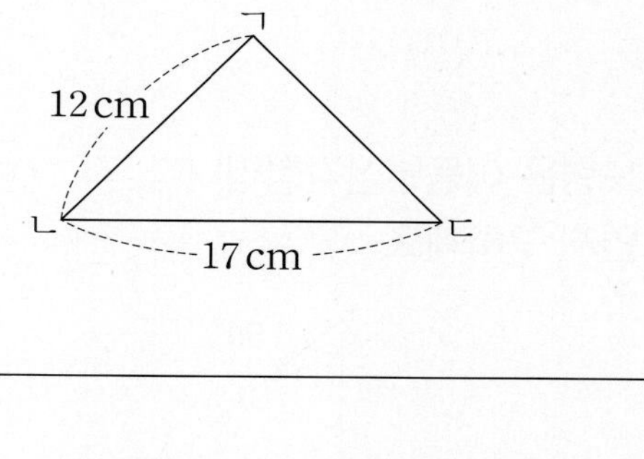

( )

8

세 변의 길이의 합이 45 cm인 정삼각형의 한 변은 몇 cm일까요?

( )

9

□ 안에 알맞은 수를 써넣으세요.

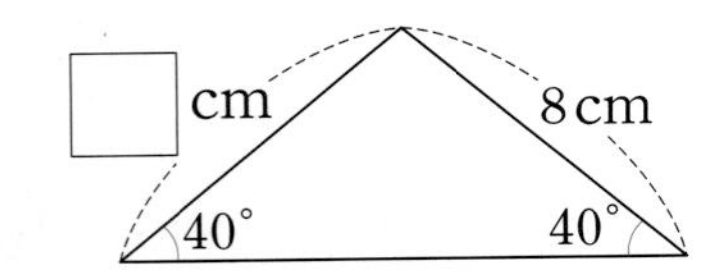

10 서술형

수지가 삼각형을 잘못 설명한 것입니다. 잘못된 부분을 찾아 바르게 고치세요.

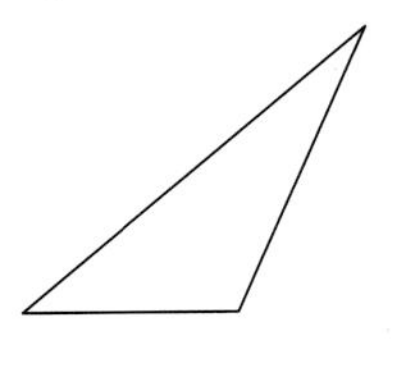

11

다음 도형은 이등변삼각형입니다. 각 ㄱㄷㄴ의 크기는 몇 도인지 구하세요.

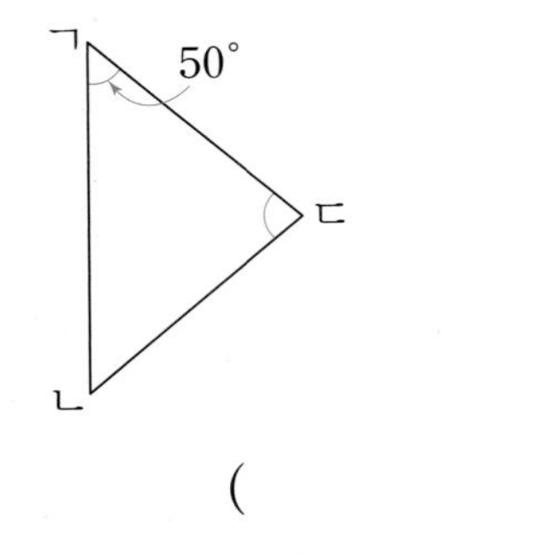

( )

12

크기가 같은 두 개의 정삼각형을 겹치지 않게 이어 붙여 사각형 ㄱㄴㄷㄹ을 만들었습니다. 각 ㄴㄷㄹ의 크기는 몇 도일까요?

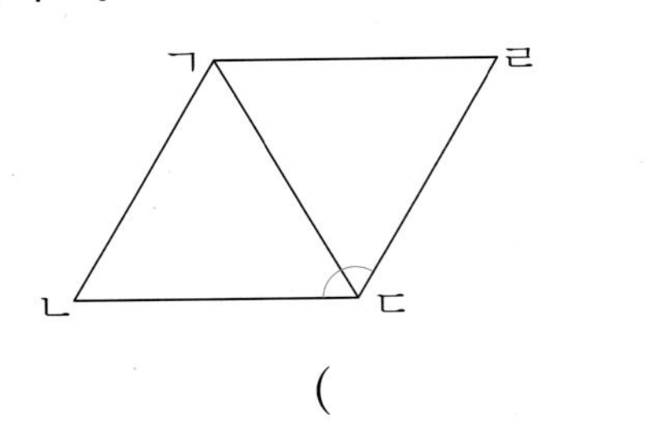

( )

13

모눈종이에 주어진 삼각형을 각각 그리세요.

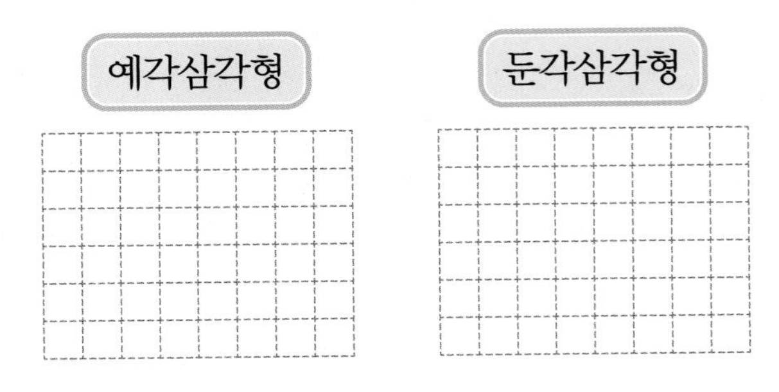

14

직사각형 모양의 종이띠를 선을 따라 모두 잘랐습니다. 잘라 낸 도형 중 예각삼각형과 둔각삼각형을 각각 모두 찾아 기호를 쓰세요.

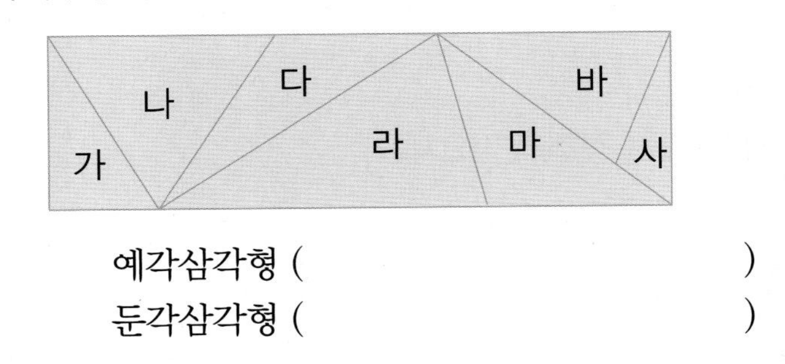

예각삼각형 ( )

둔각삼각형 ( )

15

삼각형의 세 각 중 두 각의 크기가 다음과 같을 때 이 삼각형은 예각삼각형, 직각삼각형, 둔각삼각형 중 어느 것인지 쓰세요.

21° 62°

(   )

16

오른쪽 삼각형의 이름이 될 수 있는 것을 모두 찾아 ○표 하세요.

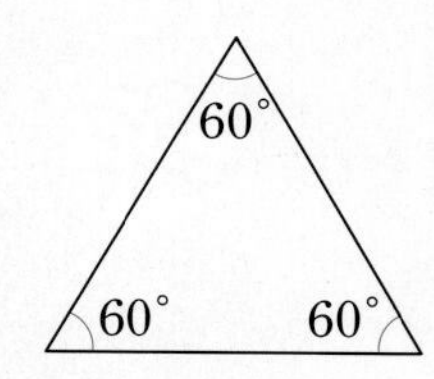

이등변삼각형 정삼각형
예각삼각형 직각삼각형 둔각삼각형

17

대화를 읽고 □ 안에 알맞은 삼각형의 이름을 써넣으세요.

수연: 내가 가지고 있는 리본은 9 cm야.
태호: 내가 가지고 있는 리본은 15 cm야.
지수: 나는 수연이와 똑같은 리본을 가지고 있어.
수연: 우리가 가진 리본 3개를 변으로 하여 만들 수 있는 삼각형은 □ 이야.

18

삼각형 ㄱㄴㄷ은 이등변삼각형입니다. 각 ㄷㄱㄴ의 크기는 몇 도일까요?

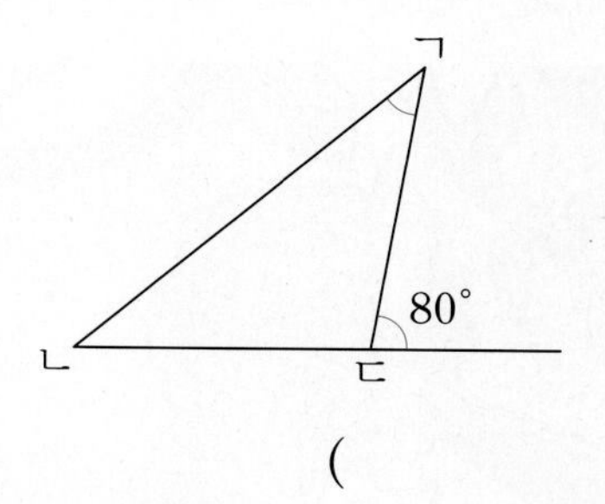

(   )

19 서술형

다음 도형이 이등변삼각형이 아닌 이유를 쓰세요.

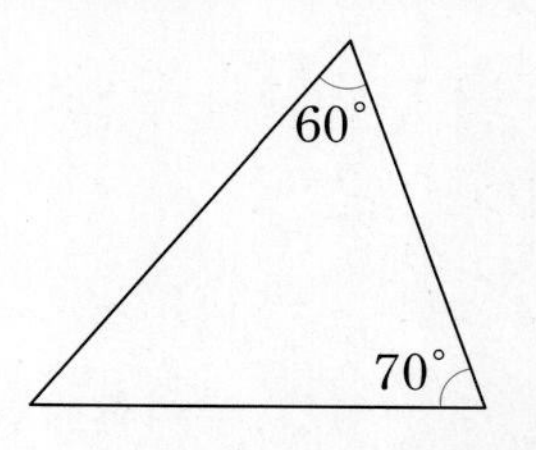

이유

20

삼각형의 일부가 지워졌습니다. 이 삼각형의 이름이 될 수 있는 것을 2가지 쓰세요.

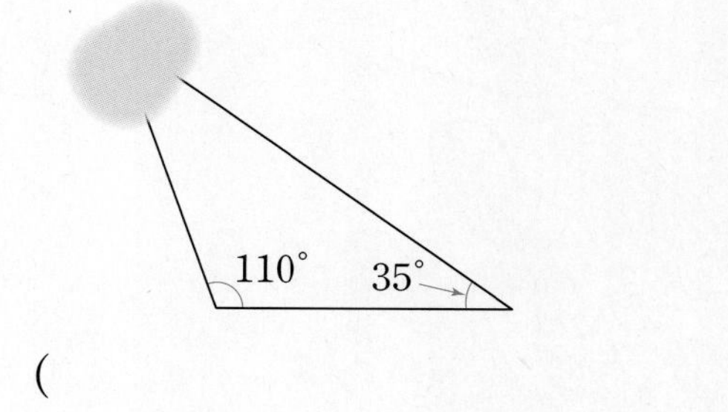

(   )

다른 그림을 찾아보세요.

정답 45쪽

다른 곳이 15군데 있어요.

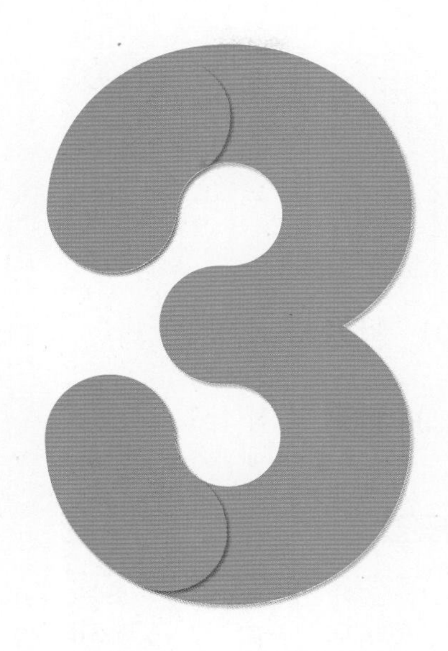

소수의 덧셈과 뺄셈

▶ 학습을 완료하면 V표를 하면서 학습 진도를 체크해요.

	개념 학습						문제 학습
백점 쪽수	58	59	60	61	62	63	64
확인							

	문제 학습						
백점 쪽수	65	66	67	68	69	70	71
확인							

	문제 학습				응용 학습		
백점 쪽수	72	73	74	75	76	77	78
확인							

	응용 학습			단원 평가			
백점 쪽수	79	80	81	82	83	84	85
확인							

개념 학습

1 소수 두 자리 수, 소수 세 자리 수

정답 17쪽

소수 두 자리 수

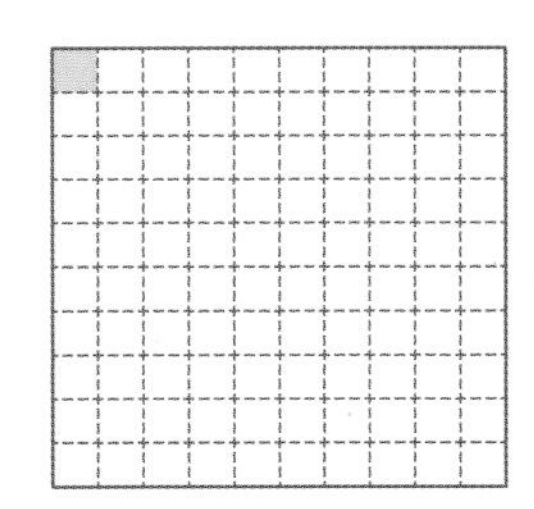

- $\frac{1}{100}=0.01$ 읽기 영∨점∨영일
- $1\frac{35}{100}=1.35$ 읽기 일∨점∨삼오

소수를 읽을 때 소수점 앞과 뒤로 띄어서 읽어요.

소수 세 자리 수

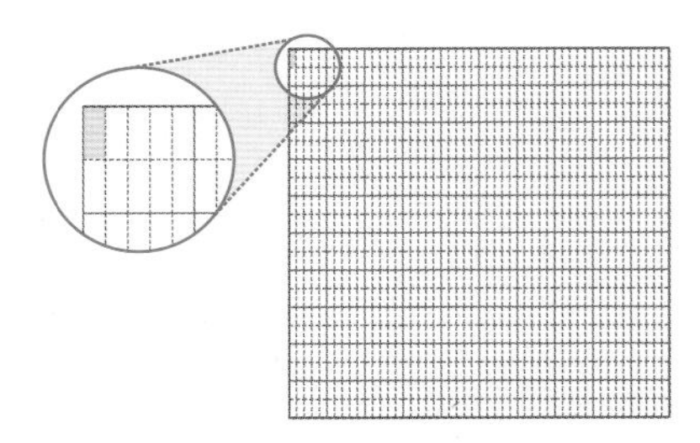

- $\frac{1}{1000}=0.001$ 읽기 영∨점∨영영일
- $3\frac{108}{1000}=3.108$ 읽기 삼∨점∨일영팔

1.279의 자릿값

일의 자리		소수 첫째 자리	소수 둘째 자리	소수 셋째 자리
1	.			
0	.	2		
0	.	0	7	
0	.	0	0	9

1.279에서 (일 점 이칠구라고 읽어요.)

1은 일의 자리 숫자이고, 1을 나타냅니다.

2는 소수 첫째 자리 숫자이고, 0.2를 나타냅니다.

7은 소수 둘째 자리 숫자이고, 0.07을 나타냅니다.

9는 소수 셋째 자리 숫자이고, 0.009를 나타냅니다.

개념 강의

- 소수를 읽을 때 자연수 부분은 자릿값을 붙여 읽고 소수점 오른쪽의 수는 숫자만 읽습니다.
- 1.279는 1이 1개, 0.1이 2개, 0.01이 7개, 0.001이 9개인 수입니다.

1 전체 크기가 1인 모눈종이에 색칠된 부분의 크기를 소수로 나타내세요.

(1)

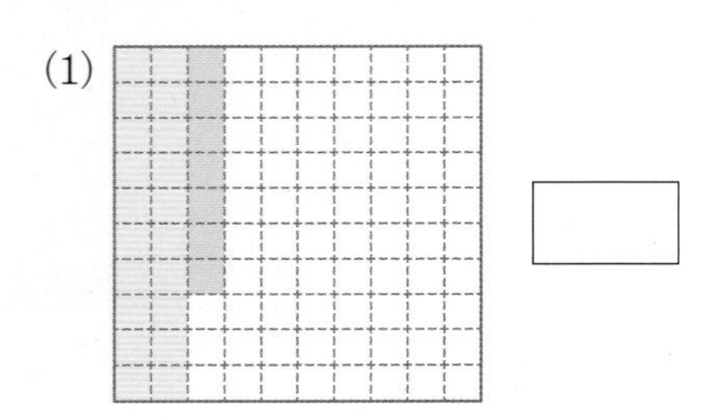

(2)

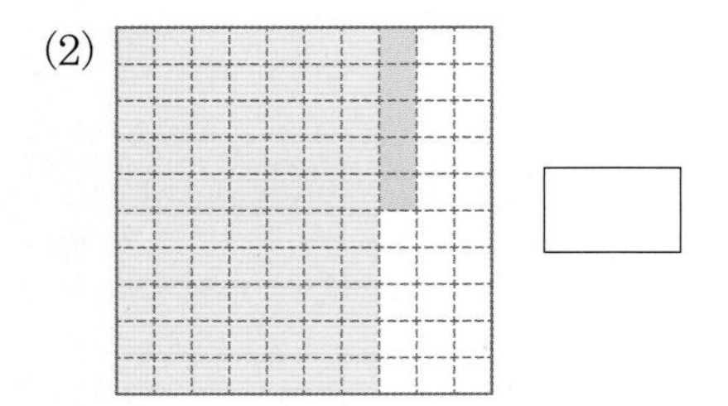

2 분수를 소수로 나타내고 읽어 보세요.

(1) $\frac{5}{100}=\square$

읽기 (   )

(2) $1\frac{73}{100}=\square$

읽기 (   )

(3) $\frac{315}{1000}=\square$

읽기 (   )

(4) $2\frac{654}{1000}=\square$

읽기 (   )

2 소수의 크기 비교, 소수 사이의 관계

정답 17쪽

크기가 같은 소수

0.4는 0.40과 같습니다. 필요한 경우 소수의 오른쪽 끝자리에 0을 붙여서 나타낼 수 있습니다.

0.4=0.40

소수의 크기 비교

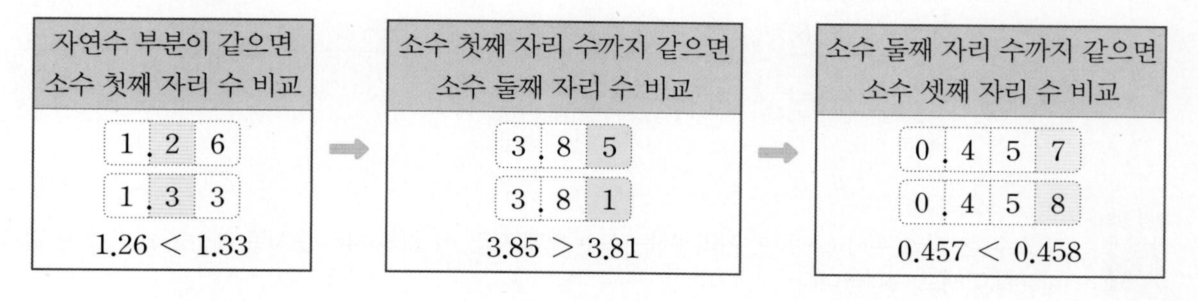

자연수 부분이 같으면 소수 첫째 자리 수 비교
1.26 < 1.33
소수 첫째 자리 수까지 같으면 소수 둘째 자리 수 비교
3.85 > 3.81
소수 둘째 자리 수까지 같으면 소수 셋째 자리 수 비교
0.457 < 0.458

소수 사이의 관계

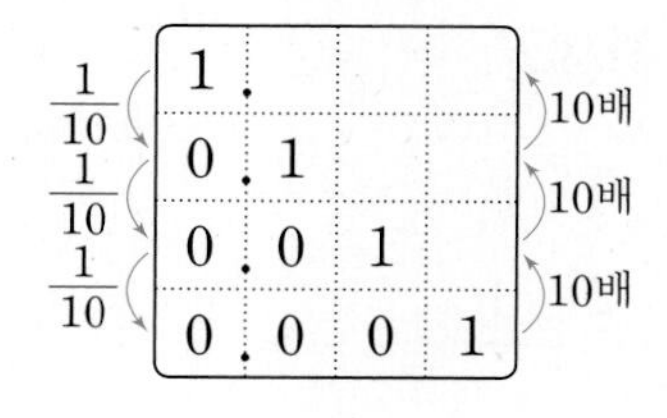

- 소수를 10배 하면 소수점을 기준으로 수가 왼쪽으로 한 자리씩 이동합니다. → 수가 커집니다.
- 소수의 $\frac{1}{10}$을 구하면 소수점을 기준으로 수가 오른쪽으로 한 자리씩 이동합니다. → 수가 작아집니다.

개념 강의

- 소수의 크기는 앞에서부터 차례로 비교합니다. 자릿수가 많다고 더 큰 수라고 생각하지 않도록 주의합니다.

1 전체 크기가 1인 모눈종이에 색칠된 부분을 보고 두 수의 크기를 비교하여 ○ 안에 >, =, <를 알맞게 써넣으세요.

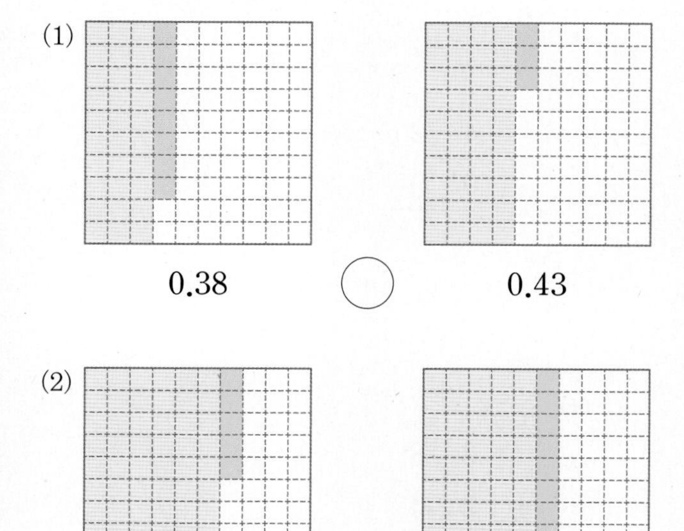

2 빈칸에 알맞은 수를 써넣으세요.

(1)

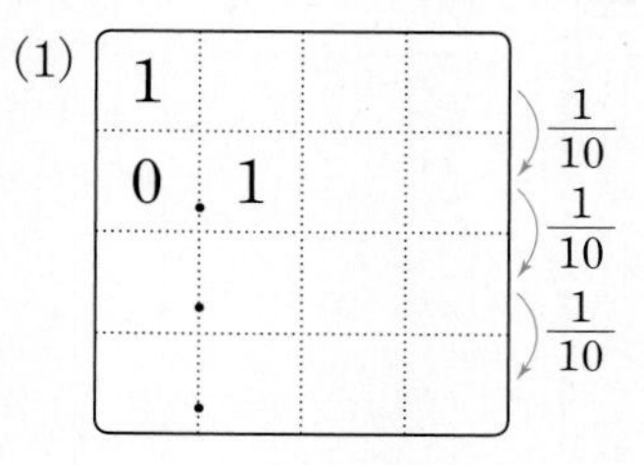

(2)

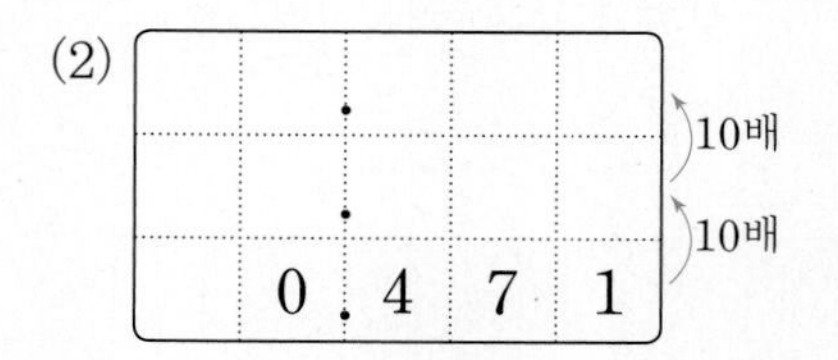

(3)

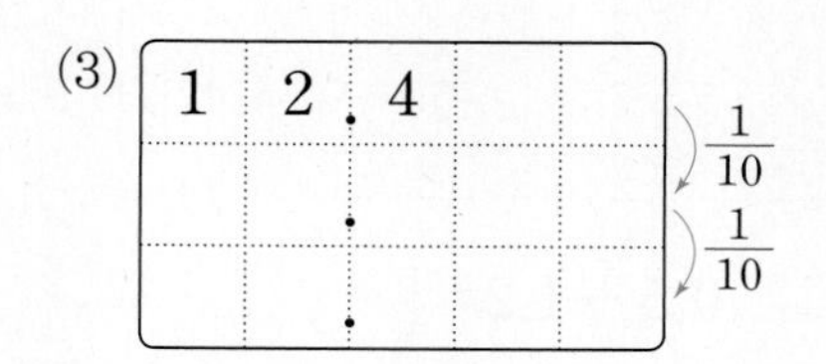

개념 학습

3 소수 한 자리 수의 덧셈

● 정답 17쪽

◎ 0.7＋1.6의 계산 방법

소수점끼리 맞추어 세로로 쓰고, 같은 자리 수끼리 더합니다. 같은 자리 수끼리의 합이 10이거나 10보다 크면 바로 윗자리로 받아올림합니다.

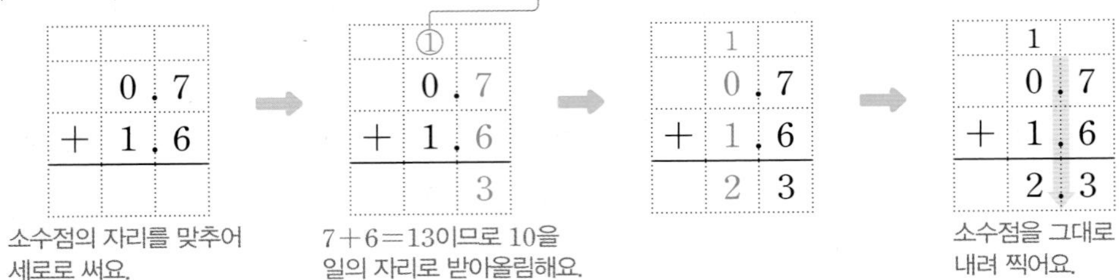

실제로 1을 나타내요.
소수점의 자리를 맞추어 세로로 써요.
7＋6＝13이므로 10을 일의 자리로 받아올림해요.
소수점을 그대로 내려 찍어요.

개념 강의

- (소수 한 자리 수)＋(소수 한 자리 수)는 소수 첫째 자리 ➡ 일의 자리 순서로 계산을 하고 계산 결과를 자리에 맞춰 아래로 내려씁니다.

1 전체 크기가 1인 모눈종이에 색칠된 그림을 보고 □ 안에 알맞은 수를 써넣으세요.

(1)

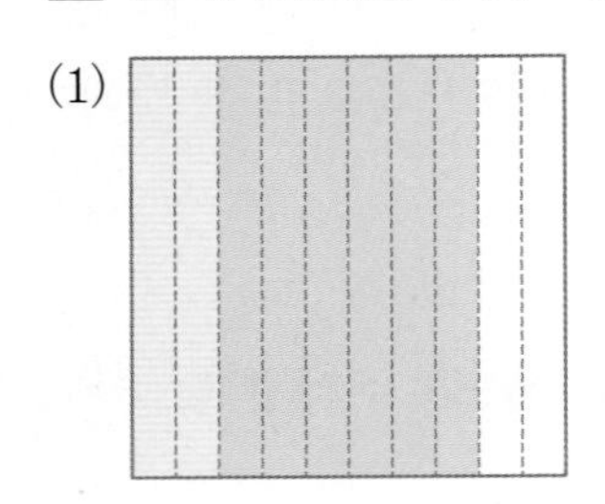

$0.2+0.6=$ □

(2)

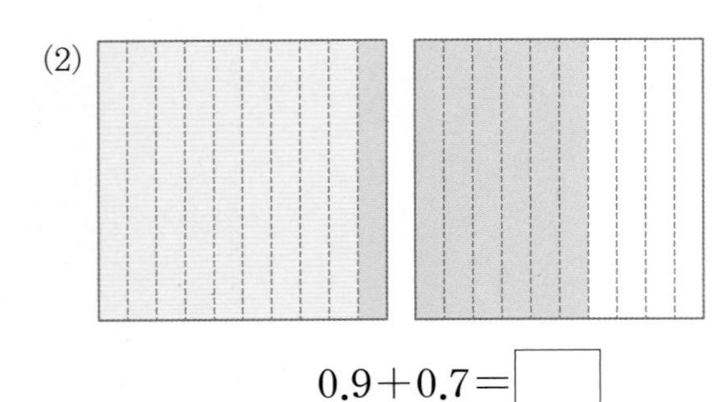

$0.9+0.7=$ □

(3)

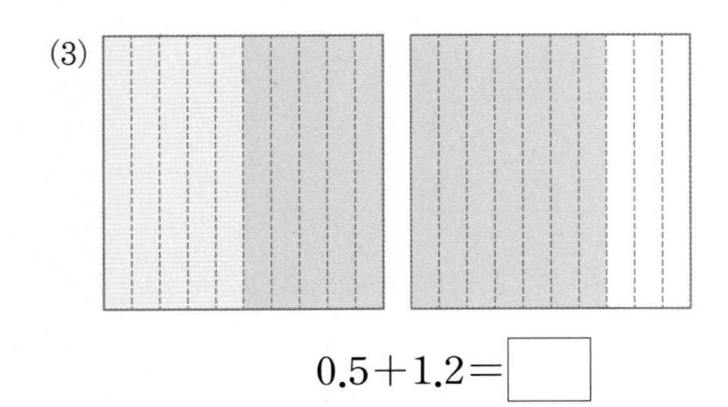

$0.5+1.2=$ □

2 계산을 하세요.

(1)

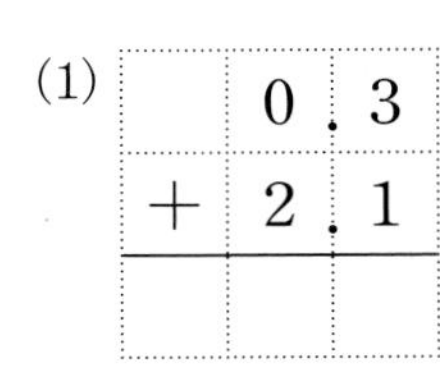

(2)

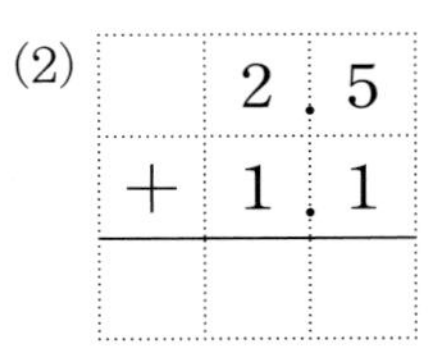

(3)

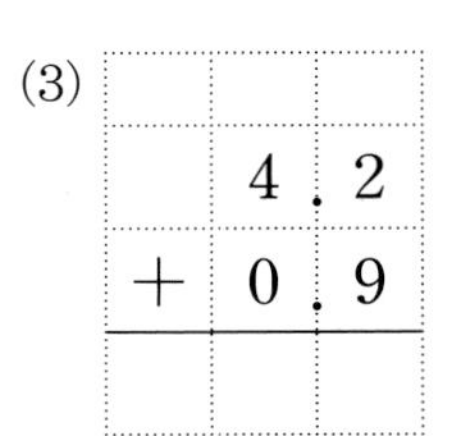

(4)

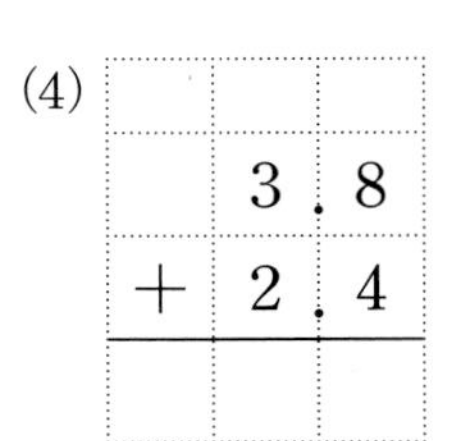

4 소수 한 자리 수의 뺄셈

정답 17쪽

3.2−0.5의 계산 방법

소수점끼리 맞추어 세로로 쓰고, 같은 자리 수끼리 뺍니다. 같은 자리 수끼리 뺄 수 없으면 바로 윗자리에서 10을 받아내림합니다.

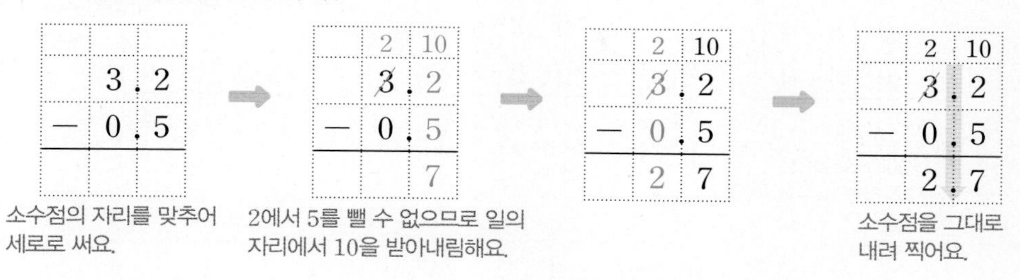
3.2
− 0.5
2 10
7
2.7
소수점의 자리를 맞추어 세로로 써요.
2에서 5를 뺄 수 없으므로 일의 자리에서 10을 받아내림해요.
소수점을 그대로 내려 찍어요.

개념 강의

- 소수점을 맞추어 쓰고, 자연수의 뺄셈과 같이 같은 자리 수끼리 뺍니다. 받아내림이 있는 경우에는 받아내림한 수와 쓰는 위치에 주의합니다.

1 전체 크기가 1인 모눈종이에 색칠된 그림을 보고 □ 안에 알맞은 수를 써넣으세요.

(1)

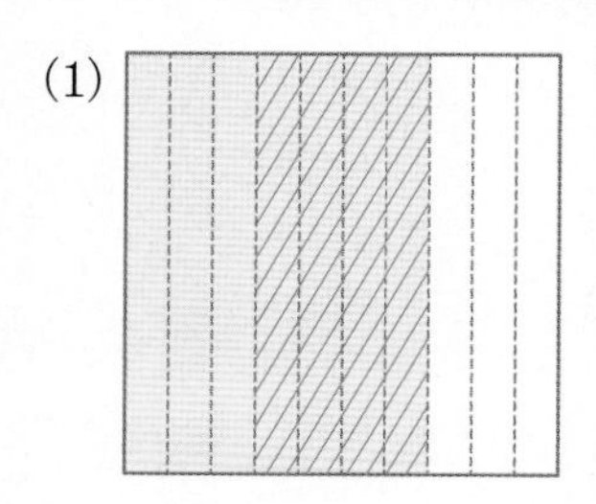

0.7−0.4=□

(2)

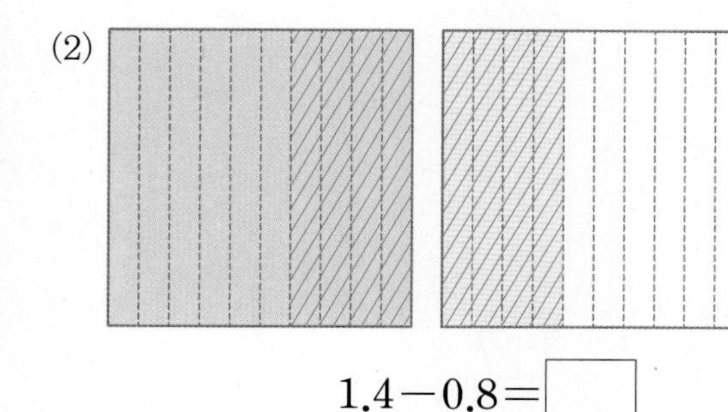

1.4−0.8=□

(3)

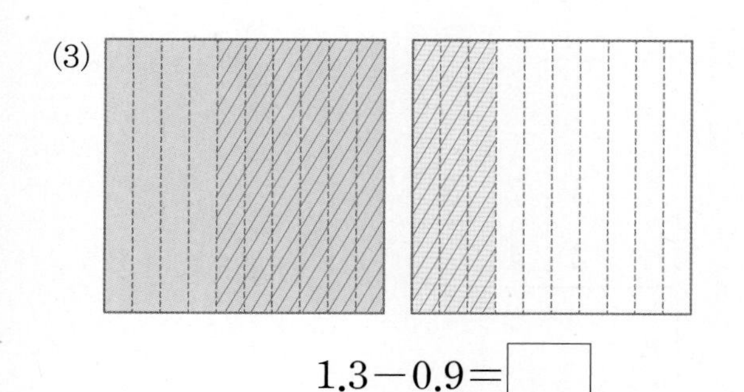

1.3−0.9=□

2 계산을 하세요.

(1)

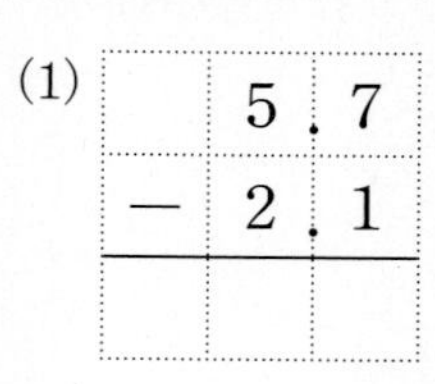
5.7
− 2.1

(2)

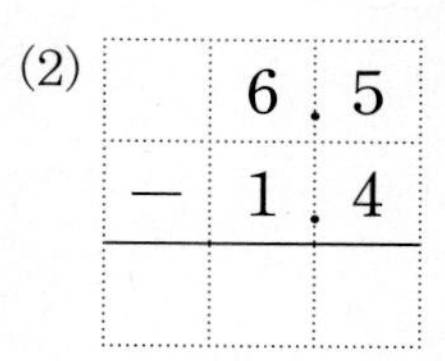
6.5
− 1.4

(3)

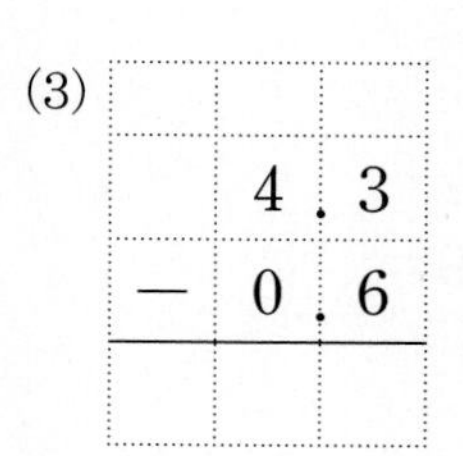
4.3
− 0.6

(4)

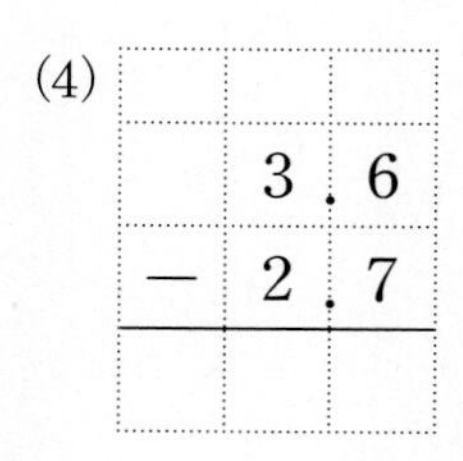
3.6
− 2.7

개념 학습

5 소수 두 자리 수의 덧셈

정답 17쪽

0.84＋0.3의 계산 방법

소수의 오른쪽 끝자리에 0이 있는 것으로 생각하여 자리 수를 맞추어 더합니다.

	0.	8	4
＋	0.	3	0

→

	0.	8	4
＋	0.	3	0
			4

→

	1		
	0.	8	4
＋	0.	3	0
		1	4

→

	1		
	0.	8	4
＋	0.	3	0
	1.	1	4

0.3은 0.30과 같으므로 소수점의 자리를 맞추어 써요.

개념 강의

- 0.84는 0.01이 84개이고, 0.3은 0.01이 30개입니다.
  ➡ 0.84＋0.3은 0.01이 84＋30＝114(개)이므로 1.14입니다.

1 전체 크기가 1인 모눈종이에 색칠된 그림을 보고 □ 안에 알맞은 수를 써넣으세요.

(1)

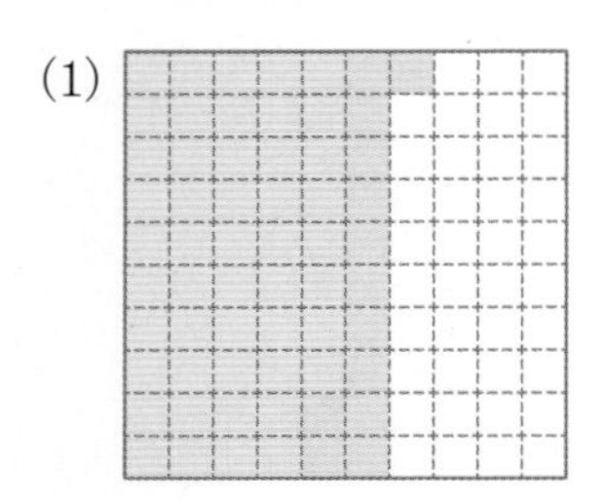

0.48＋0.13＝□

(2)

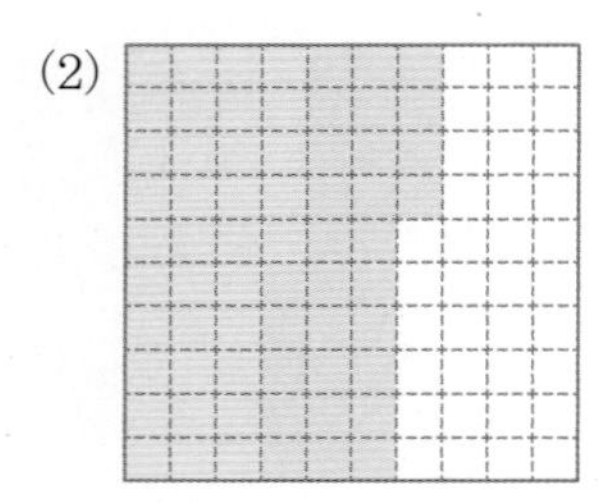

0.35＋0.29＝□

(3)

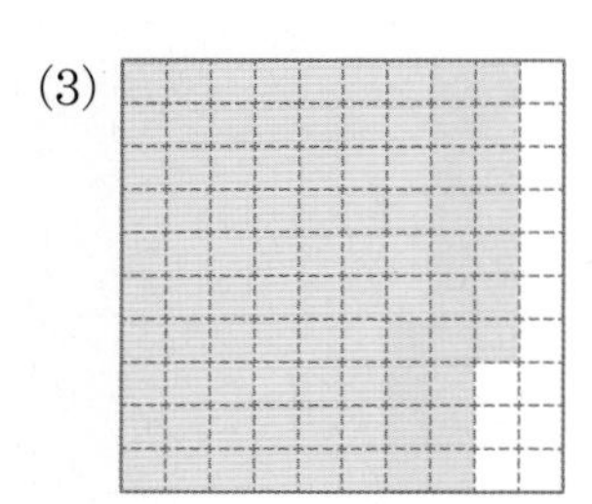

0.66＋0.21＝□

2 계산을 하세요.

(1)

	2.	1	3
＋	7.	3	4

(2)

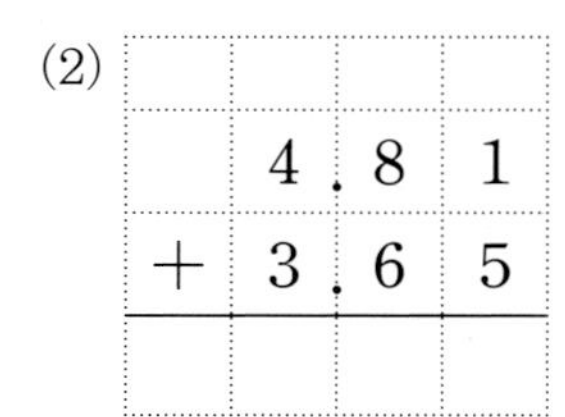

	4.	8	1
＋	3.	6	5

(3)

	1.	9	
＋	1.	2	7

(4)

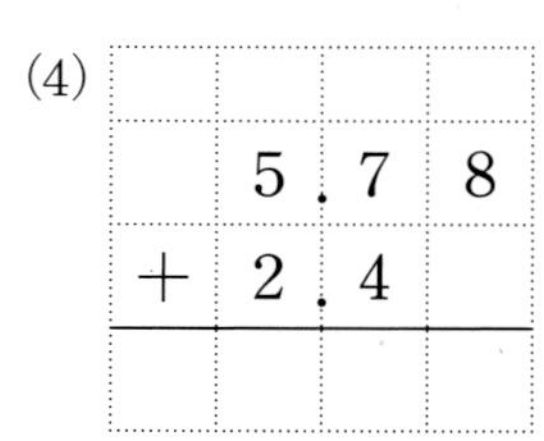

	5.	7	8
＋	2.	4	

6 소수 두 자리 수의 뺄셈

● 정답 17쪽

◎ 2.5－1.24의 계산 방법

소수의 오른쪽 끝자리에 0이 있는 것으로 생각하여 자리 수를 맞추어 뺍니다.

	2.	5	0
－	1.	2	4

2.5는 2.50과 같으므로 소수점의 자리를 맞추어 써요.

➡

		4	10
	2.	5̸	0
－	1.	2	4
			6

➡

		4	10
	2.	5̸	0
－	1.	2	4
		2	6

➡

		4	10
	2.	5̸	0
－	1.	2	4
	1.	2	6

개념 강의

• 2.5는 0.01이 250개이고, 1.24는 0.01이 124개입니다.
➡ 2.5－1.24는 0.01이 250－124＝126(개)이므로 1.26입니다.

1 전체 크기가 1인 모눈종이에 색칠된 그림을 보고 □ 안에 알맞은 수를 써넣으세요.

(1)

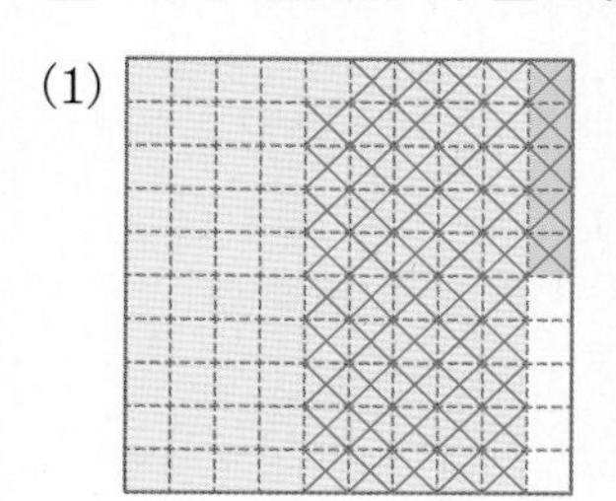

0.95－0.54＝□

(2)

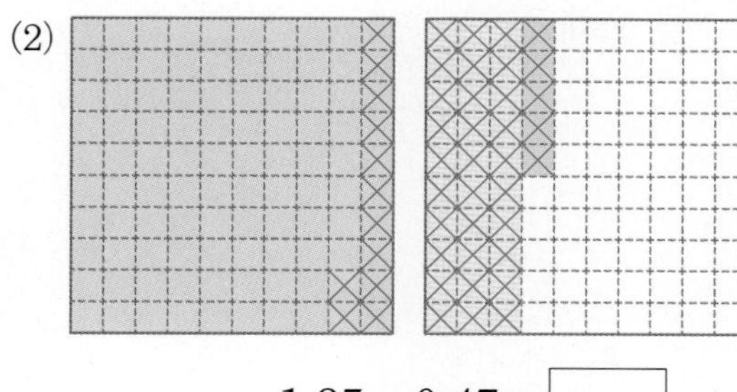

1.35－0.47＝□

(3)

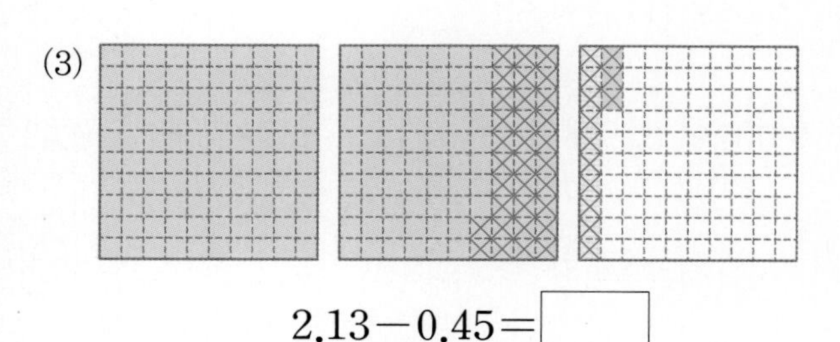

2.13－0.45＝□

2 계산을 하세요.

(1)

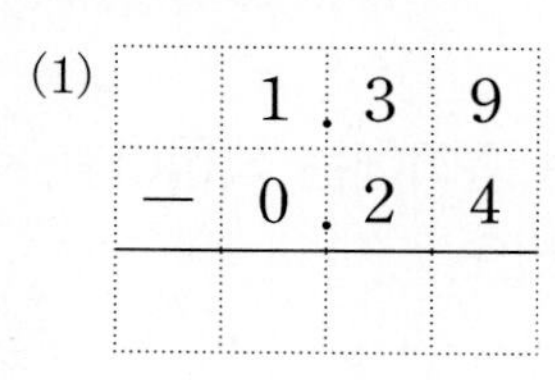

(2)

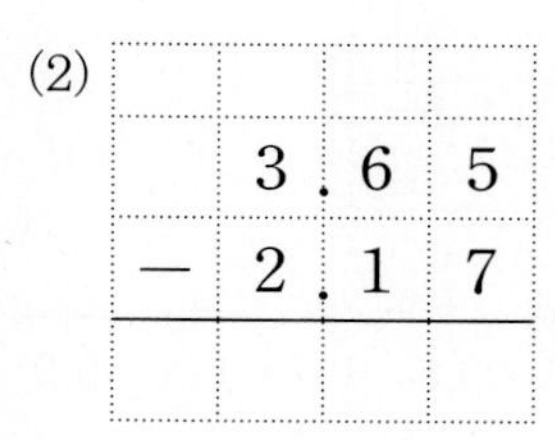

(3)

	5.	4	
－	2.	2	6

(4)

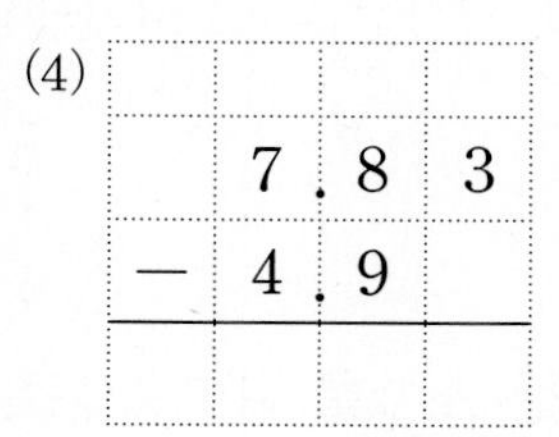

문제 학습

1 소수 두 자리 수, 소수 세 자리 수

> 0.1을 10등분한 것 중의 하나가 0.01이고, 0.01을 10등분한 것 중의 하나가 0.001입니다.

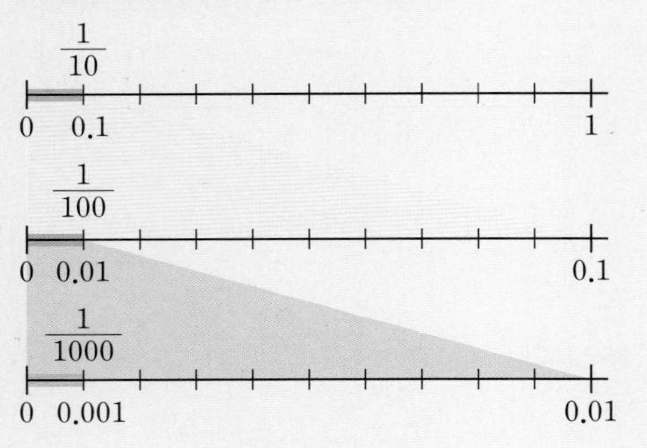

1

0.37을 전체 크기가 1인 모눈종이에는 색칠하고, 수직선에는 화살표(↓)로 나타내세요.

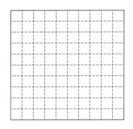

0 0.1 0.2 0.3 0.4 0.5 0.6 0.7 0.8 0.9 1

2

□ 안에 알맞은 수를 써넣으세요.

9.54에서

9는 일의 자리 숫자이고, □ 을/를 나타냅니다.

5는 소수 첫째 자리 숫자이고, □ 을/를 나타냅니다.

4는 소수 둘째 자리 숫자이고, □ 을/를 나타냅니다.

3

수직선을 보고 □ 안에 알맞은 소수를 써넣으세요.

0.07 ↑ 0.08

□

4

□ 안에 알맞은 수를 써넣으세요.

1 이 4개
0.1 이 9개
0.01 이 3개
0.001이 1개
인 수는 □ 입니다.

5

밑줄 친 숫자는 어느 자리 숫자이고, 얼마를 나타내는지 쓰세요.

3.1<u>5</u>

( ), ( )

6 교과서 공통

일의 자리 숫자가 2, 소수 첫째 자리 숫자가 8, 소수 둘째 자리 숫자가 0, 소수 셋째 자리 숫자가 9인 소수 세 자리 수를 쓰세요.

( )

7

관계있는 것끼리 이으세요.

0.01이 41개인 수 •	• 0.48
0.001이 639개인 수 •	• 0.41
0.01이 48개인 수 •	• 0.639

3 단원

8

□ 안에 알맞은 소수를 써넣으세요.

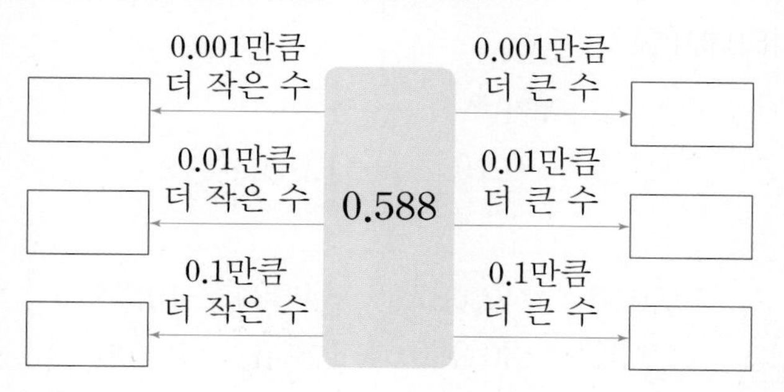

9

다음에서 나타내는 수를 구하세요.

0.1이 27개, 0.01이 13개, 0.001이 14개인 소수 세 자리 수

( )

10 교과서 공통

소수를 바르게 읽은 사람의 이름을 쓰세요.

( )

11

소수에서 7이 나타내는 수가 큰 수부터 차례대로 기호를 쓰세요.

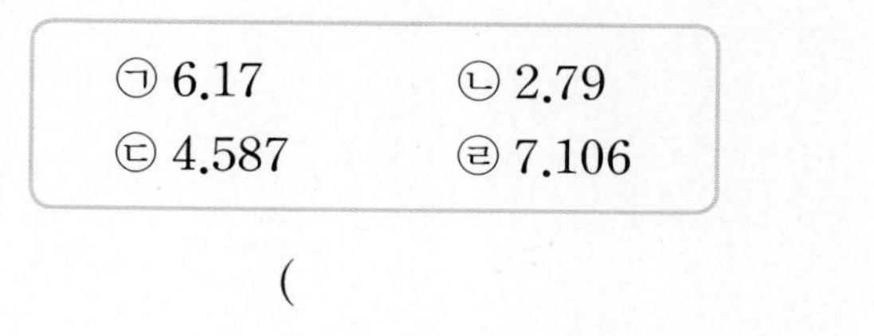

㉠ 6.17 ㉡ 2.79
㉢ 4.587 ㉣ 7.106

( )

12

지혜와 강우가 제자리멀리뛰기를 했습니다. 지혜와 강우가 뛴 거리는 각각 몇 m인지 소수로 나타내어 보세요.

지혜: 나는 119 cm를 뛰었어.
강우: 나는 1 m 27 cm를 뛰었어.

지혜 ( )
강우 ( )

13

조건 을 모두 만족하는 소수를 구하세요.

조건
- 소수 세 자리 수입니다.
- 4보다 크고 5보다 작습니다.
- 소수 첫째 자리 숫자는 3입니다.
- 소수 둘째 자리 숫자는 5입니다.
- 소수 셋째 자리 숫자는 6입니다.

( )

문제 학습

2 소수의 크기 비교, 소수 사이의 관계

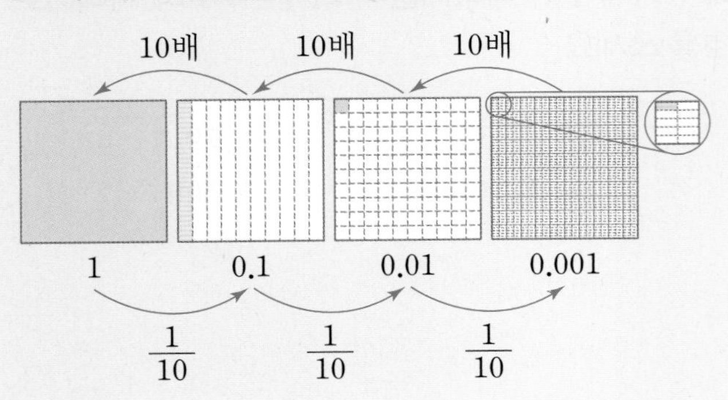

1

2.356과 2.363을 수직선에 나타내고, 크기를 비교하세요.

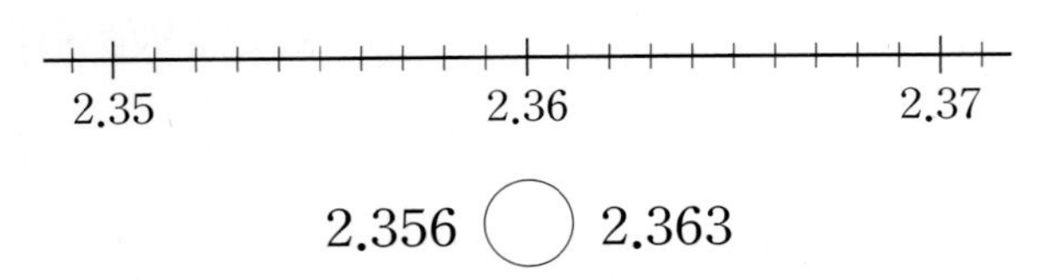

2.356 ○ 2.363

2

소수 사이의 관계를 알아보려고 합니다. 빈 곳에 알맞은 수를 써넣으세요.

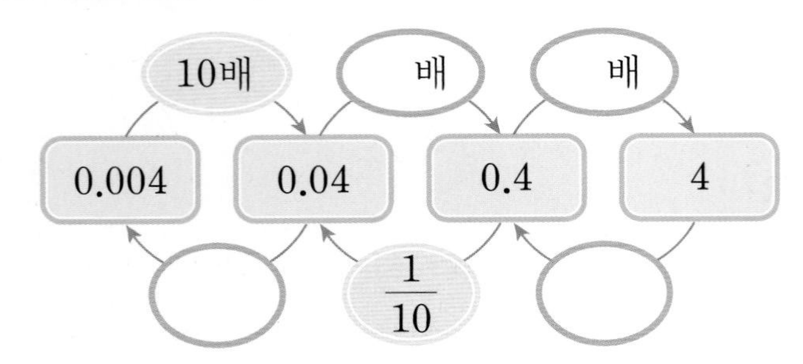

3 교과서 공통

두 수의 크기를 비교하여 ○ 안에 $>$, $=$, $<$를 알맞게 써넣으세요.

(1) 4.13 ○ 5.629　　(2) 7.082 ○ 7.081

(3) 6.33 ○ 6.358　　(4) 0.237 ○ 0.21

4

소수에서 생략할 수 있는 0을 모두 찾아 보기 와 같이 나타내세요.

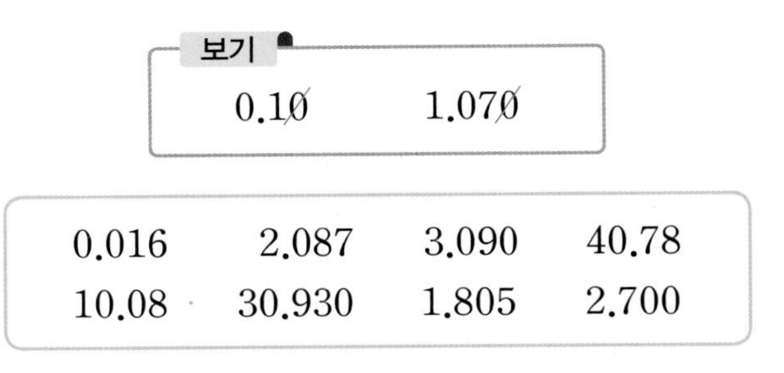

0.016	2.087	3.090	40.78
10.08	30.930	1.805	2.700

5

상자 10배 안에 수를 넣으면 10배가 되어 나옵니다. 빈칸에 알맞은 수를 써넣으세요.

0.338 → 10배 → □ → 10배 → □

6

수의 크기를 비교하여 ○ 안에 $>$, $=$, $<$를 알맞게 써넣으세요.

0.001이 22개인 수 ○ 22의 $\frac{1}{100}$인 수

7

한 봉지의 무게가 0.45 kg인 설탕 10봉지의 무게는 몇 kg일까요?

(　　　　　　　　)

8

우유를 준수는 0.33 L 마셨고, 민호는 218 mL 마셨습니다. 우유를 더 많이 마신 사람은 누구일까요?

(　　　　　　　　　　)

9

설명하는 수가 다른 하나를 찾아 색칠하세요.

1.09의 10배	1090의 $\frac{1}{1000}$
109의 $\frac{1}{10}$	0.109의 100배

10

크기가 큰 수부터 차례대로 글자를 써넣어 낱말을 완성하세요.

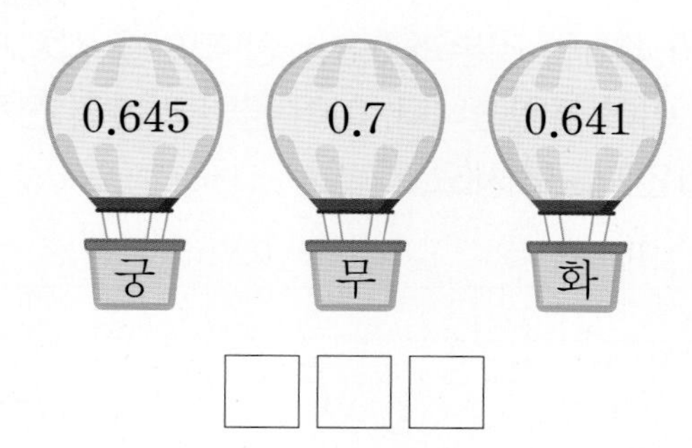

□□□

11

0부터 9까지의 수 중에서 □ 안에 들어갈 수 있는 수를 모두 구하세요.

$6.085 < 6.\square 57 < 6.301$

(　　　　　　　　　　)

12 교과서 공통

㉠이 나타내는 수는 ㉡이 나타내는 수의 몇 배인지 구하세요.

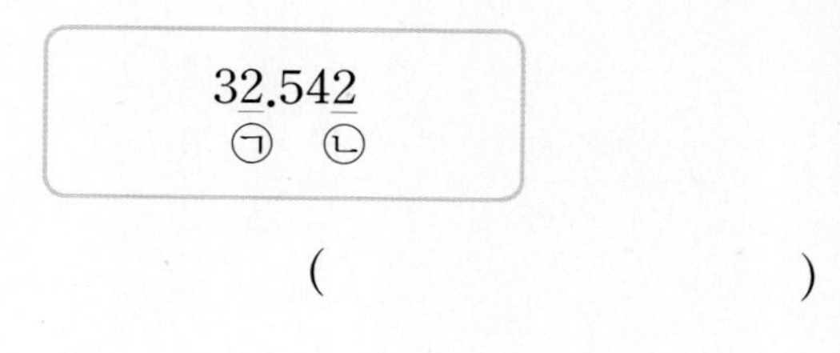

(　　　　　　　　　　)

13

현서는 집에서부터 도서관, 은행, 놀이터까지의 거리를 알아보았습니다. 집에서 두 번째로 가까운 곳은 어디인지 쓰세요.

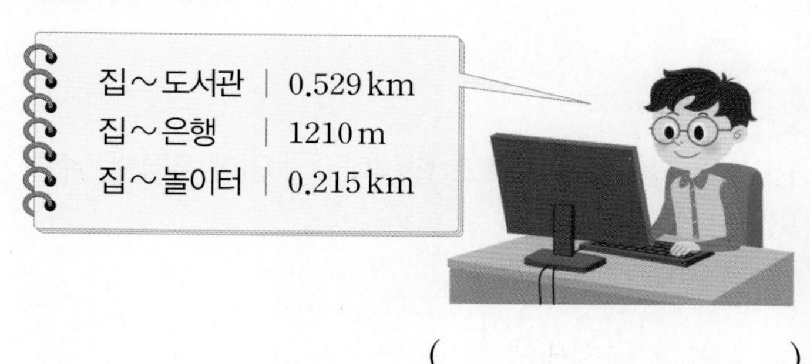

(　　　　　　　　　　)

14

□ 안에 들어가는 수를 모두 더하면 얼마일까요?

- 2.8은 0.028의 □배입니다.
- 40은 0.04의 □배입니다.
- 45.89는 4.589의 □배입니다.

(　　　　　　　　　　)

3 소수 한 자리 수의 덧셈

▶ 소수점의 자리를 맞추어 쓰고 자연수의 덧셈과 같은 방법으로 계산합니다.

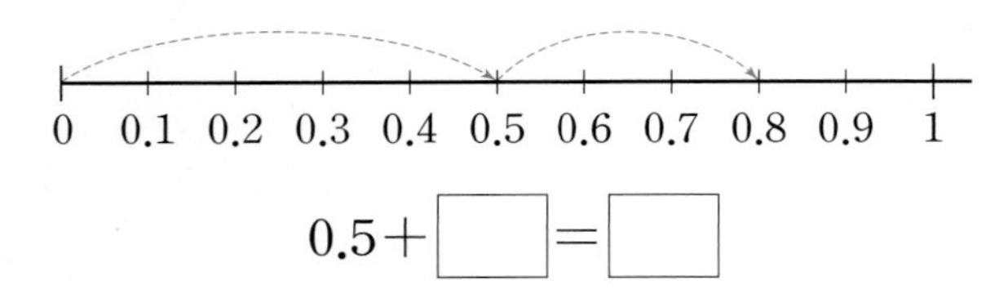

1

수직선을 보고 □ 안에 알맞은 수를 써넣으세요.

0 0.1 0.2 0.3 0.4 0.5 0.6 0.7 0.8 0.9 1

$0.5+\square=\square$

1.6+3.5를 계산하려고 합니다. □ 안에 알맞은 수를 써넣으세요.

1.6은 0.1이 □개,

3.5는 0.1이 □개입니다.

1.6+3.5는 0.1이 □개이므로

1.6+3.5=□입니다.

3

계산을 하세요.

(1)
$$\begin{array}{r} 0.7 \\ +\,0.2 \\ \hline \end{array}$$

(2)
$$\begin{array}{r} 1.5 \\ +\,2.6 \\ \hline \end{array}$$

(3) $3.6+2.7$

(4) $2.8+2.9$

4

빈칸에 알맞은 수를 써넣으세요.

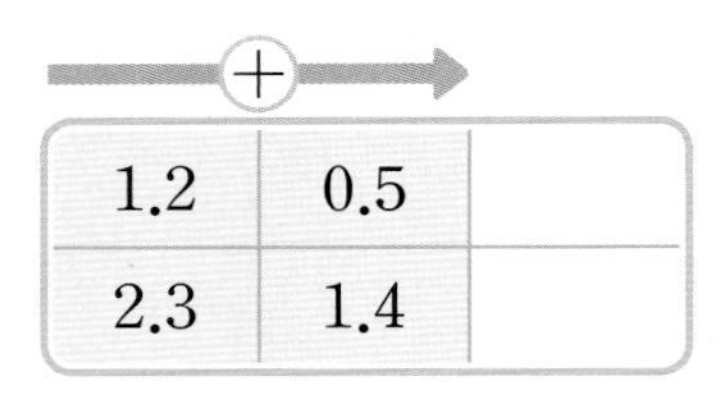

1.2	0.5	
2.3	1.4	

5

선을 따라 내려가서 만나는 곳에 두 수의 합을 쓰세요.

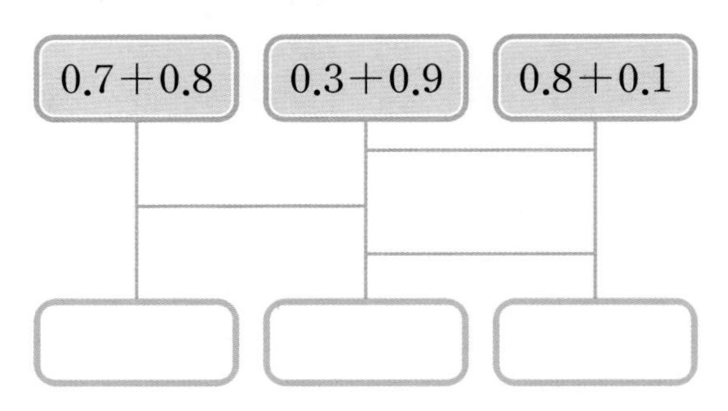

6

길이가 0.4 m인 리본과 0.8 m인 리본을 겹치지 않게 한 줄로 이어 붙였습니다. 이어 붙인 리본의 전체 길이는 몇 m인지 구하세요.

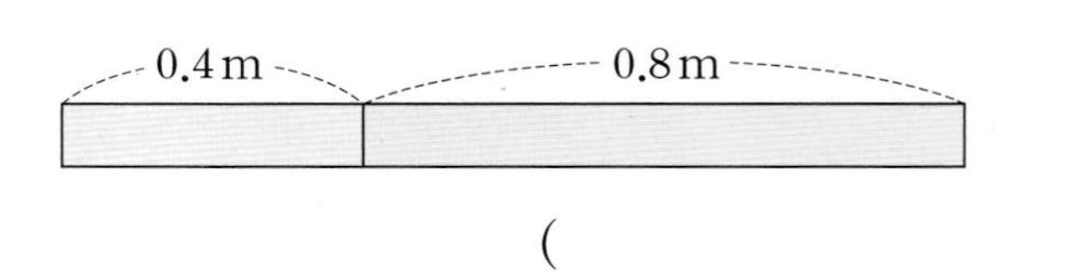

(　　　　　　)

7

계산 결과가 큰 것부터 차례대로 기호를 쓰세요.

㉠ 2.8+0.3
㉡ 0.9+1.7
㉢ 1.2+1.5

(　　　　　　)

3 단원

8

가장 큰 수와 가장 작은 수의 합을 구하세요.

1.0	0.9	2.4	0.7

(　　　　　　　　)

수직선을 보고 ㉠과 ㉡에 알맞은 소수의 합을 구하세요.

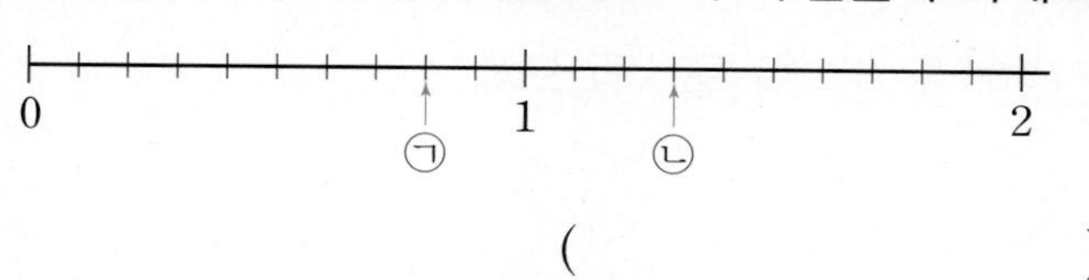

(　　　　　　　　)

10

두 소수 ㉠과 ㉡의 합을 구하세요.

㉠ 0.1이 27개인 수

㉡ $\frac{1}{10}$이 15개인 수

(　　　　　　　　)

11

진석이는 물을 1.1 L 마셨고, 현수는 진석이보다 물을 0.6 L 더 많이 마셨습니다. 진석이와 현수가 마신 물은 모두 몇 L일까요?

(　　　　　　　　)

12

수지와 강우가 생각하는 소수의 합을 구하세요.

(　　　　　　　　)

13

0부터 9까지의 수 중에서 □ 안에 들어갈 수 있는 수는 모두 몇 개인지 구하세요.

$2.4+0.6>\square.5$

(　　　　　　　　)

14

4장의 카드를 한 번씩 모두 사용하여 소수 한 자리 수를 만들려고 합니다. 만들 수 있는 가장 큰 수와 가장 작은 수의 합을 구하세요.

1	3	4	.

(　　　　　　　　)

문제 학습

4 소수 한 자리 수의 뺄셈

> 소수점의 자리를 맞추어 쓰고 자연수의 뺄셈과 같은 방법으로 계산합니다.

$$\begin{array}{r} \overset{1\ \ 10}{\not{2}.5} \\ -\ 1.6 \\ \hline 9 \end{array} \Rightarrow \begin{array}{r} \overset{1\ \ 10}{\not{2}.5} \\ -\ 1.6 \\ \hline 0\ 9 \end{array} \Rightarrow \begin{array}{r} \overset{1\ \ 10}{\not{2}.5} \\ -\ 1.6 \\ \hline 0.9 \end{array}$$

$10+5-6=9$ $\quad 2-1-1=0$

1

수직선을 보고 □ 안에 알맞은 수를 써넣으세요.

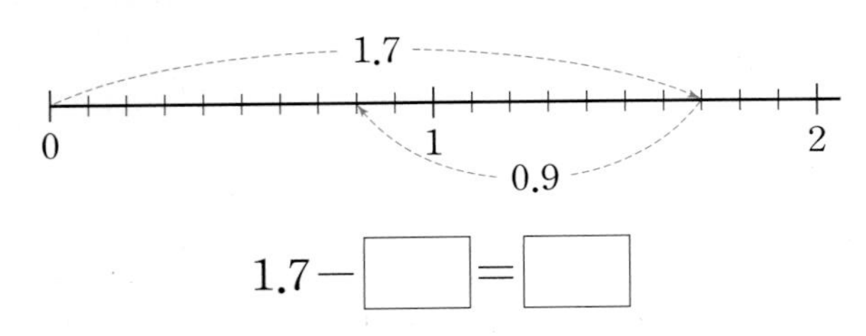

$1.7-$ □ $=$ □

2

$6.7-2.4$를 계산하려고 합니다. □ 안에 알맞은 수를 써넣으세요.

6.7은 0.1이 □개,
2.4는 0.1이 □개입니다.
$6.7-2.4$는 0.1이 □개이므로
$6.7-2.4=$ □입니다.

3

계산을 하세요.

(1) $\begin{array}{r} 0.8 \\ -\ 0.6 \\ \hline \end{array}$ (2) $\begin{array}{r} 1.4 \\ -\ 0.5 \\ \hline \end{array}$

(3) $4.3-2.1$ (4) $5.3-2.7$

4

빈칸에 알맞은 수를 써넣으세요.

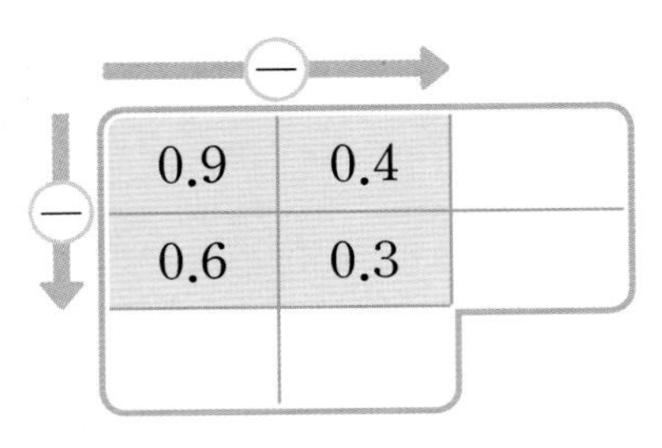

5

빈칸에 두 수의 차를 써넣으세요.

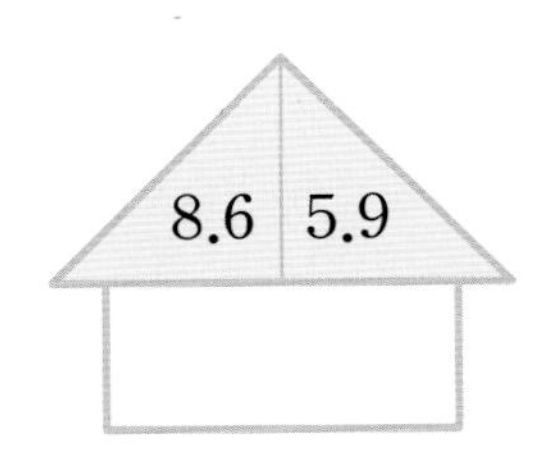

6

계산 결과를 비교하여 ○ 안에 $>$, $=$, $<$를 알맞게 써넣으세요.

$2.5-0.7$ ○ $3.1-1.2$

현태가 사용한 포장끈은 1.4 m이고, 지윤이가 사용한 포장끈은 0.8 m입니다. 현태는 지윤이보다 포장끈을 몇 m 더 많이 사용했는지 식을 쓰고, 답을 구하세요.

8

가장 큰 수와 가장 작은 수의 차를 구하세요.

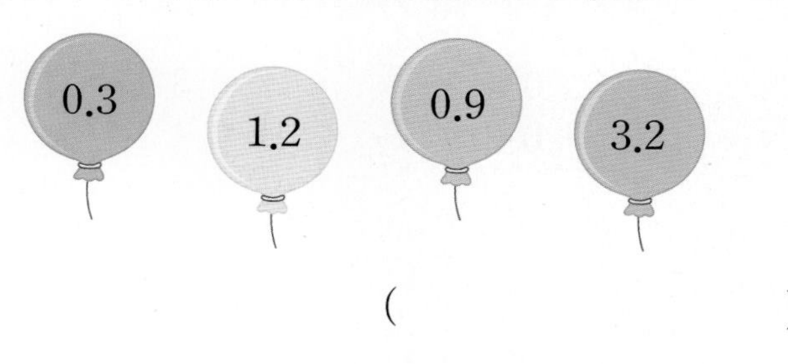

( )

9

수박은 멜론보다 몇 kg 더 무거울까요?

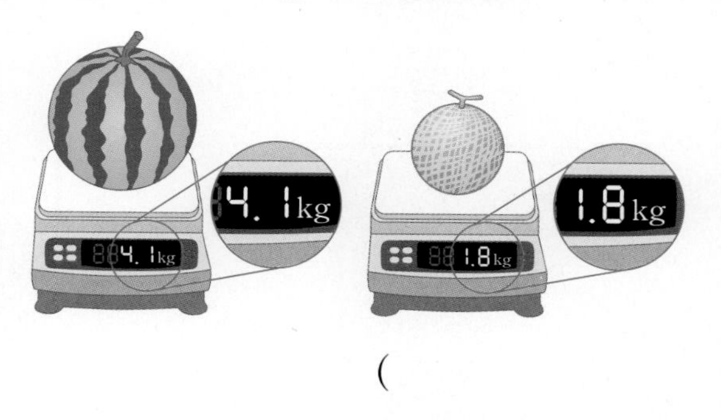

( )

10

신혁이와 지수는 종이비행기를 날리고 있습니다. 신혁이의 종이비행기는 5.2 m를 날아갔고, 지수의 종이비행기는 3.6 m를 날아갔습니다. 누구의 종이비행기가 몇 m 더 멀리 날아갔는지 구하세요.

( ), ( )

11

계산 결과가 5보다 작은 것을 찾아 ○표 하세요.

$11.8-5.3$	$6.5-1.2$	$8.6-3.9$
( )	( )	( )

12

두 수의 차를 구하세요.

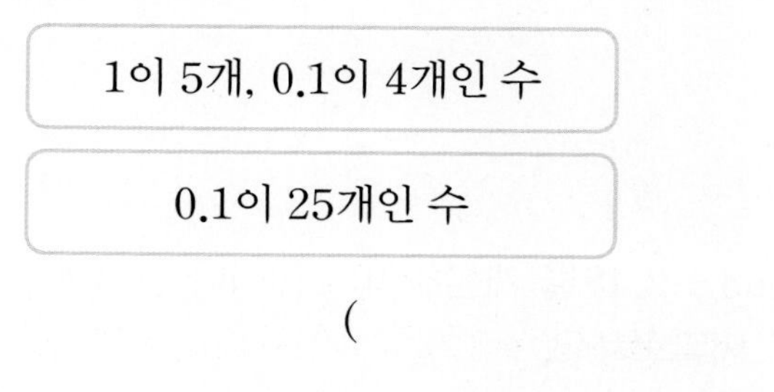

( )

13 교과서 공통

1부터 9까지의 수 중에서 □ 안에 들어갈 수 있는 수는 모두 몇 개인지 구하세요.

$3.5-1.9<1.\square$

( )

문제 학습

5 소수 두 자리 수의 덧셈

> 소수점 아래 자리 수가 다를 때에는 소수점을 잘 맞추어 쓴 다음 같은 자리 수끼리 더합니다.

$$\begin{array}{r} 2.30 \\ +\ 0.65 \\ \hline \end{array} \qquad \begin{array}{r} 2.3 \\ +\ 0.65 \\ \hline \end{array}$$

1

수직선을 보고 □ 안에 알맞은 수를 써넣으세요.

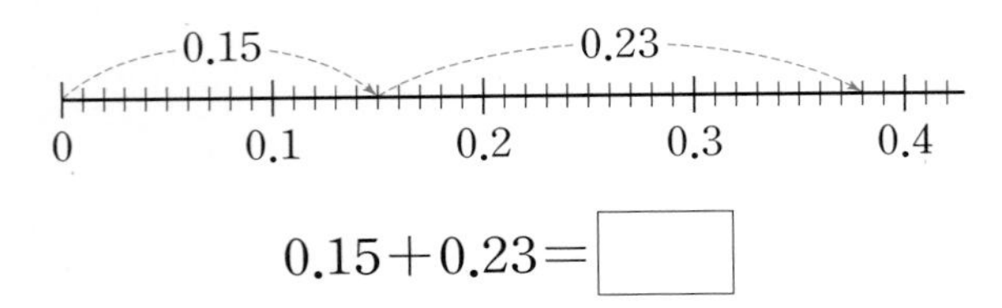

$0.15+0.23=$ □

2

$1.63+2.48$을 계산하려고 합니다. □ 안에 알맞은 수를 써넣으세요.

1.63은 0.01이 □개
+ 2.48은 0.01이 □개
0.01이 □개

➡

$$\begin{array}{r} 1.63 \\ +\ 2.48 \\ \hline \square \end{array}$$

3

계산을 하세요.

(1) $\begin{array}{r} 1.45 \\ +\ 2.52 \\ \hline \end{array}$

(2) $\begin{array}{r} 4.7 \\ +\ 3.96 \\ \hline \end{array}$

(3) $0.72+0.11$

(4) $1.58+2.14$

4

계산 결과가 더 작은 것에 ○표 하세요.

$\begin{array}{r} 0.45 \\ +\ 0.29 \\ \hline \end{array}$ ( )

$\begin{array}{r} 0.31 \\ +\ 0.41 \\ \hline \end{array}$ ( )

5

빈칸에 알맞은 수를 써넣으세요.

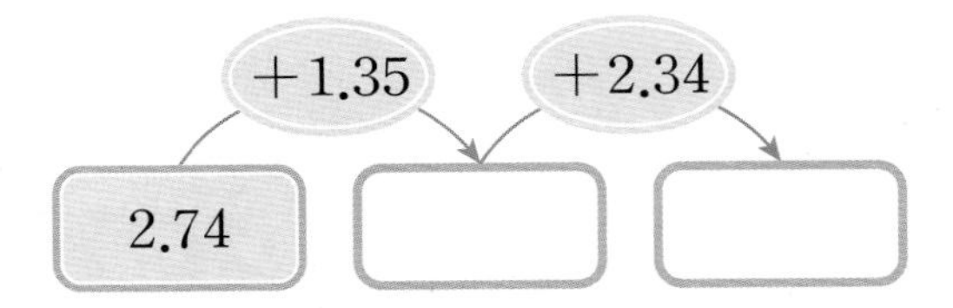

6 교과서 공통

두 끈의 길이의 합은 몇 m인지 구하세요.

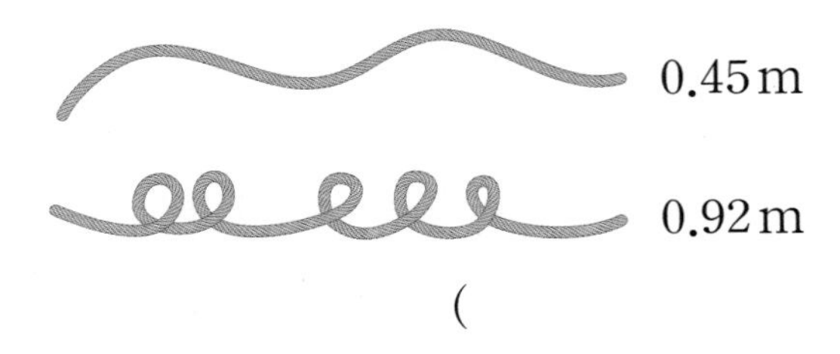

( )

7

설명하는 수보다 1.5만큼 더 큰 수를 구하세요.

1이 4개, 0.1이 2개, 0.01이 5개인 수

( )

8

태우와 지혜가 말한 소수의 합을 구하세요.

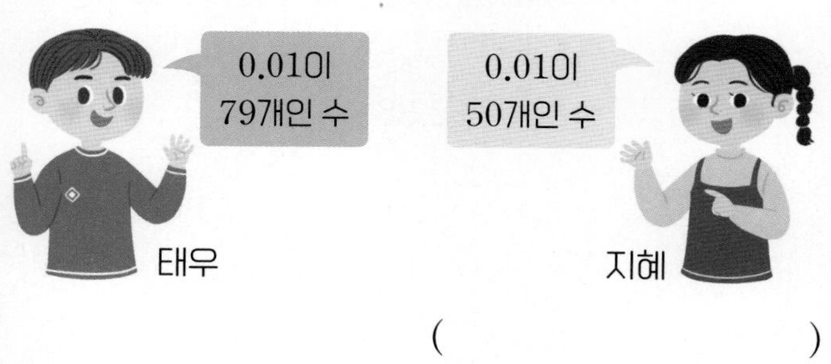

(　　　　　　　　)

9

계산에서 잘못된 부분을 찾아 바르게 계산하세요.

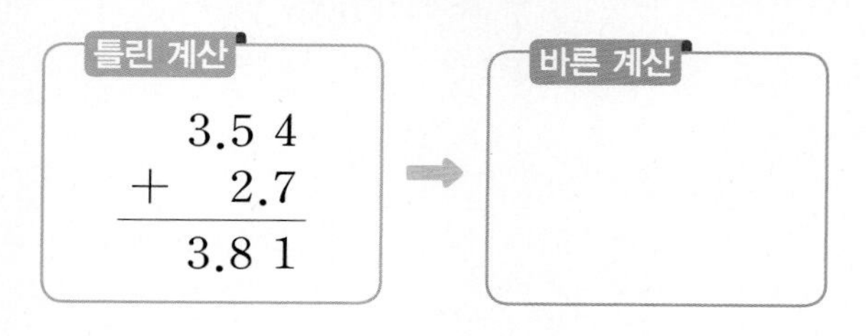

10

□ 안에 알맞은 수를 써넣으세요.

$$\begin{array}{r} 6\,.\,2\,\square \\ +\ 1\,.\,\square\,9 \\ \hline \square\,.\,6\,4 \end{array}$$

그림과 같이 길이가 다른 두 막대를 겹치지 않게 이어 붙였습니다. 이어 붙인 막대 전체의 길이는 몇 m인지 구하세요.

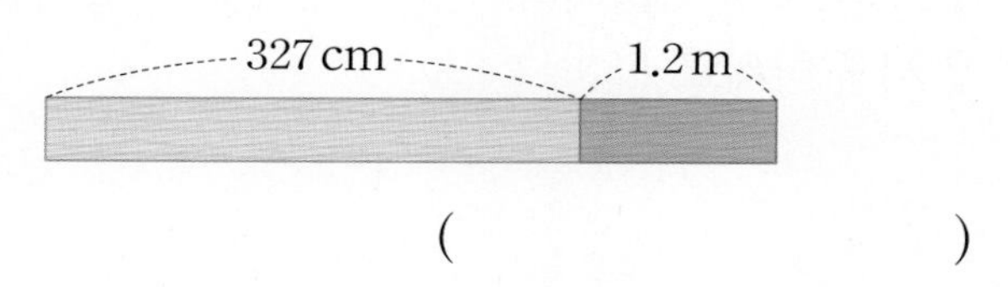

(　　　　　　　　)

12

계산 결과가 큰 것부터 차례대로 ○ 안에 1, 2, 3을 써넣으세요.

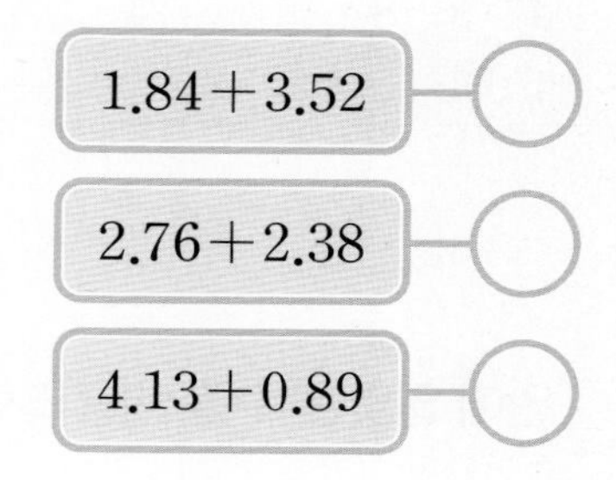

13

4장의 카드를 한 번씩 모두 사용하여 소수 두 자리 수를 만들려고 합니다. 만들 수 있는 가장 큰 수와 가장 작은 수의 합을 구하세요.

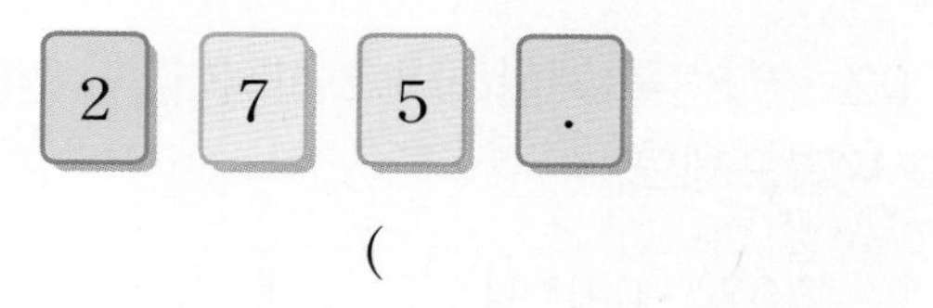

(　　　　　　　　)

14

집에서 학교까지 가는 길을 나타낸 것입니다. 은행과 우체국 중 어느 곳을 거쳐서 가는 길이 더 가까운지 쓰세요.

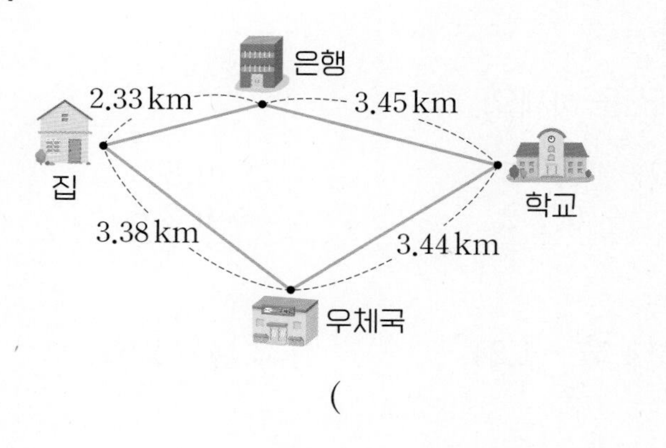

(　　　　　　　　)

문제 학습

6 소수 두 자리 수의 뺄셈

> 소수점 아래 자리 수가 다를 때에는 소수점을 잘 맞추어 쓴 다음 같은 자리 수끼리 뺍니다.

$$\begin{array}{r} 4.58 \\ -\ 1.30 \\ \hline \end{array} \quad (\text{O}) \qquad \begin{array}{r} 4.58 \\ -\ \ \ 1.3 \\ \hline \end{array} \quad (\text{X})$$

1

그림을 보고 □ 안에 알맞은 수를 써넣으세요.

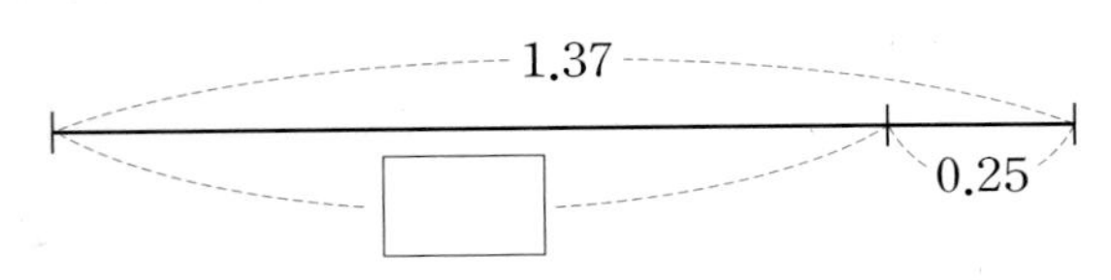

2

7.92－6.83을 계산하려고 합니다. □ 안에 알맞은 수를 써넣으세요.

7.92는 0.01이 □개
－ 6.83은 0.01이 □개
0.01이 □개

➡

$$\begin{array}{r} 7.92 \\ -\ 6.83 \\ \hline \square \end{array}$$

3

계산을 하세요.

(1) $\begin{array}{r} 1.35 \\ -\ 0.72 \\ \hline \end{array}$

(2) $\begin{array}{r} 0.8 \\ -\ 0.26 \\ \hline \end{array}$

(3) 4.57－1.24

(4) 3.14－1.69

4

□ 안에 알맞은 수를 써넣으세요.

5.12 ➡ －2.38 ➡ □

5

계산 결과가 2.43인 것의 기호를 쓰세요.

㉠ 10.72－8.19
㉡ 7.45－5.02

(　　　　　　)

6

계산 결과가 같은 것끼리 이으세요.

0.98－0.57 •	• 0.79－0.48
0.54－0.31 •	• 0.99－0.76
0.83－0.52 •	• 0.73－0.32

7 교과서 공통

진석이는 가지고 있던 철사 2.75 m 중에서 동생에게 1.25 m를 주었습니다. 진석이에게 남은 철사는 몇 m인지 구하세요.

(　　　　　　)

8

계산을 하고 계산 결과가 큰 것부터 차례대로 ◯ 안에 1, 2, 3을 써넣으세요.

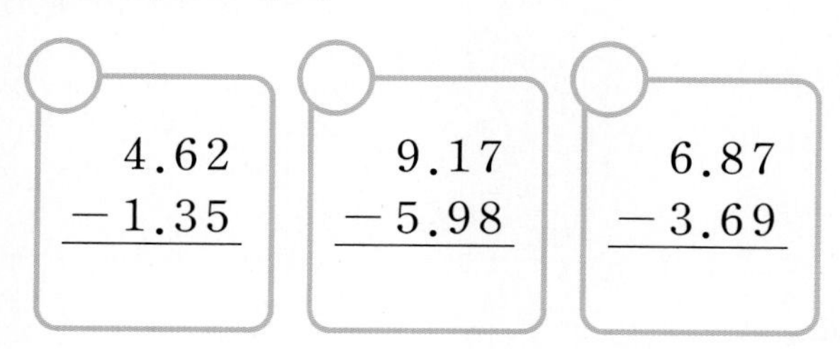

9

민영이는 정육점에 가서 쇠고기 0.7 kg과 돼지고기 0.58 kg을 샀습니다. 어떤 고기를 몇 kg 더 많이 샀는지 구하세요.

(　　　　　　　　), (　　　　　　　　)

10 교과서 공통

□ 안에 알맞은 수를 써넣으세요.

$$\begin{array}{r} 9.\square 2 \\ -\ \square.5\,3 \\ \hline 2.8\,\square \end{array}$$

11

수직선을 보고 ㉠과 ㉡에 알맞은 소수의 차를 구하세요.

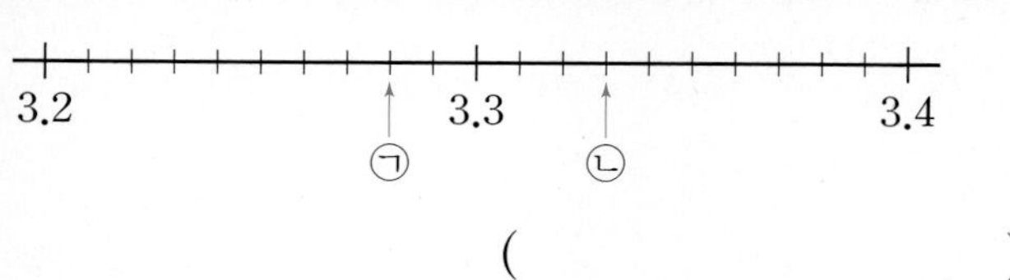

(　　　　　　　　)

12

두 수를 골라 차가 가장 큰 뺄셈식을 만들고 계산하세요.

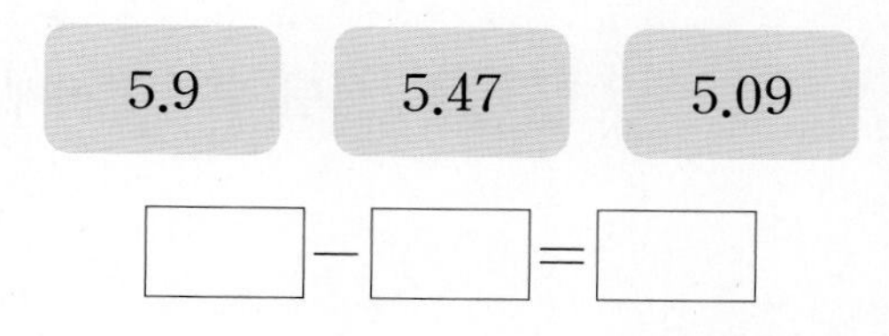

□ − □ = □

13

4장의 카드를 한 번씩 모두 사용하여 소수 두 자리 수를 만들려고 합니다. 만들 수 있는 가장 큰 수와 가장 작은 수의 차를 구하세요.

4　8　3　.

(　　　　　　　　)

14

식이 적혀 있는 카드에 물감이 묻어 일부가 보이지 않습니다. 1부터 9까지의 수 중에서 보이지 않는 부분에 들어갈 수 있는 수는 모두 몇 개인지 구하세요.

$0.72-0.38>0.3$

(　　　　　　　　)

1 어떤 수 구하기

정답 22쪽

어떤 수의 $\frac{1}{10}$은 1.564입니다. 어떤 수의 100배는 얼마인지 구하세요.

1단계 어떤 수 구하기

( )

2단계 어떤 수의 100배 구하기

( )

문제해결 tip 어떤 수의 $\frac{1}{10}$이 ■이면 ■의 10배는 어떤 수입니다.

1·1 다음에서 설명하는 것을 보고 준서가 어떤 수를 구하려고 합니다. □ 안에 알맞은 수를 써넣으세요.

어떤 수의 $\frac{1}{100}$인 수는 62.97보다 0.13만큼 더 작습니다.

문제 강의

1·2 ㉠은 ㉡의 몇 배인지 구하세요.

- ㉠의 $\frac{1}{100}$인 수는 2.71입니다.
- ㉡의 10배인 수는 2.14보다 0.57만큼 더 큽니다.

( )

2 빈 상자의 무게 구하기

● 정답 22쪽

똑같은 인형 14개가 들어 있는 상자의 무게를 재어 보니 4.47 kg이었습니다. 이 상자에서 인형 7개를 뺀 다음 다시 무게를 재어 보니 2.51 kg이었습니다. 빈 상자의 무게는 몇 kg인지 구하세요.

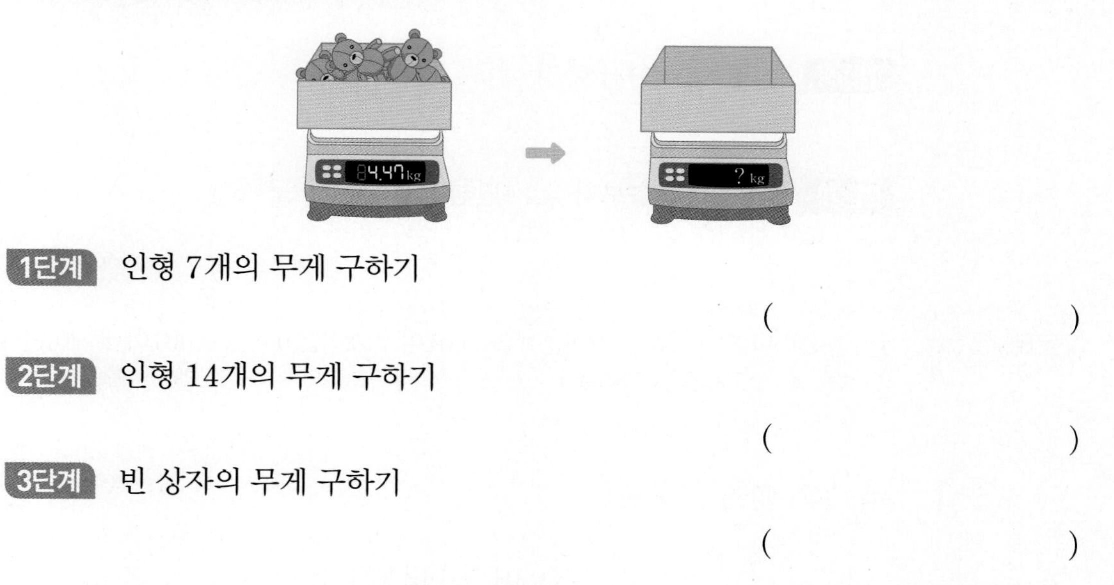

1단계 인형 7개의 무게 구하기

( )

2단계 인형 14개의 무게 구하기

( )

3단계 빈 상자의 무게 구하기

( )

문제해결 tip 인형이 들어 있는 상자의 무게와 인형 ■개를 뺀 다음 다시 잰 무게의 차는 인형 ■개의 무게와 같습니다.

2·1 똑같은 동화책 12권이 들어 있는 상자의 무게를 재어 보니 6.83 kg이었습니다. 이 상자에서 동화책 6권을 뺀 다음 다시 무게를 재어 보니 3.59 kg이었습니다. 빈 상자의 무게는 몇 kg인지 구하세요.

( )

2·2 똑같은 축구공 15개가 들어 있는 상자의 무게를 재어 보니 7.27 kg이었습니다. 이 상자에서 축구공 5개를 뺀 다음 다시 무게를 재어 보니 5.17 kg이었습니다. 빈 상자의 무게는 몇 kg인지 구하세요.

( )

3 설명하는 수 구하기

● 정답 22쪽

설명하는 수보다 3.14만큼 더 큰 소수를 구하세요.

1이 5개, $\frac{1}{100}$이 61개, $\frac{1}{1000}$이 20개인 수

1단계 설명하는 수 구하기

( )

2단계 설명하는 수보다 3.14만큼 더 큰 소수 구하기

( )

문제해결 tip 1이 ■개이면 ■, 0.1이 ▲개이면 0.▲, 0.01이 ★개이면 0.0★, 0.001이 ◆개이면 0.00◆입니다. (단, ■, ▲, ★, ◆은 한 자리 수)

3·1 두 수의 합을 구하세요.

- 0.01이 142개인 수
- 1이 3개, $\frac{1}{10}$이 5개, $\frac{1}{100}$이 9개인 수

( )

3·2 설명하는 수보다 크고 2.26보다 작은 소수 세 자리 수는 모두 몇 개인지 구하세요.

0.1이 21개, 0.01이 15개, 0.001이 6개인 수

( )

4 주어진 거리 구하기

● 정답 23쪽

아영이네 집에서 도서관까지의 거리는 아영이네 집에서 공원까지의 거리보다 0.3 km만큼 더 멉니다. 아영이네 집에서 도서관까지의 거리는 몇 km인지 구하세요.

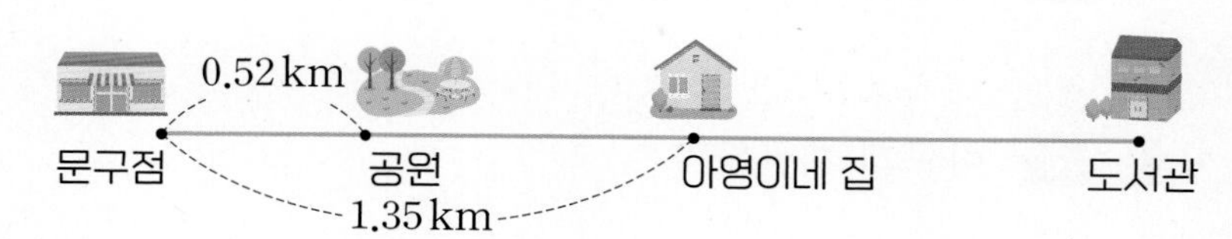

1단계 아영이네 집에서 공원까지의 거리 구하기

(　　　　　　　　)

2단계 아영이네 집에서 도서관까지의 거리 구하기

(　　　　　　　　)

문제해결 tip 문제에 알맞은 식을 세운 후 소수의 덧셈과 뺄셈을 이용하여 답을 구합니다.

4·1 학교에서 도서관까지의 거리는 몇 km인지 구하세요.

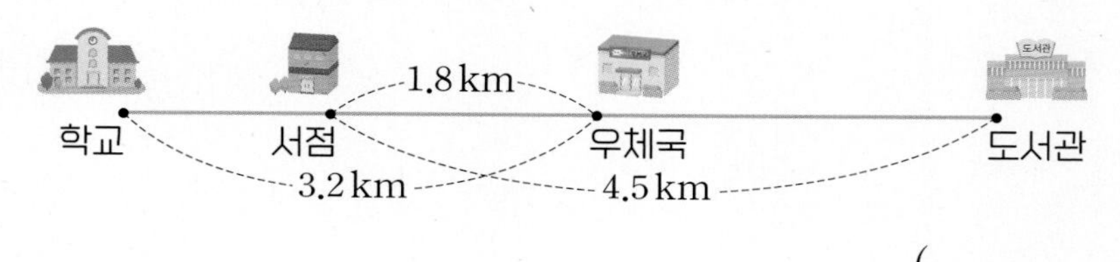

(　　　　　　　　)

문제 강의

4·2 ㉯에서 ㉰까지의 거리는 몇 m인지 구하세요.

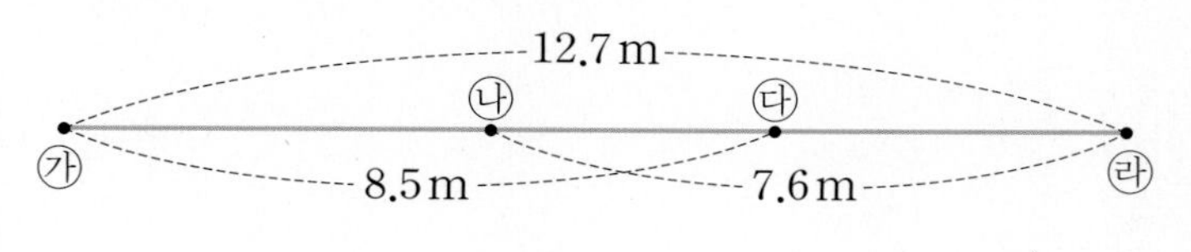

(　　　　　　　　)

5 바르게 계산한 값 구하기

● 정답 23쪽

어떤 수에서 2.7을 빼야 할 것을 잘못하여 더했더니 8.21이 되었습니다. 바르게 계산하면 얼마인지 구하세요.

1단계 어떤 수 구하기

(　　　　　　　　)

2단계 바르게 계산하기

(　　　　　　　　)

문제해결 tip 어떤 수를 □라 하여 잘못 계산한 식을 세워봅니다.

5·1 어떤 수에 5.02를 더해야 할 것을 잘못하여 5.2를 더했더니 10.1이 되었습니다. 바르게 계산하면 얼마인지 구하세요.

(　　　　　　　　)

5·2 어떤 수에서 6.37을 빼야 할 것을 잘못하여 6.73을 더했더니 19.48이 되었습니다. 바르게 계산하면 얼마인지 구하세요.

(　　　　　　　　)

6 조건을 만족하는 소수 구하기

● 정답 23쪽

3 단원

조건을 모두 만족하는 소수 세 자리 수 ㉠.㉡㉢㉣을 구하세요.

- 4.2보다 크고 4.3보다 작습니다.
- 일의 자리 숫자와 소수 둘째 자리 숫자의 합은 7입니다.
- 소수 셋째 자리 숫자가 나타내는 값은 0.008입니다.

1단계 ㉠, ㉡, ㉢ ,㉣에 알맞은 수 구하기

㉠ (　　　　), ㉡ (　　　　), ㉢ (　　　　), ㉣ (　　　　)

2단계 조건을 모두 만족하는 소수 세 자리 수 구하기

(　　　　)

문제해결 tip 4.2보다 크고 4.3보다 작은 소수 세 자리 수이므로 일의 자리 숫자와 소수 첫째 자리 숫자를 알 수 있습니다.

6・1 조건을 모두 만족하는 소수 세 자리 수를 구하세요.

- 5.7보다 크고 5.8보다 작습니다.
- 일의 자리 숫자와 소수 셋째 자리 숫자의 합은 8입니다.
- 소수 둘째 자리 숫자가 나타내는 값은 0.06입니다.

(　　　　)

문제 강의

6・2 소수의 각 자리 수가 서로 다를 때, 조건을 모두 만족하는 소수를 구하세요.

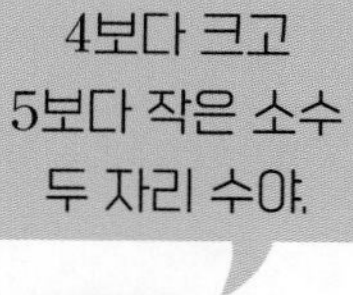
4보다 크고
5보다 작은 소수
두 자리 수야.

일의 자리 숫자와 소수 첫째 자리 숫자의 합은 7이야.

이 소수를 10배 하면 소수 첫째 자리 수는 2가 돼.

준서

지혜

강우

(　　　　)

교과서 통합 핵심 개념

3 소수의 덧셈과 뺄셈

● 정답 23쪽

- $\frac{1}{100}=0.01$
➡ 영 점 영일이라고 읽습니다.
- $\frac{1}{1000}=0.001$
➡ 영 점 영영일이라고 읽습니다.

❶ 소수 두 자리 수, 소수 세 자리 수

분수	소수	읽기
$\frac{7}{100}$	0.07	□
$\frac{839}{1000}$	□	영 점 팔삼구
$2\frac{23}{100}$	2.23	□

5.346 에서
- 5는 일의 자리 숫자이고, □를 나타냅니다.
- 3은 소수 첫째 자리 숫자이고, □을 나타냅니다.
- 4는 소수 둘째 자리 숫자이고, □를 나타냅니다.
- 6은 소수 셋째 자리 숫자이고, □을 나타냅니다.

- 어떤 수의 $\frac{1}{10}$ ➡ 소수점을 기준으로 수가 오른쪽으로 한 자리 이동
- 어떤 수를 10배 ➡ 소수점을 기준으로 수가 왼쪽으로 한 자리 이동

❷ 소수 사이의 관계

- 0.15의 10배인 수는 □이고, 100배인 수는 □입니다.
- 2.6의 $\frac{1}{10}$인 수는 □이고, $\frac{1}{100}$인 수는 □입니다.

소수의 크기는 자연수 부분 ➡ 소수 첫째 자리 ➡ 소수 둘째 자리 ➡ 소수 셋째 자리 순서로 비교합니다.

❸ 소수의 크기 비교

- 소수 첫째 자리 수 비교

0.45 ○ 0.6
4 ○ 6

- 소수 둘째 자리 수 비교

3.57 ○ 3.52
7 ○ 2

- 소수의 덧셈
소수점끼리 맞추어 세로로 쓰고 같은 자리 수끼리 더합니다.
- 소수의 뺄셈
소수점끼리 맞추어 세로로 쓰고 같은 자리 수끼리 뺍니다.

❹ 소수의 덧셈과 뺄셈

- 소수의 덧셈

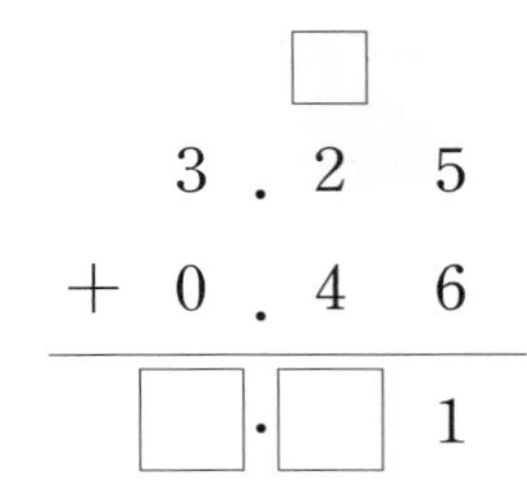

- 소수의 뺄셈

□ □
2 . 5 7
− 1 . 3 8
1 . □ □

3. 소수의 덧셈과 뺄셈

● 정답 24쪽

3 단원

1

전체 크기가 1인 모눈종이에 색칠된 부분의 크기를 소수로 나타내세요.

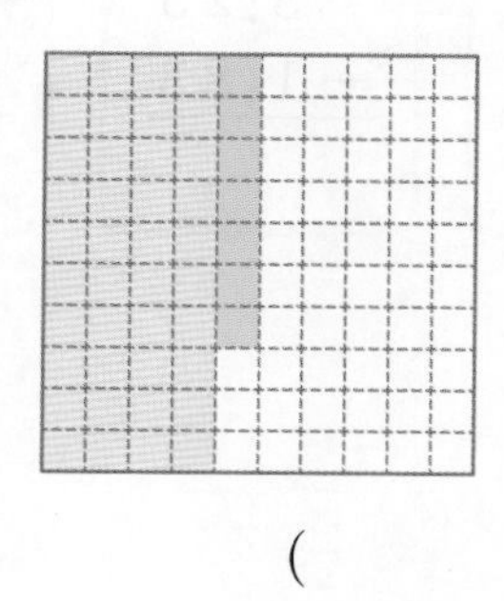

(　　　　　　　　)

2

소수를 읽어 보세요.

5.097

(　　　　　　　　)

3

□ 안에 알맞은 수를 써넣으세요.

1 이 4개
0.1 이 5개
0.01 이 7개
0.001이 6개
인 수는 □ 입니다.

4

수직선을 보고 □ 안에 알맞은 수를 써넣으세요.

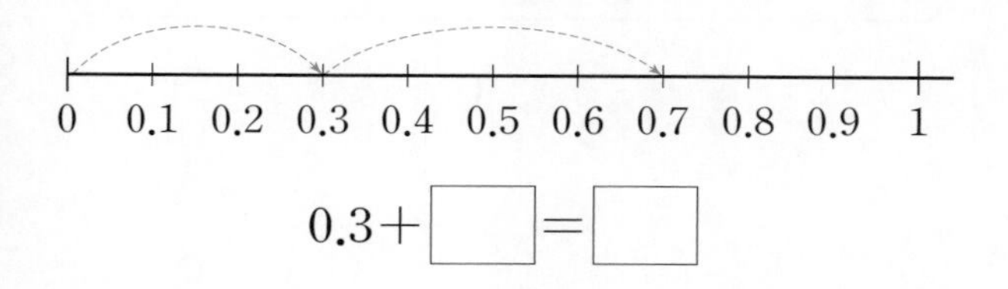

0.3+□=□

5

□ 안에 알맞은 수를 써넣으세요.

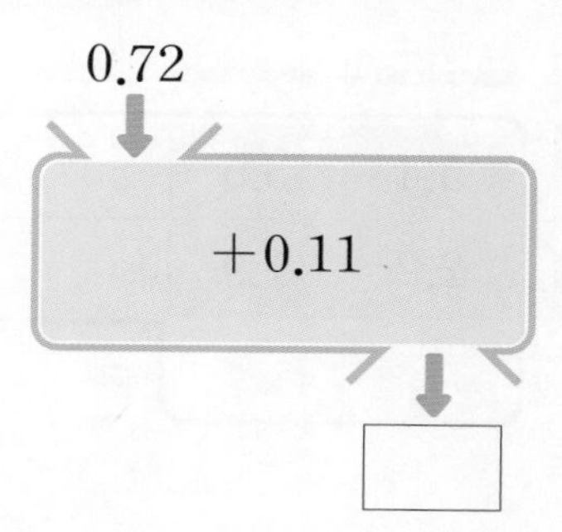

6

계산을 하세요.

$$\begin{array}{r} 3.54 \\ -\ 1.78 \\ \hline \end{array}$$

7

그림을 보고 □ 안에 알맞은 수를 써넣으세요.

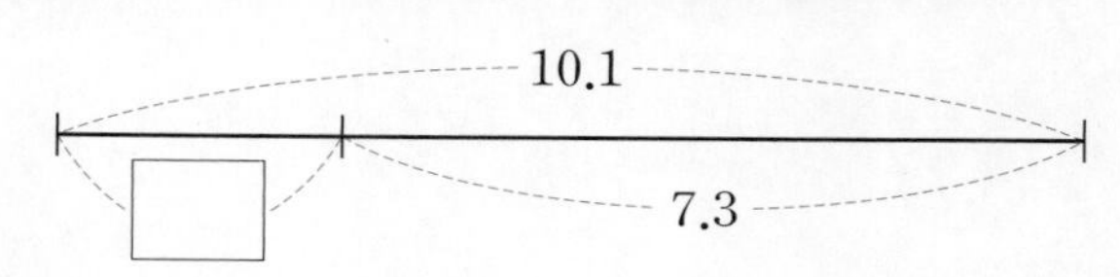

8

6이 0.06을 나타내는 수는 어느 것일까요? (　　)

① 6.045　② 4.267　③ 0.601
④ 15.68　⑤ 9.326

9

빈칸에 알맞은 수를 써넣으세요.

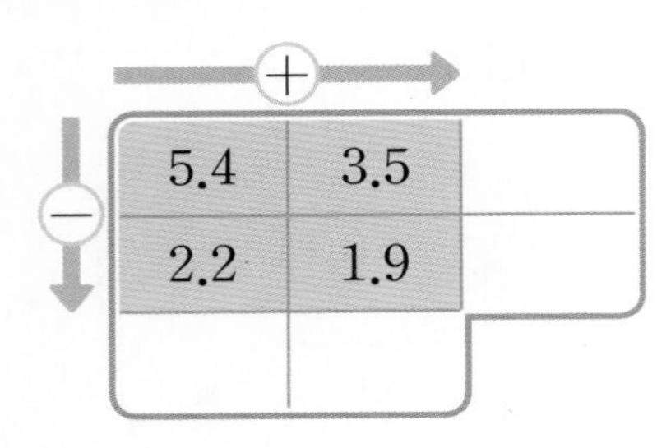

10 서술형

㉠에 알맞은 소수는 얼마인지 해결 과정을 쓰고, 답을 구하세요.

2.8 ㉠ 2.9

( )

11

지윤이가 물을 어제는 1.8L 마셨고, 오늘은 2.5L 마셨습니다. 지윤이가 어제와 오늘 마신 물은 모두 몇 L일까요?

( )

12

계산을 하고 계산 결과가 작은 것부터 차례대로 ○ 안에 1, 2, 3을 써넣으세요.

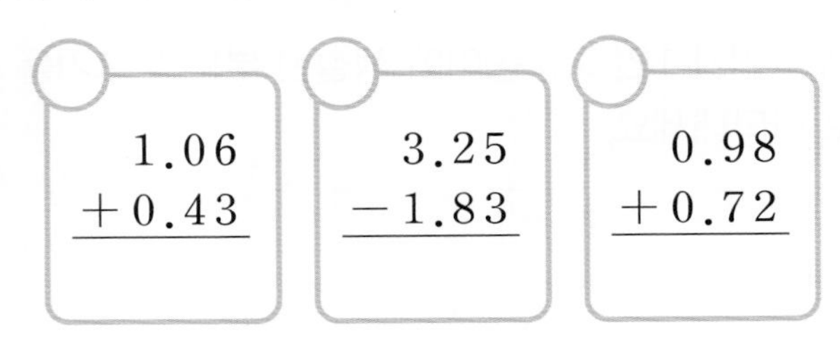

13 서술형

계산에서 잘못된 부분을 찾아 이유를 쓰고, 바르게 계산하세요.

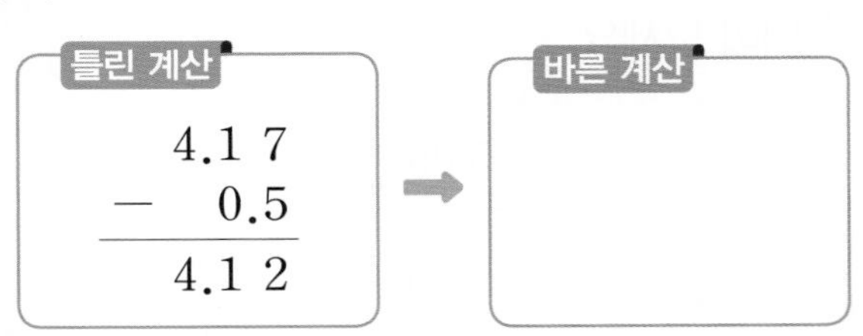

이유

14

2.6과 같은 수를 모두 찾아 기호를 쓰세요.

㉠ 26의 $\frac{1}{10}$ ㉡ 2.6의 $\frac{1}{100}$
㉢ 2.6의 10배 ㉣ 0.026의 100배

( )

15

㉠이 나타내는 수는 ㉡이 나타내는 수의 몇 배인지 구하세요.

41.651 (㉠: 첫째 1, ㉡: 마지막 1)

(　　　　　　　　)

16 서술형

딸기를 준영이는 1.59 kg 땄고 은수는 1700 g 땄습니다. 누가 딸기를 더 많이 땄는지 해결 과정을 쓰고, 답을 구하세요.

____

____

____

(　　　　　　　　)

17

현태는 집에서부터 공원, 도서관, 수영장까지의 거리를 알아보았습니다. 집에서 가까운 곳부터 차례대로 쓰세요.

집 ~ 공원	0.587 km
집 ~ 도서관	132 m
집 ~ 수영장	1.05 km

(　　　　　　　　)

18

□ 안에 알맞은 수를 써넣으세요.

$$\begin{array}{r} \square.\,8\;2 \\ +\;3.\,\square\;4 \\ \hline 9.\,5\;\square \end{array}$$

19

㉠, ㉡, ㉢에 알맞은 수의 합을 구하세요.

- 3.5는 0.035의 ㉠배입니다.
- 70은 0.07의 ㉡배입니다.
- 1.286은 12.86의 $\frac{1}{㉢}$입니다.

(　　　　　　　　)

20

수진이와 준호가 생각하는 소수의 합을 구하세요.

수진: 내가 생각하는 소수는 0.1이 34개인 수야.
준호: 내가 생각하는 소수는 일의 자리 숫자가 7이고, 소수 첫째 자리 숫자가 5인 소수 한 자리 수야.

(　　　　　　　　)

쉬어 가기

숨은 그림을 찾아보세요.

정답 45쪽

4 사각형

▶ 학습을 완료하면 V표를 하면서 학습 진도를 체크해요.

	개념 학습						문제 학습
백점 쪽수	88	89	90	91	92	93	94
확인							

	문제 학습						
백점 쪽수	95	96	97	98	99	100	101
확인							

	문제 학습				응용 학습		
백점 쪽수	102	103	104	105	106	107	108
확인							

	응용 학습			단원 평가			
백점 쪽수	109	110	111	112	113	114	115
확인							

수직

정답 25쪽

수직과 수선

- 두 직선이 만나서 이루는 각이 직각일 때, 두 직선은 서로 수직이라고 합니다.
- 두 직선이 서로 수직으로 만나면 한 직선을 다른 직선에 대한 수선이라고 합니다.

선분과 선분, 직선과 선분이 직각으로 만나도 서로 수직이라고 해요.

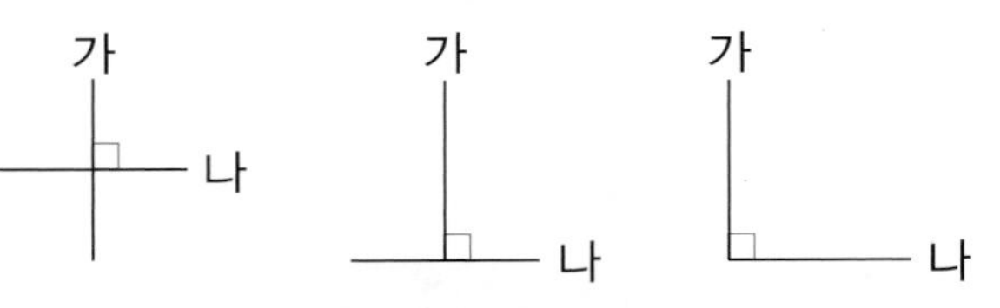

➡ 가는 나에 대한 수선이고, 나는 가에 대한 수선입니다.

수선 긋기

방법 1 삼각자 사용하기

삼각자의 직각을 낀 변을 이용하여 수선을 긋습니다.

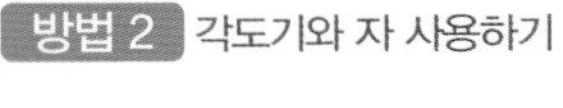

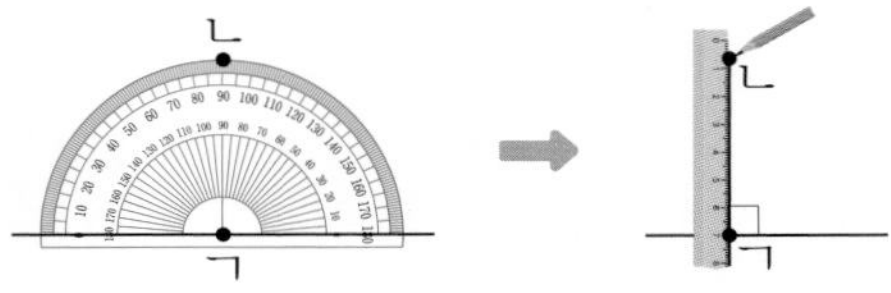

각도기에서 90°가 되는 눈금 위에 점을 찍고 수선을 긋습니다.

개념 강의

- 한 직선에 대한 수선은 셀 수 없이 많이 그을 수 있습니다.
- 한 점을 지나고 한 직선에 수직인 직선은 1개만 그을 수 있습니다.

1 □ 안에 알맞은 말이나 기호를 써넣으세요.

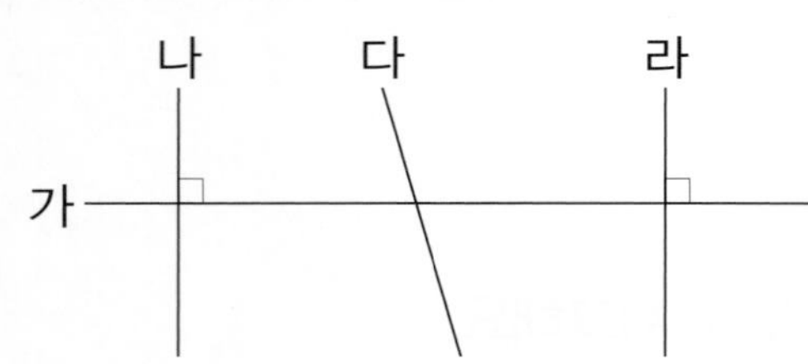

(1) 직선 가와 직선 나는 서로 □입니다.

(2) 직선 나는 직선 가에 대한 □입니다.

(3) 직선 라와 직선 □는 서로 수직입니다.

(4) 직선 □는 직선 라에 대한 수선입니다.

2 자를 사용하여 주어진 직선에 대한 수선을 그으세요.

(1)

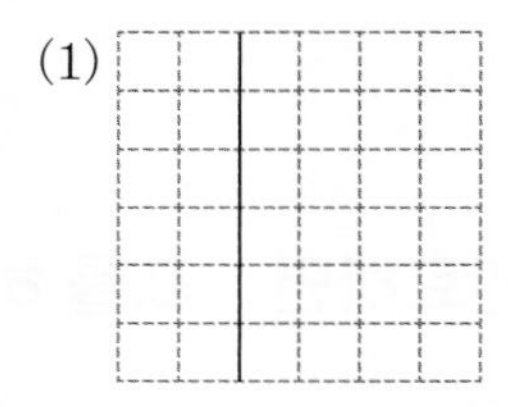

(2)

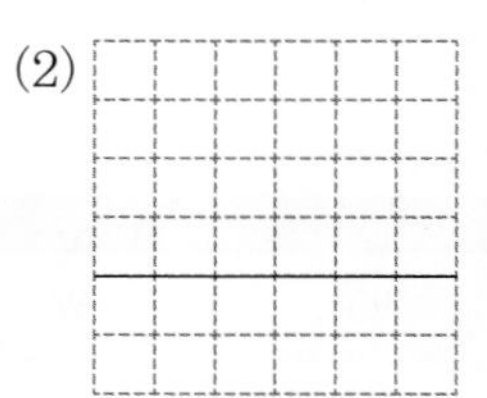

(3)

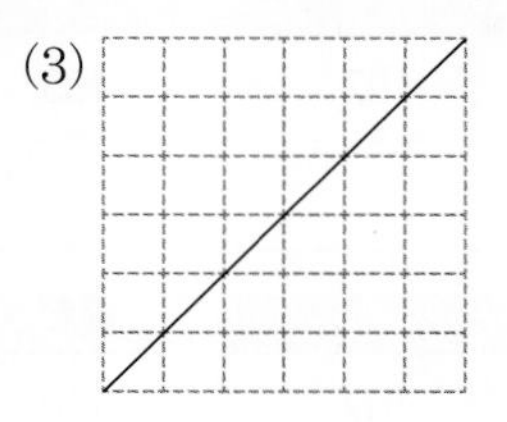

2 평행

● 정답 25쪽

◎ 평행과 평행선

• 한 직선에 수직인 두 직선을 그었을 때, 그 두 직선은 서로 만나지 않습니다.
이와 같이 서로 만나지 않는 두 직선을 평행하다고 합니다.

• 평행한 두 직선을 평행선이라고 합니다.

끝없이 늘여도 만나지 않는 두 선분도 평행하다고 해요.

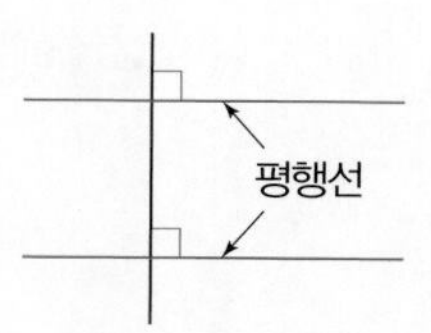

◎ 평행선 긋기

직선이 주어진 경우

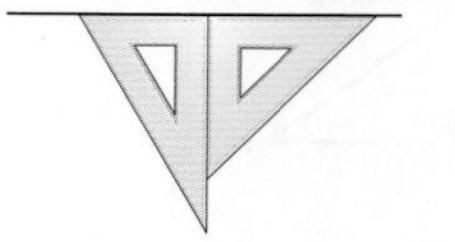

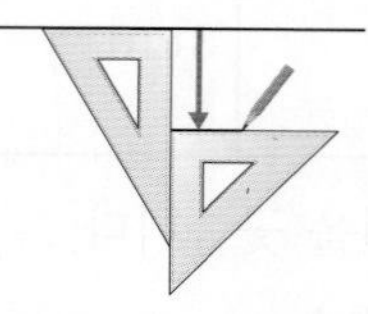

두 삼각자를 직선에 맞닿게 붙이고 한 삼각자를 움직여서 평행한 직선을 긋습니다.

직선과 한 점이 주어진 경우

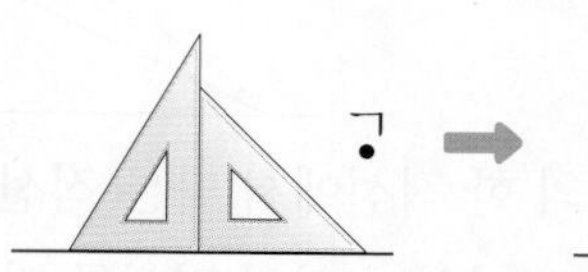

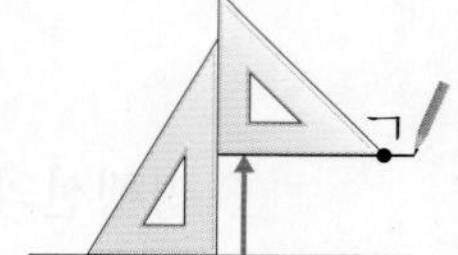

두 삼각자를 직선에 맞닿게 붙이고 한 삼각자를 움직여서 점 ㄱ을 지나는 평행한 직선을 긋습니다.

개념 강의

• 한 직선과 평행한 직선은 셀 수 없이 많이 그을 수 있습니다.
• 한 점을 지나고 한 직선과 평행한 직선은 1개만 그을 수 있습니다.

1 □ 안에 알맞은 말이나 기호를 써넣으세요.

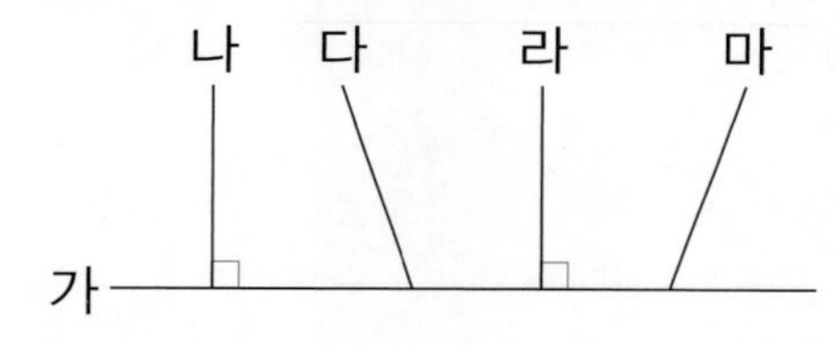

(1) 직선 가에 수직인 직선은 직선 □, 직선 □ 입니다.

(2) 서로 만나지 않는 두 직선을 □ 하다고 합니다.

(3) 직선 나와 평행한 직선은 직선 □ 입니다.

(4) 평행한 두 직선인 직선 나와 직선 □ 를 □ 이라고 합니다.

2 자를 사용하여 주어진 직선과 평행한 직선을 그으세요.

(1)

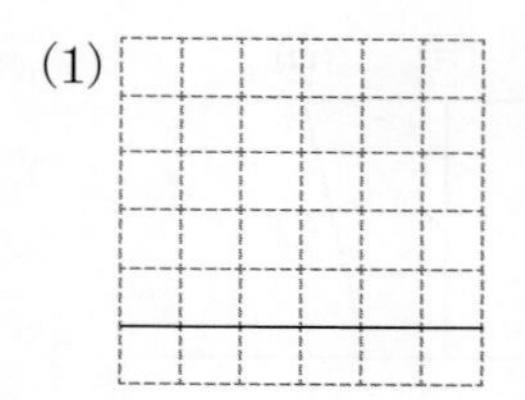

(2)

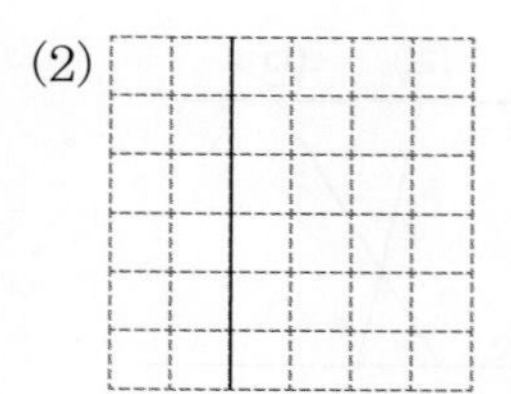

(3)

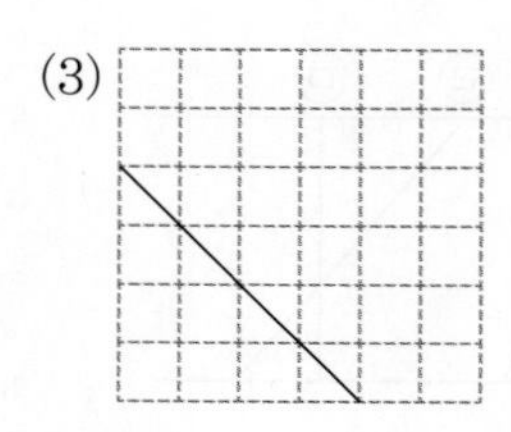

3 평행선 사이의 거리

● 정답 25쪽

평행선 사이의 거리

- 평행선 사이의 거리: 평행선에 수직인 선분의 길이

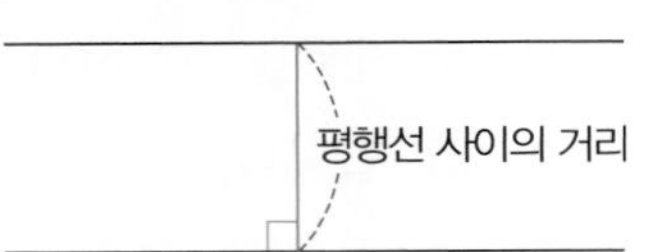

- 평행선 사이의 거리 재어 보기

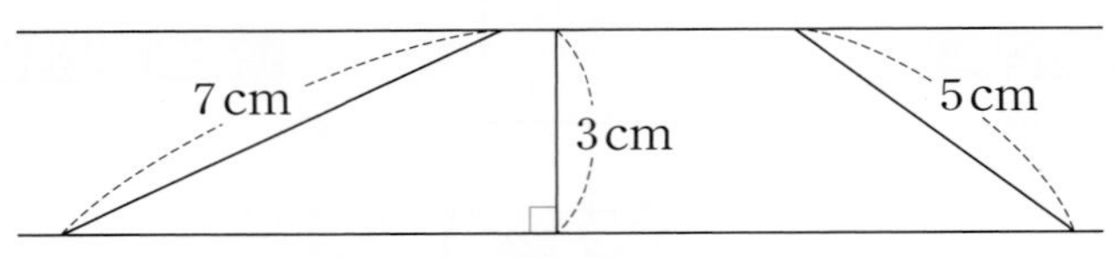

① 평행선의 한 직선에서 다른 직선에 수선을 긋습니다.
② 평행선 사이의 수선의 길이를 자로 잽니다.
③ 평행선 사이의 거리는 3 cm입니다.

- 평행선 위의 두 점을 잇는 선분 중 수직인 선분의 길이가 가장 짧습니다.
- 평행선 사이의 거리는 어디에서 재어도 모두 같습니다.

1 평행선 사이의 거리를 나타내는 선분을 찾아 기호를 쓰세요.

(1)

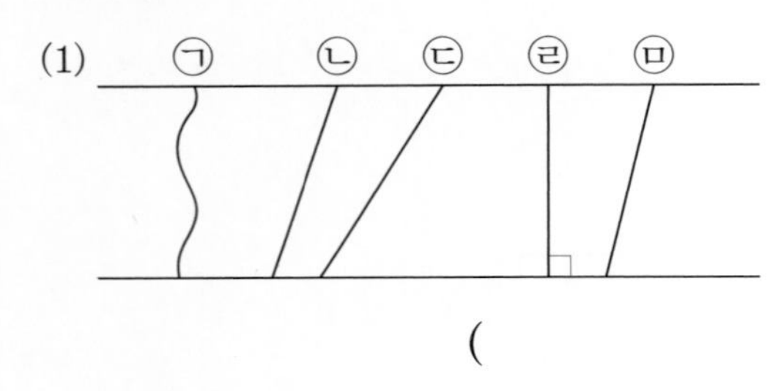

( )

(2)

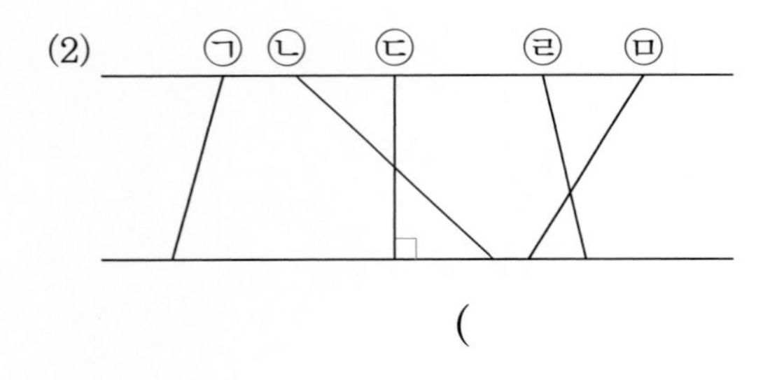

( )

(3)

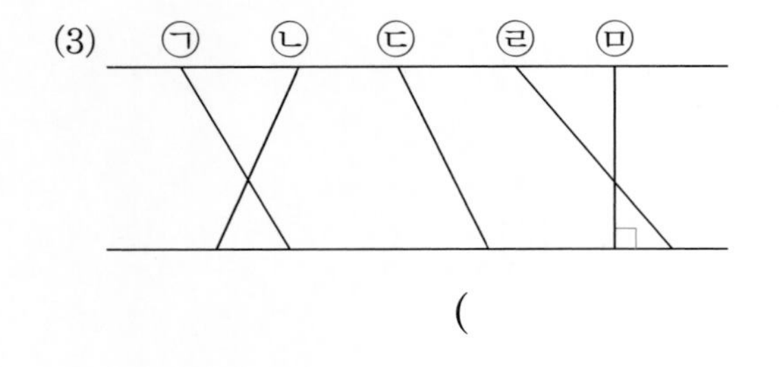

( )

2 평행선 사이의 거리는 몇 cm인지 재어 보세요.

(1)

( )

(2)

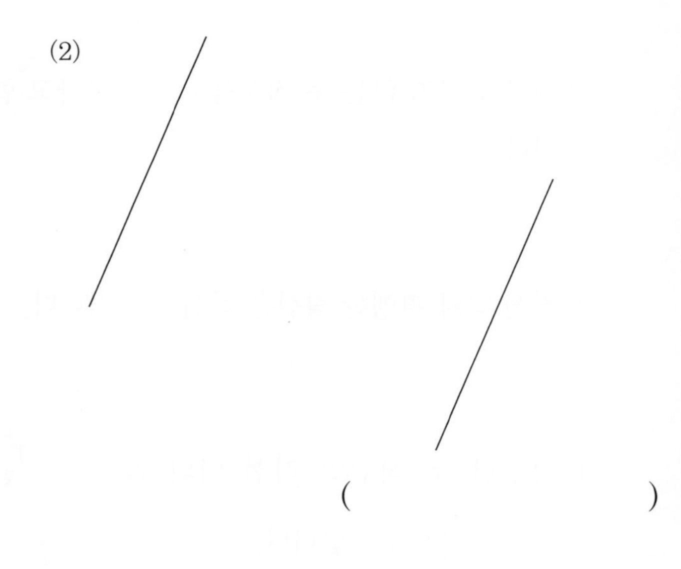

( )

4 사다리꼴, 평행사변형

● 정답 25쪽

사다리꼴

사다리꼴: 평행한 두 변이 한 쌍이라도 있는 사각형

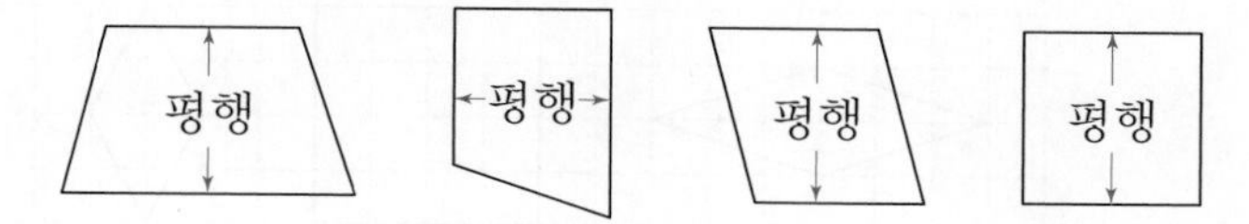

평행사변형

• 평행사변형: 마주 보는 두 쌍의 변이 각각 평행한 사각형

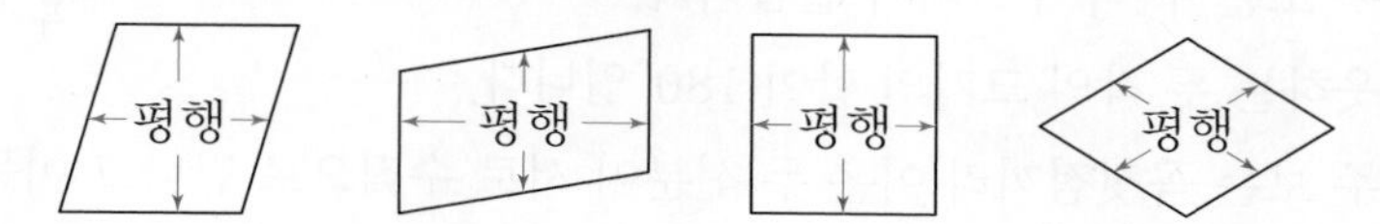

• 평행사변형의 성질

– 마주 보는 두 변의 길이가 같습니다.

– 마주 보는 두 각의 크기가 같습니다.

– 이웃하는 두 각의 크기의 합이 180°입니다.

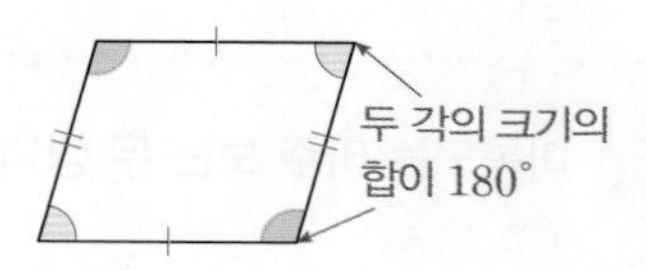

개념 강의

• 평행사변형은 평행한 두 변이 있으므로 사다리꼴이라고 할 수 있습니다.
• 사다리꼴은 평행한 변이 한 쌍인 경우도 있으므로 평행사변형이라고 할 수 없습니다.

1 도형을 보고 □ 안에 알맞은 말이나 기호를 써넣으세요.

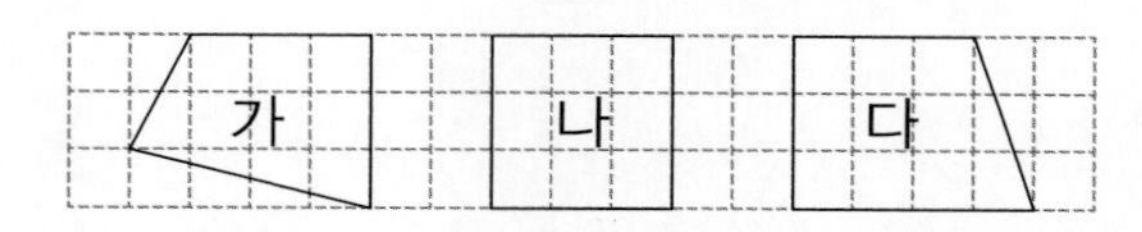

(1) 평행한 두 변이 한 쌍이라도 있는 사각형을 □이라고 합니다.

(2) 사다리꼴은 □, □입니다.

2 도형을 보고 □ 안에 알맞은 말이나 기호를 써넣으세요.

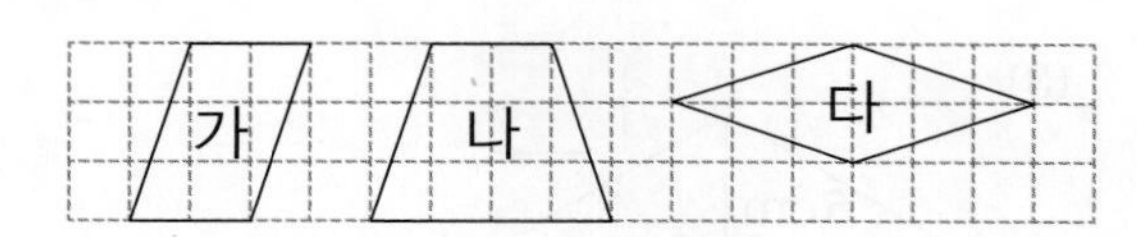

(1) 마주 보는 두 쌍의 변이 각각 평행한 사각형을 □이라고 합니다.

(2) 평행사변형은 □, □입니다.

3 평행사변형입니다. □ 안에 알맞은 수를 써넣으세요.

(1)

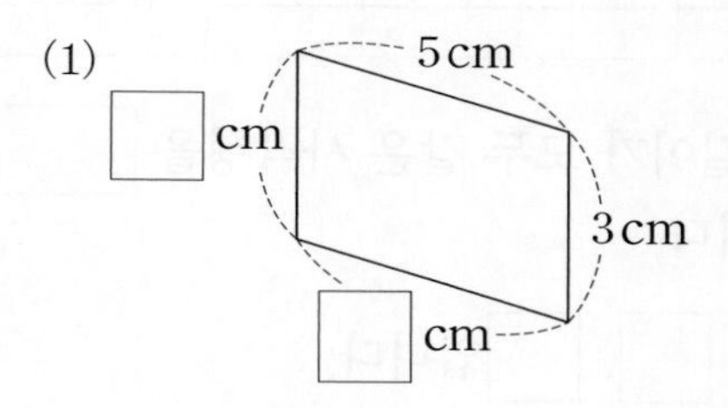

(2)

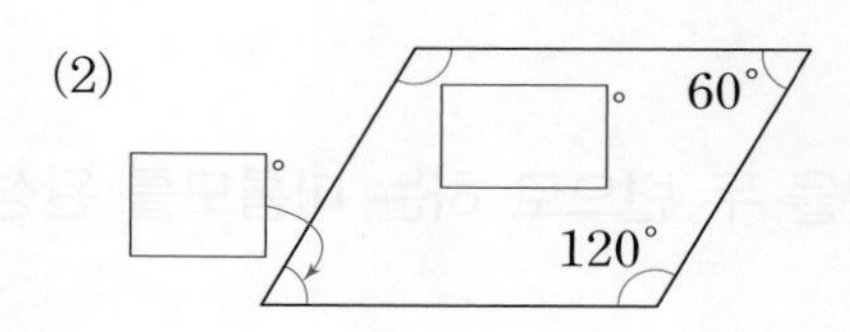

(3)

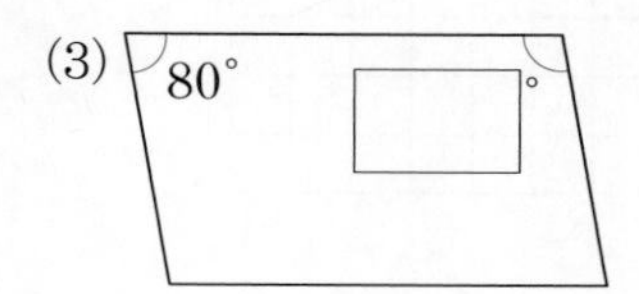

5 마름모

정답 25쪽

마름모

• 마름모: 네 변의 길이가 모두 같은 사각형

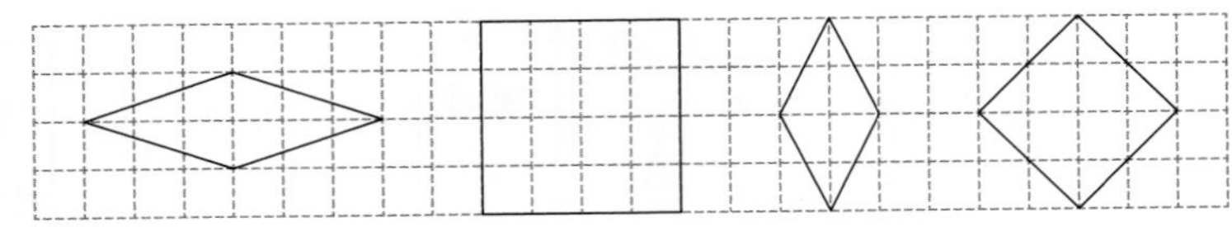

• 마름모의 성질

– 마주 보는 두 쌍의 변이 각각 평행합니다.

– 마주 보는 두 각의 크기가 같습니다.

– 이웃하는 두 각의 크기의 합이 180°입니다.

– 마주 보는 꼭짓점끼리 이은 두 선분이 서로 수직으로 만나고 이등분합니다.

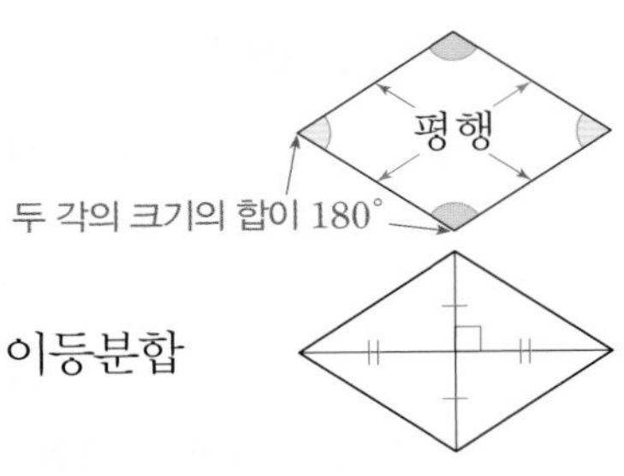

개념 강의

• 마름모는 마주 보는 두 쌍의 변이 각각 평행하므로 사다리꼴, 평행사변형이라고 할 수 있습니다.

1 도형을 보고 □ 안에 알맞은 말이나 기호를 써넣으세요.

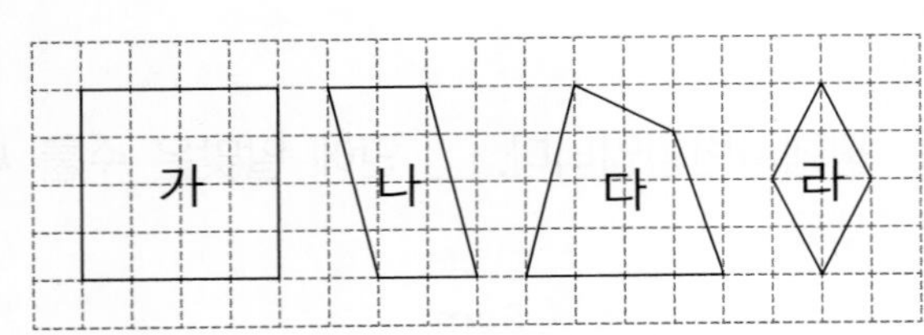

(1) 네 변의 길이가 모두 같은 사각형을 □ 라고 합니다.

(2) 마름모는 □, □입니다.

2 주어진 선분을 두 변으로 하는 마름모를 완성하세요.

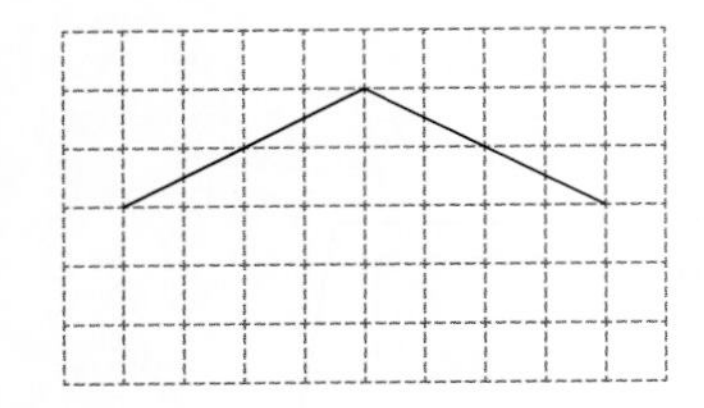

3 마름모입니다. □ 안에 알맞은 수를 써넣으세요.

(1)

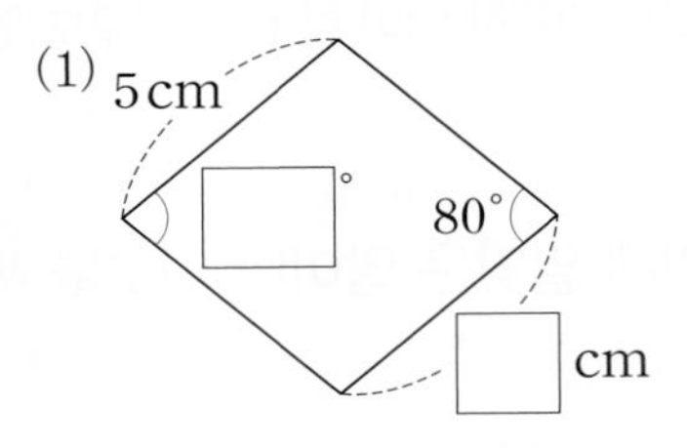

(2)

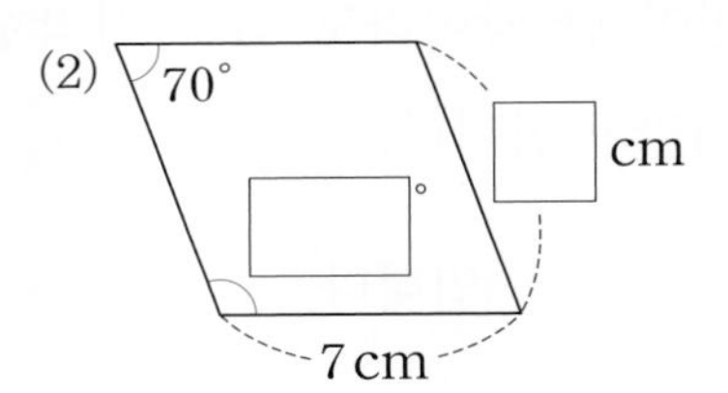

(3)

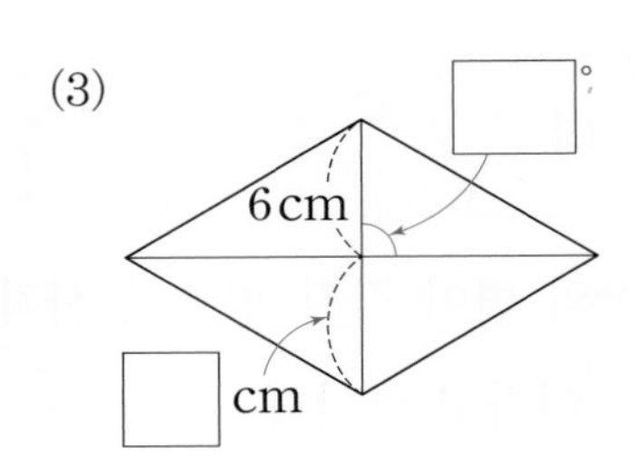

6 여러 가지 사각형

● 정답 26쪽

◎ 직사각형과 정사각형의 성질

	직사각형	정사각형
공통점	• 네 각이 모두 직각입니다. • 마주 보는 두 쌍의 변이 각각 평행합니다.	
차이점	마주 보는 두 변의 길이가 같습니다.	네 변의 길이가 모두 같습니다.

◎ 여러 가지 사각형의 관계

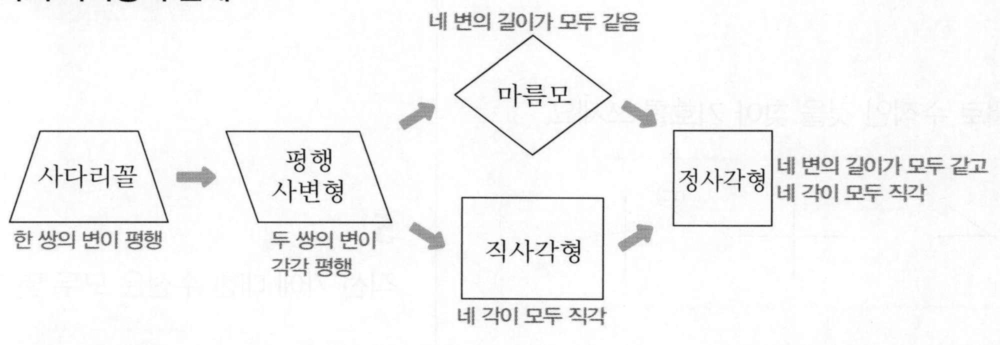

개념 강의

• 하나의 사각형을 여러 가지 이름으로 부를 수 있습니다.

1 직사각형입니다. □ 안에 알맞은 수를 써넣으세요.

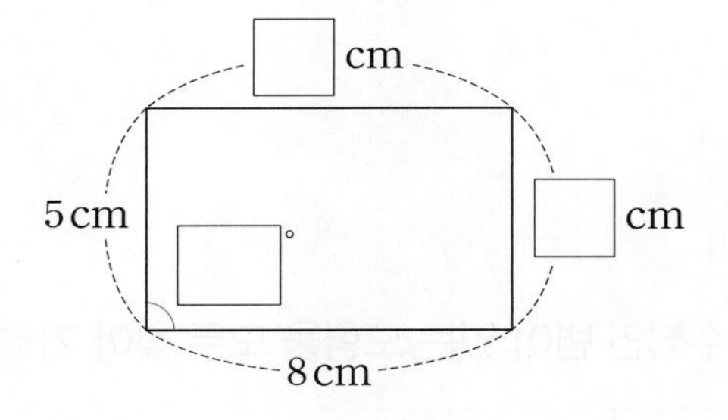

2 정사각형입니다. □ 안에 알맞은 수를 써넣으세요.

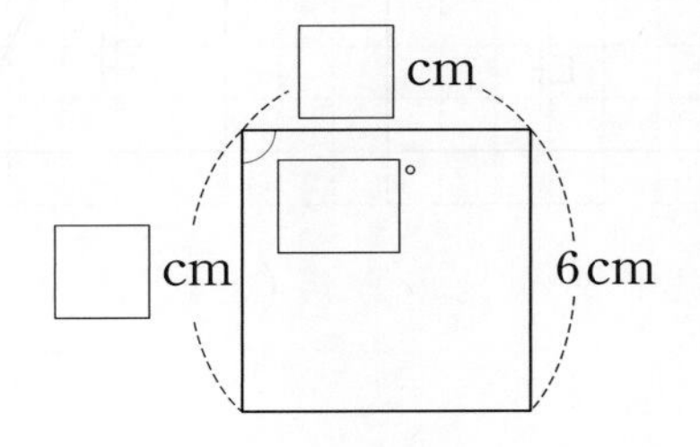

3 사각형의 이름으로 알맞은 것을 모두 찾아 ○표 하세요.

(1)

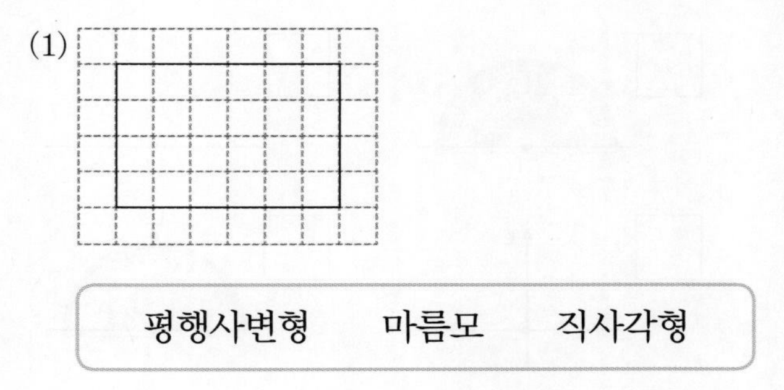

평행사변형 마름모 직사각형

(2)

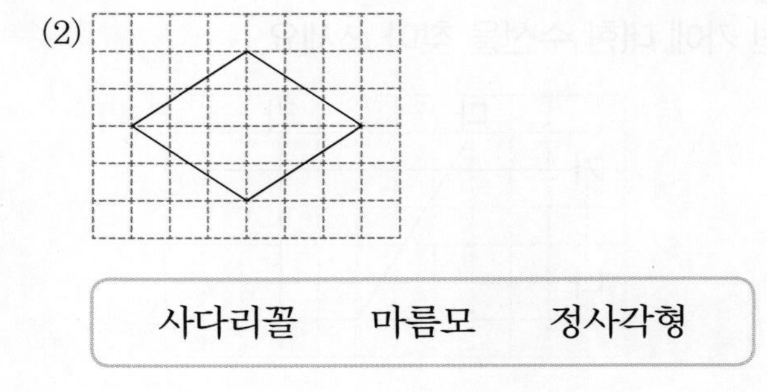

사다리꼴 마름모 정사각형

문제 학습

1 수직

> 두 직선이 서로 수직으로 만나면 한 직선을 다른 직선에 대한 수선이라고 합니다.

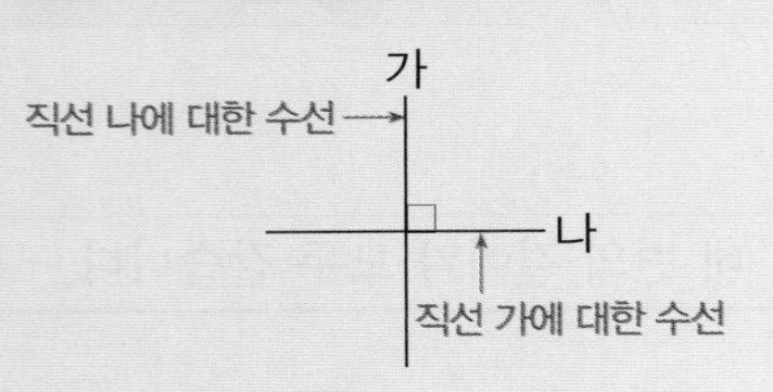

1

두 직선이 서로 수직인 것을 찾아 기호를 쓰세요.

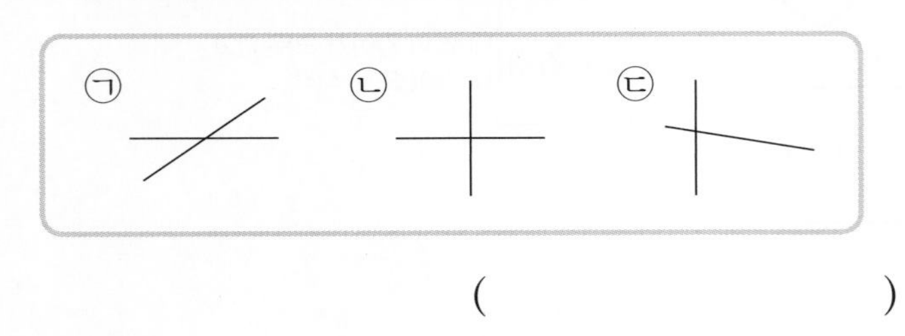

(　　　　　　　　　)

2

각도기와 자를 사용하여 주어진 직선에 대한 수선을 그으려고 합니다. 순서에 맞게 □ 안에 1, 2, 3, 4를 써넣으세요.

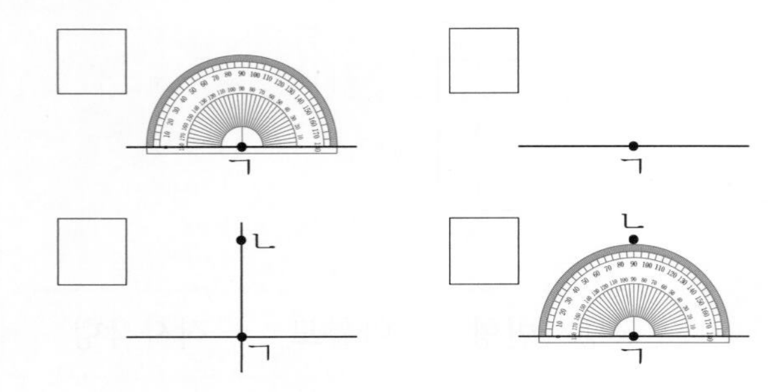

3 교과서 공통

직선 가에 대한 수선을 찾아 쓰세요.

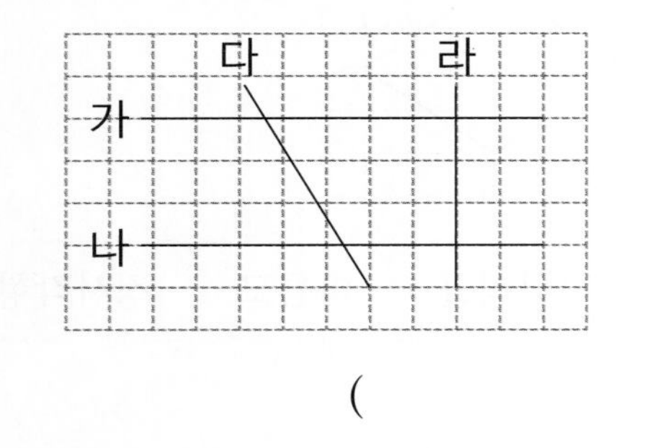

(　　　　　　　　　)

4

삼각자를 사용하여 점 ㄱ을 지나는 직선 가에 대한 수선을 그으세요.

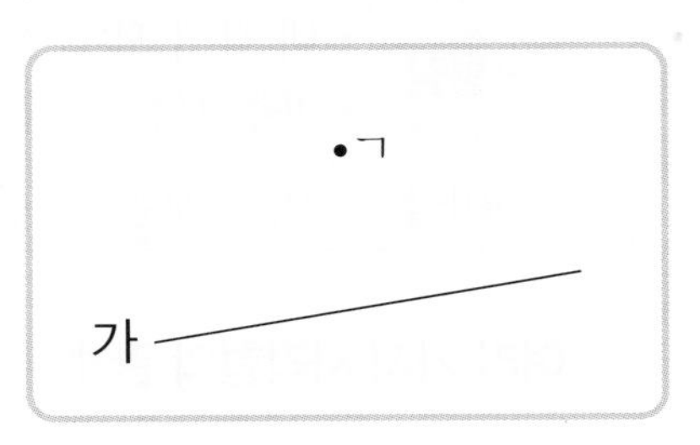

5

직선 가에 대한 수선은 모두 몇 개 그을 수 있을까요?

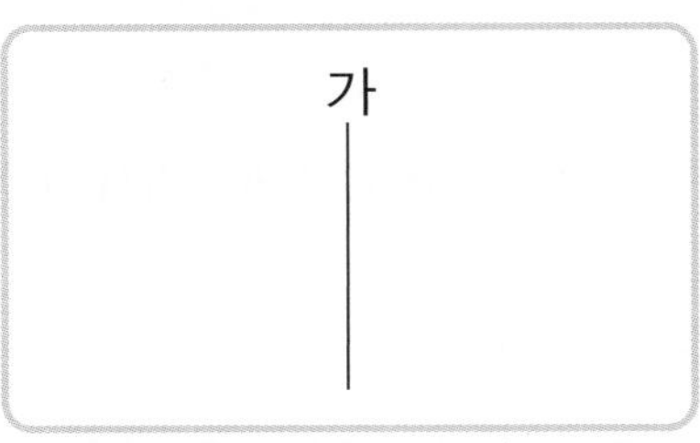

(　　　　　　　　　)

6

서로 수직인 변이 있는 도형을 모두 찾아 기호를 쓰세요.

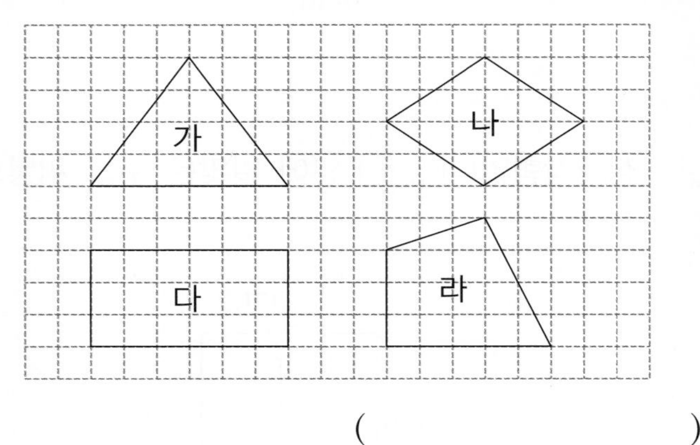

(　　　　　　　　　)

7

사각형 ㄱㄴㄷㄹ에서 직선 가와 서로 수직인 변을 모두 찾아 쓰세요.

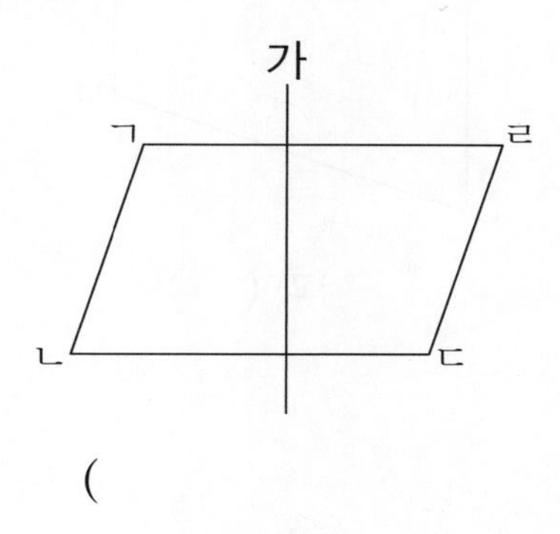

(　　　　　　　　　　)

8

도형에서 서로 수직인 선분을 찾아 쓰세요.

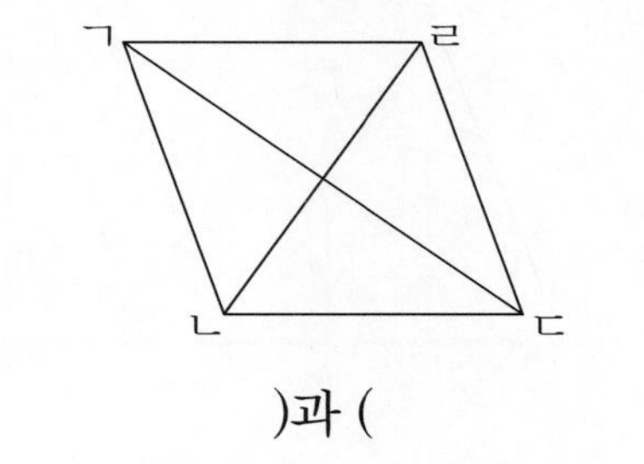

(　　　　　　　　　)과 (　　　　　　　　　)

9

서로 수직인 직선을 찾아 쓰세요.

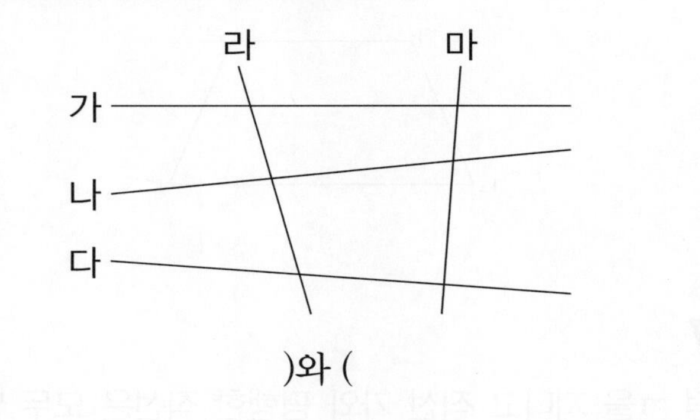

(　　　　　　　　　)와 (　　　　　　　　　)

10

변 ㄷㄹ과 서로 수직인 변은 모두 몇 개일까요?

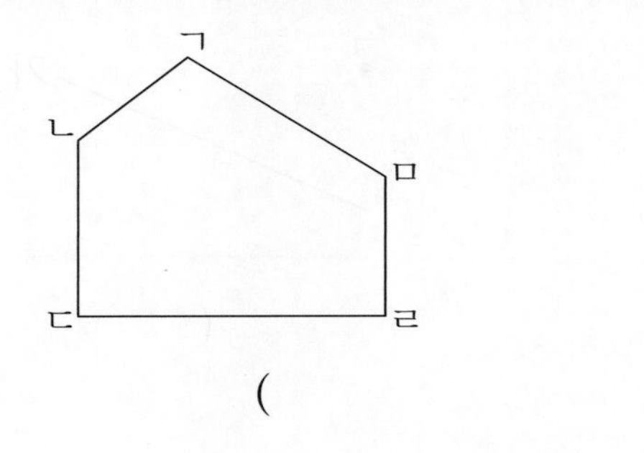

(　　　　　　　　　　)

11 교과서 공통

그림을 보고 잘못 설명한 것을 찾아 기호를 쓰세요.

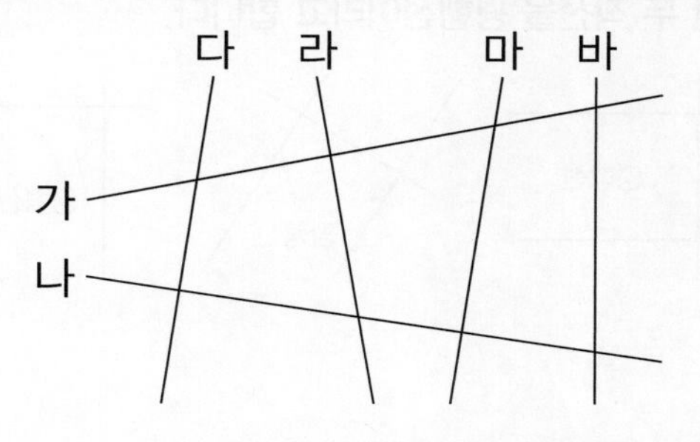

㉠ 직선 라는 직선 가에 대한 수선입니다.
㉡ 직선 나와 수직인 직선은 직선 다와 직선 마입니다.
㉢ 직선 나에 대한 수선은 1개입니다.

(　　　　　　　　　　)

12

점 ㄱ에서 각 변에 수선을 그으려고 합니다. 그을 수 있는 수선은 모두 몇 개일까요?

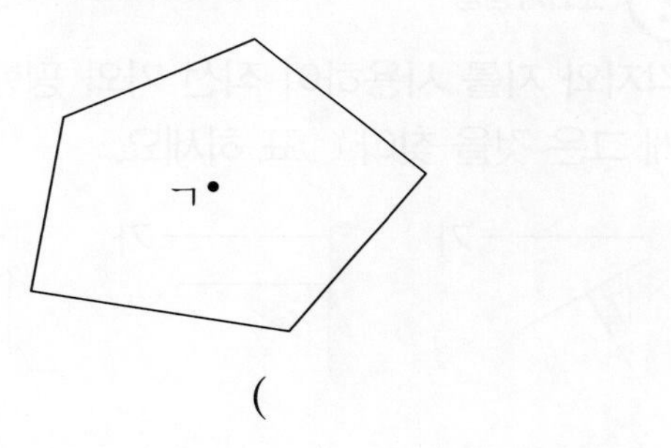

(　　　　　　　　　　)

13

직선 가와 직선 나는 서로 수직입니다. ㉠의 각도를 구하세요.

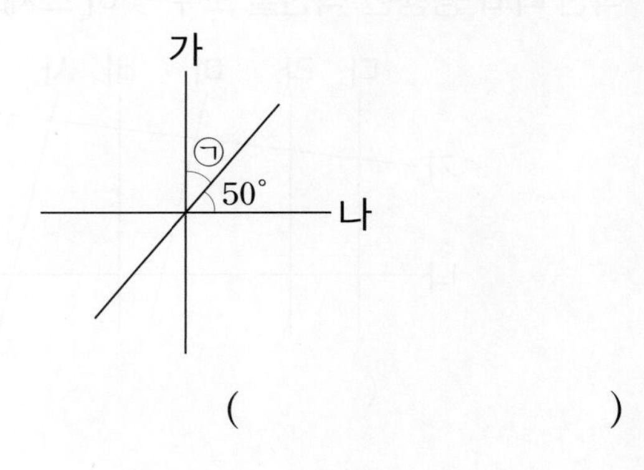

(　　　　　　　　　　)

문제 학습

2 평행

> 서로 만나지 않는 두 직선을 평행하다고 합니다. 평행한 두 직선을 평행선이라고 합니다.

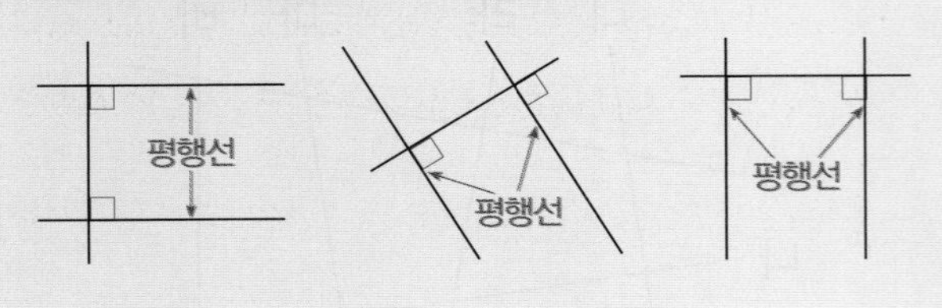

1

두 직선이 평행한 것을 찾아 기호를 쓰세요.

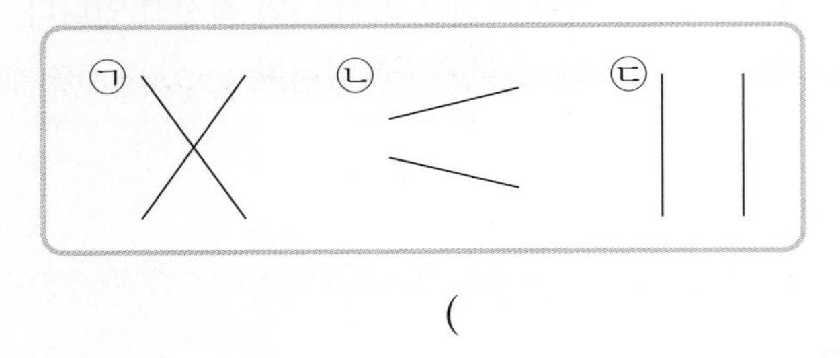

(　　　　　　　　)

2 교과서 공통

삼각자와 자를 사용하여 직선 가와 평행한 직선을 바르게 그은 것을 찾아 ○표 하세요.

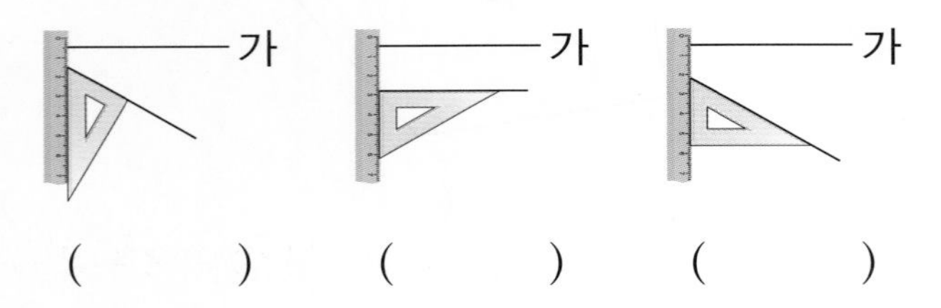

(　　)　(　　)　(　　)

3

직선 다와 평행한 직선을 모두 찾아 쓰세요.

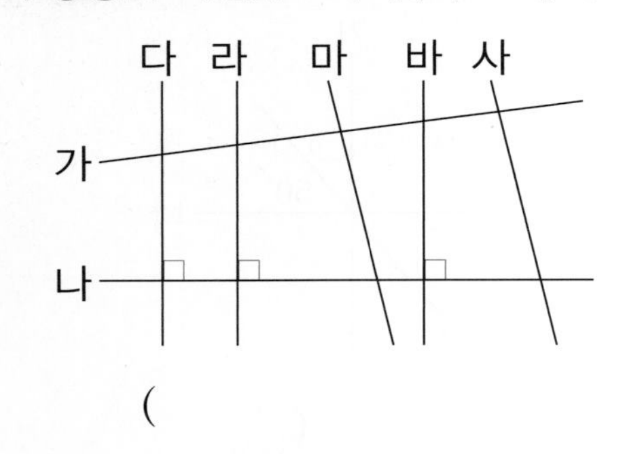

(　　　　　　　　)

4

도형에서 평행한 두 변을 찾아 쓰세요.

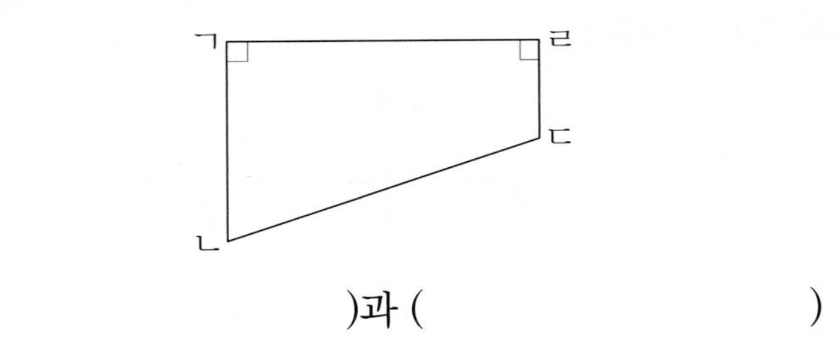

(　　　　　　)과 (　　　　　　)

5

삼각자를 사용하여 주어진 직선과 평행한 직선을 그으세요.

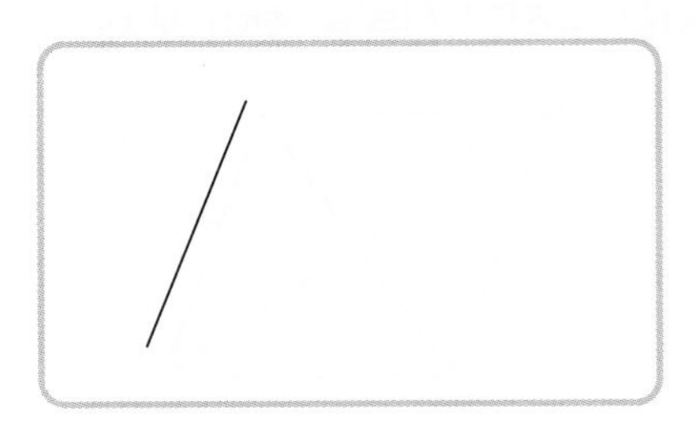

6

점 ㄹ을 지나고 변 ㄱㄴ에 평행한 직선을 그으세요.

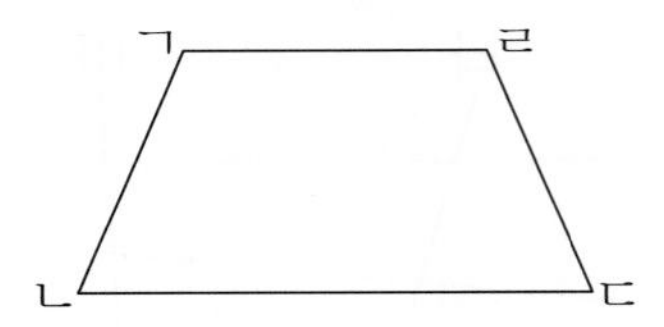

7

점 ㄱ을 지나고 직선 가와 평행한 직선은 모두 몇 개 그을 수 있을까요?

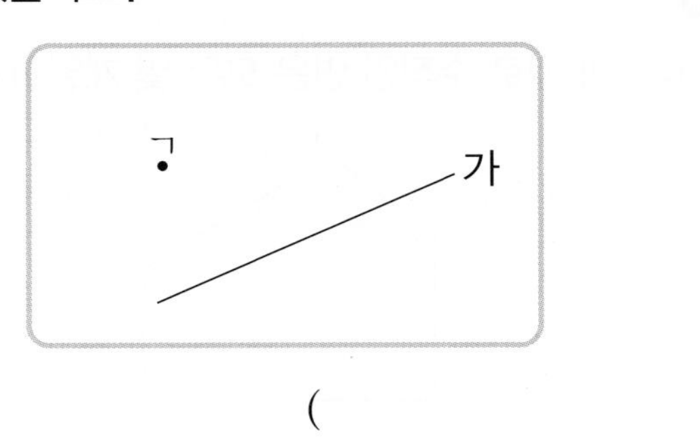

(　　　　　　　　)

8

주어진 두 선분을 이용하여 평행선이 있는 사각형을 그리세요.

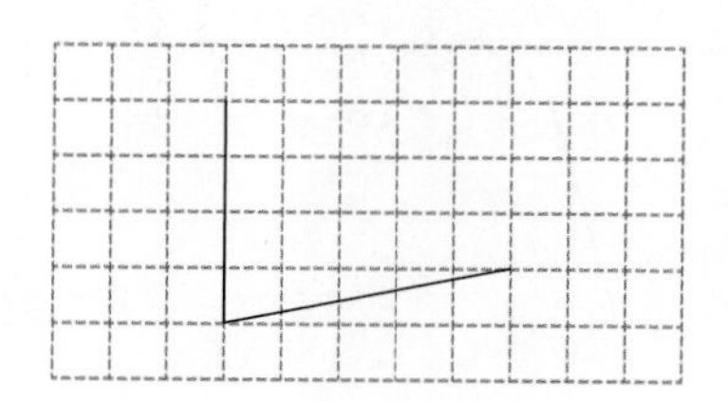

평행선에 대해 잘못 말한 사람의 이름을 쓰세요.

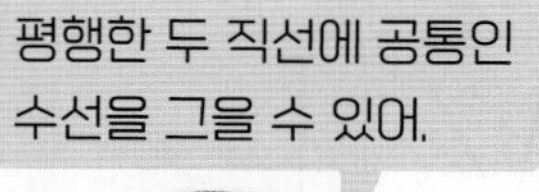

평행한 두 직선에 공통인 수선을 그을 수 있어.

평행한 두 직선이 만나서 이루는 각은 직각이야.
강우

( )

10

평행한 변이 가장 많은 도형을 찾아 기호를 쓰세요.

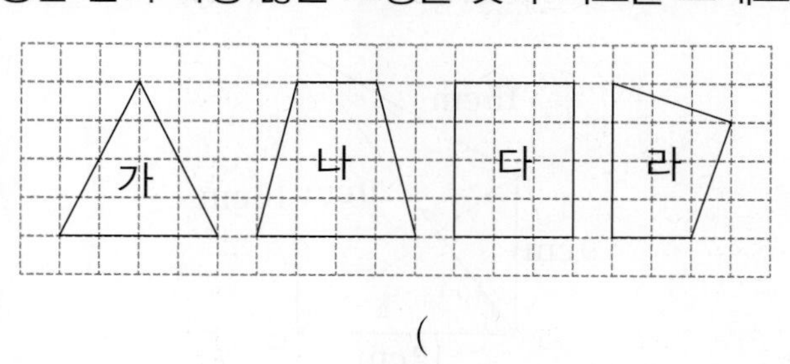

( )

11

도형에서 변 ㄱㅂ과 평행한 변을 모두 찾아 쓰세요.

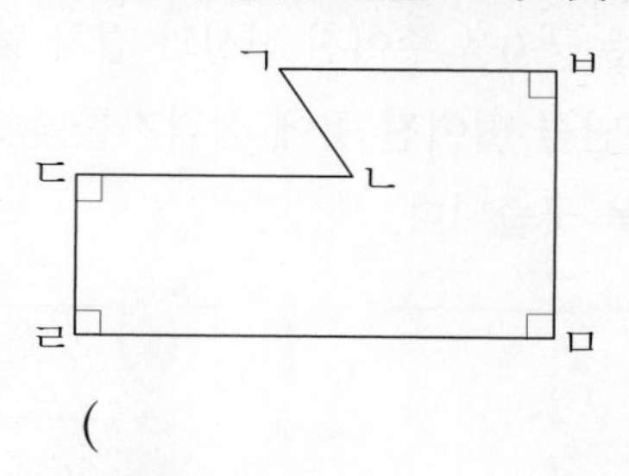

( )

12

수선도 있고 평행선도 있는 글자는 모두 몇 개일까요?

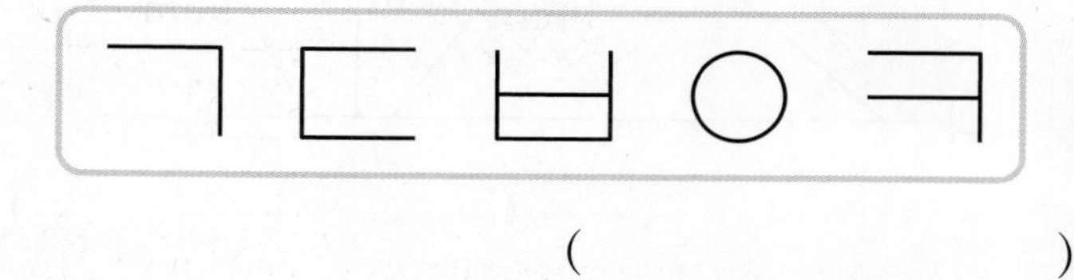

( )

13

도형에서 평행선은 모두 몇 쌍일까요?

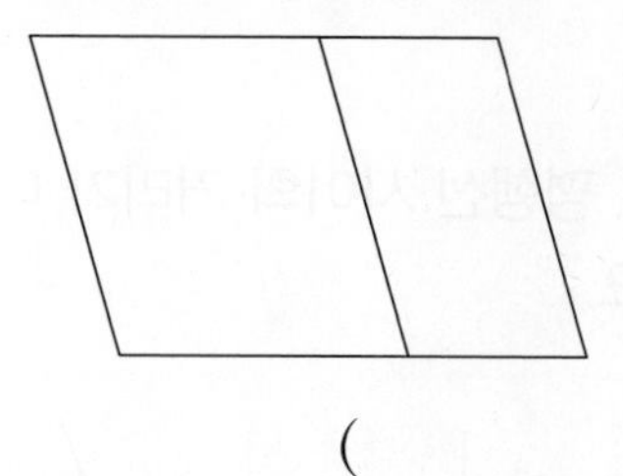

( )

문제 학습

3 평행선 사이의 거리

> 평행선 사이의 거리가 2 cm인 평행선 긋기
> ① 자의 눈금 0을 주어진 직선과 겹쳐 놓습니다.
> ② 2 cm만큼 떨어진 곳에 삼각자를 놓고 평행한 직선을 긋습니다.

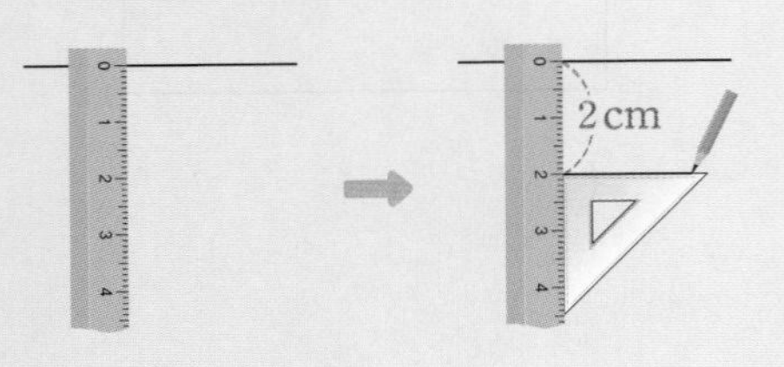

1

직선 가와 직선 나는 평행합니다. 평행선 사이의 거리는 몇 cm일까요?

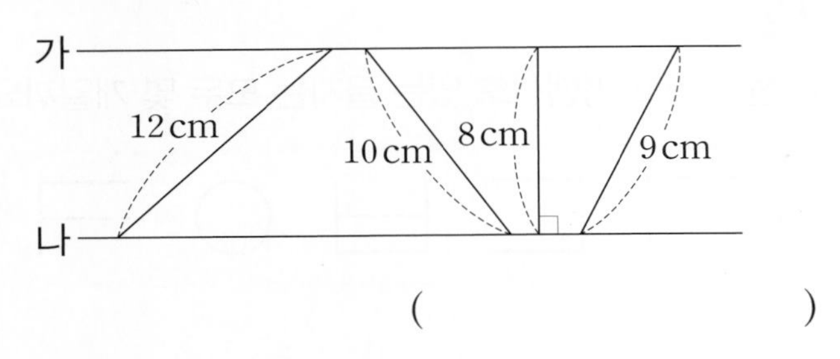

(　　　　　　　　)

2

평행선 사이의 거리를 나타내도록 점을 이으세요.

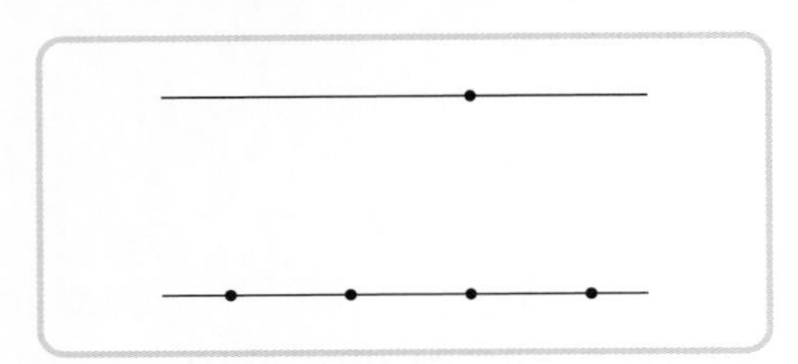

3

자를 사용하여 평행선 사이의 거리가 더 짧은 것을 찾아 ○표 하세요.

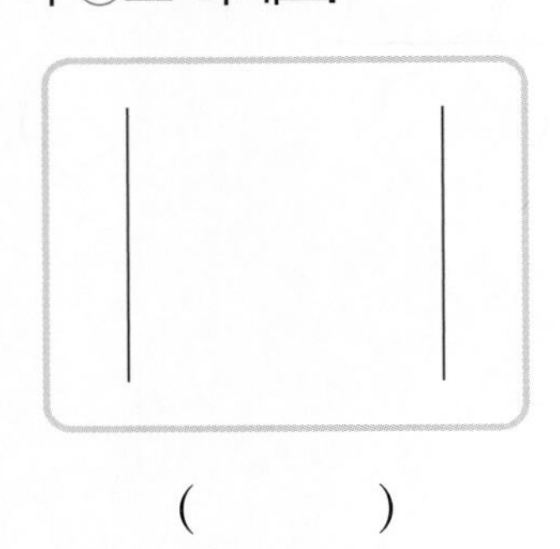

(　　　)

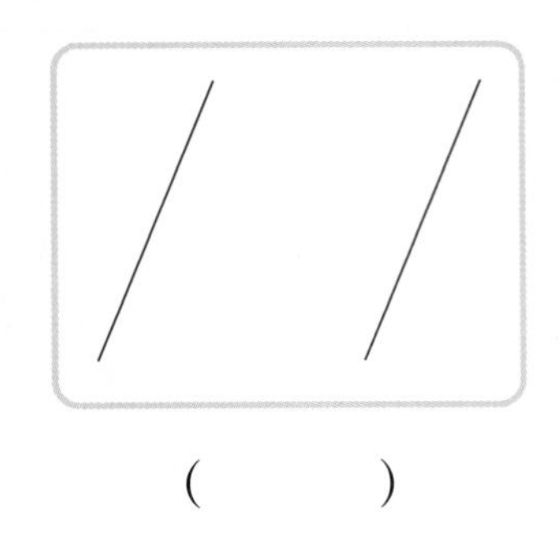

(　　　)

4

평행선 사이의 거리가 3 cm가 되도록 주어진 직선과 평행한 직선을 그으세요.

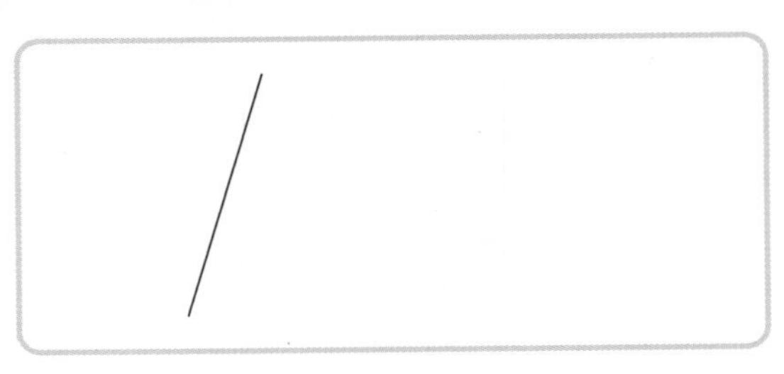

5 교과서 공통

평행선 사이에 그은 선분의 길이를 비교한 것입니다. 잘못 비교한 사람의 이름을 쓰세요.

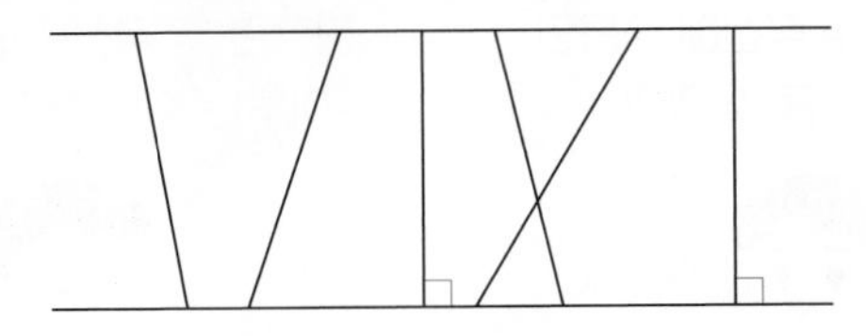

동준: 평행선 사이의 선분 중 수선의 길이가 가장 길어.
소영: 평행선 사이의 수선의 길이는 모두 같아.

(　　　　　　　　)

6

도형에서 평행선 사이의 거리는 몇 cm일까요?

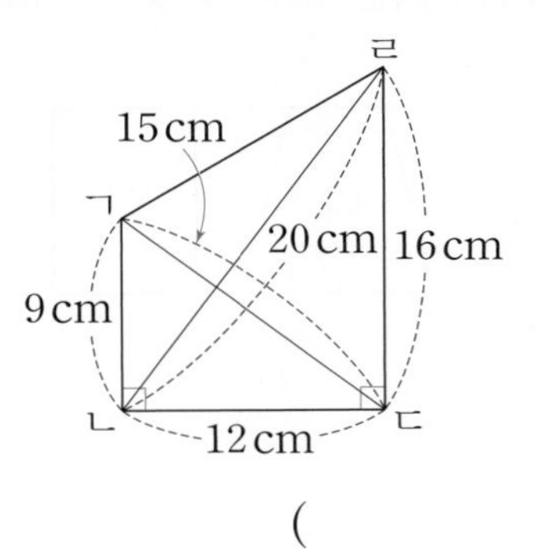

(　　　　　　　　)

교과서 공통

도형에서 평행선을 찾아 평행선 사이의 거리는 몇 cm인지 재어 보세요.

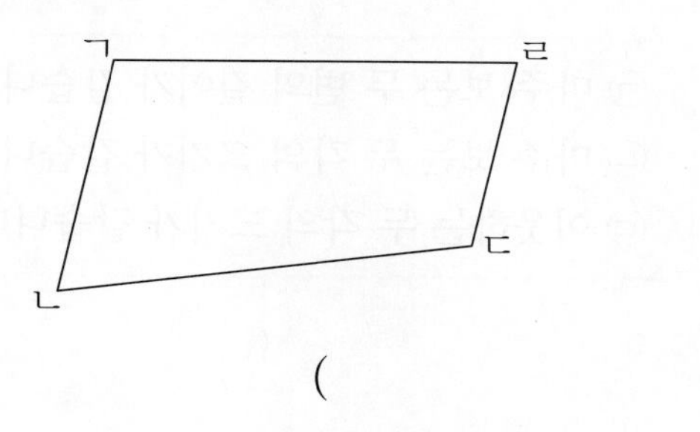

( )

8

주어진 평행선과 동시에 거리가 1 cm가 되도록 평행한 직선을 그으세요.

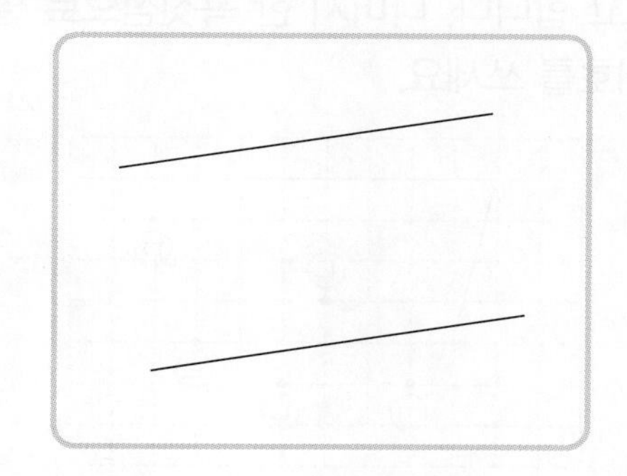

9

직선 가, 나, 다는 평행합니다. 직선 가와 직선 다 사이의 거리는 몇 cm인지 구하세요.

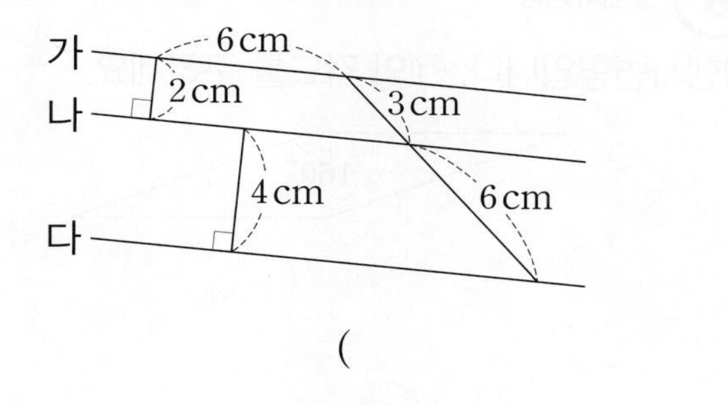

( )

10

직선 가, 나, 다는 평행합니다. 직선 가와 직선 다 사이의 거리가 8 cm일 때 직선 나와 직선 다 사이의 거리는 몇 cm인지 구하세요.

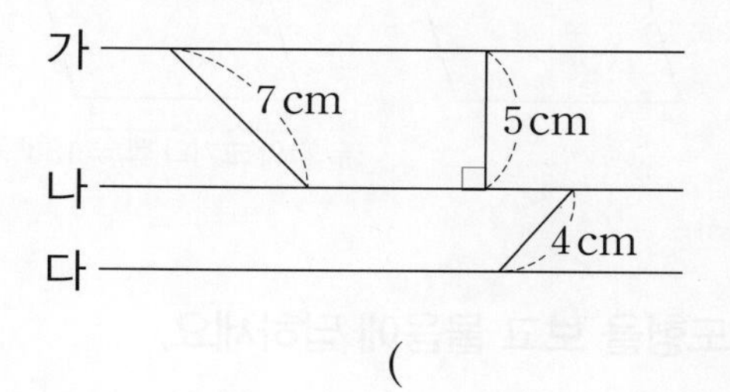

( )

11

도형에서 변 ㄱㅂ과 변 ㄴㄷ은 평행합니다. 변 ㄱㅂ과 변 ㄴㄷ 사이의 거리는 몇 cm인지 구하세요.

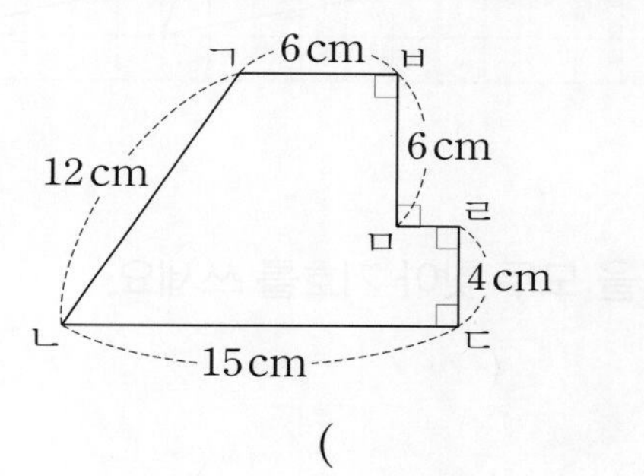

( )

12

도형에서 변 ㄱㅁ과 변 ㄴㄷ, 변 ㄱㄴ과 변 ㅁㄹ은 각각 평행합니다. 자를 사용하여 평행선 사이의 거리를 각각 재었을 때 두 거리의 차는 몇 cm인지 구하세요.

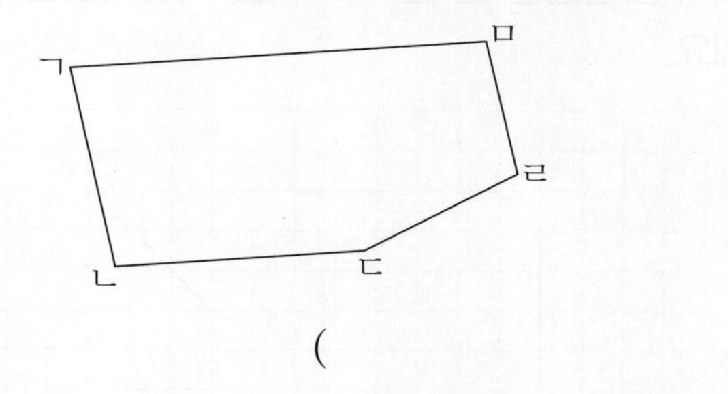

( )

4 사다리꼴, 평행사변형

> 평행사변형은 마주 보는 두 변의 길이가 같고, 마주 보는 두 각의 크기가 같습니다.

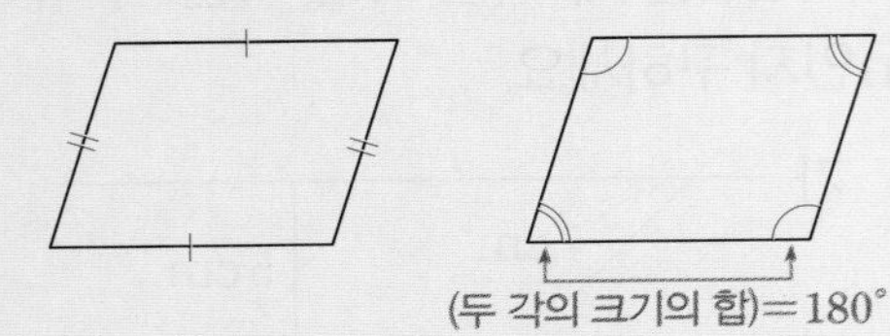

[1-2] 도형을 보고 물음에 답하세요.

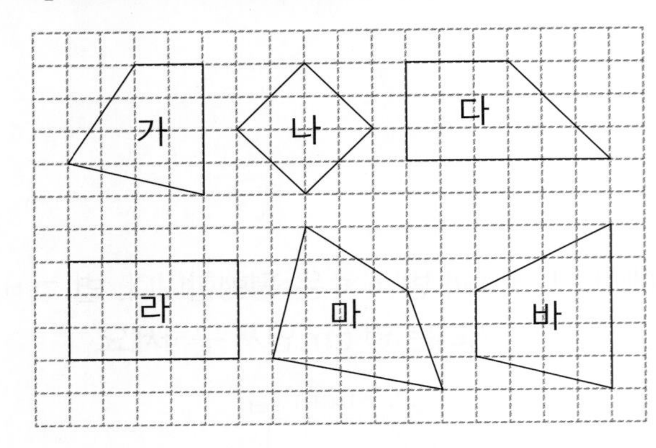

1
사다리꼴을 모두 찾아 기호를 쓰세요.

(　　　　　　　　)

2
평행사변형을 모두 찾아 기호를 쓰세요.

(　　　　　　　　)

3
주어진 선분을 한 변으로 하는 사다리꼴을 각각 그리세요.

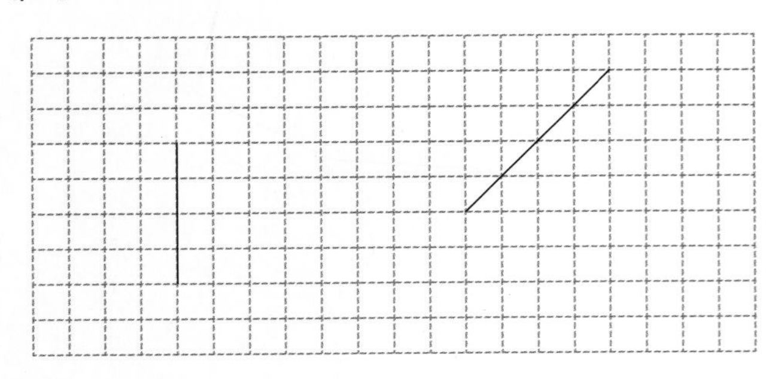

4
평행사변형에 대한 설명으로 잘못된 것을 찾아 기호를 쓰세요.

㉠ 마주 보는 두 변의 길이가 같습니다.
㉡ 마주 보는 두 각의 크기가 같습니다.
㉢ 이웃하는 두 각의 크기가 같습니다.

(　　　　　　　　)

5
모눈종이에 주어진 선분을 두 변으로 하는 평행사변형을 그리려고 합니다. 나머지 한 꼭짓점으로 알맞은 점을 찾아 기호를 쓰세요.

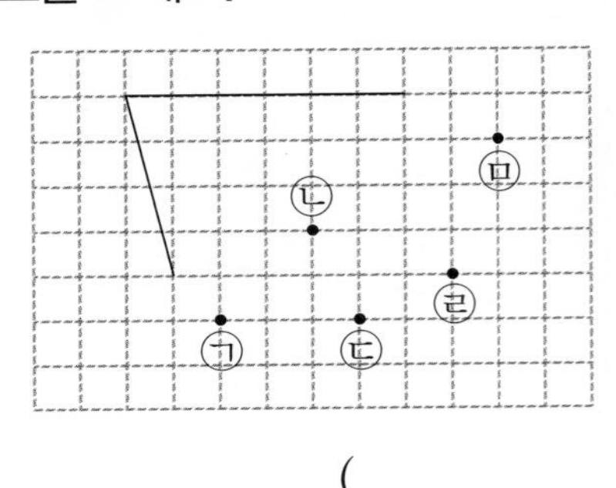

(　　　　　　　　)

6 교과서 공통
평행사변형입니다. ㉠의 각도를 구하세요.

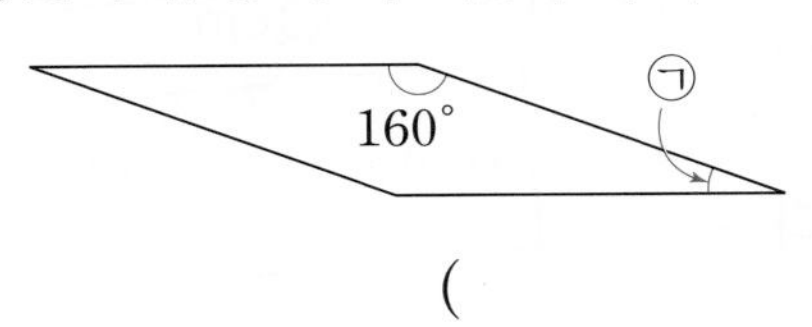

(　　　　　　　　)

7

다음과 같이 직사각형 모양의 종이를 접어서 자른 후 빗금친 부분을 펼쳤을 때 만들어진 사각형의 이름을 쓰세요.

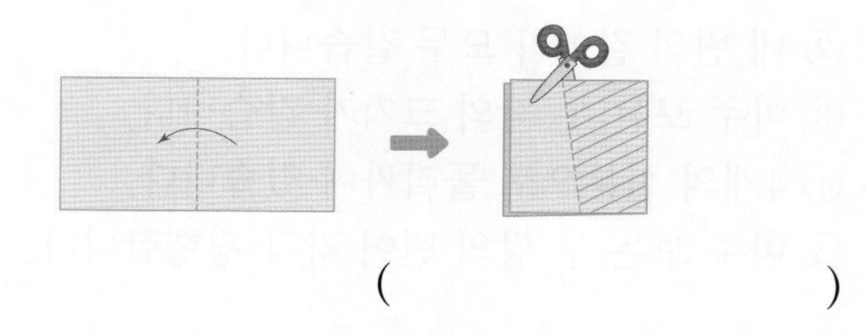

(   )

8 교과서 공통

보기 와 같이 꼭짓점을 한 개만 옮겨서 사다리꼴을 만드세요.

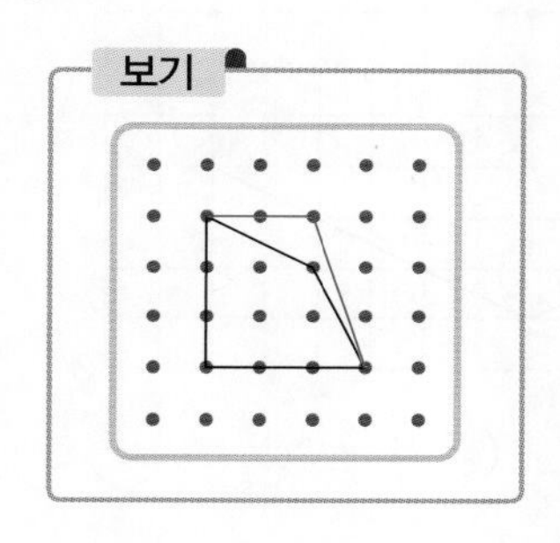

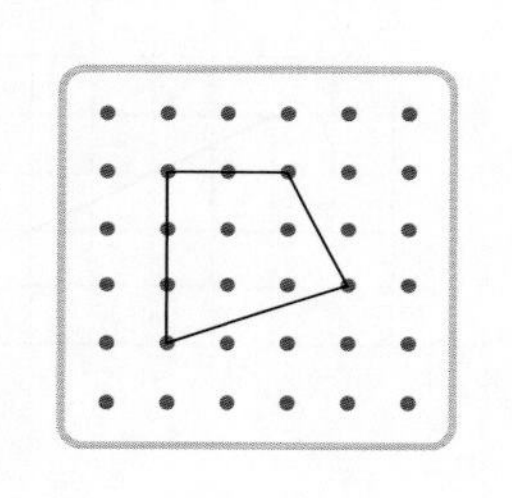

9

직사각형 모양의 종이를 선을 따라 모두 잘랐습니다. 잘라 낸 도형 중 사다리꼴은 모두 몇 개일까요?

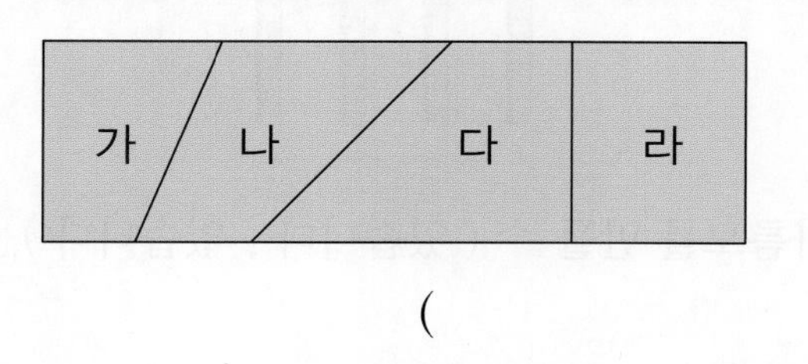

(   )

10

평행사변형 ㄱㄴㄷㄹ의 네 변의 길이의 합은 몇 cm인지 구하세요.

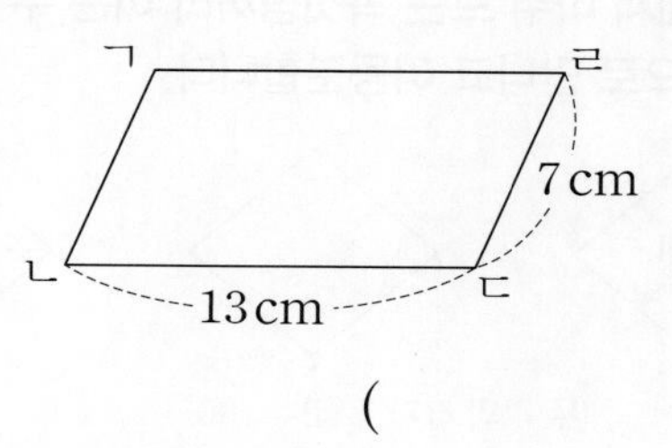

(   )

11

평행사변형 ㄱㄴㄷㄹ의 네 변의 길이의 합은 22 cm입니다. 변 ㄱㄹ의 길이는 몇 cm인지 구하세요.

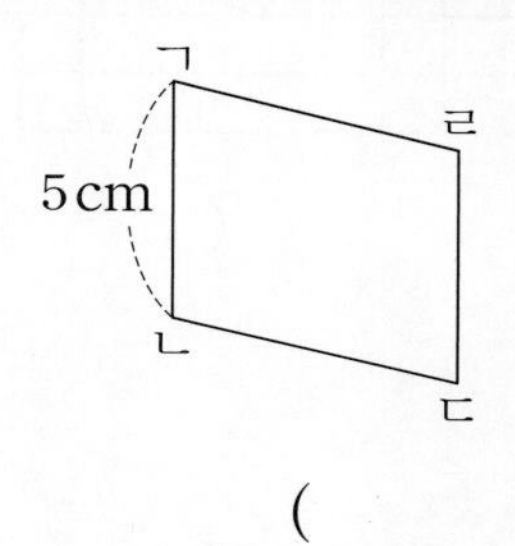

(   )

12

사각형 ㄱㄴㄷㄹ은 평행사변형입니다. 각 ㄱㄴㄹ의 크기는 몇 도인지 구하세요.

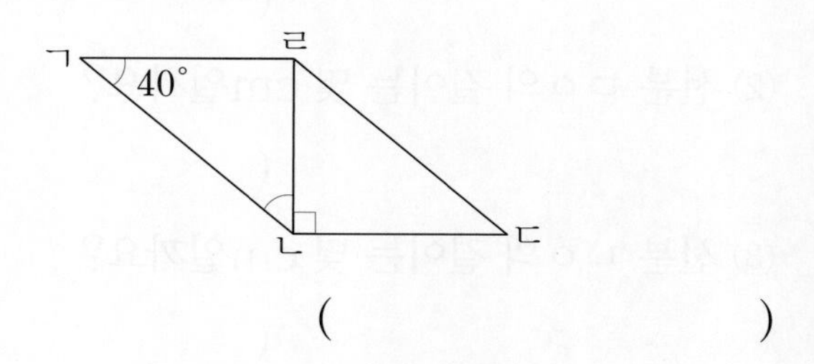

(   )

4 단원

문제 학습

5 마름모

> 마름모는 마주 보는 두 쌍의 변이 각각 평행하고, 마주 보는 두 각의 크기가 같습니다.
> 마름모에서 마주 보는 꼭짓점끼리 이은 두 선분은 서로 수직으로 만나고 이등분합니다.

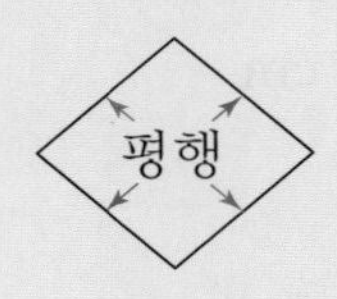

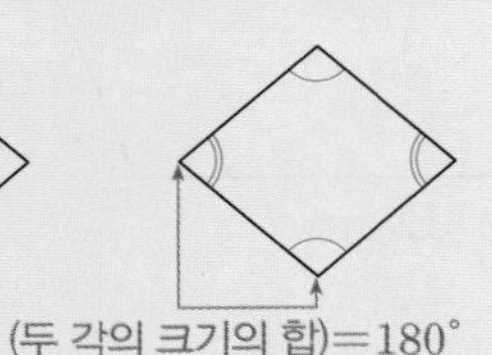

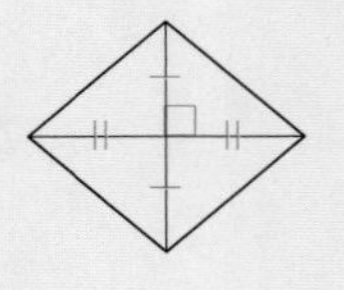

1

마름모를 찾아 기호를 쓰세요.

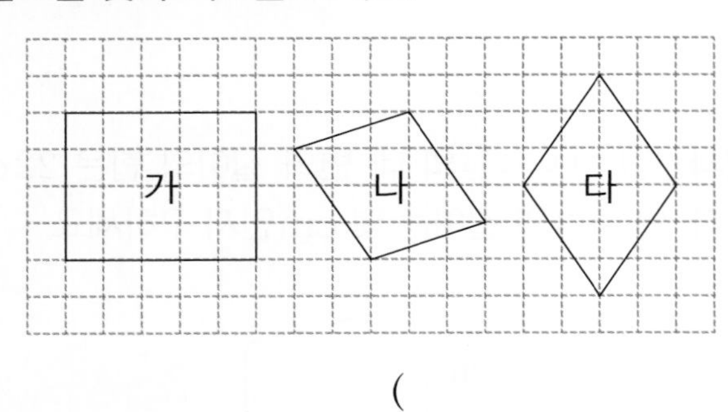

( )

마름모를 보고 물음에 답하세요.

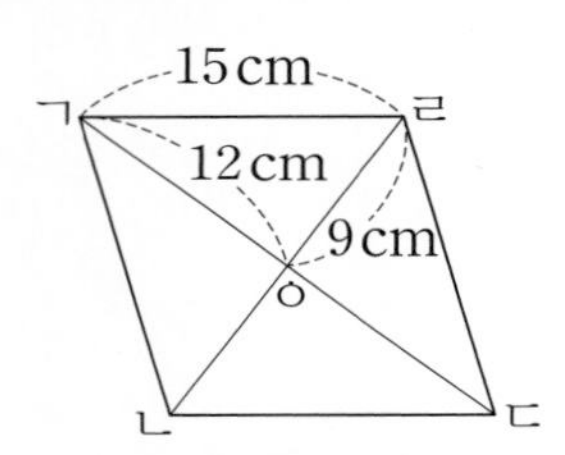

(1) 변 ㄹㄷ의 길이는 몇 cm일까요?

( )

(2) 선분 ㄷㅇ의 길이는 몇 cm일까요?

( )

(3) 선분 ㄴㅇ의 길이는 몇 cm일까요?

( )

(4) 각 ㄴㅇㄷ의 크기는 몇 도일까요?

( )

3

다음 중 마름모에 대한 설명으로 잘못된 것은 어느 것일까요? ( )

① 네 각의 크기가 모두 같습니다.
② 네 변의 길이가 모두 같습니다.
③ 마주 보는 두 각의 크기가 같습니다.
④ 4개의 선분으로 둘러싸여 있습니다.
⑤ 마주 보는 두 쌍의 변이 각각 평행합니다.

4

모눈종이에 주어진 선분을 두 변으로 하는 마름모를 그리려고 합니다. 나머지 한 꼭짓점으로 알맞은 점을 찾아 기호를 쓰세요.

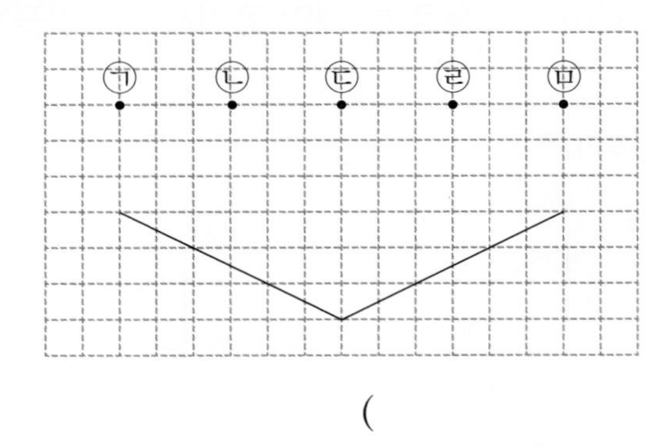

( )

5

주어진 막대를 네 변으로 하여 마름모를 만들 수 있을까요? 알맞은 답에 ○표 하고, 그 이유를 쓰세요.

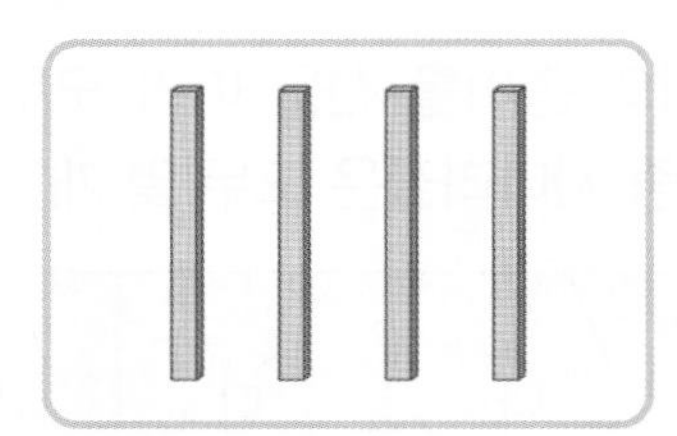

답 마름모를 만들 수 (있습니다 , 없습니다).

이유

6

마름모입니다. ㉠의 각도를 구하세요.

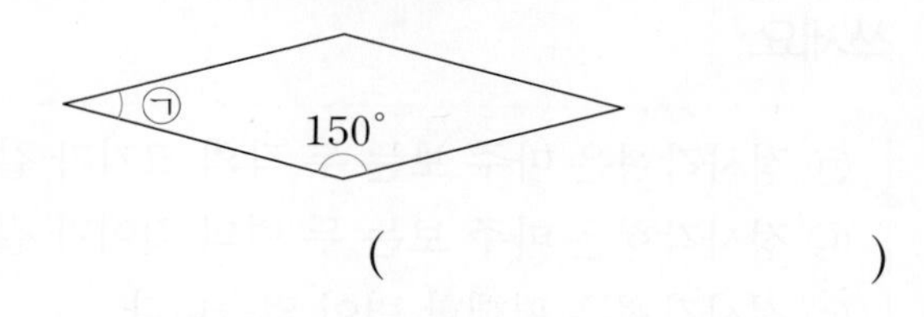

(　　　　　　　　)

마름모입니다. 네 변의 길이의 합은 몇 cm인지 구하세요.

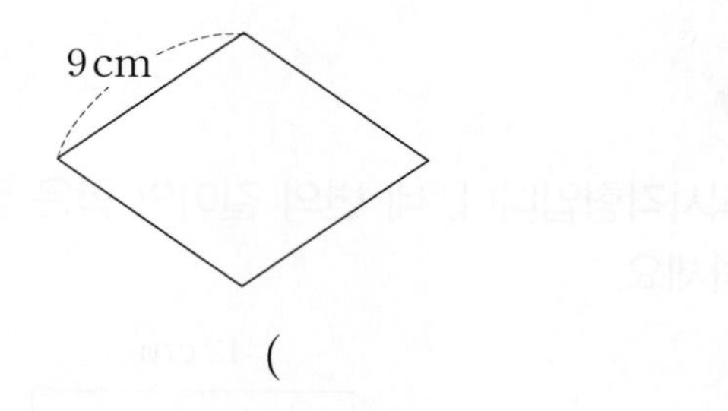

(　　　　　　　　)

8

길이가 56 cm인 털실을 남김없이 모두 사용하여 가장 큰 마름모를 만들었습니다. 만든 마름모의 한 변의 길이는 몇 cm인지 구하세요.

(　　　　　　　　)

9

정삼각형을 만들었던 철사를 펴서 가장 큰 마름모를 만들었습니다. 만든 마름모의 한 변의 길이는 몇 cm인지 구하세요.

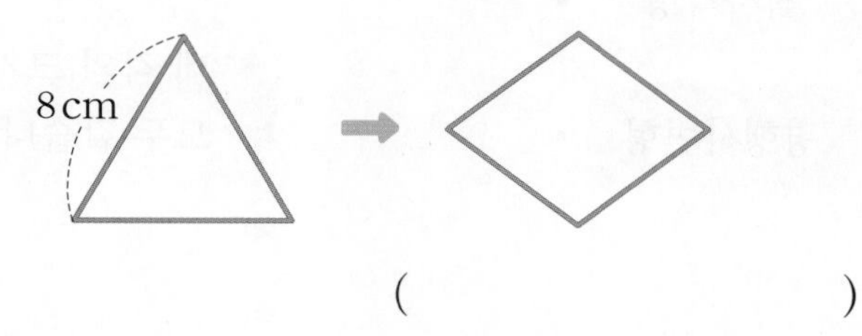

(　　　　　　　　)

10

사각형 ㄱㄴㄷㅁ은 마름모이고, 삼각형 ㅁㄷㄹ은 이등변삼각형입니다. 마름모 ㄱㄴㄷㅁ의 네 변의 길이의 합은 몇 cm인지 구하세요.

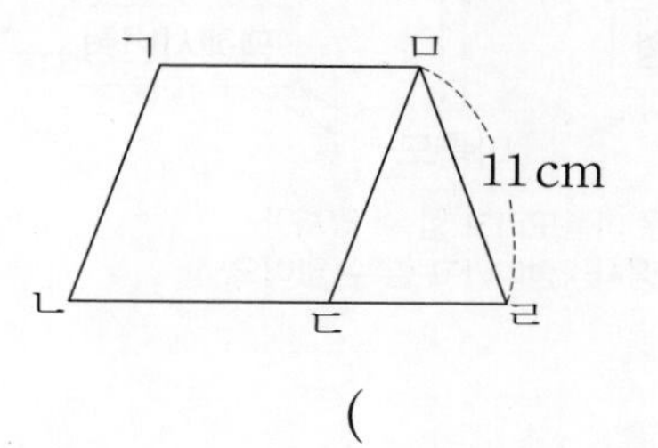

(　　　　　　　　)

11

사각형 ㄱㄴㄷㄹ은 마름모입니다. ㉠의 각도를 구하세요.

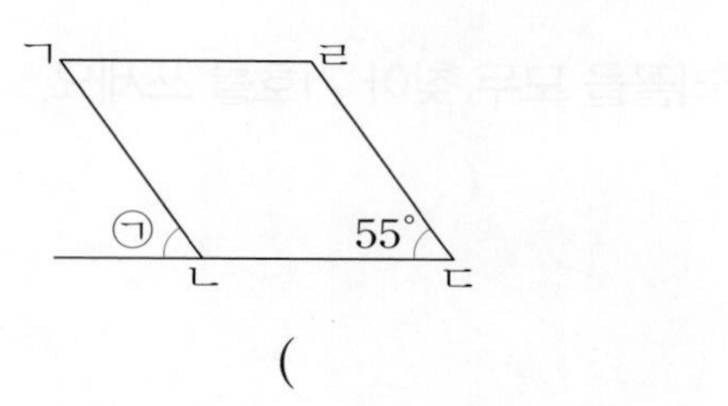

(　　　　　　　　)

12

사각형 ㄱㄴㄷㄹ은 마름모입니다. 각 ㄱㄴㄷ의 크기는 각 ㄴㄱㄹ의 크기의 2배일 때 각 ㄴㄱㄹ의 크기는 몇 도인지 구하세요.

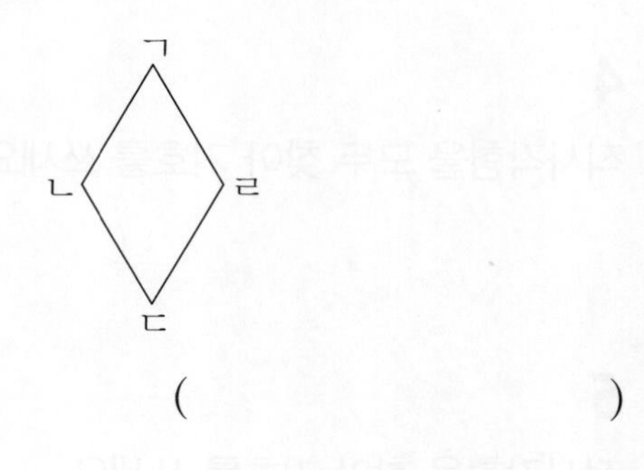

(　　　　　　　　)

6 여러 가지 사각형

> 각 사각형의 성질을 생각하면 여러 가지 사각형의 관계를 알 수 있습니다.

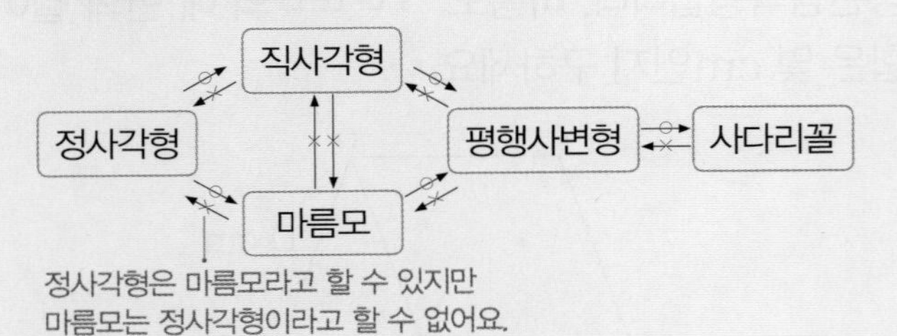

[1-5] 도형을 보고 물음에 답하세요.

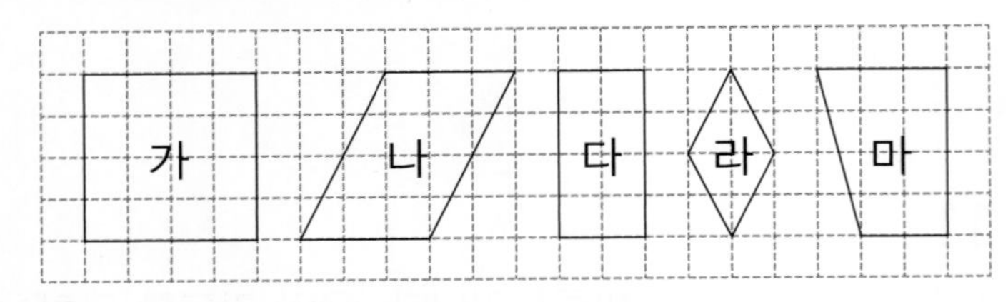

1

사다리꼴을 모두 찾아 기호를 쓰세요.

( )

2

평행사변형을 모두 찾아 기호를 쓰세요.

( )

3

마름모를 모두 찾아 기호를 쓰세요.

( )

4

직사각형을 모두 찾아 기호를 쓰세요.

( )

5

정사각형을 찾아 기호를 쓰세요.

( )

6 교과서 공통

정사각형에 대한 설명으로 잘못된 것을 찾아 기호를 쓰세요.

㉠ 정사각형은 마주 보는 두 각의 크기가 같습니다.
㉡ 정사각형은 마주 보는 두 변의 길이가 같습니다.
㉢ 정사각형은 평행한 변이 없습니다.

( )

7

직사각형입니다. 네 변의 길이의 합은 몇 cm인지 구하세요.

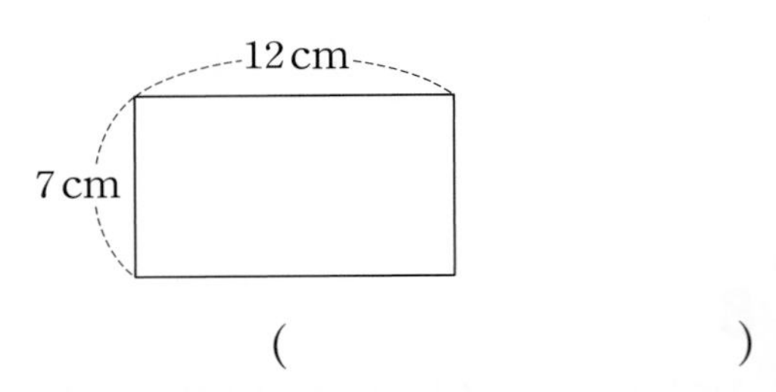

( )

8

사각형의 네 변의 길이와 네 각의 크기를 생각하여 알맞게 이으세요.

정사각형 •		• 마주 보는 두 변의 길이가 같습니다.
직사각형 •		
평행사변형 •		• 네 각의 크기가 모두 같습니다.

정답 29쪽

9

다음 도형은 정사각형일까요? 알맞은 답에 ○표 하고, 그 이유를 쓰세요.

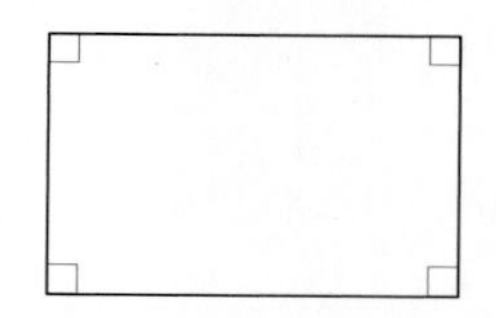

답 정사각형이 (맞습니다 , 아닙니다).

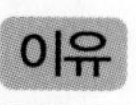

10

여러 가지 사각형에 대해 잘못 말한 사람을 찾아 이름을 쓰세요.

정사각형은 직사각형이라고 할 수 있어.
마름모는 평행사변형이라고 할 수 있어.
평행사변형은 직사각형이라고 할 수 있어.
지혜
수민
수지

( )

11

주어진 막대를 네 변으로 하여 만들 수 있는 사각형의 이름을 보기 에서 모두 찾아 쓰세요.

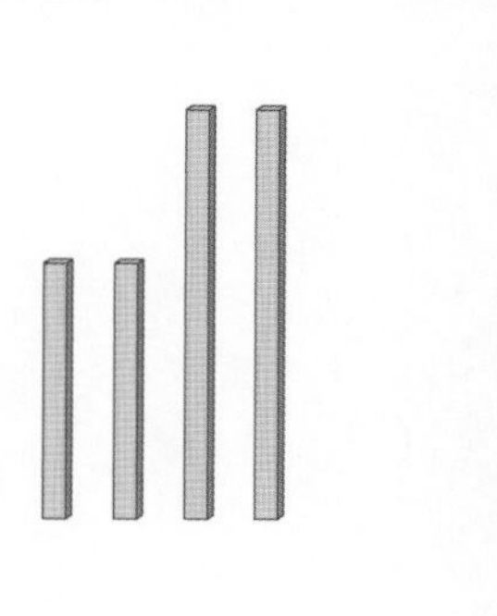

보기
마름모
사다리꼴
직사각형
정사각형
평행사변형

( )

12 교과서 공통

조건 을 모두 만족하는 도형의 이름을 모두 쓰세요.

조건
- 마주 보는 두 쌍의 변이 각각 평행한 사각형입니다.
- 네 변의 길이가 모두 같은 사각형입니다.

( )

13

크기가 다른 직사각형 모양의 종이 2장을 겹쳤습니다. 겹쳐진 부분의 이름이 될 수 있는 것을 모두 고르세요. ( )

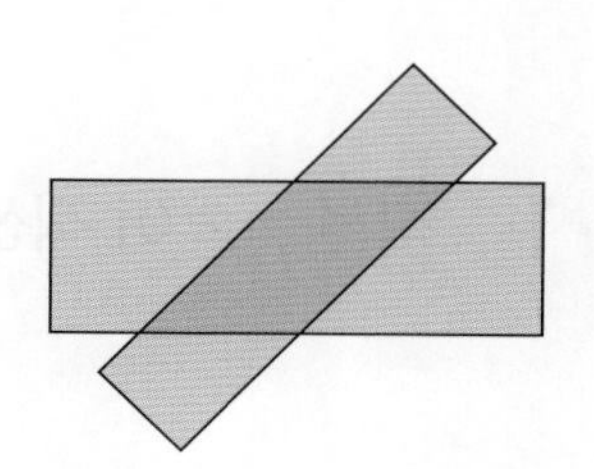

① 사다리꼴 ② 평행사변형 ③ 마름모
④ 직사각형 ⑤ 정사각형

14

직사각형 모양의 종이를 선을 따라 모두 잘랐습니다. 잘라 낸 사각형의 이름으로 알맞은 것을 모두 찾아 빈칸에 기호를 써넣으세요.

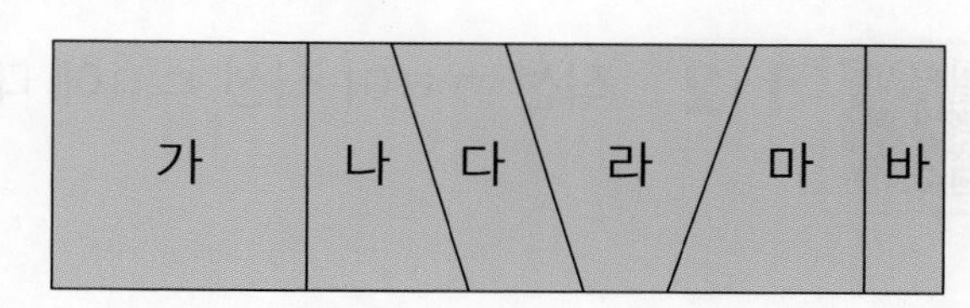

사다리꼴	
평행사변형	
마름모	
직사각형	
정사각형	

4 단원

1 수선을 이용하여 각의 크기 구하기

● 정답 30쪽

선분 ㄱㄷ이 선분 ㄷㅁ에 대한 수선일 때 각 ㄱㄷㄴ의 크기는 몇 도인지 구하세요.

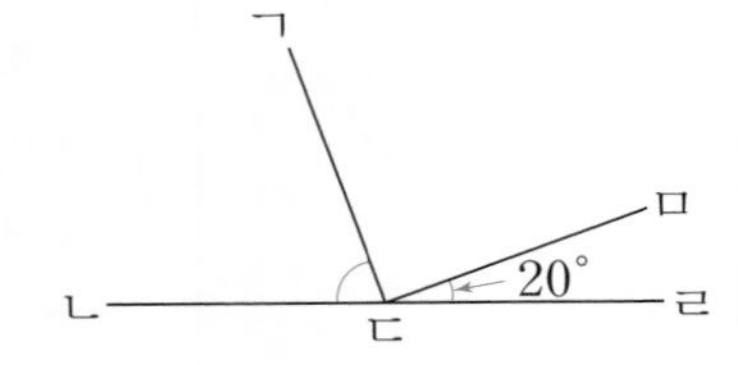

1단계 각 ㄱㄷㅁ의 크기 구하기

( )

2단계 각 ㄱㄷㄴ의 크기 구하기

( )

문제해결 tip 서로 수직인 두 선분이 만나서 이루는 각의 크기가 90°인 것을 이용하여 모르는 각의 크기를 구합니다.

1·1 직선 ㄱㄹ이 직선 ㄴㅁ에 대한 수선일 때 ㉠의 각도를 구하세요.

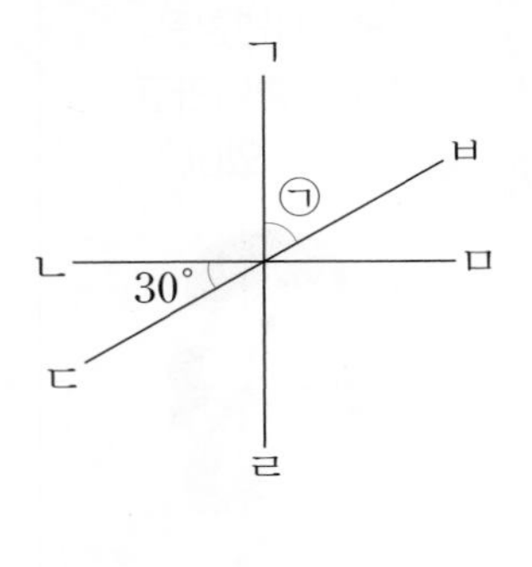

( )

문제 강의

1·2 직선 ㄱㄹ이 직선 ㄷㅂ에 대한 수선일 때 ㉠의 각도를 구하세요.

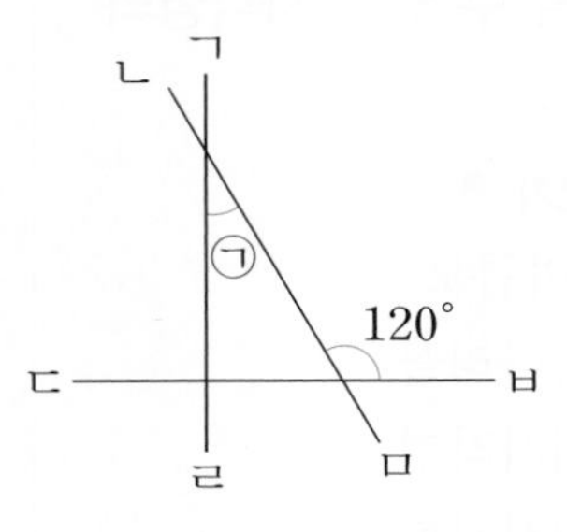

( )

2 도형에서 평행선 사이의 거리 구하기

● 정답 30쪽

도형에서 변 ㄱㅇ과 변 ㄴㄷ은 평행합니다. 변 ㄱㅇ과 변 ㄴㄷ 사이의 거리는 몇 cm인지 구하세요.

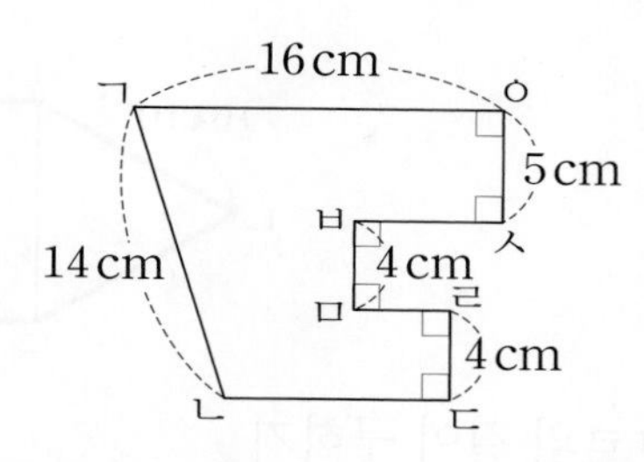

1단계 변 ㄱㅇ과 변 ㄴㄷ 사이의 거리를 식으로 나타내기

(변 ㄱㅇ과 변 ㄴㄷ 사이의 거리)

=(변 ㅇㅅ의 길이)+(변 ☐의 길이)+(변 ☐의 길이)

2단계 변 ㄱㅇ과 변 ㄴㄷ 사이의 거리 구하기

(　　　　　　)

문제해결 tip 평행선 사이의 수직인 선분이 여러 개로 나뉘어진 경우에는 각 선분의 길이를 더하여 평행선 사이의 거리를 구합니다.

2·1 도형에서 변 ㄱㄴ과 변 ㄹㄷ은 평행합니다. 변 ㄱㄴ과 변 ㄹㄷ 사이의 거리는 몇 cm인지 구하세요.

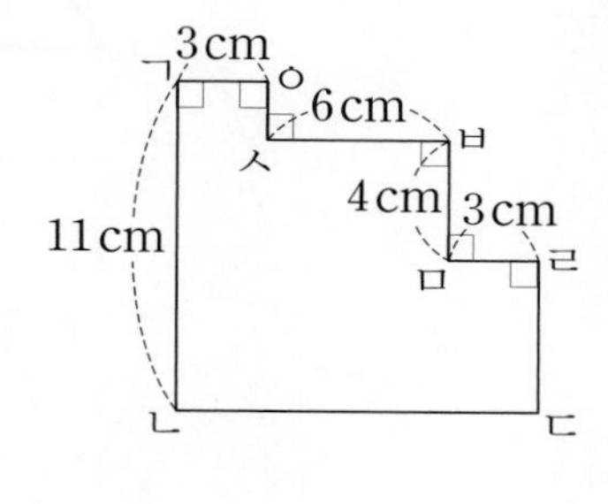

(　　　　　　)

문제 강의

2·2 도형에서 변 ㄱㅌ과 변 ㅂㅅ은 평행합니다. 변 ㅁㅂ의 길이는 몇 cm인지 구하세요.

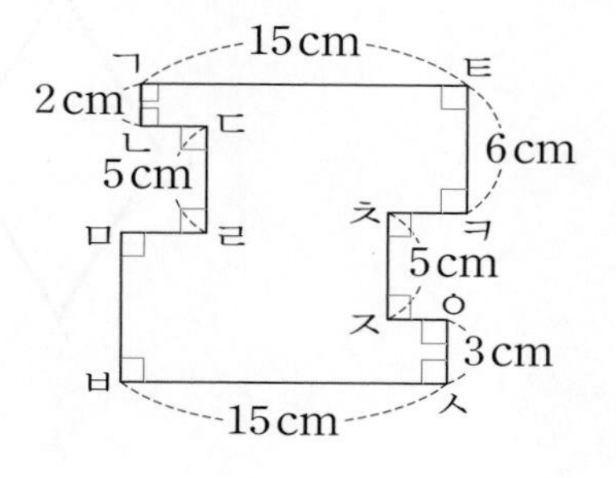

(　　　　　　)

3 도형에서 빨간색 선의 길이 구하기

정답 30쪽

정삼각형과 직사각형을 겹치지 않게 이어 붙여 만든 도형입니다. 빨간색 선의 길이는 몇 cm인지 구하세요.

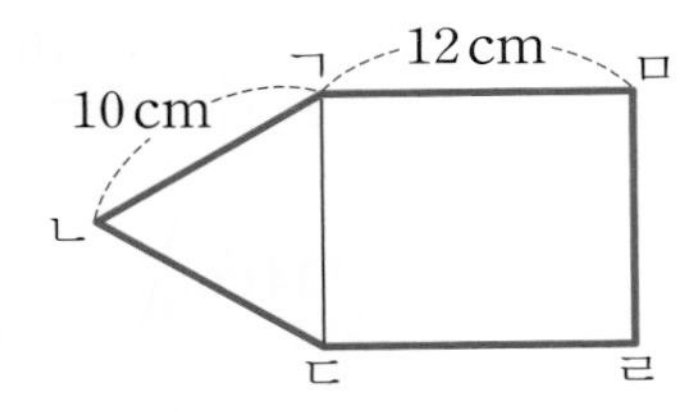

1단계 변 ㅁㄹ의 길이 구하기

( )

2단계 빨간색 선의 길이 구하기

( )

문제해결 tip 직사각형은 마주 보는 두 변의 길이가 같음을 이용하여 빨간색 선의 길이를 구합니다.

3·1 평행사변형과 마름모를 겹치지 않게 이어 붙여 만든 도형입니다. 빨간색 선의 길이는 몇 cm인지 구하세요.

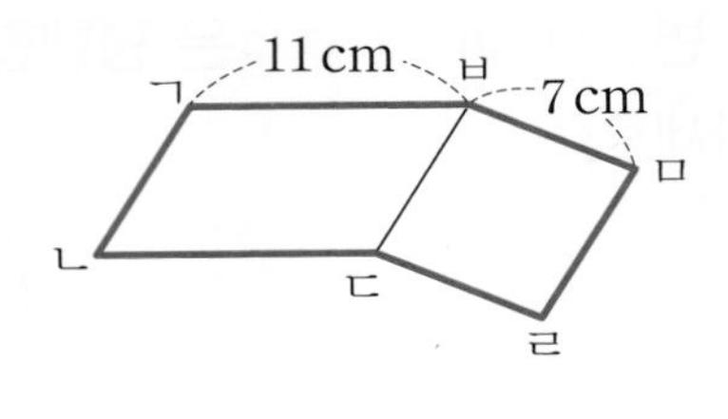

( )

문제 강의

3·2 마름모와 평행사변형을 겹치지 않게 이어 붙여 만든 도형입니다. 마름모의 네 변의 길이의 합이 52 cm일 때 빨간색 선의 길이는 몇 cm인지 구하세요.

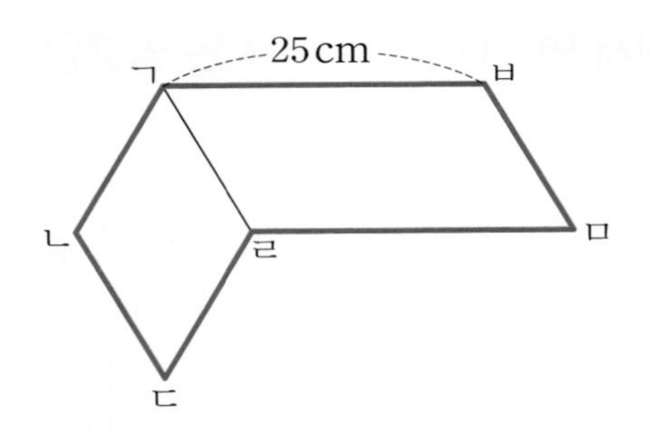

( )

4 크고 작은 사각형의 개수 구하기

● 정답 31쪽

그림에서 크고 작은 평행사변형은 모두 몇 개인지 구하세요.

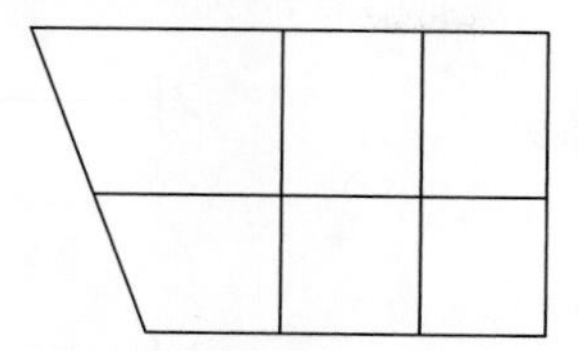

1단계 도형 1개짜리 평행사변형의 개수 구하기

( )

2단계 도형 2개짜리 평행사변형의 개수 구하기

( )

3단계 도형 4개짜리 평행사변형의 개수 구하기

( )

4단계 크고 작은 평행사변형의 개수 구하기

( )

문제해결 tip 찾으려는 사각형의 개념을 생각하여 가장 작은 단위의 모양부터 차례대로 찾습니다.

4·1 그림에서 크고 작은 평행사변형은 모두 몇 개인지 구하세요.

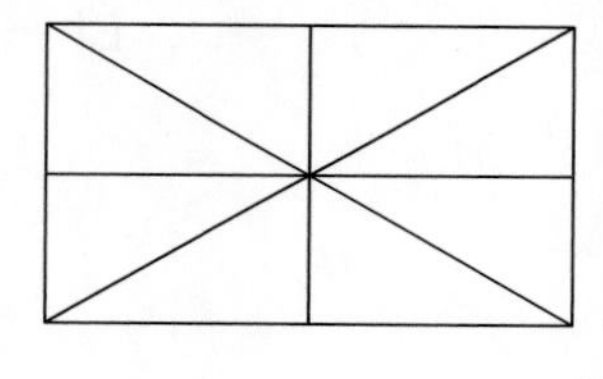

( )

문제 강의

4·2 그림에서 크고 작은 사다리꼴은 모두 몇 개인지 구하세요.

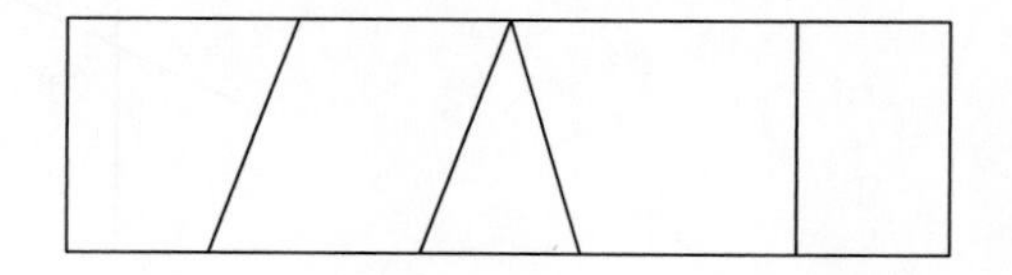

( )

5 평행선에서 각의 크기 구하기

정답 31쪽

직선 가와 직선 나는 평행합니다. ㉠의 각도를 구하세요.

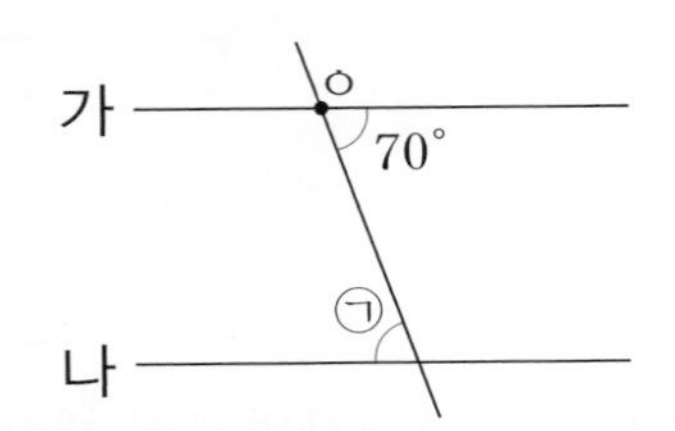

1단계 평행선 사이에 점 ㅇ을 지나는 수선 긋기

2단계 만들어진 삼각형에서 ㉠을 제외한 두 각의 크기의 합 구하기

( )

3단계 ㉠의 각도 구하기

( )

문제해결 tip 수선을 긋고 평행선과 수선이 이루는 각의 크기가 90°임과 만들어진 도형의 각의 크기의 합을 이용합니다.

5·1 직선 가와 직선 나는 평행합니다. ㉠의 각도를 구하세요.

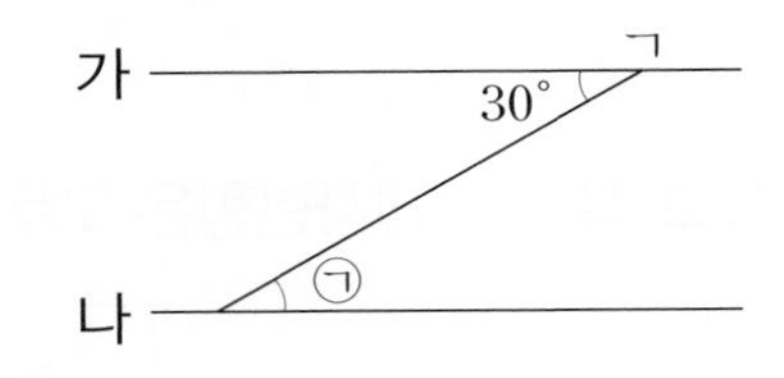

( )

5·2 직선 가와 직선 나는 평행합니다. ㉠의 각도를 구하세요.

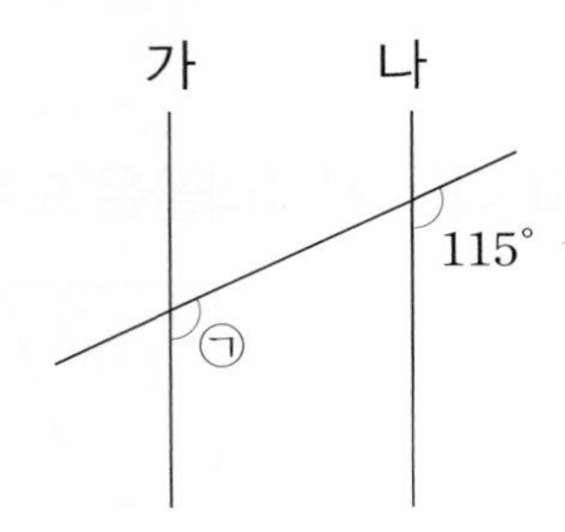

( )

6 접은 종이에서 각의 크기 구하기

● 정답 32쪽

그림과 같이 직사각형 모양의 종이를 접었습니다. 각 ㄴㅂㄹ의 크기는 몇 도인지 구하세요.

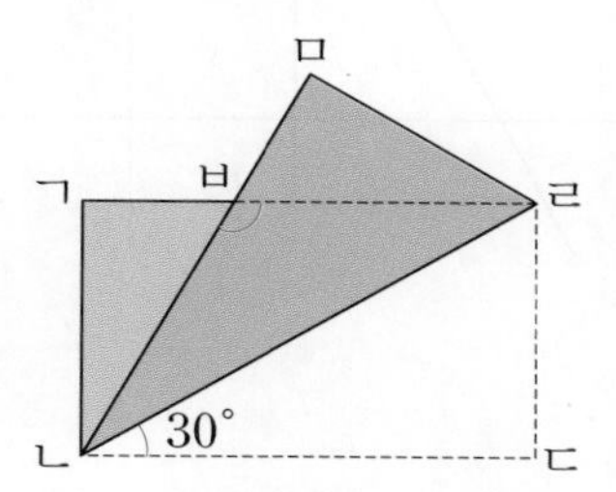

1단계 각 ㅁㄴㄹ의 크기 구하기

(　　　　　)

2단계 각 ㄱㄹㄷ과 각 ㄴㄷㄹ의 크기 구하기

각 ㄱㄹㄷ의 크기 (　　　　　)

각 ㄴㄷㄹ의 크기 (　　　　　)

3단계 각 ㄴㅂㄹ의 크기 구하기

(　　　　　)

문제해결 tip 종이를 접었을 때 접은 부분과 겹쳐지는 부분의 각의 크기가 같음과 도형의 각의 크기의 합을 이용합니다.

6·1 그림과 같이 직사각형 모양의 종이를 접었습니다. 각 ㄴㅅㅁ의 크기는 몇 도인지 구하세요.

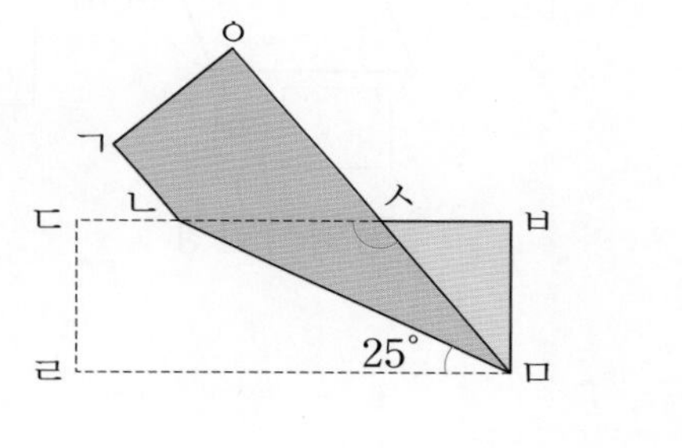

(　　　　　)

6·2 그림과 같이 직사각형 모양의 종이를 접었습니다. 각 ㅂㅁㄷ의 크기는 몇 도인지 구하세요.

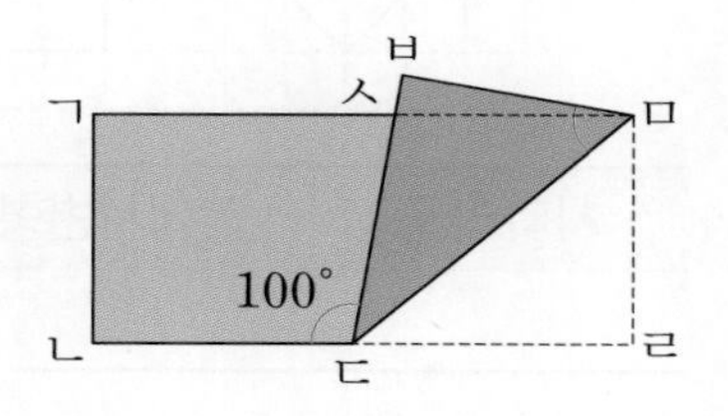

(　　　　　)

4 사각형

정답 32쪽

두 직선이 서로 수직으로 만나면 한 직선을 다른 직선에 대한 수선이라고 합니다.
한 직선에 수직인 두 직선은 평행합니다.

① 수선과 평행선 찾기

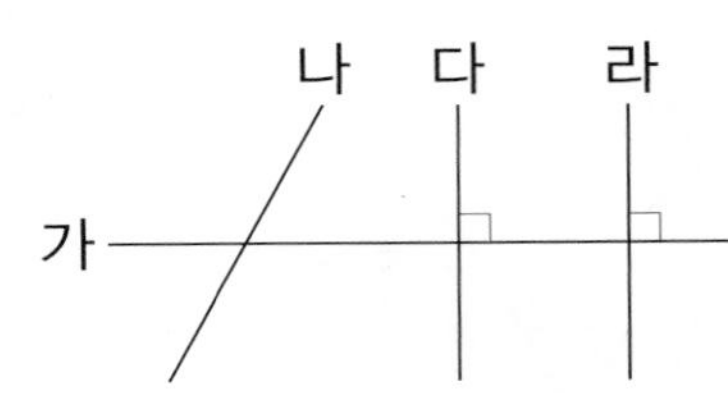

• 직선 가에 대한 수선: 직선 ☐, 직선 ☐
• 서로 평행한 두 직선: 직선 ☐와 직선 ☐

평행선 사이의 거리는 평행선 사이의 선분 중 평행선에 수직인 선분의 길이입니다.

② 도형에서 평행선 사이의 거리 구하기

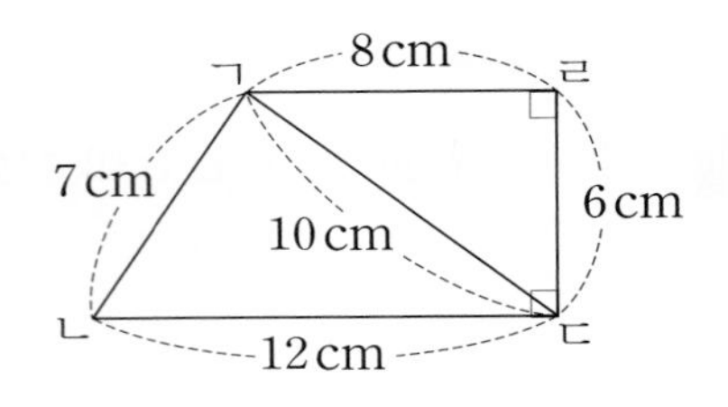

도형에서 평행선은 변 ☐과 변 ☐입니다.

➡ (평행선 사이의 거리)=(변 ☐의 길이)=☐ cm

평행사변형, 직사각형은 마주 보는 두 변의 길이가 같습니다.
마름모, 정사각형은 네 변의 길이가 모두 같습니다.

③ 사각형의 변의 길이 구하기

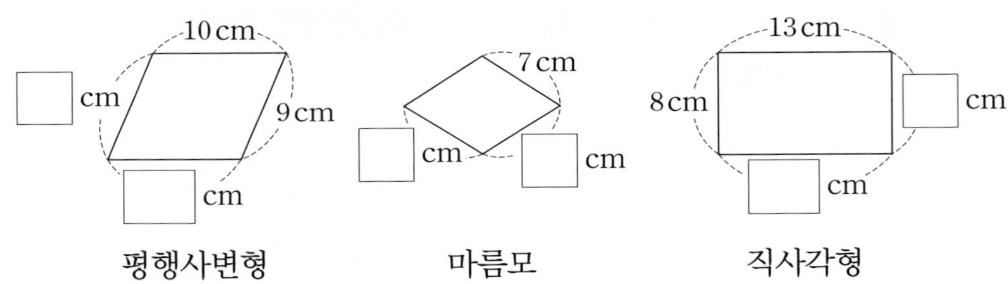

하나의 사각형을 여러 가지 이름으로 부를 수 있습니다.

④ 여러 가지 사각형 찾기

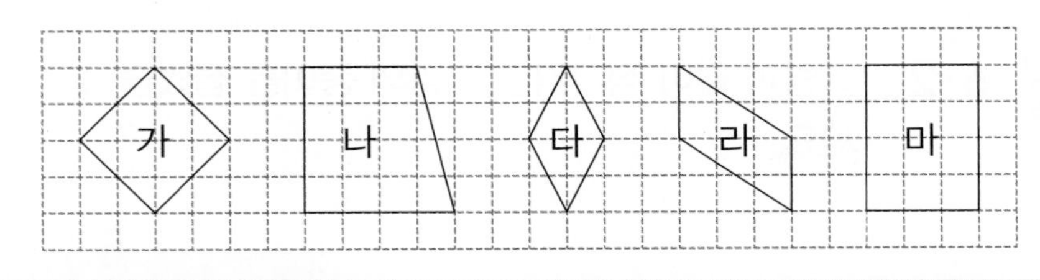

사다리꼴	평행사변형	마름모	직사각형	정사각형

4. 사각형

● 정답 32쪽

[1-2] 그림을 보고 물음에 답하세요.

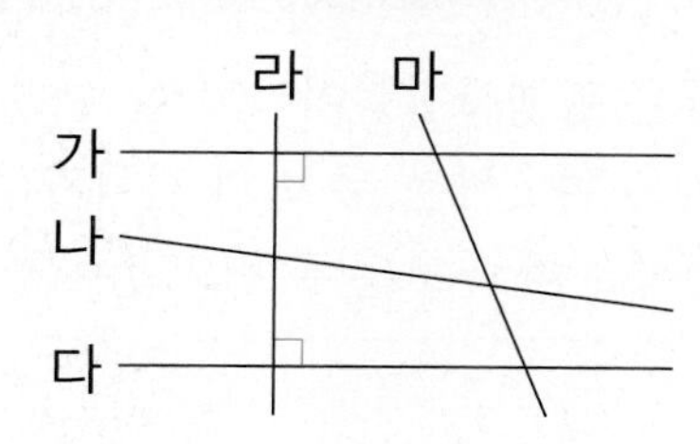

1

직선 라와 서로 수직인 직선을 모두 찾아 쓰세요.

(　　　　　　　　　　　)

2

직선 가와 평행한 직선을 찾아 쓰세요.

(　　　　　　　　　　　)

3

평행선 사이의 거리를 나타내는 선분을 찾아 기호를 쓰세요.

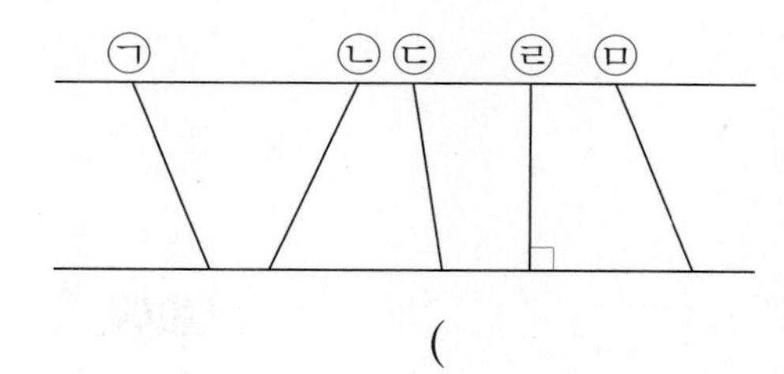

(　　　　　　　　　　　)

4

마름모입니다. □ 안에 알맞은 수를 써넣으세요.

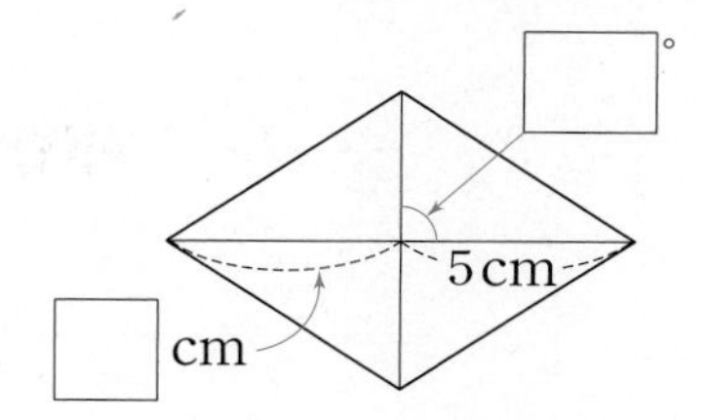

5

사각형의 이름으로 알맞은 것을 모두 찾아 ○표 하세요.

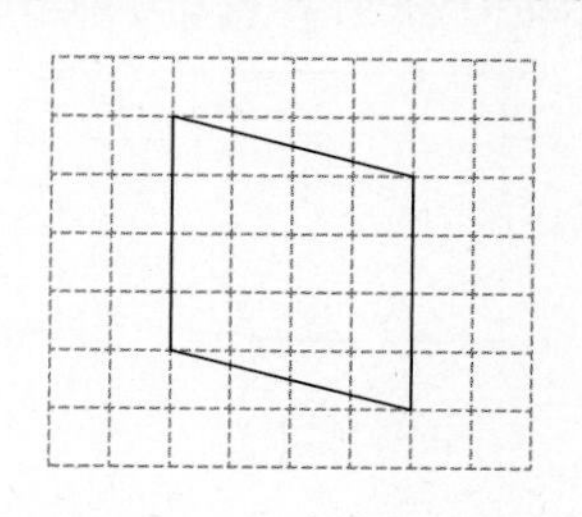

사다리꼴　　평행사변형　　마름모

6

도형에서 빨간색 변과 서로 수직인 변에 ○표 하세요.

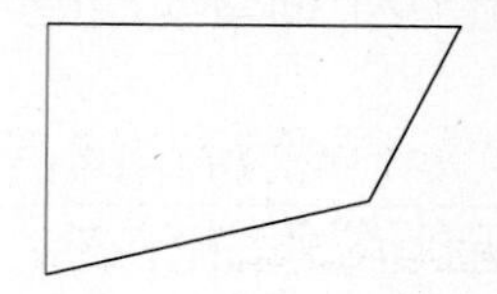

7

각도기를 사용하여 주어진 직선에 대한 수선을 그으세요.

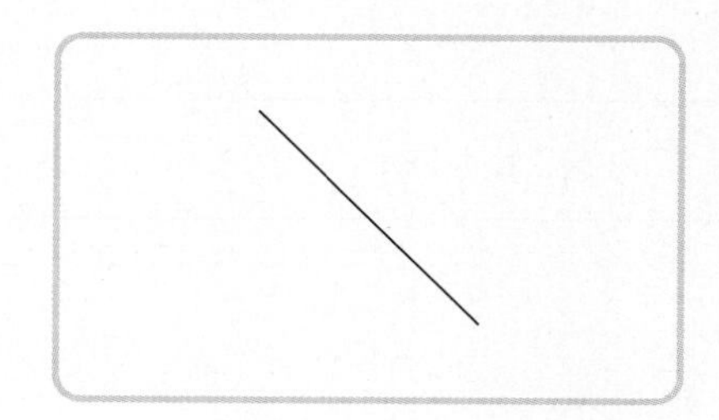

8

직선 가와 평행한 직선은 모두 몇 개 그을 수 있을까요? (　　　　)

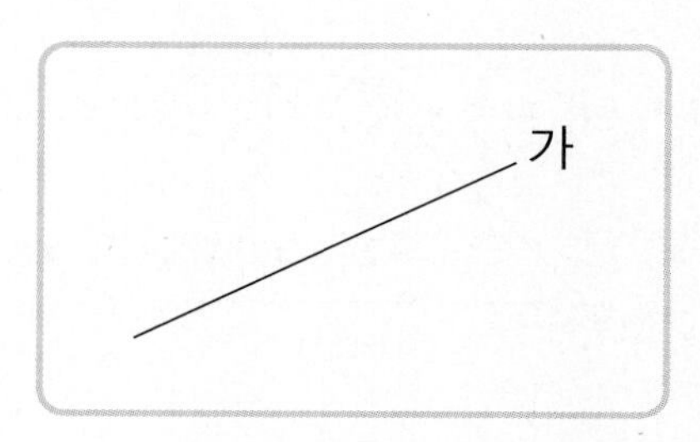

① 0개　　② 1개　　③ 2개
④ 3개　　⑤ 셀 수 없이 많습니다.

9

도형에서 평행한 변을 찾아 쓰세요.

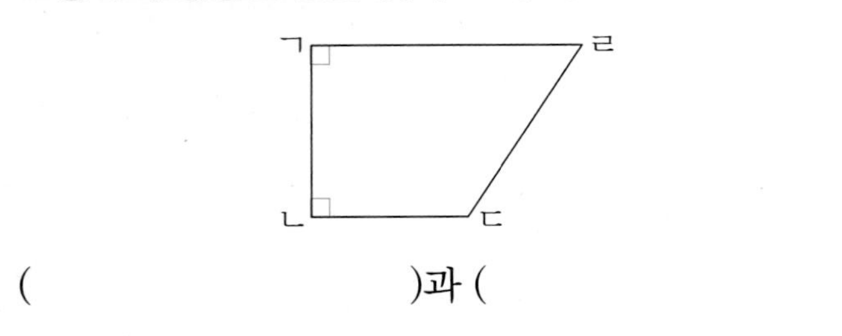

(　　　　　　　　　)과 (　　　　　　　　　)

10 서술형

직선 가, 나, 다는 평행합니다. 직선 가와 직선 다 사이의 거리는 몇 cm인지 해결 과정을 쓰고, 답을 구하세요.

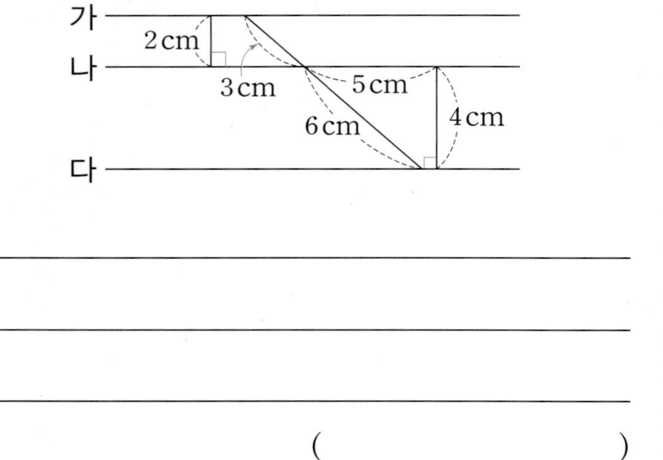

(　　　　　　　　　)

11

도형에서 평행선 사이의 거리는 몇 cm인지 구하세요.

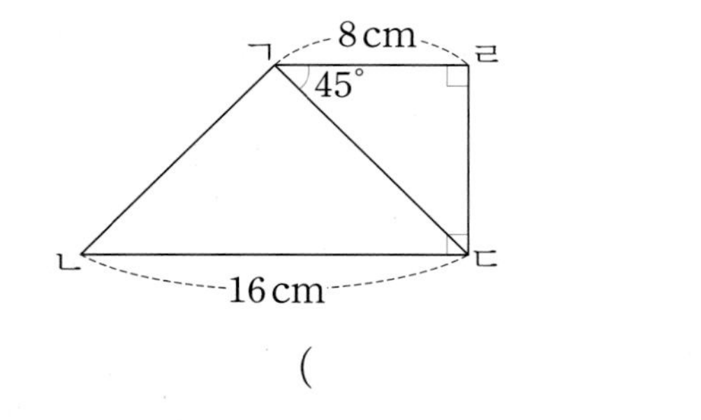

(　　　　　　　　　)

12

사다리꼴과 평행사변형에 대한 설명 중 옳은 것을 찾아 기호를 쓰세요.

㉠ 사다리꼴은 평행사변형이라고 할 수 있습니다.
㉡ 사다리꼴은 이웃하는 두 변의 길이가 같습니다.
㉢ 평행사변형은 마주 보는 두 변의 길이가 같습니다.

(　　　　　　　　　)

13 서술형

평행사변형에서 각 ㄴㄷㄹ의 크기는 몇 도인지 해결 과정을 쓰고, 답을 구하세요.

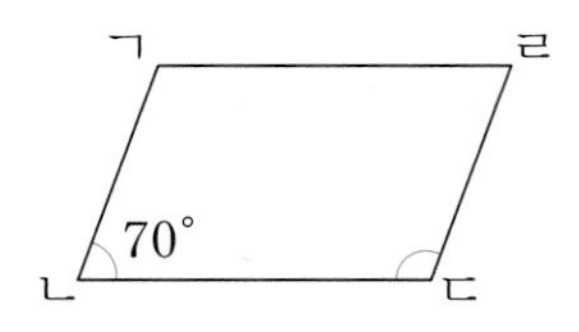

(　　　　　　　　　)

14

마름모의 네 변의 길이의 합이 48 cm일 때 변 ㄴㄷ의 길이는 몇 cm인지 구하세요.

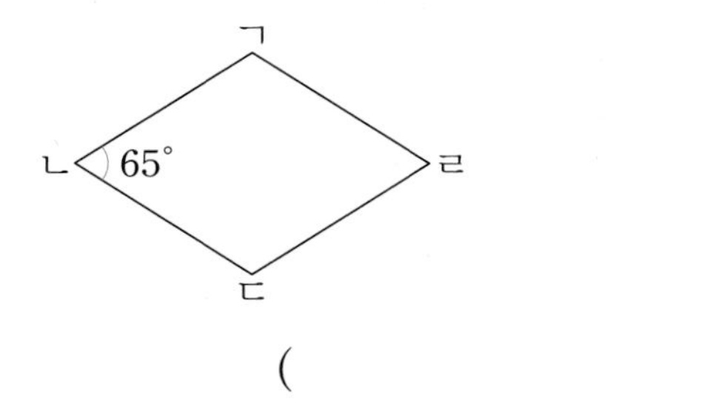

(　　　　　　　　　)

15

다음 도형의 이름이 될 수 없는 것을 모두 고르세요.

(　　　　)

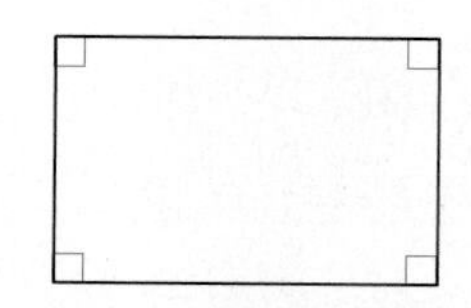

① 사다리꼴　② 평행사변형
③ 마름모　④ 직사각형
⑤ 정사각형

16

다음을 모두 만족하는 사각형의 이름을 쓰세요.

- 마주 보는 두 쌍의 변이 각각 평행합니다.
- 네 변의 길이가 모두 같습니다.
- 네 각의 크기가 모두 같습니다.

(　　　　)

17

평행사변형과 마름모를 겹치지 않게 이어 붙여 만든 도형입니다. 각 ㄱㅂㅁ의 크기는 몇 도인지 구하세요.

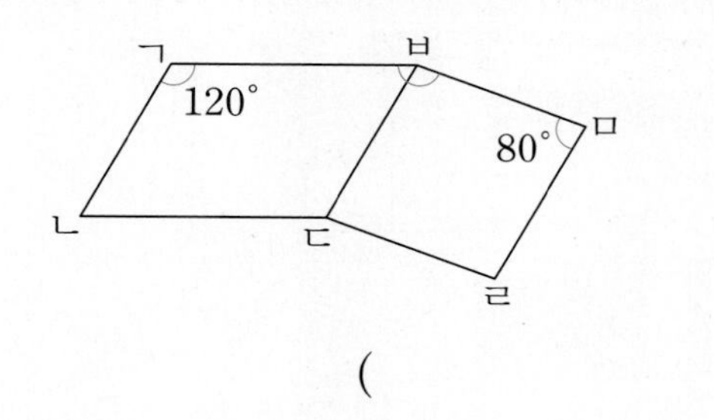

(　　　　)

18

직선 가는 직선 나에 대한 수선입니다. ㉠의 각도를 구하세요.

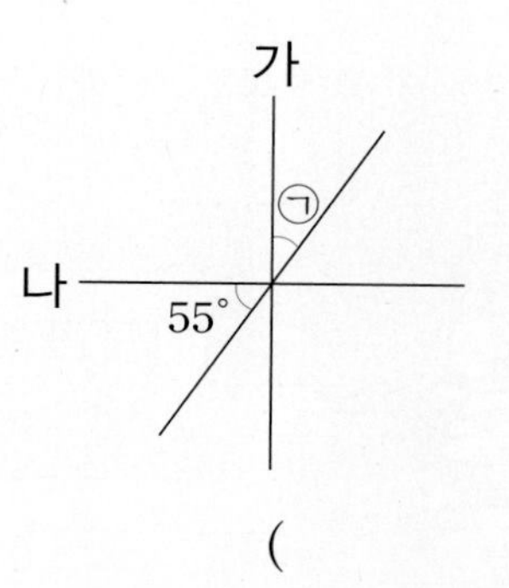

(　　　　)

19 서술형

평행사변형 ㄱㄴㄷㄹ의 네 변의 길이의 합은 28 cm입니다. 변 ㄹㄷ의 길이는 몇 cm인지 해결 과정을 쓰고, 답을 구하세요.

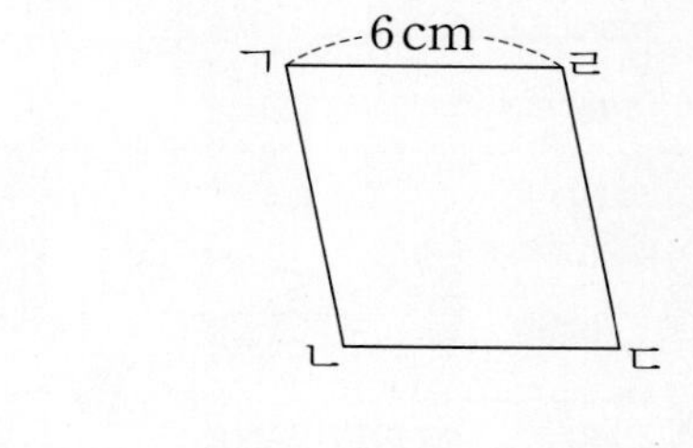

(　　　　)

20

사각형 ㄱㄴㄷㄹ은 마름모입니다. 각 ㄱㄹㄷ의 크기는 몇 도인지 구하세요.

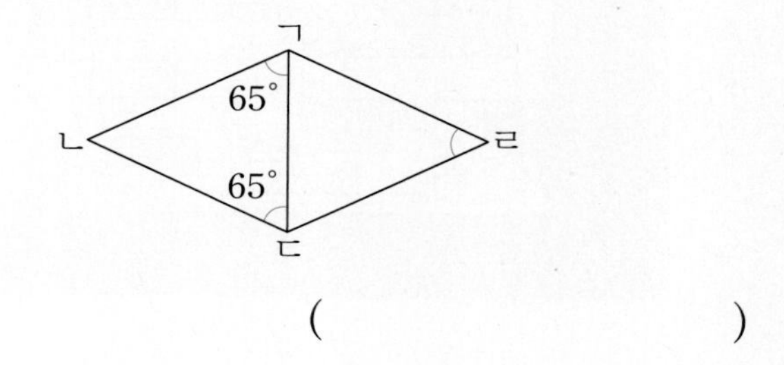

(　　　　)

쉬어 가기

미로를 따라 길을 찾아보세요.

정답 45쪽

5

꺾은선그래프

▶ 학습을 완료하면 V표를 하면서 학습 진도를 체크해요.

	개념학습				문제학습		
백점 쪽수	118	119	120	121	122	123	124
확인							

	문제학습					응용학습	
백점 쪽수	125	126	127	128	129	130	131
확인							

	응용학습		단원평가			
백점 쪽수	132	133	134	135	136	137
확인						

1 꺾은선그래프 알기

정답 33쪽

◎ 꺾은선그래프

연속적으로 변화하는 양을 점으로 표시하고, 그 점들을 선분으로 이어 그린 그래프를 꺾은선그래프라고 합니다.

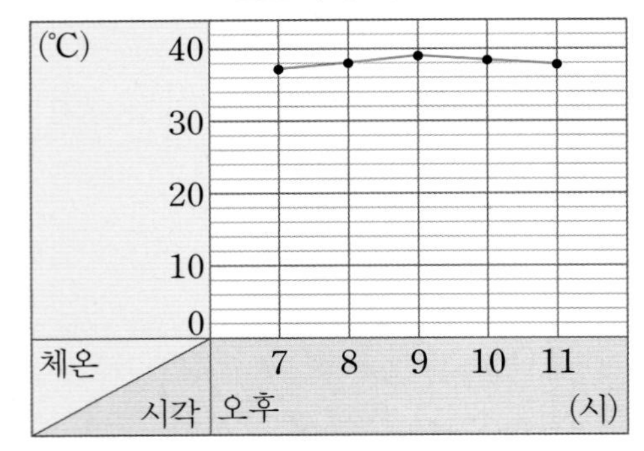

가로: 시각, 세로: 체온

세로 눈금 한 칸의 크기: 2 ℃

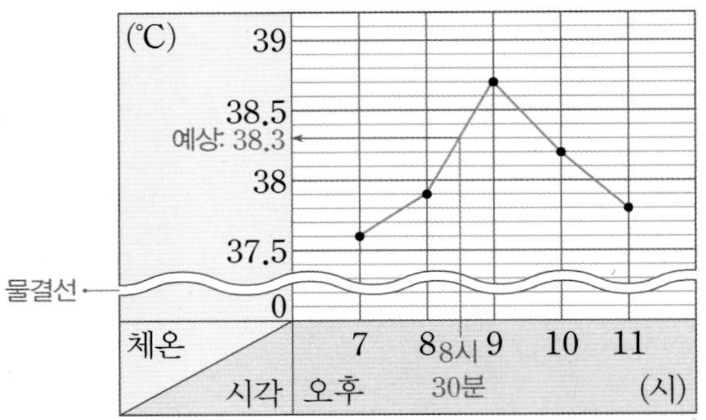

가로: 시각, 세로: 체온

세로 눈금 한 칸의 크기: 0.1 ℃

물결선을 사용하면 눈금 한 칸의 크기를 작게 할 수 있어요.

개념 강의

- 꺾은선그래프는 시간의 흐름에 따른 자료의 변화를 한눈에 볼 수 있습니다.
- 물결선을 사용하면 자료의 변화를 더 뚜렷하게 볼 수 있습니다.

1 아영이가 심은 강낭콩 줄기의 길이를 재어 나타낸 그래프입니다. □ 안에 알맞은 수나 말을 써넣으세요.

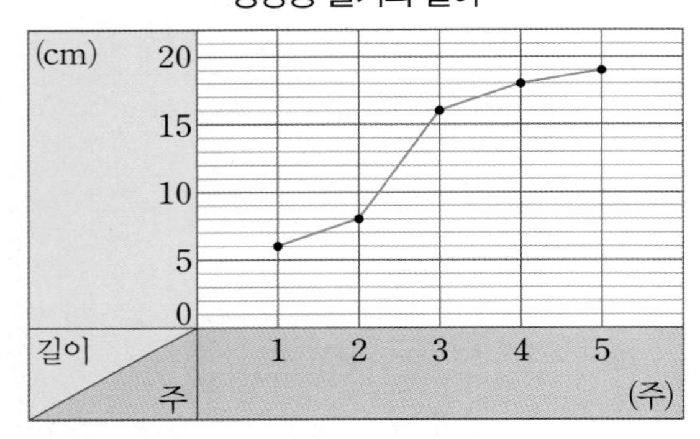

(1) 위와 같은 그래프를 □라고 합니다.

(2) 가로는 □를 나타내고, 세로는 □를 나타냅니다.

(3) 세로 눈금 한 칸은 □ cm를 나타냅니다.

2 준희가 윗몸 일으키기를 한 횟수를 조사하여 나타낸 꺾은선그래프입니다. □ 안에 알맞은 수나 말을 써넣으세요.

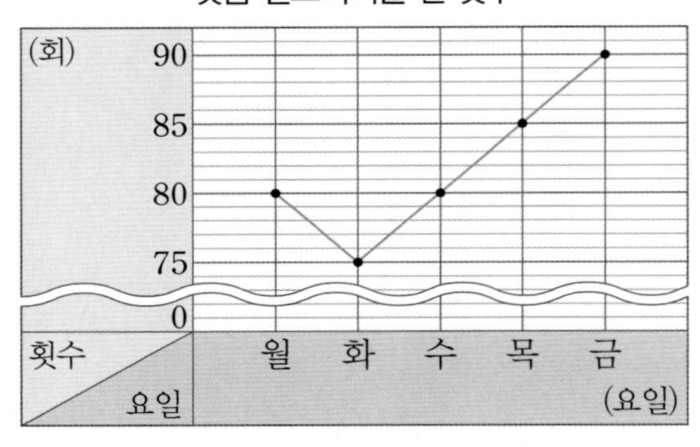

(1) 가로는 □을 나타내고, 세로는 □를 나타냅니다.

(2) 세로 눈금 한 칸은 □회를 나타냅니다.

(3) 꺾은선은 윗몸 일으키기를 한 □의 변화를 나타냅니다.

2 꺾은선그래프를 보고 내용 알기

정답 33쪽

꺾은선그래프를 보고 알 수 있는 내용

지혜네 학교의 전체 학생 수

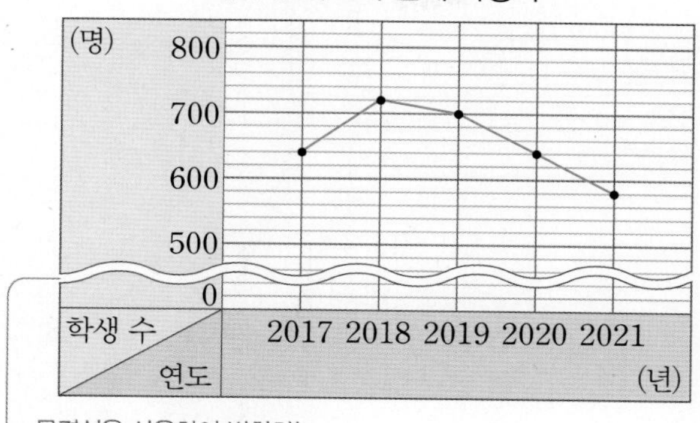

물결선을 사용하여 변화하는 모습을 뚜렷하게 볼 수 있어요.

- 세로 눈금 한 칸은 20명을 나타내므로 2021년의 학생 수는 580명입니다.
- 2018년에는 2017년보다 학생 수가 80명 더 늘었습니다.
- 학생 수의 변화가 가장 큰 때는 2017년과 2018년 사이입니다.
- 학생 수의 변화가 가장 작은 때는 2018년과 2019년 사이입니다.
- 학생 수는 2018년에 가장 많았고, 그 후로 매년 줄고 있습니다.

개념 강의

- 꺾은선그래프에서 꺾은선이 많이 기울어질수록 변화가 더 많습니다.

1 어느 휴대 전화 대리점의 휴대 전화 판매량을 조사하여 나타낸 꺾은선그래프입니다. □ 안에 알맞은 수를 써넣으세요.

휴대 전화 판매량

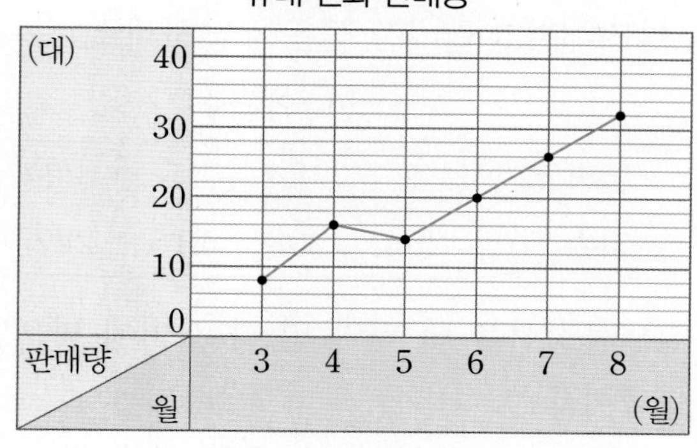

(1) 3월의 휴대 전화 판매량은 □대입니다.

(2) 8월의 휴대 전화 판매량은 □대입니다.

(3) 6월의 휴대 전화 판매량은 5월보다 □대 더 많습니다.

2 서준이의 줄넘기 최고 기록을 조사하여 나타낸 꺾은선그래프입니다. □ 안에 알맞은 말을 써넣으세요.

줄넘기 최고 기록

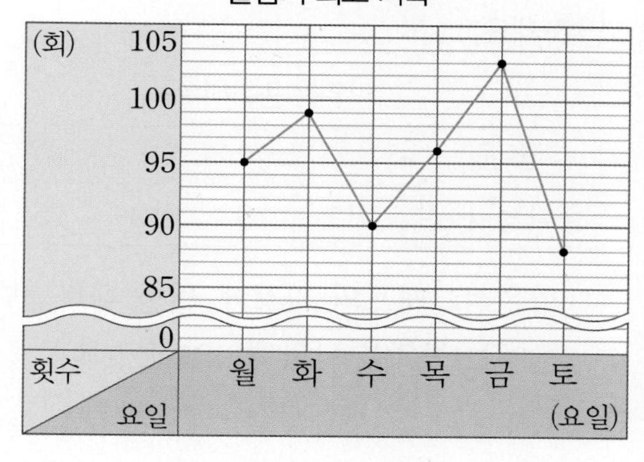

(1) 기록이 가장 좋은 때는 □요일입니다.

(2) 전날에 비해 기록이 떨어진 때는 □요일, □요일입니다.

(3) 전날에 비해 기록이 가장 많이 떨어진 때는 □요일입니다.

3 꺾은선그래프로 나타내기

● 정답 34쪽

◎ 꺾은선그래프로 나타내는 방법

아인이의 몸무게

나이(살)	5	6	7	8	9
몸무게(kg)	17	20	22	26	28

아인이의 몸무게

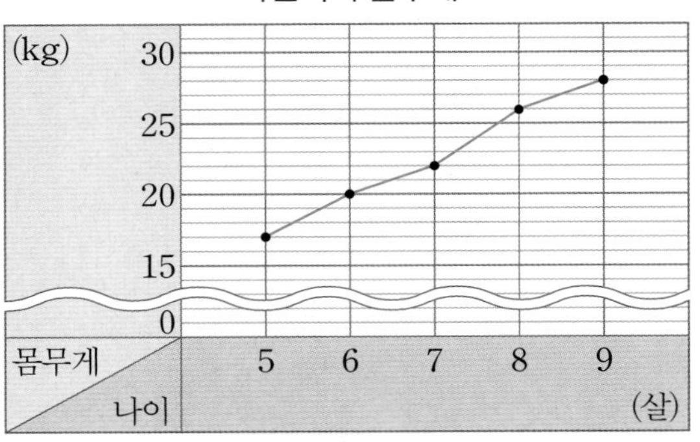

① 가로, 세로 정하기 ➡ 가로: 나이, 세로: 몸무게

② 눈금의 단위, 눈금 한 칸의 크기 정하기 ➡ 눈금의 단위: kg, 눈금 한 칸의 크기: 1 kg

③ 점을 찍고 선분으로 잇기

④ 알맞은 제목 쓰기

가장 큰 값까지 나타낼 수 있도록 눈금의 수를 정해요.
물결선을 넣어 눈금의 수를 생략할 수 있어요.

개념 강의

● 자료 중 값이 없는 부분을 물결선으로 줄여서 나타낼 수 있습니다.

1 지우가 읽은 동화책 수를 조사하여 나타낸 표를 보고 꺾은선그래프로 나타내려고 합니다. 물음에 답하세요.

읽은 동화책 수

월(월)	7	8	9	10	11
동화책 수(권)	11	9	12	15	17

(1) 꺾은선그래프의 가로에 월을 나타낸다면 세로에는 무엇을 나타내어야 할까요?

( )

(2) 세로 눈금 한 칸이 1권을 나타내도록 꺾은선 그래프를 완성하세요.

읽은 동화책 수

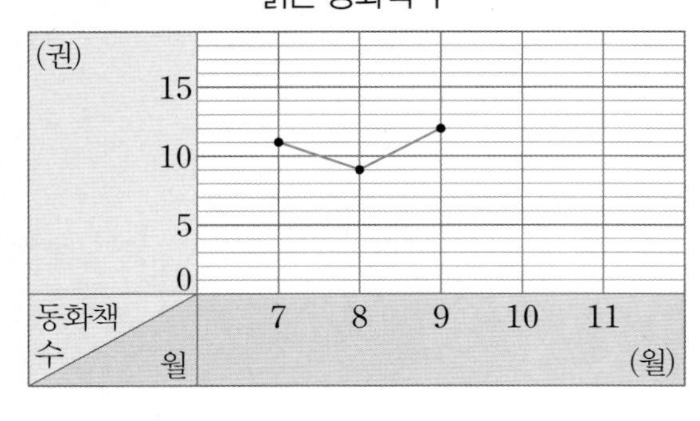

2 민수가 타자 연습을 하면서 타수를 조사하여 나타낸 표를 보고 물결선을 사용한 꺾은선그래프로 나타내려고 합니다. 물음에 답하세요.

민수의 타수

날짜(일)	1	8	15	22	29
타수(타)	204	208	216	222	230

(1) 물결선을 몇 타와 몇 타 사이에 넣으면 좋을까요?

( )와 ( ) 사이

(2) 세로 눈금 한 칸이 2타를 나타내도록 꺾은선 그래프를 완성하세요.

민수의 타수

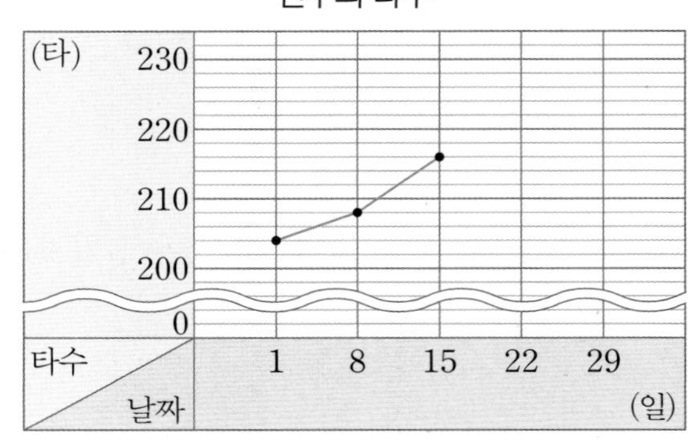

4 꺾은선그래프 활용하기

정답 34쪽

두 꺾은선그래프 비교하기

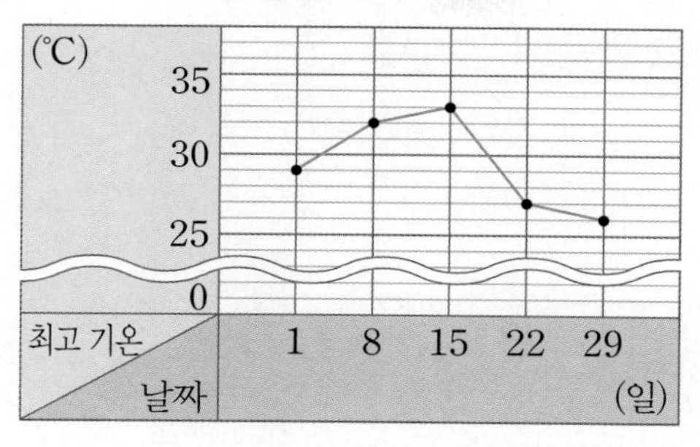

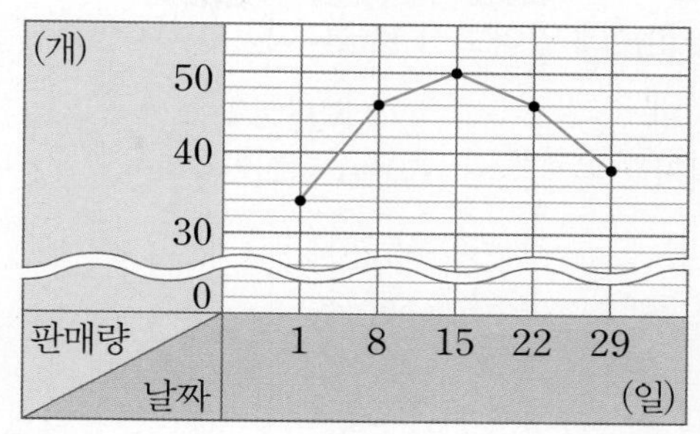

- 8월의 최고 기온이 올라갈 때 아이스크림 판매량은 늘어났습니다.
- 최고 기온이 가장 높은 날의 아이스크림 판매량은 50개입니다.
- 15일 이후로 최고 기온이 낮아지고 있으므로 9월의 최고 기온은 8월보다 더 낮아질 것으로 예상할 수 있습니다.

개념 강의

- 꺾은선그래프를 보면 조사하지 않은 앞으로의 값을 예상할 수 있습니다.

1 원 달러 환율(1달러의 가격)과 어느 회사의 신발 수출량을 조사하여 나타낸 꺾은선그래프입니다. 바르게 설명한 것에 ○표, 잘못 설명한 것에 ×표 하세요.

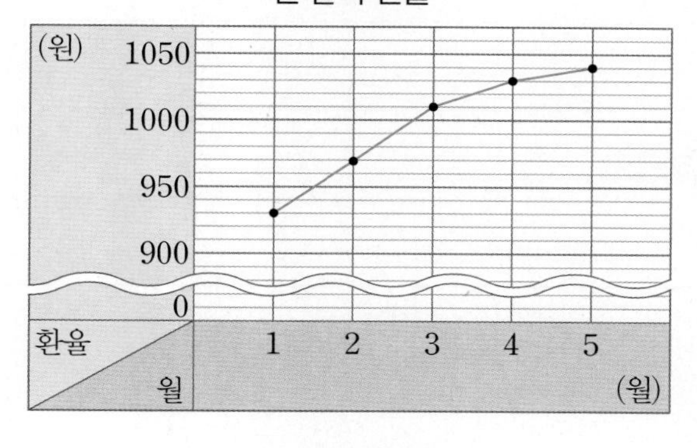

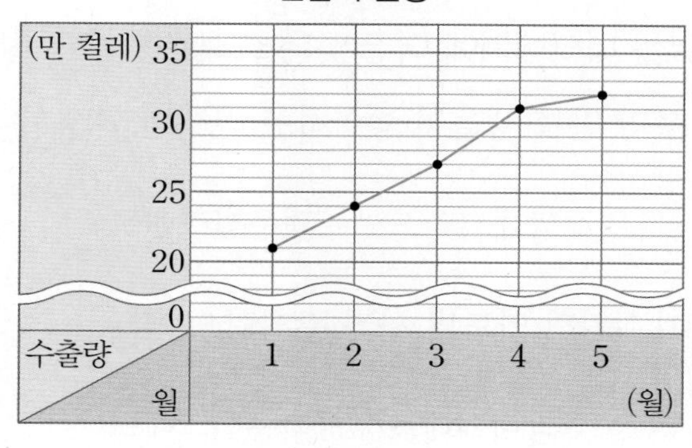

(1) 1달러가 930원일 때 신발 수출량은 21만 켤레입니다. (　　　)

(2) 신발 수출량이 27만 켤레일 때 1달러는 1030원입니다. (　　　)

(3) 신발 수출량은 증가했다가 감소했습니다. (　　　)

(4) 원 달러 환율은 계속 오르고 있고, 신발 수출량도 계속 늘고 있습니다. (　　　)

1 꺾은선그래프 알기

> 꺾은선그래프는 막대그래프보다 시간의 흐름에 따른 자료의 변화를 한눈에 알아보기 쉽습니다.

지윤이의 50 m 달리기 기록

지윤이의 50 m 달리기 기록

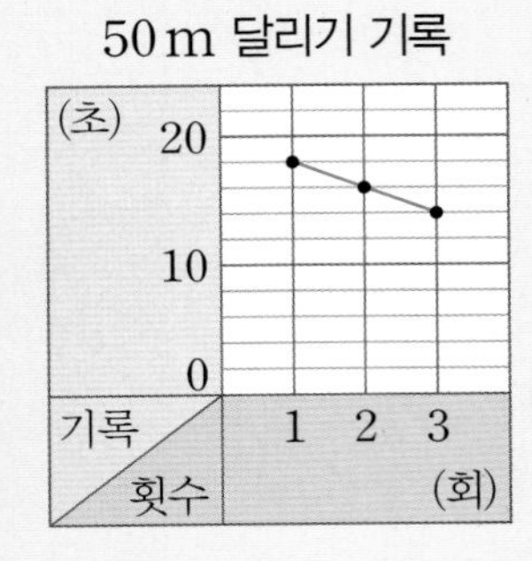

- 같은 점: 가로는 횟수, 세로는 기록을 나타냅니다. 세로 눈금 한 칸의 크기가 같습니다.
- 다른 점: 막대그래프는 막대로, 꺾은선그래프는 선분으로 나타냈습니다.

[1-3] 하은이가 식물을 키우면서 2일 간격으로 오전 11시에 식물의 키를 재어 나타낸 그래프입니다. 물음에 답하세요.

식물의 키

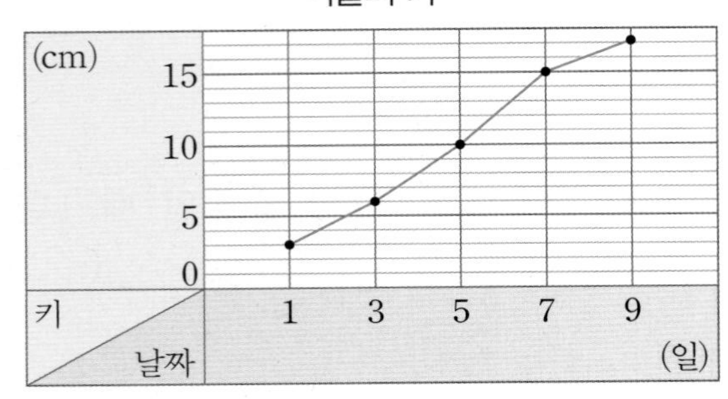

1

위와 같은 그래프를 무엇이라고 할까요?

( )

2

가로와 세로는 각각 무엇을 나타낼까요?

가로 ( )

세로 ( )

3

꺾은선은 무엇을 나타낼까요?

( )

[4-5] 어느 매장의 컴퓨터 판매량을 조사하여 나타낸 막대그래프와 꺾은선그래프입니다. 두 그래프를 보고 물음에 답하세요.

컴퓨터 판매량

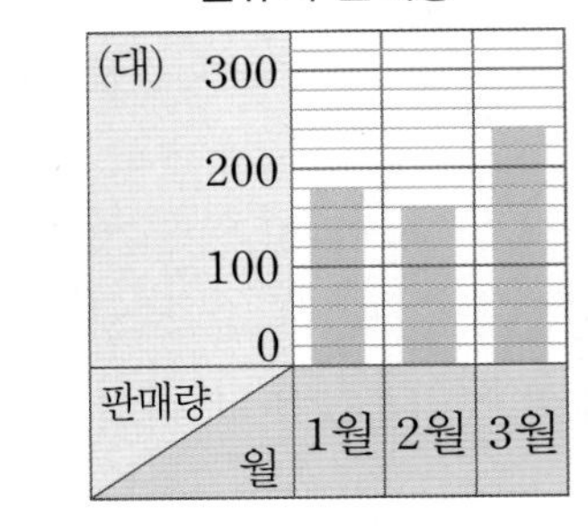

컴퓨터 판매량

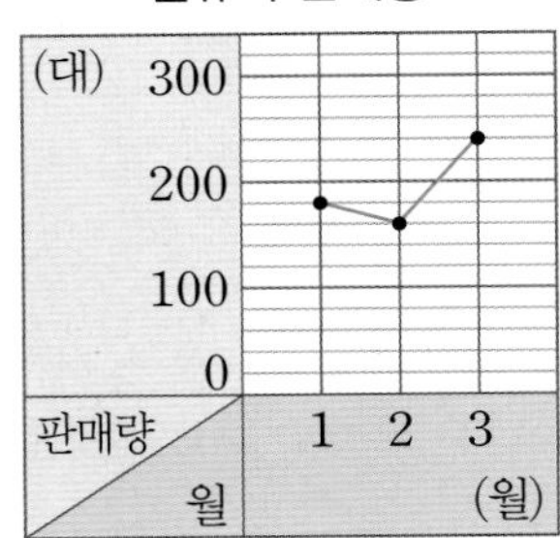

4

컴퓨터 판매량의 변화를 한눈에 알아보기 쉬운 그래프는 막대그래프와 꺾은선그래프 중 어느 것일까요?

( )

5 교과서 공통

두 그래프의 같은 점과 다른 점을 각각 쓰세요.

같은 점

다른 점

6

자료를 나타내기에 더 알맞은 그래프에 ○표 하세요.

(1) 우리 반 학생들이 좋아하는 간식별 학생 수

➡ 막대그래프 꺾은선그래프

(2) 과수원의 연도별 사과 수확량의 변화

➡ 막대그래프 꺾은선그래프

[7-9] 정혁이가 베란다의 온도를 조사하여 두 꺾은선그래프로 나타냈습니다. 물음에 답하세요.

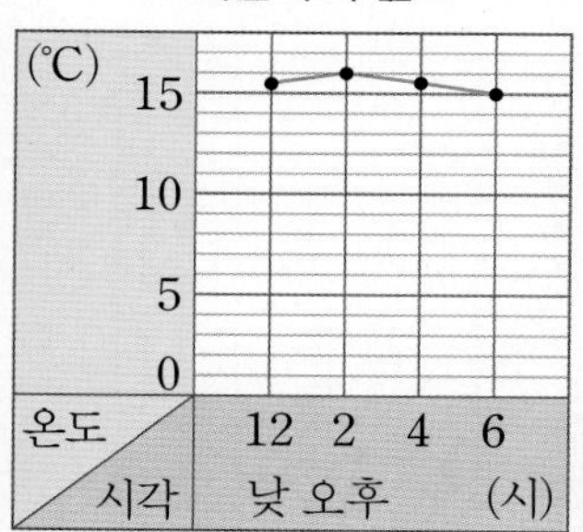

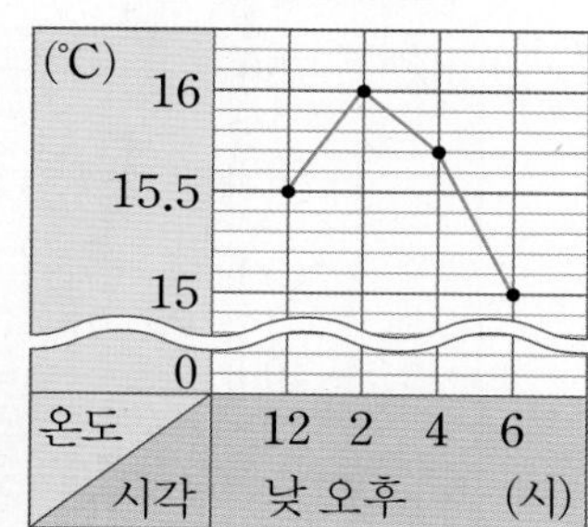

7

(가) 그래프와 (나) 그래프의 세로 눈금 한 칸은 각각 몇 ℃를 나타낼까요?

(가) 그래프 (　　　　　　　　)

(나) 그래프 (　　　　　　　　)

(가) 그래프와 (나) 그래프 중 베란다의 온도가 변화하는 모습을 뚜렷하게 볼 수 있는 그래프는 어느 것일까요?

(　　　　　　　　)

9

두 그래프를 보고 바르게 말한 사람을 찾아 이름을 쓰세요.

(　　　　　　　　)

10

꺾은선그래프를 보고 바르게 설명한 것을 찾아 기호를 쓰세요.

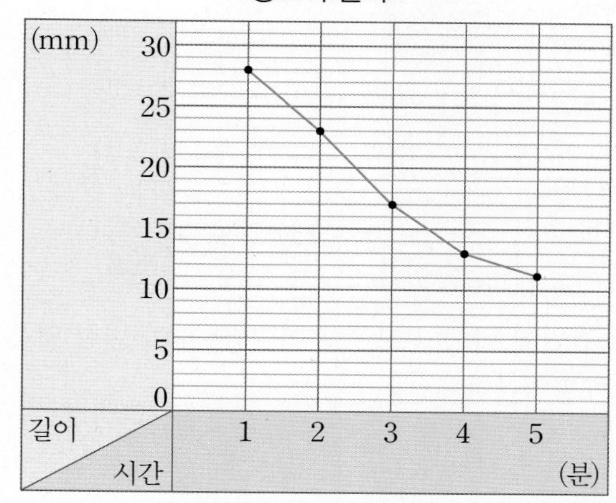

㉠ 가로는 길이를 나타냅니다.
㉡ 1분 간격으로 조사했습니다.
㉢ 꺾은선은 시간의 변화를 나타냅니다.

(　　　　　　　　)

11

어느 지역의 평균 수명을 조사하여 나타낸 꺾은선그래프를 보고 잘못 설명한 것을 모두 고르세요.

(　　　　　　　　)

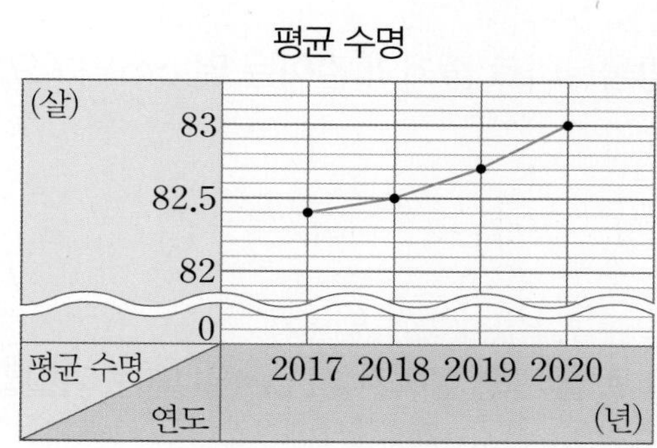

① 5년 단위로 조사했습니다.
② 가로는 연도를 나타냅니다.
③ 세로는 평균 수명을 나타냅니다.
④ 세로 눈금 한 칸은 1살을 나타냅니다.
⑤ 꺾은선은 평균 수명의 변화를 나타냅니다.

2 꺾은선그래프를 보고 내용 알기

> 꺾은선그래프에서 꺾은선이 가장 많이 기울어진 곳이 변화가 가장 많은 곳입니다.

연못의 최고 수온

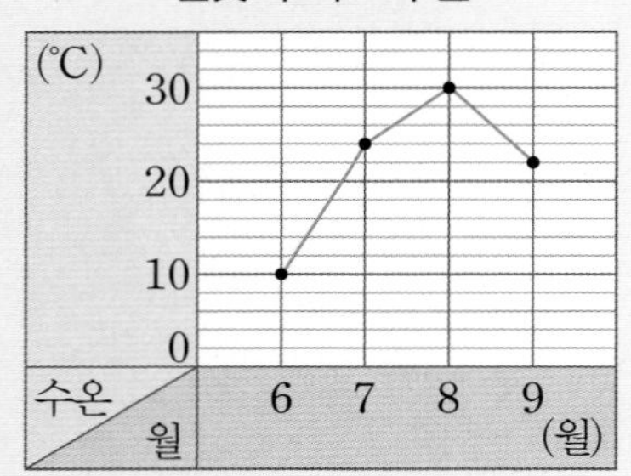

전월에 비해 최고 수온이 가장 많이 변한 달은 7월입니다.

[1-3] 어느 달 1일부터 4일 간격으로 방울토마토 줄기의 길이를 재어 나타낸 꺾은선그래프입니다. 물음에 답하세요.

방울토마토 줄기의 길이

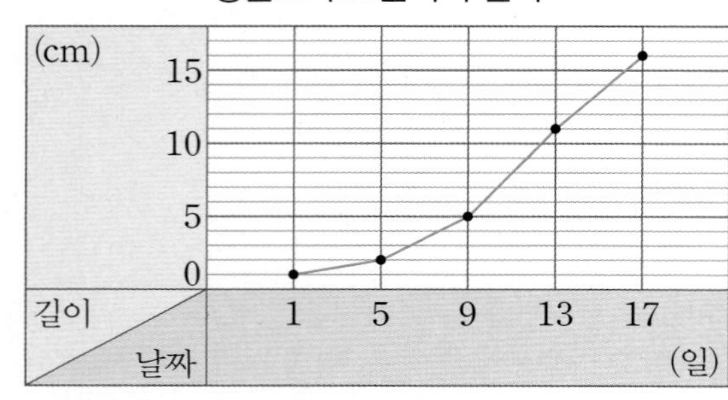

1

5일에 방울토마토 줄기의 길이는 몇 cm일까요?

( )

2

방울토마토 줄기의 길이가 11 cm일 때는 며칠일까요?

( )

3

11일에 방울토마토 줄기의 길이는 몇 cm였을까요?

( )

[4-7] 어느 과수원의 배 수확량을 조사하여 나타낸 꺾은선그래프입니다. 물음에 답하세요.

배 수확량

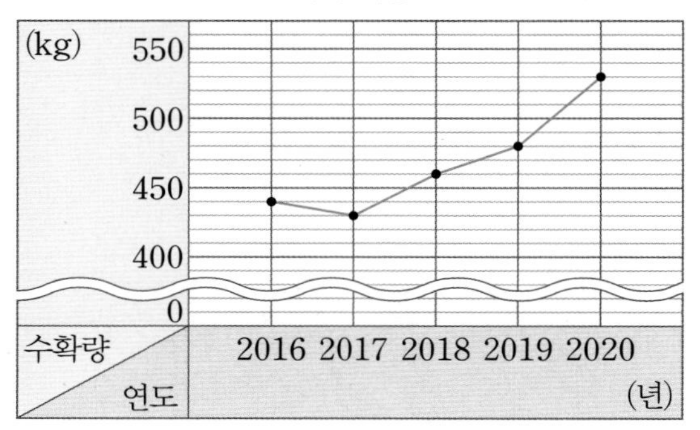

4

2018년의 배 수확량은 몇 kg일까요?

( )

5

배 수확량이 가장 많은 때는 몇 년일까요?

( )

전년에 비해 배 수확량이 줄어든 때는 몇 년일까요?

( )

7

배 수확량이 가장 많이 변한 때는 몇 년과 몇 년 사이일까요?

( )과 ( ) 사이

정답 34쪽

[8-11] 현우가 팔굽혀펴기를 한 횟수를 조사하여 나타낸 꺾은선그래프입니다. 물음에 답하세요.

팔굽혀펴기를 한 횟수

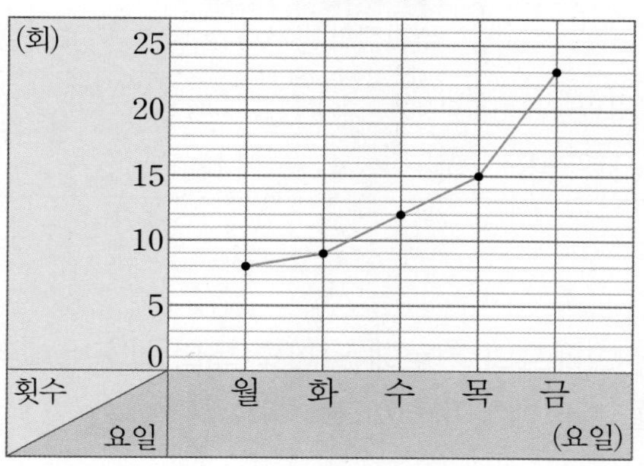

8

꺾은선그래프를 보고 표를 완성하세요.

팔굽혀펴기를 한 횟수

요일(요일)	월	화	수	목	금
횟수(회)					

9

수요일에 팔굽혀펴기를 한 횟수는 화요일보다 몇 회 더 많을까요?

( )

10

전날에 비해 팔굽혀펴기를 한 횟수가 가장 적게 늘어난 때는 무슨 요일일까요?

( )

전날에 비해 팔굽혀펴기를 한 횟수가 가장 많이 늘어난 때는 무슨 요일일까요?

( )

[12-15] 어느 카페의 녹차 음료 판매량을 조사하여 나타낸 꺾은선그래프입니다. 물음에 답하세요.

녹차 음료 판매량

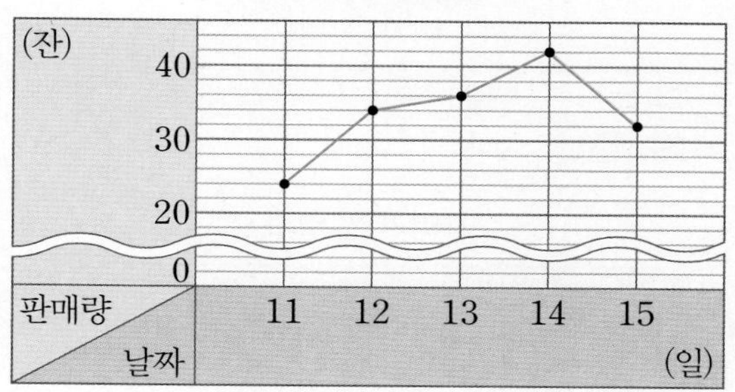

12

녹차 음료 판매량이 34잔일 때는 며칠일까요?

( )

13

녹차 음료 판매량이 전날에 비해 가장 적게 변한 때는 며칠일까요?

( )

14

녹차 음료 판매량이 가장 많은 날과 가장 적은 날의 판매량의 차는 몇 잔일까요?

( )

15

11일부터 15일까지 판매한 녹차 음료는 모두 몇 잔일까요?

( )

문제 학습

3 꺾은선그래프로 나타내기

> 가장 큰 자료의 값까지 나타낼 수 있도록 세로 눈금 한 칸의 크기와 눈금의 수를 정해야 합니다.

비가 온 날수

월(월)	1	2	3	4
날수(일)	4	3	8	9

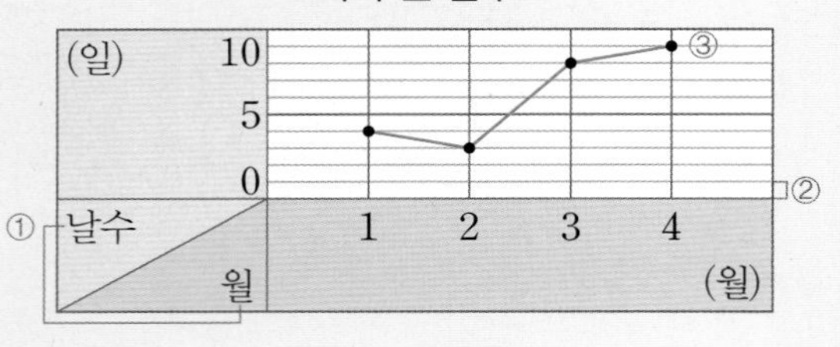

[1-3] 수지가 매년 1월에 강아지의 무게를 재어 나타낸 표를 보고 꺾은선그래프로 나타내려고 합니다. 물음에 답하세요.

강아지의 무게

연도(년)	2018	2019	2020	2021
무게(kg)	9	14	17	19

1

세로 눈금은 적어도 몇 kg까지 나타낼 수 있어야 할까요?

( )

2

세로 눈금 한 칸은 몇 kg을 나타내면 좋을까요?

( )

3

표를 보고 꺾은선그래프로 나타내세요.

강아지의 무게

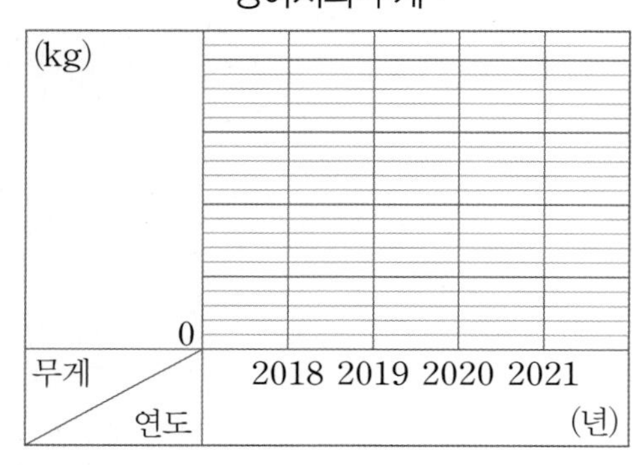

[4-7] 민아네 학교 누리집의 방문자 수를 조사하여 나타낸 표를 보고 물결선을 사용한 꺾은선그래프로 나타내려고 합니다. 물음에 답하세요.

누리집의 방문자 수

날짜(일)	20	21	22	23	24
방문자 수(명)	57	41	48	52	45

4

꺾은선그래프의 가로에 날짜를 나타낸다면 세로에는 무엇을 나타내어야 할까요?

( )

5

물결선을 몇 명과 몇 명 사이에 넣으면 좋을까요?

( )과 ( ) 사이

6

세로 눈금 한 칸은 몇 명을 나타내면 좋을까요?

( )

7

표를 보고 물결선을 사용한 꺾은선그래프로 나타내세요.

누리집의 방문자 수

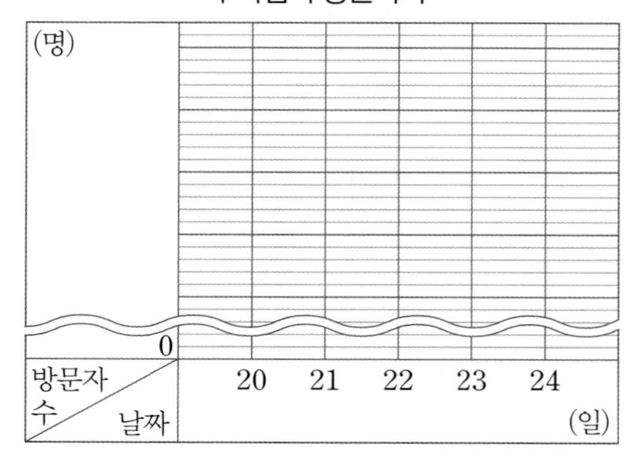

[8-9] 은찬이가 턱걸이를 한 횟수를 조사했습니다. 물음에 답하세요.

월요일: 9회 화요일: 11회 수요일: 12회
목요일: 14회 금요일: 15회

8

조사한 자료를 표로 나타내세요.

요일(요일)					
횟수(회)					

9

표를 보고 꺾은선그래프로 나타내세요.

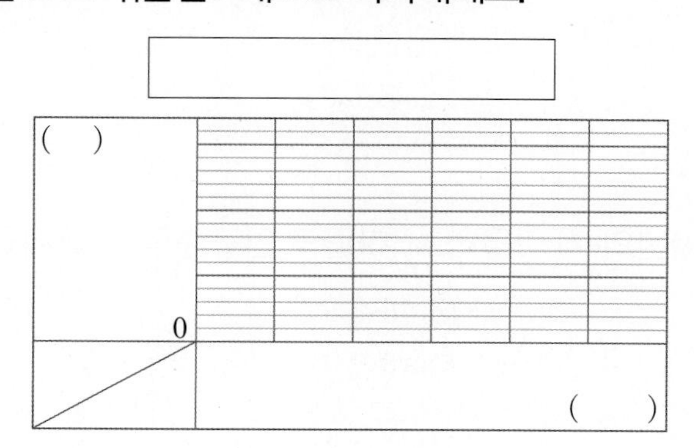

10

표를 보고 꺾은선그래프로 잘못 나타냈습니다. 잘못된 이유를 쓰세요.

산에 심은 나무 수

연도(년)	2017	2018	2019	2020
나무 수(그루)	340	380	390	410

산에 심은 나무 수

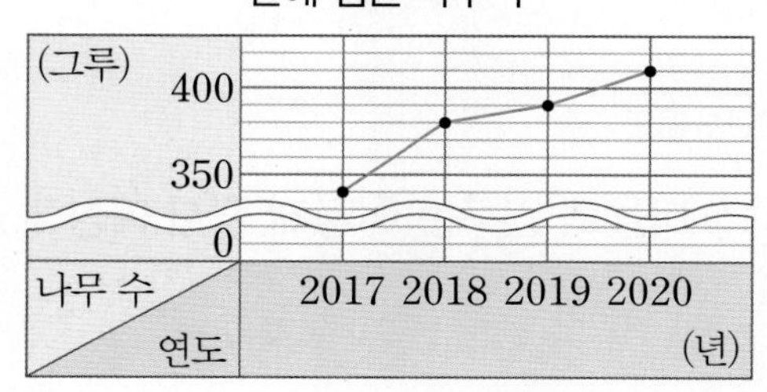

이유

[11-14] 어느 지역 5월의 평균 기온을 조사했습니다. 물음에 답하세요.

8일	9일	10일	11일	12일
14.4 ℃	14.3 ℃	15.1 ℃	13.8 ℃	14.2 ℃

11

조사한 자료를 표로 나타내세요.

날짜(일)					
평균 기온(℃)					

12

물결선을 넣는다면 몇 ℃와 몇 ℃ 사이에 넣으면 좋을까요?

( )와 ( ) 사이

13

세로 눈금 한 칸은 몇 ℃를 나타내면 좋을까요?

( )

14 교과서 공통

표를 보고 물결선을 사용한 꺾은선그래프로 나타내세요.

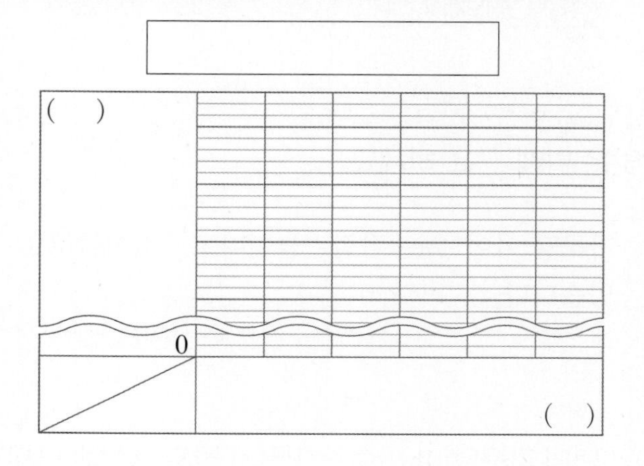

문제 학습

4 꺾은선그래프 활용하기

> 꺾은선그래프를 보고 조사하지 않은 앞으로의 변화를 예측할 수도 있습니다.

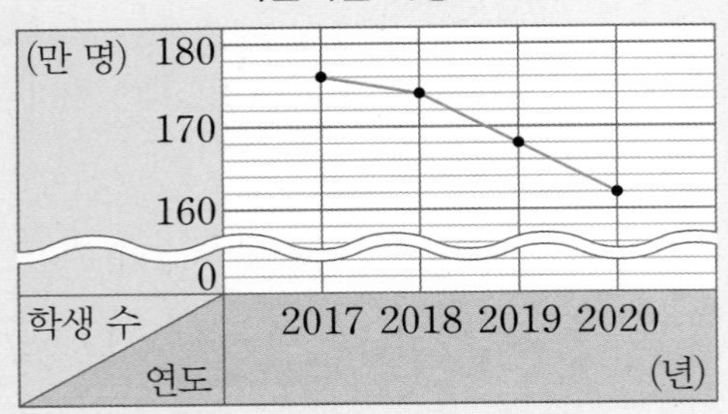

예 2017년부터 어린이집 학생 수가 계속 감소했으므로 2021년의 학생 수도 2020년보다 줄어들 것 같습니다.

[1-2] 가구당 아이 수를 조사하여 나타낸 꺾은선그래프입니다. 물음에 답하세요.

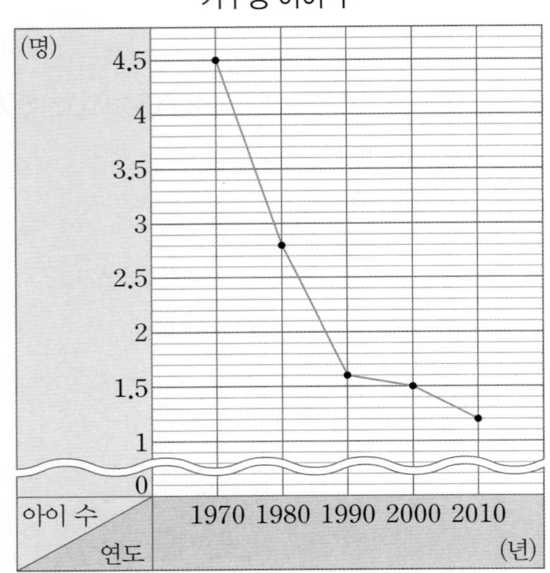

1

알맞은 말에 ○표 하세요.

가구당 아이 수는 점점 (늘어나고 , 줄어들고) 있습니다.

2

2020년의 가구당 아이 수는 어떻게 될지 예상해 보세요.

(　　　　　　　　　　　　　　　　　　　　　　)

[3-6] 두 마을의 인구를 조사하여 나타낸 꺾은선그래프입니다. 물음에 답하세요.

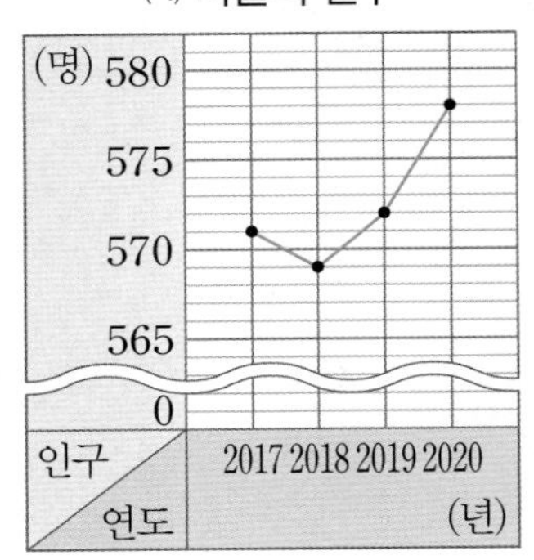

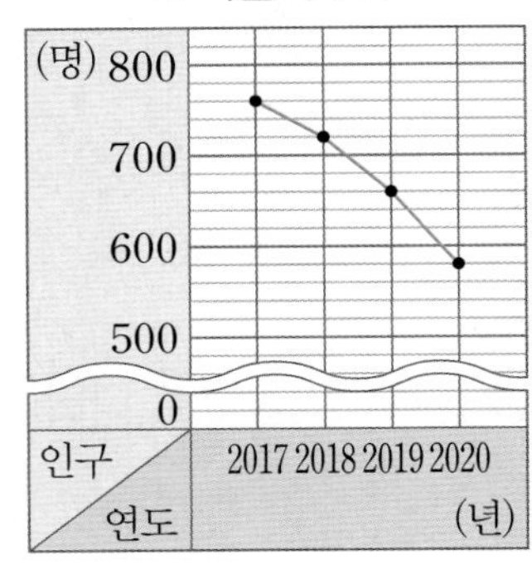

3

인구가 줄었다가 늘어나고 있는 마을을 쓰세요.

(　　　　　　　　　　　　　　　　)

4

2019년의 (가) 마을과 (나) 마을의 인구를 각각 쓰세요.

(가) 마을 (　　　　　　　　　　　　　)

(나) 마을 (　　　　　　　　　　　　　)

5

2020년의 인구가 더 많은 마을을 쓰세요.

(　　　　　　　　　　　　　　　　)

2021년 (가) 마을의 인구는 어떻게 될지 예상해 보세요.

(　　　　　　　　　　　　　　　　　　　　　　)

[7-8] 대기 중 이산화 탄소의 농도와 지구의 평균 기온을 조사하여 나타낸 꺾은선그래프입니다. 물음에 답하세요.

ppm(피피엠): 이산화 탄소의 농도를 나타내는 단위

대기 중 이산화 탄소의 농도

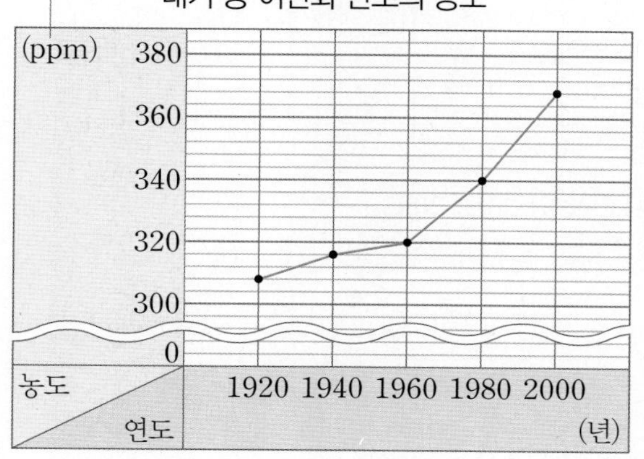

지구의 평균 기온

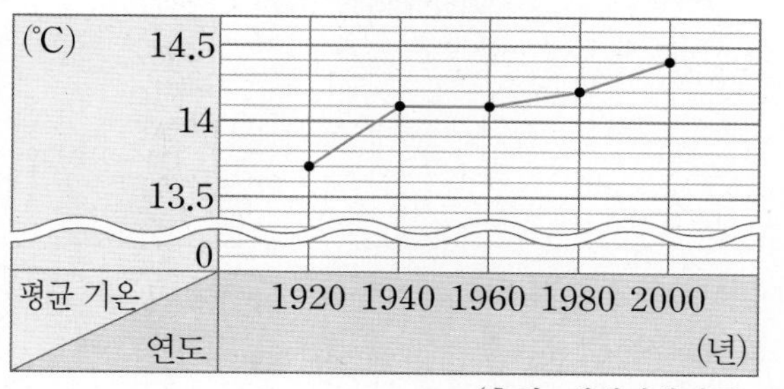

(출처: 세계기상기구, 2022)

7

대기 중 이산화 탄소의 농도가 316 ppm일 때 지구의 평균 기온은 몇 ℃일까요?

( )

대기 중 이산화 탄소의 농도와 지구의 평균 기온은 어떤 관계가 있는지 쓰세요.

관계

[9-12] 세 식물의 키를 조사하여 나타낸 꺾은선그래프입니다. 물음에 답하세요.

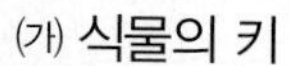

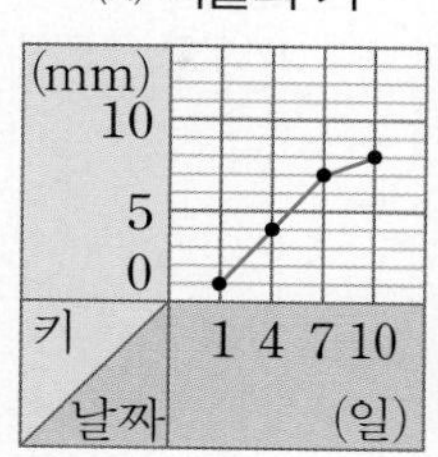

(나) 식물의 키

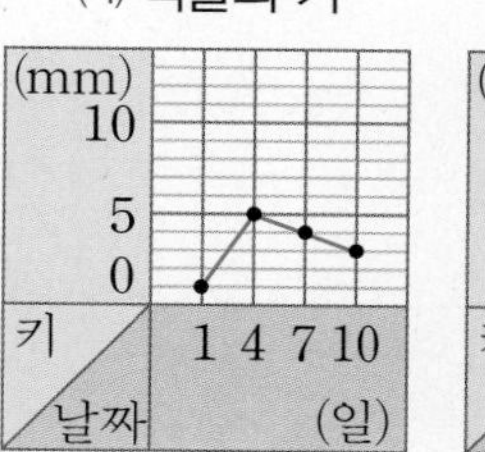

(다) 식물의 키

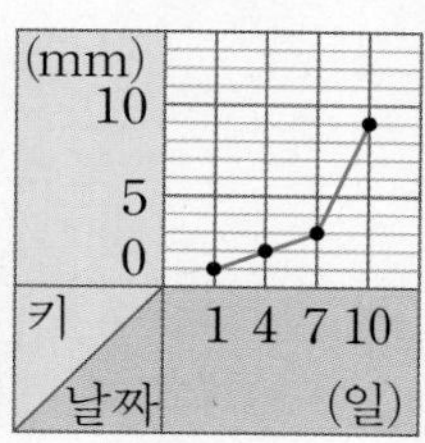

9

처음에는 빠르게 자라다가 시간이 지나면서 천천히 자라는 식물을 쓰세요.

( )

10

처음에는 천천히 자라다가 시간이 지나면서 빠르게 자라는 식물을 쓰세요.

( )

11

조사하는 동안 시들기 시작한 식물을 쓰세요.

( )

12

세 그래프를 보고 바르게 설명한 것을 찾아 기호를 쓰세요.

> ㉠ 1일에 비해 10일에 키가 7 mm만큼 자란 식물은 (다) 식물입니다.
> ㉡ 9일에 (가) 식물의 키는 10 mm로 예상할 수 있습니다.
> ㉢ 조사하는 동안 키가 가장 많이 자란 식물은 (다) 식물입니다.

( )

1 찢어진 꺾은선그래프의 값 구하기

● 정답 36쪽

슬기네 농장의 감 생산량을 조사하여 나타낸 꺾은선그래프의 일부가 찢어졌습니다. 생산량의 변화가 일정할 때 2019년의 감 생산량을 구하세요.

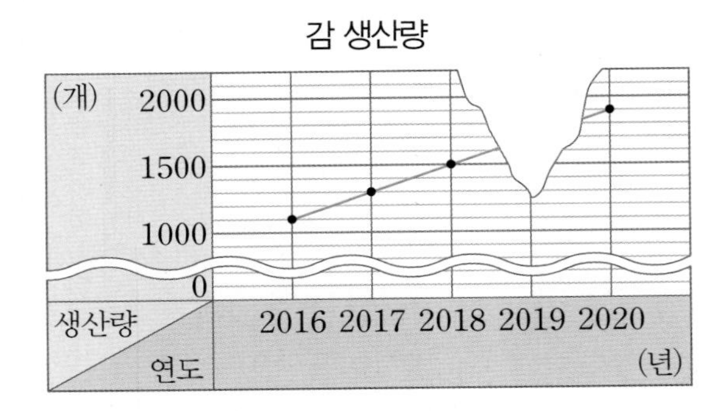

1단계 세로 눈금 한 칸의 크기 구하기

( )

2단계 감 생산량이 전년에 비해 몇 개씩 늘어났는지 구하기

( )

3단계 2019년의 감 생산량 구하기

( )

문제해결 tip 생산량의 변화가 일정하므로 전년에 비해 늘어난 감 생산량의 개수가 같습니다.

1·1 어느 가구점의 책상 판매량을 조사하여 나타낸 꺾은선그래프의 일부가 찢어졌습니다. 판매량의 변화가 일정할 때 5월의 책상 판매량을 구하세요.

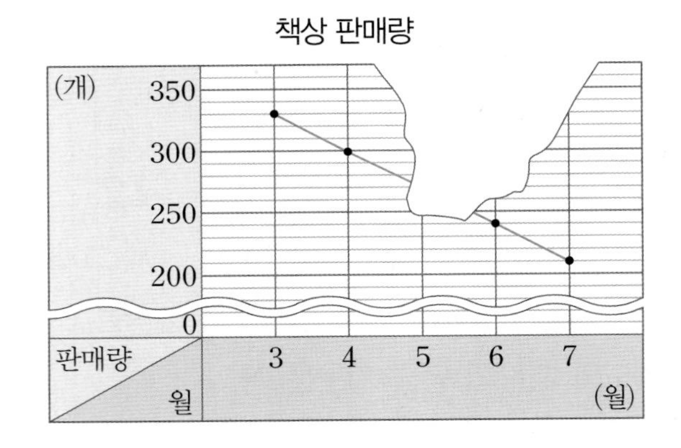

( )

2 표와 꺾은선그래프 완성하기

정답 37쪽

민서네 학교 급식실에서 남은 음식물의 양을 조사하여 나타낸 표와 꺾은선그래프입니다. 금요일에 남은 음식물의 양이 목요일보다 3 kg 더 많을 때 표와 꺾은선그래프를 각각 완성하세요.

남은 음식물의 양

요일(요일)	월	화	수	목	금
남은 음식물의 양(kg)	5	6			

남은 음식물의 양

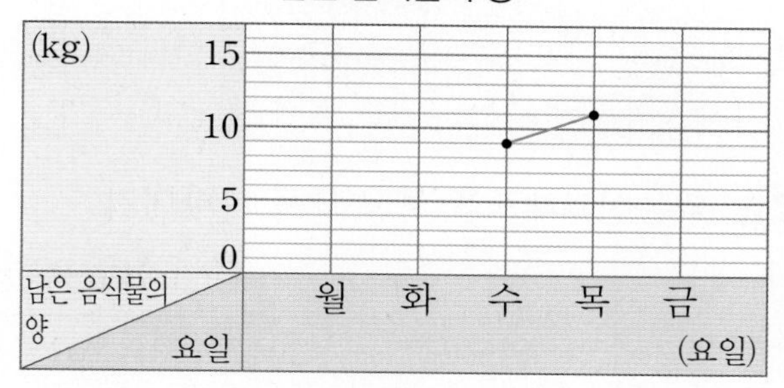

1단계 세로 눈금 한 칸의 크기 구하기

(　　　　　　　　　　)

2단계 꺾은선그래프를 보고 표 완성하기

3단계 표를 보고 꺾은선그래프 완성하기

문제해결 tip 표와 꺾은선그래프를 비교하여 비어 있는 부분의 값을 구합니다.

문제 강의

2·1 지후의 발 길이를 재어 나타낸 표와 꺾은선그래프입니다. 발 길이가 7살 때보다 8살 때 8 mm 더 커졌을 때 표와 꺾은선그래프를 각각 완성하세요.

지후의 발 길이

나이(살)	6	7	8	9	10
발 길이(mm)	174	178			

지후의 발 길이

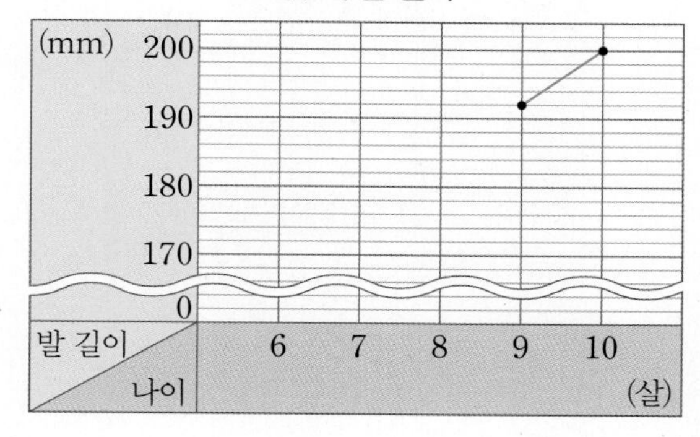

3 물결선을 사용하여 나타내기

정답 37쪽

어느 마을의 포도 생산량을 조사하여 나타낸 꺾은선그래프입니다. 이 꺾은선그래프를 물결선을 사용한 꺾은선그래프로 다시 나타내세요.

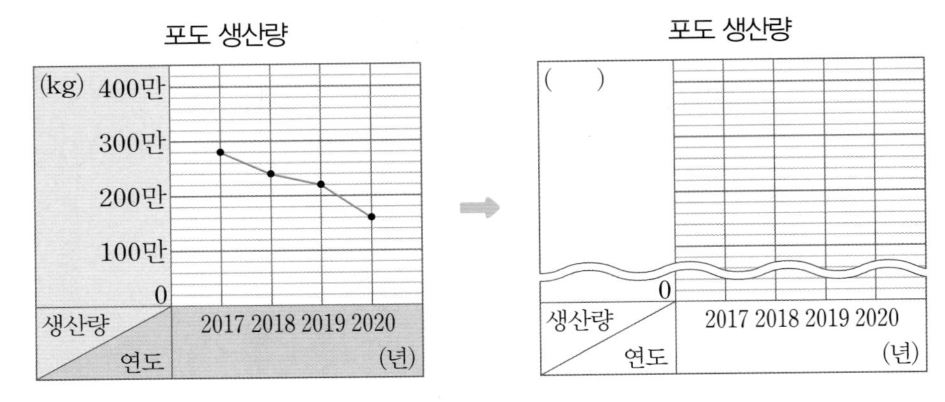

1단계 꺾은선그래프를 보고 표로 나타내기

포도 생산량

연도(년)	2017	2018	2019	2020
생산량(kg)				

2단계 물결선을 몇 kg과 몇 kg 사이에 넣을지 정하기

( )과 ( ) 사이

3단계 세로 눈금 한 칸이 몇 kg을 나타낼지 정하기

( )

4단계 물결선을 사용한 꺾은선그래프로 나타내기

문제해결 tip 자료의 값이 없는 부분만 물결선으로 줄여서 나타내어야 합니다.

문제 강의 

3-1 어느 지역의 강수량을 매년 10월에 조사하여 나타낸 꺾은선그래프입니다. 이 꺾은선그래프를 물결선을 사용한 꺾은선그래프로 다시 나타내세요.

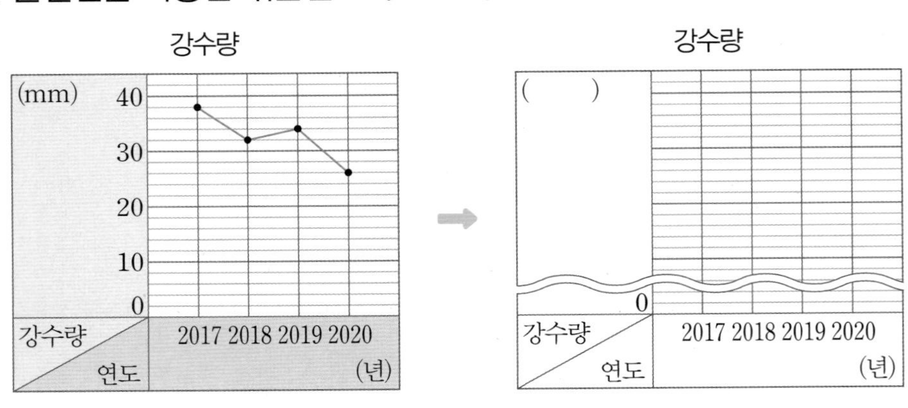

4 꺾은선그래프의 두 가지 항목 비교하기

정답 37쪽

하루 동안의 운동장과 교실의 온도를 조사하여 나타낸 꺾은선그래프입니다. 운동장과 교실의 온도 차가 가장 큰 때는 언제이고, 그때 온도 차는 몇 ℃인지 구하세요.

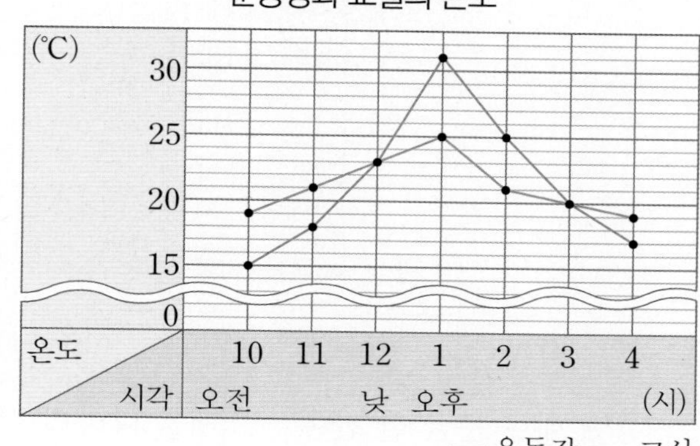

1단계 운동장과 교실의 온도 차가 가장 큰 때 구하기

( )

2단계 운동장과 교실의 온도 차가 가장 큰 때의 온도 차 구하기

( )

문제해결 tip 두 꺾은선 사이의 세로 눈금 칸 수가 가장 많을 때 두 장소의 온도 차가 가장 큽니다.

4·1 어느 서점의 만화책과 소설책의 판매량을 조사하여 나타낸 꺾은선그래프입니다. 만화책과 소설책의 판매량의 차가 가장 작은 때는 몇 월이고, 그때 판매량의 차는 몇 권인지 구하세요.

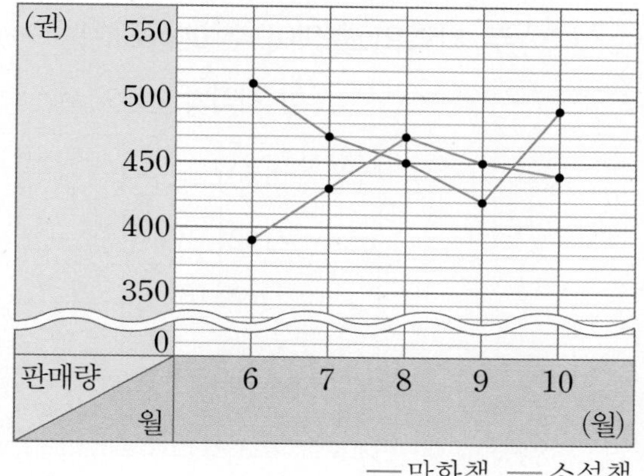

( ), ( )

5 꺾은선그래프

정답 37쪽

물결선을 사용하면 자료의 변화를 더 뚜렷하게 볼 수 있습니다.

1 꺾은선그래프를 보고 내용 알기

편의점의 삼각김밥 판매량

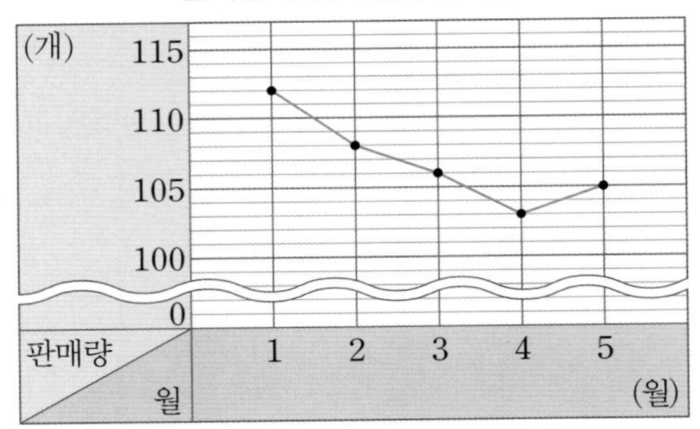

- 가로는 [ ]을, 세로는 [ ]을 나타냅니다.
- 세로 눈금 한 칸은 [ ]개를 나타냅니다.
- 2월의 삼각김밥 판매량은 [ ]개입니다.
- 3월의 삼각김밥 판매량은 4월보다 [ ]개 더 많습니다.
- 전월에 비해 삼각김밥 판매량이 가장 많이 변한 때는 [ ]월입니다.

자료를 모두 나타낼 수 있도록 세로 눈금 한 칸의 크기를 정하고 꺾은선그래프로 나타냅니다.

2 꺾은선그래프로 나타내기

목장에 있는 염소의 수

연도(년)	2017	2018	2019	2020
염소의 수 (마리)	26	27	31	34

목장에 있는 염소의 수

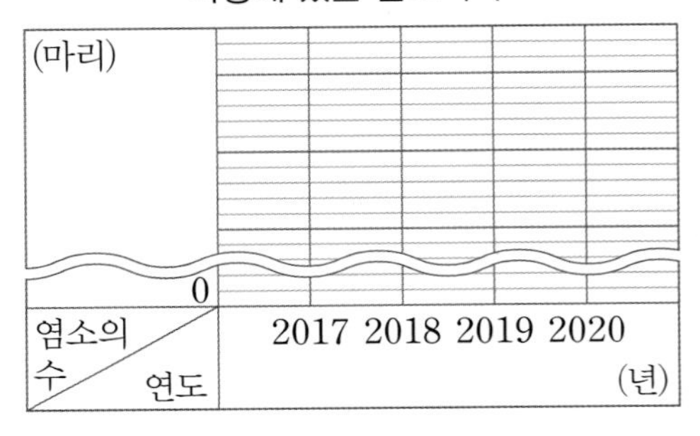

꺾은선그래프에서 자료의 변화를 보면 조사하지 않은 앞으로의 값을 예상할 수 있습니다.

3 두 지역의 출생아 수 예상하기

(가) 지역의 출생아 수

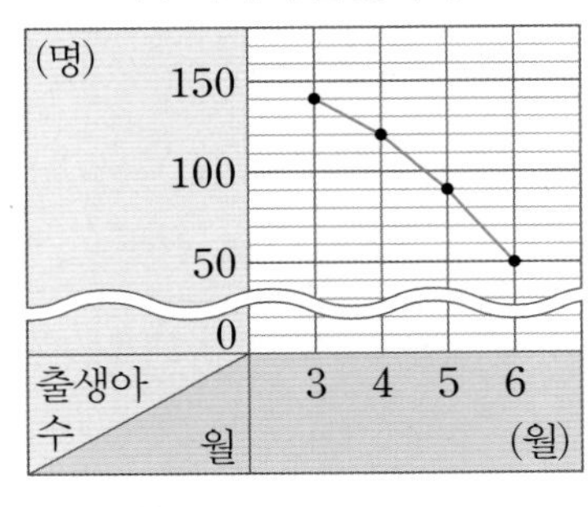

(나) 지역의 출생아 수

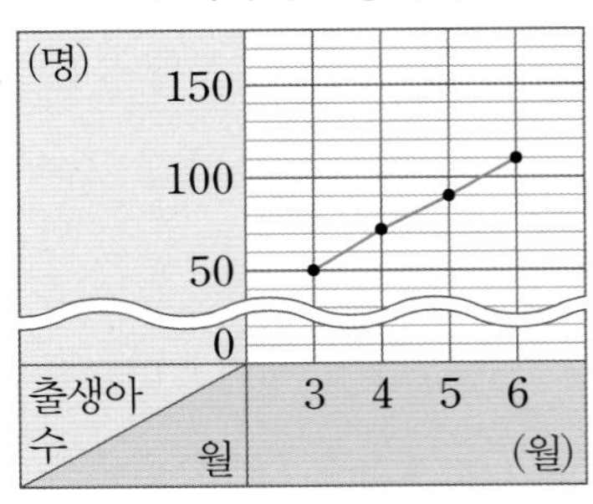

- (가) 지역의 출생아 수는 점점 (늘어나고 , 줄어들고) 있으므로 7월의 출생아 수는 6월보다 (늘어날 , 줄어들) 것 같습니다.
- (나) 지역의 출생아 수는 점점 (늘어나고 , 줄어들고) 있으므로 7월의 출생아 수는 6월보다 (늘어날 , 줄어들) 것 같습니다.

5. 꺾은선그래프

[1-4] 지민이네 학교의 입학생 수를 조사하여 나타낸 그래프입니다. 물음에 답하세요.

입학생 수

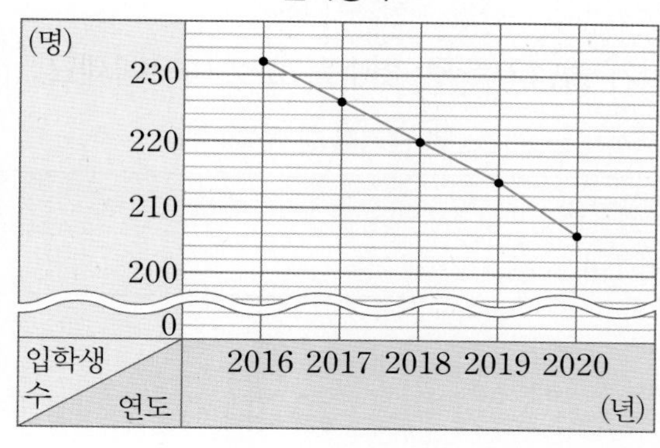

1

위와 같은 그래프를 무엇이라고 할까요?

( )

2

가로와 세로는 각각 무엇을 나타낼까요?

가로 ( )

세로 ( )

3

세로 눈금 한 칸은 몇 명을 나타낼까요?

( )

4

입학생 수가 가장 많은 때의 입학생 수는 몇 명일까요?

( )

[5-8] 어느 대리점의 키보드 판매량을 조사하여 나타낸 표를 보고 꺾은선그래프로 나타내려고 합니다. 물음에 답하세요.

키보드 판매량

날짜(일)	1	8	15	22	29
판매량(개)	12	15	17	14	9

5

꺾은선그래프의 가로에 날짜를 나타낸다면 세로에는 무엇을 나타내어야 할까요?

( )

6

세로 눈금은 적어도 몇 개까지 나타낼 수 있어야 할까요?

( )

7

세로 눈금 한 칸은 몇 개를 나타내면 좋을까요?

( )

8

표를 보고 꺾은선그래프로 나타내세요.

키보드 판매량

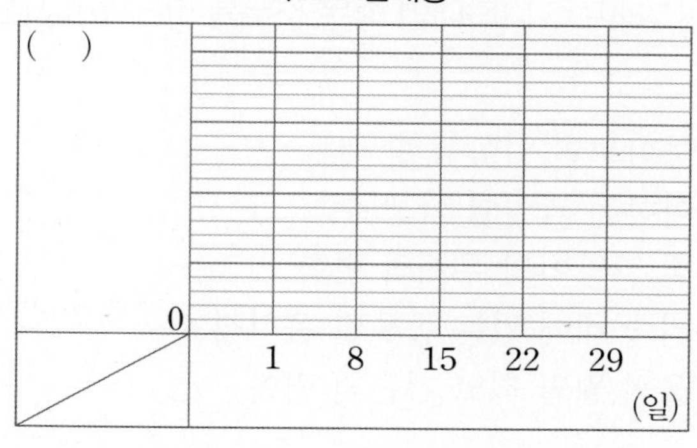

[9-10] 혜원이의 키를 매년 1월 1일에 재어 나타낸 꺾은선그래프입니다. 물음에 답하세요.

혜원이의 키

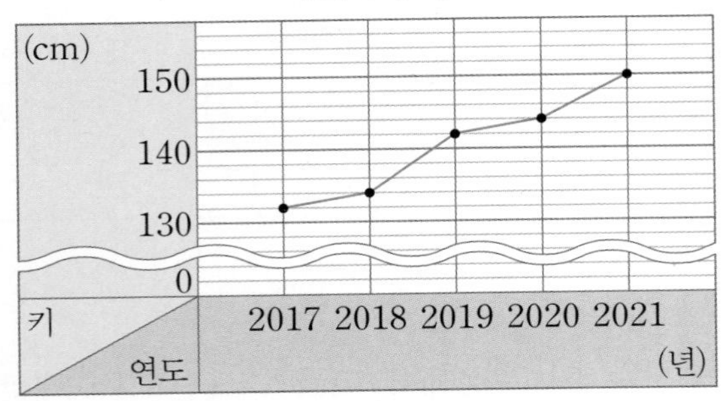

9

2020년의 혜원이의 키는 몇 cm일까요?

(　　　　　　　　　　)

10 서술형

혜원이의 키가 가장 많이 자란 때는 몇 년과 몇 년 사이인지 해결 과정을 쓰고, 답을 구하세요.

(　　　　　　　)과 (　　　　　　　) 사이

11

꺾은선그래프로 나타내면 좋은 경우를 모두 고르세요.

(　　　　　)

① 초등학교별 입학생 수
② 좋아하는 과일별 학생 수
③ 월별 고양이의 무게의 변화
④ 우리 동네에 있는 종류별 음식점 수
⑤ 서울의 월별 최고 기온의 변화

[12-14] 성훈이는 줄넘기를 월요일에는 71회, 화요일에는 74회, 수요일에는 72회, 목요일에는 76회를 하고, 금요일에는 전날보다 3회 더 많이 했습니다. 물음에 답하세요.

12

성훈이가 줄넘기를 한 횟수를 표로 나타내세요.

줄넘기를 한 횟수

요일(요일)	월	화	수	목	금
횟수(회)					

13

표를 보고 물결선을 사용한 꺾은선그래프로 나타내세요.

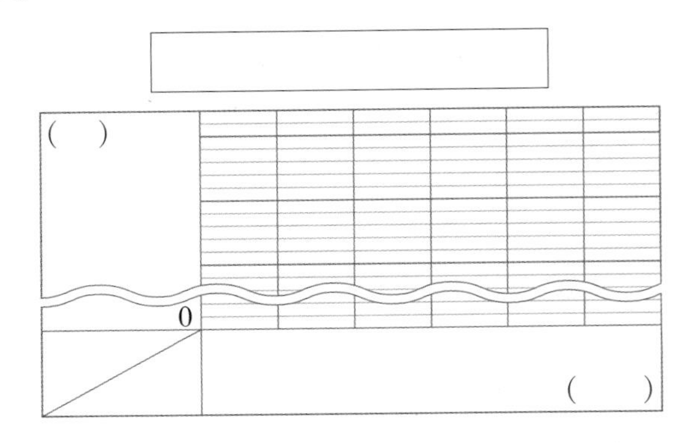

14

토요일의 줄넘기 횟수는 어떻게 될지 예상해 보세요.

(　　　　　　　　　　　　　　　　　　)

[15-16] 호수의 수온을 매일 오전 9시에 조사하여 나타낸 꺾은선그래프입니다. 물음에 답하세요.

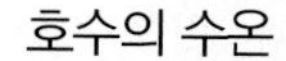

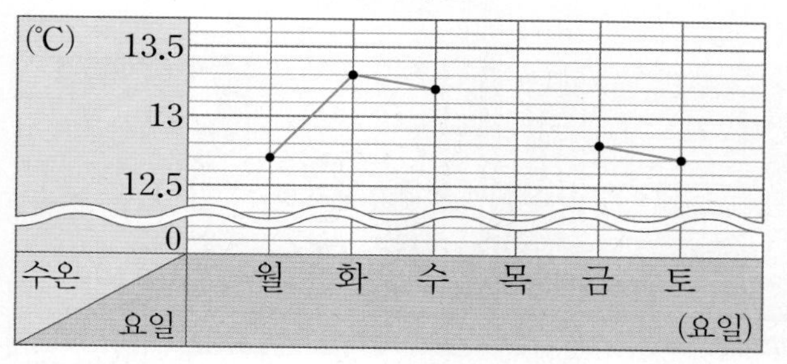

15

화요일의 호수의 수온은 월요일의 호수의 수온보다 몇 ℃ 올랐을까요?

( )

16 서술형

목요일의 호수의 수온은 몇 ℃였을지 쓰고, 그 이유를 쓰세요.

수온

이유

17

서현이가 자전거를 타고 이동한 거리를 조사하여 나타낸 꺾은선그래프의 일부가 찢어졌습니다. 이동한 거리의 변화가 일정할 때 30초 동안 서현이가 이동한 거리를 구하세요.

자전거를 타고 이동한 거리

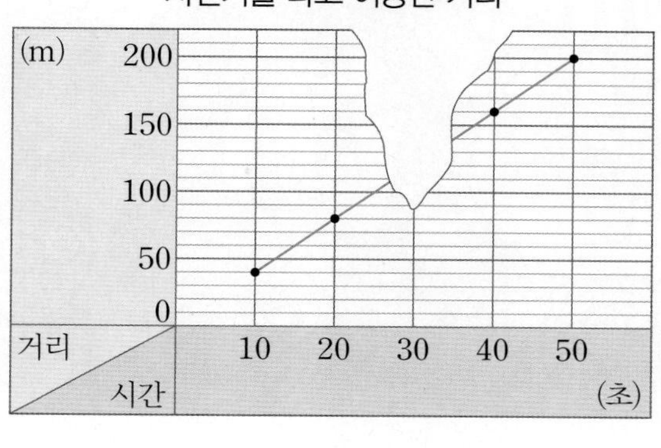

( )

[18-20] 미세먼지가 나쁨인 날수와 어느 약국의 마스크 판매량을 조사하여 나타낸 꺾은선그래프입니다. 물음에 답하세요.

미세먼지가 나쁨인 날수

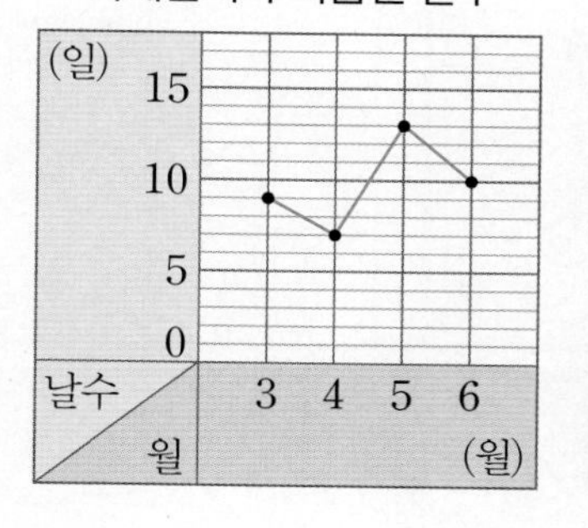

마스크 판매량

(개) 120, 110, 100, 0 / 판매량, 월 / 3 4 5 6 (월)

18

미세먼지가 나쁨인 날수가 7일인 때의 마스크 판매량은 몇 개일까요?

( )

19

미세먼지가 나쁨인 날수가 전월에 비해 증가한 때의 마스크 판매량은 전월에 비해 몇 개 더 늘었을까요?

( )

20 서술형

7월의 미세먼지가 나쁨인 날수가 6월보다 많아진다면 7월의 마스크 판매량은 어떻게 될지 예상해 보고, 그 이유를 쓰세요.

판매량

이유

다른 그림을 찾아보세요.

정답 45쪽

다른 곳이 15군데 있어요.

다각형

▶ 학습을 완료하면 V표를 하면서 학습 진도를 체크해요.

	개념 학습				문제 학습		
백점 쪽수	140	141	142	143	144	145	146
확인							

	문제 학습					응용 학습	
백점 쪽수	147	148	149	150	151	152	153
확인							

	응용 학습		단원 평가			
백점 쪽수	154	155	156	157	158	159
확인						

개념 학습

1 다각형

● 정답 39쪽

◎ 다각형

선분으로만 둘러싸인 도형을 다각형이라고 합니다.

◎ 다각형의 이름

다각형			
변의 수(개)	6	7	8
이름	육각형	칠각형	팔각형

➡ 다각형은 변의 수에 따라 변이 6개이면 육각형, 변이 7개이면 칠각형, 변이 8개이면 팔각형이라고 부릅니다.

개념 강의

- 곡선이 포함된 도형과 선분으로 완전히 둘러싸여 있지 않은 도형은 다각형이 아닙니다.
- 다각형에서 변의 수와 꼭짓점의 수는 같습니다.

1 다각형을 찾아 기호를 쓰세요.

(1)

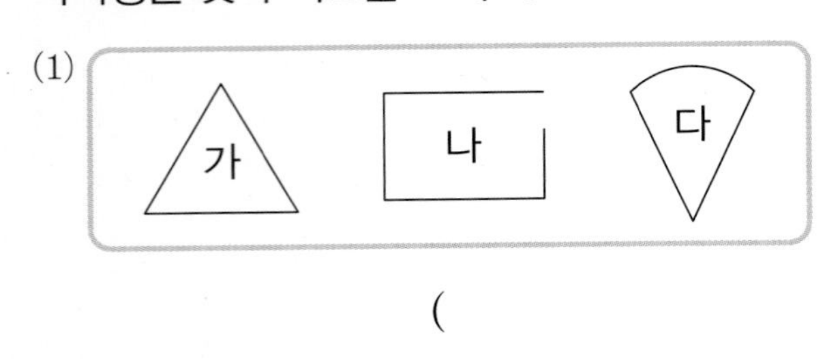

(　　　　　　　　)

(2)

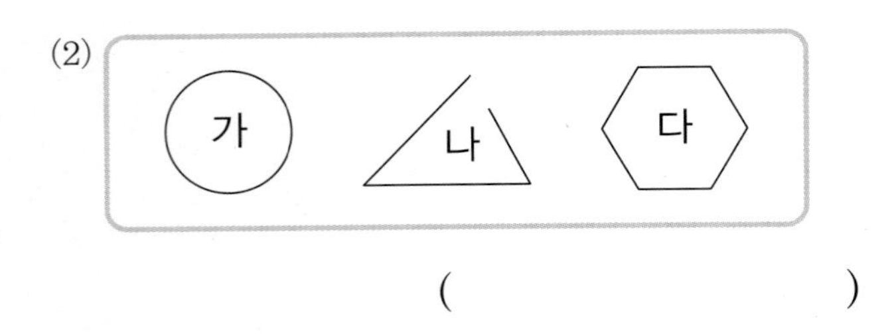

(　　　　　　　　)

(3)

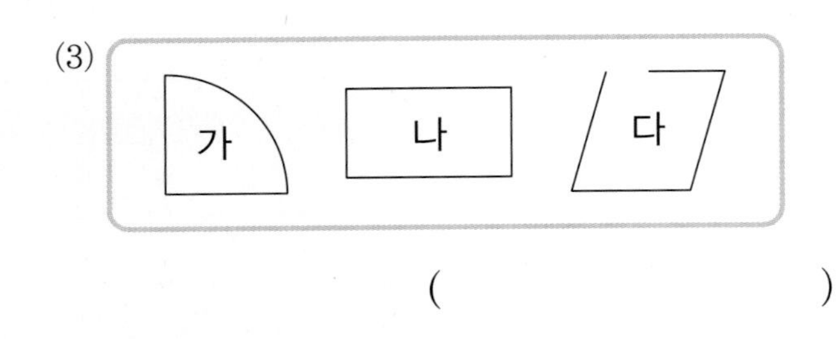

(　　　　　　　　)

2 다각형의 이름을 쓰세요.

(1)

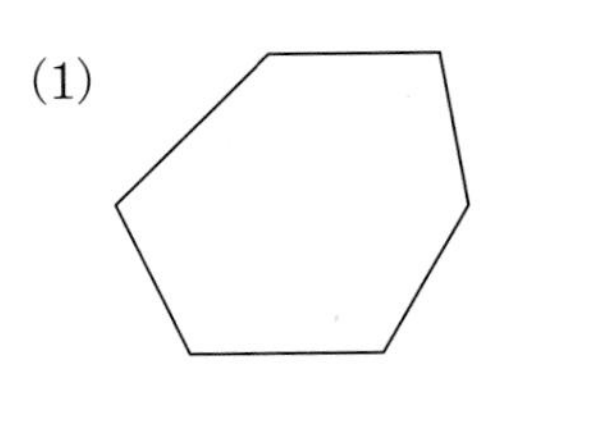

(　　　　　　　　)

(2)

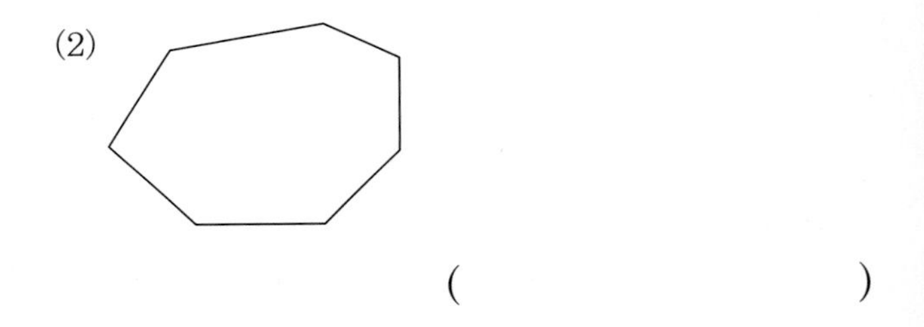

(　　　　　　　　)

(3)

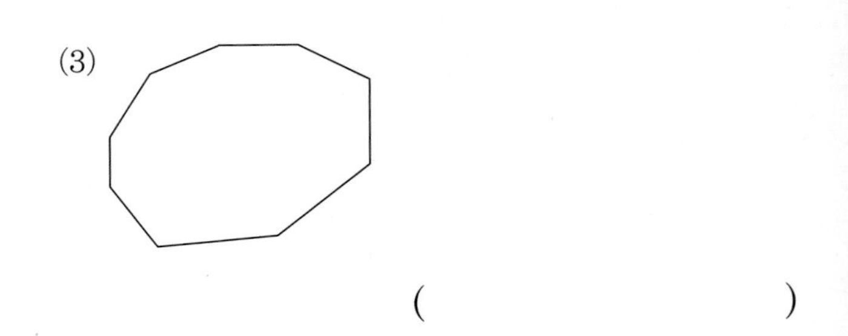

(　　　　　　　　)

2 정다각형

● 정답 39쪽

정다각형

변의 길이가 모두 같고, 각의 크기가 모두 같은 다각형을 정다각형이라고 합니다.

정다각형의 이름

변의 수가 가장 적은 정다각형

정다각형	(삼각형)	(사각형)	(오각형)	(육각형)
변의 수(개)	3	4	5	6
이름	정삼각형	정사각형	정오각형	정육각형

➡ 변이 ■개인 정다각형은 정■각형입니다.

6 단원

개념 강의

• 변의 길이는 모두 같지만 각의 크기가 모두 같지 않은 도형, 각의 크기는 모두 같지만 변의 길이가 모두 같지 않은 도형은 정다각형이 아닙니다.

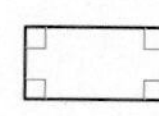

1 정다각형을 찾아 기호를 쓰세요.

(1)

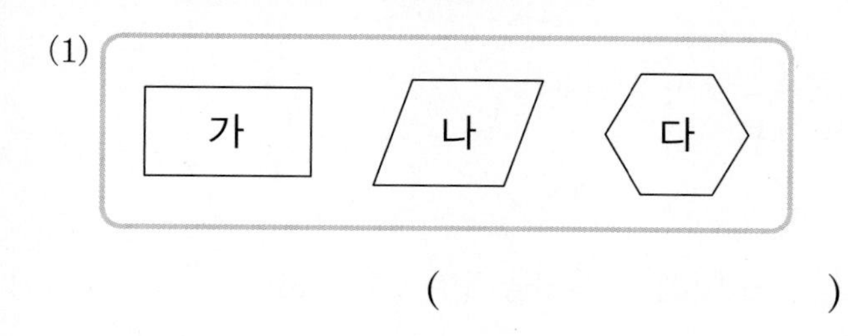

( )

(2)

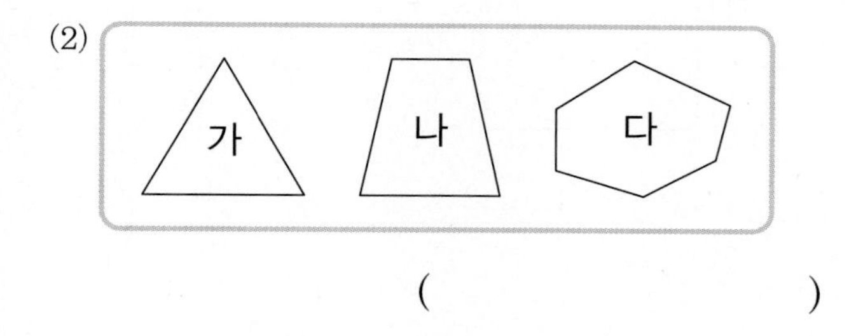

( )

(3)

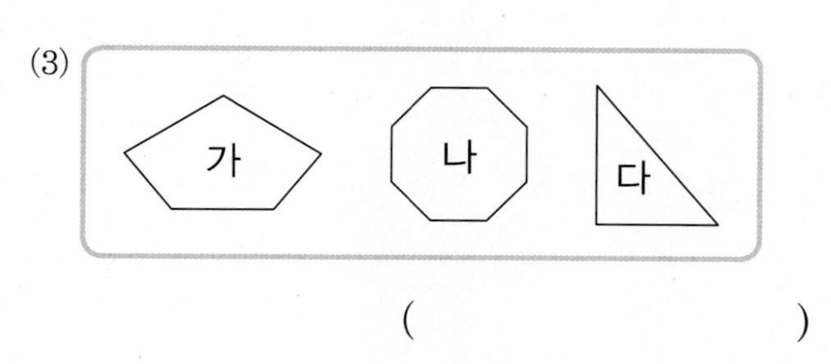

( )

(4)

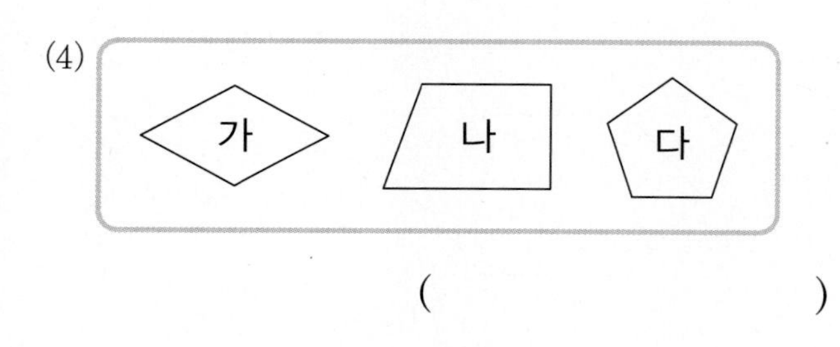

( )

2 주어진 도형을 찾아 ○표 하세요.

(1) 정사각형

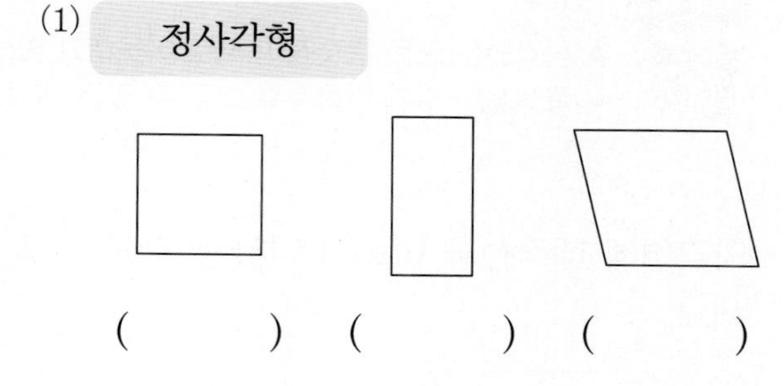

( ) ( ) ( )

(2) 정오각형

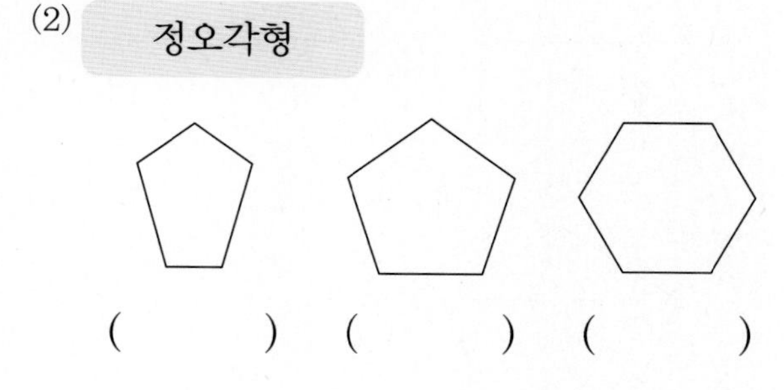

( ) ( ) ( )

(3) 정팔각형

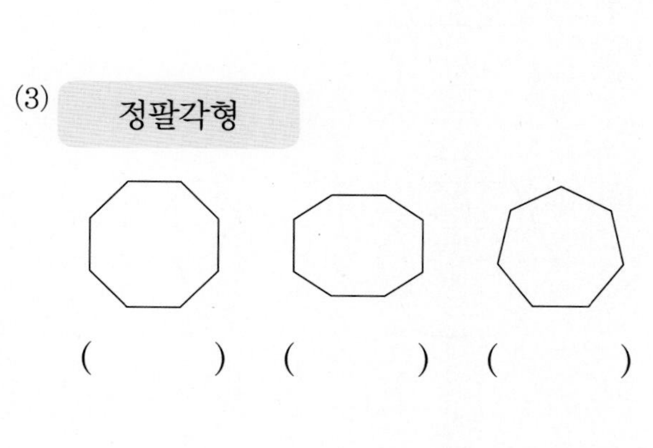

( ) ( ) ( )

개념 학습

3 대각선

● 정답 39쪽

대각선

다각형에서 서로 이웃하지 않는 두 꼭짓점을 이은 선분을 대각선이라고 합니다.

(하나의 변을 이루고 있는 두 꼭짓점이 아닌 꼭짓점)

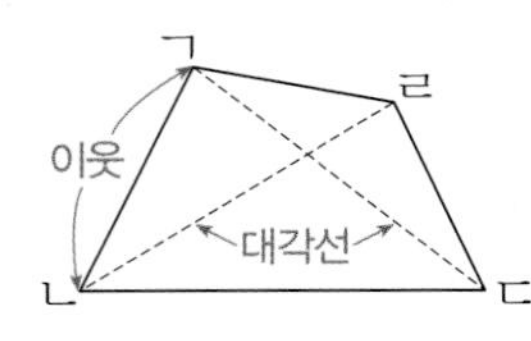

➡ 대각선: 선분 ㄱㄷ, 선분 ㄴㄹ

사각형의 대각선의 성질

사각형은 모양에 관계없이 대각선을 2개만 그을 수 있어요.

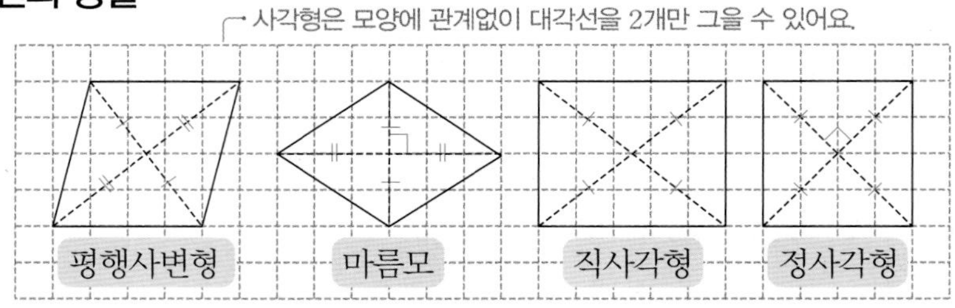

- 두 대각선의 길이가 같은 사각형: 직사각형, 정사각형
- 두 대각선이 서로 수직으로 만나는 사각형: 마름모, 정사각형
- 한 대각선이 다른 대각선을 똑같이 둘로 나누는 사각형: 평행사변형, 마름모, 직사각형, 정사각형

개념 강의

- 삼각형은 모든 꼭짓점이 서로 이웃하고 있으므로 대각선을 그을 수 없습니다.
- 꼭짓점의 수가 많을수록 그을 수 있는 대각선의 수가 많습니다.

1 다각형에 대각선을 바르게 나타낸 것에 ○표 하세요.

(1)

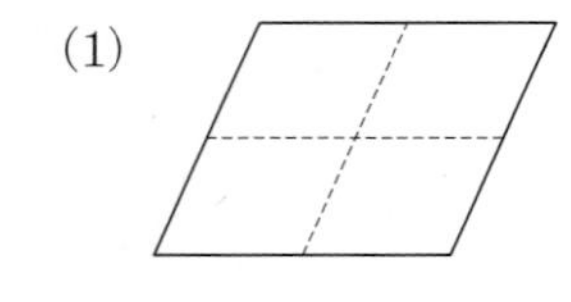 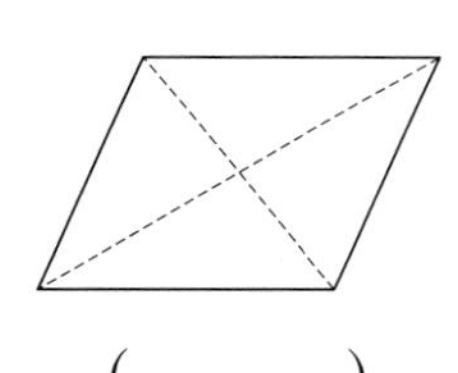

(　　)　(　　)

(2)

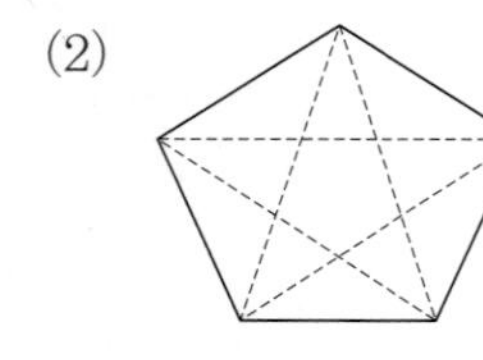 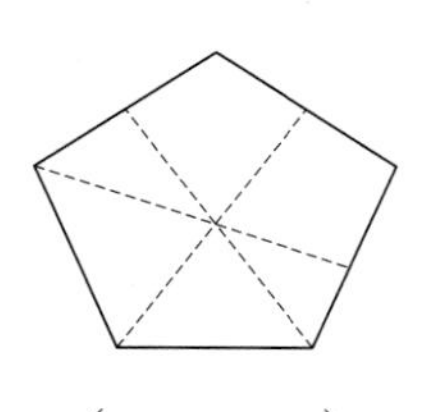

(　　)　(　　)

(3)

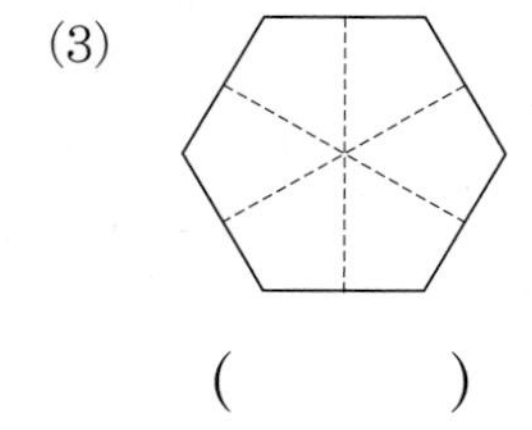 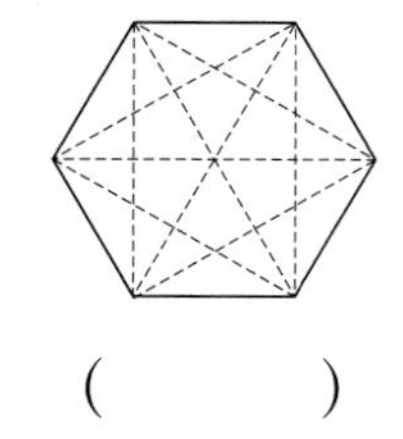

(　　)　(　　)

2 도형에 대각선을 모두 그으세요.

(1)

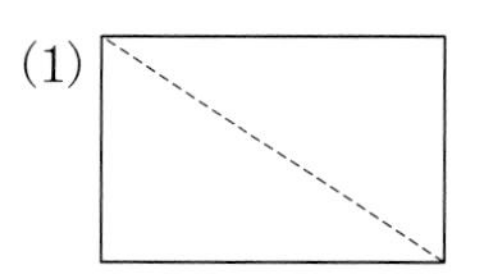

(2)

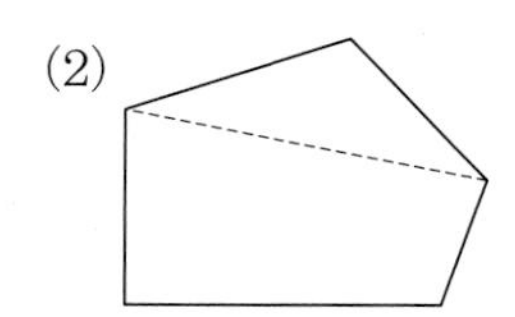

(3)

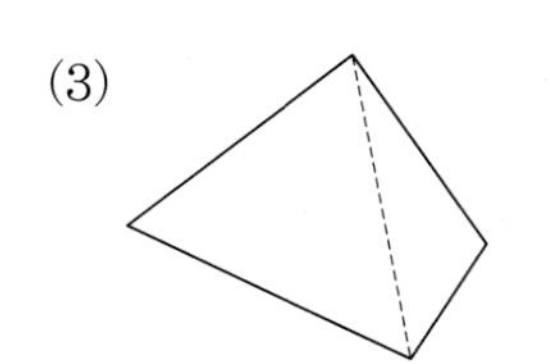

(4)

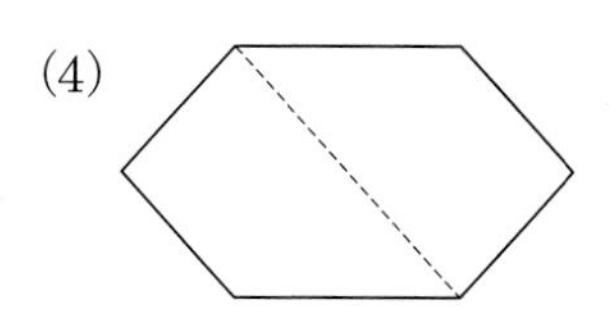

4 모양 만들기, 모양 채우기

정답 39쪽

모양 조각 알아보기

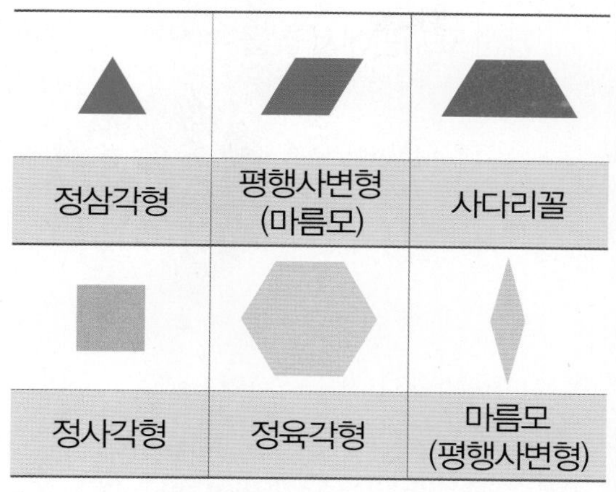

정삼각형	평행사변형 (마름모)	사다리꼴
정사각형	정육각형	마름모 (평행사변형)

사다리꼴의 긴 변을 제외한 모양 조각의 모든 변의 길이는 같습니다.

모양 조각으로 모양 만들기

삼각형 2개, 사각형 2개, 육각형 1개를 사용했습니다.

모양 조각으로 모양 채우기

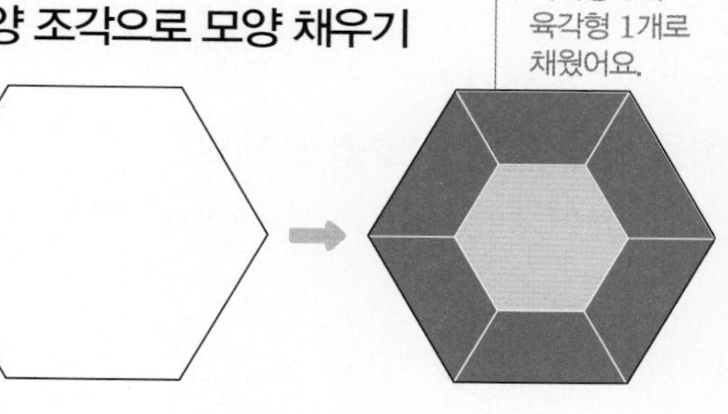

개념 강의

- 모양 조각을 길이가 같은 변끼리 이어 붙여서 여러 가지 모양을 만들 수 있습니다.
- 모양 조각끼리 서로 겹치지 않게 이어 붙이고, 같은 모양 조각을 여러 번 사용하여 모양을 채울 수 있습니다.

1 모양을 만드는 데 사용한 다각형을 모두 찾아 ○표 하세요.

(1)

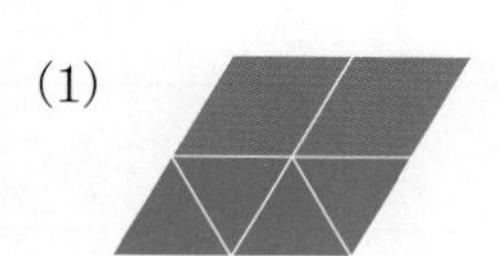

(삼각형 , 사각형 , 육각형)

(2)

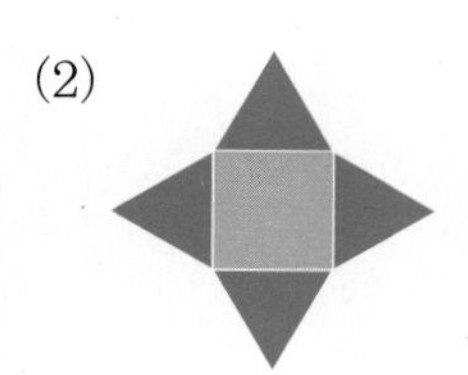

(삼각형 , 사각형 , 육각형)

(3)

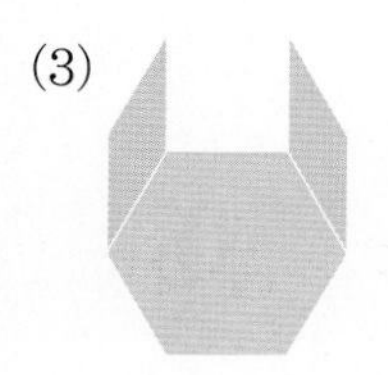

(삼각형 , 사각형 , 육각형)

2 왼쪽 모양 조각을 모두 사용하여 오른쪽 도형을 채우세요.

(1)

(2)

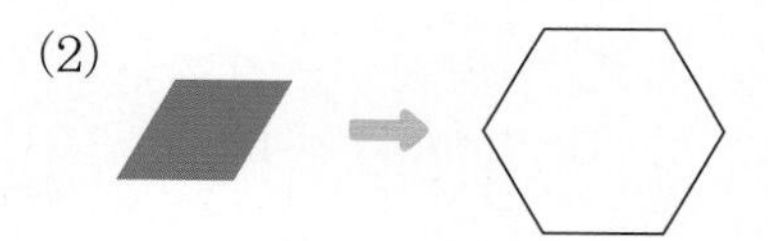

(3)

(4)

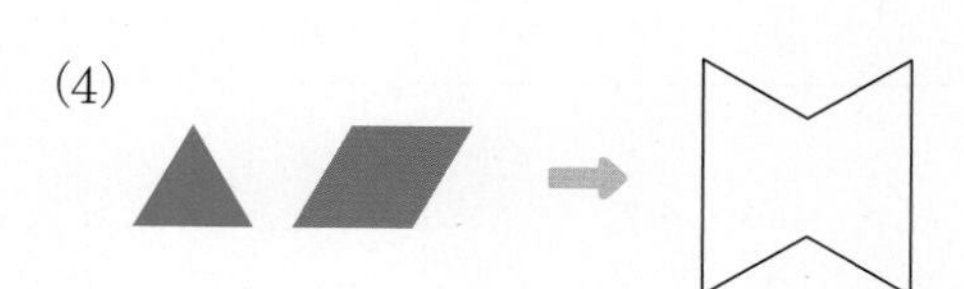

문제 학습

1 다각형

> 다각형의 이름은 변의 수에 따라 정해집니다.

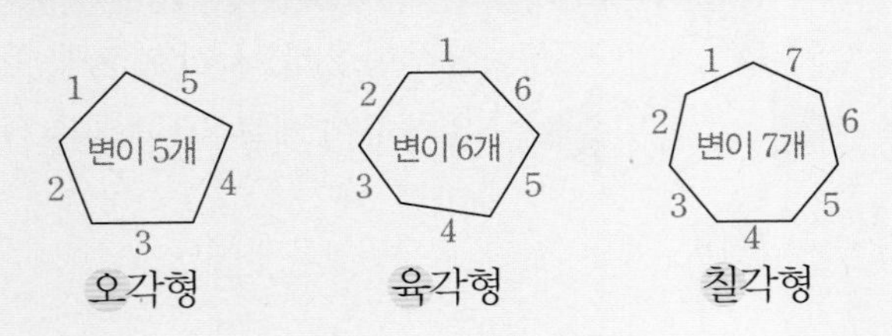

1

다각형을 모두 찾아 기호를 쓰세요.

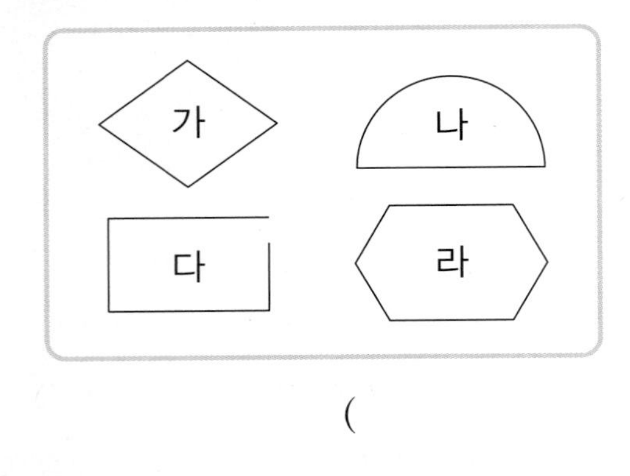

( )

[2-3] 도형을 보고 물음에 답하세요.

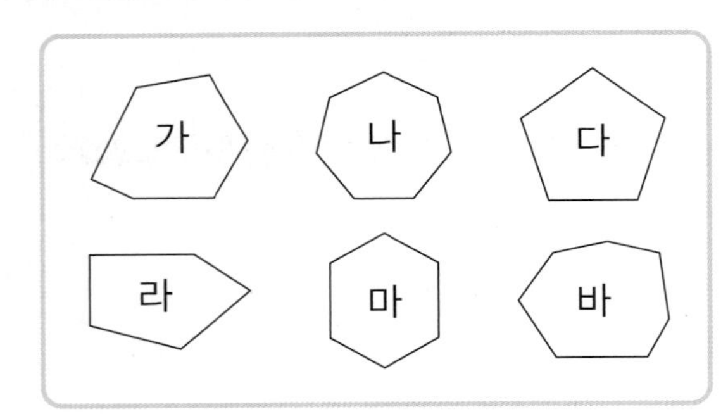

2

다각형을 변의 수에 따라 분류하려고 합니다. 빈칸에 알맞은 기호를 써넣으세요.

변이 5개	변이 6개	변이 7개

3

도형 마의 이름을 쓰세요.

( )

4

안전 표지판에서 찾을 수 있는 다각형의 이름을 쓰세요.

( )

5

모양자에서 다각형이 아닌 것을 모두 찾아 기호를 쓰고, 그 이유를 쓰세요.

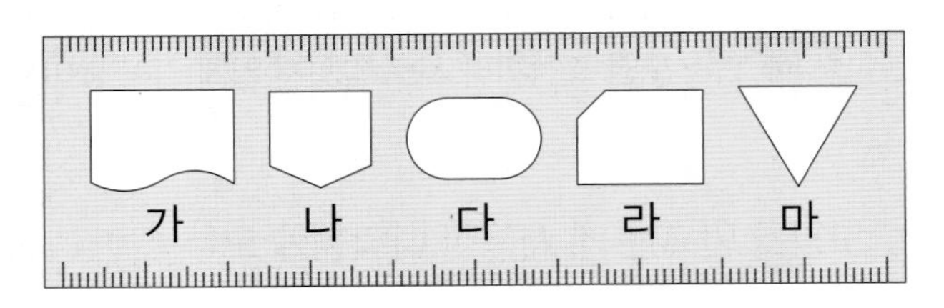

답

이유

6 교과서 공통

관계있는 것끼리 이으세요.

• 삼각형

• 오각형

• 구각형

[7-9] 점 종이에 그려진 선분을 이용하여 다각형을 완성하세요.

7

육각형

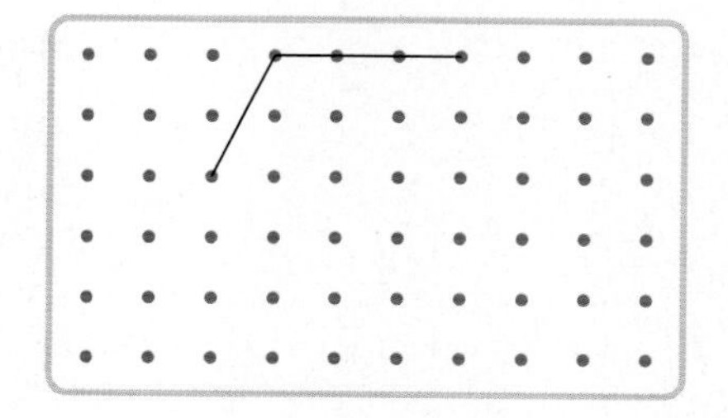

8

오각형

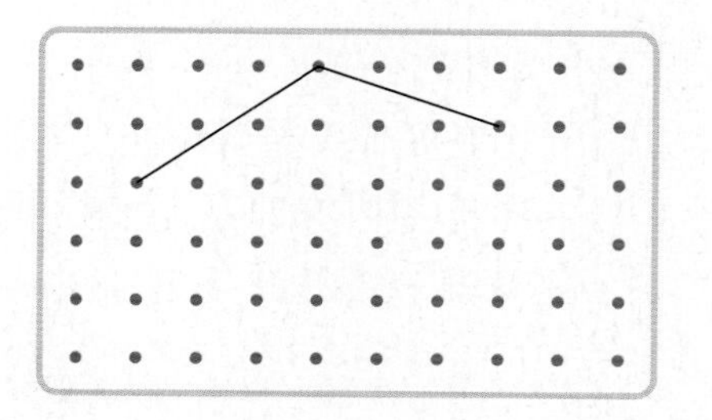

9

칠각형

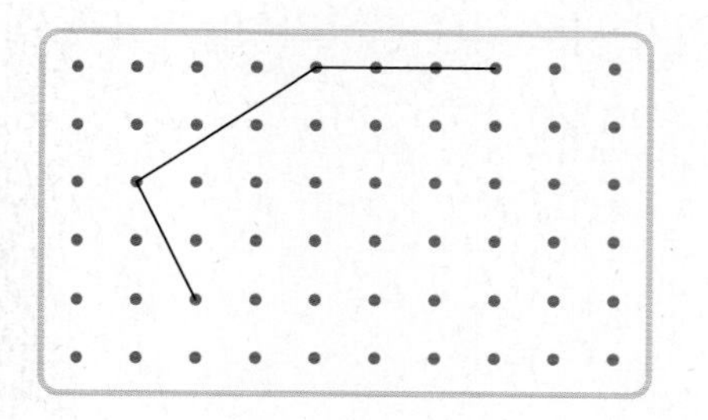

10

설명하는 도형의 이름을 쓰세요.

- 선분으로만 둘러싸여 있습니다.
- 변과 꼭짓점이 각각 9개입니다.

(　　　　　　　　　　)

11

여러 가지 다각형을 이용하여 그린 그림입니다. 오각형은 초록색, 육각형은 주황색으로 색칠하세요.

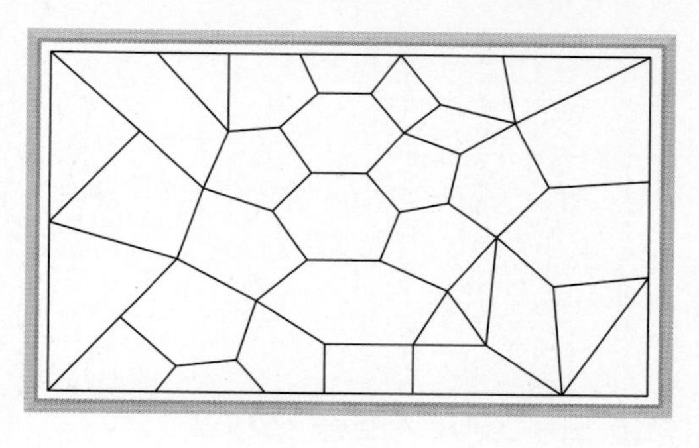

12 교과서 공통

다각형에 대해 잘못 말한 사람의 이름을 쓰세요.

다각형은 선분과 곡선으로 둘러싸인 도형이야.
변이 6개인 다각형은 육각형이야.
십각형의 꼭짓점은 10개야.
수지
강우
지혜

(　　　　　　　　　　)

13

㉠과 ㉡에 알맞은 수의 합을 구하세요.

다각형	칠각형	팔각형	구각형
변의 수(개)	㉠	8	9
꼭짓점의 수(개)	7	㉡	9

(　　　　　　　　　　)

문제 학습

2 정다각형

> 정다각형은 변의 길이가 모두 같고, 각의 크기가 모두 같은 다각형입니다.

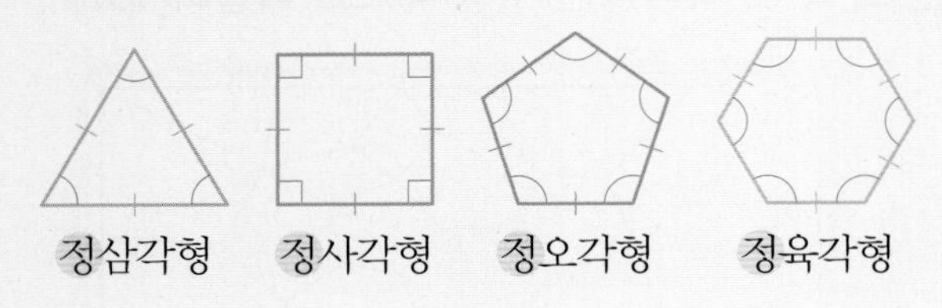

1

정다각형을 모두 찾아 기호를 쓰세요.

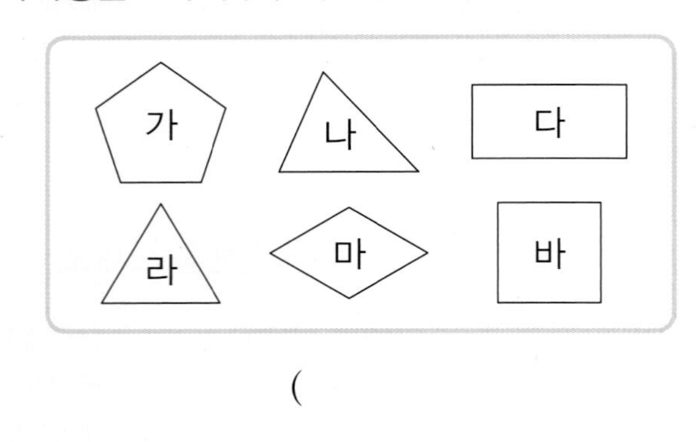

( )

2

정다각형의 이름을 알아보려고 합니다. 표를 완성하세요.

정다각형	변의 수(개)	이름
	3	정삼각형

3

점 종이에 정사각형을 그리세요.

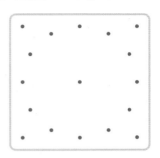

4

보기 에서 설명하는 도형의 이름을 쓰세요.

보기
- 선분 8개로 둘러싸여 있습니다.
- 변의 길이가 모두 같습니다.
- 각의 크기가 모두 같습니다.

( )

5 교과서 공통

크기가 서로 다른 정육각형을 2개 그리세요.

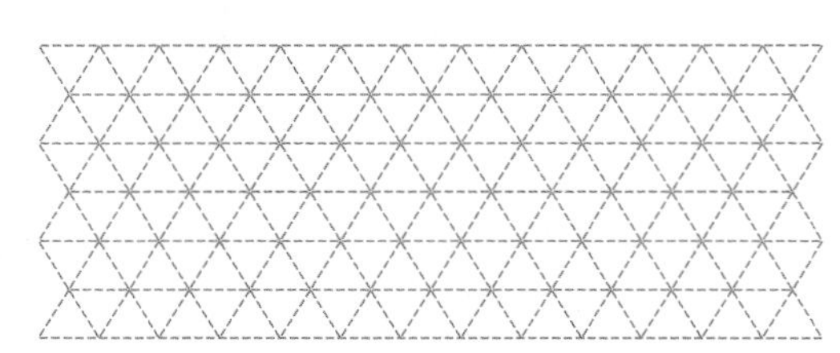

6

다음 도형은 정육각형입니다. □ 안에 알맞은 수를 써넣으세요.

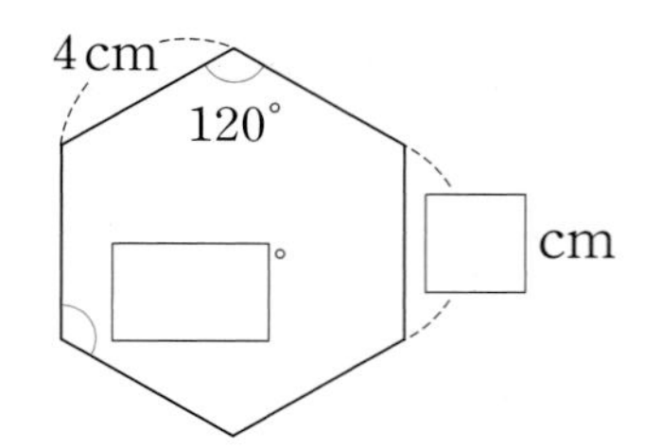

7

정다각형에 대한 설명이 아닌 것을 찾아 기호를 쓰세요.

> ㉠ 변의 길이가 모두 같습니다.
> ㉡ 각의 크기가 모두 같습니다.
> ㉢ 선분으로만 둘러싸인 도형입니다.
> ㉣ 변의 수가 가장 적은 정다각형은 정사각형입니다.

( )

8

다음 도형이 정다각형인지 아닌지 알맞은 말에 ○표 하고, 그 이유를 쓰세요.

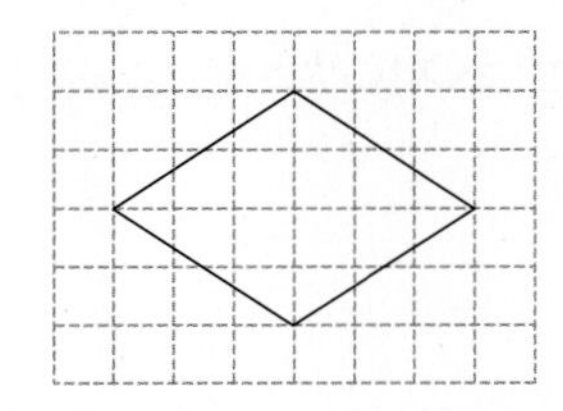

(정다각형입니다 , 정다각형이 아닙니다).

이유

9

집 주변에 한 변의 길이가 5 m인 정팔각형 모양의 울타리가 있습니다. 울타리의 길이는 m인지 구하세요.

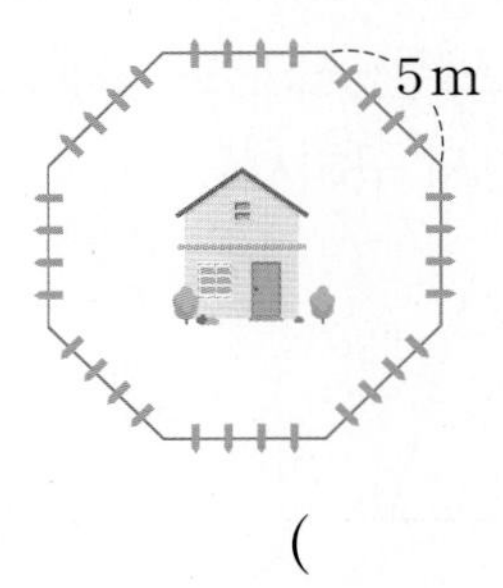

( )

10

정다각형을 모두 찾아 색칠하고, 색칠한 정다각형의 이름을 모두 쓰세요.

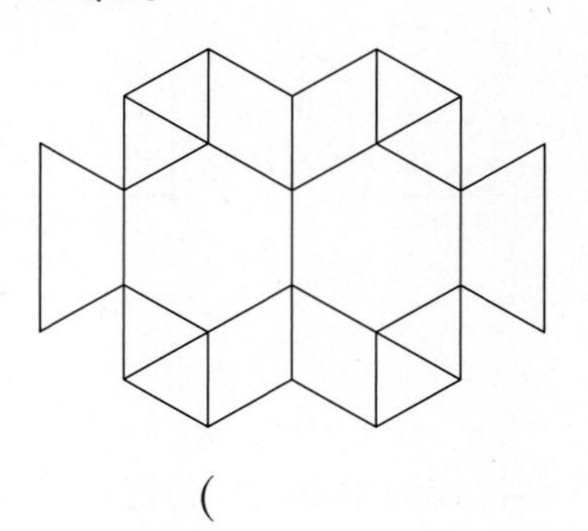

( )

11

강우가 설명하는 정다각형의 이름을 쓰세요.

한 변이 7 cm이고 모든 변의 길이의 합이 42 cm인 정다각형이야.

( )

12 교과서 공통

정오각형의 한 각의 크기가 108°입니다. 정오각형에서 다섯 각의 크기의 합은 몇 도일까요?

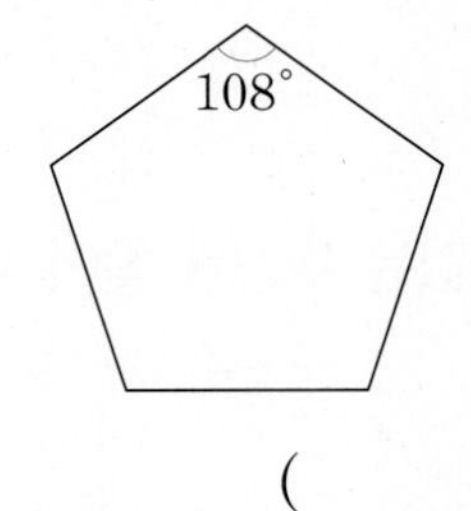

( )

문제 학습

3 대각선

> 대각선은 다각형에서 서로 이웃하지 않는 두 꼭짓점을 이은 선분입니다.

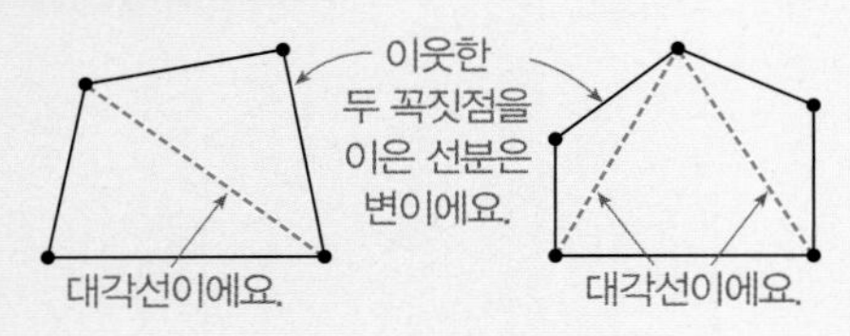

1
육각형에서 대각선을 나타내는 선분이 아닌 것을 찾아 쓰세요.

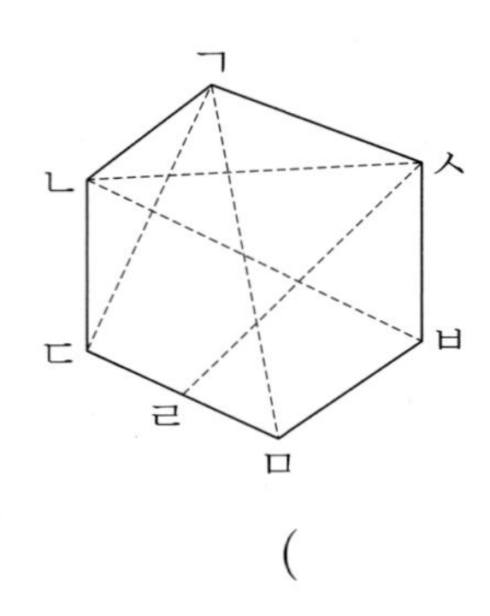

( )

2
표시된 꼭짓점에서 그을 수 있는 대각선은 모두 몇 개일까요?

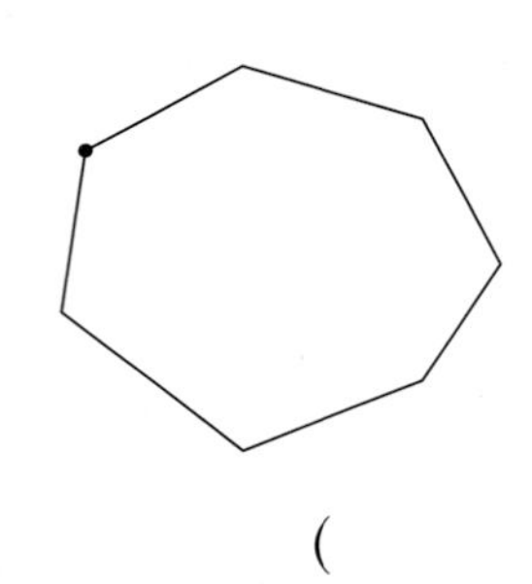

( )

3
대각선을 그을 수 없는 도형을 찾아 ×표 하세요.

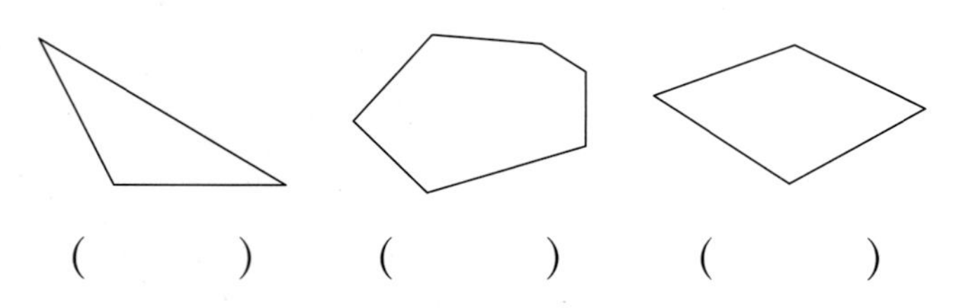

( ) ( ) ( )

[4-6] 사각형을 보고 물음에 답하세요.

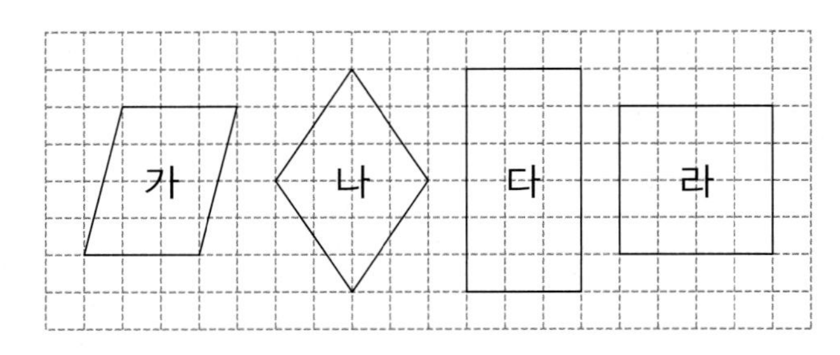

4
두 대각선의 길이가 같은 사각형을 모두 찾아 기호를 쓰세요.

( )

5
두 대각선이 서로 수직으로 만나는 사각형을 모두 찾아 기호를 쓰세요.

( )

6
한 대각선이 다른 대각선을 똑같이 둘로 나누는 사각형을 모두 찾아 기호를 쓰세요.

( )

7

도형에 대각선을 모두 긋고, 도형에 그을 수 있는 대각선은 모두 몇 개인지 구하세요.

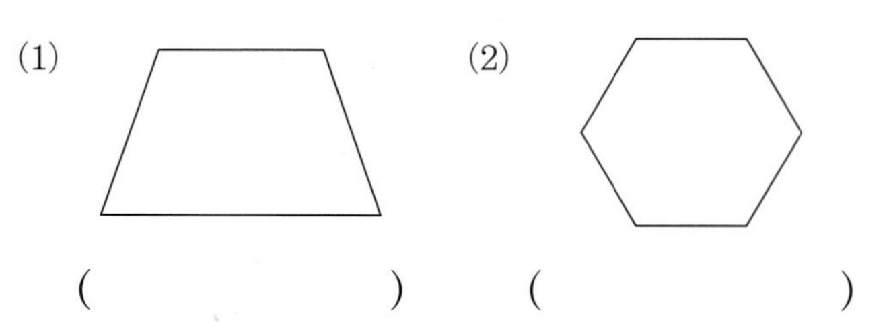

( ) ( )

8

사각형 ㄱㄴㄷㄹ은 마름모입니다. 선분 ㄱㄷ의 길이는 몇 cm인지 구하세요.

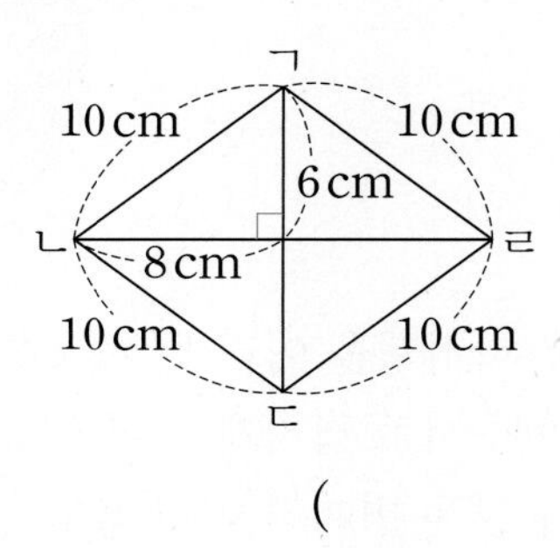

( )

9 교과서 공통

다음 도형은 정사각형입니다. □ 안에 알맞은 수를 써넣으세요.

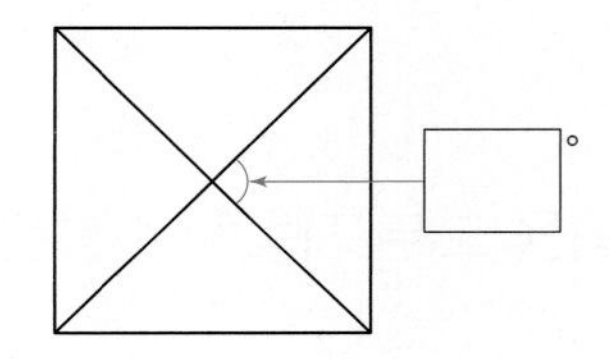

10

표시된 꼭짓점에서 그을 수 있는 대각선을 모두 그은 것을 보고 알게 된 점을 쓰세요.

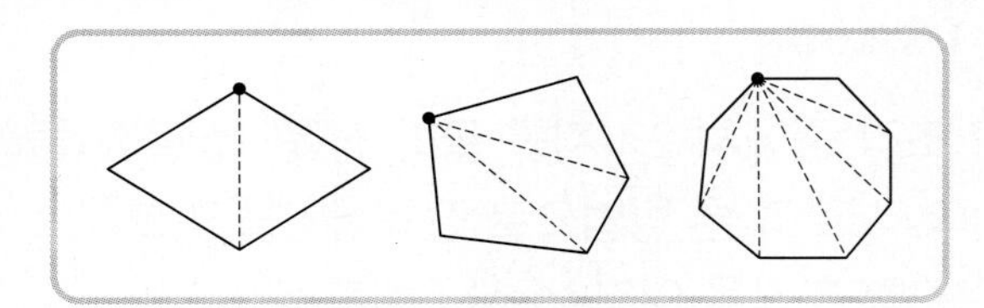

알게 된 점

11

대각선의 수가 적은 것부터 차례대로 기호를 쓰세요.

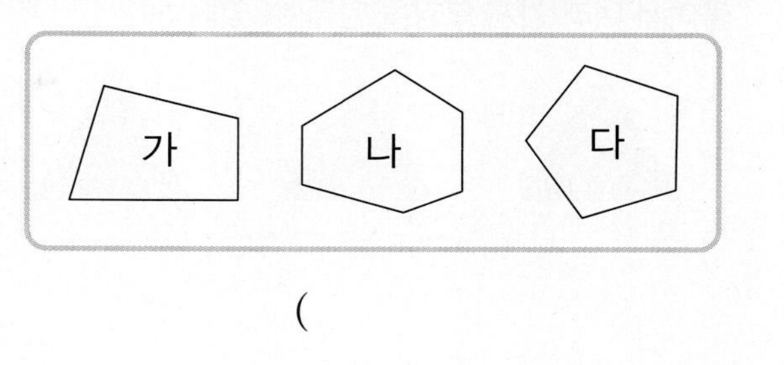

( )

12

다각형의 대각선을 바르게 설명한 사람은 누구인지 이름을 쓰세요.

( )

13

다음은 어떤 다각형의 모든 대각선을 나타낸 것입니다. 원래 다각형을 그리고, 이 다각형의 이름을 쓰세요.

( )

6 단원

4 모양 만들기, 모양 채우기

> 모양 조각의 길이가 같은 변끼리 겹치지 않게 이어 붙여서 여러 가지 모양을 만들 수 있습니다.

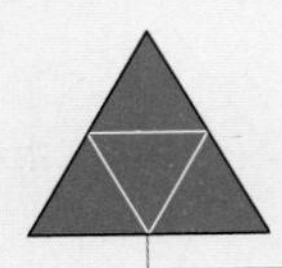
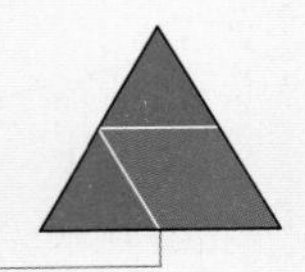
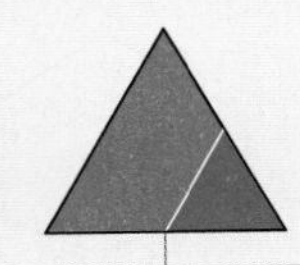

정삼각형 모양을 만들었어요.

1

모양을 만드는 데 사용한 다각형의 이름을 모두 쓰세요.

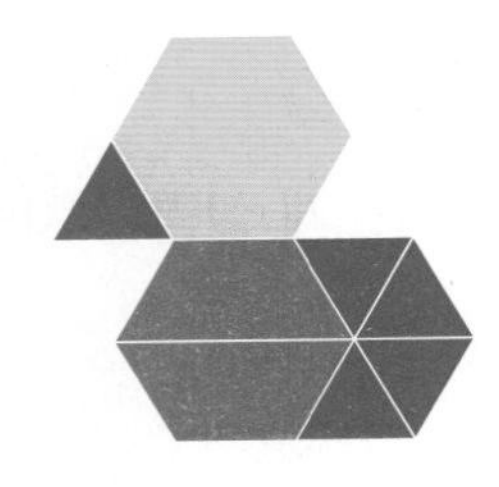

(　　　　　　　　　　　　　　　　)

2

모양을 채우고 있는 다각형의 이름을 쓰세요.

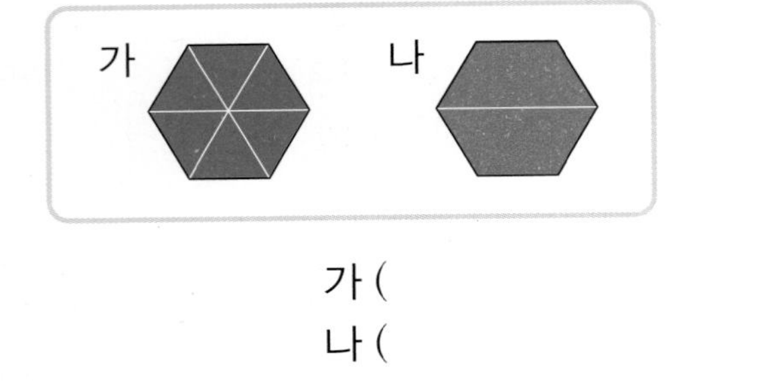

가 (　　　　　　　　)
나 (　　　　　　　　)

3

□ 안에 알맞은 수를 써넣으세요.

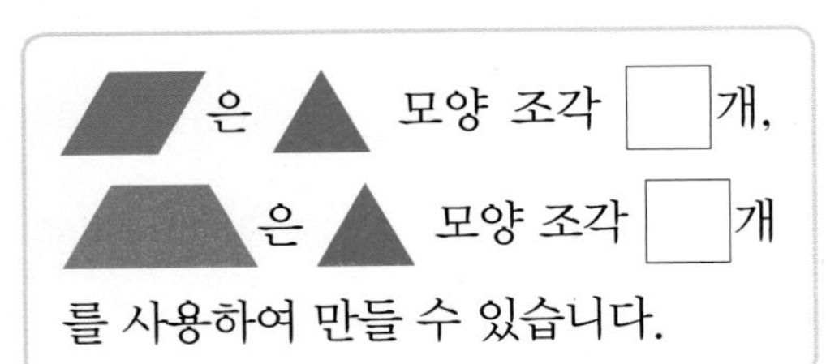

4

오른쪽 모양을 만든 방법을 잘못 설명한 것을 찾아 기호를 쓰세요.

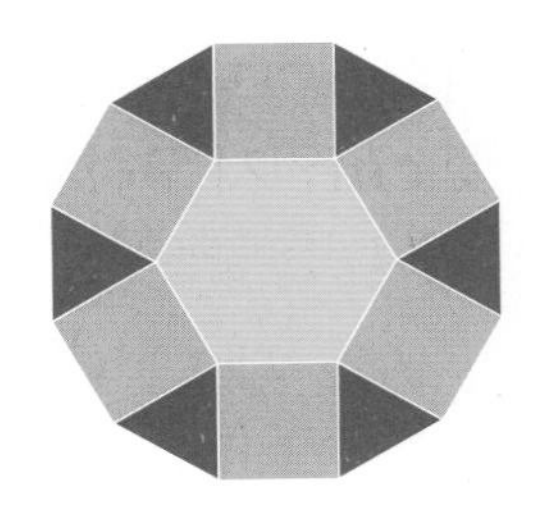

㉠ 똑같은 다각형을 여러 번 사용했습니다.
㉡ 다각형이 서로 겹치게 이어 붙였습니다.
㉢ 길이가 같은 변끼리 이어 붙였습니다.

(　　　　　　　　)

[5-6] 모양 조각을 보고 물음에 답하세요.

5

3가지 모양 조각을 모두 사용하여 평행사변형을 만드세요.

6 교과서 공통

모양 조각 중에서 2가지를 골라 정육각형을 만들려고 합니다. 서로 다른 방법으로 정육각형을 만드세요. (단, 같은 모양 조각을 여러 번 사용해도 됩니다.)

방법 1　　방법 2

7

모양 조각을 여러 개 사용하여 다음 모양을 빈 틈없이 채우려고 합니다.  모양 조각은 모두 몇 개 필요할까요?

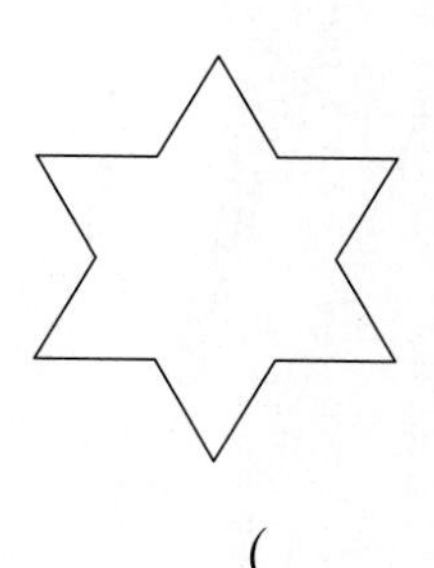

(   )

8

왼쪽 모양 조각을 모두 사용하여 오른쪽 모양을 채우세요. (단, 같은 모양 조각을 여러 번 사용해도 됩니다.)

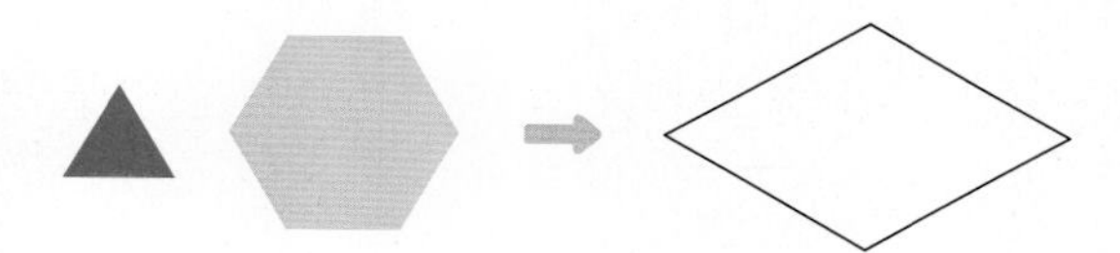

아래 모양 조각을 한 번씩만 모두 사용하여 주어진 모양을 채우세요.

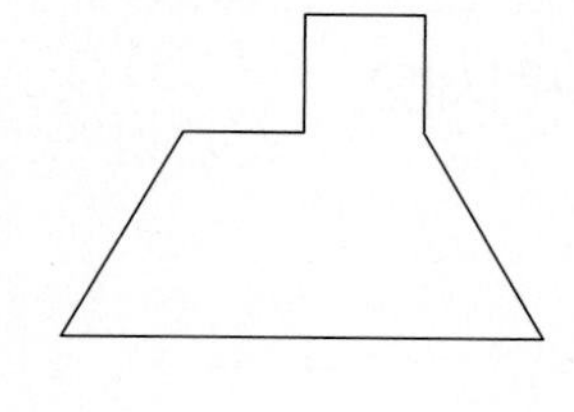

10

모양 조각을 4개까지 사용하여 만들 수 있는 다각형을 모두 찾아 기호를 쓰세요.

㉠ 원	㉡ 마름모	㉢ 사다리꼴
㉣ 직사각형	㉤ 정사각형	㉥ 평행사변형

(   )

11

아래 모양 조각을 사용하여 주어진 모양을 채우세요. (단, 같은 모양 조각을 여러 번 사용해도 됩니다.)

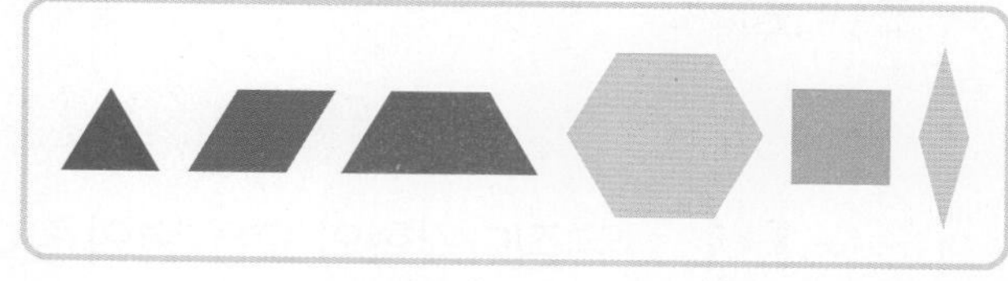

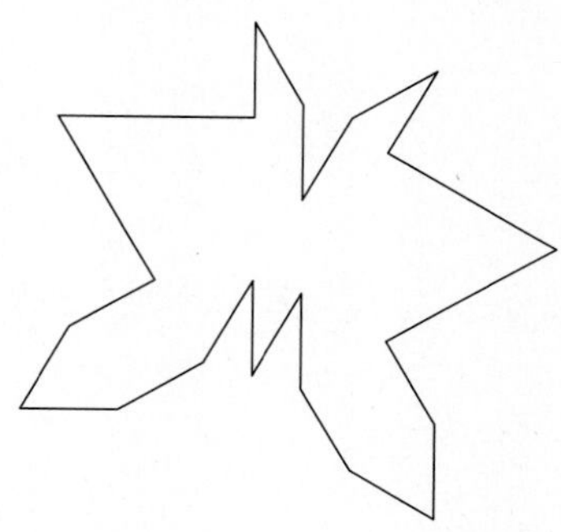

12

오른쪽 칠교판 조각을 모두 한 번씩만 사용하여 육각형을 만드세요.

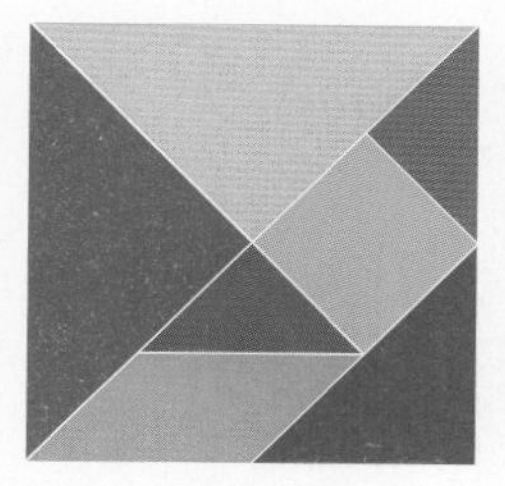

1 정다각형의 한 변의 길이 구하기

정답 42쪽

직사각형의 모든 변의 길이의 합은 정구각형의 모든 변의 길이의 합과 같습니다. 정구각형의 한 변은 몇 cm인지 구하세요.

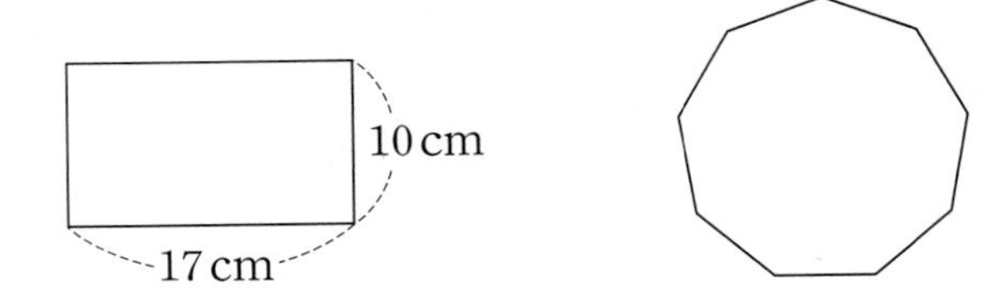

1단계 직사각형의 모든 변의 길이의 합 구하기

(　　　　　　　　　)

2단계 정구각형의 한 변의 길이 구하기

(　　　　　　　　　)

문제해결 tip 정다각형은 변의 길이가 모두 같음을 이용하여 정다각형의 한 변의 길이를 구합니다.

1·1 두 정다각형의 모든 변의 길이의 합이 같을 때 나의 한 변은 몇 cm인지 구하세요.

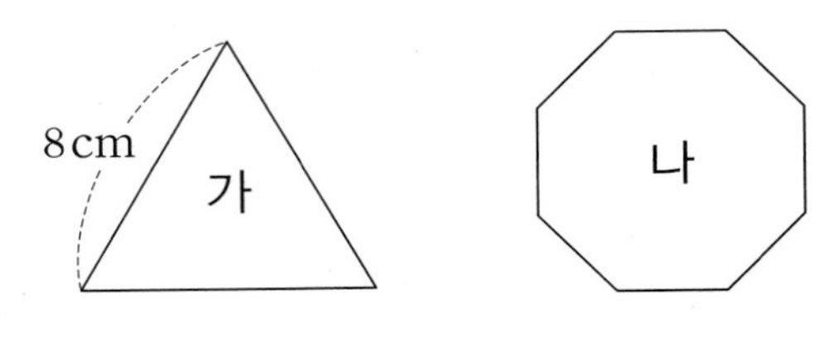

(　　　　　　　　　)

1·2 철사를 겹치지 않게 모두 사용하여 한 변이 13 cm인 정오각형을 한 개 만들었습니다. 같은 길이의 철사를 사용하여 정육각형을 한 개 만들었더니 철사가 5 cm 남았습니다. 만든 정육각형의 한 변은 몇 cm인지 구하세요.

(　　　　　　　　　)

2 사각형에 그은 대각선의 길이 구하기

● 정답 42쪽

평행사변형 ㄱㄴㄷㄹ에서 두 대각선의 길이의 합은 몇 cm인지 구하세요.

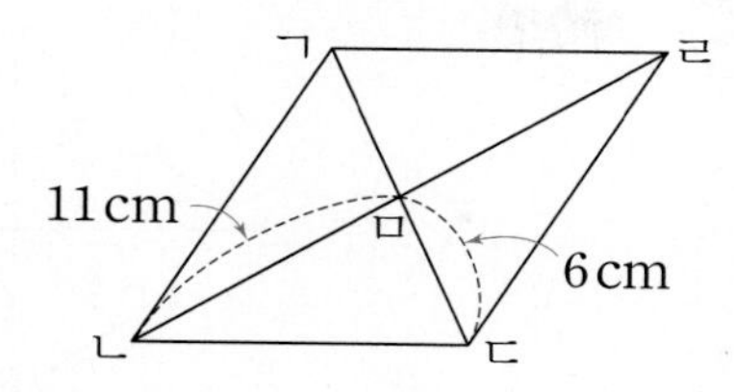

1단계 선분 ㄱㄷ의 길이 구하기

( )

2단계 선분 ㄴㄹ의 길이 구하기

( )

3단계 두 대각선의 길이의 합 구하기

( )

문제해결 tip 평행사변형, 마름모, 직사각형, 정사각형은 한 대각선이 다른 대각선을 똑같이 둘로 나눕니다.

2·1 직사각형 ㄱㄴㄷㄹ에서 선분 ㄴㅁ의 길이는 몇 cm인지 구하세요.

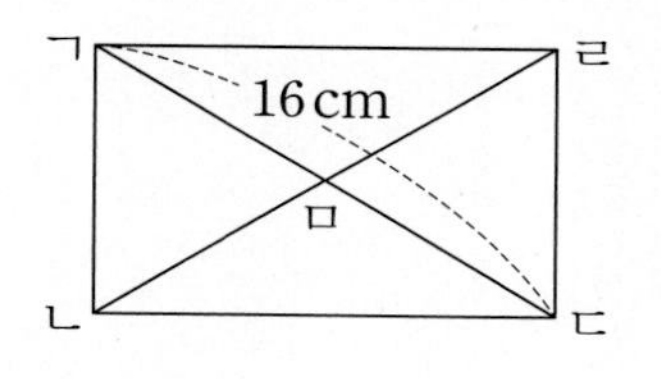

( )

문제 강의

2·2 마름모 ㄱㄴㄷㄹ에서 삼각형 ㄱㅁㄹ의 세 변의 길이의 합이 40cm일 때 두 대각선의 길이의 합을 구하세요.

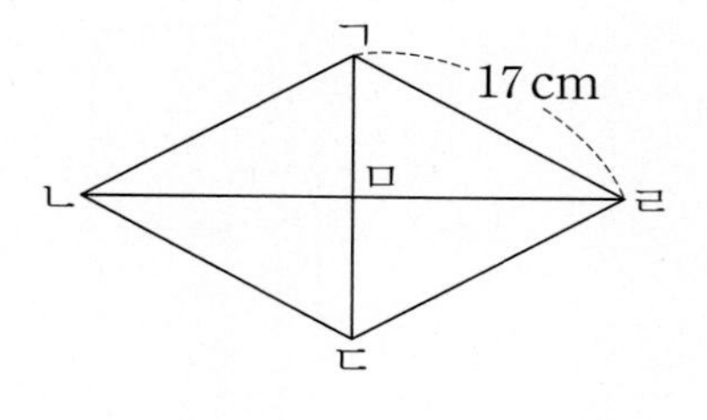

( )

3 대각선의 성질을 이용하여 사각형에서 각도 구하기

정답 42쪽

사각형 ㄱㄴㄷㄹ은 마름모입니다. 각 ㄱㄴㅁ의 크기는 몇 도인지 구하세요.

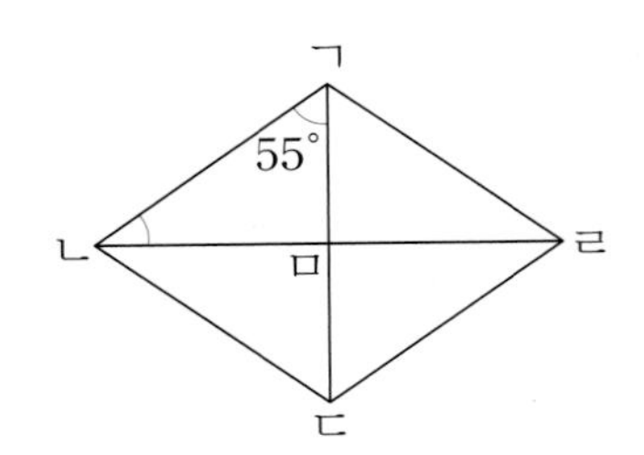

1단계 각 ㄱㅁㄴ의 크기 구하기

( )

2단계 각 ㄱㄴㅁ의 크기 구하기

( )

문제해결 tip 마름모와 정사각형은 두 대각선이 서로 수직으로 만납니다.

3·1 사각형 ㄱㄴㄷㄹ은 정사각형입니다. 각 ㄱㄴㅁ의 크기는 몇 도인지 구하세요.

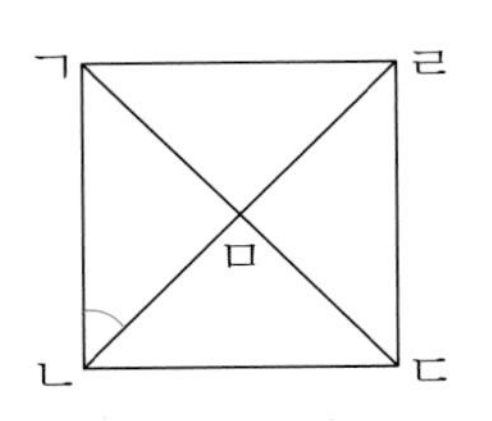

( )

문제 강의

3·2 사각형 ㄱㄴㄷㄹ은 직사각형입니다. ㉠의 각도를 구하세요.

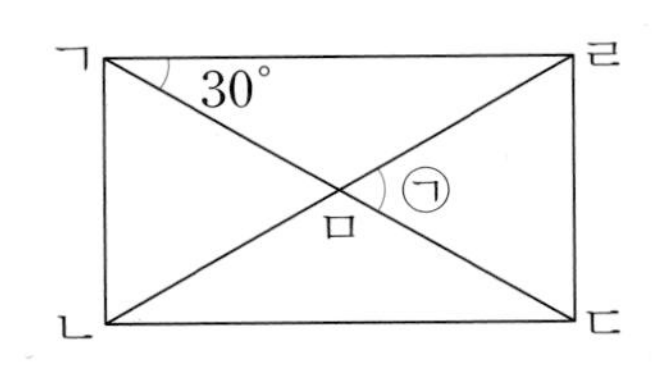

( )

4 정다각형의 한 각의 크기 구하기

● 정답 43쪽

다음 도형은 정팔각형입니다. 정팔각형의 한 각의 크기는 몇 도인지 구하세요.

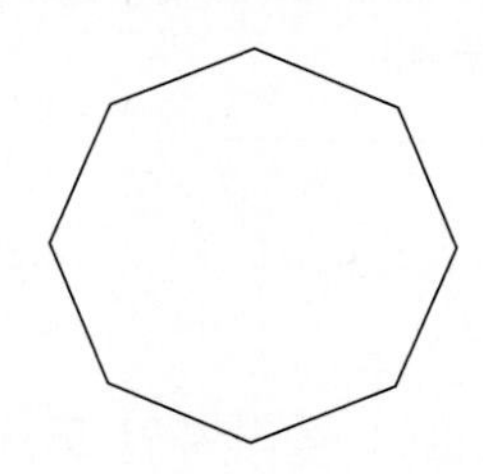

1단계 여덟 각의 크기의 합 구하기

( )

2단계 정팔각형의 한 각의 크기 구하기

( )

문제해결 tip 정다각형을 사각형 또는 삼각형 몇 개로 나눌 수 있는지 찾습니다.

4·1 다음 도형은 정십각형입니다. 정십각형의 한 각의 크기는 몇 도인지 구하세요.

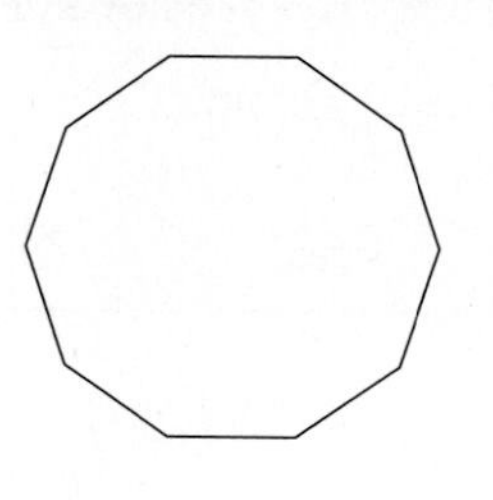

( )

문제 강의

4·2 다음 도형은 정구각형입니다. 정구각형에서 ㉠과 ㉡의 각도를 각각 구하세요.

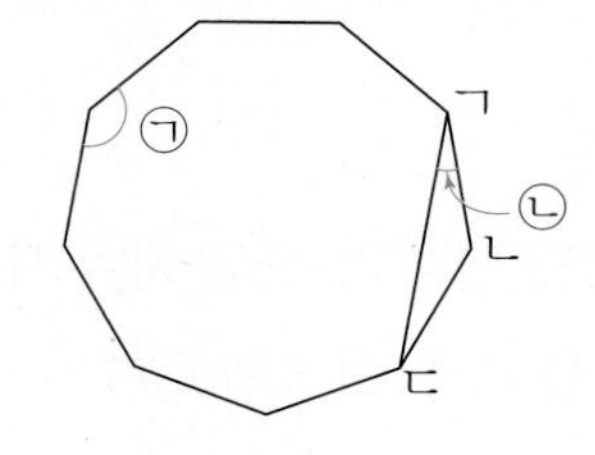

㉠ ( )

㉡ ( )

6 단원

6 다각형

● 정답 43쪽

다각형은 선분으로만 둘러싸인 도형입니다.

① 다각형 찾기

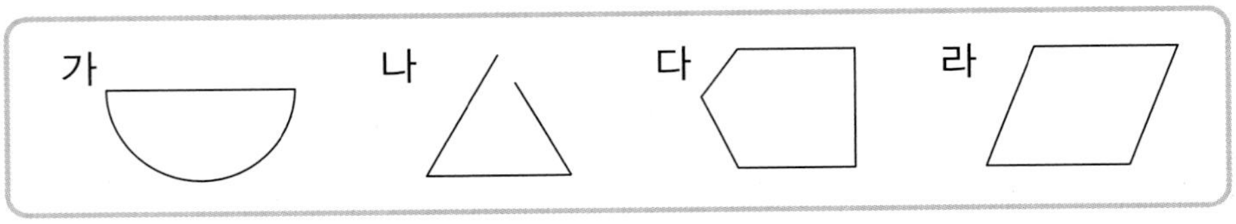

선분으로만 둘러싸인 도형은 □, □입니다.

➡ 다각형: □, □

변이 ■개인 정다각형은 정■각형입니다.

② 정다각형

정다각형은 □의 길이가 모두 같고, □의 크기가 모두 같은 다각형입니다.

정다각형	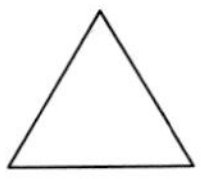		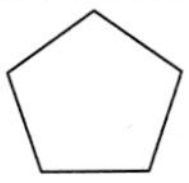	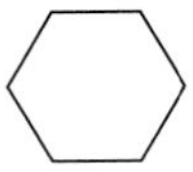
변의 수(개)	3	□	□	□
이름	정□각형	정사각형	정□각형	정육각형

여러 가지 사각형의 대각선

평행사변형	마름모
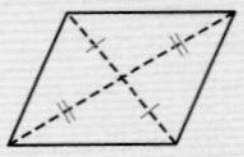	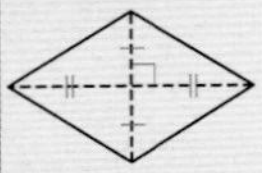
직사각형	정사각형
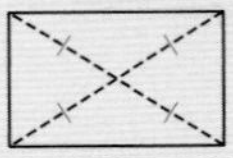	

③ 다각형에서 대각선의 수

다각형	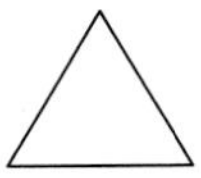 삼각형	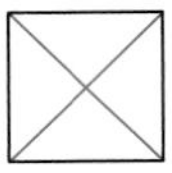 사각형	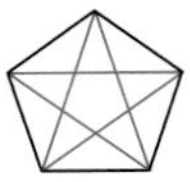 오각형	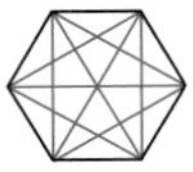 육각형
대각선의 수(개)	0	□	5	□

모양 조각을 길이가 같은 변끼리 빈틈없이 이어 붙이고, 조각끼리 서로 겹치지 않게 붙여서 여러 가지 모양을 만들 수 있습니다.

④ 모양 만들기, 모양 채우기

• 물고기 모양 만들기

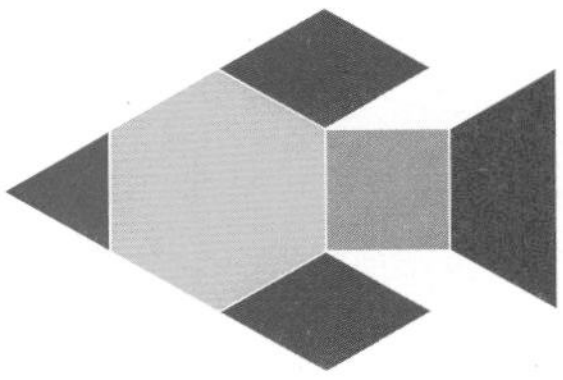

• 팔각형 모양 채우기

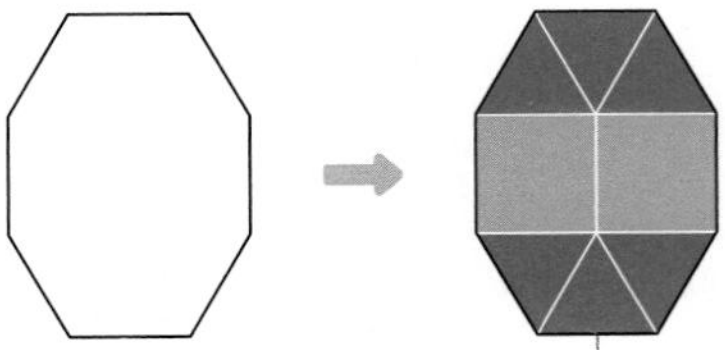

같은 모양 조각을 여러 번 사용할 수 있습니다.

6. 다각형

● 정답 44쪽

1

다각형을 모두 찾아 기호를 쓰세요.

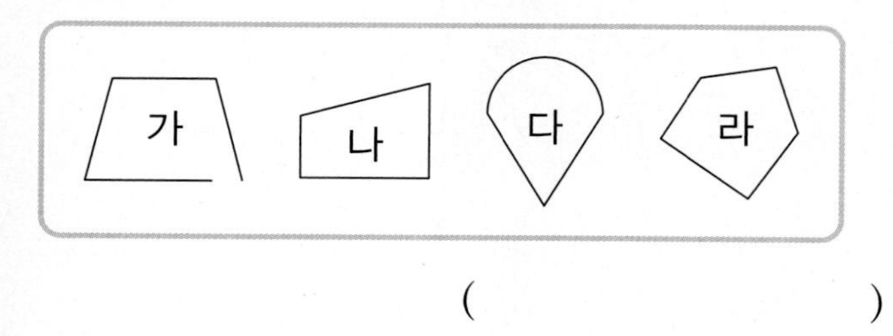

( )

2

도형의 이름을 쓰세요.

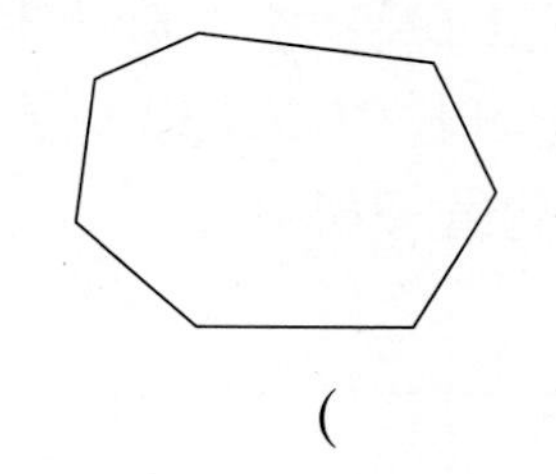

( )

3

정육각형을 모두 찾아 ○표 하세요.

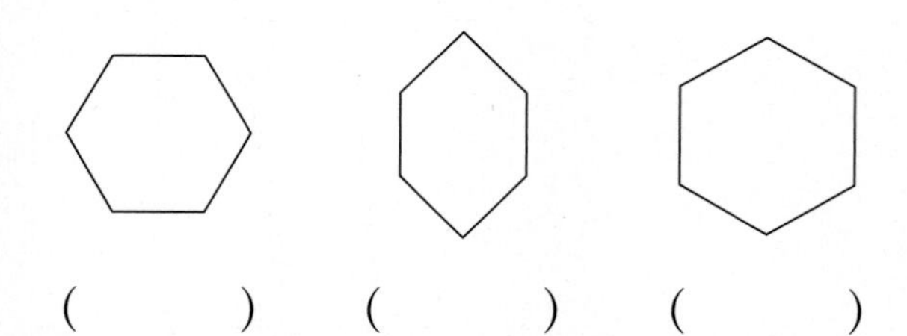

( ) ( ) ( )

4

다음 도형은 정다각형입니다. □ 안에 알맞은 수를 써넣으세요.

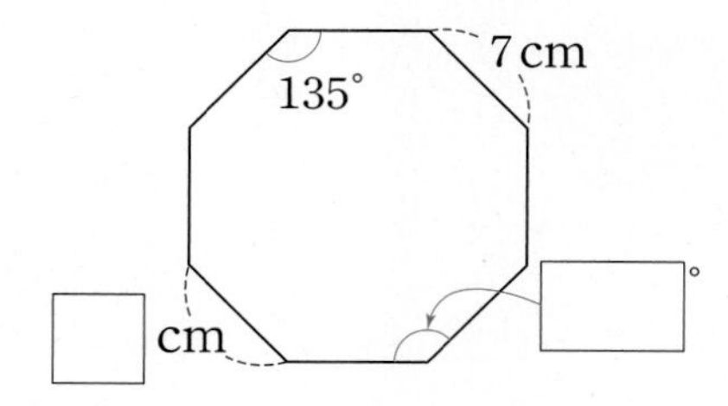

5

육각형에서 대각선이 아닌 것을 찾아 기호를 쓰세요.

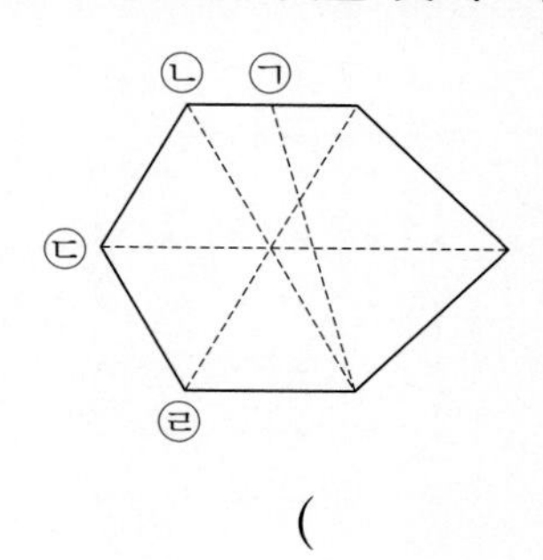

( )

6 서술형

다각형이 아닌 것을 찾아 기호를 쓰고, 그 이유를 쓰세요.

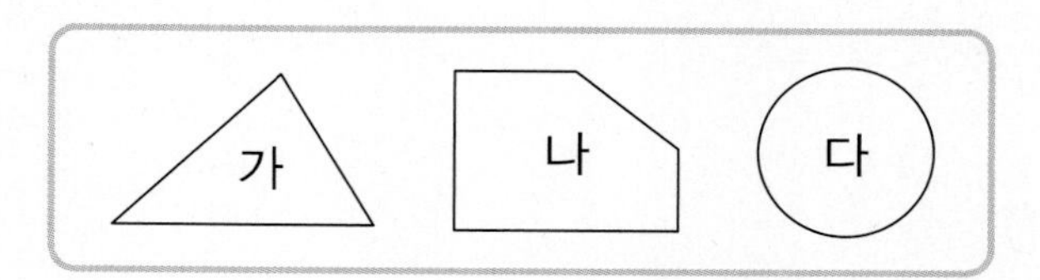

답

이유

7

한 가지 모양 조각을 3개 사용하여 다음 모양을 채우려고 합니다. 필요한 모양 조각에 ○표 하세요.

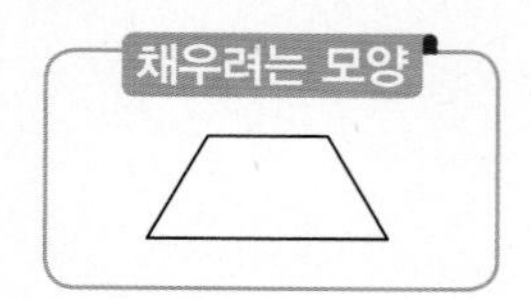

( ) ( )

8

점 종이에 그려진 선분을 이용하여 구각형을 완성하세요.

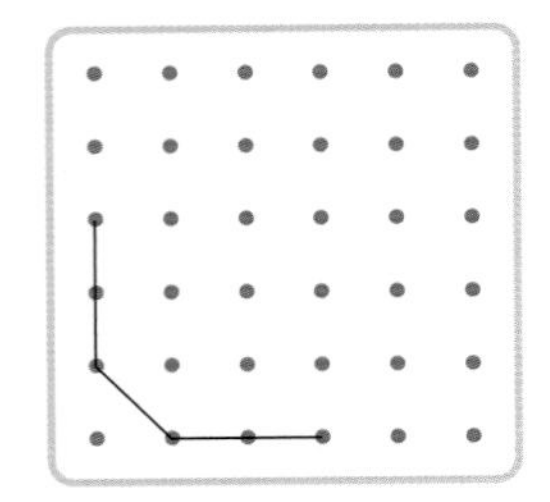

9

주어진 종이에 정육각형을 그리세요.

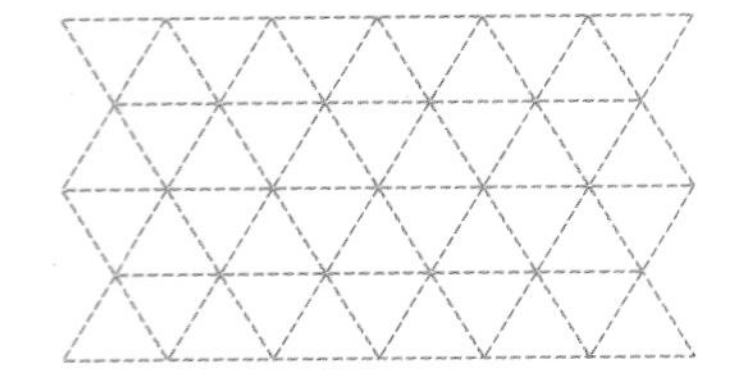

10

도형에 대각선을 모두 긋고, 대각선은 몇 개인지 구하세요.

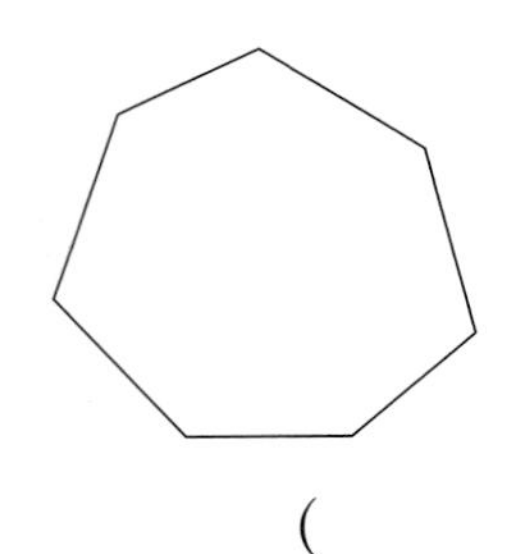

( )

11

▲, ▱ 모양 조각을 모두 사용하여 사다리꼴을 만드세요.

12

두 대각선이 서로 수직으로 만나는 사각형을 모두 찾아 기호를 쓰세요.

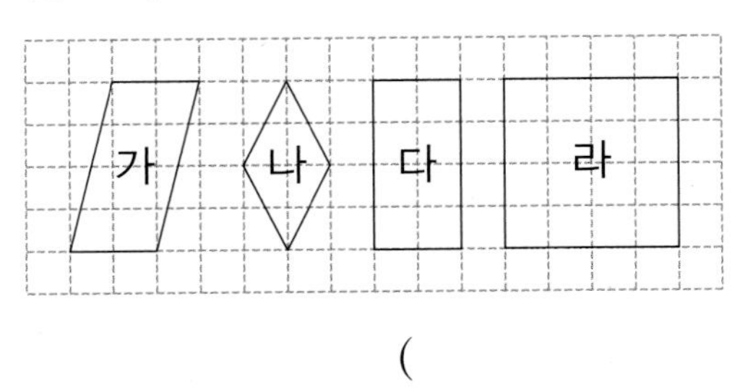

( )

13 서술형

한 변이 5 cm이고 모든 변의 길이의 합이 75 cm인 정다각형이 있습니다. 이 도형의 이름은 무엇인지 해결 과정을 쓰고, 답을 구하세요.

( )

14

주어진 모양 조각 중에서 2가지를 골라 오른쪽 육각형을 채우세요. (단, 같은 모양 조각을 여러 번 사용해도 됩니다.)

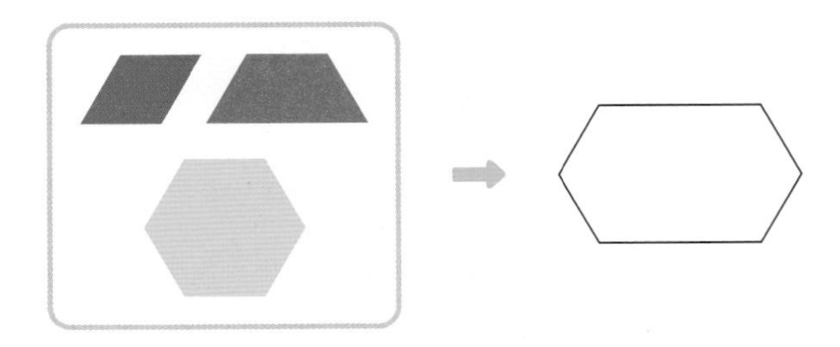

15 서술형

대각선을 가장 많이 그을 수 있는 것을 찾아 기호를 쓰려고 합니다. 해결 과정을 쓰고, 답을 구하세요.

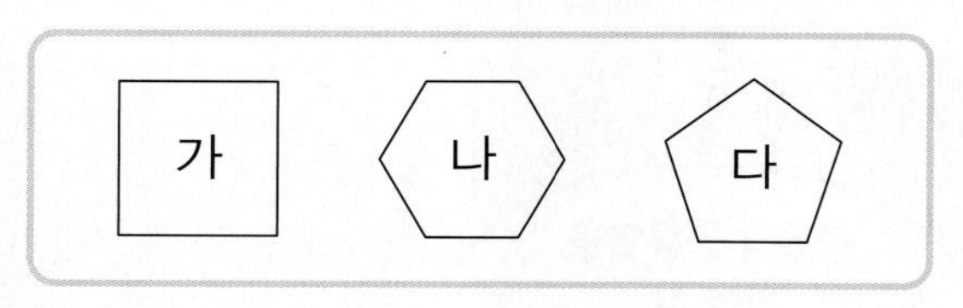

____

____

____

(　　　　　　　　)

16

정육각형과 정삼각형을 겹치지 않게 이어 붙여 만든 도형입니다. 정삼각형의 한 변이 8 cm라면 빨간색 선의 길이는 몇 cm일까요?

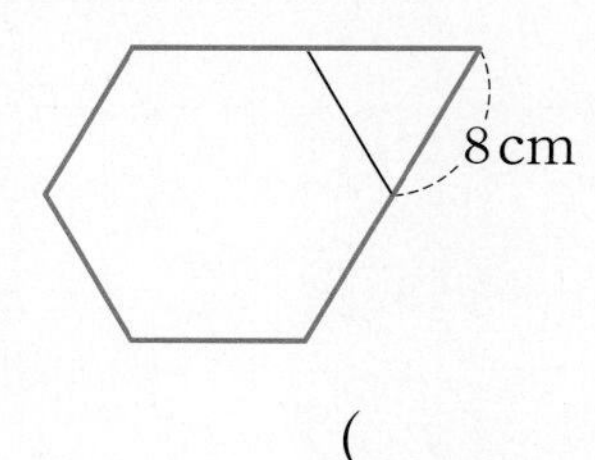

(　　　　　　　　)

17

평행사변형 ㄱㄴㄷㄹ에서 두 대각선의 길이의 합은 몇 cm인지 구하세요.

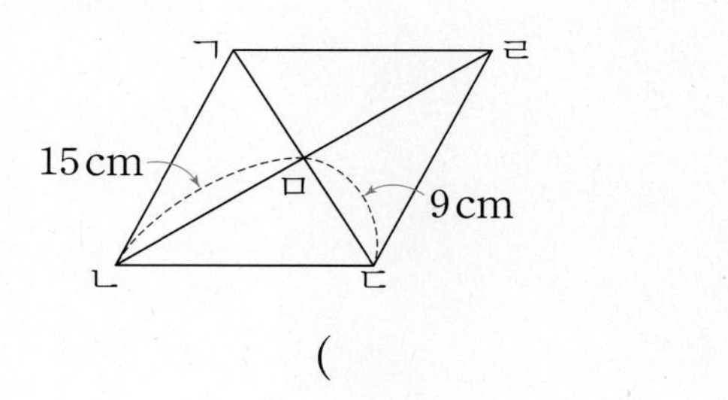

(　　　　　　　　)

[18-19] 모양 조각을 보고 물음에 답하세요.

18

모양 조각 중에서 2가지를 골라 정삼각형을 만들려고 합니다. 서로 다른 방법으로 정삼각형을 만드세요. (단, 같은 모양 조각을 여러 번 사용해도 됩니다.)

19

모양 조각을 모두 사용하여 주어진 모양을 채우세요. (단, 같은 모양 조각을 여러 번 사용해도 됩니다.)

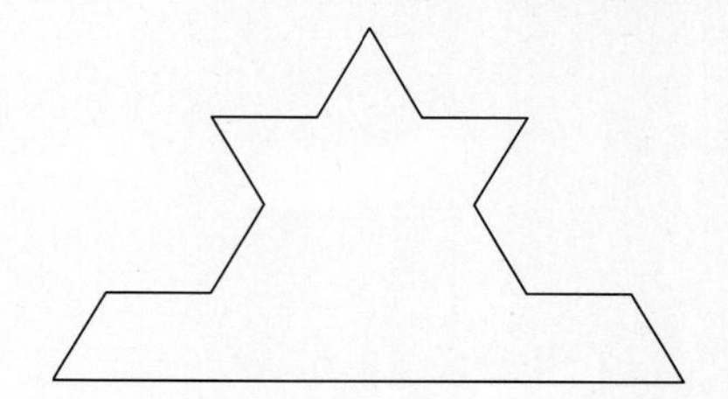

20

다음 도형은 정오각형입니다. 정오각형의 한 각의 크기는 몇 도인지 구하세요.

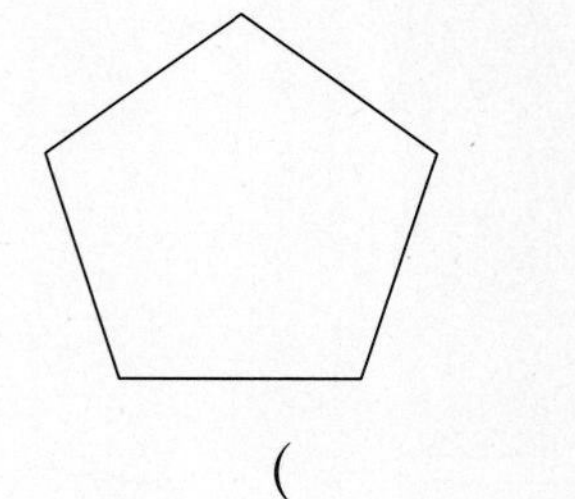

(　　　　　　　　)

숨은 그림을 찾아보세요.

정답 45쪽

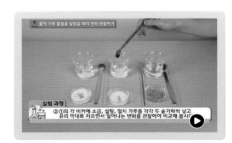

강의가 더해진, **교과서 맞춤 학습**

백점

수학 4·2

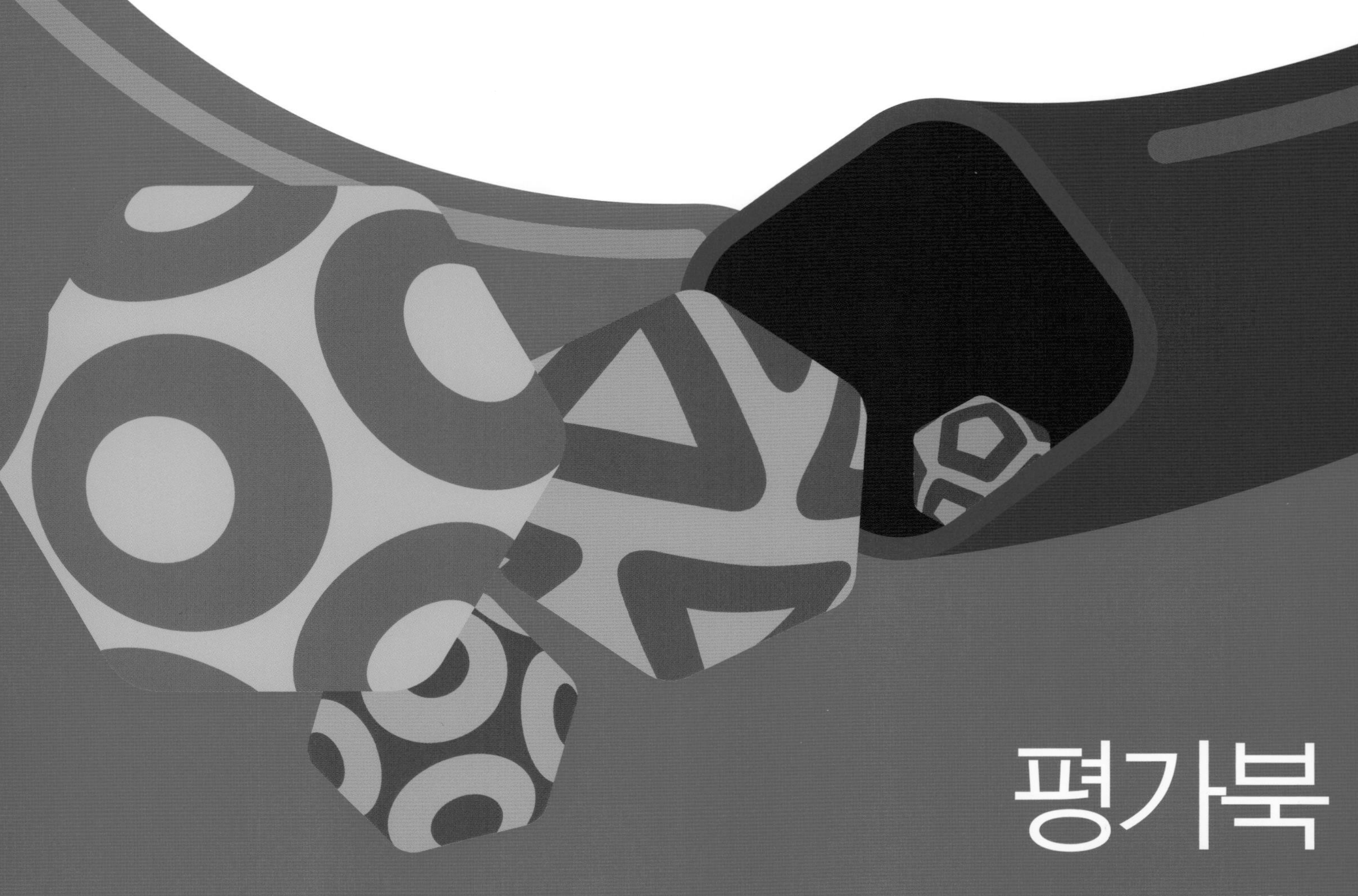

평가북

- 학교 시험 대비 수준별 **단원 평가**
- 출제율이 높은 차시별 **수행 평가**

동아출판

평가북 구성과 특징

1 **수준별 단원 평가**가 있습니다.

- 기본형, 심화형 두 가지 형태의 **단원 평가**를 제공

2 **차시별 수행 평가**가 있습니다.

- 수시로 치러지는 수행 평가를 대비할 수 있도록 차시별 **수행 평가**를 제공

3 **2학기 총정리**가 있습니다.

- 한 학기의 학습을 마무리할 수 있도록 **총정리**를 제공

백점

BOOK 2 평가북

차례

수학 4·2

1

□ 안에 알맞은 수를 써넣으세요.

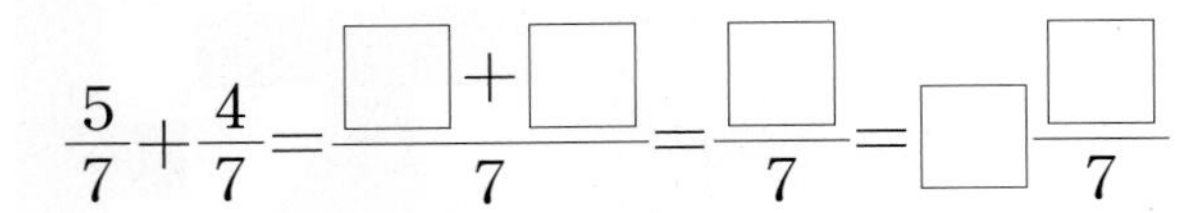

$$\frac{5}{7}+\frac{4}{7}=\frac{\square+\square}{7}=\frac{\square}{7}=\square\frac{\square}{7}$$

2

그림에 $\frac{3}{6}$ 만큼 ×표 하여 $\frac{5}{6}-\frac{3}{6}$을 계산해 보세요.

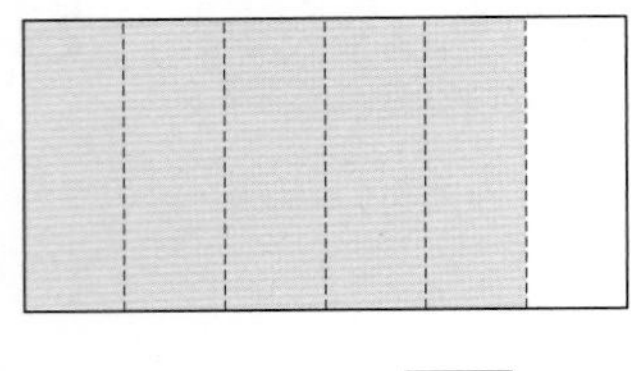

$$\frac{5}{6}-\frac{3}{6}=\frac{\square}{\square}$$

3

계산을 하세요.

$5-1\frac{1}{3}$

4

빈칸에 알맞은 수를 써넣으세요.

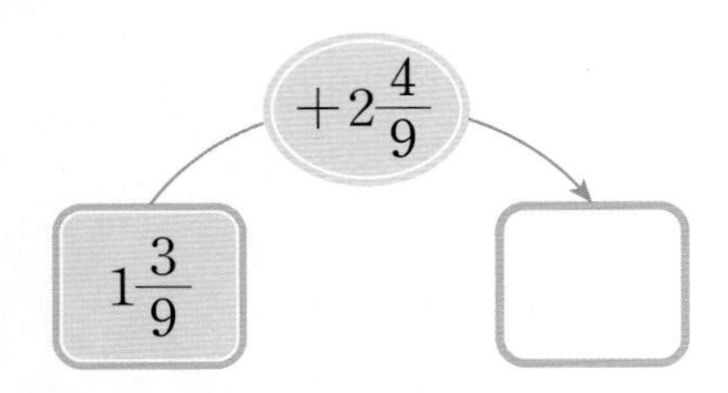

5

□ 안에 알맞은 수를 써넣으세요.

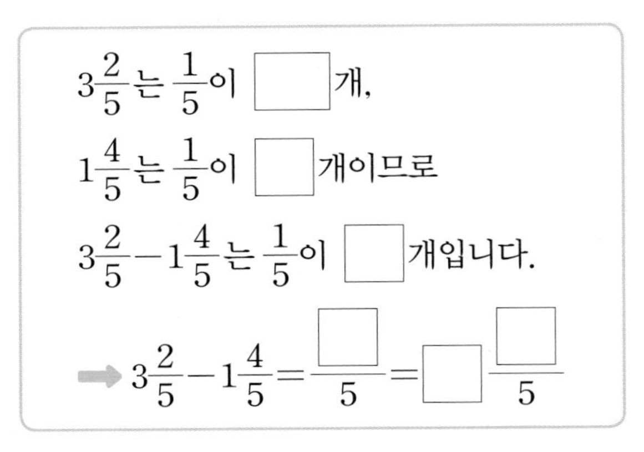

$3\frac{2}{5}$는 $\frac{1}{5}$이 □개,

$1\frac{4}{5}$는 $\frac{1}{5}$이 □개이므로

$3\frac{2}{5}-1\frac{4}{5}$는 $\frac{1}{5}$이 □개입니다.

➡ $3\frac{2}{5}-1\frac{4}{5}=\frac{\square}{5}=\square\frac{\square}{5}$

6 서술형

정민이가 식혜를 어제는 $\frac{2}{9}$ L, 오늘은 $\frac{3}{9}$ L 마셨습니다. 정민이가 어제와 오늘 마신 식혜는 모두 몇 L인지 해결 과정을 쓰고, 답을 구하세요.

____

____

____

(　　　　　　　　)

7

계산 결과를 비교하여 ○ 안에 >, =, <를 알맞게 써넣으세요.

$\frac{8}{13}-\frac{3}{13}$ 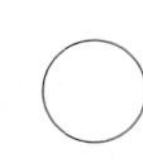 $\frac{9}{13}-\frac{5}{13}$

8

혜진이는 월요일에 $7\frac{1}{5}$ 시간, 화요일에 $8\frac{3}{5}$ 시간 잤습니다. 혜진이가 이틀 동안 잔 시간은 모두 몇 시간일까요?

( )

9

학교에서 은행을 거쳐 소방서까지 가는 거리는 몇 km일까요?

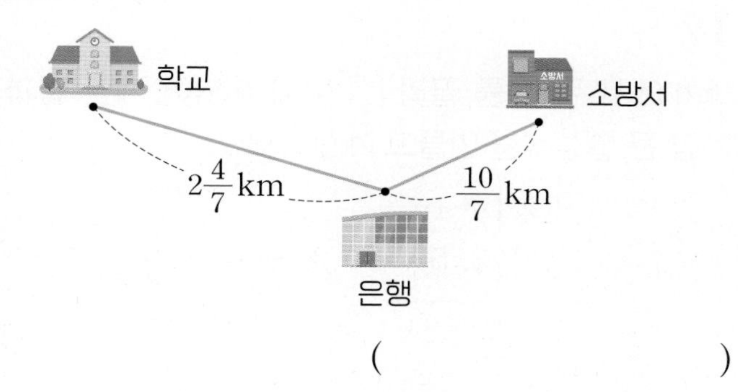

( )

10

□ 안에 알맞은 수를 써넣으세요.

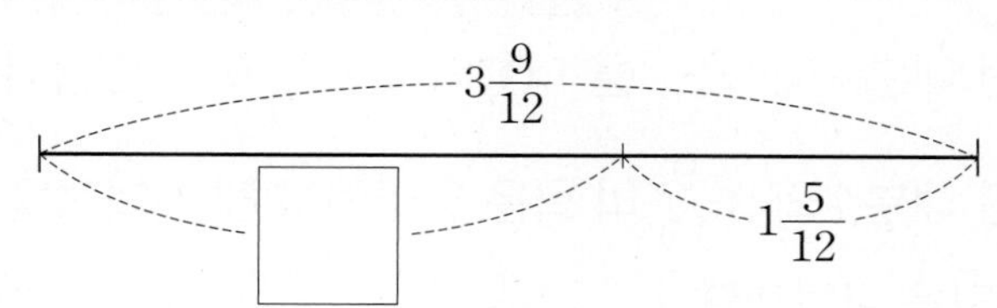

11

성재는 미술 시간에 찰흙을 $4\frac{3}{9}$ kg 사용했고, 지호는 성재보다 $\frac{11}{9}$ kg 더 적게 사용했습니다. 지호가 사용한 찰흙은 몇 kg일까요?

( )

12

가장 큰 수와 가장 작은 수의 차를 구하세요.

$3 \quad 2\frac{2}{6} \quad 7 \quad 1\frac{5}{6}$

( )

13

□ 안에 들어갈 수 있는 자연수 중에서 가장 큰 수를 구하세요.

$$3\frac{5}{8}-1\frac{7}{8}>\frac{\square}{8}$$

( )

14 서술형

다음 계산에서 잘못된 부분을 찾아 이유를 쓰고, 바르게 계산하세요.

$$4\frac{3}{10}-1\frac{5}{10}=4\frac{13}{10}-1\frac{5}{10}=3\frac{8}{10}$$

이유

바른 계산

15

현수는 철사를 $4\frac{2}{15}$ m 가지고 있고, 지민이는 $\frac{23}{15}$ m 가지고 있습니다. 누가 철사를 몇 m 더 많이 가지고 있을까요?

( ), ( )

16

□ 안에 알맞은 대분수를 써넣으세요.

$$\square+2\frac{4}{8}=5\frac{5}{8}+3\frac{3}{8}$$

17

분모가 6인 두 가분수의 합이 $2\frac{2}{6}$인 덧셈식을 2개 쓰세요. (단, 덧셈의 순서가 바뀐 덧셈식은 한 가지로 생각합니다.)

( )

18

대분수로만 만들어진 뺄셈식에서 ㉮+㉯가 가장 큰 때의 값을 구하세요.

$$5\frac{㉮}{7}-4\frac{㉯}{7}=1\frac{2}{7}$$

( )

19

보기 에서 두 수를 골라 □ 안에 써넣어 계산 결과가 가장 큰 뺄셈식을 만들고 계산하세요.

보기
2, 3, 5

$$6-\square\frac{\square}{8}$$

( )

20 서술형

어떤 대분수에 $2\frac{7}{10}$을 더했더니 $7\frac{3}{10}$이 되었습니다. 어떤 대분수와 $3\frac{9}{10}$의 합은 얼마인지 해결 과정을 쓰고, 답을 구하세요.

( )

정답 47쪽

1

□ 안에 알맞은 수를 써넣으세요.

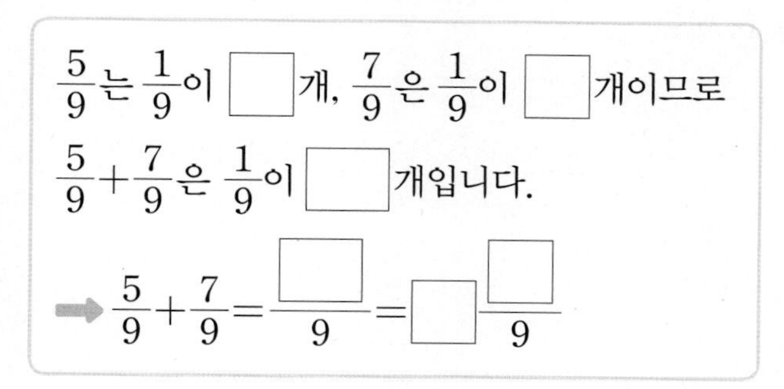

$\frac{5}{9}$는 $\frac{1}{9}$이 □개, $\frac{7}{9}$은 $\frac{1}{9}$이 □개이므로
$\frac{5}{9}+\frac{7}{9}$은 $\frac{1}{9}$이 □개입니다.
$\frac{5}{9}+\frac{7}{9}=\frac{□}{9}=□\frac{□}{9}$

2

수직선을 보고 □ 안에 알맞은 수를 써넣으세요.

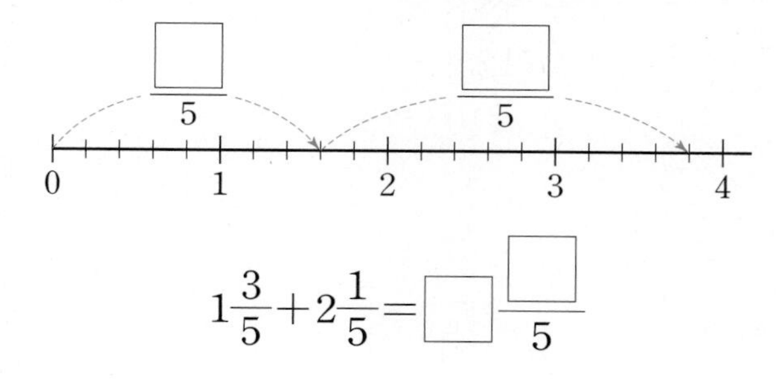

$1\frac{3}{5}+2\frac{1}{5}=□\frac{□}{5}$

3

□ 안에 알맞은 수를 써넣으세요.

$3\frac{2}{7}-1\frac{5}{7}=\frac{□}{7}-\frac{□}{7}$

$=\frac{□}{7}=□\frac{□}{7}$

4

빈칸에 두 수의 합을 써넣으세요.

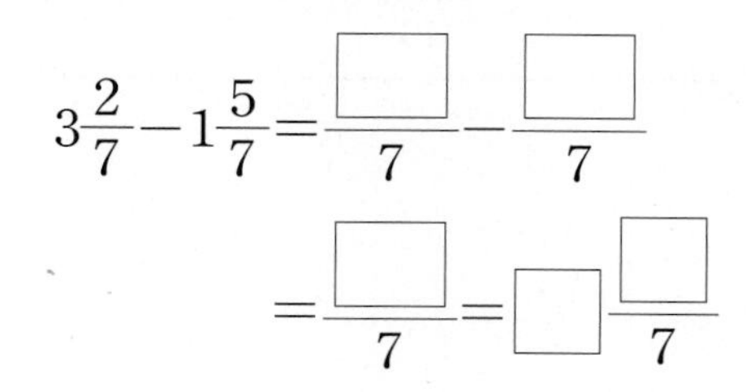

$1\frac{2}{6}$	$3\frac{3}{6}$

5

관계있는 것끼리 이으세요.

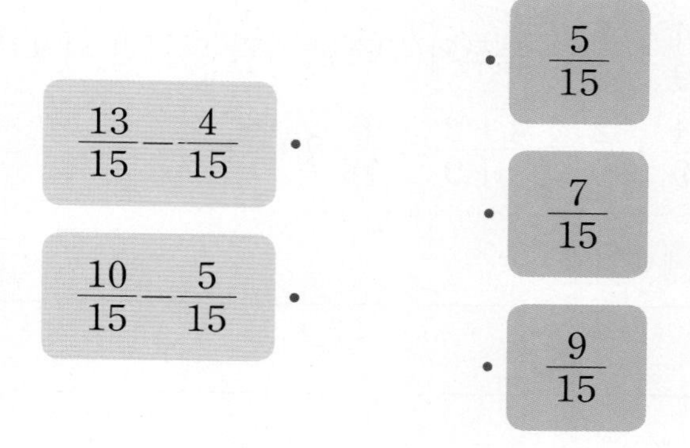

6 서술형

미호가 물을 어제는 $1\frac{7}{10}$ L 마셨고, 오늘은 $2\frac{5}{10}$ L 마셨습니다. 미호가 어제와 오늘 마신 물은 모두 몇 L인지 해결 과정을 쓰고, 답을 구하세요.

____

____

____

( )

7

박물관에서 미술관까지의 거리는 몇 km일까요?

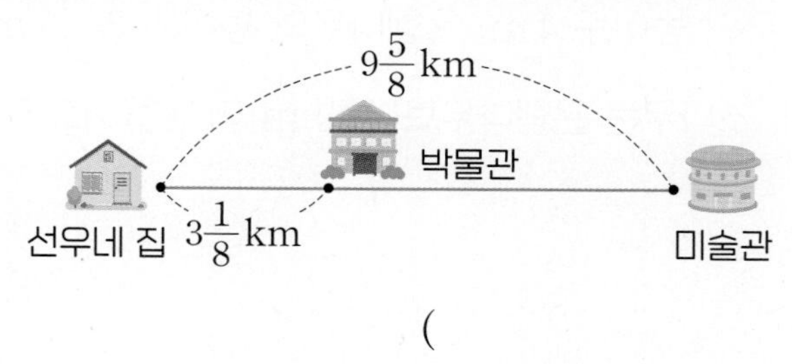

( )

8 서술형

다음 설명에서 잘못된 부분을 찾아 바르게 고치세요.

$\frac{4}{9}+\frac{2}{9}$는 분모와 분자를 각각 더하면 되므로 $\frac{4}{9}+\frac{2}{9}=\frac{4+2}{9+9}=\frac{6}{18}$입니다.

바르게 고치기

9

계산 결과가 가장 큰 것에 ○표 하세요.

$1\frac{6}{11}+2\frac{8}{11}$	$6-\frac{20}{11}$	$5\frac{3}{11}-1\frac{7}{11}$
( )	( )	( )

10

소나무의 높이는 4m, 은행나무의 높이는 $2\frac{9}{20}$ m입니다. 소나무는 은행나무보다 몇 m 더 높을까요?

( )

11

어림한 결과가 1과 2 사이인 뺄셈식을 모두 찾아 기호를 쓰세요.

㉠ $3-\frac{5}{8}$ ㉡ $5-\frac{10}{3}$ ㉢ $4-2\frac{3}{5}$

( )

12

빈칸에 알맞은 수를 써넣으세요.

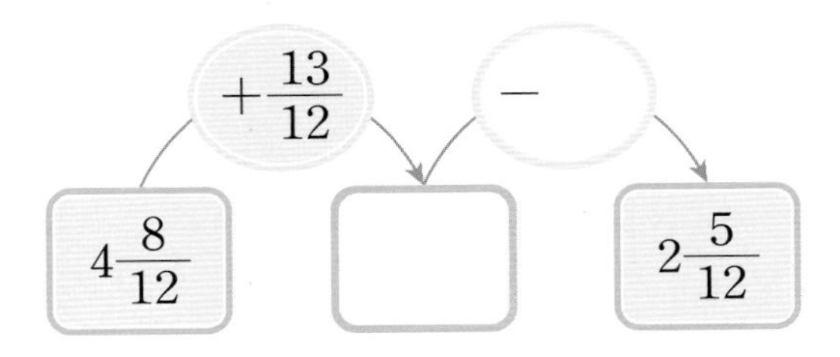

13

□ 안에 알맞은 수를 써넣으세요.

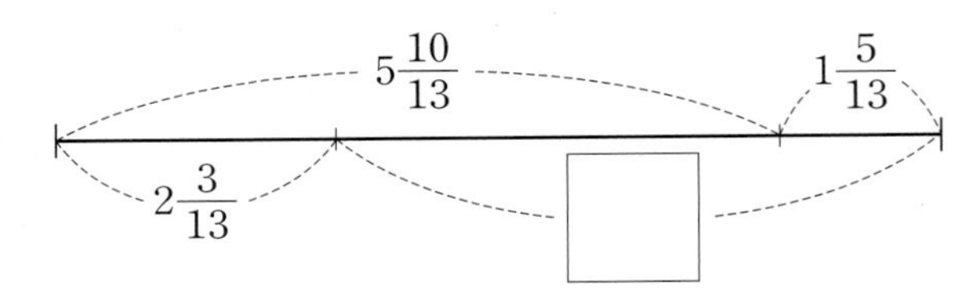

14

□ 안에 들어갈 수 있는 자연수를 모두 구하세요.

$$\frac{5}{8}+\frac{\square}{8}<1\frac{1}{8}$$

( )

15

수지와 태우가 보기 에서 분수를 골랐습니다. 두 사람이 고른 분수의 차를 구하세요.

내가 고른 분수는 3보다 작아요.
내가 고른 분수는 4보다 커요.
수지
태우

보기

$\frac{31}{9}$ $\frac{37}{9}$ $\frac{26}{9}$

( )

16

길이가 $8\,\text{cm}$인 색 테이프 3장을 $1\frac{3}{5}\,\text{cm}$씩 겹쳐서 이어 붙였습니다. 이어 붙인 색 테이프의 전체 길이는 몇 cm일까요?

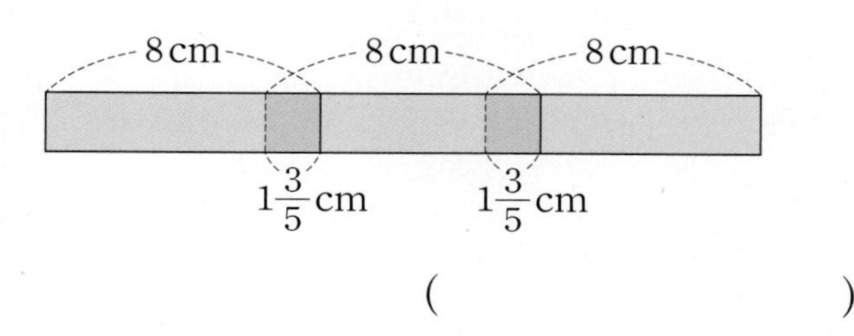

( )

17

진우의 가방 무게는 $2\frac{3}{5}\,\text{kg}$이고, 성규의 가방은 진우의 가방보다 $\frac{6}{5}\,\text{kg}$ 더 무겁습니다. 진우와 성규의 가방 무게의 합은 몇 kg일까요?

( )

18

어떤 대분수에서 $1\frac{3}{11}$을 빼야 할 것을 잘못하여 더했더니 5가 되었습니다. 바르게 계산하면 얼마인지 구하세요.

( )

19 서술형

우유가 $1\frac{9}{10}\,\text{L}$ 있습니다. 케이크 1개를 만드는 데 $\frac{4}{10}\,\text{L}$의 우유가 필요합니다. 만들 수 있는 케이크는 모두 몇 개이고 남는 우유는 몇 L인지 해결 과정을 쓰고, 답을 구하세요.

( ), ( )

20

두 수를 골라 차가 가장 큰 뺄셈식을 만들고 계산해 보세요.

$1\frac{7}{8}$ $\frac{14}{8}$ $4\frac{3}{8}$

식

답

평가 주제	(진분수)+(진분수)
평가 목표	(진분수)+(진분수)의 계산 원리와 형식을 이해하고 계산을 할 수 있습니다.

1 □ 안에 알맞은 수를 써넣으세요.

(1) $\frac{1}{4}+\frac{2}{4}=\frac{1+\square}{4}=\frac{\square}{4}$

(2) $\frac{3}{7}+\frac{6}{7}=\frac{\square}{7}=\square\frac{\square}{7}$

2 계산을 하세요.

(1) $\frac{4}{9}+\frac{3}{9}$

(2) $\frac{8}{12}+\frac{5}{12}$

3 빈칸에 두 수의 합을 써넣으세요.

(1)

$\frac{3}{8}$	$\frac{2}{8}$

(2)

$\frac{9}{10}$	$\frac{3}{10}$

4 가장 큰 수와 가장 작은 수의 합을 구하세요.

$\frac{7}{16}$ $\frac{12}{16}$ $\frac{9}{16}$

( )

5 민서는 매일 $\frac{4}{5}$ km씩 달리기를 합니다. 민서가 2일 동안 달린 거리는 모두 몇 km인지 구하세요.

( )

● 정답 48쪽

평가 주제	(대분수)+(대분수)
평가 목표	(대분수)+(대분수)의 계산 원리와 형식을 이해하고 계산을 할 수 있습니다.

1 □ 안에 알맞은 수를 써넣으세요.

(1) $1\frac{3}{5}+2\frac{1}{5}=(1+2)+\left(\frac{\square}{5}+\frac{\square}{5}\right)$
$=\square\frac{\square}{5}$

(2) $1\frac{5}{6}+\frac{8}{6}=\frac{\square}{6}+\frac{8}{6}$
$=\frac{\square}{6}=\square\frac{\square}{6}$

2 계산을 하세요.

(1) $1\frac{1}{9}+1\frac{2}{9}$

(2) $2\frac{1}{3}+3\frac{2}{3}$

3 빈칸에 알맞은 수를 써넣으세요.

(1)

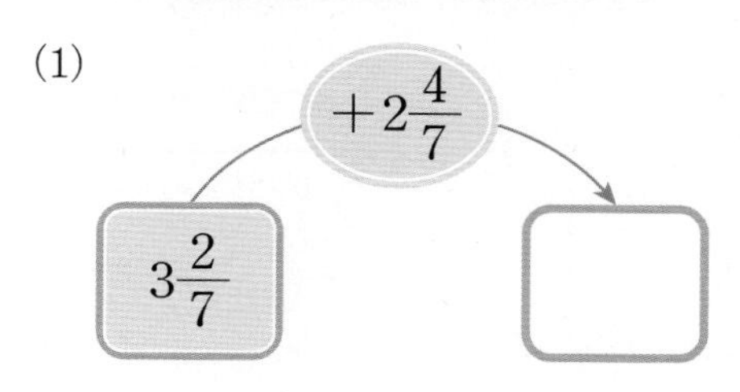

(2)

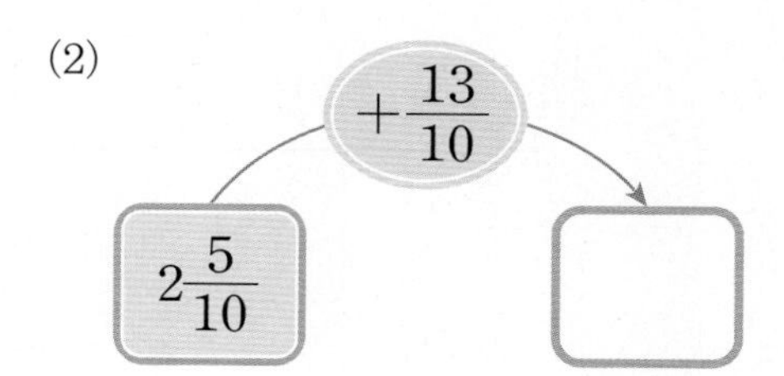

4 계산 결과를 비교하여 ○ 안에 >, =, <를 알맞게 써넣으세요.

$3\frac{7}{15}+1\frac{2}{15}$ 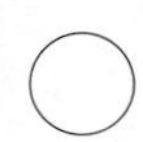 $1\frac{9}{15}+2\frac{12}{15}$

5 물통에 들어 있는 물 중에서 $1\frac{7}{8}$ L를 사용하였더니 $3\frac{2}{8}$ L가 남았습니다. 처음 물통에 들어 있던 물은 몇 L인지 구하세요.

(　　　　　　　　)

평가 주제	(진분수)－(진분수), 받아내림이 없는 (대분수)－(대분수)
평가 목표	(진분수)－(진분수), 받아내림이 없는 (대분수)－(대분수)의 계산 원리와 형식을 이해하고 계산을 할 수 있습니다.

1 □ 안에 알맞은 수를 써넣으세요.

(1) 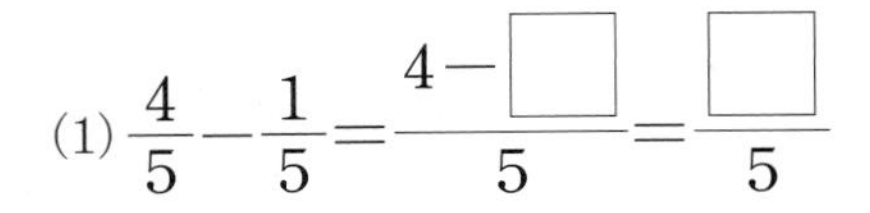

$\frac{4}{5}-\frac{1}{5}=\frac{4-\square}{5}=\frac{\square}{5}$

(2) $2\frac{5}{6}-1\frac{3}{6}=(2-1)+\left(\frac{\square}{6}-\frac{\square}{6}\right)$

$=\square\frac{\square}{6}$

2 계산을 하세요.

(1) $\frac{7}{8}-\frac{3}{8}$

(2) $5\frac{6}{10}-2\frac{5}{10}$

3 □ 안에 알맞은 수를 써넣으세요.

(1) 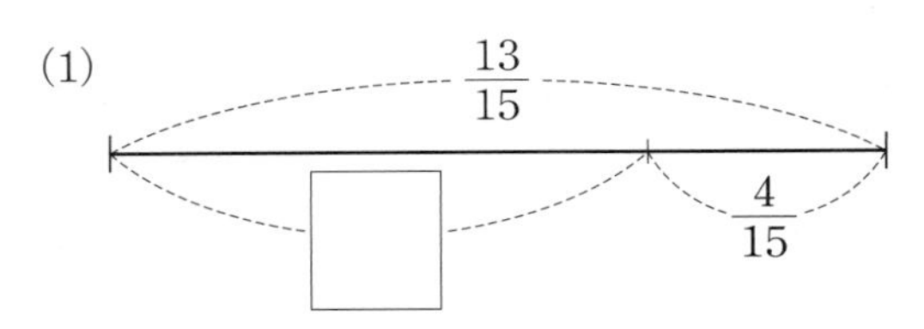

(2) 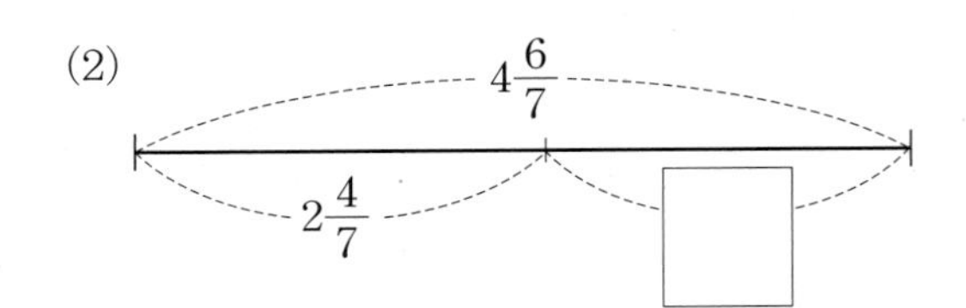

4 계산 결과가 $\frac{5}{13}$인 것을 찾아 기호를 쓰세요.

㉠ $\frac{9}{13}$보다 $\frac{4}{13}$만큼 더 작은 수　　㉡ $3\frac{8}{13}$과 $3\frac{5}{13}$의 차

(　　　　　　　　)

5 인호는 끈을 $7\frac{10}{11}$ m 사용했고, 우진이는 $6\frac{8}{11}$ m 사용했습니다. 인호는 우진이보다 끈을 몇 m 더 많이 사용했는지 구하세요.

(　　　　　　　　)

정답 48쪽

1 단원

평가 주제	(자연수)−(분수), 받아내림이 있는 (대분수)−(대분수)
평가 목표	(자연수)−(분수), 받아내림이 있는 (대분수)−(대분수)의 계산 원리와 형식을 이해하고 계산을 할 수 있습니다.

1 □ 안에 알맞은 수를 써넣으세요.

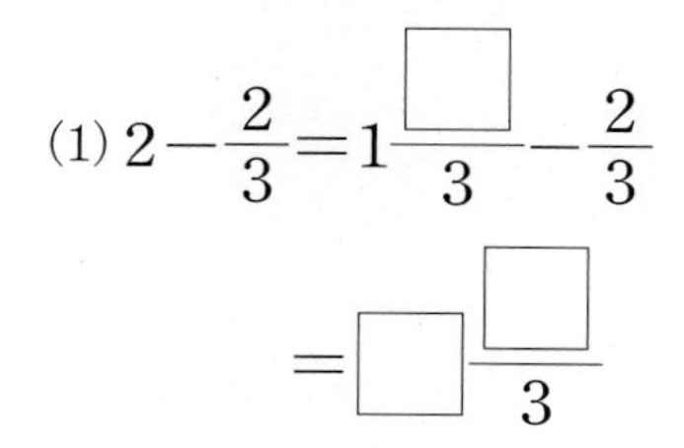

(1) $2-\frac{2}{3}=1\frac{\square}{3}-\frac{2}{3}=\square\frac{\square}{3}$

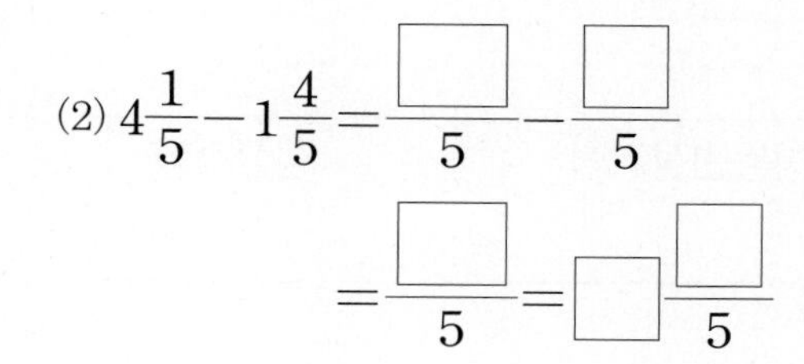

(2) $4\frac{1}{5}-1\frac{4}{5}=\frac{\square}{5}-\frac{\square}{5}=\frac{\square}{5}=\square\frac{\square}{5}$

2 계산을 하세요.

(1) $2-\frac{8}{7}$

(2) $3\frac{2}{4}-1\frac{3}{4}$

3 빈칸에 알맞은 수를 써넣으세요.

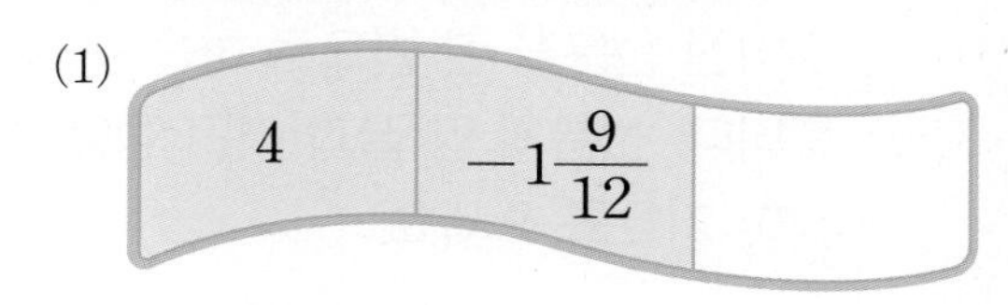

(1) 4 | $-1\frac{9}{12}$ |

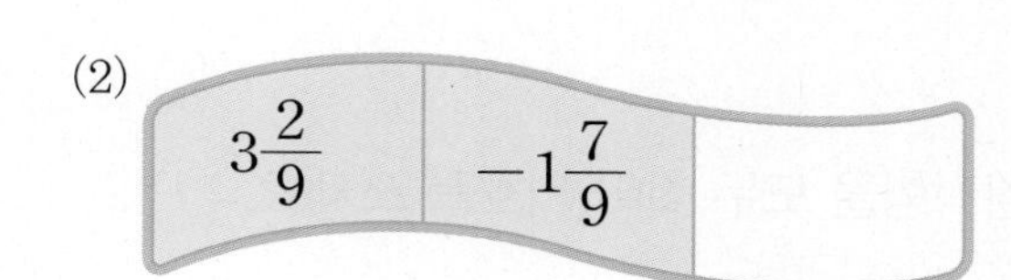

(2) $3\frac{2}{9}$ | $-1\frac{7}{9}$ |

4 계산 결과가 더 큰 것에 ○표 하세요.

$3-\frac{13}{10}$ ( )

$4\frac{5}{10}-2\frac{7}{10}$ ( )

5 준연이는 정육점에서 돼지고기 $\frac{17}{9}$ kg과 쇠고기 $3\frac{4}{9}$ kg을 샀습니다. 돼지고기와 쇠고기 중에서 어느 것을 몇 kg 더 많이 샀는지 구하세요.

( ), ( )

1

삼각형을 이등변삼각형, 정삼각형으로 분류하여 기호를 쓰세요.

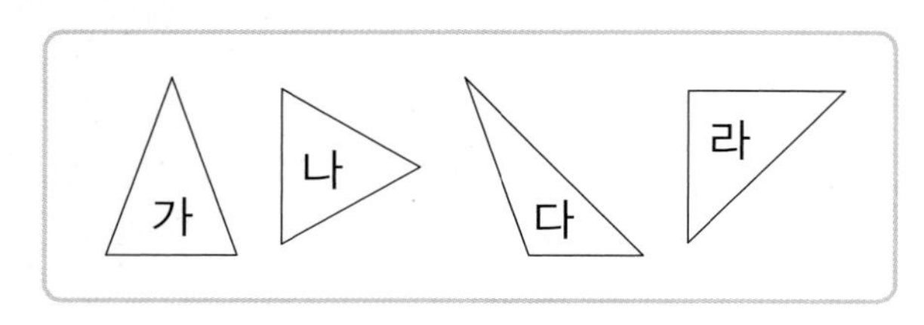

이등변삼각형	정삼각형

[2-4] 도형을 보고 물음에 답하세요.

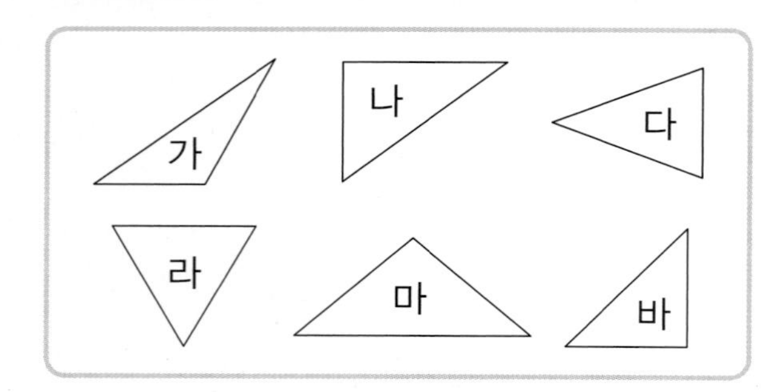

2

예각삼각형을 모두 찾아 기호를 쓰세요.

(　　　　　　　　)

3

직각삼각형을 모두 찾아 기호를 쓰세요.

(　　　　　　　　)

4

이등변삼각형이면서 둔각삼각형인 것을 찾아 기호를 쓰세요.

(　　　　　　　　)

5

다음 도형은 정삼각형입니다. □ 안에 알맞은 수를 써넣으세요.

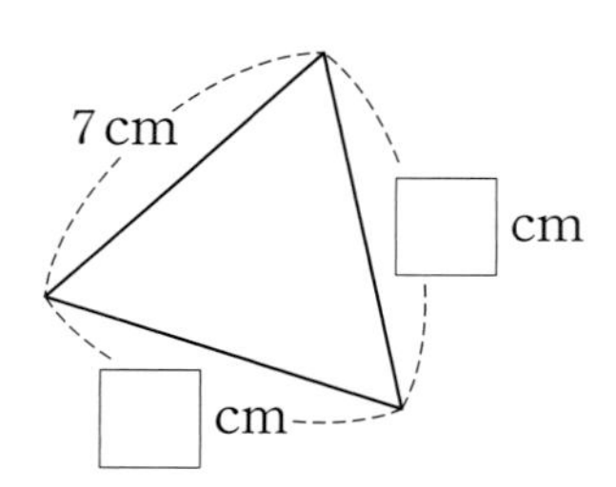

6

다음 도형은 이등변삼각형입니다. □ 안에 알맞은 수를 써넣으세요.

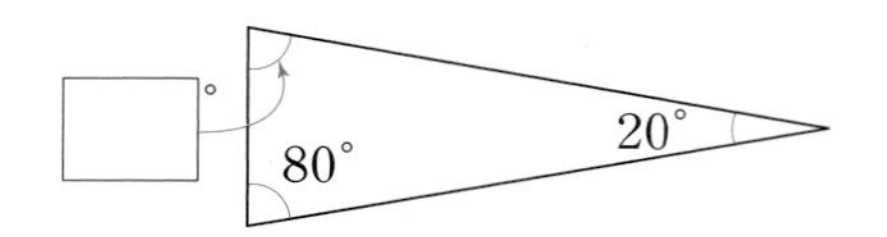

7

주어진 선분을 한 변으로 하는 둔각삼각형을 그리려고 합니다. 선분의 양 끝과 어떤 점을 이어야 하는지 모두 찾아 기호를 쓰세요.

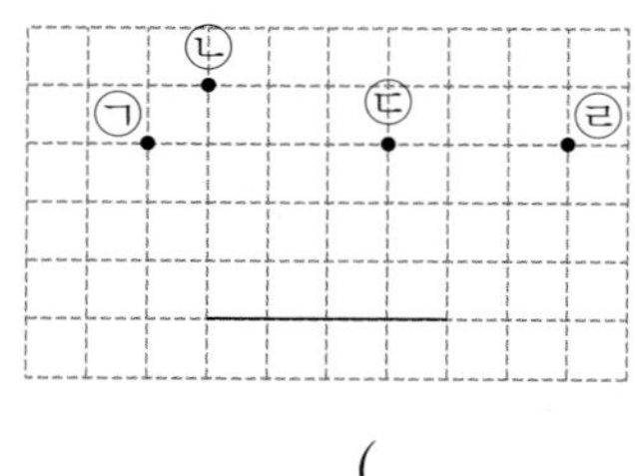

(　　　　　　　　)

8

한 변이 $12\,\mathrm{cm}$인 정삼각형의 세 변의 길이의 합은 몇 cm일까요?

(　　　　　　　　)

9

다음 도형은 이등변삼각형입니다. 세 변의 길이의 합이 34 cm일 때 변 ㄱㄴ은 몇 cm일까요?

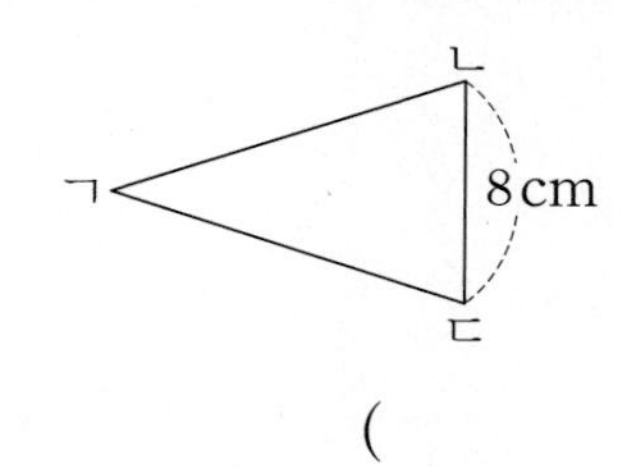

(　　　　　　　　)

10

주어진 선분을 한 변으로 하는 정삼각형을 그리세요.

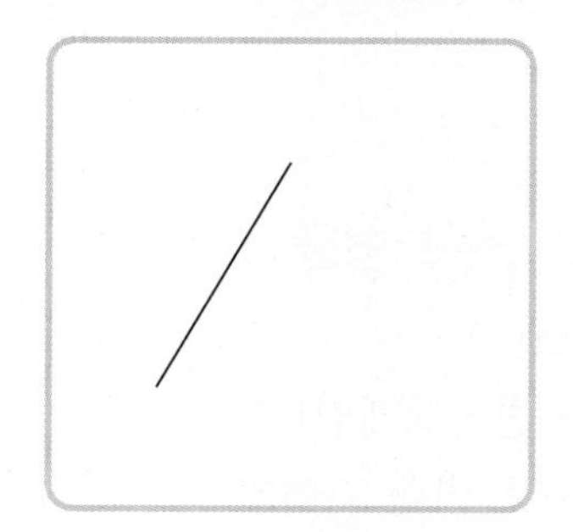

11 서술형

삼각형 모양의 종이를 반으로 접었더니 완전히 겹쳐졌습니다. 각 ㄱㄴㄷ의 크기는 몇 도인지 해결 과정을 쓰고, 답을 구하세요.

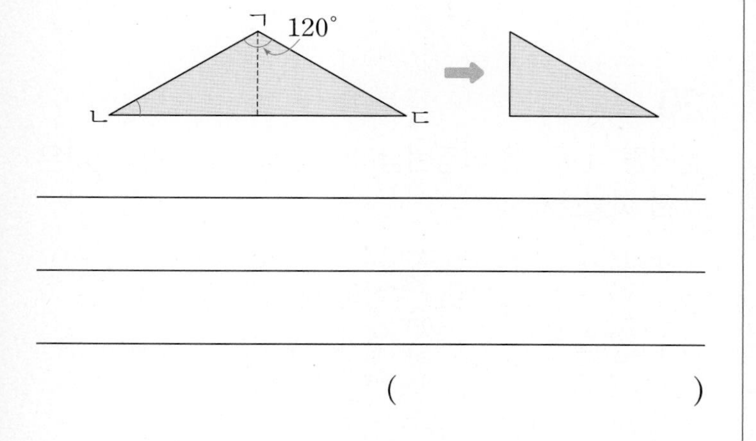

(　　　　　　　　)

12

□ 안에 알맞은 수를 써넣으세요.

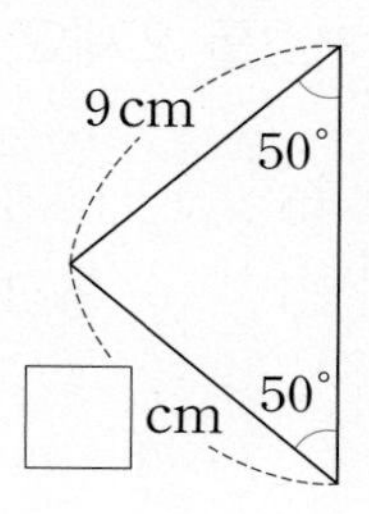

13

삼각형의 세 변의 길이의 합은 몇 cm일까요?

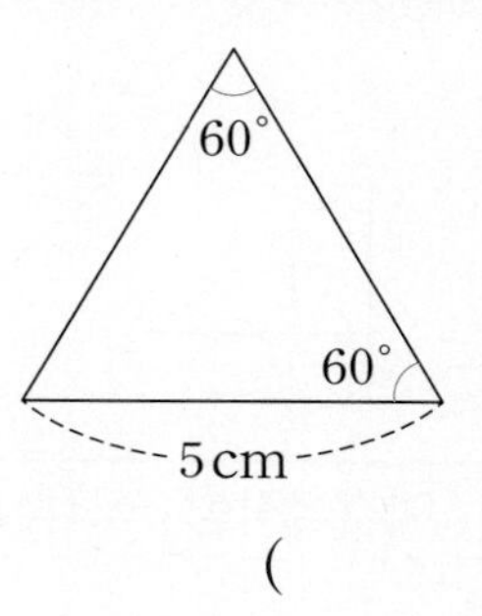

(　　　　　　　　)

14 서술형

색종이로 그림과 같이 삼각형을 만들었을 때, 만든 삼각형이 정삼각형인 이유를 쓰세요.

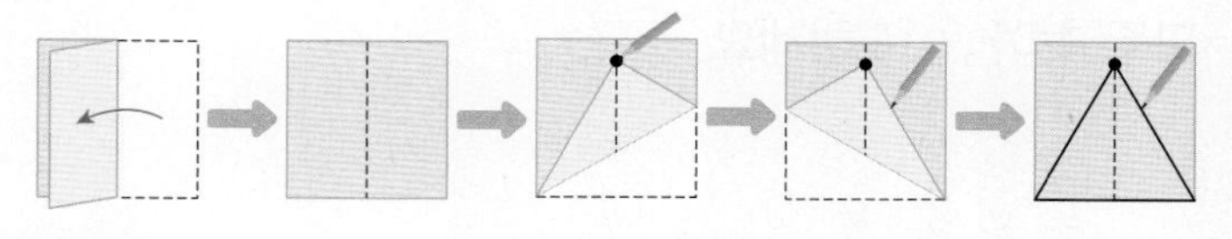

이유

15

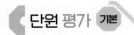

삼각형의 세 각 중 두 각의 크기를 나타낸 것입니다. 예각삼각형을 찾아 기호를 쓰세요.

㉠ 20°, 45°	㉡ 50°, 40°
㉢ 55°, 25°	㉣ 30°, 65°

(　　　　　　　　　　)

16

삼각형을 분류하여 빈칸에 알맞은 기호를 써넣으세요.

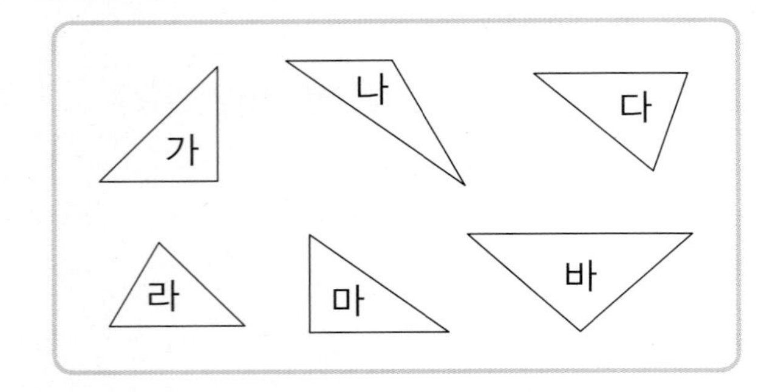

	예각삼각형	직각삼각형	둔각삼각형
이등변삼각형			
세 변의 길이가 모두 다른 삼각형			

17

길이가 같은 연필 3자루를 변으로 하는 삼각형을 만들려고 합니다. 만든 삼각형의 이름이 될 수 있는 것을 모두 찾아 ○표 하세요.

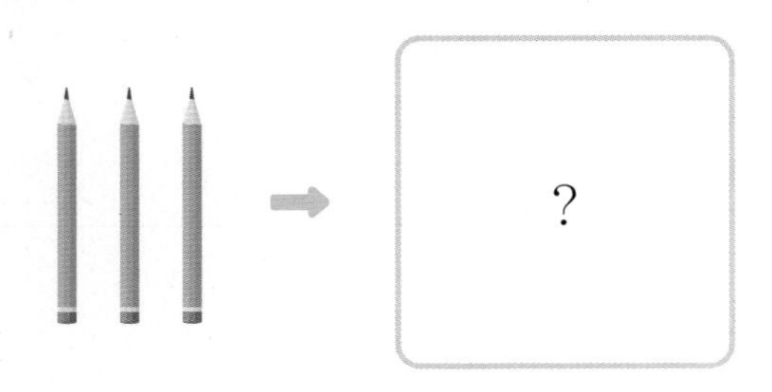

이등변삼각형　　정삼각형
예각삼각형　　직각삼각형　　둔각삼각형

18 서술형

세 삼각형의 같은 점과 다른 점을 쓰세요.

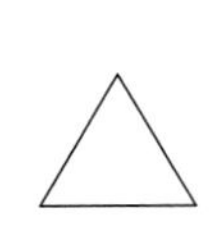
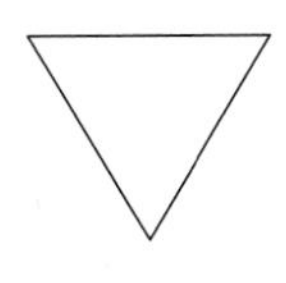
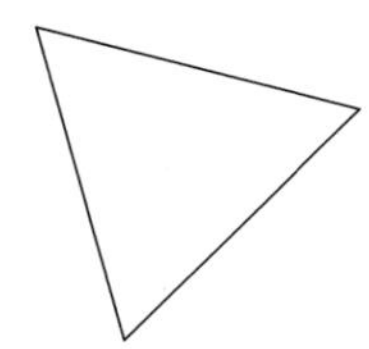

같은 점

다른 점

19

보기 에서 설명하는 도형을 그리세요.

보기
- 변이 3개입니다.
- 두 변의 길이가 같습니다.
- 한 각이 둔각입니다.

20

삼각형 ㄱㄴㄷ은 이등변삼각형입니다. □ 안에 알맞은 수를 써넣으세요.

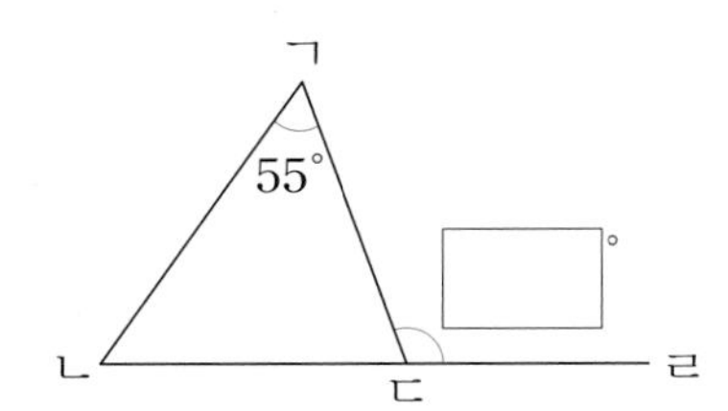

1

정삼각형은 어느 것일까요? (　　　)

① 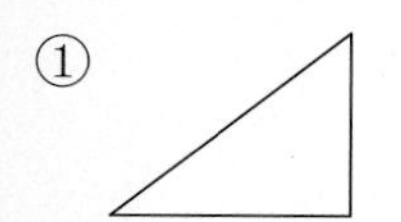
② 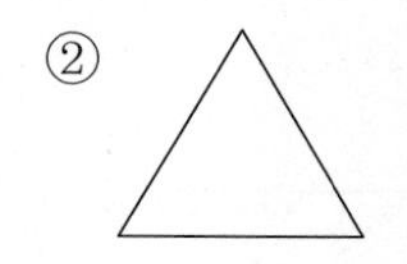
③ 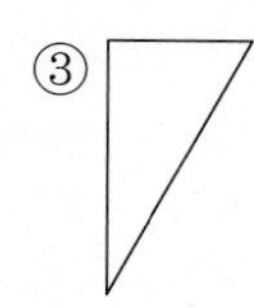
④ 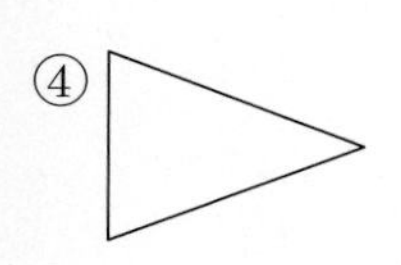
⑤ 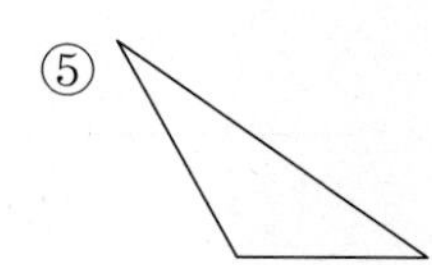

2

이등변삼각형에서 각의 크기가 같은 곳에 ∠ 와 같이 표시하세요.

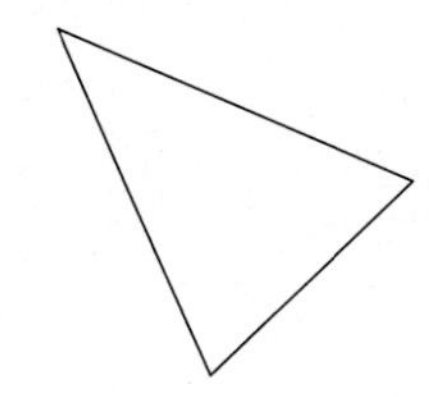
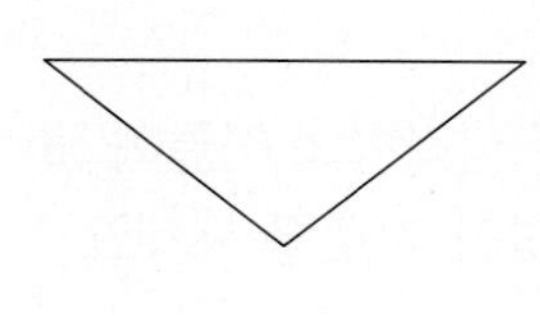

3

예각삼각형을 찾아 기호를 쓰세요.

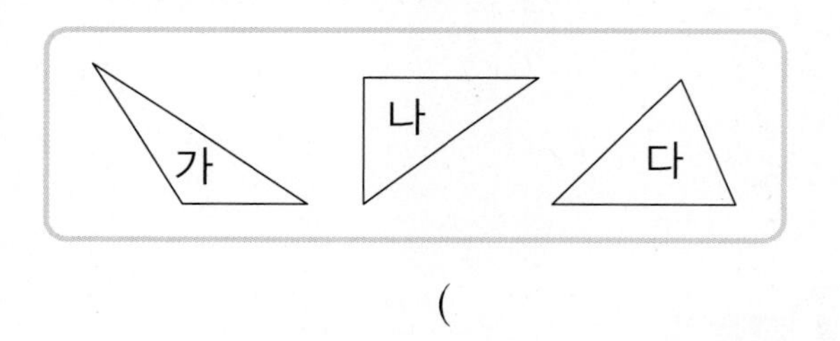

(　　　　　　　　　　)

4

다음 도형은 이등변삼각형입니다. □ 안에 알맞은 수를 써넣으세요.

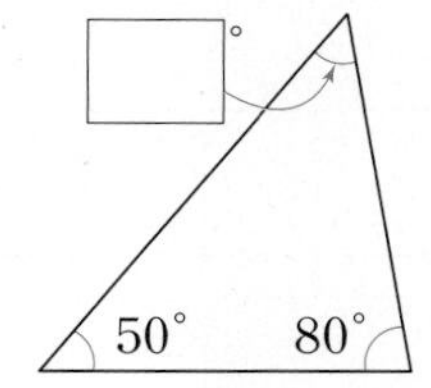

5

다음 도형은 정삼각형입니다. □ 안에 알맞은 수를 써넣으세요.

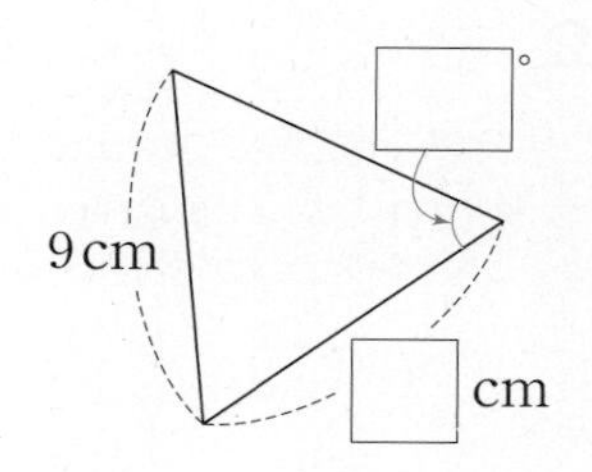

6

직사각형 모양의 종이띠를 선을 따라 모두 잘랐을 때 잘라 낸 도형 중 둔각삼각형은 모두 몇 개일까요?

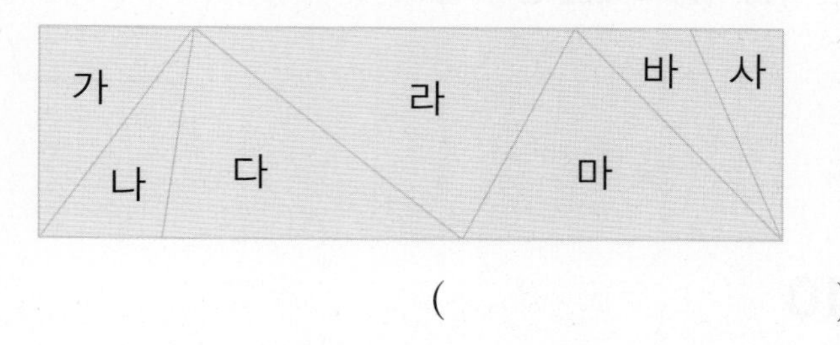

(　　　　　　　　　　)

7 서술형

다음 도형은 이등변삼각형입니다. 각 ㄱㄴㄷ의 크기는 몇 도인지 해결 과정을 쓰고, 답을 구하세요.

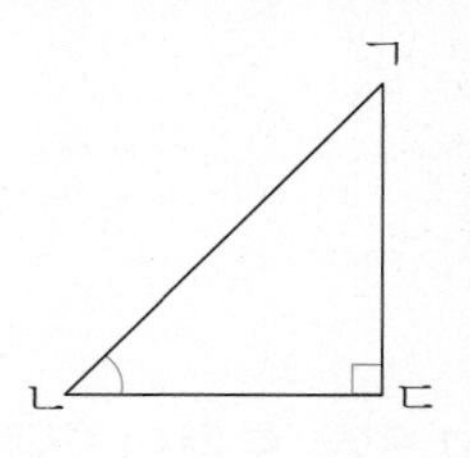

(　　　　　　　　　　)

8

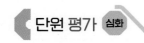

이등변삼각형의 세 변 중 두 변의 길이를 나타낸 것입니다. 이 삼각형의 세 변의 길이의 합이 될 수 있는 길이를 모두 쓰세요.

4 cm　　7 cm

(　　　　　　　　)

9

오른쪽 오각형에 꼭짓점을 지나는 직선을 2개 그어 예각삼각형 1개와 둔각삼각형 2개를 만드세요.

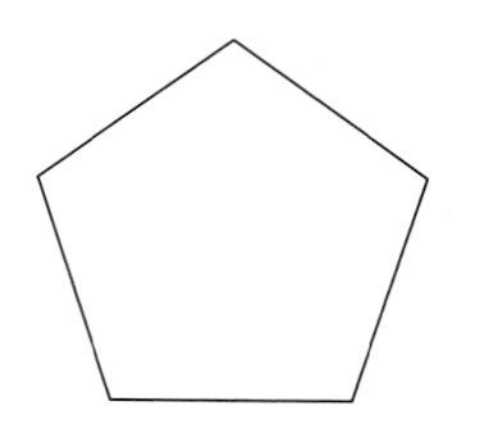

10

삼각형에 대해 바르게 말한 사람의 이름을 쓰세요.

진아: 예각삼각형은 한 각이 예각인 삼각형이야.
현수: 둔각삼각형에는 예각이 2개 있어.
민규: 직각삼각형에는 예각이 없어.

(　　　　　　　　)

11

다음에서 설명하고 있는 도형의 이름을 쓰세요.

- 굽은 선은 없습니다.
- 변과 꼭짓점은 각각 3개입니다.
- 변의 길이는 모두 4 cm입니다.

(　　　　　　　　)

12

이등변삼각형이면서 예각삼각형인 것을 찾아 기호를 쓰세요.

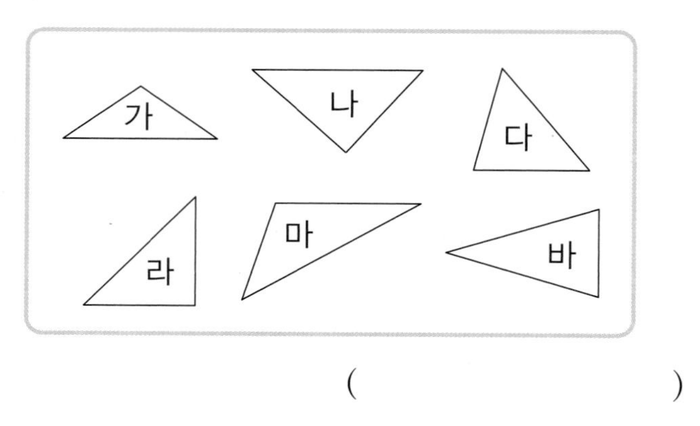

(　　　　　　　　)

13

오른쪽 삼각형의 이름이 될 수 없는 것을 찾아 기호를 쓰세요.

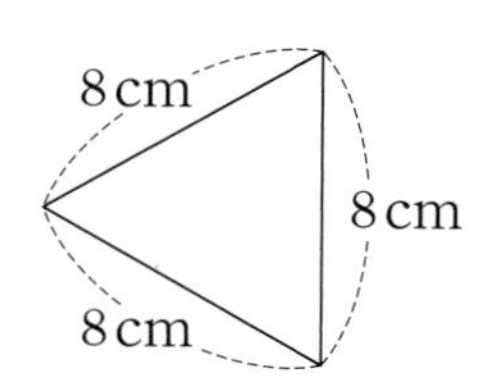

㉠ 정삼각형　　㉡ 이등변삼각형
㉢ 예각삼각형　　㉣ 둔각삼각형

(　　　　　　　　)

14 서술형

진우는 세 각 중 두 각의 크기가 15°, 35°인 삼각형을 예각삼각형이라고 잘못 말했습니다. 잘못 말한 이유를 쓰세요.

이유

15

삼각형 ㄱㄴㄷ은 정삼각형입니다. 각 ㄱㄷㄹ의 크기는 몇 도일까요?

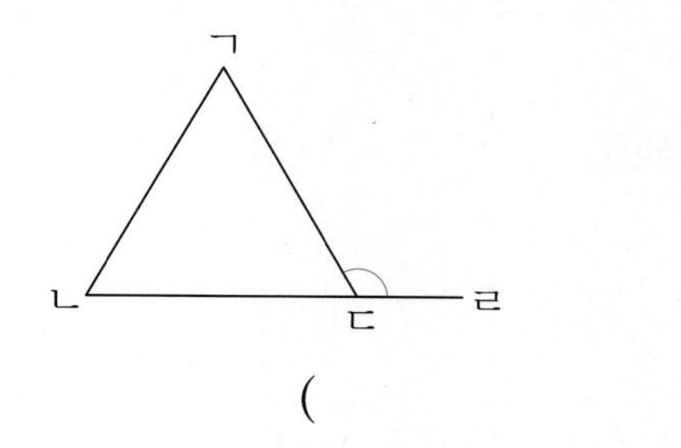

(　　　　　　　　　　)

16

다음 정삼각형의 세 변의 길이의 합과 이등변삼각형의 세 변의 길이의 합이 같을 때, □ 안에 알맞은 수를 써넣으세요.

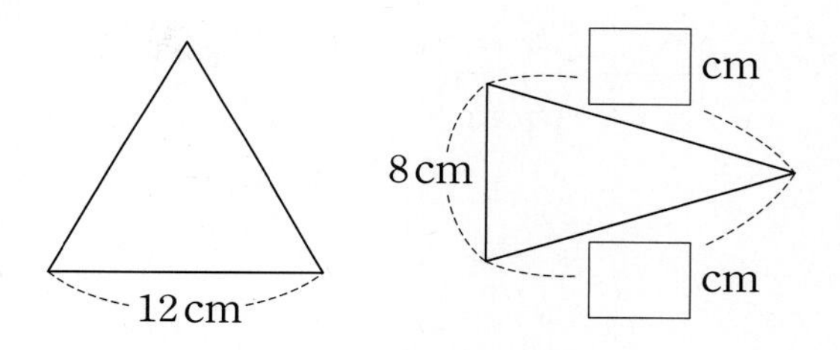

17

삼각형의 세 각 중 두 각의 크기를 나타낸 것입니다. 이등변삼각형이 될 수 있는 것을 찾아 기호를 쓰세요.

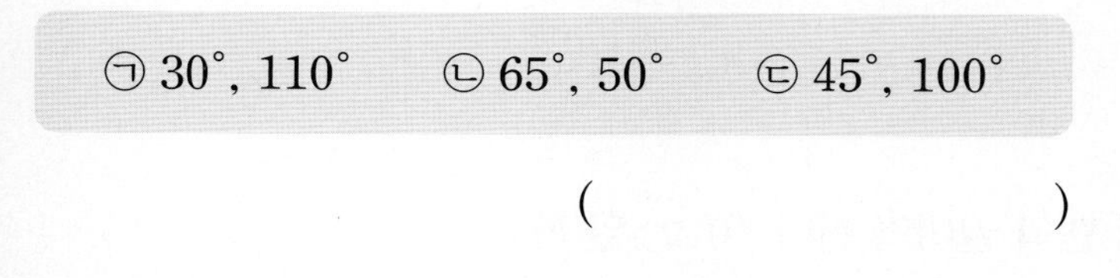

(　　　　　　　　　　)

18

삼각형의 일부가 지워졌습니다. 이 삼각형의 이름이 될 수 있는 것을 2가지 쓰세요.

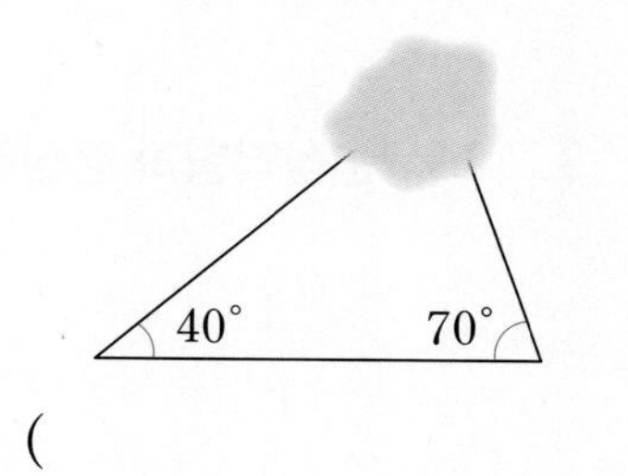

(　　　　　　　　　　)

19 서술형

삼각형 ㄱㄴㄷ은 이등변삼각형이고, 삼각형 ㄹㄴㄷ은 정삼각형입니다. 각 ㄴㄱㄷ의 크기는 몇 도인지 해결 과정을 쓰고, 답을 구하세요.

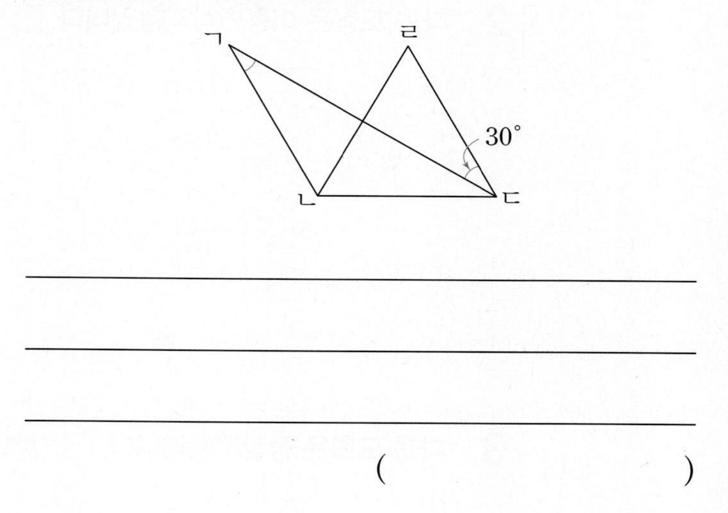

(　　　　　　　　　　)

20

도형에서 찾을 수 있는 크고 작은 예각삼각형은 모두 몇 개일까요?

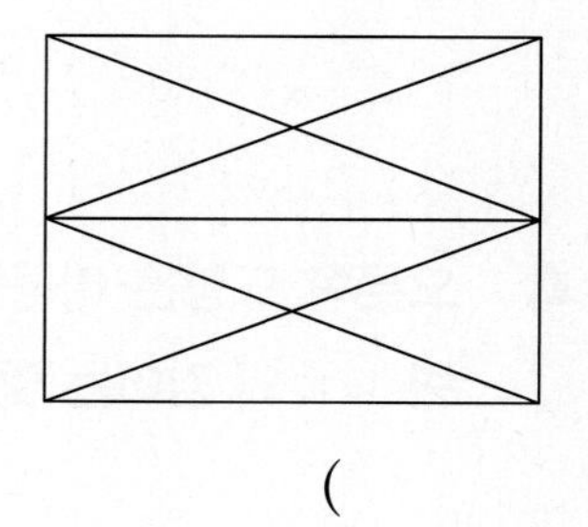

(　　　　　　　　　　)

정답 51쪽

평가 주제	변의 길이에 따라 삼각형 분류하기
평가 목표	삼각형을 변의 길이에 따라 분류하여 이등변삼각형과 정삼각형을 알 수 있습니다.

1 **이등변삼각형과 정삼각형을 각각 찾아 기호를 쓰세요.**

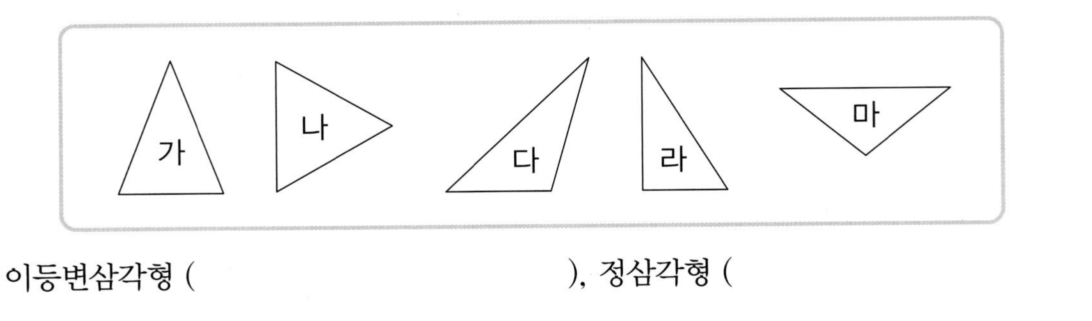

이등변삼각형 ( ), 정삼각형 ( )

2 **다음 도형은 이등변삼각형입니다. □ 안에 알맞은 수를 써넣으세요.**

(1)

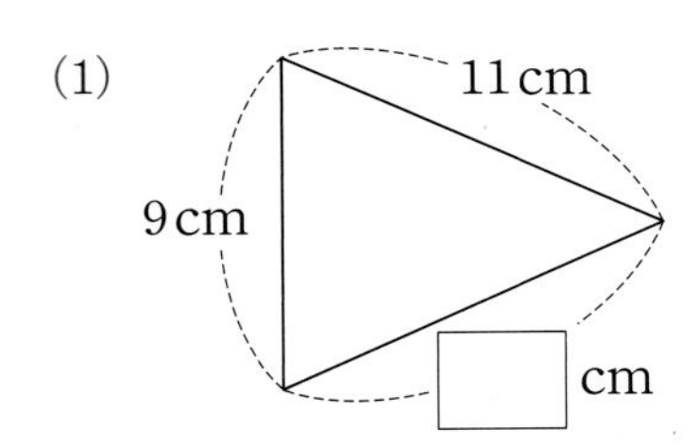

(2)

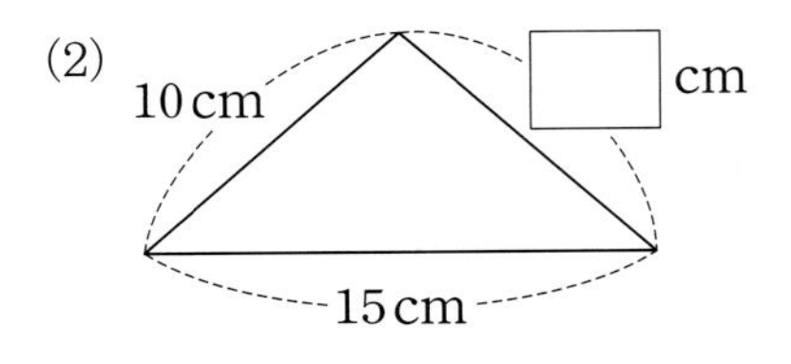

3 **다음 도형은 정삼각형입니다. □ 안에 알맞은 수를 써넣으세요.**

(1)

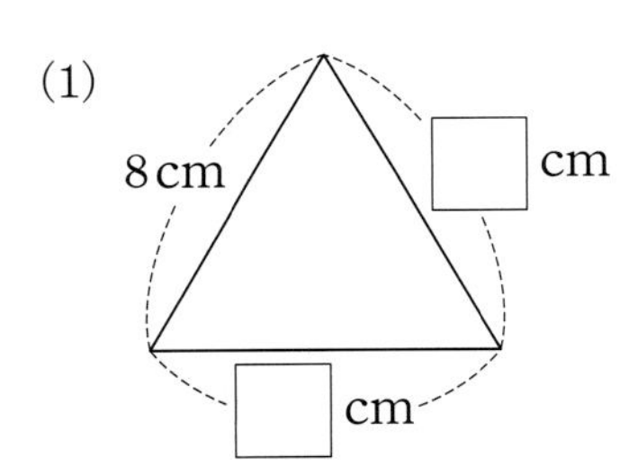

(2)

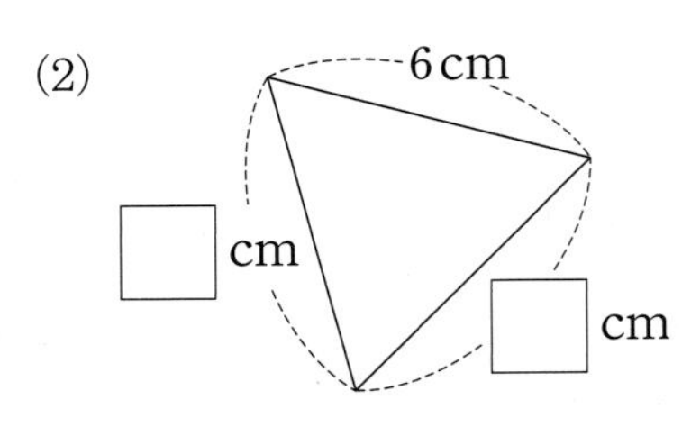

4 **오른쪽 도형은 이등변삼각형입니다. 세 변의 길이의 합이 40 cm일 때 변 ㄴㄷ의 길이는 몇 cm인지 구하세요.**

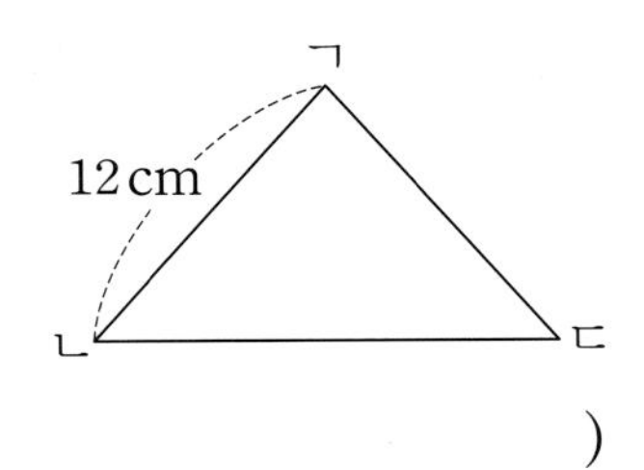

( )

● 정답 51쪽

평가 주제	이등변삼각형의 성질 알아보기
평가 목표	두 각의 크기가 같다는 이등변삼각형의 성질을 알 수 있습니다.

1 다음 도형은 이등변삼각형입니다. □ 안에 알맞은 수를 써넣으세요.

(1)

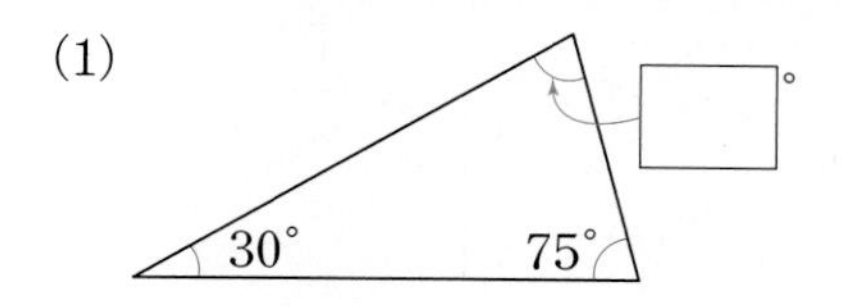

(2)

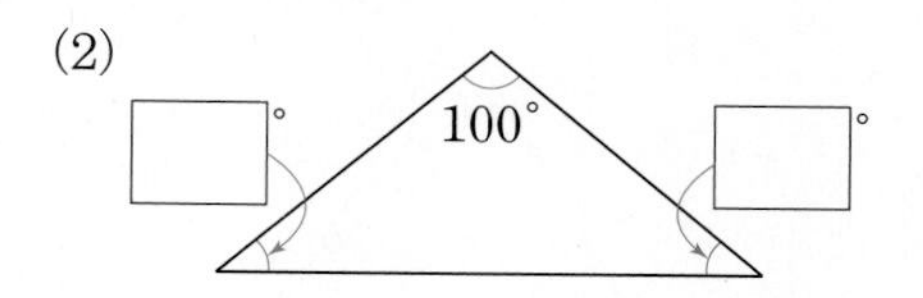

2 □ 안에 알맞은 수를 써넣으세요.

(1)

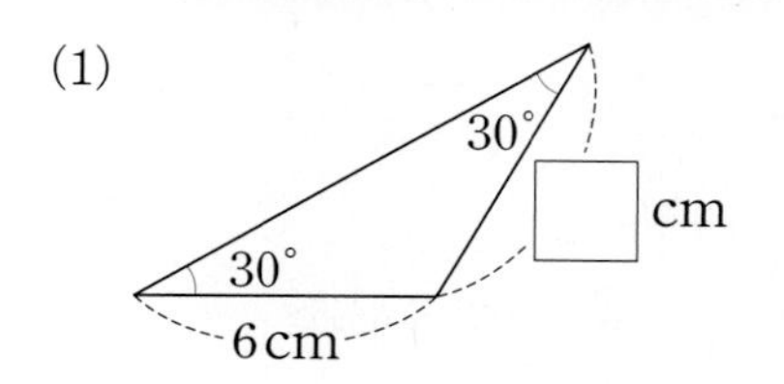

(2)

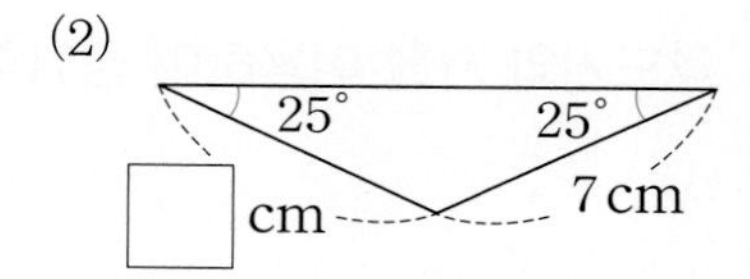

3 각도기와 자를 이용하여 이등변삼각형을 그리세요.

(1)

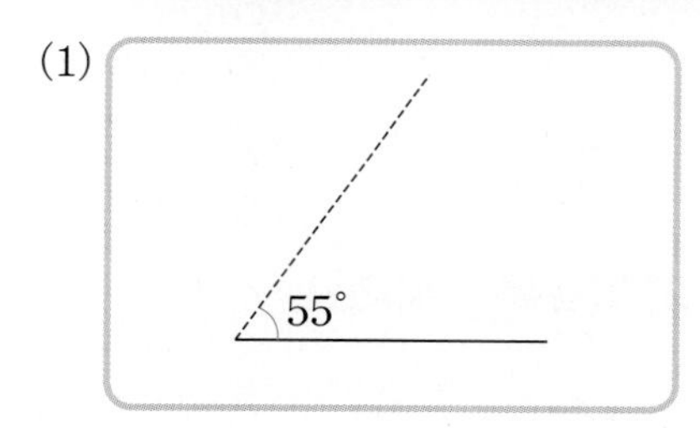

(2)

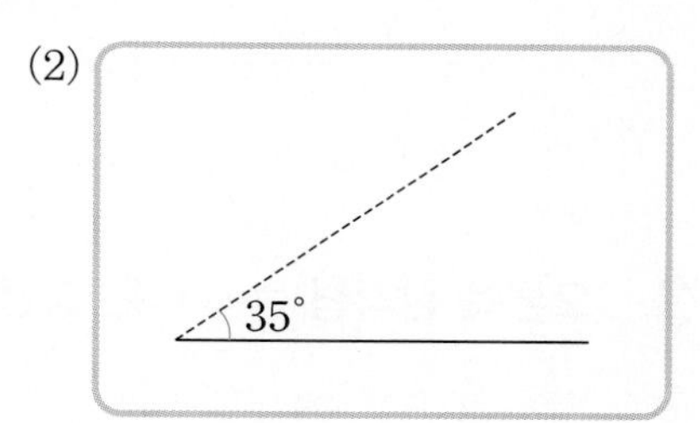

4 삼각형의 세 각 중 두 각의 크기를 나타낸 것입니다. 이등변삼각형을 모두 찾아 기호를 쓰세요.

㉠ 60°, 35°　㉡ 45°, 90°　㉢ 140°, 20°

(　　　　　　　　)

5 삼각형 ㄱㄴㄷ은 이등변삼각형입니다. □ 안에 알맞은 수를 써넣으세요.

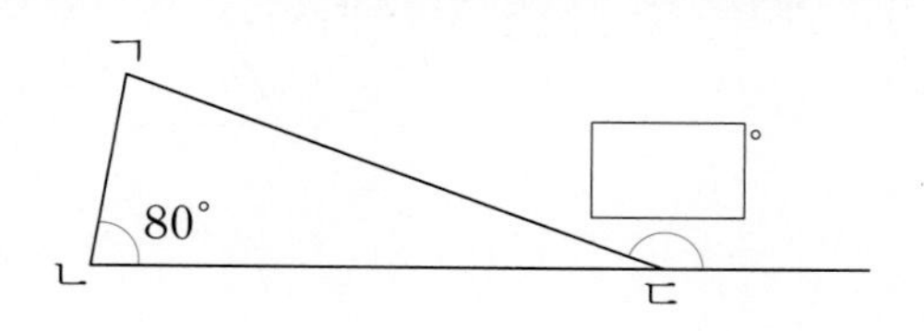

2 단원

평가 주제	정삼각형의 성질 알아보기
평가 목표	세 각의 크기가 모두 같다는 정삼각형의 성질을 알 수 있습니다.

1 **다음 도형은 정삼각형입니다. □ 안에 알맞은 수를 써넣으세요.**

(1)

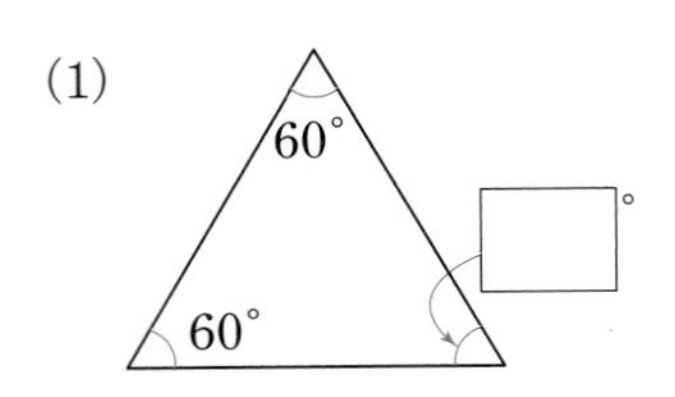

(2)

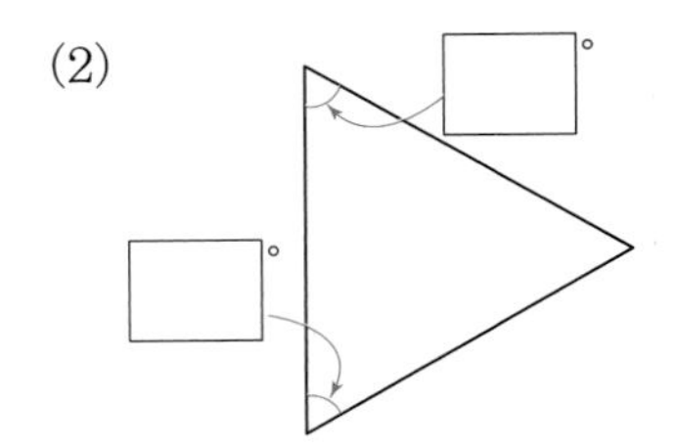

2 **각도기와 자를 이용하여 정삼각형을 그리세요.**

(1)

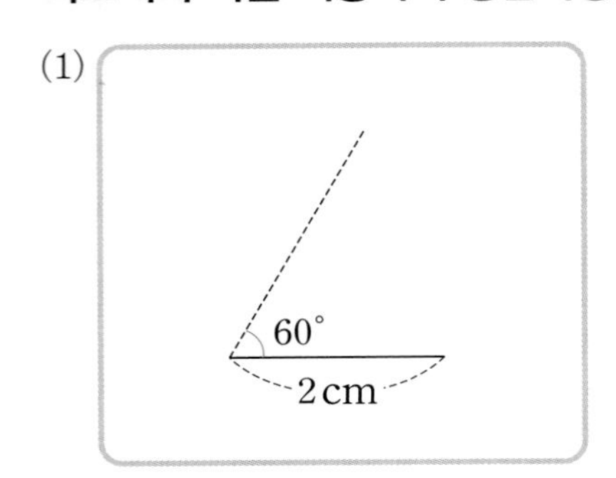

(2)

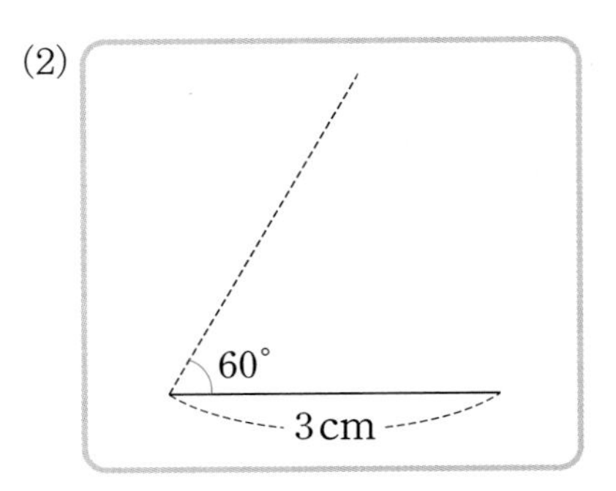

3 **오른쪽 삼각형 ㄱㄴㄷ은 정삼각형입니다. ㉠의 각도를 구하세요.**

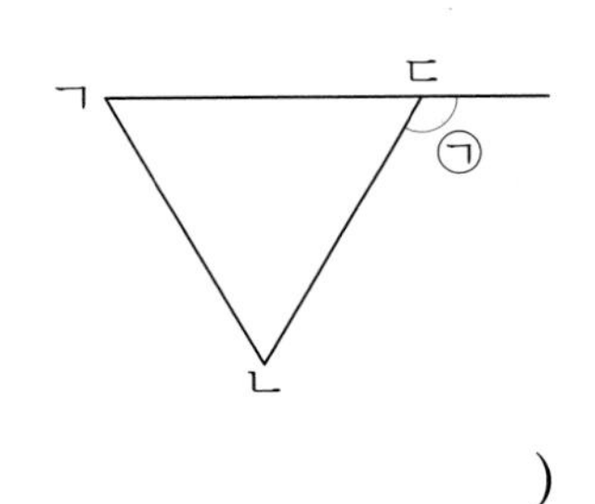

( )

4 **삼각형 ㄱㄴㄷ은 정삼각형이고 삼각형 ㄱㄷㄹ은 이등변삼각형입니다. 각 ㄴㄱㄹ의 크기를 구하세요.**

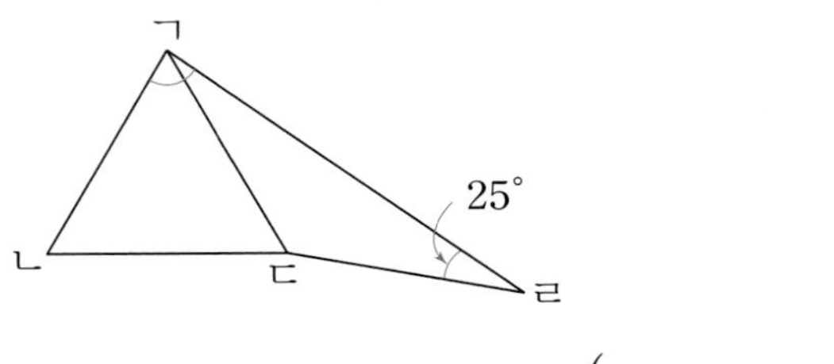

( )

평가 주제	각의 크기에 따라 삼각형 분류하기, 두 가지 기준으로 삼각형 분류하기
평가 목표	• 삼각형을 각의 크기에 따라 분류하여 예각삼각형과 둔각삼각형을 알 수 있습니다. • 삼각형을 변의 길이와 각의 크기에 따라 분류할 수 있습니다.

1 **삼각형을 예각삼각형, 직각삼각형, 둔각삼각형으로 분류하여 기호를 쓰세요.**

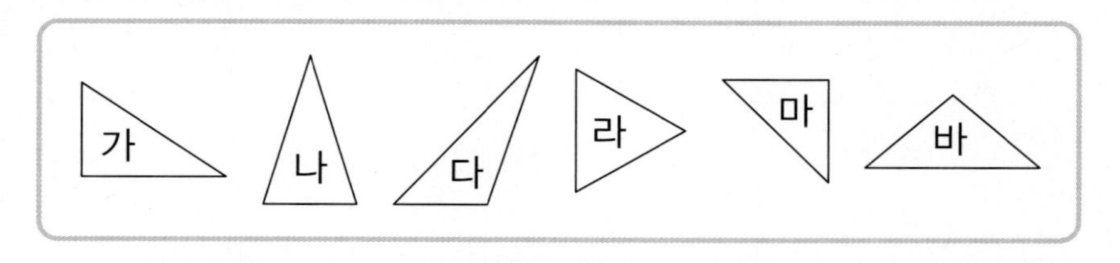

예각삼각형	직각삼각형	둔각삼각형

2 **모눈종이에 주어진 삼각형을 그리세요.**

(1)
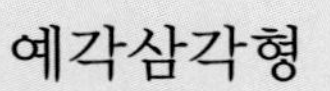

(2) 둔각삼각형

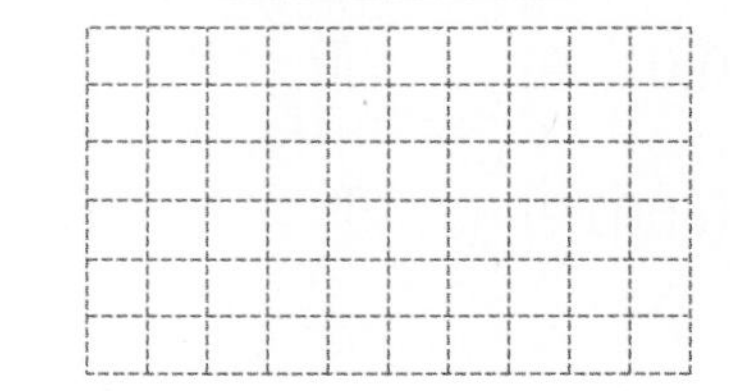

3 **관계있는 것끼리 이으세요.**

이등변삼각형 •

정삼각형 •

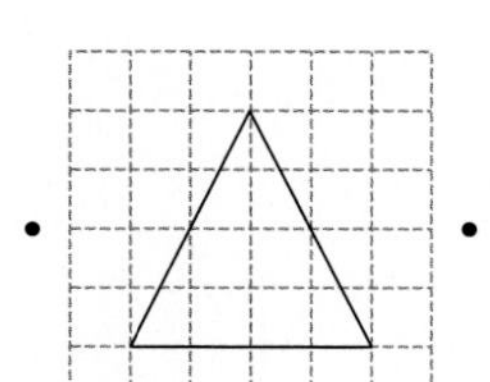

• 예각삼각형

• 둔각삼각형

• 직각삼각형

4 **연지가 두 각의 크기가 $40°$, $40°$인 삼각형을 그렸습니다. 연지가 그린 삼각형의 이름이 될 수 있는 것을 모두 찾아 ○표 하세요.**

이등변삼각형 , 정삼각형 , 예각삼각형 , 직각삼각형 , 둔각삼각형

1

전체 크기가 1인 모눈종이에 색칠된 부분의 크기를 소수로 나타내고 읽어 보세요.

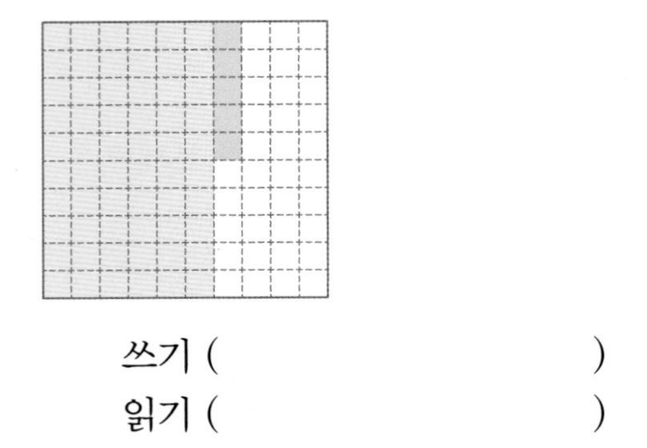

쓰기 (   )

읽기 (   )

2

□ 안에 알맞은 수를 써넣으세요.

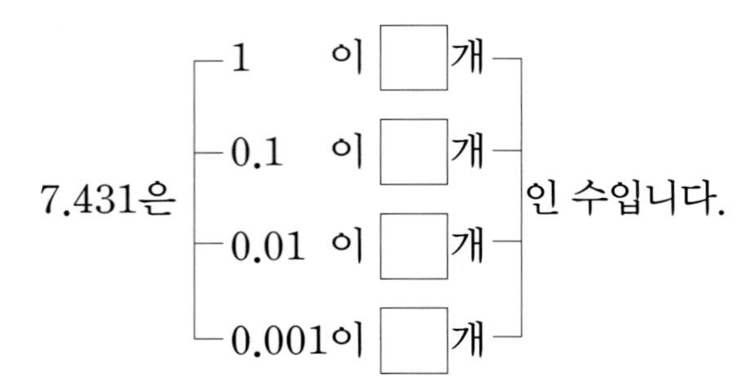
7.431은
1 이 □개
0.1 이 □개
0.01 이 □개
0.001이 □개
인 수입니다.

3

생략할 수 있는 0이 있는 소수에 ○표 하세요.

0.905	1.70

4

계산을 하세요.

$$\begin{array}{r} 4.3 \\ +\ 1.9 \\ \hline \end{array}$$

5

전체 크기가 1인 모눈종이에 색칠된 그림을 보고 □ 안에 알맞은 수를 써넣으세요.

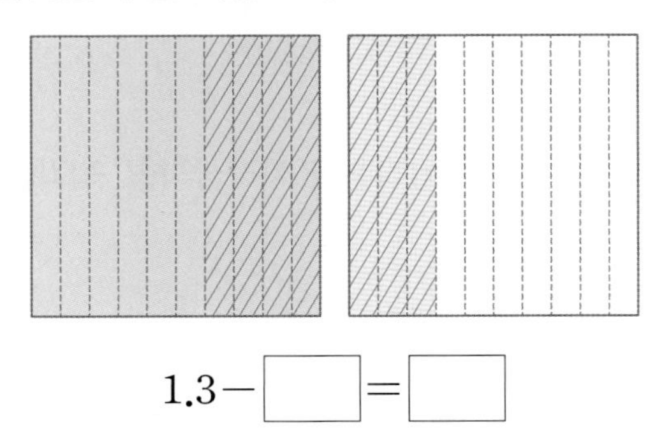

$1.3-\square=\square$

6 서술형

희수는 리본을 사용하여 선물을 포장했습니다. 희수가 사용한 리본의 길이는 몇 m인지 해결 과정을 쓰고, 답을 구하세요.

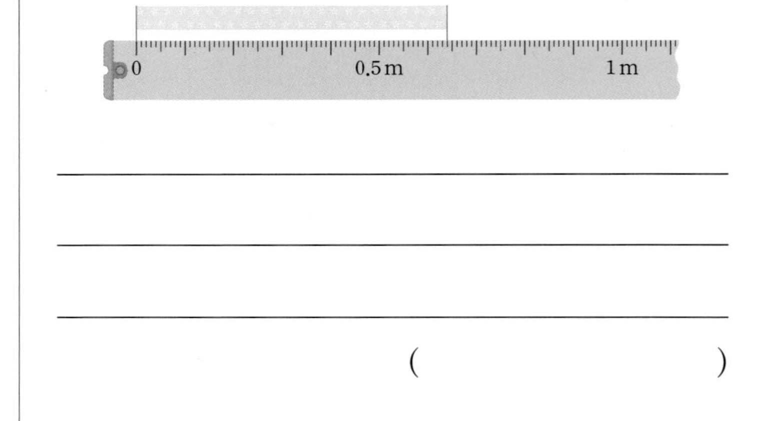
0
0.5 m
1 m

(   )

7

□ 안에 알맞은 수를 써넣으세요.

1이 12개, 0.1이 5개, 0.01이 8개인 수는 □입니다.

8

다음 소수를 바르게 설명한 학생의 이름을 모두 쓰세요.

3.164

지혜: 소수 둘째 자리 숫자는 6이야.
승호: 0.001이 164개 있어.
영민: 4는 0.004를 나타내.
준서: '삼 점 백육십사'라고 읽어.

( )

9

□ 안에 알맞은 수를 써넣으세요.

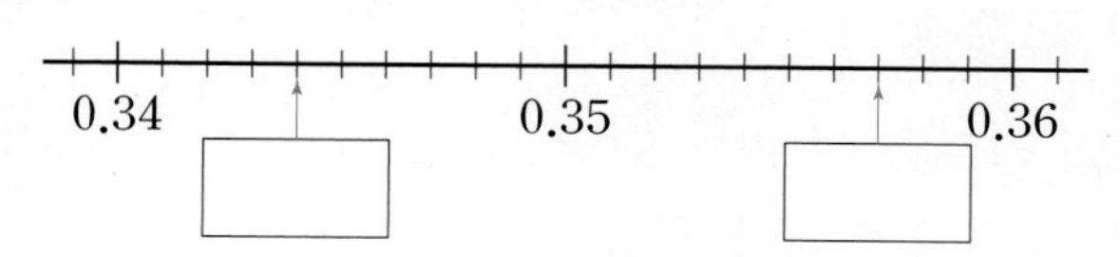

10

나타내는 수가 다른 하나를 찾아 기호를 쓰세요.

㉠ 128.5의 $\frac{1}{100}$　㉡ 12.85의 $\frac{1}{10}$
㉢ 1.285　㉣ 1.285의 100배

( )

11

두 수의 크기를 잘못 비교한 것은 어느 것일까요? ( )

① $0.5<1.2$　② $0.78>0.8$
③ $0.403>0.043$　④ $5.412<5.455$
⑤ $7.094>7.091$

12

계산 결과가 같은 것끼리 이으세요.

0.5+2.3 •	• 4.7−3.1
0.8+0.8 •	• 3.2−0.7
1.6+0.9 •	• 5.4−2.6

13

수호가 물 0.72 L와 포도 원액 0.14 L를 섞어서 포도주스를 만들었습니다. 수호가 만든 포도주스는 몇 L인지 식을 쓰고, 답을 구하세요.

식

답

14 서술형

가장 큰 수와 가장 작은 수의 합은 얼마인지 해결 과정을 쓰고, 답을 구하세요.

2.85　4.32　5.09

( )

15

시청에서 박물관까지의 거리는 1.9 km이고, 시청에서 미술관까지의 거리는 2.79 km입니다. 박물관과 미술관 중에서 시청에서 더 가까운 곳은 어디이고, 몇 km 더 가까운지 구하세요.

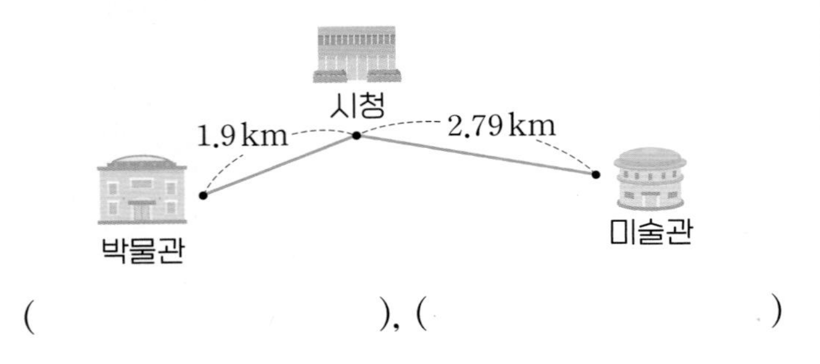

( ), ( )

16

㉠과 ㉡에 알맞은 수의 합을 구하세요.

㉠ 0.01이 272개인 수
㉡ 1이 5개, 0.1이 4개, 0.01이 9개인 수

( )

17

□ 안에 들어갈 수가 큰 것부터 차례대로 기호를 쓰세요.

㉠ 32.57은 3.257의 □ 배입니다.
㉡ 1.9는 0.019의 □ 배입니다.
㉢ 40은 0.04의 □ 배입니다.

( )

18

소수에 관한 수수께끼를 풀어 알맞은 소수를 구하세요.

수수께끼
- 이 수는 소수 세 자리 수입니다.
- 3보다 크고 5보다 작습니다.
- 소수 첫째 자리 숫자는 8입니다.
- 소수 둘째 자리 숫자는 1입니다.
- 이 수에서 9는 0.009를 나타냅니다.
- 이 수를 수직선에 나타내면 3보다 5에 더 가깝습니다.

( )

19 서술형

4장의 카드를 한 번씩 모두 사용하여 소수 두 자리 수를 만들려고 합니다. 만들 수 있는 가장 큰 수와 가장 작은 수의 차는 얼마인지 해결 과정을 쓰고, 답을 구하세요.

3 5 7 .

( )

20

어떤 수에서 0.8을 빼야 할 것을 잘못하여 더했더니 4.55가 되었습니다. 바르게 계산하면 얼마일까요?

( )

● 정답 53쪽

1

수직선에서 ㉠에 알맞은 소수를 쓰세요.

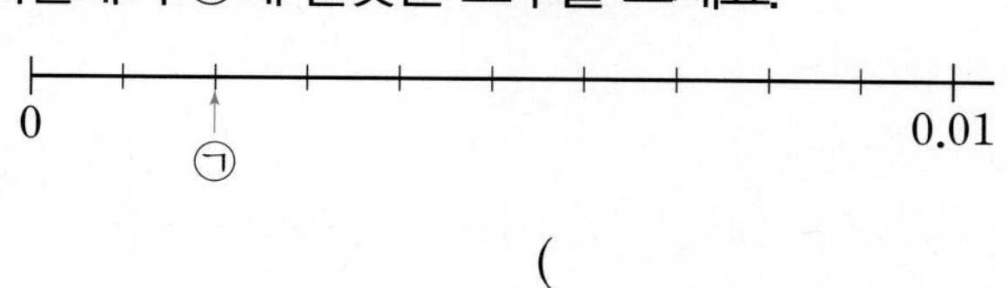

( )

2

분수를 소수로 나타내고 읽어 보세요.

$3\frac{8}{100}$

쓰기 ( )
읽기 ( )

3

계산을 하세요.

$$\begin{array}{r} 5.42 \\ -\ 1.84 \\ \hline \end{array}$$

4

빈칸에 두 수의 합을 써넣으세요.

3.6	0.9

5

관계있는 것끼리 이으세요.

0.09 •	• 0.079
1.382 •	• 영 점 영구
$\frac{79}{1000}$ •	• 일 점 삼팔이

6

숫자 8이 나타내는 수가 가장 작은 것은 어느 것일까요? ( )

① 8.905 ② 4.008 ③ 0.867
④ 81.75 ⑤ 2.087

7 서술형

계산에서 잘못된 부분을 찾아 이유를 쓰고, 바르게 계산하세요.

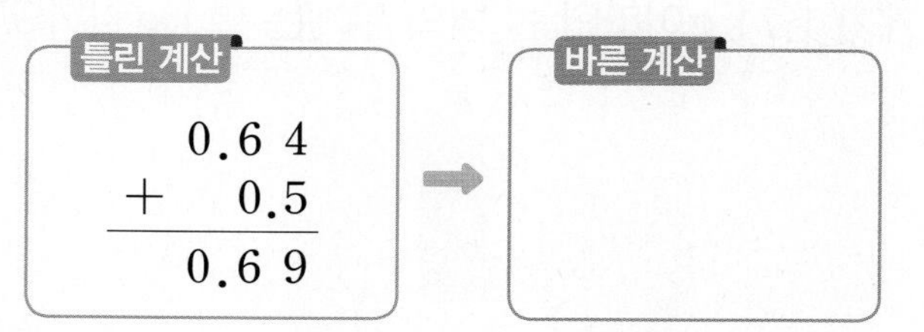

이유

8

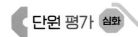

㉠이 나타내는 수는 ㉡이 나타내는 수의 몇 배일까요?

27.974
㉠ ㉡

( )

9 서술형

어떤 수를 10배 한 수는 15.7입니다. 어떤 수는 얼마인지 해결 과정을 쓰고, 답을 구하세요.

____

____

____

( )

10

음료수가 담긴 병의 무게는 2.3 kg입니다. 음료수의 무게가 1.7 kg이라면 빈 병의 무게는 몇 kg일까요?

( )

11

두 수의 크기를 비교하여 ○ 안에 >, =, <를 알맞게 써넣으세요.

9.2의 $\frac{1}{10}$ ○ 920의 $\frac{1}{100}$

12

어느 과자점에서 과자 한 상자를 만드는 데 필요한 재료의 무게입니다. 과자 100상자를 만드는 데 필요한 밀가루, 버터, 설탕의 양은 각각 몇 kg일까요?

재료	밀가루	버터	설탕
무게(kg)	0.65	0.087	0.2

밀가루 ( )
버터 ( )
설탕 ( )

13

㉠과 ㉡에 알맞은 수의 합을 구하세요.

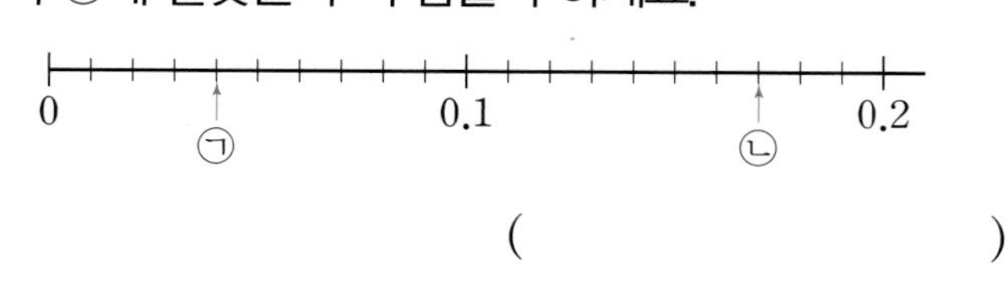

( )

14

계산 결과가 큰 것부터 차례대로 기호를 쓰세요.

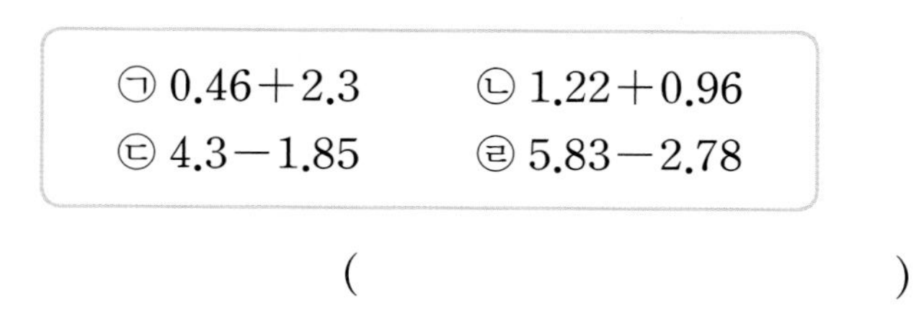
㉠ 0.46+2.3　㉡ 1.22+0.96
㉢ 4.3−1.85　㉣ 5.83−2.78

( )

15

떨어뜨린 높이의 $\frac{1}{10}$만큼 튀어 오르는 공이 있습니다. 이 공을 75 m 높이에서 떨어뜨렸을 때 세 번째로 튀어 오른 공의 높이는 몇 m일까요?

( )

16

□ 안에 알맞은 수를 써넣으세요.

$$\begin{array}{r} 7.8\square \\ -\ 3.\square 5 \\ \hline \square.89 \end{array}$$

17 서술형

0부터 9까지의 수 중에서 □ 안에 들어갈 수 있는 가장 큰 수는 얼마인지 해결 과정을 쓰고, 답을 구하세요.

13.□67 < 12.48 + 1.05

( )

18

색 테이프 2장을 그림과 같이 겹쳐서 한 줄로 이어 붙였더니 전체 길이가 3.82 m였습니다. 겹쳐진 부분의 길이는 몇 m일까요?

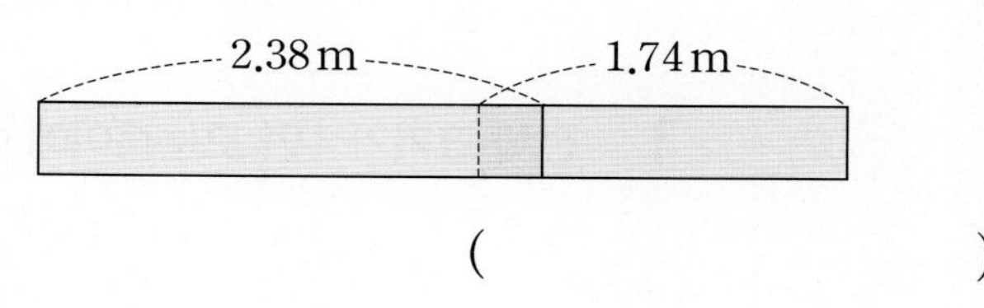

( )

19

집에서 학교까지의 거리는 1.38 km이고, 학교에서 도서관까지의 거리는 집에서 학교까지의 거리보다 0.59 km 더 가깝습니다. 집에서 학교를 거쳐 도서관까지 가는 거리는 몇 km일까요?

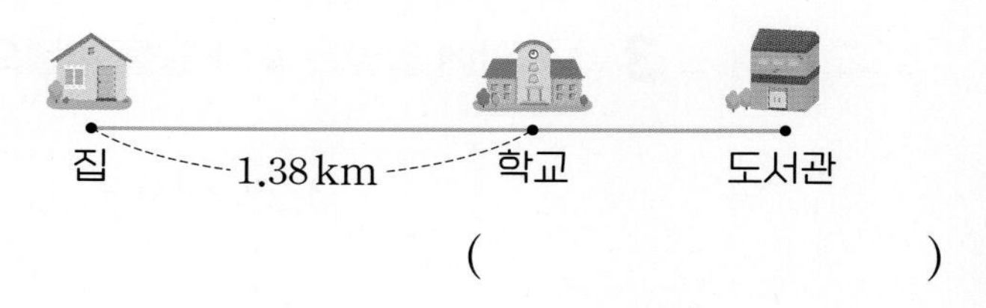

( )

20

더 큰 수의 기호를 쓰세요.

㉠ 1이 17개, 0.1이 4개, 0.01이 12개인 수

㉡ 10이 1개, 1이 4개, $\frac{1}{100}$이 9개, $\frac{1}{1000}$이 6개인 수

( )

평가 주제	소수 두 자리 수, 소수 세 자리 수
평가 목표	• 소수 두 자리 수와 소수 세 자리 수를 쓰고 읽을 수 있습니다. • 소수 두 자리 수와 소수 세 자리 수의 자릿값을 알 수 있습니다.

1 **전체 크기가 1인 모눈종이에 색칠된 부분의 크기를 소수로 나타내세요.**

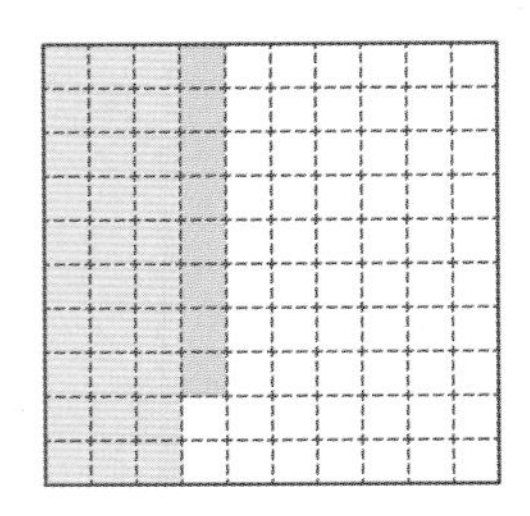

(　　　　　　　　)

2 **소수를 읽어 보세요.**

(1) 1.72 ➡ (　　　　　　　　)　(2) 0.509 ➡ (　　　　　　　　)

3 **□ 안에 알맞은 수나 말을 써넣으세요.**

4.286에서 4는 □의 자리 숫자이고, □를 나타냅니다.
2는 □ 자리 숫자이고, □를 나타냅니다.
8은 □ 자리 숫자이고, □을 나타냅니다.
6은 □ 자리 숫자이고, □을 나타냅니다.

4 **숫자 2가 0.02를 나타내는 수를 찾아 ○표 하세요.**

2.13　　7.025　　8.642　　4.271

5 **바르게 설명한 것을 찾아 기호를 쓰세요.**

㉠ 63 cm는 6.3 m와 같습니다.
㉡ 1 m 48 cm는 1.48 m와 같습니다.

(　　　　　　　　)

평가 주제	소수의 크기 비교, 소수 사이의 관계
평가 목표	• 소수의 크기를 비교할 수 있습니다. • 소수 사이의 관계를 이용하여 소수의 크기 변화를 알 수 있습니다.

1 **두 소수의 크기를 비교하여 ○ 안에 >, =, <를 알맞게 써넣으세요.**

(1) 0.83 ◯ 0.825　　　(2) 3.105 ◯ 3.107

2 **빈칸에 알맞은 수를 써넣으세요.**

(← $\frac{1}{10}$, ← $\frac{1}{10}$, 10배 →, 10배 →)

	0.4	4		
	2.35	23.5	235	

3 **가장 큰 수에 ○표, 가장 작은 수에 △표 하세요.**

4.531　　4.79　　4.564

4 0.27**과 같은 수를 찾아 기호를 쓰세요.**

㉠ 0.027의 100배　　㉡ 2.7의 10배

㉢ 2.7의 $\frac{1}{10}$　　㉣ 270의 $\frac{1}{100}$

(　　　　　　)

5 **농장에서 귤을 민주는** 0.65 kg **땄고, 채희는** 0.68 kg **땄습니다. 귤을 더 많이 딴 사람의 이름을 쓰세요.**

(　　　　　　)

평가 주제	소수 한 자리 수의 덧셈, 소수 한 자리 수의 뺄셈
평가 목표	소수 한 자리 수의 덧셈과 뺄셈의 계산 원리를 이해하고 계산할 수 있습니다.

1 **그림을 보고 □ 안에 알맞은 수를 써넣으세요.**

(1)
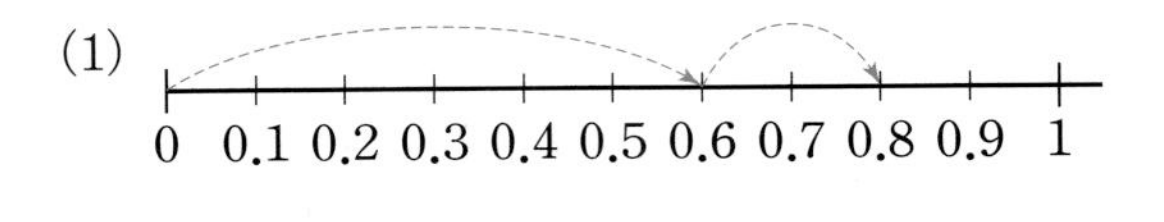

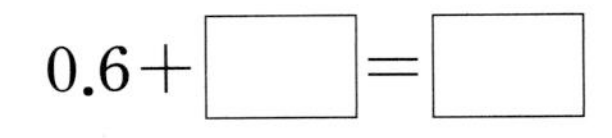

$0.6+\square=\square$

(2)
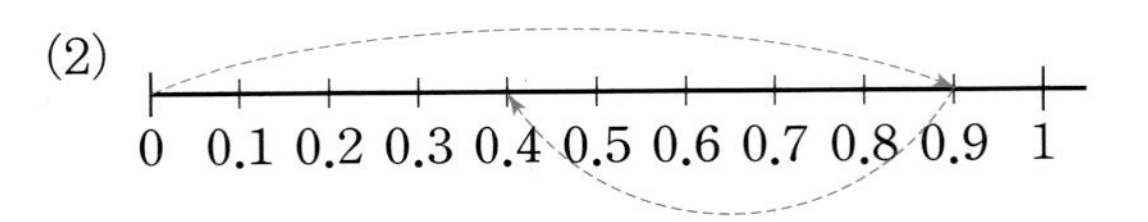

$0.9-\square=0.4$

2 **계산을 하세요.**

(1) $\begin{array}{r} 2.7 \\ +\ 1.5 \\ \hline \end{array}$

(2) $\begin{array}{r} 4.3 \\ -\ 2.9 \\ \hline \end{array}$

3 **계산 결과가 같은 것끼리 이으세요.**

0.9+0.9 •	• 4.7−1.5
1.4+1.8 •	• 5.4−2.9
2.1+0.4 •	• 3.2−1.4

4 **가장 큰 수와 가장 작은 수의 합을 구하세요.**

2.3	5.6	3.4

( )

5 **연희가 사용한 끈은 1.6 m이고, 소연이가 사용한 끈은 0.8 m입니다. 연희는 소연이보다 끈을 몇 m 더 많이 사용했는지 구하세요.**

( )

● 정답 54쪽

평가 주제	소수 두 자리 수의 덧셈, 소수 두 자리 수의 뺄셈
평가 목표	소수 두 자리 수의 덧셈과 뺄셈의 계산 원리를 이해하고 계산할 수 있습니다.

3 단원

1 □ 안에 알맞은 수를 써넣으세요.

(1)

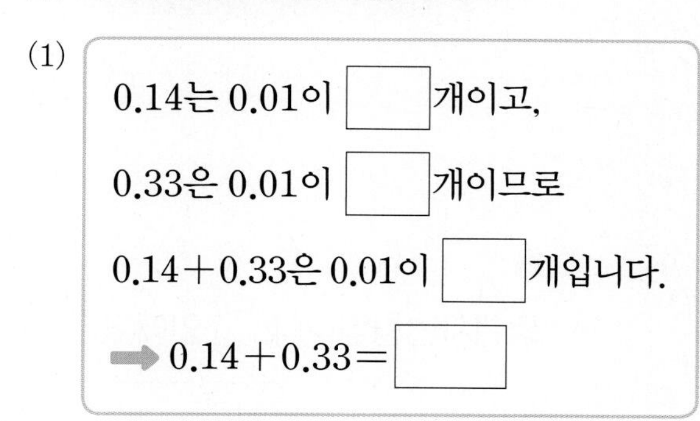

0.14는 0.01이 □개이고,
0.33은 0.01이 □개이므로
0.14+0.33은 0.01이 □개입니다.
➡ 0.14+0.33=□

(2)

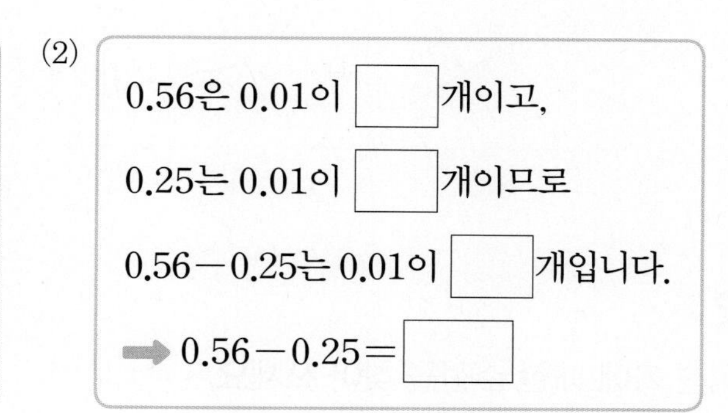

0.56은 0.01이 □개이고,
0.25는 0.01이 □개이므로
0.56−0.25는 0.01이 □개입니다.
➡ 0.56−0.25=□

2 계산을 하세요.

(1)
$$\begin{array}{r} 2.05 \\ +\ 3.78 \\ \hline \end{array}$$

(2)
$$\begin{array}{r} 8.23 \\ -\ 5.49 \\ \hline \end{array}$$

3 빈칸에 알맞은 수를 써넣으세요.

(1)

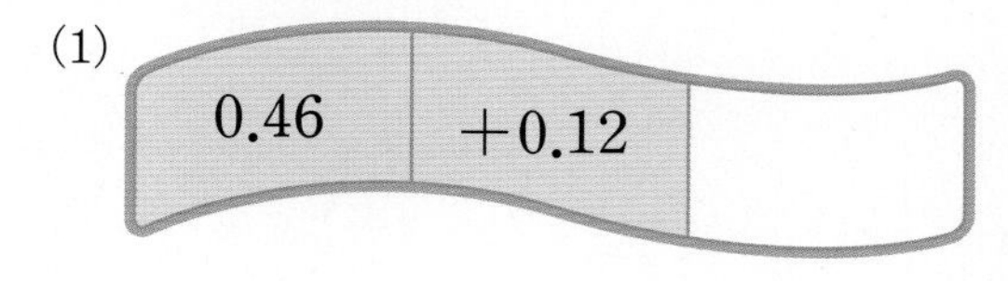

(2)

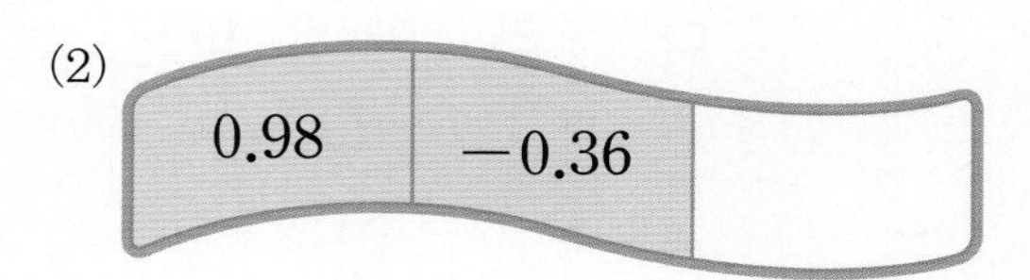

4 계산 결과를 비교하여 ○ 안에 >, =, <를 알맞게 써넣으세요.

3.76+1.58 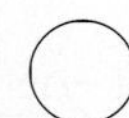 10.34−4.95

5 물통에 물이 4.15 L 들어 있었습니다. 그중 2.76 L를 요리하는 데 사용했다면 남은 물은 몇 L인지 구하세요.

( )

1

두 직선이 서로 수직인 것을 모두 찾아 기호를 쓰세요.

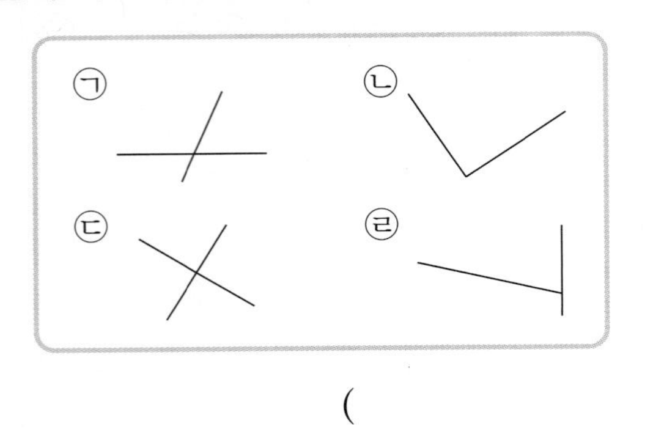

( )

2

직선 가에 대한 수선을 찾아 쓰세요.

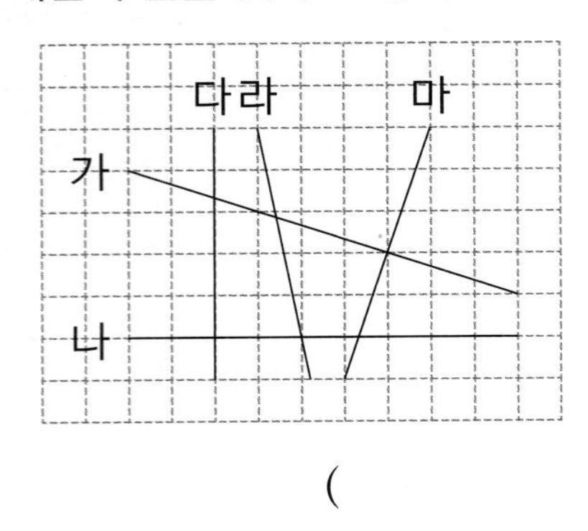

( )

3

직선 다와 평행한 직선을 찾아 쓰세요.

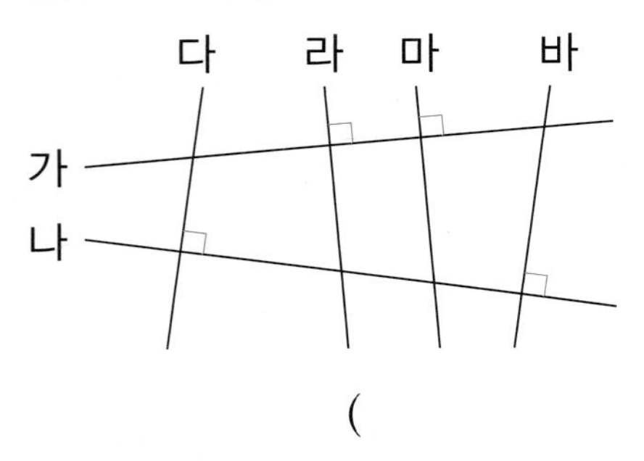

( )

4

직선 가와 직선 나가 평행할 때 두 직선 사이의 거리를 나타내는 선분을 모두 고르세요. ( )

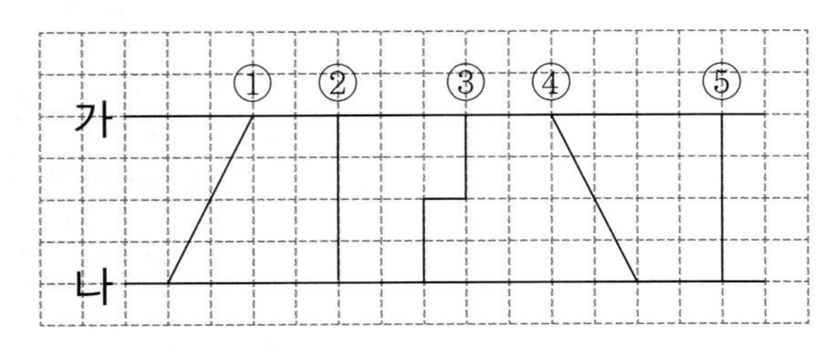

5

사다리꼴은 모두 몇 개일까요?

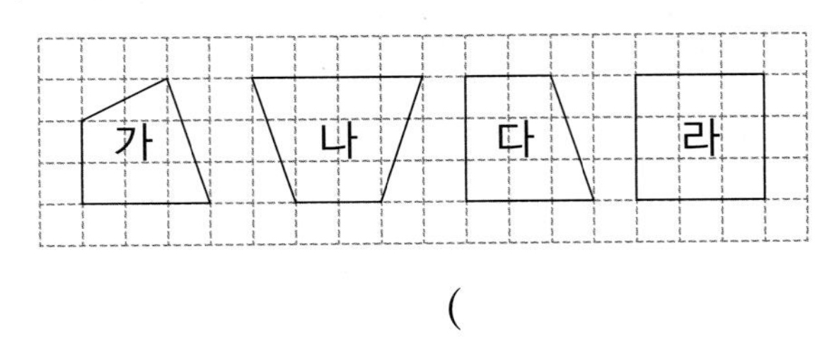

( )

6

평행사변형입니다. □ 안에 알맞은 수를 써넣으세요.

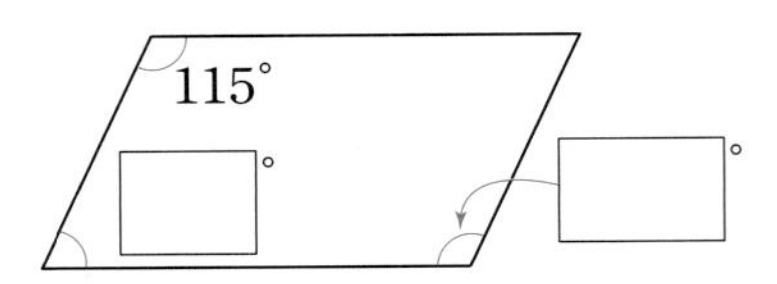

7

각도기와 자를 사용하여 직선 가에 대한 수선을 그으세요.

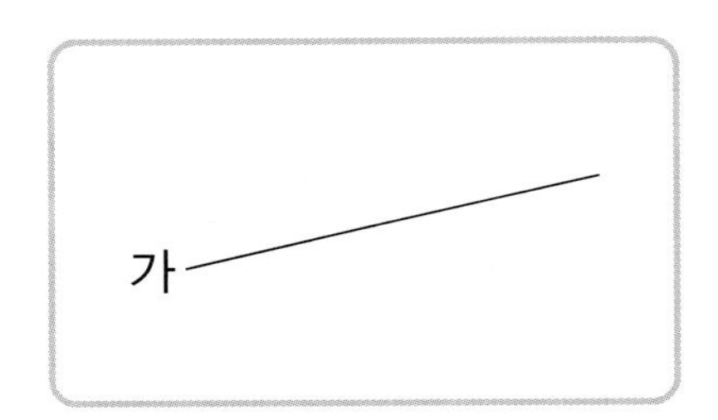

8

삼각자를 사용하여 점 ㄱ을 지나고 직선 가에 평행한 직선을 그으세요.

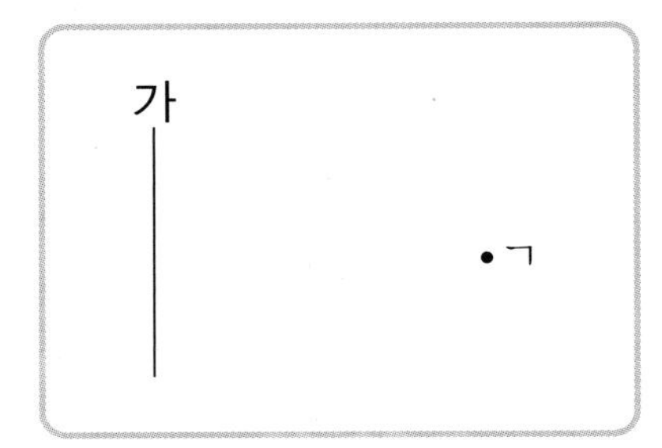

9 서술형

도형에서 평행한 변은 모두 몇 쌍인지 해결 과정을 쓰고, 답을 구하세요.

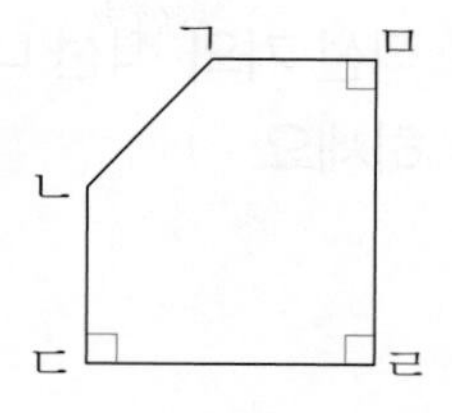

( )

10

도형에서 평행선 사이의 거리는 몇 cm일까요?

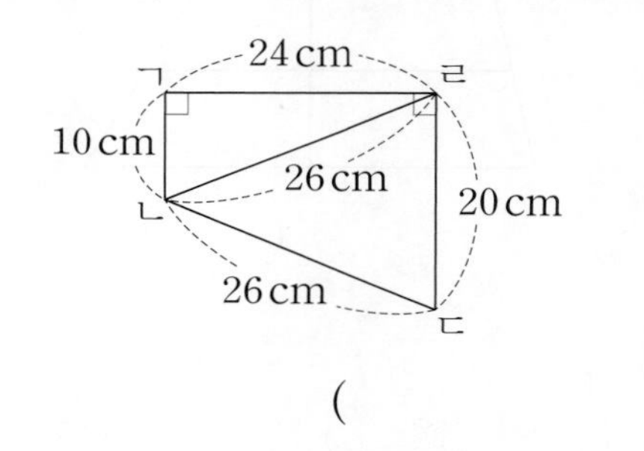

( )

11

평행선 사이의 거리는 몇 cm인지 재어 보세요.

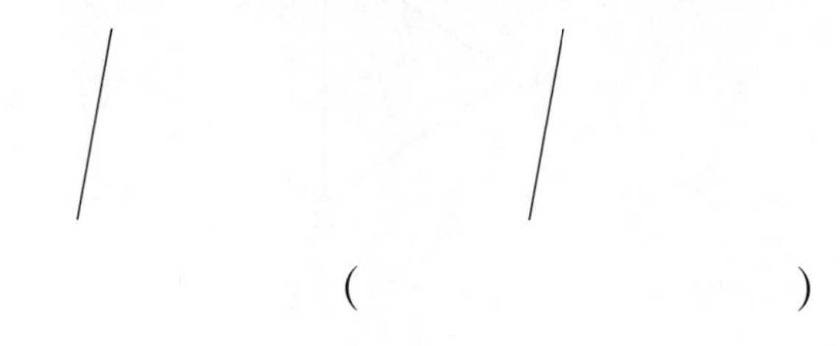

( )

12

주어진 선분을 두 변으로 하는 사다리꼴을 그리세요.

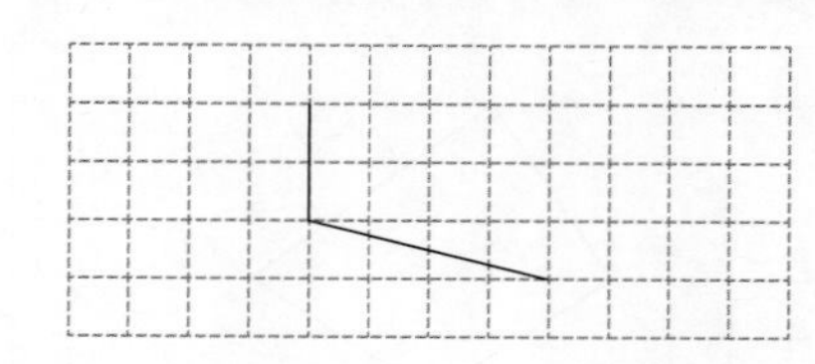

13

직사각형 모양의 종이를 선을 따라 모두 잘랐습니다. 잘라 낸 도형 중 평행사변형을 모두 찾아 기호를 쓰세요.

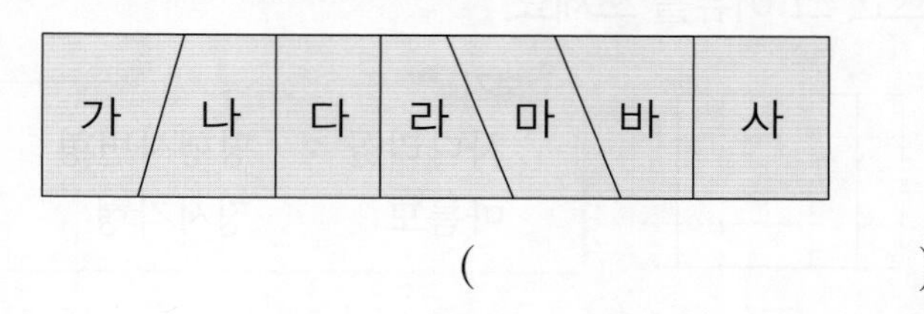

( )

14 서술형

길이가 64 cm인 철사를 남김없이 모두 사용하여 가장 큰 마름모를 만들었습니다. 만든 마름모의 한 변의 길이는 몇 cm인지 해결 과정을 쓰고, 답을 구하세요.

( )

15

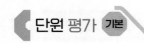

꼭짓점을 한 개만 옮겨서 마름모를 만드세요.

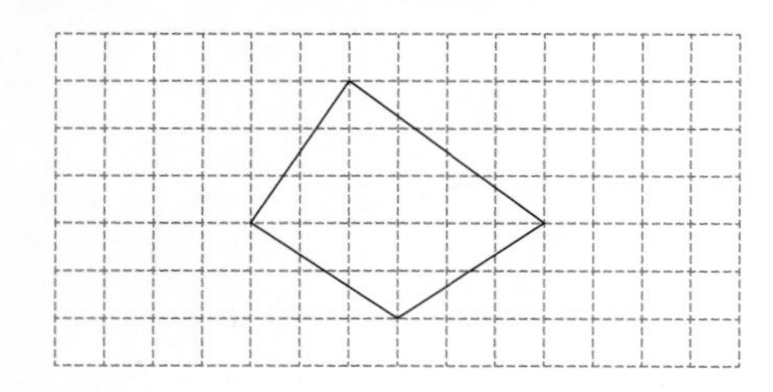

16 서술형

사각형의 이름으로 알맞은 것을 보기 에서 모두 찾아 쓰고, 그 이유를 쓰세요.

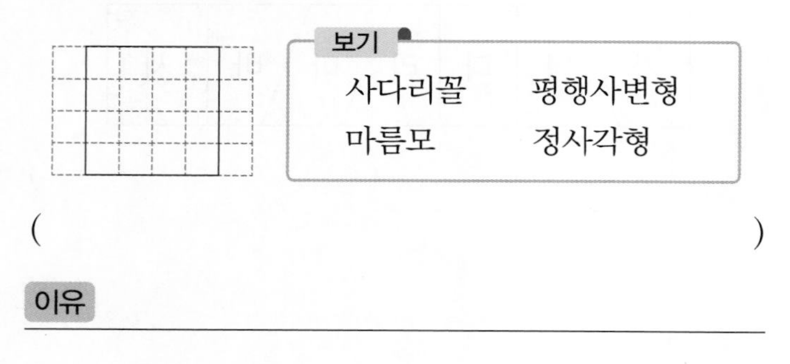

보기
사다리꼴
평행사변형
마름모
정사각형

( )

이유

17

다음을 모두 만족하는 사각형의 이름을 쓰세요.

- 마주 보는 두 쌍의 변이 각각 평행합니다.
- 이웃하는 두 각의 크기가 같습니다.
- 이웃하는 두 변의 길이가 다릅니다.

( )

18

직선 가와 직선 나는 서로 수직입니다. ㉠의 각도를 구하세요.

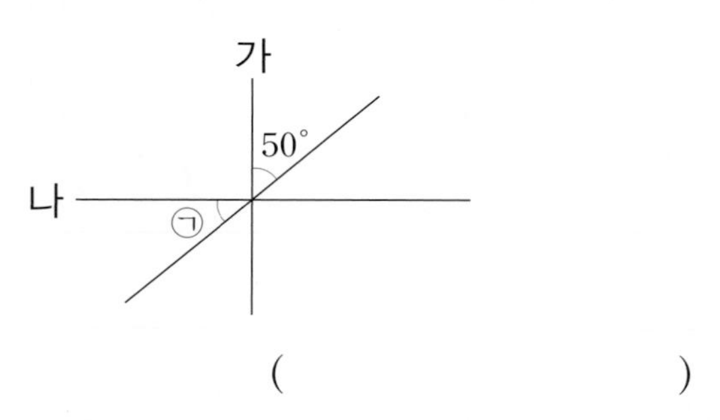

( )

19

그림에서 크고 작은 사다리꼴은 모두 몇 개인지 구하세요.

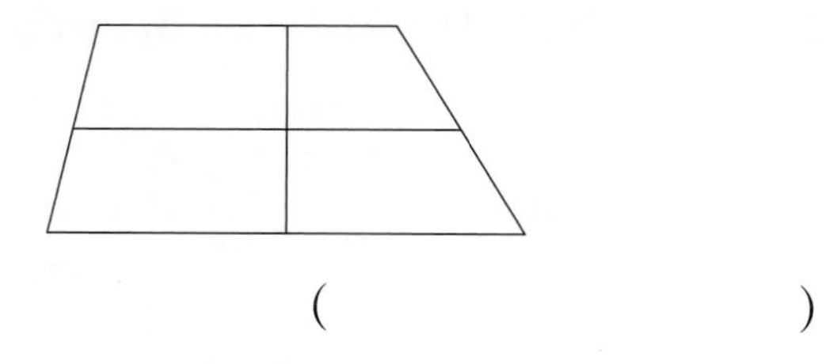

( )

20

사각형 ㄱㄴㄷㄹ은 마름모입니다. 각 ㄱㄹㄷ의 크기는 몇 도인지 구하세요.

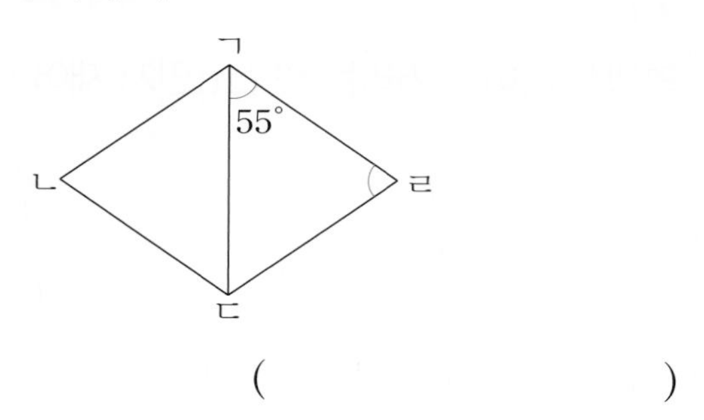

( )

1

직선을 보고 잘못 말한 사람의 이름을 쓰세요.

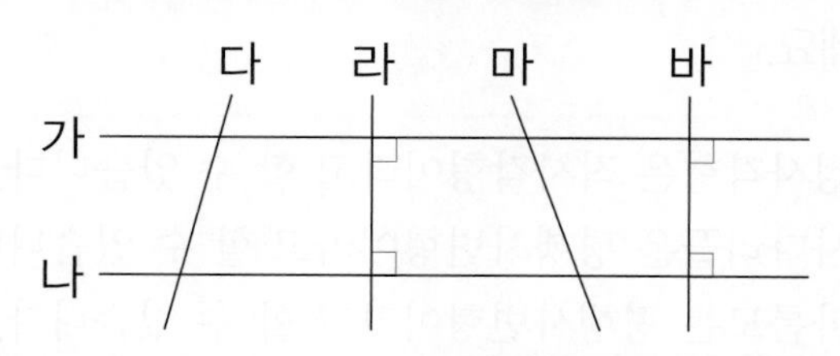

직선 가에 대한 수선은 직선 나야.

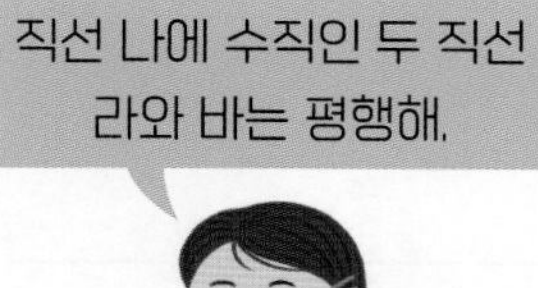

직선 나에 수직인 두 직선 라와 바는 평행해.

수지

수민

(　　　　　　　　)

2

도형에서 서로 수직인 선분을 찾아 쓰세요.

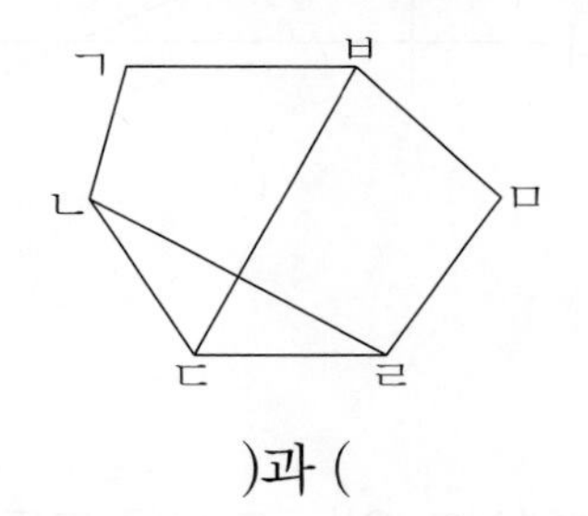

(　　　　　　　　)과 (　　　　　　　　)

3

삼각자와 자를 사용하여 직선 가와 평행한 직선을 바르게 그은 것을 찾아 기호를 쓰세요.

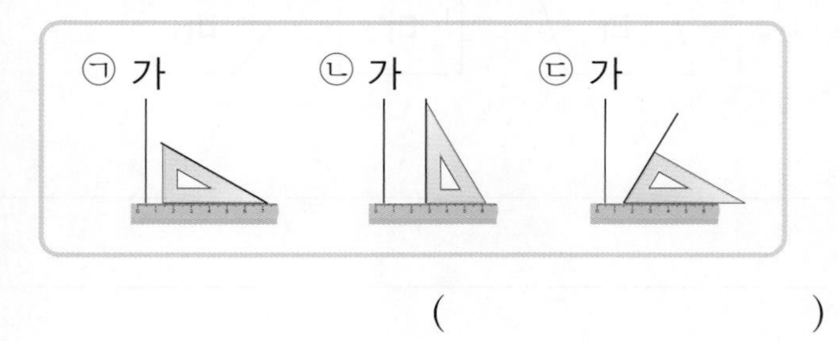

(　　　　　　　　)

4

주어진 직선과 평행한 직선을 그으세요.

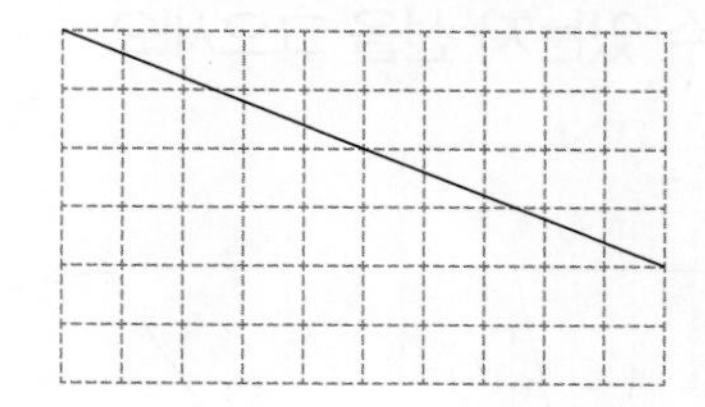

5

도형에서 평행선을 찾아 평행선 사이의 거리는 몇 cm인지 재어 보세요.

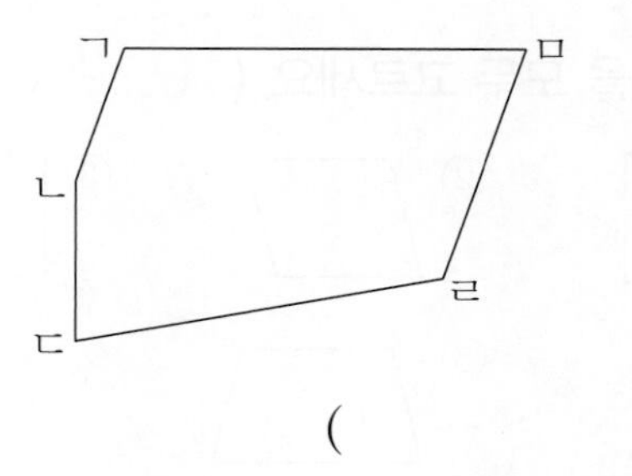

(　　　　　　　　)

6

보기 와 평행선 사이의 거리가 같도록 주어진 직선과 평행한 직선을 그으세요.

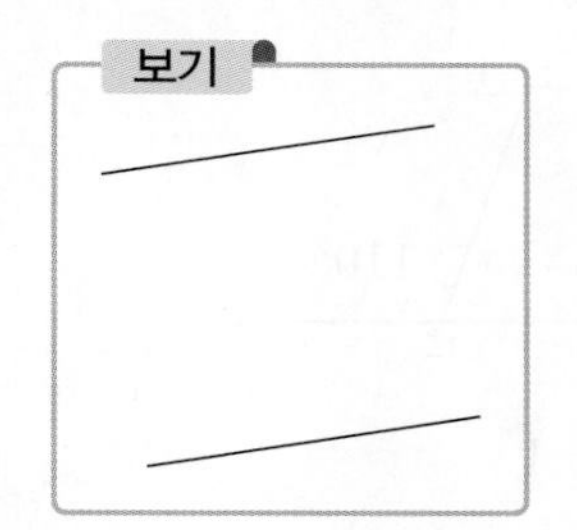

7

그림에서 사다리꼴을 찾아 색칠하세요.

8

보기 와 같이 사각형에서 어느 부분을 잘라 내면 사다리꼴을 만들 수 있는지 선을 그으세요.

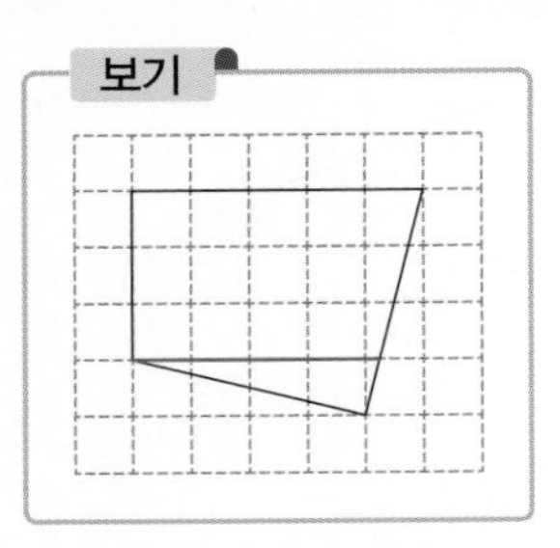

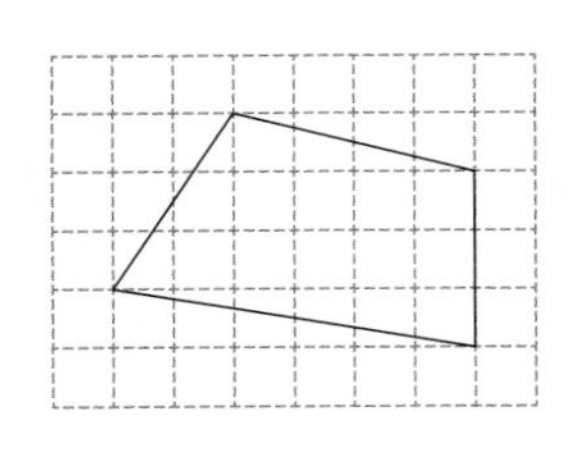

9

평행사변형을 모두 고르세요. (　　　　　)

① 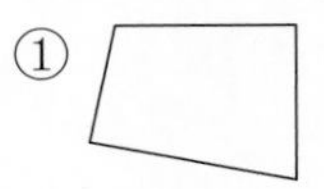
② 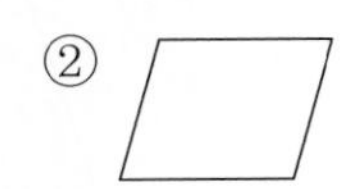
③ 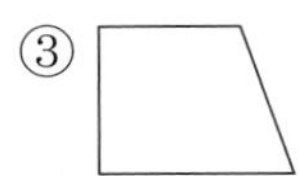
④ 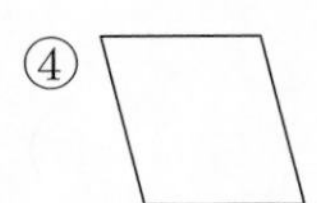
⑤ 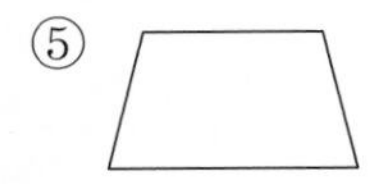

10

사각형 ㄱㄴㄷㄹ은 평행사변형입니다. 각 ㄹㄱㄴ의 크기는 몇 도인지 구하세요.

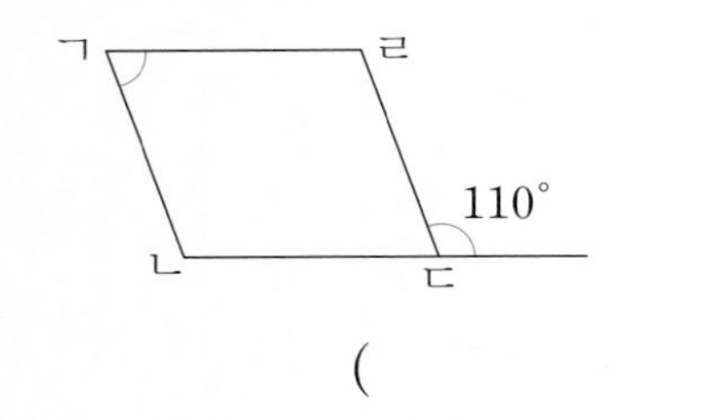

(　　　　　　　　　)

11

오른쪽 사각형의 이름이 될 수 있는 것을 모두 고르세요. (　　　　　)

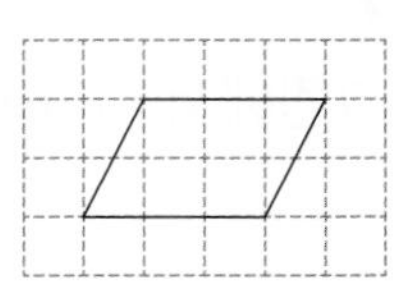

① 사다리꼴　② 평행사변형
③ 마름모　④ 직사각형
⑤ 정사각형

12 서술형

다음 설명 중 잘못된 것을 찾아 기호를 쓰고, 그 이유를 쓰세요.

㉠ 정사각형은 직사각형이라고 할 수 있습니다.
㉡ 사다리꼴은 평행사변형이라고 할 수 있습니다.
㉢ 마름모는 평행사변형이라고 할 수 있습니다.

(　　　　　　　　　)

이유 ________________________

____

13

직선 다는 직선 나에 대한 수선입니다. ㉠의 각도를 구하세요.

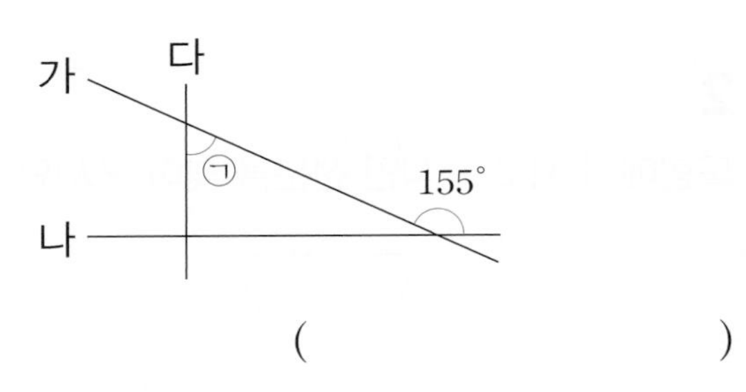

(　　　　　　　　　)

14 서술형

수선도 있고 평행선도 있는 도형은 모두 몇 개인지 해결 과정을 쓰고, 답을 구하세요.

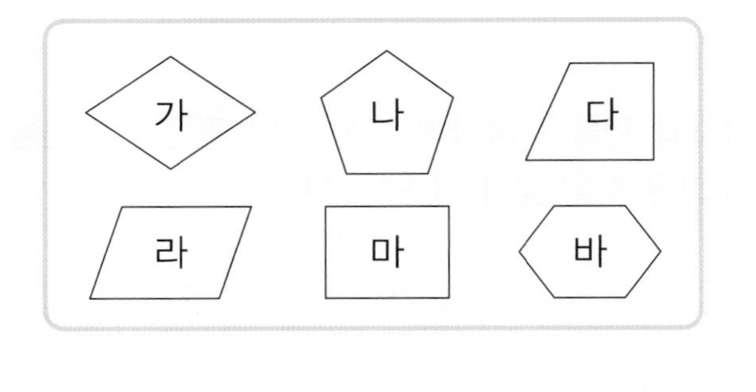

____

____

(　　　　　　　　　)

15

직선 가, 나, 다는 평행합니다. 직선 가와 직선 다 사이의 거리는 몇 cm인지 구하세요.

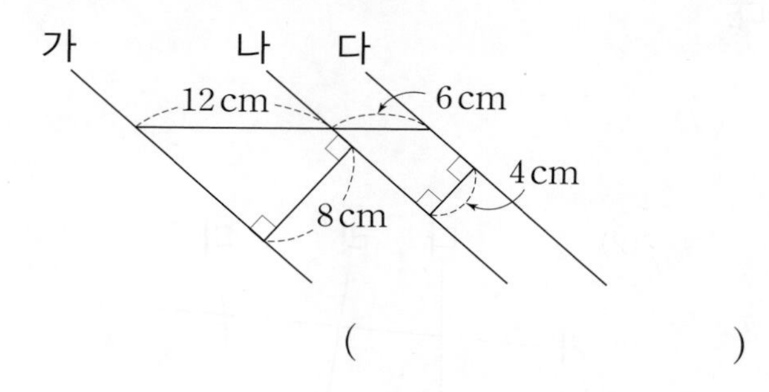

(　　　　　　　　)

16

평행사변형 ㄱㄴㄷㄹ의 네 변의 길이의 합이 46 cm일 때 변 ㄱㄴ의 길이는 몇 cm인지 구하세요.

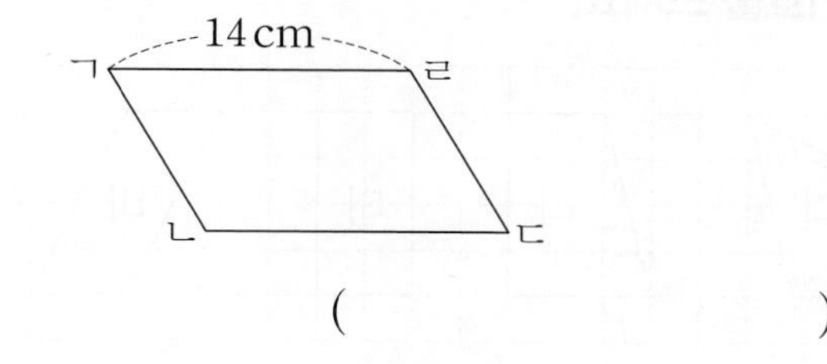

(　　　　　　　　)

17 서술형

크기가 같은 2개의 직사각형을 그림과 같이 겹쳤습니다. 겹쳐진 부분에 만들어진 사각형의 성질을 2가지 쓰세요.

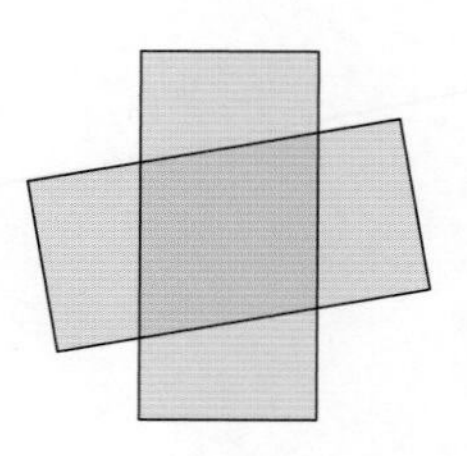

성질

____

____

18

마름모입니다. 각 ㄱㄹㅁ의 크기는 몇 도인지 구하세요.

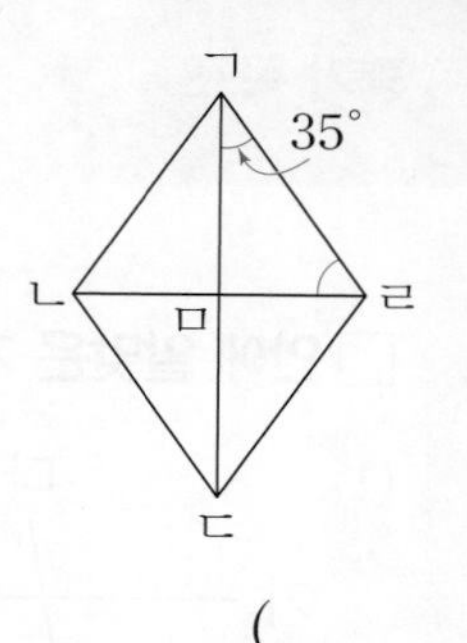

(　　　　　　　　)

19

그림에서 크고 작은 평행사변형은 모두 몇 개인지 구하세요.

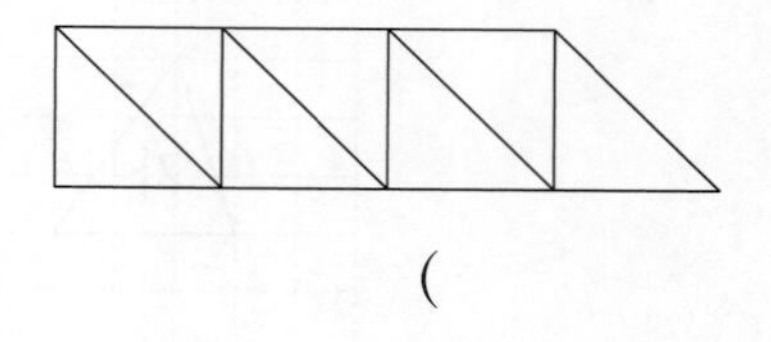

(　　　　　　　　)

20

사각형 ㄱㄴㄷㄹ은 마름모입니다. 각 ㄴㄱㄹ의 크기가 각 ㄱㄴㄷ의 크기의 3배일 때 각 ㄴㄱㄹ의 크기는 몇 도인지 구하세요.

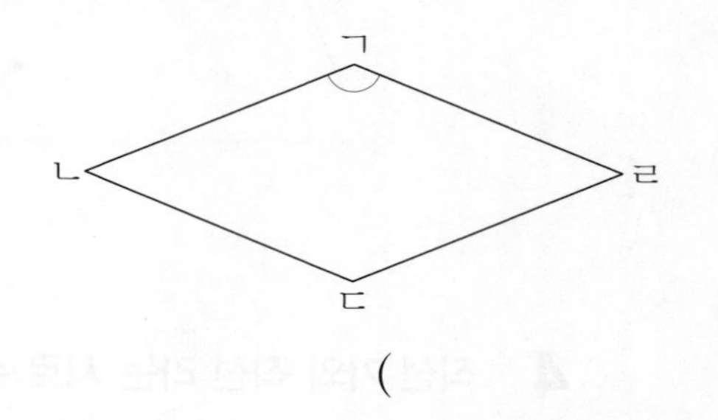

(　　　　　　　　)

평가 주제	수직 알아보기
평가 목표	• 수직을 알 수 있습니다. • 수선을 그을 수 있습니다.

1 □ 안에 알맞은 기호를 써넣으세요.

(1)

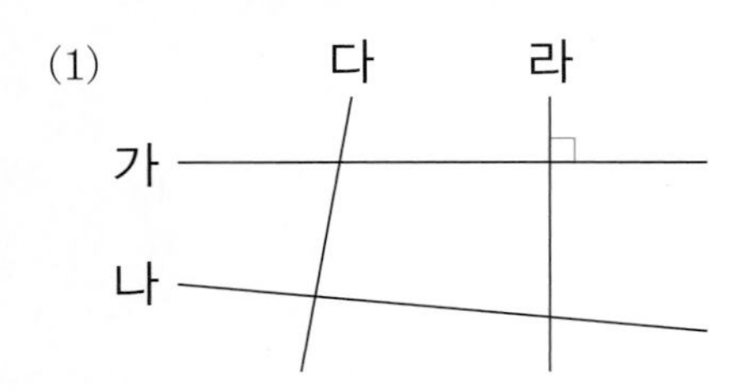

직선 가에 수직인 직선은 직선 □입니다.

(2)

다 라 마
가
나

직선 □는 직선 나에 대한 수선입니다.

2 서로 수직인 변이 있는 도형을 모두 찾아 기호를 쓰세요.

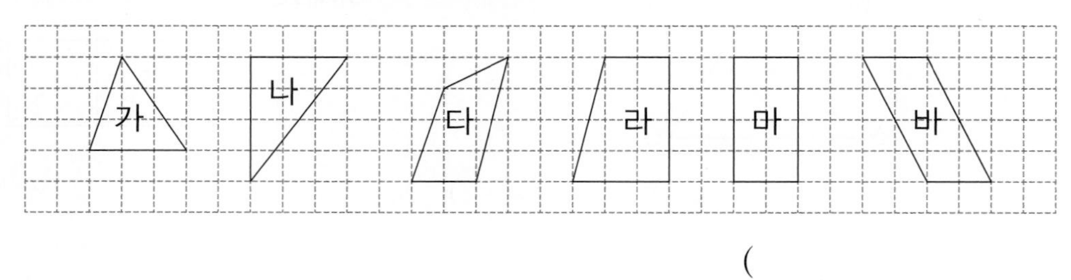

(　　　　　　　　)

3 삼각자를 사용하여 점 ㄱ을 지나는 직선 가에 대한 수선을 그으세요.

(1)

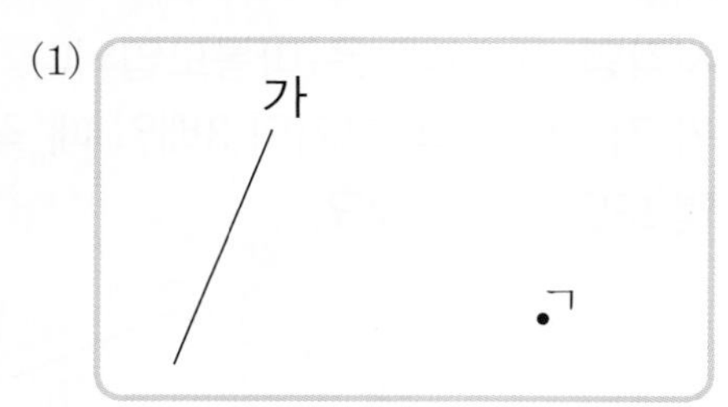

(2)

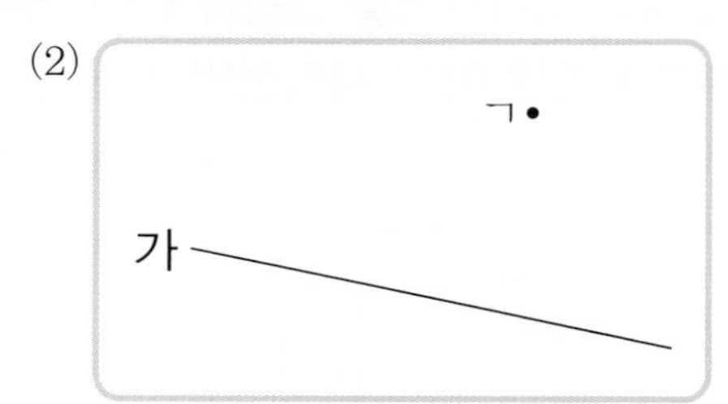

4 직선 가와 직선 라는 서로 수직입니다. ㉠, ㉡의 각도를 각각 구하세요.

다 라
30°
가
㉠ ㉡
나 20°

㉠ (　　　　　　　　)

㉡ (　　　　　　　　)

2회 4. 사각형

● 정답 57쪽

평가 주제	평행, 평행선 사이의 거리 알아보기
평가 목표	• 평행을 알고 평행선을 그을 수 있습니다. • 평행선 사이의 거리를 재어 볼 수 있습니다.

4 단원

1 **도형에서 평행한 변은 모두 몇 쌍인지 쓰세요.**

(1)

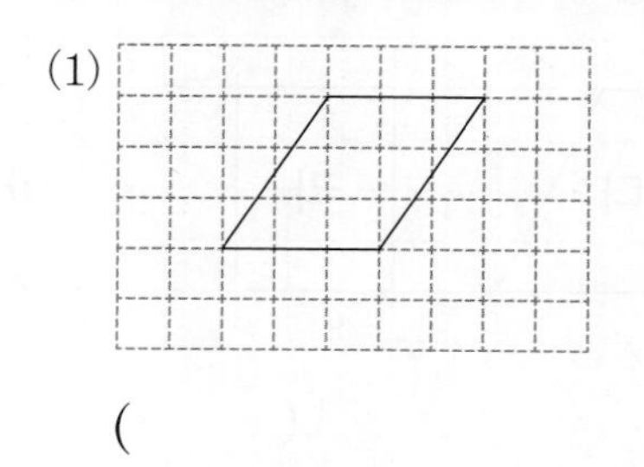

(　　　　　　　　)

(2)

(　　　　　　　　)

2 **삼각자를 사용하여 점 ㄱ을 지나고 직선 가와 평행한 직선을 그으세요.**

(1)

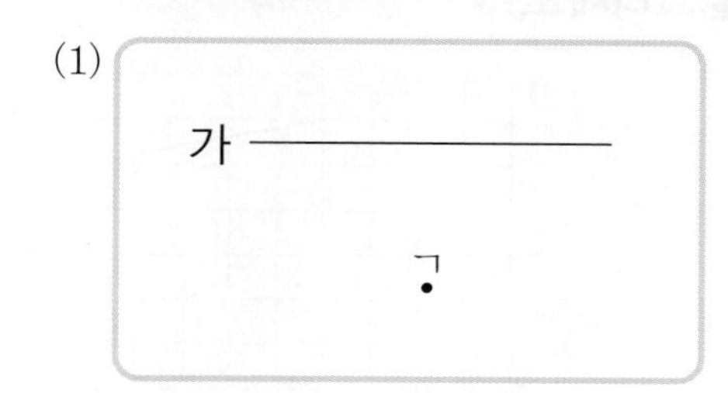

(2)

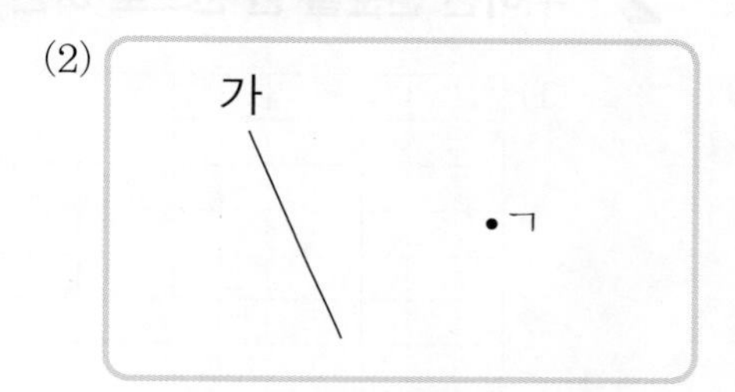

3 **평행선 사이의 거리는 몇 cm인지 재어 보세요.**

(1)

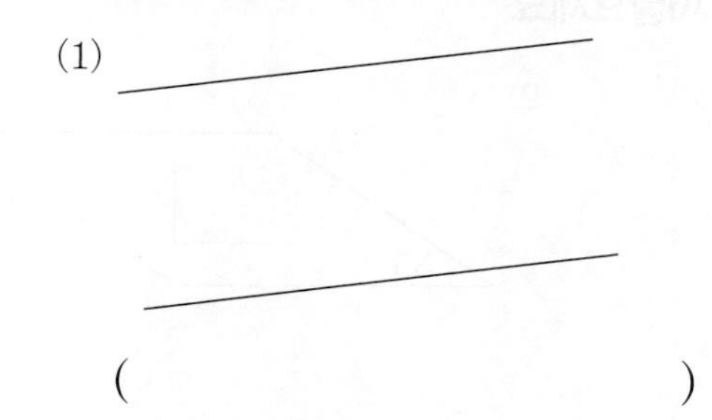

(　　　　　　　　)

(2)

(　　　　　　　　)

4 **변 ㄱㅇ과 변 ㄴㄷ은 평행합니다. 변 ㄱㅇ과 변 ㄴㄷ 사이의 거리는 몇 cm인지 구하세요.**

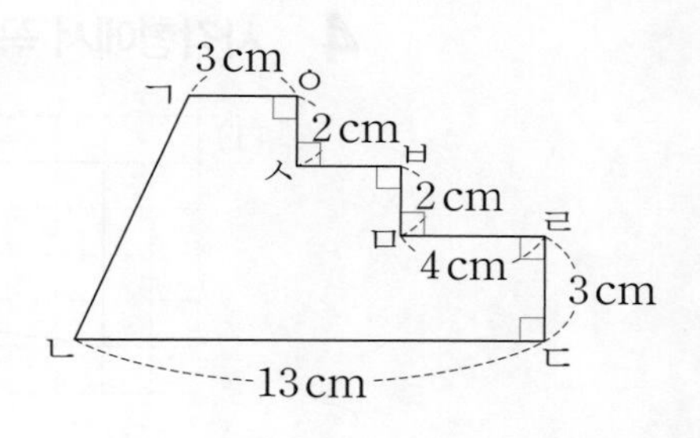

(　　　　　　　　)

평가 주제	사다리꼴, 평행사변형 알아보기
평가 목표	• 사다리꼴, 평행사변형을 알 수 있습니다. • 사다리꼴, 평행사변형의 성질을 알 수 있습니다.

1 사다리꼴은 모두 몇 개인지 쓰세요.

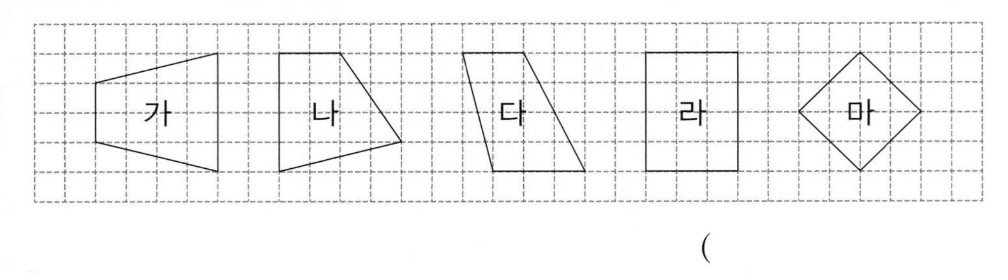

( )

2 주어진 선분을 한 변으로 하는 사다리꼴을 그리세요.

(1)

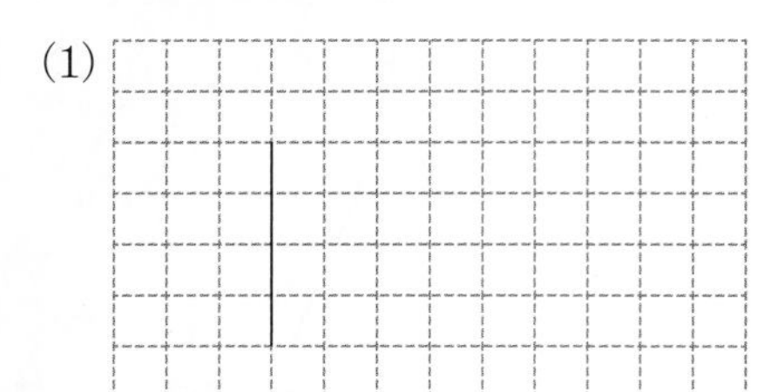

(2)

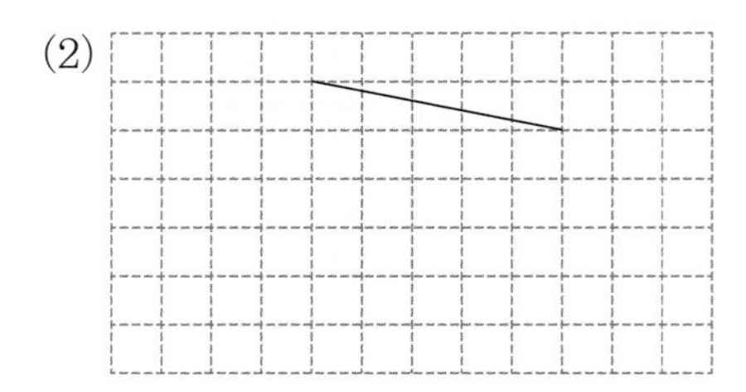

3 평행사변형입니다. □ 안에 알맞은 수를 써넣으세요.

(1)

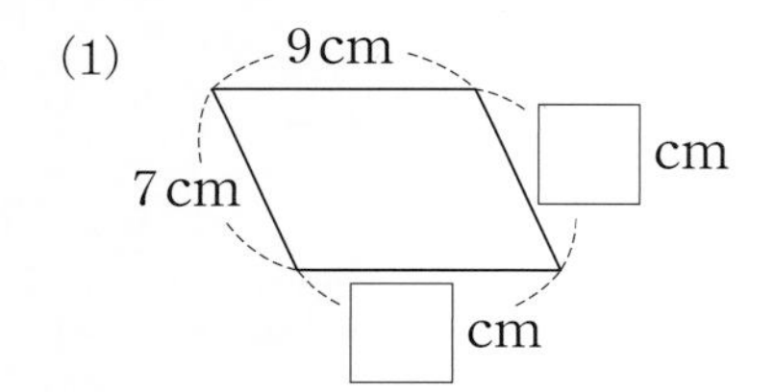

(2)

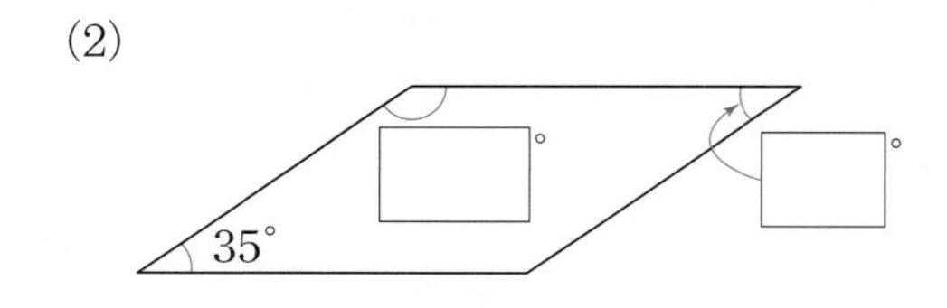

4 사각형에서 꼭짓점을 한 개만 옮겨서 평행사변형을 만드세요.

(1)

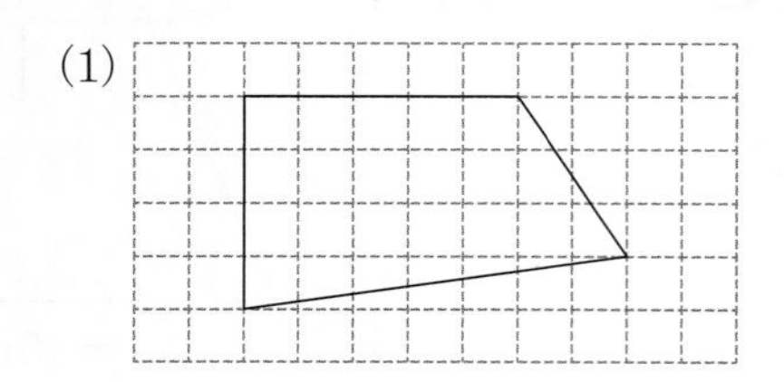

(2)

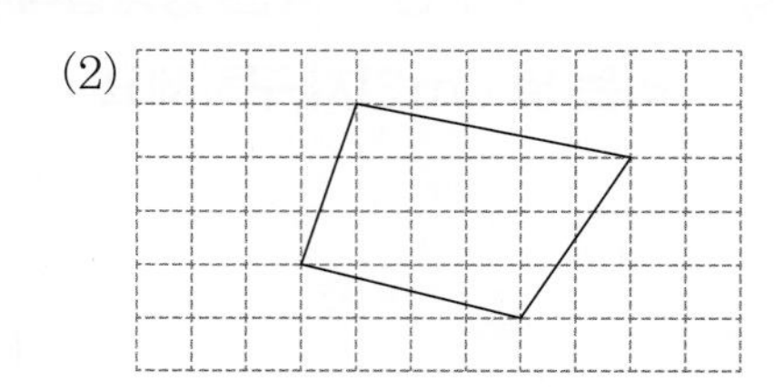

정답 57쪽

평가 주제	마름모, 여러 가지 사각형 알아보기
평가 목표	• 마름모, 여러 가지 사각형을 알 수 있습니다. • 마름모의 성질을 알고 여러 가지 사각형을 찾을 수 있습니다.

1 주어진 선분을 두 변으로 하는 마름모를 그리세요.

(1)

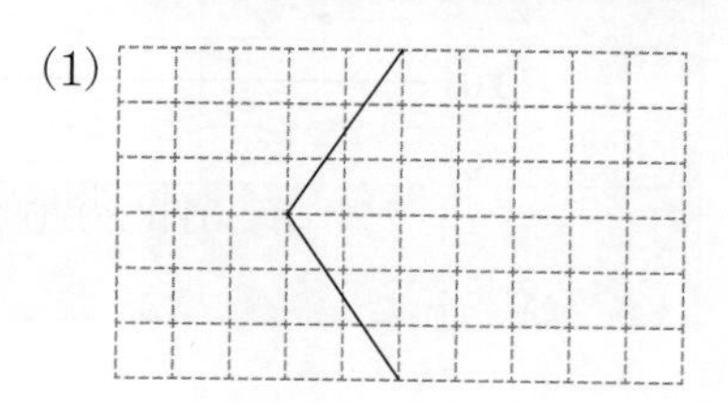

(2)

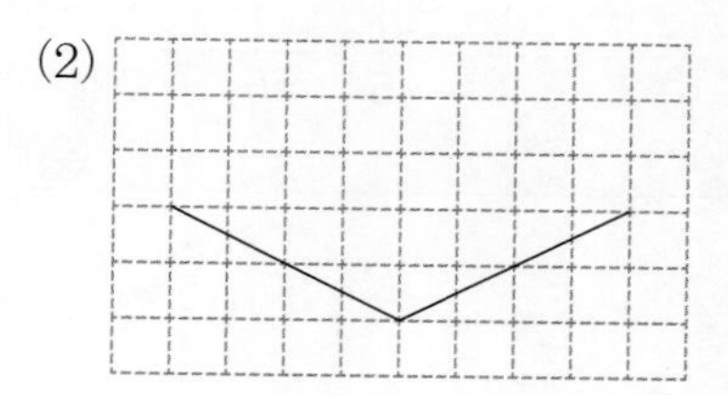

2 마름모입니다. 각 ㄱㄴㄷ의 크기가 65°일 때 변의 길이와 각의 크기를 각각 구하세요.

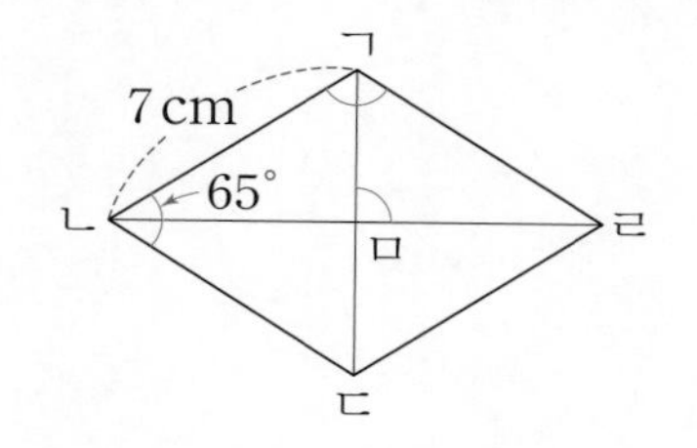

변 ㄴㄷ의 길이 (　　　　)
각 ㄴㄱㄹ의 크기 (　　　　)
각 ㄱㅁㄹ의 크기 (　　　　)

3 알맞은 사각형을 모두 찾아 기호를 쓰세요.

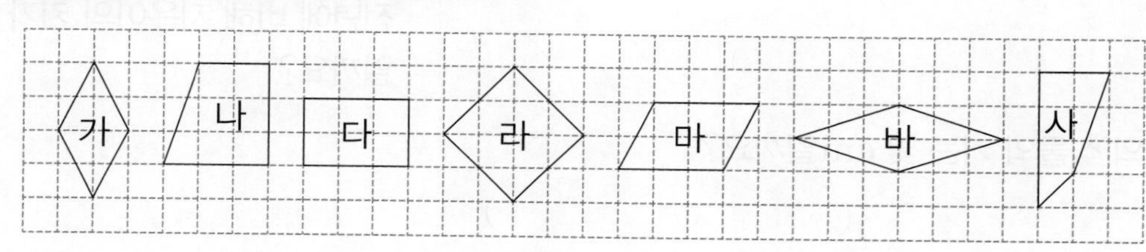

사다리꼴 (　　　　)
평행사변형 (　　　　)
마름모 (　　　　)
직사각형 (　　　　)
정사각형 (　　　　)

4 그림에서 크고 작은 직사각형은 모두 몇 개인지 구하세요.

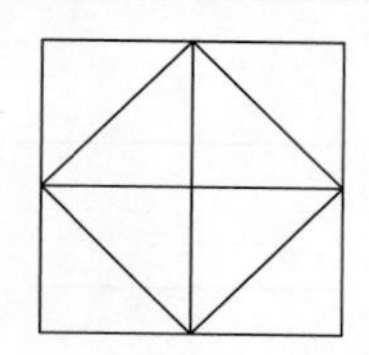

(　　　　)

[1-4] 식물의 키를 매월 1일에 재어 나타낸 꺾은선그래프입니다. 물음에 답하세요.

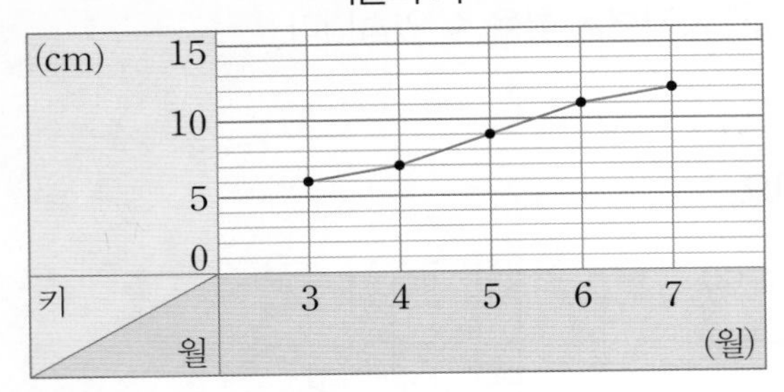

1

가로와 세로는 각각 무엇을 나타낼까요?

가로 (　　　　　　　　　　)
세로 (　　　　　　　　　　)

2

꺾은선은 무엇을 나타낼까요?

(　　　　　　　　　　)

3

3월 1일의 식물의 키는 몇 cm일까요?

(　　　　　　　　　　)

4 서술형

5월 15일의 식물의 키는 몇 cm일지 예상해 보고, 그 이유를 쓰세요.

(　　　　　　　　　　)

이유

[5-7] 지은이의 키를 매년 3월에 재어 나타낸 꺾은선그래프입니다. 물음에 답하세요.

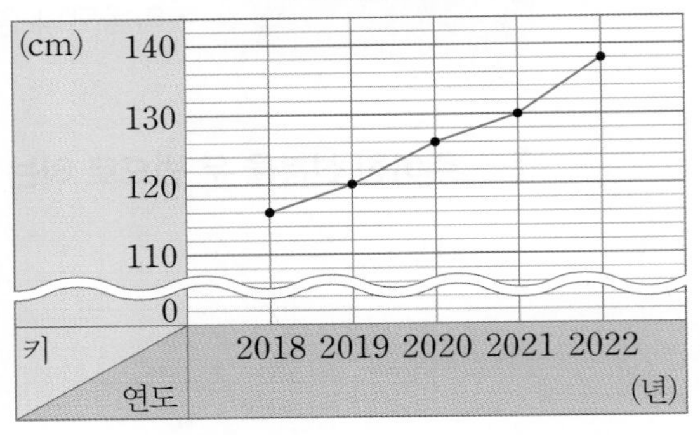

5

세로 눈금 한 칸은 몇 cm를 나타낼까요?

(　　　　　　　　　　)

6

전년에 비해 지은이의 키가 가장 많이 자란 때는 몇 년일까요?

(　　　　　　　　　　)

7

2018년 3월부터 2022년 3월까지 지은이의 키는 몇 cm 자랐을까요?

(　　　　　　　　　　)

5 단원

[8-10] 어느 마을의 하루 중 최저 기온을 조사하여 나타낸 표를 보고 꺾은선그래프로 나타내려고 합니다. 물음에 답하세요.

최저 기온

요일(요일)	월	화	수	목	금
최저 기온(℃)	9	11	10	14	17

8

꺾은선그래프의 가로에 요일을 나타낸다면 세로에는 무엇을 나타내어야 할까요?

( )

9

세로 눈금 한 칸은 몇 ℃를 나타내면 좋을까요?

( )

10

표를 보고 꺾은선그래프로 나타내세요.

최저 기온

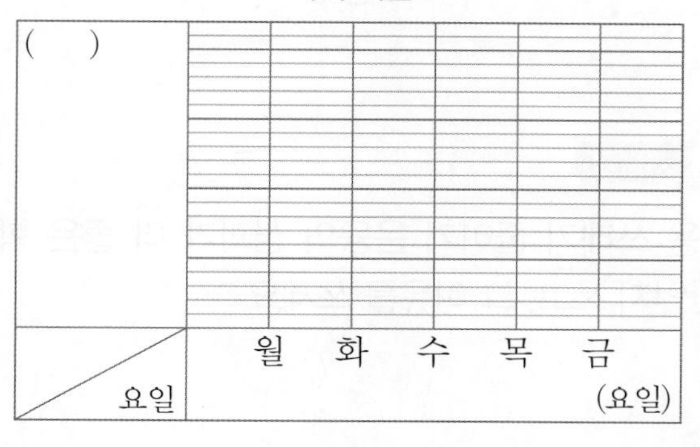

[11-14] 어느 농장의 고구마 생산량을 조사하여 나타낸 표를 보고 물결선을 사용한 꺾은선그래프로 나타내려고 합니다. 물음에 답하세요.

고구마 생산량

연도(년)	2016	2017	2018	2019	2020
생산량(kg)	2570	2530	2590	2610	2640

11

물결선을 몇 kg과 몇 kg 사이에 넣으면 좋을까요?

( )과 ( ) 사이

12

세로 눈금 한 칸은 몇 kg을 나타내면 좋을까요?

( )

13

표를 보고 물결선을 사용한 꺾은선그래프로 나타내세요.

고구마 생산량

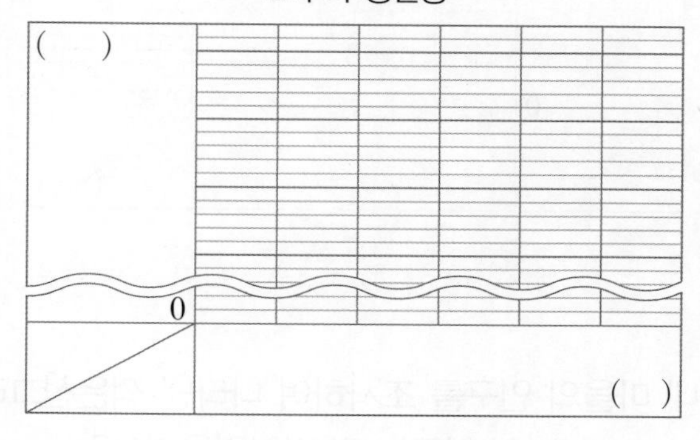

14 서술형

물결선을 사용한 꺾은선그래프로 나타내면 좋은 점을 쓰세요.

좋은 점

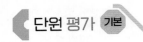

[15-16] 민아가 도서관에서 빌려 온 책의 수를 조사했습니다. 물음에 답하세요.

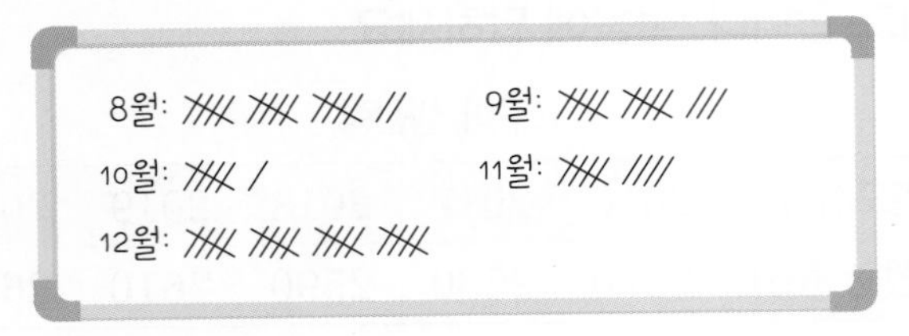

15

조사한 자료를 표로 나타내세요.

월(월)	8	9	10	11	12
책의 수(권)					

16

표를 보고 꺾은선그래프로 나타내세요.

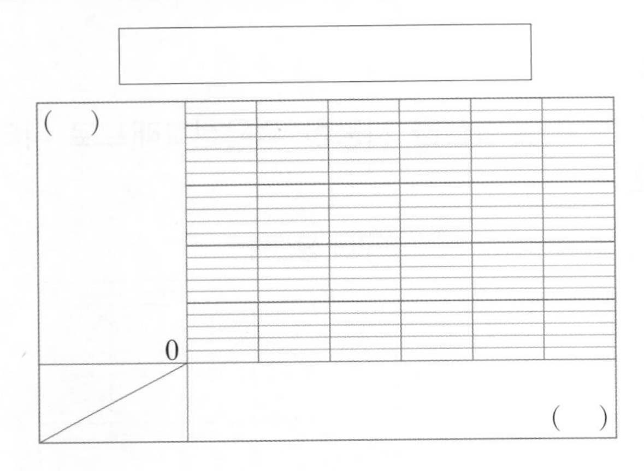

17

진우네 마을의 인구를 조사하여 나타낸 꺾은선그래프입니다. 2017년의 인구는 몇 명이었을까요?

진우네 마을의 인구

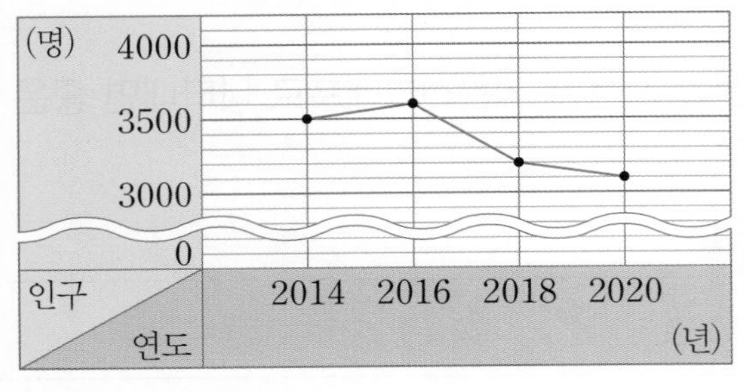

( )

[18-20] 재은이네 학교에서 재활용 쓰레기 줄이기 운동을 하고 있습니다. 1반과 2반의 재활용 쓰레기 양을 조사하여 나타낸 표를 보고 물음에 답하세요.

재활용 쓰레기 양 (1반)

날짜(일)	7	14	21	28
쓰레기 양(kg)	3.1	2.6	2.4	2.9

재활용 쓰레기 양 (2반)

날짜(일)	7	14	21	28
쓰레기 양(kg)	3.4	3.3	2.7	2.3

18

표를 보고 물결선을 사용한 꺾은선그래프로 나타내세요.

재활용 쓰레기 양 (1반)

(kg) 3.5, 3, 2.5, 2, 0 / 쓰레기 양, 날짜 / 7 14 21 28 (일)

재활용 쓰레기 양 (2반)

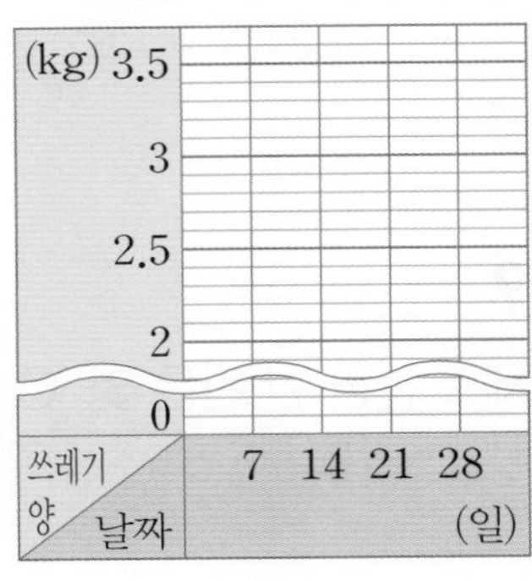

19

일주일 전에 비해 쓰레기 양이 가장 많이 줄어든 때는 각각 며칠일까요?

1반 ( )
2반 ( )

20 서술형

재활용 쓰레기 줄이기 운동의 성과가 더 좋은 학급은 몇 반인지 쓰고, 그 이유를 쓰세요.

( )

이유

● 정답 59쪽

1 서술형

어느 지역의 최고 기온을 조사하여 나타낸 막대그래프와 꺾은선그래프입니다. 기온의 변화를 알아보기 쉬운 그래프는 어느 것인지 쓰고, 그 이유를 쓰세요.

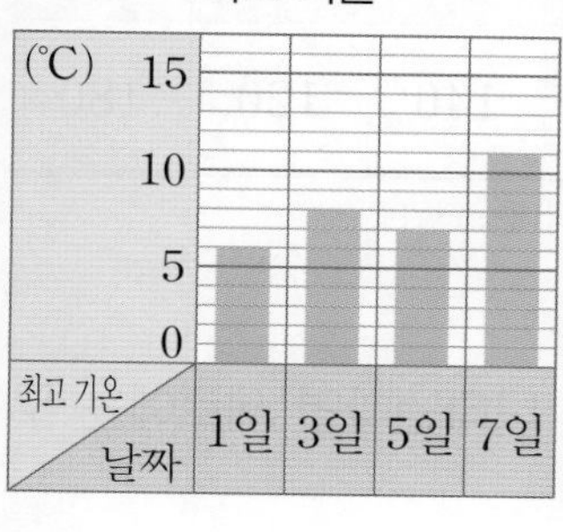

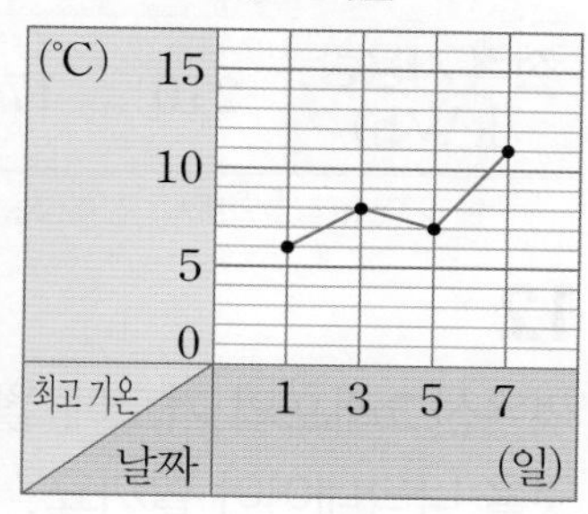

( )

이유

[2-3] 승하네 학교의 4학년 학생 수를 매년 3월에 조사하여 나타낸 꺾은선그래프입니다. 물음에 답하세요.

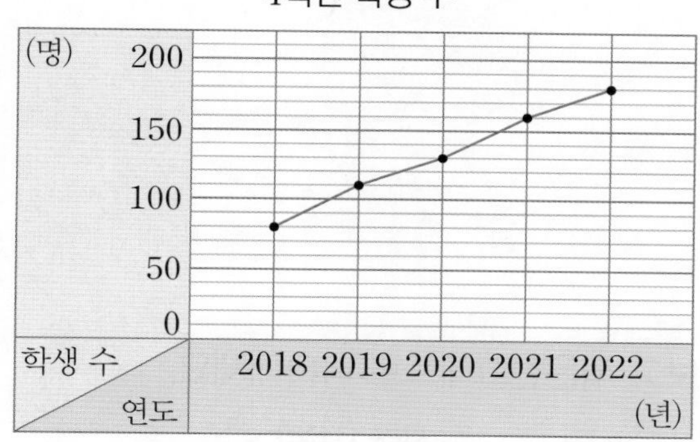

2

가로와 세로는 각각 무엇을 나타낼까요?

가로 ( )

세로 ( )

3

2021년에 승하네 학교의 4학년 학생 수는 몇 명일까요?

( )

[4-7] 나무의 키를 두 달 간격으로 1일에 조사하여 나타낸 꺾은선그래프입니다. 물음에 답하세요.

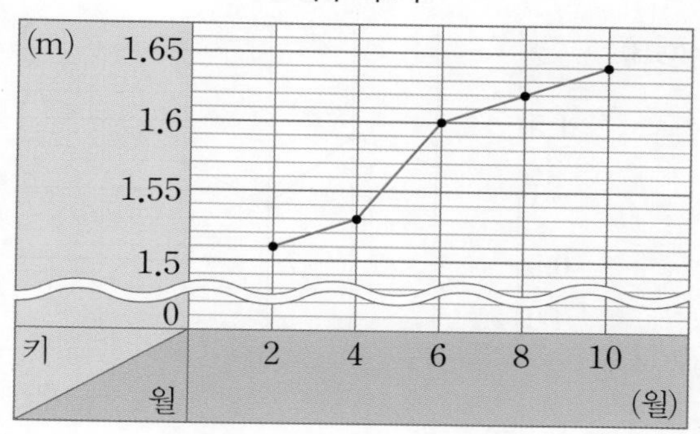

4

세로 눈금 한 칸은 몇 m를 나타낼까요?

( )

5

2월 1일의 나무의 키는 몇 m일까요?

( )

6

나무의 키가 가장 많이 자란 때는 몇 월과 몇 월 사이일까요?

( )과 ( ) 사이

7

7월 1일의 나무의 키는 몇 m였을까요?

( )

[8-11] 민지의 휴대 전화 데이터 사용량을 조사하여 나타낸 꺾은선그래프입니다. 물음에 답하세요.

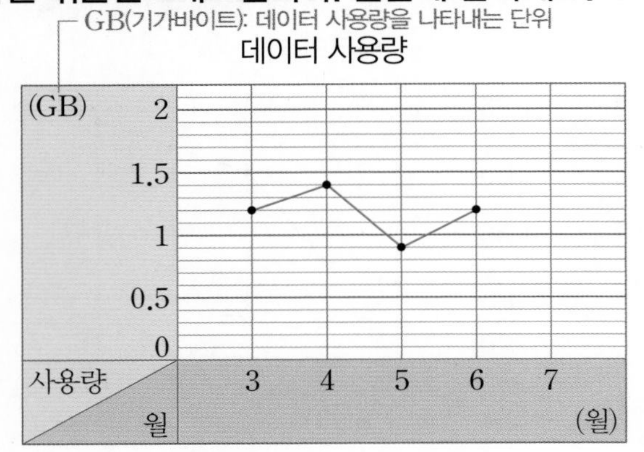

8

□ 안에 알맞은 수를 써넣으세요.

세로 눈금 한 칸의 크기는 □ GB이므로

3월의 데이터 사용량은 □ GB입니다.

9

7월의 데이터 사용량은 6월에 비해 0.4 GB 늘었습니다. 위의 꺾은선그래프를 완성하세요.

10

전월에 비해 데이터 사용량의 변화가 가장 적은 때는 몇 월일까요?

( )

11

데이터 사용량이 가장 많은 달과 가장 적은 달의 데이터 사용량의 차는 몇 GB일까요?

( )

[12-14] 수호네 집의 전력 사용량을 조사하여 나타낸 표를 보고 꺾은선그래프로 나타내려고 합니다. 물음에 답하세요.

전력 사용량

월(월)	1	2	3	4	5
전력 사용량 (kWh)	210	170	140	120	180

kWh(킬로와트시): 전력량을 나타내는 단위

12

꺾은선그래프의 가로에 월을 나타낸다면 세로에는 무엇을 나타내어야 할까요?

( )

13

세로 눈금 한 칸은 몇 kWh를 나타내면 좋을까요?

( )

14

표를 보고 꺾은선그래프로 나타내세요.

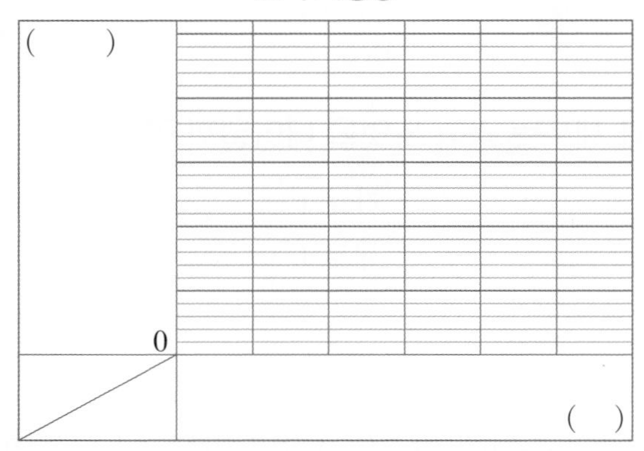

[15-17] 어느 도시의 낮과 밤의 길이의 차를 매월 20일에 조사하여 나타낸 표를 보고 물결선을 사용한 꺾은선그래프로 나타내려고 합니다. 물음에 답하세요.

낮과 밤의 길이의 차

월(월)	4	5	6	7	8
길이의 차(분)	180	280	330	290	170

15

물결선을 몇 분과 몇 분 사이에 넣으면 좋을까요?

( )과 ( ) 사이

16

표를 보고 물결선을 사용한 꺾은선그래프로 나타내세요.

낮과 밤의 길이의 차

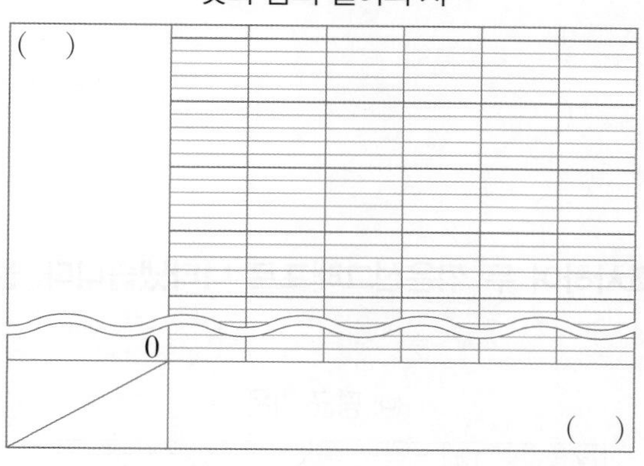

17 서술형

위의 꺾은선그래프를 보고 알 수 있는 내용을 쓰세요.

알 수 있는 내용

18

어느 대리점의 노트북 판매량을 조사하여 나타낸 표와 꺾은선그래프입니다. 표와 꺾은선그래프를 완성하세요.

노트북 판매량

연도(년)	2017	2018	2019	2020	2021
판매량(대)	220	260	320		

노트북 판매량

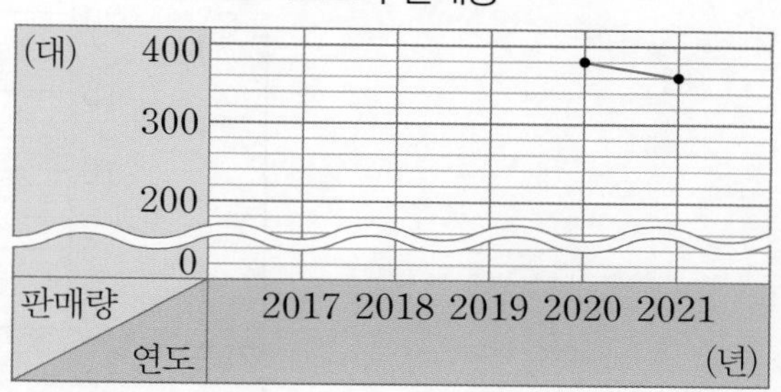

[19-20] 어느 마을의 1인 가구 수와 전체 가구 수를 조사하여 나타낸 꺾은선그래프입니다. 물음에 답하세요.

1인 가구 수

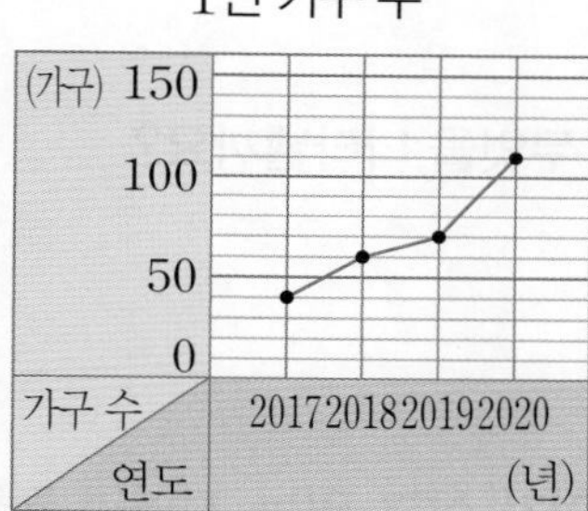

전체 가구 수

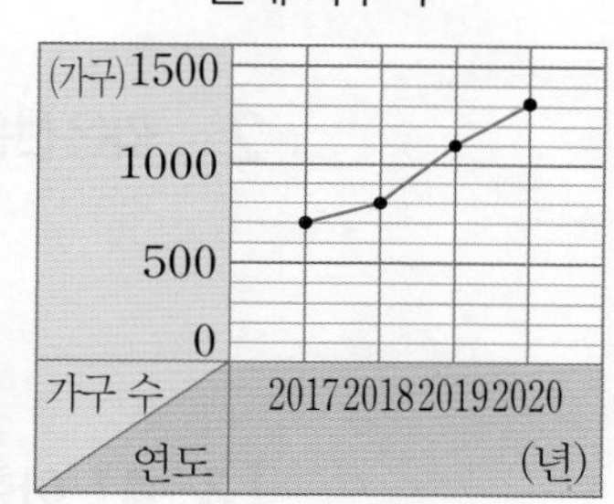

19

2017년부터 2020년까지 늘어난 가구 수를 각각 구하세요.

1인 가구 수 ( )

전체 가구 수 ( )

20 서술형

2021년 1인 가구 수와 전체 가구 수는 어떻게 될지 예상해 보세요.

예상

평가 주제	꺾은선그래프 알기
평가 목표	• 꺾은선그래프의 구성 요소를 알 수 있습니다. • 꺾은선그래프의 특징을 알 수 있습니다.

[1~2] 어느 도시의 기온을 조사하여 나타낸 꺾은선그래프입니다. 물음에 답하세요.

어느 도시의 기온

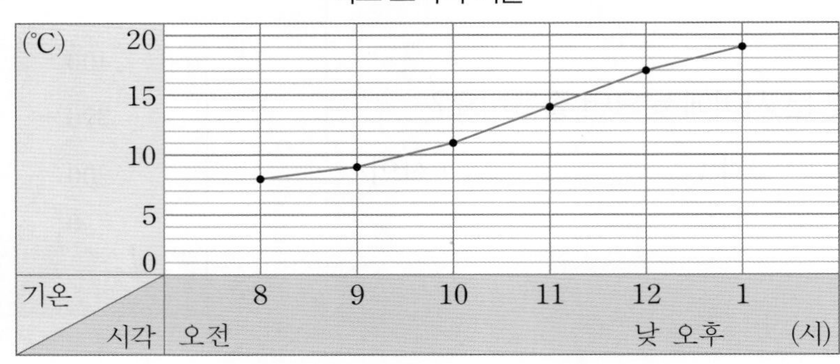

1 가로와 세로는 각각 무엇을 나타낼까요?

가로 ( ), 세로 ( )

2 꺾은선은 무엇을 나타낼까요?

( )

[3~4] 아현이가 살고 있는 지역의 평균 기온을 조사하여 두 꺾은선그래프로 나타냈습니다. 물음에 답하세요.

(가) 평균 기온

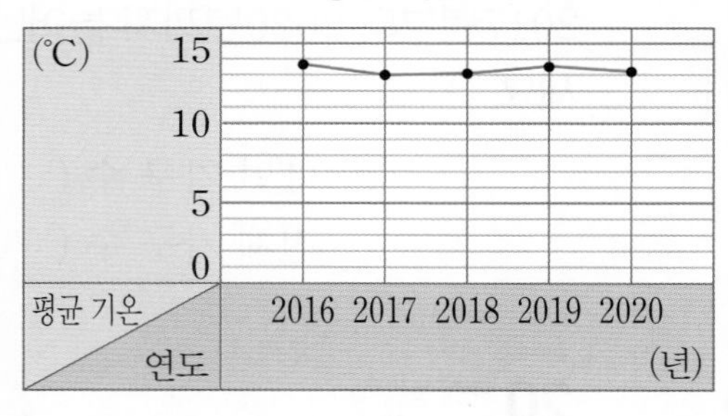

(나) 평균 기온

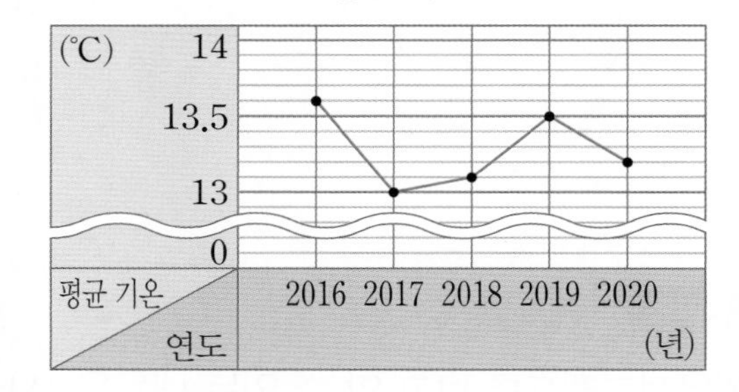

3 세로 눈금 한 칸은 각각 몇 ℃를 나타낼까요?

(가) 그래프 ( ), (나) 그래프 ( )

4 평균 기온의 변화가 더 뚜렷하게 보이는 그래프는 어느 것일까요?

( )

수행 평가 2회 5. 꺾은선그래프

평가 주제	꺾은선그래프의 내용 알기
평가 목표	꺾은선그래프를 보고 여러 가지 내용을 알 수 있습니다.

[1~2] 고양이의 무게를 매월 1일에 재어 나타낸 꺾은선그래프입니다. 물음에 답하세요.

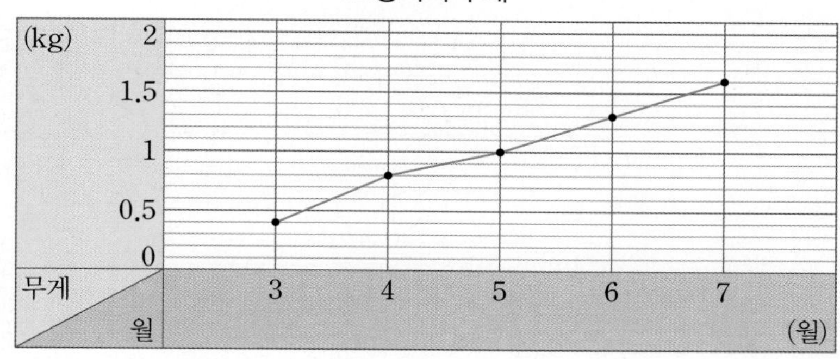

1 4월 1일의 고양이의 무게는 몇 kg일까요?

(　　　　　　　　　　)

2 전월에 비해 고양이의 무게가 가장 많이 변한 때는 몇 월일까요?

(　　　　　　　　　　)

[3~4] 어느 농장의 콩 생산량을 조사하여 나타낸 꺾은선그래프입니다. 물음에 답하세요.

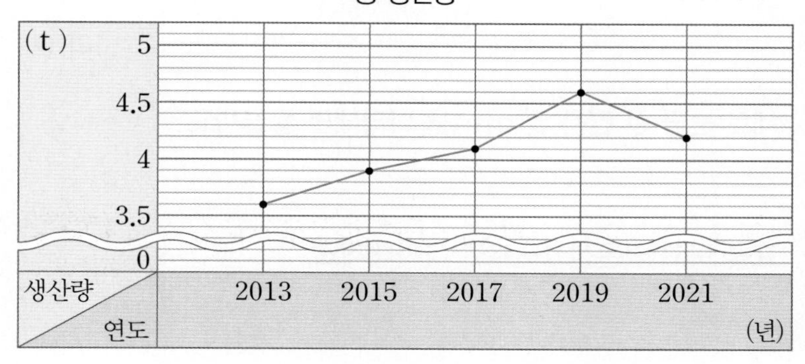

3 콩 생산량이 4.6 t일 때는 몇 년일까요?

(　　　　　　　　　　)

4 2017년의 콩 생산량은 2015년보다 몇 t 더 많을까요?

(　　　　　　　　　　)

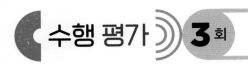

평가 주제	꺾은선그래프로 나타내기
평가 목표	표를 보고 꺾은선그래프로 나타낼 수 있습니다.

1 **표를 보고 꺾은선그래프로 나타내세요.**

양파 싹의 키

날짜(일)	1	8	15	22	29
키(cm)	3	7	9	12	15

(cm) 15 10 5 0

키 / 날짜 1 8 15 22 29 (일)

[2~4] 어느 지역의 강수량을 조사하여 나타낸 표를 보고 물결선을 사용한 꺾은선그래프로 나타내려고 합니다. 물음에 답하세요.

강수량

연도(년)	2017	2018	2019	2020	2021
강수량(mm)	1480	1220	1260	1340	1400

2 **물결선을 몇 mm와 몇 mm 사이에 넣으면 좋을까요?**

( )와 ( ) 사이

3 **세로 눈금 한 칸은 몇 mm를 나타내면 좋을까요?**

( )

4 **표를 보고 꺾은선그래프로 나타내세요.**

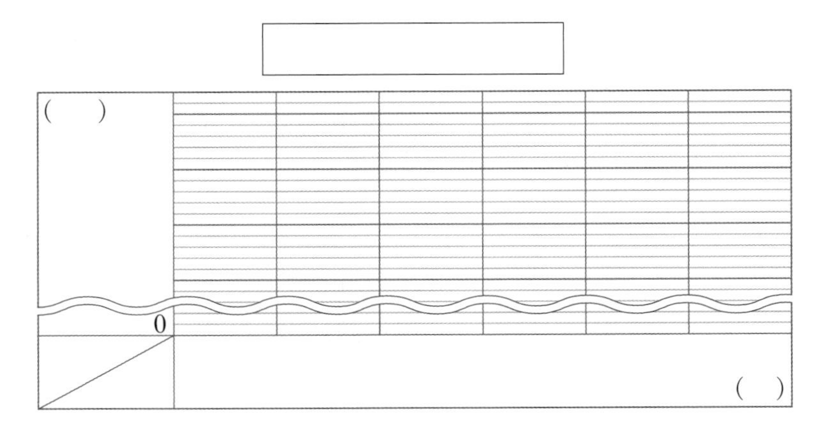

평가 주제	꺾은선그래프 활용하기
평가 목표	• 여러 개의 꺾은선그래프를 비교할 수 있습니다. • 조사하지 않은 값을 예상할 수 있습니다.

[1~4] 어느 전자 제품 대리점의 ㉮, ㉯, ㉰, ㉱ 제품의 판매량을 조사하여 나타낸 꺾은선그래프입니다. 물음에 답하세요.

㉮ 제품의 판매량

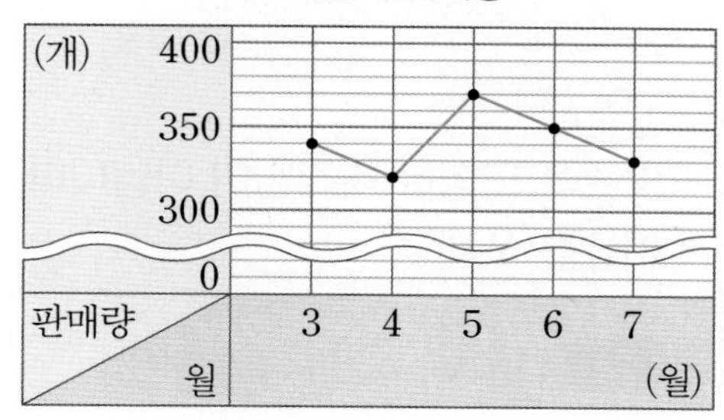

㉯ 제품의 판매량

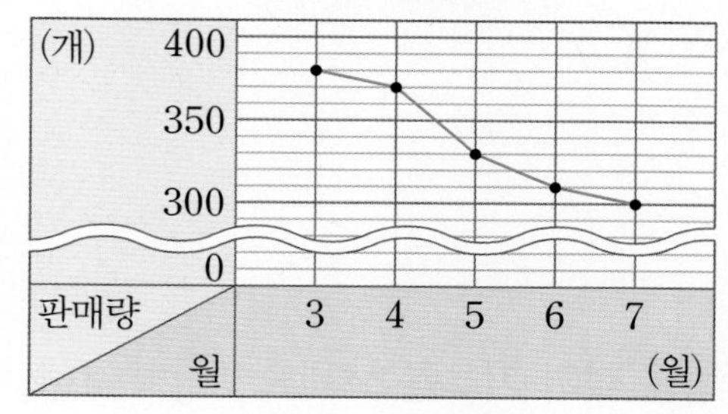

㉰ 제품의 판매량

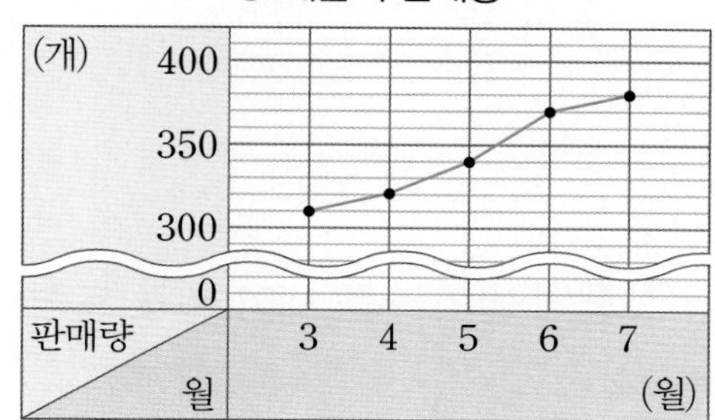

㉱ 제품의 판매량

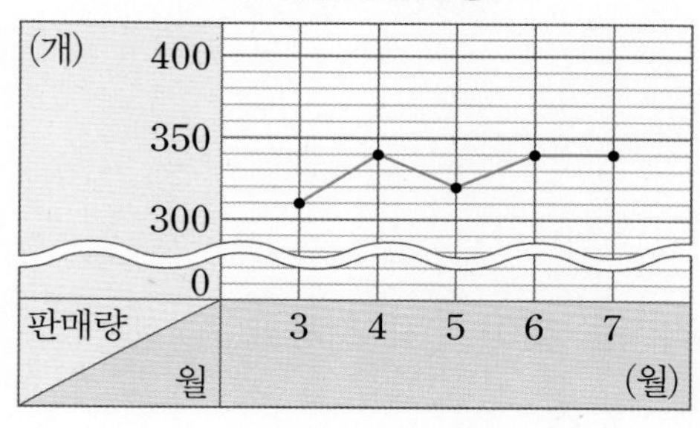

1 **㉮ 제품의 5월의 판매량은 몇 개일까요?**

( )

2 **□ 안에 알맞은 기호를 써넣으세요.**

판매량이 계속 늘어난 제품은 □ 제품이고, 판매량이 계속 줄어든 제품은 □ 제품입니다.

3 **3월에 비해 7월에 판매량이 가장 많이 변한 제품은 무엇일까요?**

( )

4 **8월에 이 대리점에서 가장 많이 준비하면 좋을 제품은 무엇일까요?**

( )

[1-2] 도형을 보고 물음에 답하세요.

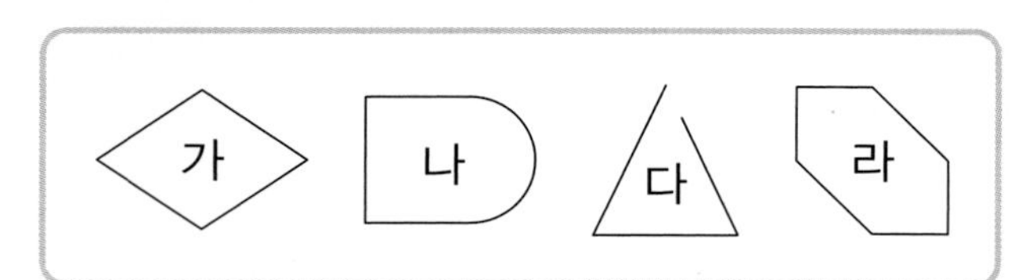

1

다각형을 모두 찾아 기호를 쓰세요.

( )

2

육각형을 찾아 기호를 쓰세요.

( )

3

정오각형을 찾아 ○표 하세요.

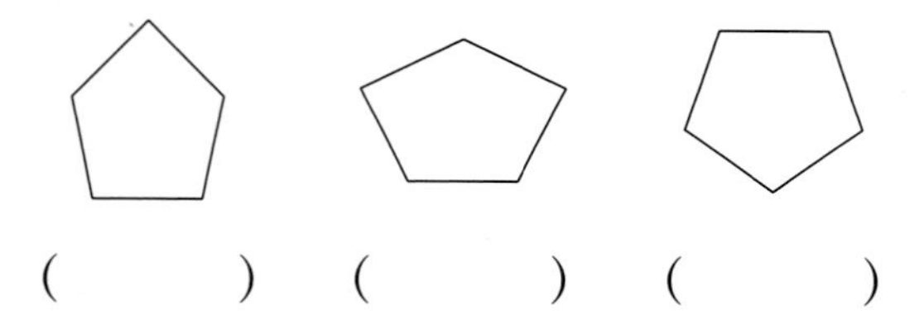

( ) ( ) ( )

4

직사각형에 대각선을 바르게 나타낸 사람의 이름을 쓰세요.

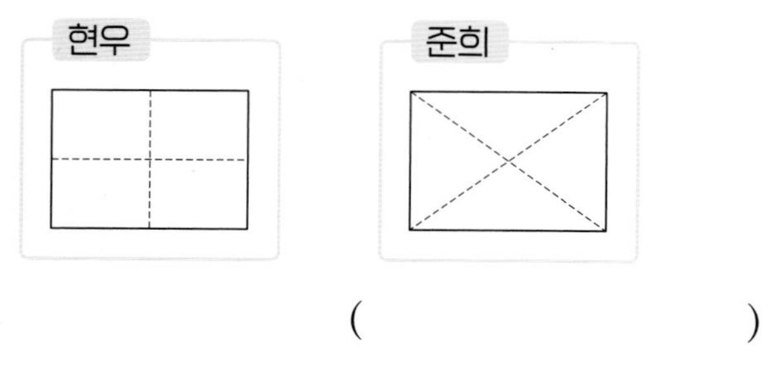

( )

5

왼쪽 모양 조각을 사용하여 오른쪽 모양을 채우려면 모양 조각은 모두 몇 개 필요할까요?

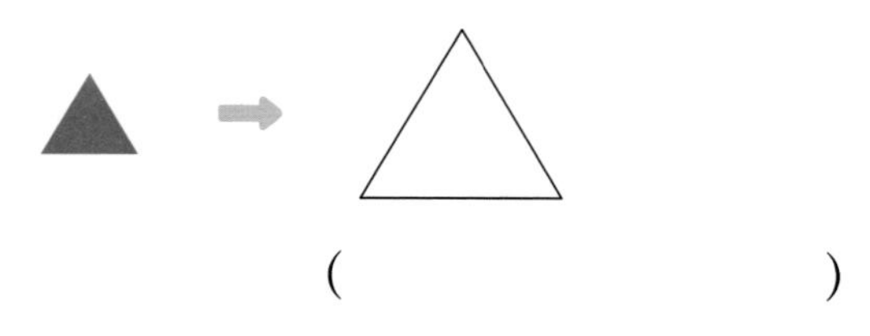

( )

6 서술형

오른쪽 도형은 다각형이 아닙니다. 그 이유를 쓰세요.

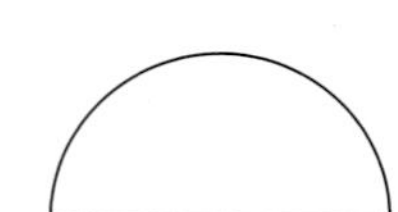

이유

7

도형의 변의 수를 세어 쓰고, 도형의 이름을 쓰세요.

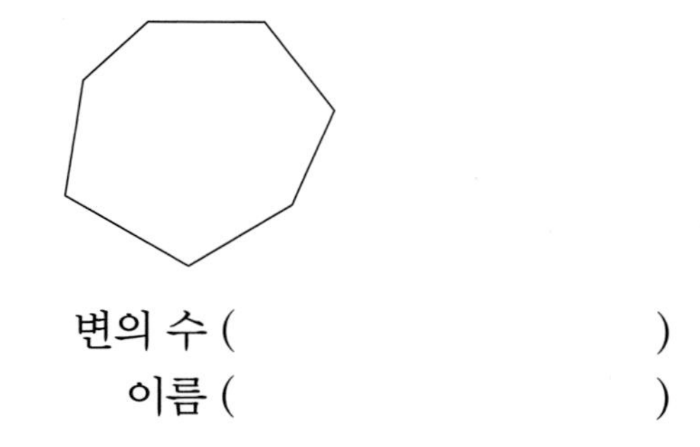

변의 수 ( )

이름 ( )

8

점 종이에 그려진 선분을 이용하여 팔각형을 완성하세요.

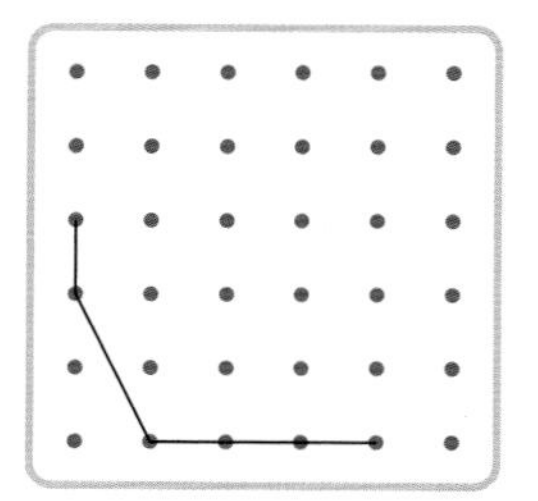

9

오른쪽 마름모는 정다각형이 아닙니다. 그 이유를 바르게 설명한 사람의 이름을 쓰세요.

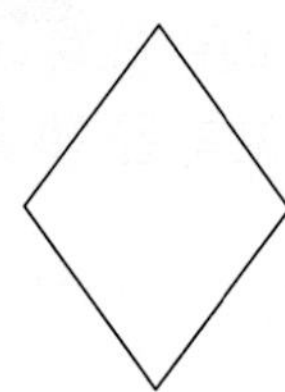

변의 길이가 모두 같지 않기 때문이야.
수민

각의 크기가 모두 같지 않기 때문이야.
강우

( )

10 서술형

다음에서 설명하는 도형의 이름을 쓰려고 합니다. 해결 과정을 쓰고, 답을 구하세요.

- 12개의 선분으로만 둘러싸여 있습니다.
- 변의 길이가 모두 같고, 각의 크기가 모두 같습니다.

( )

11

육각형에 그을 수 있는 대각선은 모두 몇 개일까요?

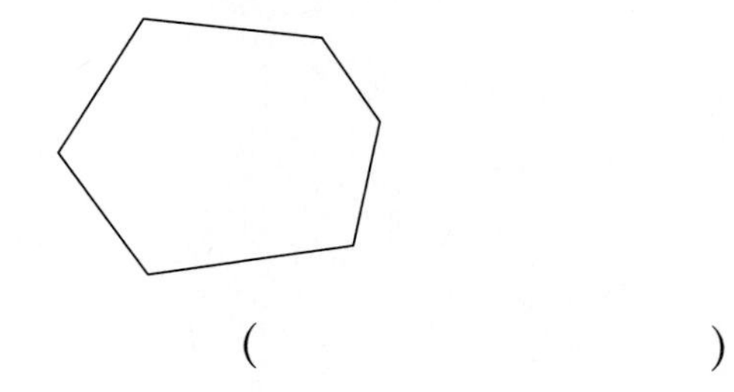

( )

12

두 대각선이 서로 수직으로 만나는 사각형을 모두 찾아 기호를 쓰세요.

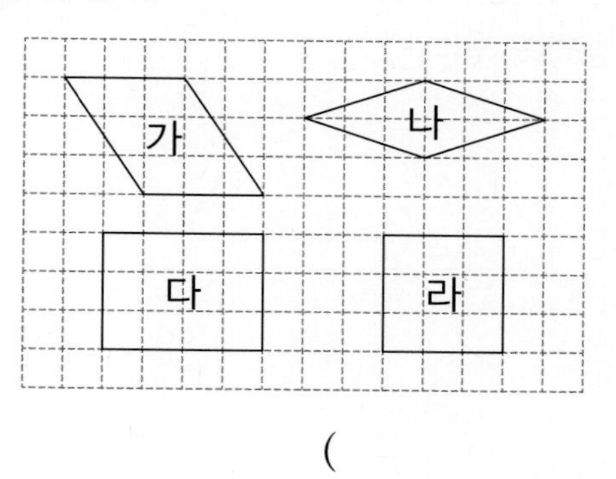

( )

13

대각선을 많이 그을 수 있는 도형부터 차례대로 기호를 쓰세요.

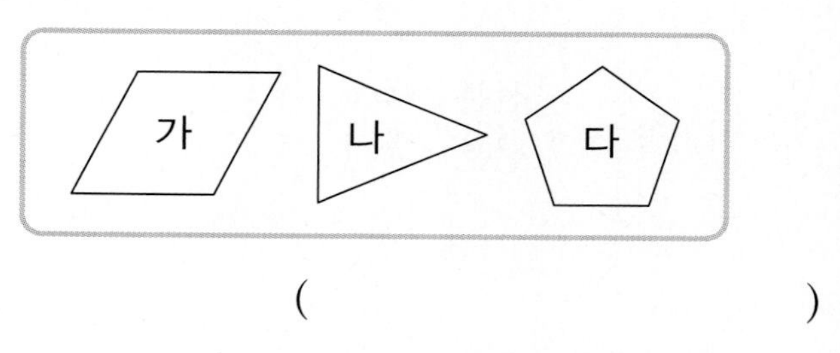

( )

14

2가지 모양 조각을 모두 사용하여 정육각형을 만드세요. (단, 같은 모양 조각을 여러 번 사용해도 됩니다.)

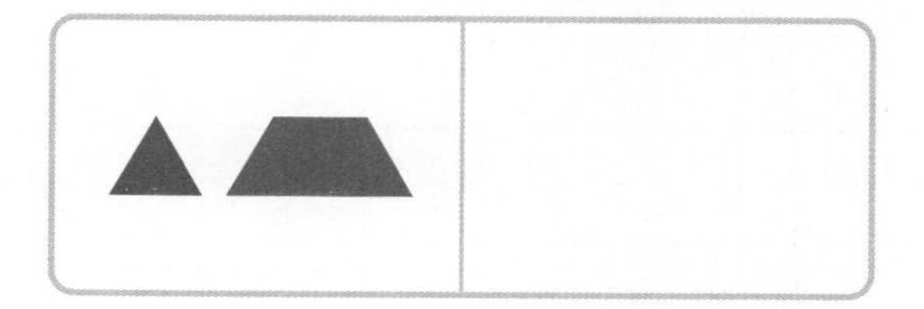

15

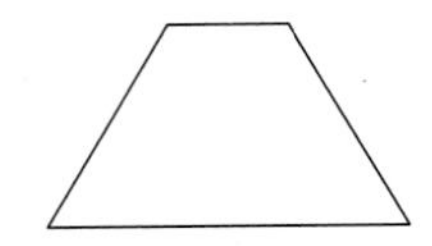 모양 조각 중에서 2가지를 골라 사다리꼴을 채우세요. (단, 같은 모양 조각을 여러 번 사용해도 됩니다.)

16

다음 도형은 마름모 ㄱㄴㄷㄹ에 대각선을 그은 것입니다. 선분 ㄱㅁ과 선분 ㄴㅁ의 길이를 각각 구하세요.

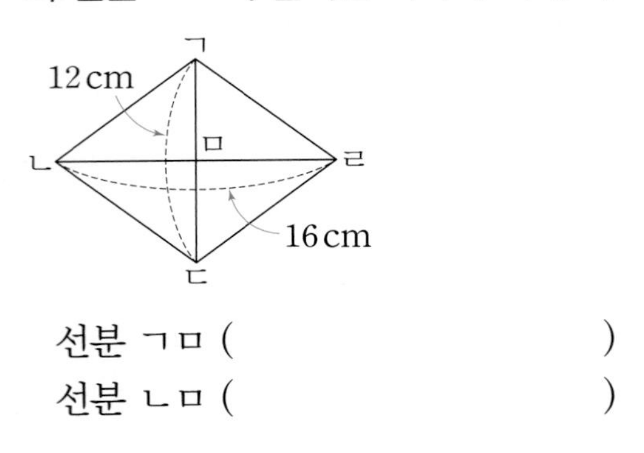

선분 ㄱㅁ (　　　　　　　)
선분 ㄴㅁ (　　　　　　　)

17 서술형

오른쪽 도형은 정다각형입니다. 모든 변의 길이의 합은 몇 cm인지 해결 과정을 쓰고, 답을 구하세요.

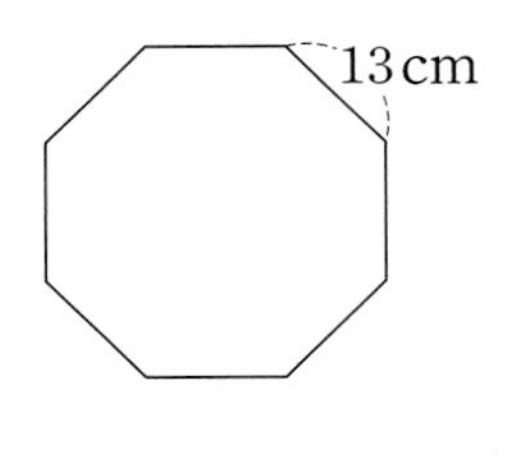

(　　　　　　　)

18

오른쪽 육각형에서 여섯 각의 크기의 합은 몇 도인지 구하세요.

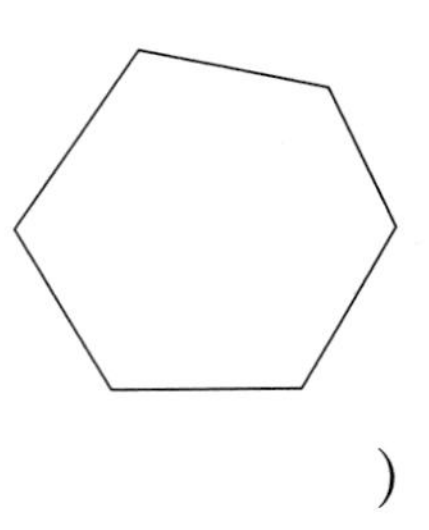

(　　　　　　　)

[19-20] 모양 조각을 보고 물음에 답하세요.

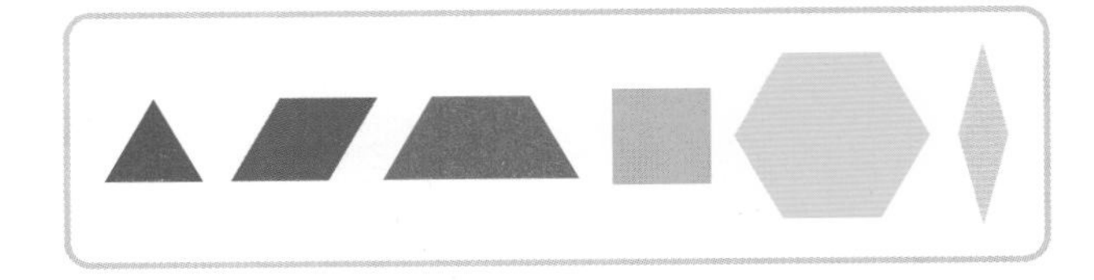

19

모양 조각 중에서 2가지를 골라 정삼각형을 만들려고 합니다. 서로 다른 방법으로 정삼각형을 만드세요. (단, 같은 모양 조각을 여러 번 사용해도 됩니다.)

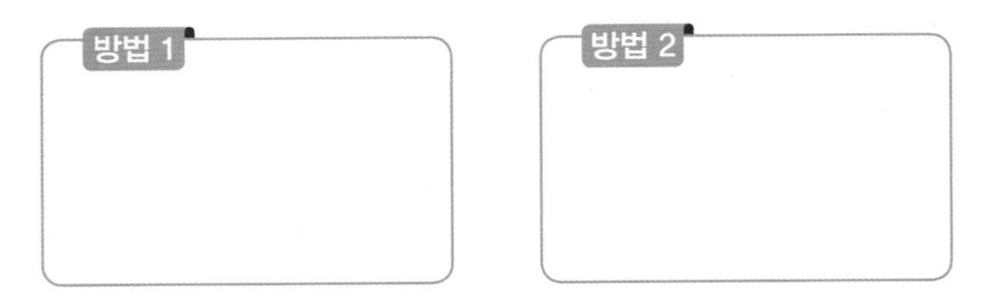

20

모양 조각을 사용하여 다음 모양을 채우세요. (단, 같은 모양 조각을 여러 번 사용해도 됩니다.)

[1-3] 도형을 보고 물음에 답하세요.

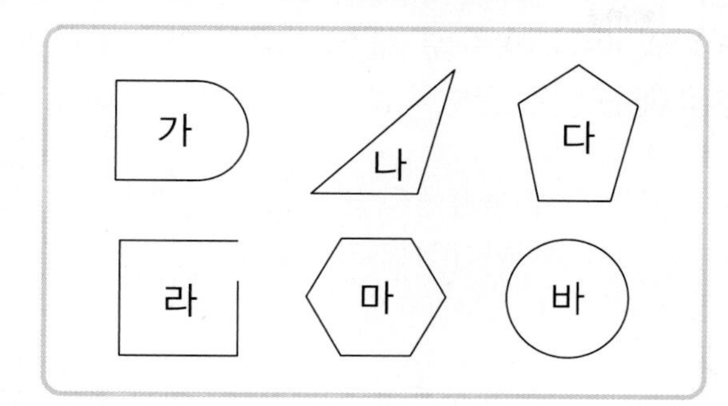

1

다각형을 모두 찾아 기호를 쓰세요.

(　　　　　　　　)

2

도형 다의 이름을 쓰세요.

(　　　　　　　　)

3

정육각형을 찾아 기호를 쓰세요.

(　　　　　　　　)

4

주어진 선분을 이용하여 정오각형을 완성하세요.

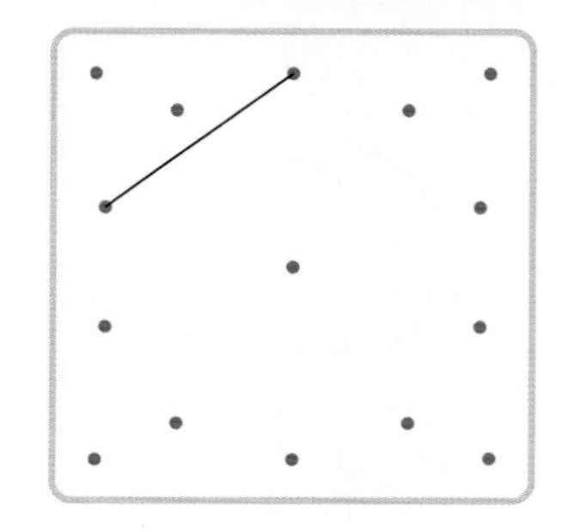

5

다음에서 설명하는 도형의 이름을 쓰세요.

- 선분으로만 둘러싸인 도형입니다.
- 변이 9개입니다.

(　　　　　　　　)

6 서술형

정다각형이 아닌 것을 찾아 기호를 쓰고, 그 이유를 쓰세요.

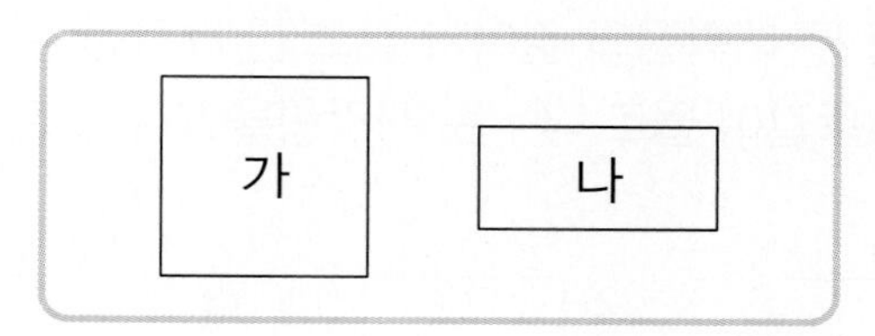

답 ____________________

이유 ____________________

____

7

다음 중 대각선을 그을 수 없는 도형은 어느 것일까요? (　　　)

① 삼각형　　② 사각형　　③ 오각형
④ 육각형　　⑤ 칠각형

8

다음 도형을 이루고 있는 조각에서 찾을 수 없는 정다각형을 보기 에서 찾아 쓰세요.

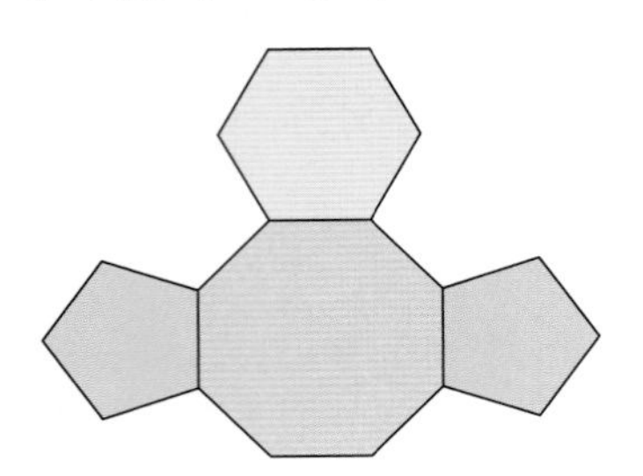

보기

정오각형 정육각형 정칠각형 정팔각형

( )

9

다음 중 두 대각선의 길이가 같고 한 대각선이 다른 대각선을 똑같이 둘로 나누는 사각형을 모두 고르세요.

( )

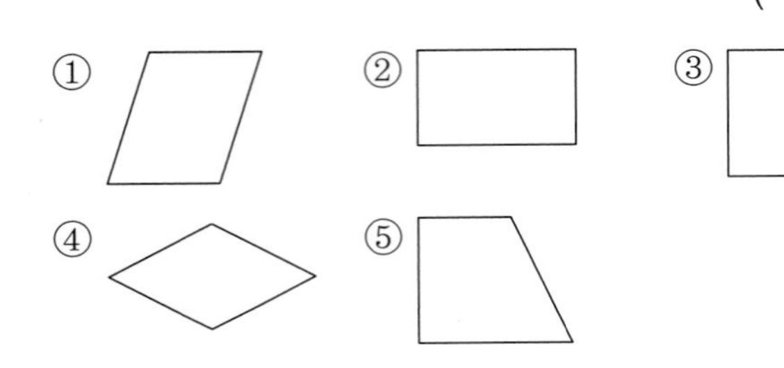

10

모양 조각을 모두 한 번씩만 사용하여 평행사변형을 만드세요.

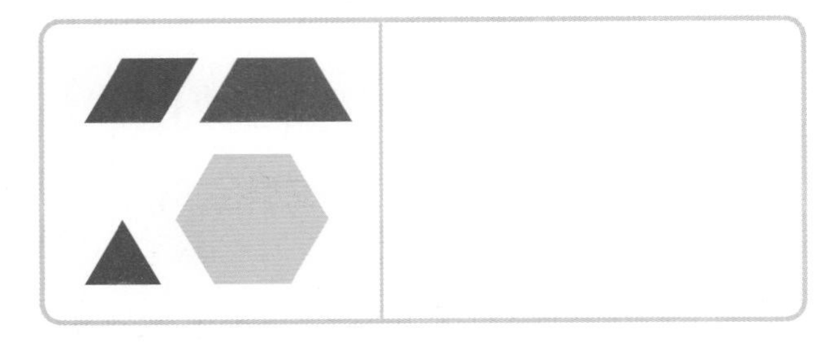

11

한 변이 5 cm이고, 모든 변의 길이의 합이 45 cm인 정다각형이 있습니다. 이 도형의 이름을 쓰세요.

( )

12 서술형

㉠과 ㉡의 수의 합은 몇 개인지 해결 과정을 쓰고, 답을 구하세요.

㉠ 육각형의 변의 수

㉡ 팔각형의 꼭짓점의 수

( )

13

육각형에 그을 수 있는 대각선은 오각형에 그을 수 있는 대각선보다 몇 개 더 많을까요?

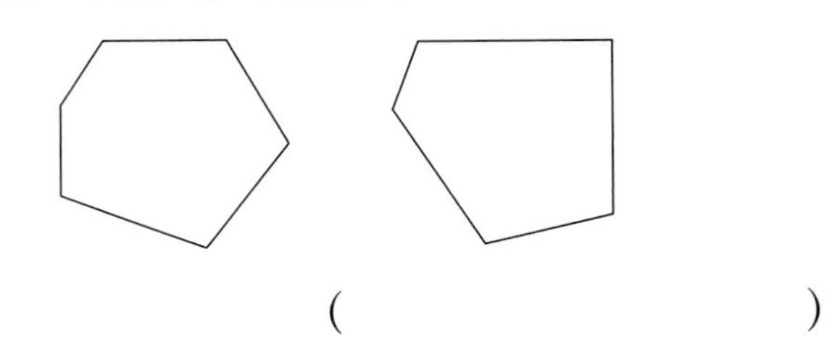

( )

14

정삼각형과 정오각형을 겹치지 않게 이어 붙여 만든 도형입니다. 빨간색 선의 길이는 몇 cm일까요?

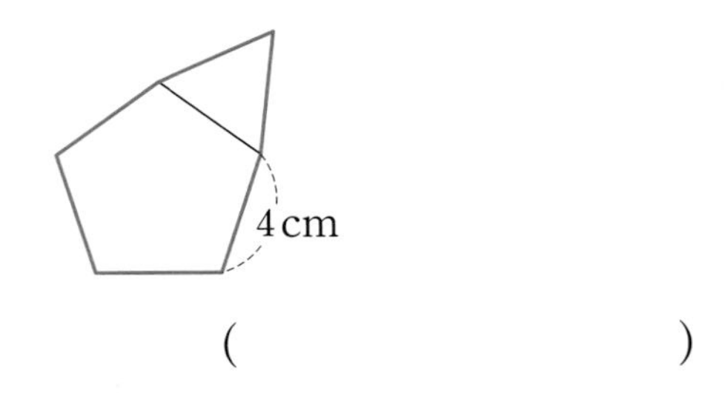

( )

15

다음 도형은 정사각형 ㄱㄴㄷㄹ에 대각선을 그은 것입니다. 바르게 설명한 사람의 이름을 쓰세요.

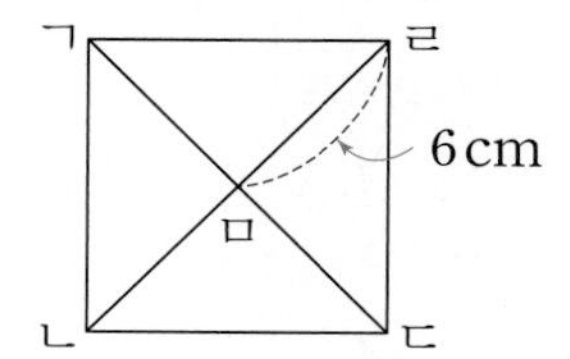

상호: 각 ㄱㅁㄹ의 크기는 90°입니다.
연우: 두 대각선의 길이의 합은 12 cm입니다.

(　　　　　　　　)

16 서술형

표시된 꼭짓점에서 그을 수 있는 대각선을 모두 그어 보고, 알게 된 점을 쓰세요.

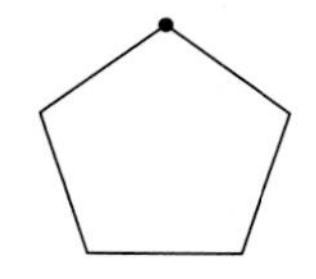
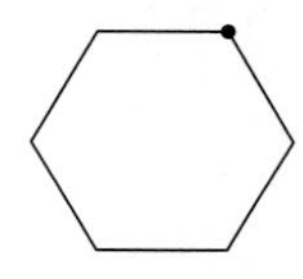

알게 된 점

____

____

17

다음 육각형을 한 가지 모양 조각으로만 채우려고 합니다. ▲ 모양 조각만 사용할 때와 ▱ 모양 조각만 사용할 때 필요한 모양 조각의 수의 차는 몇 개인지 구하세요.

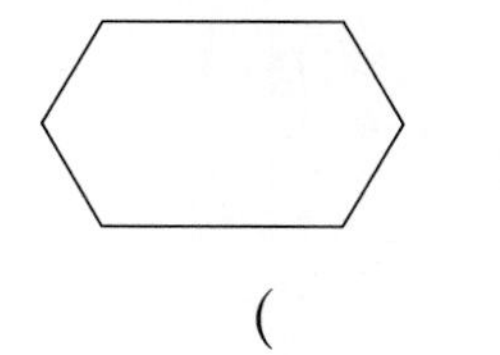

(　　　　　　　　)

18

정다각형 가와 나의 모든 변의 길이의 합이 같습니다. 정다각형 나의 한 변은 몇 cm일까요?

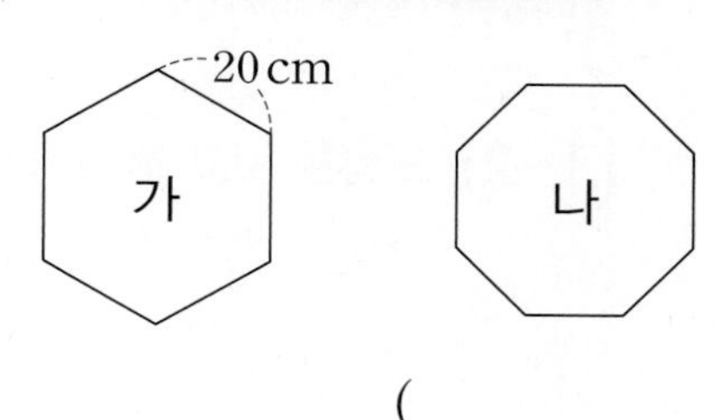

(　　　　　　　　)

19

모양 조각을 모두 사용하여 주어진 모양을 채우세요. (단, 같은 모양 조각을 여러 번 사용해도 됩니다.)

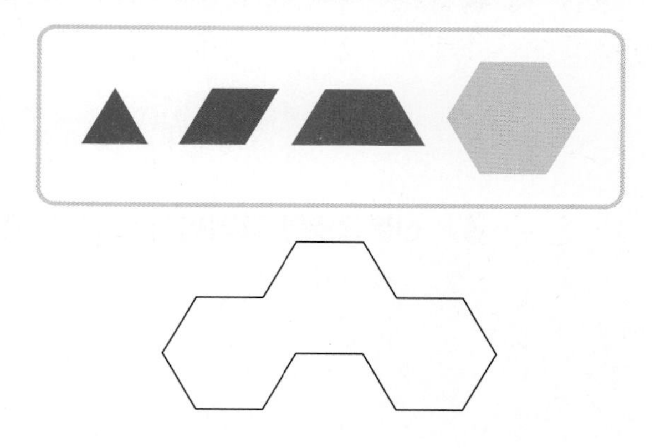

20

정오각형의 한 각의 크기는 몇 도일까요?

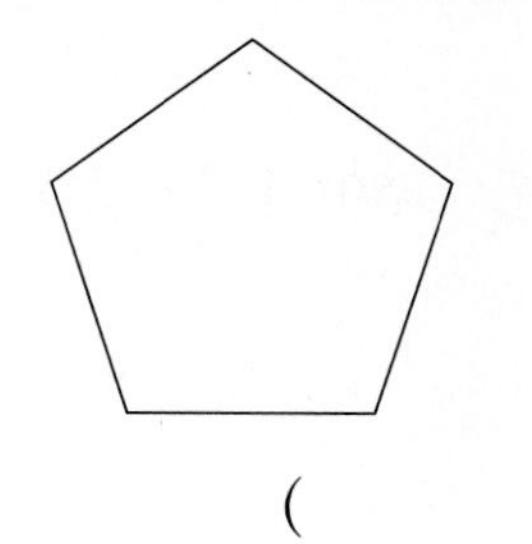

(　　　　　　　　)

6 단원

평가 주제	다각형 알아보기
평가 목표	다각형의 뜻을 이해하고 다각형의 이름을 알 수 있습니다.

[1~2] 도형을 보고 물음에 답하세요.

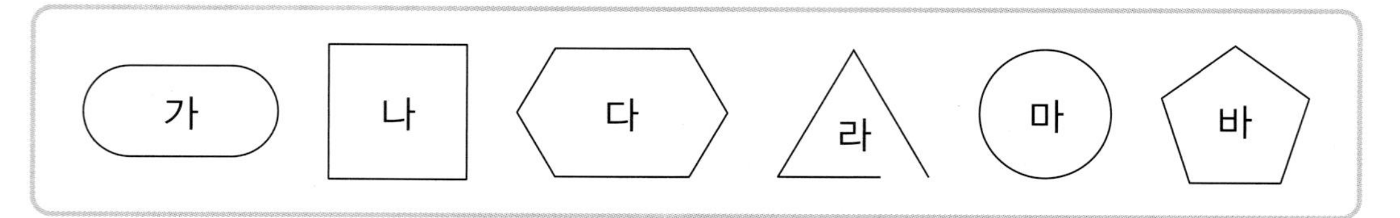

1 다각형을 모두 찾아 기호를 쓰세요.

( )

2 육각형을 찾아 기호를 쓰세요.

( )

3 선분으로만 둘러싸여 있고, 변이 8개인 도형의 이름을 쓰세요.

( )

4 빈칸에 알맞은 수를 써넣으세요.

다각형	오각형	칠각형	구각형
변의 수(개)	5		
꼭짓점의 수(개)		7	

5 주어진 다각형을 1개씩 그려 보세요.

오각형

팔각형

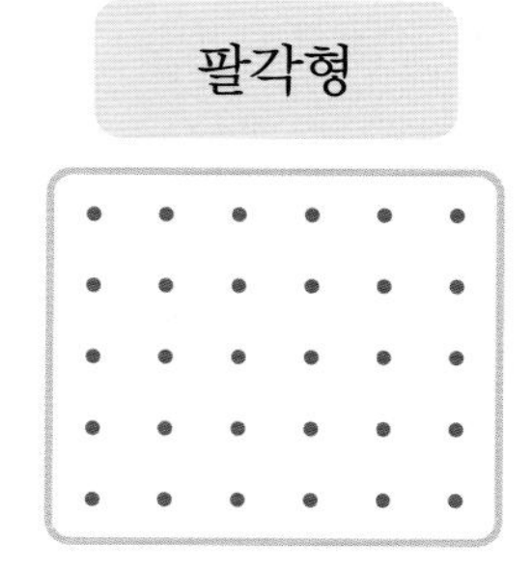

평가 주제	정다각형 알아보기
평가 목표	정다각형의 뜻을 이해하고 정다각형의 이름을 알 수 있습니다.

[1~2] 도형을 보고 물음에 답하세요.

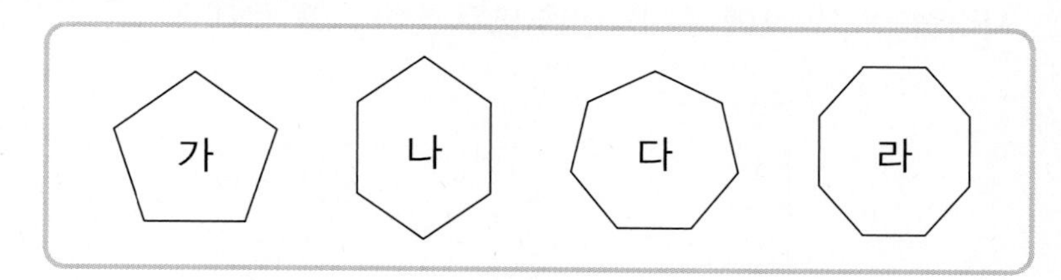

1 정다각형을 모두 찾아 기호를 쓰세요.

( )

2 도형 다의 이름을 쓰세요.

( )

3 정오각형에는 빨간색, 정육각형에는 노란색, 정팔각형에는 파란색으로 색칠하고, 색칠하지 못한 정다각형의 이름을 쓰세요.

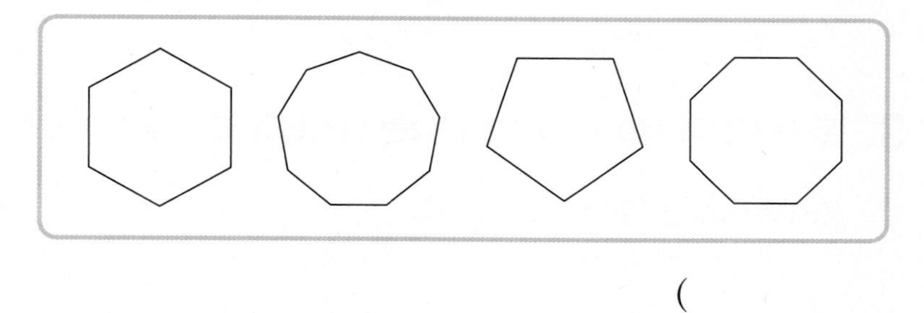

( )

4 다음 도형은 정다각형입니다. □ 안에 알맞은 수를 써넣으세요.

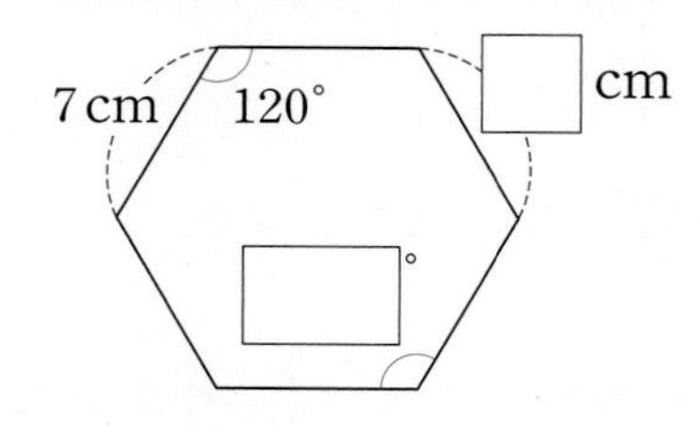

5 길이가 50 cm인 털실을 겹치지 않게 사용하여 한 변의 길이가 5 cm인 정팔각형을 만들었습니다. 남은 털실의 길이는 몇 cm일까요?

( )

평가 주제	대각선 알아보기
평가 목표	• 대각선의 뜻을 이해하고, 그을 수 있습니다. • 대각선의 성질을 알 수 있습니다.

1 사각형 ㄱㄴㄷㄹ에서 대각선을 모두 찾아 ○표 하세요.

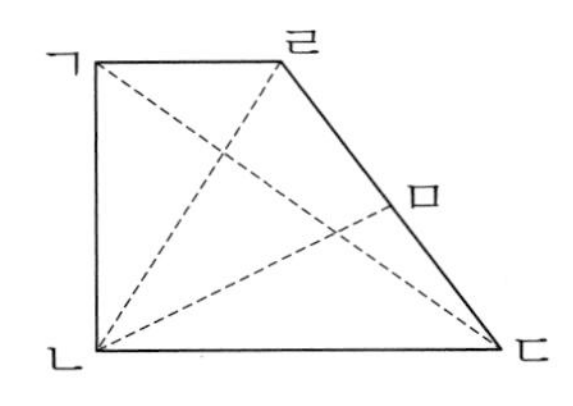

선분 ㄱㄷ　　선분 ㄴㄹ　　선분 ㄴㅁ

[2~3] 다각형을 보고 물음에 답하세요.

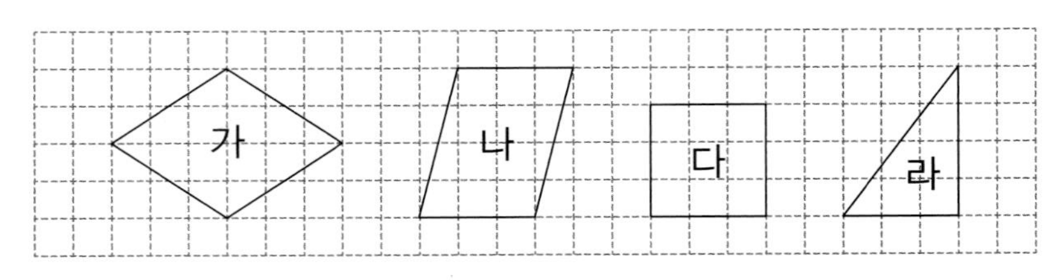

2 대각선을 그을 수 없는 다각형을 찾아 기호를 쓰세요.

(　　　　　　　　)

3 두 대각선이 서로 수직으로 만나는 다각형을 모두 찾아 기호를 쓰세요.

(　　　　　　　　)

4 오른쪽 도형은 직사각형 ㄱㄴㄷㄹ에 대각선을 그은 것입니다. 두 대각선의 길이의 합은 몇 cm일까요?

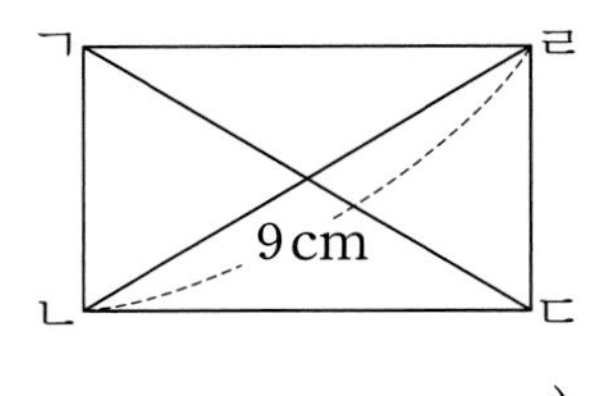

(　　　　　　　　)

5 도형 가와 나에 그을 수 있는 대각선의 수의 합은 몇 개일까요?

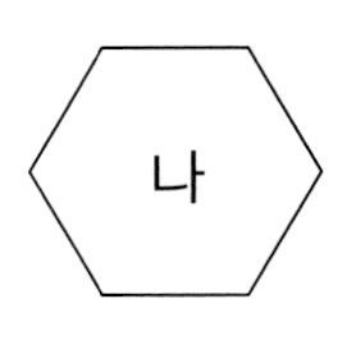

가

(　　　　　　　　)

● 정답 63쪽

평가 주제	모양 만들기, 모양 채우기
평가 목표	다각형으로 이루어진 모양 조각으로 다양한 모양을 만들거나 채울 수 있습니다.

1 **모양을 만드는 데 사용한 다각형을 모두 찾아 ○표 하세요.**

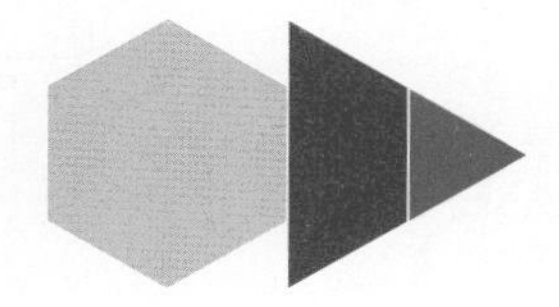

정삼각형　　사다리꼴　　평행사변형
정오각형　　정육각형

2 **보기 의 모양 조각 중에서 한 가지를 여러 개 사용하여 다음 모양을 채우려면 각각의 모양 조각이 몇 개 필요할까요?**

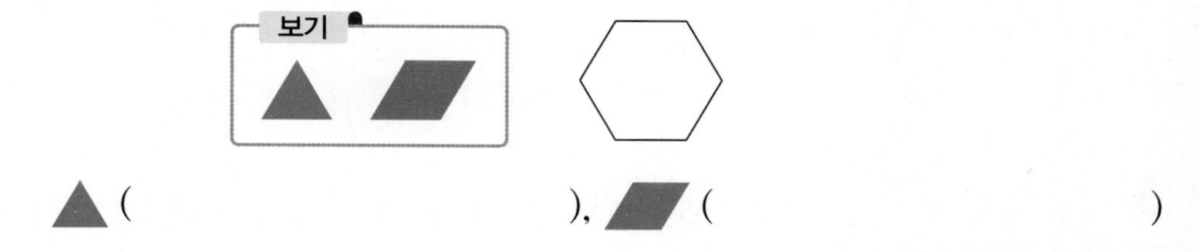

3 **주어진 모양 조각 중에서 2가지를 골라 정삼각형과 마름모를 각각 채우세요. (단, 같은 모양 조각을 여러 번 사용해도 됩니다.)**

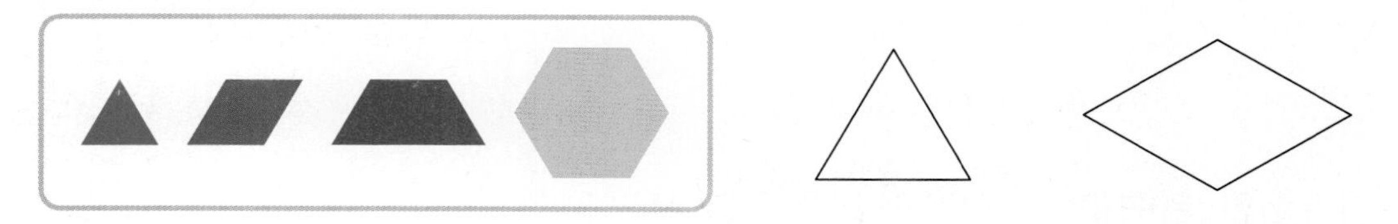

4 **4가지 도형을 한 번씩만 모두 사용하여 정사각형을 만드세요.**

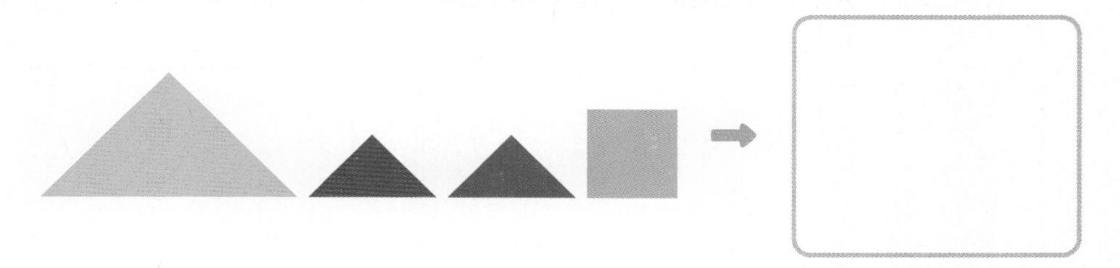

1

그림을 보고 □ 안에 알맞은 수를 써넣으세요.

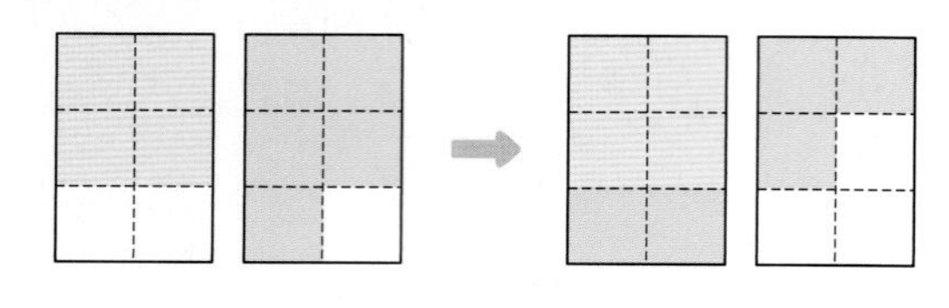

$\frac{4}{6}+\frac{5}{6}=\frac{\square}{6}=\square\frac{\square}{6}$

2

계산을 하세요.

$\frac{4}{5}-\frac{2}{5}$

3

□ 안에 알맞은 분수를 구하세요.

$1\frac{6}{7}+\square=4\frac{3}{7}$

(　　　　　　　)

4

길이가 3 m인 종이테이프 2장을 $\frac{8}{9}$ m만큼 겹쳐서 이어 붙였습니다. 이어 붙인 종이테이프의 전체 길이는 몇 m일까요?

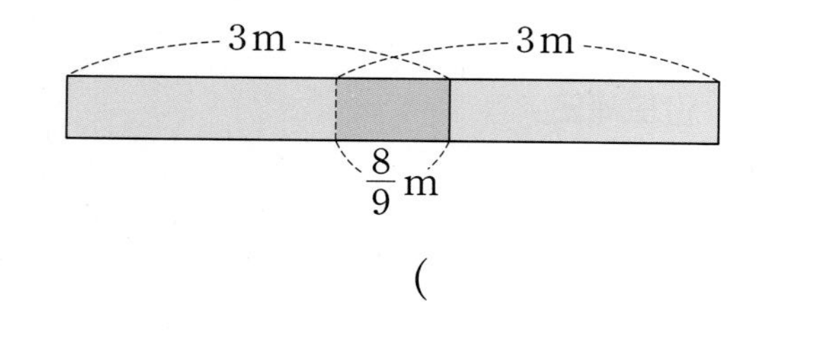

(　　　　　　　)

5

다음 도형은 정삼각형입니다. □ 안에 알맞은 수를 써넣으세요.

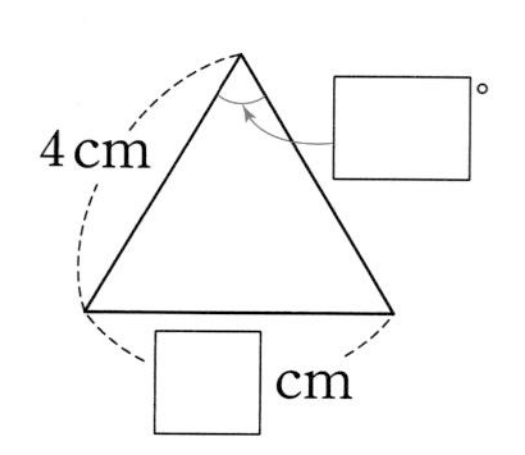

6

다음 도형은 이등변삼각형입니다. 세 변의 길이의 합은 몇 cm일까요?

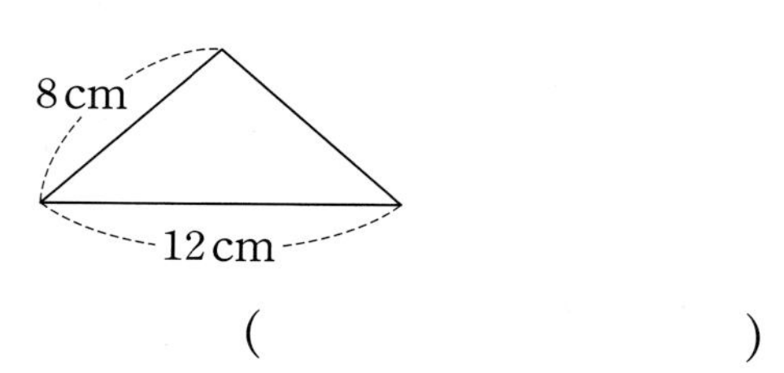

(　　　　　　　)

7 서술형

삼각형의 일부가 지워졌습니다. 이 삼각형의 이름이 될 수 있는 것을 2가지 쓰려고 합니다. 해결 과정을 쓰고, 답을 구하세요.

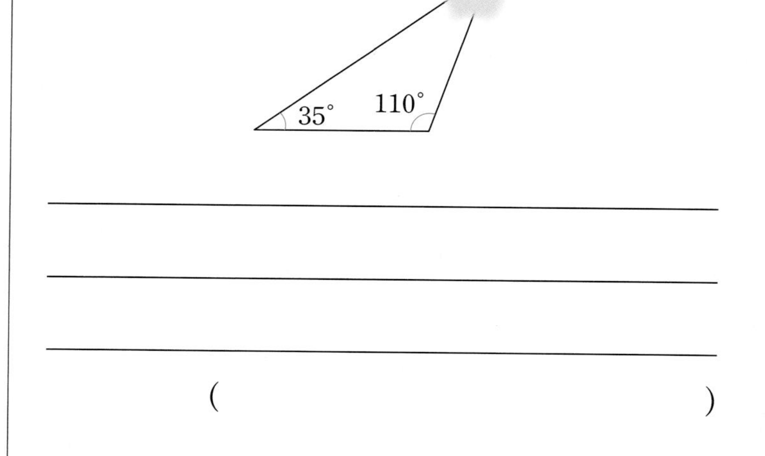

(　　　　　　　)

8

□ 안에 알맞은 수를 써넣으세요.

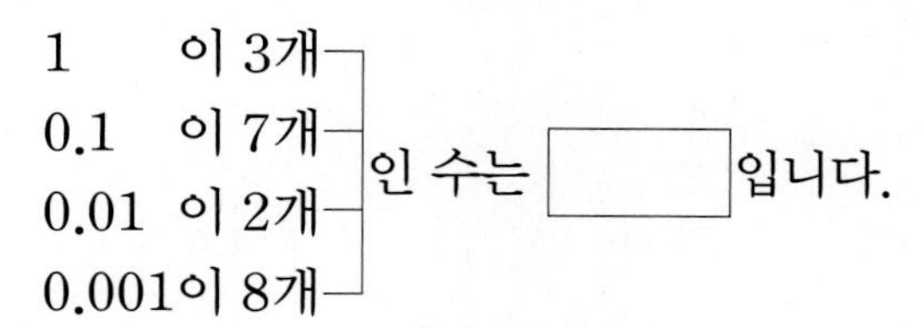

9

계산을 하고 계산 결과가 큰 것부터 차례대로 ○ 안에 1, 2, 3을 써넣으세요.

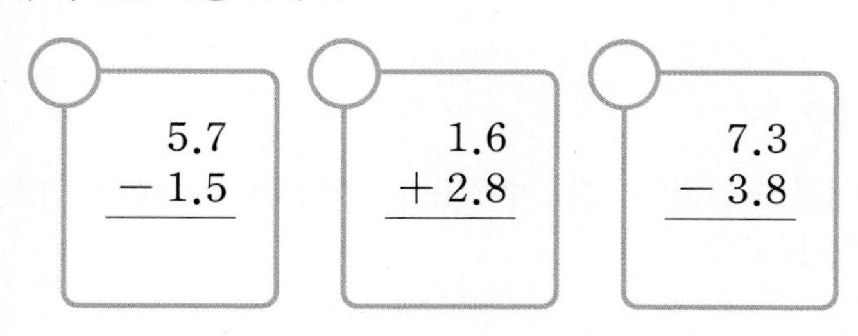

10 서술형

가장 큰 수와 가장 작은 수의 차는 얼마인지 해결 과정을 쓰고, 답을 구하세요.

8.625	8.19	8.63

( )

11

직선 가의 수선과 평행선을 각각 찾아 쓰세요.

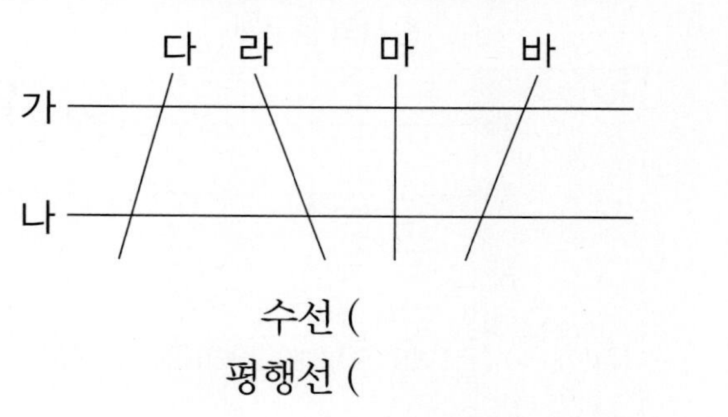

수선 ( )

평행선 ( )

12

다음 사각형에서 한 꼭짓점만 옮겨서 사다리꼴을 만드세요.

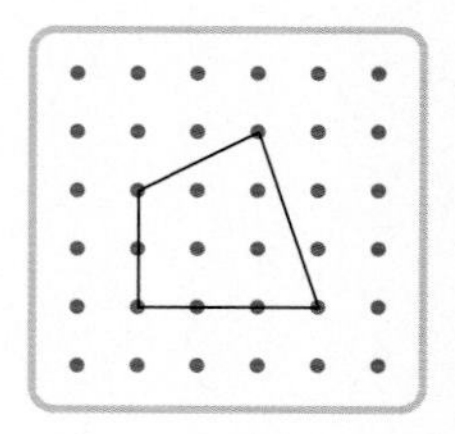

13

평행사변형을 모두 찾아 기호를 쓰세요.

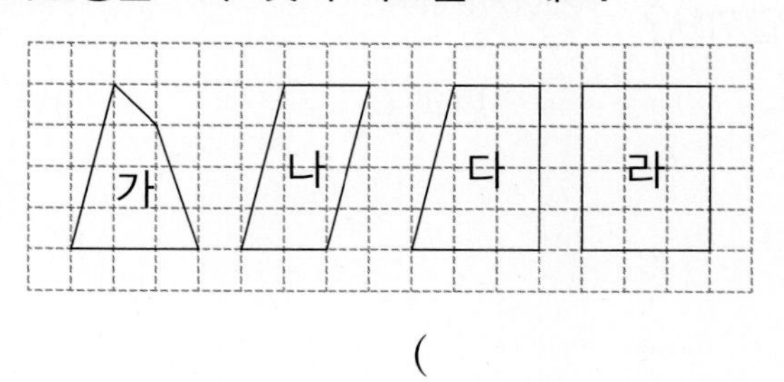

( )

14

왼쪽 마름모의 네 변의 길이의 합과 오른쪽 평행사변형의 네 변의 길이의 합이 같을 때, □ 안에 알맞은 수를 구하세요.

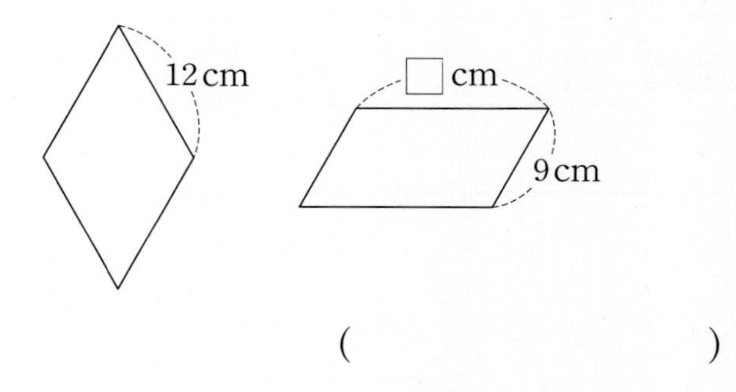

( )

[15-17] 준서의 몸무게를 매년 1월 1일에 조사하여 나타낸 꺾은선그래프입니다. 물음에 답하세요.

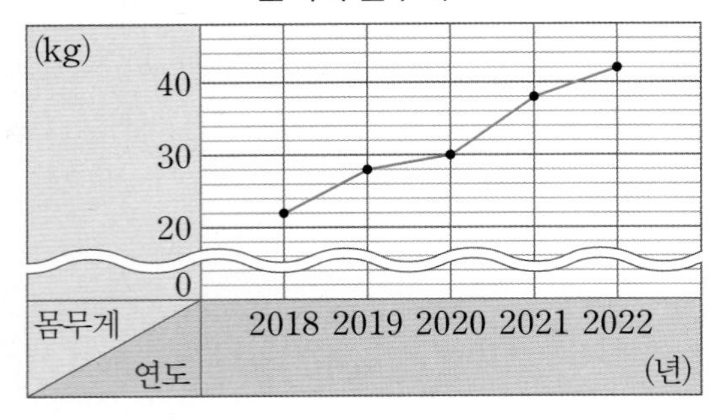

15

2018년 준서의 몸무게는 몇 kg일까요?

( )

16

준서의 몸무게가 가장 많이 늘어난 때는 몇 년과 몇 년 사이일까요?

( )년과 ( )년 사이

17 서술형

2020년 7월 1일에 준서의 몸무게는 몇 kg이었을지 쓰고, 그 이유를 쓰세요.

몸무게

이유

18

도형을 보고 다각형과 정다각형을 모두 찾아 기호를 쓰세요.

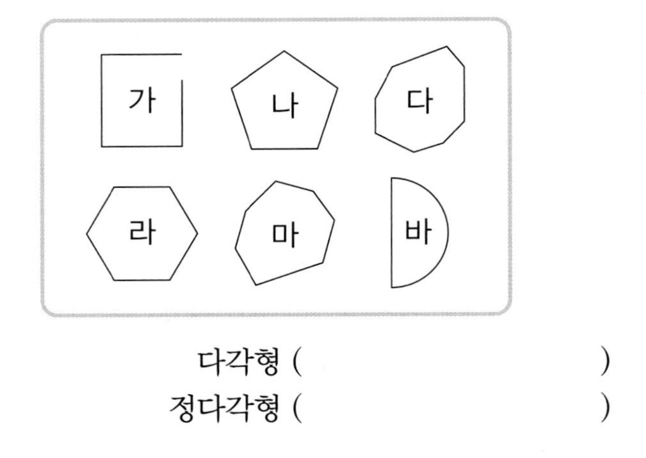

다각형 ( )

정다각형 ( )

19

대각선을 많이 그을 수 있는 도형부터 차례대로 기호를 쓰세요.

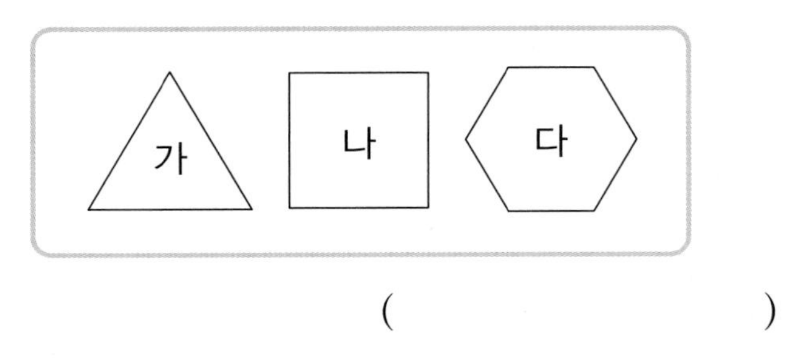

( )

20

주어진 모양 조각을 모두 사용하여 평행사변형을 채우세요. (단, 같은 모양 조각을 여러 번 사용해도 됩니다.)

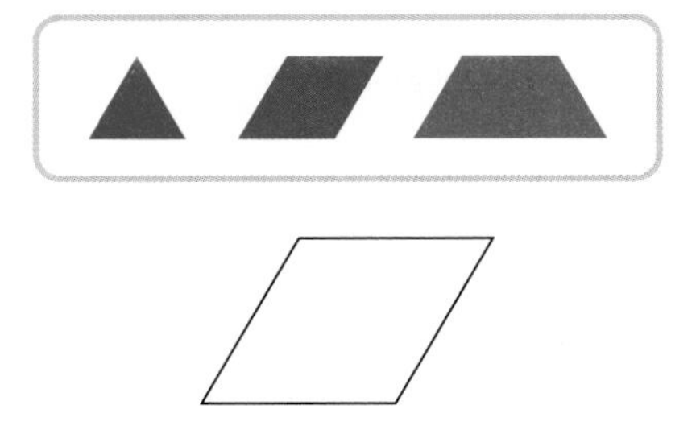

백점 수학 **4·2**

초등학교 학년 반 번 이름

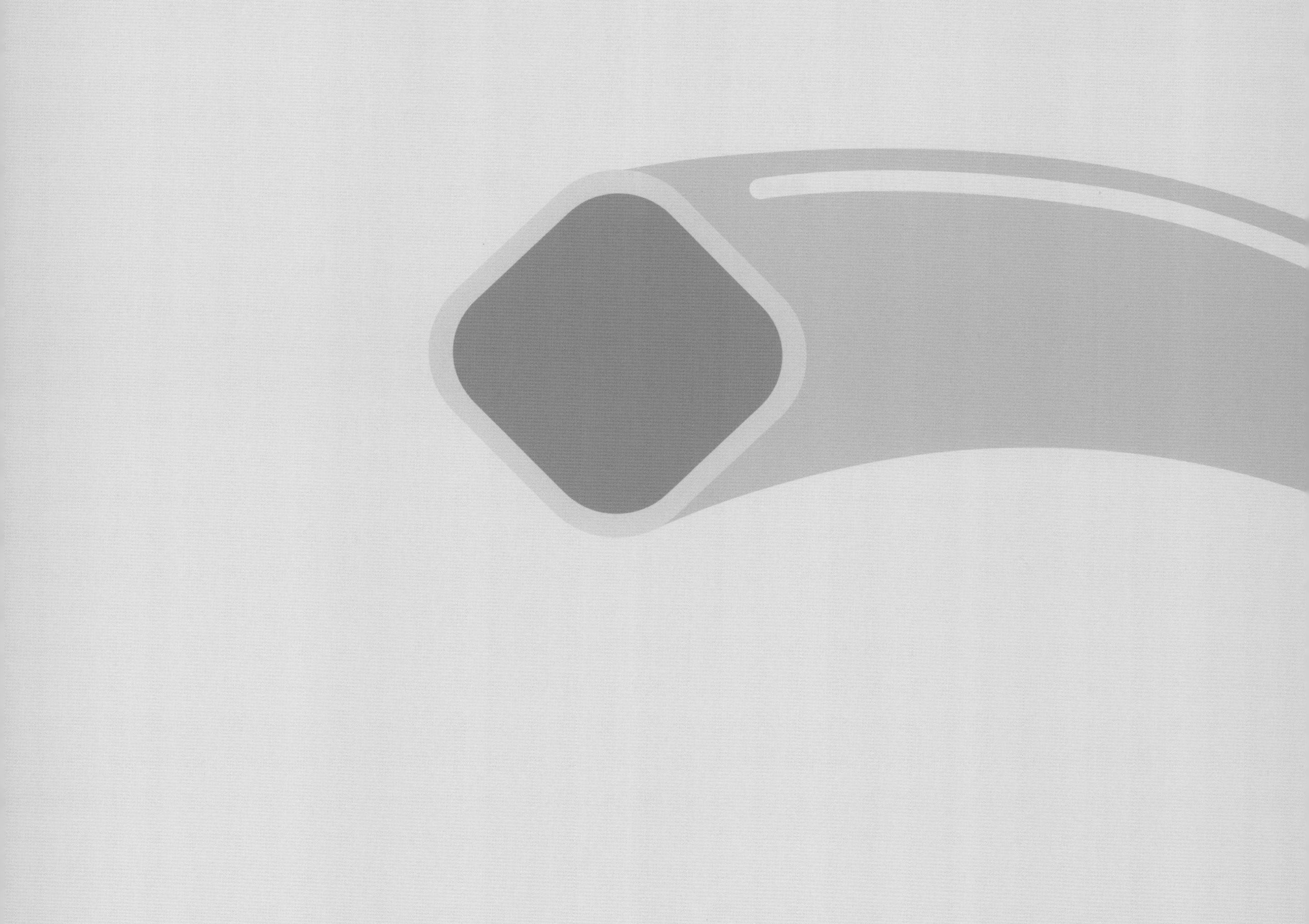

강의가 더해진, **교과서 맞춤 학습**

백점

수학 4·2

모바일 빠른 정답

친절한 **해설북**

- 한눈에 보이는 **정확한 답**
- 한번에 이해되는 **자세한 풀이**

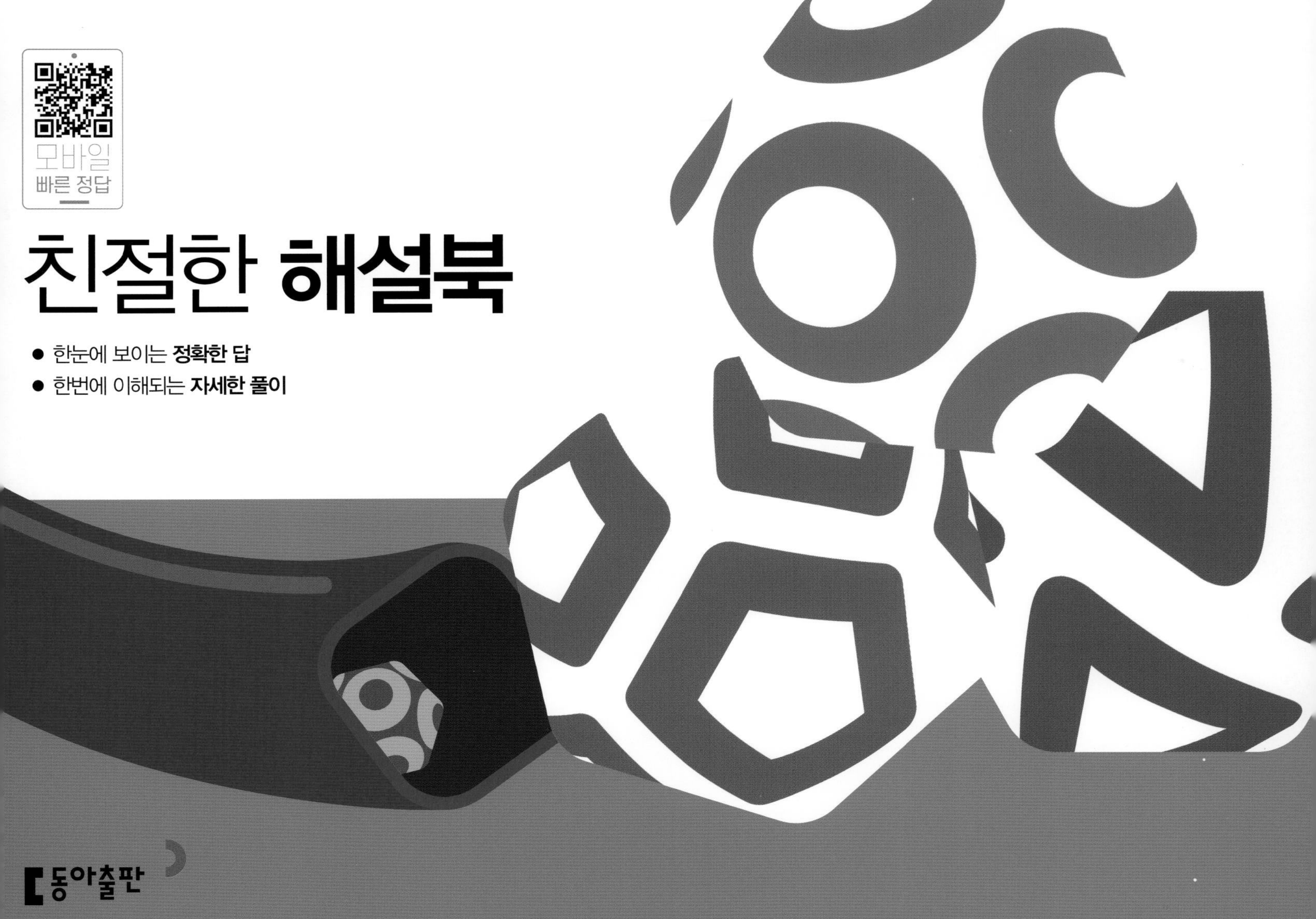

동아출판

차례

백점 수학 빠른 정답

QR코드를 찍으면 **정답과 해설**을
쉽고 빠르게 확인할 수 있습니다.

❶ 분수의 덧셈과 뺄셈

6쪽 개념 학습 ❶

1 (1) / $\frac{2}{4}$ (2) / $\frac{4}{6}$

(3) / $\frac{11}{8}$, $1\frac{3}{8}$

2 (1) 1, 3, $\frac{4}{5}$ (2) 2, 4, $\frac{6}{7}$

(3) 5, 5, $\frac{10}{9}$, $1\frac{1}{9}$

(4) 6, 7, $\frac{13}{11}$, $1\frac{2}{11}$

1 (3) $\frac{4}{8}$만큼 색칠하고 이어서 $\frac{7}{8}$만큼 색칠합니다.

➡ $\frac{4}{8}+\frac{7}{8}=\frac{11}{8}=1\frac{3}{8}$

2 분모가 같은 분수의 덧셈은 분모는 그대로 쓰고 분자끼리 더합니다.

7쪽 개념 학습 ❷

1 (1) / $2\frac{2}{3}$

(2) / $2\frac{5}{6}$

2 (1) 3, 2, 3, 2 (2) 4, 5, 4, 5

(3) 20, 19, 39, 4, 7 (4) 22, 7, 29, 5, 4

2 (1) 자연수 부분끼리 더하고 진분수 부분끼리 더합니다.

(3) 대분수를 가분수로 바꾸어 더합니다.

8쪽 개념 학습 ❸

1 (1) 4, 1 (2) 5, 2 (3) 3, 1

2 7, 1, 1, 4, 1 / 8, 25, 4, 1

3 9, 1, 2, 5, 2 / 18, 19, 37, 5, 2

1 (1) $2\frac{3}{4}+1\frac{2}{4}=\frac{11}{4}+\frac{6}{4}=\frac{17}{4}=4\frac{1}{4}$

(2) $3\frac{3}{5}+1\frac{4}{5}=\frac{18}{5}+\frac{9}{5}=\frac{27}{5}=5\frac{2}{5}$

(3) $1\frac{3}{6}+1\frac{4}{6}=\frac{9}{6}+\frac{10}{6}=\frac{19}{6}=3\frac{1}{6}$

9쪽 개념 학습 ❹

1 (1) 4, 3, $\frac{1}{5}$ (2) 5, 2, $\frac{3}{8}$ (3) 7, 5, $\frac{2}{10}$

2 (1) 1, 1, 1, 1 (2) 2, 1, 2, 1

(3) 16, 8, 8, 1, 2 (4) 29, 11, 18, 2, 2

1 분모는 그대로 쓰고 분자끼리 뺍니다.

2 (1) 자연수 부분끼리 빼고 진분수 부분끼리 뺍니다.

(3) 대분수를 가분수로 바꾸어 뺍니다.

10쪽 개념 학습 ❺

1 (1) $\frac{4}{5}$ (2) $1\frac{2}{3}$

2 (1) 2, 3 (2) 7, 2, 5 (3) 6, 3, 1 (4) 6, 5, 1

(5) 24, 19, 5

1 (1) 2를 $1\frac{5}{5}$로 바꾸어 자연수 부분만큼 ×표 하고 진분수 부분만큼 ×표 했습니다.

(2) 4를 $3\frac{3}{3}$으로 바꾸어 자연수 부분만큼 ×표 하고 진분수 부분만큼 ×표 했습니다.

2 (1) 1을 $\frac{5}{5}$로 바꾸어 분모는 그대로 쓰고 분자끼리 뺍니다.

(2) 3에서 1만큼을 $\frac{7}{7}$로 바꿉니다. ➡ $3=2\frac{7}{7}$

(3) 4에서 1만큼을 $\frac{6}{6}$으로 바꿉니다. ➡ $4=3\frac{6}{6}$

(4) 자연수와 대분수를 가분수로 바꾸어 뺍니다.

11쪽 개념 학습 ❻

1 (1) 13, 6, 7 / 7, 6, 1, 2

(2) 14, 3, 11 / 11, 3

2 8, 1, 4 / 18, 9, 9, 1, 4

3 14, 2, 6 / 41, 17, 24, 2 6

1 (1) 수직선의 작은 눈금 한 칸은 $\frac{1}{4}$을 나타냅니다. 대분수를 가분수로 바꾸어 계산합니다.

(2) 수직선의 작은 눈금 한 칸은 $\frac{1}{6}$을 나타냅니다. 대분수를 가분수로 바꾸어 계산합니다.

12쪽~13쪽 문제 학습 ❶

1 5, 2, 7
2 5, 7, 12, 12, 1, 4
3 (1) $\frac{4}{7}$ (2) $\frac{7}{12}$
(3) $1\frac{2}{5}\left(=\frac{7}{5}\right)$ (4) $1\frac{4}{6}\left(=\frac{10}{6}\right)$
4 $\frac{6}{10}$, $1\frac{3}{10}\left(=\frac{13}{10}\right)$
5 $\frac{2}{7}+\frac{4}{7}$　$\frac{3}{7}+\frac{2}{7}$　$\frac{1}{7}+\frac{5}{7}$
6 $\frac{3}{15}+\frac{4}{15}=\frac{7}{15}$, $\frac{7}{15}$ 컵
7 =
8 $1\frac{4}{11}\left(=\frac{15}{11}\right)$
9 (선 잇기)
10 $\frac{8}{9}$m
11 1, 2, 3, 4
12 $1\frac{5}{10}\left(=\frac{15}{10}\right)$

1 수직선에서 작은 눈금 한 칸은 $\frac{1}{9}$을 나타내므로 $\frac{5}{9}+\frac{2}{9}=\frac{7}{9}$입니다.

3 (1) $\frac{3}{7}+\frac{1}{7}=\frac{3+1}{7}=\frac{4}{7}$
(2) $\frac{2}{12}+\frac{5}{12}=\frac{2+5}{12}=\frac{7}{12}$
(3) $\frac{4}{5}+\frac{3}{5}=\frac{4+3}{5}=\frac{7}{5}=1\frac{2}{5}$
(4) $\frac{5}{6}+\frac{5}{6}=\frac{5+5}{6}=\frac{10}{6}=1\frac{4}{6}$

4 $\frac{3}{10}+\frac{3}{10}=\frac{3+3}{10}=\frac{6}{10}$
$\frac{6}{10}+\frac{7}{10}=\frac{6+7}{10}=\frac{13}{10}=1\frac{3}{10}$

5 $\frac{2}{7}+\frac{4}{7}=\frac{6}{7}$, $\frac{3}{7}+\frac{2}{7}=\frac{5}{7}$, $\frac{1}{7}+\frac{5}{7}=\frac{6}{7}$
➡ 계산 결과가 다른 하나는 $\frac{3}{7}+\frac{2}{7}$입니다.

6 (어제 마신 사과주스의 양)+(오늘 마신 사과주스의 양)
$=\frac{3}{15}+\frac{4}{15}=\frac{3+4}{15}=\frac{7}{15}$(컵)

7 • $\frac{2}{4}+\frac{5}{4}=\frac{7}{4}=1\frac{3}{4}$ • $\frac{6}{4}+\frac{1}{4}=\frac{7}{4}=1\frac{3}{4}$
➡ $1\frac{3}{4}=1\frac{3}{4}$

8 $\frac{10}{11}>\frac{7}{11}>\frac{5}{11}$이므로 가장 큰 수는 $\frac{10}{11}$, 가장 작은 수는 $\frac{5}{11}$입니다. ➡ $\frac{10}{11}+\frac{5}{11}=\frac{15}{11}=1\frac{4}{11}$

9 • $\frac{5}{8}+\frac{2}{8}=\frac{5+2}{8}=\frac{7}{8}$ • $\frac{3}{8}+\frac{4}{8}=\frac{3+4}{8}=\frac{7}{8}$
• $\frac{6}{8}+\frac{1}{8}=\frac{6+1}{8}=\frac{7}{8}$
참고 분모가 8인 진분수이므로 분자끼리의 합이 7이 되는 두 수를 찾습니다.

10 정사각형은 네 변의 길이가 모두 같습니다.
(정사각형의 네 변의 길이의 합)
$=\frac{2}{9}+\frac{2}{9}+\frac{2}{9}+\frac{2}{9}=\frac{8}{9}$(m)

11 $\frac{8}{13}+\frac{\square}{13}=\frac{8+\square}{13}$에서 덧셈의 계산 결과로 나올 수 있는 가장 큰 진분수는 $\frac{12}{13}$입니다. 따라서 □ 안에 들어갈 수 있는 자연수는 1, 2, 3, 4입니다.

12 • 만들 수 있는 가장 큰 진분수: $\frac{9}{10}$
• 만들 수 있는 가장 작은 진분수: $\frac{6}{10}$
➡ $\frac{9}{10}+\frac{6}{10}=\frac{15}{10}=1\frac{5}{10}$
참고 진분수는 분자가 분모보다 작아야 합니다.

14쪽~15쪽 문제 학습 ❷

1 9, 17, 26, 26, 3, 5
2 (1) $4\frac{3}{5}$ (2) $7\frac{2}{3}$ (3) $7\frac{3}{6}$ (4) $10\frac{7}{8}$
3 (위에서부터) $4\frac{5}{9}$, $5\frac{7}{9}$
4 $5\frac{5}{6}$
5 태우
6 ㉠
7 $5\frac{8}{10}$
8 $1\frac{3}{8}+1\frac{1}{8}=2\frac{4}{8}$, $2\frac{4}{8}$kg
9 방법 1 예 $2\frac{2}{4}+1\frac{1}{4}=(2+1)+\left(\frac{2}{4}+\frac{1}{4}\right)$
$=3+\frac{3}{4}=3\frac{3}{4}$
방법 2 예 $2\frac{2}{4}+1\frac{1}{4}=\frac{10}{4}+\frac{5}{4}=\frac{15}{4}=3\frac{3}{4}$
10 $4\frac{7}{8}$km
11 $2\frac{5}{6}$L
12 1, 2

1 $1\frac{2}{7}=\frac{9}{7}$이므로 $\frac{1}{7}$이 9개, $2\frac{3}{7}=\frac{17}{7}$이므로 $\frac{1}{7}$이 17개입니다.
➡ $1\frac{2}{7}+2\frac{3}{7}=\frac{9}{7}+\frac{17}{7}=\frac{9+17}{7}=\frac{26}{7}=3\frac{5}{7}$

3 • $3\frac{4}{9}+1\frac{1}{9}=(3+1)+\left(\frac{4}{9}+\frac{1}{9}\right)=4+\frac{5}{9}=4\frac{5}{9}$
• $3\frac{4}{9}+2\frac{3}{9}=(3+2)+\left(\frac{4}{9}+\frac{3}{9}\right)=5+\frac{7}{9}=5\frac{7}{9}$

4 $4\frac{2}{6}+1\frac{3}{6}=(4+1)+\left(\frac{2}{6}+\frac{3}{6}\right)=5+\frac{5}{6}=5\frac{5}{6}$

5 수민: $3\frac{4}{10}+1\frac{3}{10}=(3+1)+\left(\frac{4}{10}+\frac{3}{10}\right)$
$=4+\frac{7}{10}=4\frac{7}{10}$

6 ㉠ $2\frac{6}{11}+7\frac{1}{11}=9\frac{7}{11}$ ㉡ $5\frac{5}{11}+4\frac{3}{11}=9\frac{8}{11}$
➡ ㉠ $9\frac{7}{11}<$ ㉡ $9\frac{8}{11}$

7 $2\frac{3}{10}+3\frac{5}{10}=5\frac{8}{10}$

참고 ■보다 ▲만큼 더 큰 수 ➡ ■+▲

8 (서우가 캔 감자의 양)
=(지안이가 캔 감자의 양)$+1\frac{1}{8}$
$=1\frac{3}{8}+1\frac{1}{8}=2\frac{4}{8}$(kg)

9 **방법 1** 대분수를 자연수 부분끼리 더하고 진분수 부분끼리 더합니다.
방법 2 대분수를 가분수로 바꾸어 계산합니다.

10 (주호네 집에서 놀이터를 거쳐 도서관까지 가는 거리)
=(주호네 집~놀이터)+(놀이터~도서관)
$=1\frac{5}{8}+3\frac{2}{8}=4\frac{7}{8}$(km)

11 (수현이가 마신 물의 양)$=1\frac{2}{6}+1\frac{1}{6}=2\frac{3}{6}$(L)
➡ (희수가 마신 물의 양)$=2\frac{3}{6}+\frac{2}{6}=2\frac{5}{6}$(L)

12 $1\frac{2}{12}+3\frac{\square}{12}=(1+3)+\left(\frac{2}{12}+\frac{\square}{12}\right)$
$=4+\frac{2+\square}{12}=4\frac{2+\square}{12}$이므로
$2+\square<5$를 만족하는 $\square$의 값을 구하면 $\square=1, 2$입니다.

16쪽~17쪽 문제 학습 ③

1 $1\frac{3}{5}+7\frac{4}{5}=\frac{8}{5}+\frac{39}{5}=\frac{47}{5}=9\frac{2}{5}$
2 (1) $6\frac{4}{8}$ (2) $8\frac{2}{11}$
3 (위에서부터) $6\frac{3}{6}$, $6\frac{1}{6}$, $4\frac{4}{6}$, 8
4 (선 잇기)
5 ( )(○)
6 $2\frac{4}{7}+3\frac{6}{7}$, $4\frac{3}{9}+1\frac{7}{9}$
7 $6\frac{1}{3}$
8 $5\frac{4}{6}+2\frac{3}{6}=7+\frac{7}{6}=7+1\frac{1}{6}=8\frac{1}{6}$
9 $6\frac{1}{5}$시간
10 ㉢, ㉠, ㉡
11 예 12, 16 / 13, 15 / 14, 14
12 $5\frac{7}{9}+4\frac{5}{9}=10\frac{3}{9}$(또는 $4\frac{5}{9}+5\frac{7}{9}=10\frac{3}{9}$)
13 $4\frac{2}{4}$

1 보기 의 방법은 대분수를 가분수로 바꾸어 분모는 그대로 쓰고 분자끼리 더한 것입니다.

2 (1) $3\frac{6}{8}+2\frac{6}{8}=5+\frac{12}{8}=5+1\frac{4}{8}=6\frac{4}{8}$
(2) $5\frac{8}{11}+2\frac{5}{11}=7+\frac{13}{11}=7+1\frac{2}{11}=8\frac{2}{11}$

3 • $2\frac{5}{6}+3\frac{4}{6}=5+\frac{9}{6}=5+1\frac{3}{6}=6\frac{3}{6}$
• $1\frac{5}{6}+4\frac{2}{6}=5+\frac{7}{6}=5+1\frac{1}{6}=6\frac{1}{6}$
• $2\frac{5}{6}+1\frac{5}{6}=3+\frac{10}{6}=3+1\frac{4}{6}=4\frac{4}{6}$
• $3\frac{4}{6}+4\frac{2}{6}=7+\frac{6}{6}=7+1=8$

4 • $1\frac{2}{4}+4\frac{3}{4}=5+\frac{5}{4}=5+1\frac{1}{4}=6\frac{1}{4}$
• $3\frac{3}{4}+2\frac{3}{4}=5+\frac{6}{4}=5+1\frac{2}{4}=6\frac{2}{4}$

5 • $3\frac{4}{10}+2\frac{9}{10}=5+\frac{13}{10}=5+1\frac{3}{10}=6\frac{3}{10}$
• $4\frac{8}{10}+1\frac{6}{10}=5+\frac{14}{10}=5+1\frac{4}{10}=6\frac{4}{10}$
➡ $6\frac{3}{10}<6\frac{4}{10}$

BOOK 1 개념북 1 단원

6
- $3\frac{3}{5}+1\frac{4}{5}=4+\frac{7}{5}=4+1\frac{2}{5}=5\frac{2}{5}$
- $2\frac{4}{7}+3\frac{6}{7}=5+\frac{10}{7}=5+1\frac{3}{7}=6\frac{3}{7}$
- $3\frac{7}{8}+3\frac{5}{8}=6+\frac{12}{8}=6+1\frac{4}{8}=7\frac{4}{8}$
- $4\frac{3}{9}+1\frac{7}{9}=5+\frac{10}{9}=5+1\frac{1}{9}=6\frac{1}{9}$

다른 방법 진분수끼리 더한 부분이 1보다 크므로 자연수 부분의 합이 5인 덧셈식을 찾습니다.
- $3\frac{3}{5}+1\frac{4}{5}$에서 $3+1=4$ ➡ 5와 6 사이
- $2\frac{4}{7}+3\frac{6}{7}$에서 $2+3=5$ ➡ 6과 7 사이
- $3\frac{7}{8}+3\frac{5}{8}$에서 $3+3=6$ ➡ 7과 8 사이
- $4\frac{3}{9}+1\frac{7}{9}$에서 $4+1=5$ ➡ 6과 7 사이

7 $2\frac{2}{3}+3\frac{2}{3}=(2+3)+\left(\frac{2}{3}+\frac{2}{3}\right)$
$=5+\frac{4}{3}=5+1\frac{1}{3}=6\frac{1}{3}$

8 분수 부분을 계산할 때 분모는 그대로 쓰고 분자끼리 더해야 하는데 분모끼리도 더했으므로 계산이 잘못되었습니다.

9 (어제와 오늘 책을 읽은 시간)
$=2\frac{2}{5}+3\frac{4}{5}=5+\frac{6}{5}=5+1\frac{1}{5}=6\frac{1}{5}$(시간)

10 ㉠ $2\frac{7}{8}+\frac{2}{8}=2+\frac{9}{8}=2+1\frac{1}{8}=3\frac{1}{8}$
㉡ $1\frac{4}{8}+\frac{9}{8}=\frac{12}{8}+\frac{9}{8}=\frac{21}{8}=2\frac{5}{8}$
㉢ $1\frac{5}{8}+1\frac{5}{8}=2+\frac{10}{8}=2+1\frac{2}{8}=3\frac{2}{8}$
➡ ㉢ $3\frac{2}{8}>$ ㉠ $3\frac{1}{8}>$ ㉡ $2\frac{5}{8}$

11 $3\frac{1}{9}=\frac{28}{9}$이므로 $\frac{■}{9}+\frac{▲}{9}$가 $\frac{28}{9}$이 되는 덧셈식을 찾으면 됩니다.
이때 분모가 9인 가분수이므로 ■, ▲는 9와 같거나 9보다 큰 수이어야 합니다. 따라서 분자가 될 수 있는 수는 (9, 19), (10, 18), (11, 17), (12, 16), (13, 15), (14, 14)입니다.

12 $5\frac{7}{9}>4\frac{5}{9}>2\frac{6}{9}$이므로 합이 가장 큰 덧셈식을 만들려면 가장 큰 수와 두 번째로 큰 수를 더합니다.
➡ $5\frac{7}{9}+4\frac{5}{9}=9+\frac{12}{9}=9+1\frac{3}{9}=10\frac{3}{9}$

참고 합이 가장 큰 덧셈식: (가장 큰 수)+(두 번째로 큰 수)

13 1보다 크고 2보다 작은 분수이므로 조건을 만족하는 분수는 가분수 또는 대분수입니다.
분모는 4이므로 조건을 모두 만족하는 분수는 $1\frac{1}{4}\left(=\frac{5}{4}\right)$, $1\frac{2}{4}\left(=\frac{6}{4}\right)$, $1\frac{3}{4}\left(=\frac{7}{4}\right)$입니다.
➡ $1\frac{1}{4}+1\frac{2}{4}+1\frac{3}{4}=2\frac{3}{4}+1\frac{3}{4}=3\frac{6}{4}=4\frac{2}{4}$

18쪽~19쪽 문제 학습 ④

1 예 [그림] / 6
2 23, 13 / 1, 2
3 (1) $\frac{2}{9}$ (2) $\frac{4}{11}$ (3) $2\frac{2}{5}$ (4) $2\frac{1}{7}$
4 $\frac{5}{10}$
5 =
6

$6\frac{8}{9}-5\frac{4}{9}$	$4\frac{6}{9}-3\frac{4}{9}$
$3\frac{5}{9}-2\frac{3}{9}$	$5\frac{7}{9}-3\frac{5}{9}$
$5\frac{4}{9}-4\frac{1}{9}$	$7\frac{8}{9}-6\frac{6}{9}$

7 $\frac{3}{6}$
8 ㉢, ㉡, ㉠
9 $3\frac{6}{11}$
10 $\frac{2}{9}$, $\frac{5}{9}$
11 도서관, $1\frac{3}{6}$km
12 6, 7
13 3개, $\frac{1}{5}$L

1 $\frac{8}{9}$만큼 색칠한 것에서 $\frac{2}{9}$만큼 ×표 합니다.

2 $2\frac{7}{8}=\frac{23}{8}$이고, $1\frac{5}{8}=\frac{13}{8}$이므로
$2\frac{7}{8}-1\frac{5}{8}=\frac{23}{8}-\frac{13}{8}=\frac{10}{8}=1\frac{2}{8}$입니다.

3 (3) $4\frac{3}{5}-2\frac{1}{5}$
$=(4-2)+\left(\frac{3}{5}-\frac{1}{5}\right)=2+\frac{2}{5}=2\frac{2}{5}$
(4) $3\frac{5}{7}-1\frac{4}{7}$
$=(3-1)+\left(\frac{5}{7}-\frac{4}{7}\right)=2+\frac{1}{7}=2\frac{1}{7}$

4 $\frac{8}{10}-\frac{3}{10}=\frac{5}{10}$

5 • $5\frac{3}{7}-2\frac{1}{7}=3\frac{2}{7}$ • $4\frac{5}{7}-1\frac{3}{7}=3\frac{2}{7}$

➡ $3\frac{2}{7}=3\frac{2}{7}$

6 • $6\frac{8}{9}-5\frac{4}{9}=1\frac{4}{9}$ • $4\frac{6}{9}-3\frac{4}{9}=1\frac{2}{9}$

• $3\frac{5}{9}-2\frac{3}{9}=1\frac{2}{9}$ • $5\frac{7}{9}-3\frac{5}{9}=2\frac{2}{9}$

• $5\frac{4}{9}-4\frac{1}{9}=1\frac{3}{9}$ • $7\frac{8}{9}-6\frac{6}{9}=1\frac{2}{9}$

7 수직선의 작은 눈금 한 칸의 크기는 $\frac{1}{6}$이므로

㉠$=\frac{2}{6}$, ㉡$=\frac{5}{6}$입니다.

➡ $\frac{5}{6}-\frac{2}{6}=\frac{3}{6}$

8 ㉠ $\frac{8}{13}-\frac{4}{13}=\frac{4}{13}$, ㉡ $\frac{12}{13}-\frac{9}{13}=\frac{3}{13}$,

㉢ $\frac{11}{13}-\frac{10}{13}=\frac{1}{13}$

➡ $\frac{1}{13}<\frac{3}{13}<\frac{4}{13}$이므로 계산 결과가 작은 것부터 차례대로 기호를 쓰면 ㉢, ㉡, ㉠입니다.

9 $5\frac{7}{11}-\square=2\frac{1}{11}$, $\square=5\frac{7}{11}-2\frac{1}{11}=3\frac{6}{11}$

10 분모가 같은 진분수의 덧셈과 뺄셈은 분모는 그대로 쓰고 분자끼리 계산합니다. 9보다 작은 수 중에서 두 수의 합이 7인 경우는 1과 6, 2와 5, 3과 4입니다. 그중에서 차가 3인 경우는 2와 5입니다.

따라서 분모가 9인 두 진분수는 $\frac{2}{9}$와 $\frac{5}{9}$입니다.

11 $2\frac{5}{6}>1\frac{2}{6}$이므로 윤서네 집에서 더 가까운 곳은 도서관이고, $2\frac{5}{6}-1\frac{2}{6}=1\frac{3}{6}$(km) 더 가깝습니다.

12 $\frac{10}{12}-\frac{\square}{12}=\frac{10-\square}{12}$이므로 $10-\square<5$입니다.

따라서 주어진 수 중에서 □ 안에 들어갈 수 있는 수는 6, 7입니다.

13 $3\frac{4}{5}-1\frac{1}{5}=2\frac{3}{5}$(L), $2\frac{3}{5}-1\frac{1}{5}=1\frac{2}{5}$(L),

$1\frac{2}{5}-1\frac{1}{5}=\frac{1}{5}$(L)이므로 만들 수 있는 빵은 모두 3개이고, 남는 우유는 $\frac{1}{5}$L입니다.

20쪽~21쪽 문제 학습 ⑤

1 9, 4, 5, 5, 1, 2

2 (1) $\frac{2}{5}$ (2) $1\frac{3}{4}$ (3) $2\frac{5}{7}$ (4) $2\frac{5}{6}$

3 (위에서부터) $7\frac{2}{5}$, $4\frac{3}{8}$

4

5

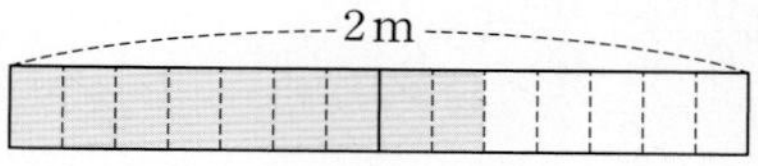

/ $1\frac{2}{7}$ m

6 $3\frac{5}{6}$

7 $9-1\frac{2}{5}=8\frac{5}{5}-1\frac{2}{5}=7\frac{3}{5}$

8 $3\frac{2}{9}$

9 **방법 1** 예 $8-1\frac{6}{10}=7\frac{10}{10}-1\frac{6}{10}=6\frac{4}{10}$

방법 2 예 $8-1\frac{6}{10}=\frac{80}{10}-\frac{16}{10}=\frac{64}{10}=6\frac{4}{10}$

10 1, 3, 2

11 $1\frac{1}{8}$kg

12 $\frac{4}{11}$

13 $2\frac{7}{10}$

3 • $8-\frac{3}{5}=7\frac{5}{5}-\frac{3}{5}=7\frac{2}{5}$

• $8-3\frac{5}{8}=7\frac{8}{8}-3\frac{5}{8}=4\frac{3}{8}$

4 • $2-\frac{2}{7}=\frac{14}{7}-\frac{2}{7}=\frac{12}{7}=1\frac{5}{7}$

• $4-\frac{8}{7}=\frac{28}{7}-\frac{8}{7}=\frac{20}{7}=2\frac{6}{7}$

• $3-2\frac{4}{7}=\frac{21}{7}-\frac{18}{7}=\frac{3}{7}$

5 전체가 14칸으로 나누어져 있으므로 한 칸은 $\frac{1}{7}$ m입니다. ➡ $2-\frac{5}{7}=1\frac{7}{7}-\frac{5}{7}=1\frac{2}{7}$(m)

6 수의 크기를 비교하면 $6>5>3\frac{5}{6}>2\frac{1}{6}$이므로 가장 큰 수는 6이고, 가장 작은 수는 $2\frac{1}{6}$입니다.

➡ $6-2\frac{1}{6}=5\frac{6}{6}-2\frac{1}{6}=3\frac{5}{6}$

7 9를 대분수 $9\frac{5}{5}$로 바꾸어 잘못 계산했습니다.

8 $\square+2\frac{7}{9}=6$ ➡ $\square=6-2\frac{7}{9}=5\frac{9}{9}-2\frac{7}{9}=3\frac{2}{9}$

9 방법 1 자연수에서 1만큼을 가분수로 바꾸어 계산합니다.
방법 2 자연수와 대분수를 모두 가분수로 바꾸어 계산합니다.

10 • $4-\frac{5}{6}=3\frac{6}{6}-\frac{5}{6}=3\frac{1}{6}$
• $9-\frac{15}{6}=\frac{54}{6}-\frac{15}{6}=\frac{39}{6}=6\frac{3}{6}$
• $7-1\frac{3}{6}=6\frac{6}{6}-1\frac{3}{6}=5\frac{3}{6}$
➡ $3\frac{1}{6}<5\frac{3}{6}<6\frac{3}{6}$

11 (사용한 점토의 양)
$=3-1\frac{7}{8}=2\frac{8}{8}-1\frac{7}{8}=1\frac{1}{8}$ (kg)

12 효원이가 오늘까지 읽은 동화책은 전체의
$\frac{4}{11}+\frac{3}{11}=\frac{7}{11}$ 입니다.
따라서 더 읽어야 하는 동화책은 전체의
$1-\frac{7}{11}=\frac{11}{11}-\frac{7}{11}=\frac{4}{11}$ 입니다.

13 ㉠$=1\frac{9}{10}-\frac{6}{10}=1\frac{3}{10}$,
㉡$=1\frac{5}{10}+2\frac{5}{10}=3\frac{10}{10}=4$
➡ ㉡$-$㉠$=4-1\frac{3}{10}=3\frac{10}{10}-1\frac{3}{10}=2\frac{7}{10}$

22쪽~23쪽 문제 학습 6

1 $3\frac{2}{7}-1\frac{4}{7}=\frac{23}{7}-\frac{11}{7}=\frac{12}{7}=1\frac{5}{7}$
2 (1) $2\frac{8}{9}$ (2) $1\frac{5}{8}$
3 $3\frac{5}{12}$
4 $4\frac{3}{5}$, $2\frac{4}{5}$
5 예서
6 $\frac{5}{7}$m
7 ㉡
8 $5\frac{2}{7}-2\frac{4}{7}$, $8\frac{4}{7}-4\frac{5}{7}$
9 채원, $1\frac{4}{5}$m
10 $2\frac{8}{9}$
11 $\frac{3}{5}$kg
12 $7\frac{5}{11}-5\frac{8}{11}=1\frac{8}{11}$ / $1\frac{8}{11}$

1 보기 의 방법은 대분수를 가분수로 바꾸어 분모는 그대로 쓰고 분자끼리 뺀 것입니다.

2 (1) $4\frac{5}{9}-1\frac{6}{9}=3\frac{14}{9}-1\frac{6}{9}=2\frac{8}{9}$
(2) $5\frac{2}{8}-3\frac{5}{8}=4\frac{10}{8}-3\frac{5}{8}=1\frac{5}{8}$

3 $8\frac{4}{12}>4\frac{11}{12}$
➡ $8\frac{4}{12}-4\frac{11}{12}=7\frac{16}{12}-4\frac{11}{12}=3\frac{5}{12}$

4 $10\frac{1}{5}-5\frac{3}{5}=9\frac{6}{5}-5\frac{3}{5}=4\frac{3}{5}$
➡ $4\frac{3}{5}-1\frac{4}{5}=3\frac{8}{5}-1\frac{4}{5}=2\frac{4}{5}$

5 • $5\frac{5}{9}-2\frac{7}{9}=4\frac{14}{9}-2\frac{7}{9}=2\frac{7}{9}$
• $4\frac{1}{9}-1\frac{8}{9}=3\frac{10}{9}-1\frac{8}{9}=2\frac{2}{9}$
➡ 계산 결과가 $2\frac{7}{9}$인 식을 들고 있는 사람은 예서입니다.

6 (긴 막대의 길이)$-$(짧은 막대의 길이)
$=2\frac{4}{7}-1\frac{6}{7}=1\frac{11}{7}-1\frac{6}{7}=\frac{5}{7}$ (m)

7 ㉠ $6\frac{1}{8}-2\frac{3}{8}=5\frac{9}{8}-2\frac{3}{8}=3\frac{6}{8}$
㉡ $7\frac{2}{8}-\frac{29}{8}=\frac{58}{8}-\frac{29}{8}=\frac{29}{8}=3\frac{5}{8}$
㉢ $6\frac{3}{8}-1\frac{7}{8}=5\frac{11}{8}-1\frac{7}{8}=4\frac{4}{8}$
➡ ㉡ $3\frac{5}{8}<$ ㉠ $3\frac{6}{8}<$ ㉢ $4\frac{4}{8}$

8 • $6\frac{1}{7}-4\frac{3}{7}=5\frac{8}{7}-4\frac{3}{7}=1\frac{5}{7}$
• $5\frac{2}{7}-2\frac{4}{7}=4\frac{9}{7}-2\frac{4}{7}=2\frac{5}{7}$
• $3\frac{5}{7}-2\frac{6}{7}=2\frac{12}{7}-2\frac{6}{7}=\frac{6}{7}$
• $4\frac{3}{7}-2\frac{6}{7}=3\frac{10}{7}-2\frac{6}{7}=1\frac{4}{7}$
• $8\frac{4}{7}-4\frac{5}{7}=7\frac{11}{7}-4\frac{5}{7}=3\frac{6}{7}$

다른 방법 모든 뺄셈식이 자연수에서 1만큼을 가분수로 바꾸어 계산해야 하므로 계산 결과가 2보다 크려면 자연수 부분의 차가 3이거나 3보다 커야 합니다.
➡ $5\frac{2}{7}-2\frac{4}{7}$, $8\frac{4}{7}-4\frac{5}{7}$

9 $4\frac{3}{5}>2\frac{4}{5}$이므로 채원이가 찬 공이 $4\frac{3}{5}-2\frac{4}{5}=3\frac{8}{5}-2\frac{4}{5}=1\frac{4}{5}$(m) 더 멀리 날아갔습니다.

10 $7-\frac{8}{9}=6\frac{9}{9}-\frac{8}{9}=6\frac{1}{9}$

➡ $6\frac{1}{9}=㉠+3\frac{2}{9}$,

$㉠=6\frac{1}{9}-3\frac{2}{9}=5\frac{10}{9}-3\frac{2}{9}=2\frac{8}{9}$

11 (사과와 귤의 무게)$=3\frac{2}{5}+2\frac{2}{5}=5\frac{4}{5}$(kg)

➡ (빈 바구니의 무게)

$=6\frac{2}{5}-5\frac{4}{5}=5\frac{7}{5}-5\frac{4}{5}=\frac{3}{5}$(kg)

12 • $10\frac{2}{11}-7\frac{5}{11}=9\frac{13}{11}-7\frac{5}{11}=2\frac{8}{11}$

• $10\frac{2}{11}-5\frac{8}{11}=9\frac{13}{11}-5\frac{8}{11}=4\frac{5}{11}$

• $7\frac{5}{11}-5\frac{8}{11}=6\frac{16}{11}-5\frac{8}{11}=1\frac{8}{11}$

➡ $1\frac{8}{11}<2\frac{8}{11}<4\frac{5}{11}$이므로 차가 가장 작은 뺄셈식은 $7\frac{5}{11}-5\frac{8}{11}$입니다.

24쪽 응용 학습 ①

1단계	$2\frac{4}{11}$	1·1	8
2단계	3	1·2	6

1단계 $4\frac{3}{11}-1\frac{10}{11}=3\frac{14}{11}-1\frac{10}{11}=2\frac{4}{11}$

2단계 $4\frac{3}{11}-1\frac{10}{11}<\square$ ➡ $2\frac{4}{11}<\square$

따라서 □ 안에 들어갈 수 있는 자연수 중에서 가장 작은 수는 3입니다.

1·1 $2\frac{5}{8}+4\frac{7}{8}=6+\frac{12}{8}=6+1\frac{4}{8}=7\frac{4}{8}$

$2\frac{5}{8}+4\frac{7}{8}<\square$ ➡ $7\frac{4}{8}<\square$

따라서 □ 안에 들어갈 수 있는 자연수 중에서 가장 작은 수는 8입니다.

1·2 • $\frac{7}{9}+\frac{●}{9}=\frac{7+●}{9}$이고 $1\frac{5}{9}=\frac{14}{9}$이므로

$\frac{7+●}{9}<\frac{14}{9}$ → $7+●<14$입니다.

$7+●=14$라 하면 $●=14-7=7$이므로 ●에 들어갈 수 있는 자연수는 1, 2, 3, 4, 5, 6입니다.

• $2\frac{1}{10}-\frac{★}{10}=\frac{21-★}{10}$이고 $1\frac{6}{10}=\frac{16}{10}$이므로

$\frac{21-★}{10}<\frac{16}{10}$ → $21-★<16$입니다.

$21-★=16$이라 하면 $★=21-16=5$이므로 ★에 들어갈 수 있는 자연수는 6, 7, 8, 9입니다.

➡ ●와 ★에 공통으로 들어갈 수 있는 자연수는 6입니다.

25쪽 응용 학습 ②

1단계	$5\frac{4}{12}$	2·1	$15\frac{1}{6}$
2단계	$1\frac{11}{12}$	2·2	$6\frac{12}{17}$

1단계 어떤 대분수를 □라 하면 $\square+3\frac{5}{12}=8\frac{9}{12}$,

$\square=8\frac{9}{12}-3\frac{5}{12}=5\frac{4}{12}$입니다.

2단계 바르게 계산하면

$5\frac{4}{12}-3\frac{5}{12}=4\frac{16}{12}-3\frac{5}{12}=1\frac{11}{12}$입니다.

2·1 어떤 대분수를 □라 하면 $\square-3\frac{4}{6}=7\frac{5}{6}$,

$\square=7\frac{5}{6}+3\frac{4}{6}=10+\frac{9}{6}=10+1\frac{3}{6}=11\frac{3}{6}$입니다.

따라서 바르게 계산하면

$11\frac{3}{6}+3\frac{4}{6}=14+\frac{7}{6}=14+1\frac{1}{6}=15\frac{1}{6}$입니다.

2·2 어떤 대분수를 □라 하면 $\square+\frac{11}{17}=8$,

$\square=8-\frac{11}{17}=7\frac{17}{17}-\frac{11}{17}=7\frac{6}{17}$입니다.

따라서 바르게 계산하면

$7\frac{6}{17}-\frac{11}{17}=6\frac{23}{17}-\frac{11}{17}=6\frac{12}{17}$입니다.

26쪽 응용 학습 ❸

1단계 $6\frac{1}{8}$kg　　3·1 $\frac{10}{15}$kg
2단계 $\frac{7}{8}$kg　　3·2 2개, $1\frac{2}{7}$kg

1단계 (크림빵과 케이크를 만드는 데 사용한 밀가루의 양)
$=3\frac{5}{8}+2\frac{4}{8}=(3+2)+\left(\frac{5}{8}+\frac{4}{8}\right)$
$=5+\frac{9}{8}=5+1\frac{1}{8}=6\frac{1}{8}$(kg)

2단계 (남은 밀가루의 양)
$=7-6\frac{1}{8}=6\frac{8}{8}-6\frac{1}{8}=\frac{7}{8}$(kg)

3·1 (주스와 잼을 만드는 데 사용한 사과의 양)
$=\frac{9}{15}+\frac{11}{15}=\frac{20}{15}=1\frac{5}{15}$(kg)
➡ (남은 사과의 양)
$=2-1\frac{5}{15}=1\frac{15}{15}-1\frac{5}{15}=\frac{10}{15}$(kg)

3·2 호두파이 1개를 만들면 호두가
$6\frac{1}{7}-2\frac{3}{7}=3\frac{5}{7}$(kg) 남습니다.
호두파이 1개를 더 만들면 호두가
$3\frac{5}{7}-2\frac{3}{7}=1\frac{2}{7}$(kg) 남습니다.
호두 $1\frac{2}{7}$kg으로는 호두파이를 더 만들 수 없으므로 만들 수 있는 호두파이는 모두 2개이고, 남는 호두는 $1\frac{2}{7}$kg입니다.

27쪽 응용 학습 ❹

1단계 6m　　4·1 $10\frac{3}{4}$cm
2단계 $5\frac{5}{8}$m　　4·2 $23\frac{6}{10}$cm

1단계 (리본 2장의 길이의 합)
$=3+3=6$(m)

2단계 (이어 붙인 리본의 전체 길이)
$=6-\frac{3}{8}=5\frac{8}{8}-\frac{3}{8}=5\frac{5}{8}$(m)

4·1 (색 테이프 2장의 길이의 합)
$=6\frac{1}{4}+6\frac{1}{4}=12\frac{2}{4}$(cm)
(이어 붙인 색 테이프의 전체 길이)
$=12\frac{2}{4}-1\frac{3}{4}=11\frac{6}{4}-1\frac{3}{4}=10\frac{3}{4}$(cm)

4·2 (색 테이프 3장의 길이의 합)
$=9+9+9=27$(cm)
(겹쳐진 부분의 길이의 합)
$=1\frac{7}{10}+1\frac{7}{10}=2+\frac{14}{10}=2+1\frac{4}{10}=3\frac{4}{10}$(cm)
(이어 붙인 색 테이프의 전체 길이)
$=27-3\frac{4}{10}=26\frac{10}{10}-3\frac{4}{10}=23\frac{6}{10}$(cm)

28쪽 응용 학습 ❺

1단계 3, 2 / 4, 1　　5·1 13
2단계 3　　5·2 50

1단계 자연수 부분에서 $2+3=5$이므로 진분수 부분에서 ■$+$▲$=5$입니다.
■와 ▲는 9보다 작아야 하고, ■$>$▲이므로 나올 수 있는 ■와 ▲의 값은 (3, 2), (4, 1)입니다.

2단계 ■$-$▲가 가장 큰 때는 ■$=4$, ▲$=1$일 때이므로 이때 ■$-$▲의 값은 $4-1=3$입니다.

5·1 자연수 부분에서 $5-4=1$이므로 진분수 부분에서 ㉮$-$㉯$=1$입니다.
㉮와 ㉯는 8보다 작아야 하므로 나올 수 있는 ㉮와 ㉯의 값은 (7, 6), (6, 5), (5, 4), (4, 3), (3, 2), (2, 1)입니다.
따라서 ㉮$+$㉯가 가장 큰 때는 ㉮$=7$, ㉯$=6$일 때이므로 이때 ㉮$+$㉯의 값은 $7+6=13$입니다.

5·2 자연수 부분에서 $5-3=2$이므로 진분수 부분에서 ㉠$-$㉡$=5$입니다.
㉠과 ㉡은 11보다 작아야 하므로 나올 수 있는 ㉠과 ㉡의 값은 (10, 5), (9, 4), (8, 3), (7, 2), (6, 1)입니다.
따라서 ㉠$\times$㉡이 가장 큰 때는 ㉠$=10$, ㉡$=5$일 때이므로 이때 ㉠$\times$㉡의 값은 $10\times5=50$입니다.

29쪽 응용 학습 ❻

1단계 $6\frac{5}{9}$

2단계 $3\frac{4}{9}$

3단계 $3\frac{1}{9}$

6·1 $1\frac{3}{8}$

6·2 3, 6 / $5\frac{4}{10}$

1단계 분모가 9인 대분수를 만들어야 하므로 분모에 9를 놓습니다. ➡ $\square\frac{\square}{9}$

자연수 부분에 3, 4, 5, 6 중 가장 큰 수인 6, 분자에 두 번째로 큰 수인 5를 놓았을 때 가장 큰 대분수가 됩니다.

2단계 분모가 9인 대분수를 만들어야 하므로 분모에 9를 놓습니다. ➡ $\square\frac{\square}{9}$

자연수 부분에 3, 4, 5, 6 중 가장 작은 수인 3, 분자에 두 번째로 작은 수인 4를 놓았을 때 가장 작은 대분수가 됩니다.

3단계 $6\frac{5}{9}-3\frac{4}{9}=3\frac{1}{9}$

6·1 • 분모가 8인 가장 작은 진분수를 만들려면 분모에 8, 분자에 가장 작은 수인 1을 놓습니다. → $\frac{1}{8}$

• 분모가 8인 가장 작은 대분수를 만들려면 분모에 8, 자연수 부분에 가장 작은 수인 1, 분자에 두 번째로 작은 수인 2를 놓습니다. → $1\frac{2}{8}$

➡ $\frac{1}{8}+1\frac{2}{8}=1\frac{3}{8}$

6·2 계산 결과가 가장 크려면 대분수의 자연수 부분에는 가장 작은 수를, 분자에는 두 번째로 작은 수를 써넣어야 합니다.

➡ $9-3\frac{6}{10}=8\frac{10}{10}-3\frac{6}{10}=5\frac{4}{10}$

30쪽 교과서 통합 핵심 개념

1 5 / 3 **2** 1, 2, 3, 2 / 3, 2

3 3 **4** 3, 2, 1 / 11, 3, 2

31쪽~33쪽 단원 평가

1 12, 1, 4 **2** 16, 13, 3, 16, 13, 3

3 $\frac{5}{13}$ **4** $3\frac{2}{6}$

5 $3\frac{7}{9}$ **6** <

7 $\frac{3}{13}$ **8** $1\frac{3}{7}$

9 ( )( )(○)

10 $6\frac{2}{13}-2\frac{5}{13}=5\frac{15}{13}-2\frac{5}{13}=3\frac{10}{13}$

11 ㉣, ㉢, ㉠, ㉡ **12** $2\frac{2}{12}$

13 $1\frac{7}{8}$m **14** $7\frac{1}{9}$

15 $4\frac{7}{12}$ **16** 1, 2, 3, 4

17 $2\frac{1}{8}$km **18** 2개, $\frac{3}{4}$kg

19 $10\frac{2}{7}$cm **20** 6, 9 / $\frac{12}{15}$

3 $\frac{7}{13}-\frac{2}{13}=\frac{7-2}{13}=\frac{5}{13}$

6 • $3\frac{3}{5}-\frac{7}{5}=\frac{18}{5}-\frac{7}{5}=\frac{11}{5}=2\frac{1}{5}$

• $4-1\frac{3}{5}=3\frac{5}{5}-1\frac{3}{5}=2\frac{2}{5}$

➡ $2\frac{1}{5}<2\frac{2}{5}$

7 ❶ ㉠ $\frac{1}{13}$이 11개인 수는 $\frac{11}{13}$, ㉡ $\frac{1}{13}$이 8개인 수는 $\frac{8}{13}$입니다.

❷ ㉠과 ㉡의 차는 $\frac{11}{13}-\frac{8}{13}=\frac{11-8}{13}=\frac{3}{13}$입니다.

채점 기준			
	❶ ㉠과 ㉡에 알맞은 수를 구한 경우	2점	5점
	❷ ㉠과 ㉡의 차를 구한 경우	3점	

8 $\frac{6}{7}+\frac{4}{7}=\frac{10}{7}=1\frac{3}{7}$

9 • $1\frac{5}{9}+1\frac{7}{9}=2+\frac{12}{9}=2+1\frac{3}{9}=3\frac{3}{9}$

• $3-1\frac{1}{4}=2\frac{4}{4}-1\frac{1}{4}=1\frac{3}{4}$

• $4\frac{3}{6}-1\frac{4}{6}=3\frac{9}{6}-1\frac{4}{6}=2\frac{5}{6}$

10 $6\frac{2}{13}$의 자연수에서 1만큼을 가분수로 바꾸어 계산해야 합니다.

11 ㉣ $\frac{7}{11}$ > ㉢ $\frac{6}{11}$ > ㉠ $\frac{5}{11}$ > ㉡ $\frac{3}{11}$

12 $3\frac{7}{12}-\square=1\frac{5}{12}$ ➡ $\square=3\frac{7}{12}-1\frac{5}{12}=2\frac{2}{12}$

13 ❶ (초록색 리본의 길이)=(빨간색 리본의 길이)$-1\frac{6}{8}$

$=3\frac{5}{8}-1\frac{6}{8}$ ❷ $=1\frac{7}{8}$(m)

채점 기준			
	❶ 초록색 리본의 길이를 구하는 뺄셈식을 세운 경우	2점	5점
	❷ 바르게 계산하여 초록색 리본의 길이를 구한 경우	3점	

14 $\frac{21}{9}=2\frac{3}{9}$이므로 $4\frac{3}{9}>2\frac{7}{9}>\frac{21}{9}$입니다.

➡ (가장 큰 수와 두 번째로 큰 수의 합)

$=4\frac{3}{9}+2\frac{7}{9}=6+\frac{10}{9}=6+1\frac{1}{9}=7\frac{1}{9}$

15 $2\frac{5}{12}+3\frac{9}{12}=5+\frac{14}{12}=5+1\frac{2}{12}=6\frac{2}{12}$

➡ $\square+1\frac{7}{12}=6\frac{2}{12}$, $\square=6\frac{2}{12}-1\frac{7}{12}=4\frac{7}{12}$

16 ❶ $\frac{2}{6}+\frac{\square}{6}=\frac{2+\square}{6}$이고 $1\frac{1}{6}=\frac{7}{6}$이므로 $2+\square<7$입니다.

❷ 따라서 □ 안에 들어갈 수 있는 자연수는 1, 2, 3, 4입니다.

채점 기준			
	❶ 주어진 식을 간단히 나타낸 경우	2점	5점
	❷ □ 안에 들어갈 수 있는 자연수를 모두 구한 경우	3점	

17 (현우네 집~수영장~놀이공원)

$=3\frac{7}{8}+2\frac{5}{8}=5+\frac{12}{8}=5+1\frac{4}{8}=6\frac{4}{8}$(km)

➡ 현우네 집에서 수영장을 거쳐 놀이공원까지 가는 거리는 바로 가는 거리보다

$6\frac{4}{8}-4\frac{3}{8}=2\frac{1}{8}$(km) 더 멉니다.

18 $7\frac{3}{4}-3\frac{2}{4}=4\frac{1}{4}$(kg), $4\frac{1}{4}-3\frac{2}{4}=\frac{3}{4}$(kg)

따라서 설탕 $\frac{3}{4}$kg으로는 케이크를 더 만들 수 없으므로 만들 수 있는 케이크는 모두 2개이고, 남는 설탕은 $\frac{3}{4}$kg입니다.

19 (색 테이프 2장의 길이의 합)

$=5\frac{4}{7}+5\frac{4}{7}=10+\frac{8}{7}=10+1\frac{1}{7}=11\frac{1}{7}$(cm)

(이어 붙인 색 테이프의 전체 길이)

$=11\frac{1}{7}-\frac{6}{7}=10\frac{8}{7}-\frac{6}{7}=10\frac{2}{7}$(cm)

20 $4\frac{㉠}{15}-3\frac{㉡}{15}$ 계산 결과가 가장 작으려면 빼어지는 수는 작고, 빼는 수는 커야 하므로 ㉠=6, ㉡=9입니다.

➡ $4\frac{6}{15}-3\frac{9}{15}=3\frac{21}{15}-3\frac{9}{15}=\frac{12}{15}$

❷ 삼각형

36쪽 개념 학습 ❶

1 (1) 가, 다 (2) 나, 다
2 (1) 가 (2) 나
3 (1) ㄴㄷ (2) ㄱㄴ
4 (1) ㄴㄷ, ㄱㄷ (2) ㄴㄷ, ㄱㄷ

1 (1) 두 변의 길이가 같은 삼각형을 찾으면 가, 다입니다.
(2) 두 변의 길이가 같은 삼각형을 찾으면 나, 다입니다.

2 (1) 세 변의 길이가 같은 삼각형을 찾으면 가입니다.
(2) 세 변의 길이가 같은 삼각형을 찾으면 나입니다.

3 (1) 이등변삼각형은 두 변의 길이가 같습니다.
➡ (변 ㄱㄷ)=(변 ㄴㄷ)
(2) 이등변삼각형은 두 변의 길이가 같습니다.
➡ (변 ㄱㄷ)=(변 ㄱㄴ)

4 (1) 정삼각형은 세 변의 길이가 같습니다.
➡ (변 ㄱㄴ)=(변 ㄴㄷ)=(변 ㄱㄷ)
(2) 정삼각형은 세 변의 길이가 같습니다.
➡ (변 ㄱㄴ)=(변 ㄴㄷ)=(변 ㄱㄷ)

37쪽 개념 학습 ❷

1 (1) ㄱㄷ (2) ㄱㄷㄴ (3) 같습니다
2 (1) 예 (2) 예 (3) 예

1 (1) 겹쳐진 부분에 있는 변의 길이가 같습니다.
(2) 겹쳐진 부분에 있는 각의 크기가 같습니다.
(3) 이등변삼각형 ㄱㄴㄷ에서
(각 ㄱㄴㄷ)=(각 ㄱㄷㄴ)입니다.

2 주어진 선분과 길이가 같도록 한 변을 그리거나 나머지 두 변의 길이가 같도록 변을 그립니다.

38쪽 개념 학습 ③

1 (1) ㄱㄷ (2) ㄴㄱㄷ (3) 같습니다

2 (1)

(2)

2 주어진 선분과 길이가 같도록 나머지 두 변을 그립니다.

39쪽 개념 학습 ④

1 (1) 나, 다 (2) 다, 가

2 (1) 이등변삼각형, 직각삼각형

(2) 이등변삼각형, 둔각삼각형

1 (1) • 세 각이 모두 예각인 삼각형을 찾으면 나입니다.

• 한 각이 둔각인 삼각형을 찾으면 다입니다.

40쪽~41쪽 문제 학습 ①

1 나, 다

2 가, 다, 라 / 가, 다

3 ㉡

4 (1) 5 (2) 6

5 (1) 7, 7 (2) 3, 3

6

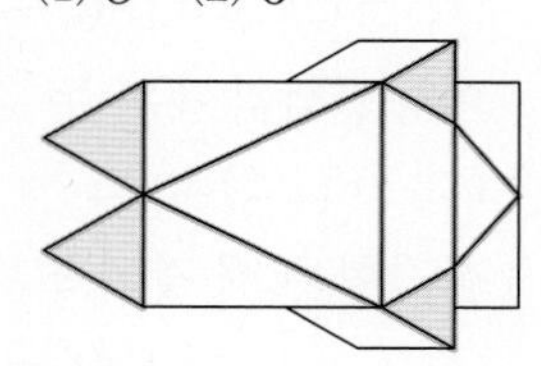

7 이등변삼각형

8 준서

9 27 cm

10 5 cm

11 예 정삼각형

12 16 cm

1 • 세 변의 길이가 모두 다른 삼각형: 가, 라

• 두 변의 길이가 같은 이등변삼각형: 나, 다

2 가: 1.6 cm, 1.6 cm, 1.6 cm / 나: 1.9 cm, 1.2 cm, 1.5 cm / 다: 1.5 cm, 1.5 cm, 1.5 cm / 라: 1.5 cm, 2.1 cm, 1.5 cm / 마: 1.6 cm, 2 cm, 2.9 cm

• 이등변삼각형: 두 변의 길이가 같은 삼각형

➡ 가, 다, 라

• 정삼각형: 세 변의 길이가 같은 삼각형 ➡ 가, 다

3 정삼각형은 세 변의 길이가 같은 삼각형이므로 ㉡입니다.

4 이등변삼각형은 두 변의 길이가 같습니다.

5 (1) 한 변의 길이가 7 cm인 정삼각형이므로 세 변의 길이는 모두 7 cm입니다.

(2) 한 변의 길이가 3 cm인 정삼각형이므로 세 변의 길이는 모두 3 cm입니다.

6 • 이등변삼각형은 두 변의 길이가 같습니다.

➡ 두 변의 길이가 같은 삼각형을 찾아 따라 그립니다.

• 정삼각형은 세 변의 길이가 같습니다.

➡ 세 변의 길이가 같은 삼각형을 찾아 색칠합니다.

7 유진이가 가지고 있는 빨대는 7 cm입니다.
길이가 같은 빨대가 2개 있으므로 이등변삼각형을 만들 수 있습니다.

8 준서: 이등변삼각형은 두 변의 길이가 같은 삼각형이므로 세 변의 길이는 다를 수도 있습니다. 따라서 이등변삼각형은 정삼각형이라고 할 수 없습니다.

참고 이등변삼각형과 정삼각형의 관계

이등변삼각형

정삼각형

9 정삼각형은 세 변의 길이가 같으므로 모든 변의 길이는 9 cm입니다.

➡ (사용한 끈의 길이)$=9+9+9=27$ (cm)

10 (변 ㄱㄴ)$+$(변 ㄱㄷ)$=18-8=10$ (cm)

이등변삼각형은 두 변의 길이가 같으므로

(변 ㄱㄴ)$=$(변 ㄱㄷ)입니다.

➡ (변 ㄱㄴ)$=$(변 ㄱㄷ)$=10\div2=5$ (cm)

11 • 변과 꼭짓점이 각각 3개인 도형은 삼각형입니다.
• 변의 길이가 모두 5 cm이므로 정삼각형입니다.
(참고) 두 변의 길이가 같으므로 이등변삼각형입니다.

12 정사각형은 네 변의 길이가 같으므로
(정사각형의 네 변의 길이의 합)
$=12+12+12+12=48$ (cm)입니다.
따라서 정삼각형의 세 변의 길이의 합은 48 cm이므로 (정삼각형의 한 변)$=48\div3=16$ (cm)입니다.

42쪽~43쪽 문제 학습 ❷

1

2 (1) 70 (2) 20, 20
3 ㄱ ㄴ

4 $110°$ / $35°$
5 ㉠, ㉢
6 7
7 ㉡
8 55
9 지혜
10 예 삼각형의 세 각의 크기의 합은 $180°$이므로 (각 ㄱㄷㄴ)$=180°-120°-40°=20°$입니다. 크기가 같은 두 각이 없으므로 이등변삼각형이 아닙니다.
11 $100°$
12 예 30° 45° 45°

1 각도기를 사용하여 각을 재고, 각의 크기가 같은 곳에 표시합니다.

2 (1) 이등변삼각형은 두 각의 크기가 같습니다.
(2) 삼각형의 세 각의 크기의 합은 $180°$이므로
(나머지 두 각의 크기의 합)$=180°-140°=40°$입니다. 이등변삼각형은 두 각의 크기가 같으므로
$\square°=40°\div2=20°$입니다.

3 ① 선분 ㄱㄴ의 양 끝에 각각 크기가 $45°$인 각을 그립니다.
② 두 각의 변이 만나는 점을 찾아 선분의 양 끝과 이어 삼각형을 완성합니다.

4 이등변삼각형은 두 각의 크기가 같으므로 ㉡$=35°$입니다. ➡ ㉠$=180°-35°-35°=110°$

5 두 변의 길이가 같은 삼각형을 이등변삼각형이라고 합니다.
➡ 이등변삼각형은 길이가 같은 두 변에 있는 두 각의 크기가 같습니다.

6 두 각의 크기가 $40°$로 같으므로 이등변삼각형입니다. 이등변삼각형은 두 변의 길이가 같으므로
$\square=7$ cm입니다.

7 이등변삼각형은 두 변의 길이가 같고, 두 각의 크기가 같은 삼각형이므로 이등변삼각형이 그려지는 세 점을 찾으면 ㉡ 점 ㄱ, 점 ㄷ, 점 ㄹ입니다.

8 접었을 때 완전히 겹쳐진 두 변의 길이가 같으므로 이등변삼각형입니다.
삼각형의 세 각의 크기의 합은 $180°$이므로 나머지 두 각의 크기의 합은 $180°-70°=110°$입니다.
➡ $\square°=110°\div2=55°$

9 • 수지: (나머지 한 각의 크기)$=180°-45°-95°$
$=40°$
➡ 크기가 같은 두 각이 없습니다.
• 강우: (나머지 한 각의 크기)$=180°-35°-75°$
$=70°$
➡ 크기가 같은 두 각이 없습니다.
• 지혜: (나머지 한 각의 크기)$=180°-50°-65°$
$=65°$
➡ 크기가 같은 두 각이 있습니다.

10 삼각형의 세 각의 크기의 합이 $180°$임을 이용하여 나머지 한 각의 크기를 구합니다.

11 한 직선이 이루는 각의 크기는 $180°$이므로
(각 ㄱㄷㄴ)$=180°-140°=40°$입니다.
이등변삼각형은 두 각의 크기가 같으므로
(각 ㄱㄴㄷ)$=$(각 ㄱㄷㄴ)$=40°$이고,
삼각형은 세 각의 크기의 합이 $180°$이므로
(각 ㄴㄱㄷ)$=180°-40°-40°=100°$입니다.

12 한 원에서 반지름의 길이는 모두 같으므로 원의 반지름을 두 변으로 하는 삼각형은 이등변삼각형입니다.
이등변삼각형이고, 크기가 같은 두 각의 크기가 각각 $45°$이면 나머지 한 각의 크기는
$180°-45°-45°=90°$입니다.

44쪽~45쪽 문제 학습 ③

1 ( )(○)( )
2 60, 60, 60
3 4, 60
4 예
5 24 cm
6
7 130°
8 예 세 각의 크기가 모두 60°로 같습니다.
/ 예 세 삼각형의 한 변의 길이가 서로 다릅니다.
9 예
10 예
11 120°
12 25°

1 세 각의 크기가 모두 60°로 같은 삼각형을 찾습니다.

2 정삼각형은 세 각의 크기가 모두 60°로 같습니다.

3 • 정삼각형은 세 각의 크기가 같으므로
(한 각의 크기)$=180° \div 3=60°$입니다.
• 정삼각형은 세 변의 길이가 같습니다. ➡ 4 cm

4 한 점에서 점 3개를 사이에 둔 두 점을 선택하면 세 변의 길이가 같은 정삼각형이 됩니다.

5 (나머지 한 각의 크기)$=180°-60°-60°=60°$
세 각의 크기가 모두 같으므로 정삼각형입니다.
정삼각형은 세 변의 길이가 같으므로 만든 삼각형의 세 변의 길이의 합은 $8+8+8=24$ (cm)입니다.

6 ① 정삼각형은 세 각의 크기가 같으므로
(한 각의 크기)$=180° \div 3=60°$입니다.
주어진 선분을 각도기의 밑금에 맞추고 선분의 양 끝에 각각 크기가 60°인 각을 그립니다.
② 두 각의 변이 만나는 점을 찾아 선분의 양 끝과 이어 삼각형을 완성합니다.

7 • (정삼각형의 한 각의 크기)$=180° \div 3=60°$
➡ ㉠$=60°$
• 이등변삼각형은 길이가 같은 두 변에 있는 두 각의 크기가 같으므로 ㉡$=70°$입니다.
따라서 ㉠과 ㉡의 각도의 합은 $60°+70°=130°$입니다.

8 정삼각형은 세 각의 크기가 모두 같으므로 크기가 달라도 모두 정삼각형입니다.

9 다양한 크기의 정삼각형을 그려 모양을 만듭니다.

10 3개의 변으로 둘러싸인 도형이므로 삼각형입니다.
➡ 세 각의 크기가 모두 같으므로 정삼각형입니다.

11 정삼각형은 세 각의 크기가 모두 60°이고, 한 직선이 이루는 각의 크기는 180°입니다.
➡ (각 ㄱㄷㄹ)$=180°-60°=120°$

12 삼각형 ㄹㄴㄷ에서
(각 ㄹㄴㄷ)+(각 ㄹㄷㄴ)$=180°-110°=70°$입니다.
이등변삼각형은 두 각의 크기가 같으므로
(각 ㄹㄴㄷ)$=70° \div 2=35°$입니다.
➡ 삼각형 ㄱㄴㄷ에서 (각 ㄱㄴㄷ)$=60°$이므로
(각 ㄱㄴㄹ)$=60°-35°=25°$입니다.

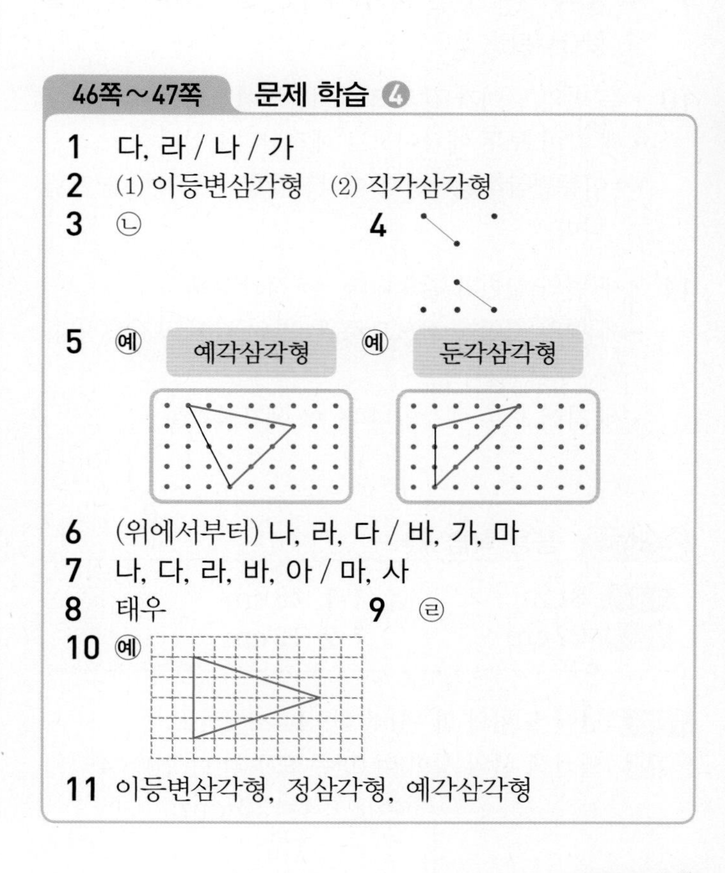

46쪽~47쪽 문제 학습 ④

1 다, 라 / 나 / 가
2 (1) 이등변삼각형 (2) 직각삼각형
3 ㉡
4
5 예 예각삼각형 예 둔각삼각형
6 (위에서부터) 나, 라, 다 / 바, 가, 마
7 나, 다, 라, 바, 아 / 마, 사
8 태우
9 ㉣
10 예
11 이등변삼각형, 정삼각형, 예각삼각형

1 예각삼각형: 세 각이 모두 예각인 삼각형
직각삼각형: 한 각이 직각인 삼각형
둔각삼각형: 한 각이 둔각인 삼각형

2 (1) 두 변의 길이가 같습니다. ➡ 이등변삼각형
(2) 한 각이 직각입니다. ➡ 직각삼각형

3 ㉠ 한 각이 직각이므로 직각삼각형입니다.
㉡ 한 각이 둔각이므로 둔각삼각형입니다.
㉢ 세 각이 모두 예각이므로 예각삼각형입니다.

4 • 두 변의 길이가 같습니다. ➡ 이등변삼각형
• 한 각이 둔각입니다. ➡ 둔각삼각형

5 • 예각삼각형: 세 각이 모두 $0°$보다 크고 $90°$보다 작은 삼각형을 그립니다.
• 둔각삼각형: 한 각이 $90°$보다 크고 $180°$보다 작은 삼각형을 그립니다.

6 삼각형을 변의 길이와 각의 크기에 따라 분류합니다.

7 • 예각삼각형: 세 각이 모두 예각인 삼각형
➡ 나, 다, 라, 바, 아
• 둔각삼각형: 한 각이 둔각인 삼각형 ➡ 마, 사

8 태우: 예각삼각형은 세 각이 모두 예각인 삼각형이므로 예각이 3개 있습니다.

9 점 ㉣과 이어야 한 각이 둔각인 둔각삼각형을 만들 수 있습니다.

10 • 두 변의 길이가 같으므로 이등변삼각형입니다.
• 세 각이 모두 예각이므로 예각삼각형입니다.
➡ 이등변삼각형이면서 예각삼각형인 삼각형을 그립니다.

11 • 세 변의 길이가 같습니다. ➡ 정삼각형
• 세 변의 길이가 같으므로 두 변의 길이도 같습니다.
➡ 이등변삼각형
• 세 각이 모두 예각입니다. ➡ 예각삼각형

48쪽 **응용 학습 ❶**

1단계	8 cm	**1·1**	48 cm
2단계	32 cm	**1·2**	12 cm

1단계 (만든 도형의 한 변)$=4+4=8$ (cm)
2단계 (빨간색 선의 길이)$=$(만든 도형의 한 변)$\times 4$
$=8\times 4=32$ (cm)

1·1 (큰 정삼각형의 한 변)$=8+8=16$ (cm)
(빨간색 선의 길이)$=$(큰 정삼각형의 한 변)$\times 3$
$=16\times 3=48$ (cm)

1·2 사각형 ㄱㄴㄷㄹ의 네 변의 길이의 합은 정삼각형의 한 변의 길이의 6배입니다.
➡ (정삼각형의 한 변)$=72\div 6=12$ (cm)

49쪽 **응용 학습 ❷**

1단계	12 cm	**2·1**	6 cm
2단계	9 cm	**2·2**	46 cm

1단계 정삼각형은 세 변의 길이가 같으므로 삼각형 ㄱㄴㄷ에서 (변 ㄴㄷ)$=$(변 ㄱㄴ)$=12$ cm입니다.
2단계 사각형 ㄱㄴㄷㄹ의 네 변의 길이의 합이 42 cm이므로
(변 ㄱㄹ)$+$(변 ㄹㄷ)$=42-12-12=18$ (cm)입니다.
이등변삼각형은 두 변의 길이가 같으므로
(변 ㄱㄹ)$=18\div 2=9$ (cm)입니다.

2·1 이등변삼각형은 두 변의 길이가 같으므로
(변 ㄷㄹ)$=$(변 ㄱㄹ)$=10$ cm입니다.
사각형 ㄱㄴㄷㄹ의 네 변의 길이의 합이 32 cm이므로
(변 ㄱㄴ)$+$(변 ㄴㄷ)$=32-10-10=12$ (cm)입니다.
정삼각형은 세 변의 길이가 같으므로
(변 ㄱㄴ)$=12\div 2=6$ (cm)입니다.

2·2 삼각형 ㄱㄷㄹ은 정삼각형이므로
(변 ㄱㄷ)$=$(변 ㄷㄹ)$=$(변 ㄱㄹ)$=15$ cm입니다.
이등변삼각형 ㄱㄴㄷ의 세 변의 길이의 합이 31 cm이므로 (변 ㄱㄴ)$+$(변 ㄴㄷ)$=31-15=16$ (cm)이고 이등변삼각형은 두 변의 길이가 같으므로
(변 ㄱㄴ)$=$(변 ㄴㄷ)$=16\div 2=8$ (cm)입니다.
➡ (사각형의 네 변의 길이의 합)
$=8+8+15+15=46$ (cm)

50쪽 **응용 학습 ❸**

1단계	4개	**3·1**	5개
2단계	9개	**3·2**	보은

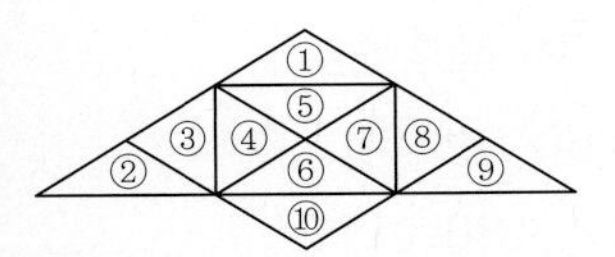

1단계 예각삼각형 ➡ 4개
- 삼각형 1개짜리: ③, ④, ⑦, ⑧ → 4개

2단계 둔각삼각형 ➡ 9개
- 삼각형 1개짜리: ①, ②, ⑤, ⑥, ⑨, ⑩ → 6개
- 삼각형 4개짜리: ②+③+④+⑥, ⑥+⑦+⑧+⑨ → 2개
- 삼각형 9개짜리: ①+②+③+④+⑤+⑥+⑦+⑧+⑨ → 1개

3·1

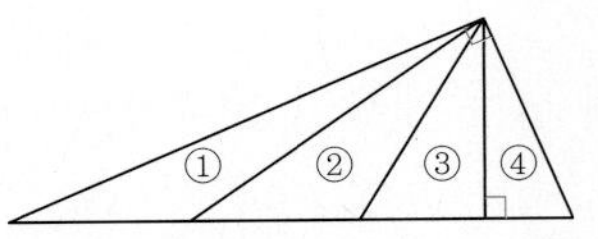

• 예각삼각형 ➡ 2개
- 삼각형 2개짜리: ③+④ → 1개
- 삼각형 3개짜리: ②+③+④ → 1개

• 둔각삼각형 ➡ 3개
- 삼각형 1개짜리: ①, ② → 2개
- 삼각형 2개짜리: ①+② → 1개

3·2

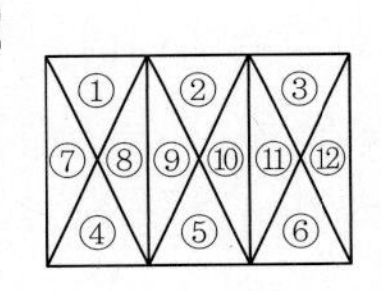
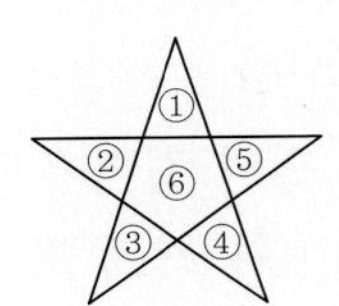

• 보은 ➡ 16개
- 삼각형 1개짜리: ①, ②, ③, ④, ⑤, ⑥, ⑦, ⑧, ⑨, ⑩, ⑪, ⑫ → 12개
- 삼각형 4개짜리: ①+②+⑧+⑨, ②+③+⑩+⑪, ④+⑤+⑧+⑨, ⑤+⑥+⑩+⑪ → 4개

• 상학 ➡ 10개
- 삼각형 1개짜리: ①, ②, ③, ④, ⑤ → 5개
- 삼각형 3개짜리: ①+③+⑥, ②+④+⑥, ③+⑤+⑥, ④+①+⑥, ⑤+②+⑥ → 5개

51쪽 응용 학습 ❹

1단계	60°	**4·1**	36°
2단계	75°	**4·2**	32°
3단계	135°		

1단계 삼각형 ㄱㄴㄷ에서 정삼각형은 한 각의 크기가 60°이므로 (각 ㄴㄱㄷ)=60°입니다.

2단계 삼각형 ㄱㄷㄹ에서 삼각형의 세 각의 크기의 합은 180°이므로
(각 ㄹㄱㄷ)+(각 ㄱㄷㄹ)=180°−30°=150°이고, 이등변삼각형은 두 각의 크기가 같으므로
(각 ㄹㄱㄷ)=150°÷2=75°입니다.

3단계 (각 ㄴㄱㄹ)=(각 ㄴㄱㄷ)+(각 ㄹㄱㄷ)
=60°+75°=135°

4·1 삼각형 ㄱㄴㄷ은 이등변삼각형이므로
(각 ㄱㄷㄴ)=(각 ㄱㄴㄷ)=72°입니다.
한 직선이 이루는 각의 크기는 180°이므로
(각 ㄱㄷㄹ)=180°−72°=108°입니다.
삼각형 ㄱㄷㄹ에서
(각 ㄷㄱㄹ)+(각 ㄷㄹㄱ)=180°−108°=72°이고, 삼각형 ㄱㄷㄹ은 이등변삼각형이므로
(각 ㄷㄱㄹ)=72°÷2=36°입니다.

4·2 • (선분 ㄱㄹ)=(선분 ㄷㄹ)
➡ 삼각형 ㄱㄷㄹ은 이등변삼각형이므로
(각 ㄱㄷㄹ)=(각 ㄷㄱㄹ)=64°입니다.
한 직선이 이루는 각의 크기는 180°이므로
(각 ㄱㄷㄴ)=180°−64°=116°입니다.

• (선분 ㄴㄷ)=(선분 ㄱㄷ)
➡ 삼각형 ㄱㄴㄷ은 이등변삼각형이므로
(각 ㄱㄴㄷ)+(각 ㄴㄱㄷ)=180°−116°= 64°이고, 이등변삼각형은 두 각의 크기가 같으므로 (각 ㄱㄴㄷ)=64°÷2=32°입니다.

52쪽 교과서 통합 핵심 개념

1 두, 정삼각형
2 ㄱㄴㄷ, 70 / ㄴㄷㄱ, ㄷㄱㄴ, 60
3 세, 예각 / 한, 둔각 4 (왼쪽부터) 바, 라, 다

53쪽~55쪽 단원 평가

1 나
2 예 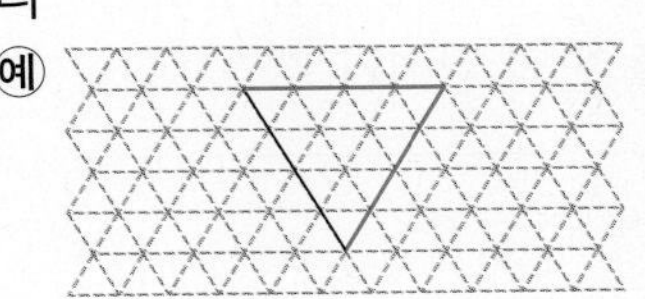 / 세

3 8
4 (그림)
5 30
6 3, 60
7 41 cm
8 15 cm
9 8
10 ㉠ 이 삼각형은 한 각이 둔각이므로 둔각삼각형입니다.
11 80°
12 120°
13 ㉠

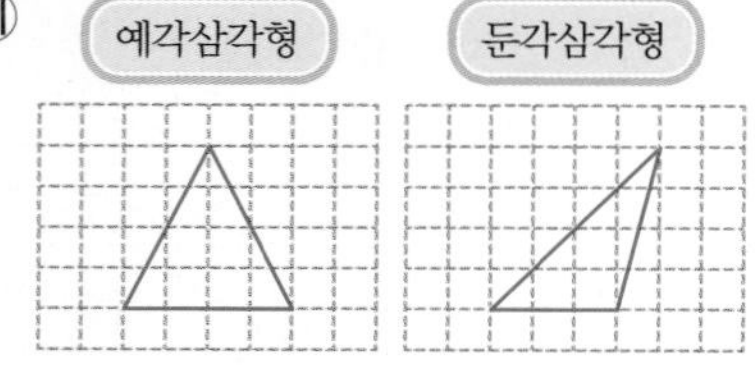

14 나, 라, 바 / 다, 마, 사
15 둔각삼각형
16 이등변삼각형, 정삼각형, 예각삼각형
17 이등변삼각형
18 40°
19 ㉠ 삼각형의 세 각의 크기의 합은 180°이므로 나머지 한 각의 크기는 $180°-60°-70°=50°$입니다. 크기가 같은 두 각이 없으므로 이등변삼각형이 아닙니다.
20 이등변삼각형, 둔각삼각형

1 이등변삼각형: 두 변의 길이가 같은 삼각형 ➡ 나

3 이등변삼각형은 두 변의 길이가 같습니다.

4 • 예각삼각형: 세 각이 모두 예각인 삼각형
• 둔각삼각형: 한 각이 둔각인 삼각형

5 이등변삼각형은 두 각의 크기가 같습니다.

6 정삼각형은 세 변의 길이가 같고, 세 각의 크기가 같습니다.

7 ❶ 이등변삼각형은 두 변의 길이가 같으므로 (변 ㄱㄷ)=(변 ㄱㄴ)=12 cm입니다.
❷ (삼각형 ㄱㄴㄷ의 세 변의 길이의 합)
$=12+17+12=41$(cm)

채점 기준	❶ 변 ㄱㄷ의 길이를 구한 경우	3점	5점
	❷ 삼각형 ㄱㄴㄷ의 세 변의 길이의 합을 구한 경우	2점	

8 정삼각형은 세 변의 길이가 같습니다.
➡ (정삼각형의 한 변)$=45\div3=15$(cm)

9 두 각의 크기가 같으므로 이등변삼각형입니다.
이등변삼각형은 두 변의 길이가 같습니다.

10

채점 기준	잘못된 부분을 바르게 고친 경우	5점

11 이등변삼각형은 두 각의 크기가 같으므로
(각 ㄱㄴㄷ)=(각 ㄴㄱㄷ)=50°입니다.
삼각형의 세 각의 크기의 합은 180°이므로
(각 ㄱㄷㄴ)$=180°-50°-50°=80°$입니다.

12 정삼각형의 한 각의 크기는 60°입니다.
➡ (각 ㄴㄷㄹ)=(각 ㄴㄷㄱ)+(각 ㄱㄷㄹ)
$=60°+60°=120°$

13 • 예각삼각형: 세 각이 모두 0°보다 크고 90°보다 작은 삼각형을 그립니다.
• 둔각삼각형: 한 각이 90°보다 크고 180°보다 작은 삼각형을 그립니다.

14 • 예각삼각형: 세 각이 모두 예각인 삼각형
➡ 나, 라, 바
• 둔각삼각형: 한 각이 둔각인 삼각형 ➡ 다, 마, 사

15 삼각형의 세 각의 크기의 합은 180°이므로
(나머지 한 각의 크기)$=180°-21°-62°=97°$입니다.
따라서 삼각형의 세 각 중 한 각이 둔각(97°)이므로 둔각삼각형입니다.

16 세 각이 모두 60°인 삼각형은 정삼각형입니다.
정삼각형은 세 변의 길이가 같으므로 이등변삼각형이라 할 수 있고, 세 각이 모두 예각이므로 예각삼각형입니다.

17 지수는 수연이와 똑같은 리본을 가지고 있으므로 지수가 가지고 있는 리본은 9 cm입니다.
➡ 길이가 같은 리본이 2개 있으므로 이등변삼각형을 만들 수 있습니다.

18 한 직선이 이루는 각의 크기는 180°이므로
(각 ㄱㄷㄴ)$=180°-80°=100°$입니다.
삼각형의 세 각의 크기의 합은 180°이므로
(각 ㄷㄱㄴ)+(각 ㄷㄴㄱ)$=180°-100°=80°$이고, 이등변삼각형은 두 각의 크기가 같으므로
(각 ㄷㄱㄴ)$=80°\div2=40°$입니다.

19

채점 기준	이등변삼각형이 아닌 이유를 쓴 경우	5점

20 삼각형의 세 각의 크기의 합은 180°이므로
(지워진 각의 크기)$=180°-110°-35°=35°$입니다.
두 각의 크기가 같으므로 이등변삼각형이고, 한 각의 크기가 110°로 둔각이므로 둔각삼각형입니다.

3 소수의 덧셈과 뺄셈

58쪽 개념 학습 1

1 (1) 0.27 (2) 0.75
2 (1) 0.05, 영 점 영오 (2) 1.73, 일 점 칠삼
(3) 0.315, 영 점 삼일오
(4) 2.654, 이 점 육오사

1 (1) 모눈 한 칸의 크기: 0.01
➡ 색칠된 부분은 27칸이므로 0.27입니다.
(2) 모눈 한 칸의 크기: 0.01
➡ 색칠된 부분은 75칸이므로 0.75입니다.

59쪽 개념 학습 2

1 (1) < (2) >
2 (1)

1			
0.1			
0.0	1		
0.0	0	1	

(2)

4	7.1		
	4.7	1	
	0.4	7	1

(3)

1	2.4		
	1.2	4	
	0.1	2	4

1 (1) 색칠한 칸이 더 많은 0.43이 더 큰 수입니다.
(2) 색칠한 칸이 더 많은 0.65가 더 큰 수입니다.

60쪽 개념 학습 3

1 (1) 0.8 (2) 1.6 (3) 1.7
2 (1) $0.3 + 2.1 = 2.4$ (2) $2.5 + 1.1 = 3.6$
(3) (받아올림 1) $4.2 + 0.9 = 5.1$ (4) (받아올림 1) $3.8 + 2.4 = 6.2$

1 (1) 0.2만큼 색칠한 것에 0.6만큼을 이어서 색칠하면 0.8입니다.

2 (1) 소수 첫째 자리, 일의 자리 수끼리 차례로 더합니다.
(3) 소수 첫째 자리 계산에서 2+9=11이므로 10을 일의 자리로 받아올림합니다.

61쪽 개념 학습 4

1 (1) 0.3 (2) 0.6 (3) 0.4
2

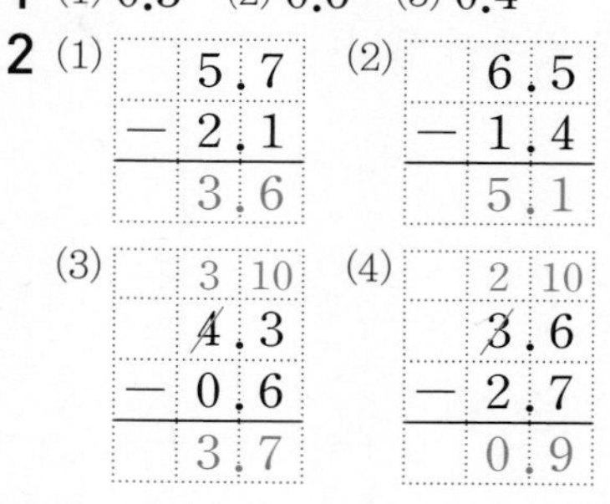

1 (1) 0.7만큼 색칠한 것에서 0.4만큼을 지우면 0.3이 남습니다.

2 (1) 소수 첫째 자리, 일의 자리 수끼리 차례로 뺍니다.
(3) 3에서 6을 뺄 수 없으므로 일의 자리에서 받아내림하여 13에서 6을 뺍니다.

62쪽 개념 학습 5

1 (1) 0.61 (2) 0.64 (3) 0.87
2 (1) $2.13 + 7.34 = 9.47$ (2) (받아올림 1) $4.81 + 3.65 = 8.46$
(3) (받아올림 1) $1.90 + 1.27 = 3.17$ (4) (받아올림 1) $5.78 + 2.40 = 8.18$

2 (3) 소수점 아래 자리 수가 다른 소수의 덧셈을 할 때에는 소수의 오른쪽 끝자리에 0이 있는 것으로 생각하여 자리 수를 맞추어 더합니다.

63쪽 개념 학습 6

1 (1) 0.41 (2) 0.88 (3) 1.68
2

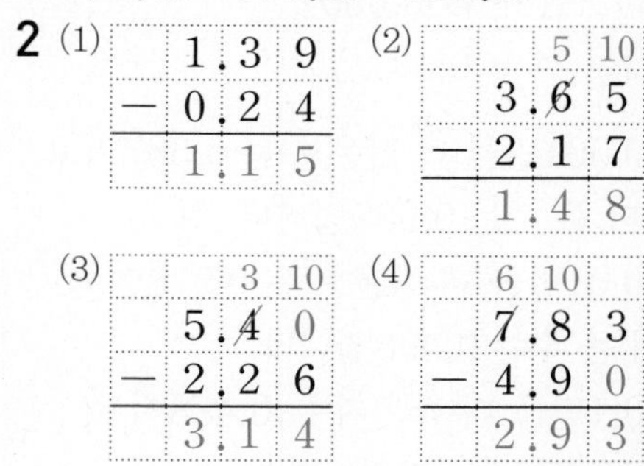

BOOK 1 개념북 3 단원

2 (3) 소수점 아래 자리 수가 다른 소수의 뺄셈을 할 때에는 소수의 오른쪽 끝자리에 0이 있는 것으로 생각하여 자리 수를 맞추어 뺍니다.

64쪽~65쪽 문제 학습 ❶

1 예 (모눈 색칠) / (수직선: 0, 0.1, 0.2, 0.3, 0.4, 0.5, 0.6, 0.7, 0.8, 0.9, 1)
2 9, 0.5, 0.04 **3** 0.076
4 4.931
5 소수 둘째 자리 숫자, 0.05
6 2.809 **7** (선 잇기)
8 0.587, 0.589 / 0.578, 0.598 / 0.488, 0.688
9 2.844 **10** 태우
11 ㉣, ㉡, ㉠, ㉢ **12** 1.19 m, 1.27 m
13 4.356

1 모눈 한 칸의 크기는 $\frac{1}{100}$=0.01이므로 0.37은 37칸을 색칠해야 합니다.

3 0.07과 0.08 사이를 똑같이 10칸으로 나누었으므로 작은 눈금 한 칸의 크기는 0.001입니다.

4 1이 ■개, 0.1이 ▲개, 0.01이 ●개, 0.001이 ★개인 수는 ■.▲●★입니다.

5 3.15에서 5는 소수 둘째 자리 숫자이고, 0.05를 나타냅니다.

7 • 0.01이 41개인 수 ➡ 0.41
• 0.001이 639개인 수 ➡ 0.639
• 0.01이 48개인 수 ➡ 0.48

8 • 0.588보다 0.001만큼 더 작은 수는 0.587이고, 0.001만큼 더 큰 수는 0.589입니다.
• 0.588보다 0.01만큼 더 작은 수는 0.578이고, 0.01만큼 더 큰 수는 0.598입니다.
• 0.588보다 0.1만큼 더 작은 수는 0.488이고, 0.1만큼 더 큰 수는 0.688입니다.

9 0.1 이 27개 → 2.7
0.01 이 13개 → 0.13
0.001이 14개 → 0.014
2.844

참고 0.1이 ■▲개인 수는 ■.▲입니다.

10 소수를 읽을 때 소수점 아래의 숫자는 자릿값을 읽지 않고 숫자만 차례로 읽습니다. 이때 0도 읽어야 합니다.
준서: 26.304 ➡ 이십육 점 삼영사
수민: 11.902 ➡ 십일 점 구영이

11 ㉠ 6.17 ➡ 0.07 ㉡ 2.79 ➡ 0.7
㉢ 4.587 ➡ 0.007 ㉣ 7.106 ➡ 7

12 1 m=100 cm ➡ 1 cm=$\frac{1}{100}$ m=0.01 m
지혜: 119 cm=$\frac{119}{100}$ m=1.19 m
강우: 1 m 27 cm=$1\frac{27}{100}$ m=1.27 m

참고 단위 사이의 관계

길이	1 mm=0.1 cm, 1 cm=0.01 m, 1 m=0.001 km
무게	1 g=0.001 kg, 1 kg=0.001 t
들이	1 mL=0.001 L

13 4보다 크고 5보다 작은 소수 세 자리 수는 4.□□□입니다.
소수 첫째 자리 숫자는 3, 소수 둘째 자리 숫자는 5, 소수 셋째 자리 숫자는 6이므로 조건을 모두 만족하는 소수는 4.356입니다.

66쪽~67쪽 문제 학습 ❷

1 (수직선: 2.35, 2.356, 2.36, 2.363, 2.37) / <
2 10, 10, $\frac{1}{10}$, $\frac{1}{10}$
3 (1) < (2) > (3) < (4) >
4 3.09~~0~~, 30.93~~0~~, 2.7~~00~~
5 3.38, 33.8 **6** <
7 4.5 kg **8** 준수
9 1090의 $\frac{1}{1000}$ **10** 무, 궁, 화
11 1, 2 **12** 1000배
13 도서관 **14** 1110

1 수직선에서 오른쪽에 있는 수가 더 큰 수입니다.

2 • 0.04의 10배 ➡ 0.4, 0.4의 10배 ➡ 4
• 4의 $\frac{1}{10}$ ➡ 0.4, 0.04의 $\frac{1}{10}$ ➡ 0.004

3 소수의 크기는 자연수 부분 → 소수 첫째 자리 → 소수 둘째 자리 → 소수 셋째 자리 순서로 비교합니다.

4 소수에서 소수점 오른쪽 끝자리에 있는 0은 생략하여 나타낼 수 있습니다.

5 0.338의 10배 ➡ 3.38 3.38의 10배 ➡ 33.8

6 0.001이 22개인 수 → 0.022
22의 $\frac{1}{100}$인 수 → 0.22
➡ 0.022<0.22

7 0.45의 10배는 4.5이므로 설탕 10봉지의 무게는 4.5 kg입니다.

8 1 mL=0.001 L이므로 218 mL=0.218 L입니다.
➡ 0.33>0.218이므로 준수가 우유를 더 많이 마셨습니다.

9 • 1.09의 10배 : 1.09 ➡ 10.9
• 1090의 $\frac{1}{1000}$: 1090 ➡ 1.090=1.09
• 109의 $\frac{1}{10}$: 109 ➡ 10.9
• 0.109의 100배 : 0.109 ➡ 10.9

10 소수 첫째 자리 수가 7인 0.7이 가장 큽니다.
0.645와 0.641에서 소수 첫째 자리 수가 6, 소수 둘째 자리 수가 4로 같고 소수 셋째 자리 수를 비교하면 5>1이므로 0.645가 0.641보다 큽니다.
➡ 0.7>0.645>0.641

11 자연수 부분이 같으므로 소수 첫째 자리 수와 소수 둘째 자리 수를 비교합니다. 소수 둘째 자리 수가 8>5>0이므로 □ 안에는 0보다 크고 3보다 작은 수가 들어갈 수 있습니다.

12 ㉠이 나타내는 수는 2이고 ㉡이 나타내는 수는 0.002입니다.
2는 0.002의 1000배이므로 ㉠이 나타내는 수는 ㉡이 나타내는 수의 1000배입니다.

13 1 m=0.001 km이므로 1210 m=1.21 km입니다.
➡ 0.215<0.529<1.21이므로 집에서 두 번째로 가까운 곳은 도서관입니다.

14 • 2.8은 0.028의 100배입니다. ➡ □=100
• 40은 0.04의 1000배입니다. ➡ □=1000
• 45.89는 4.589의 10배입니다. ➡ □=10
따라서 □ 안에 들어가는 수를 모두 더하면 100+1000+10=1110입니다.

68쪽~69쪽 **문제 학습 ③**

1	0.3, 0.8	2	16, 35, 51, 5.1
3	(1) 0.9 (2) 4.1 (3) 6.3 (4) 5.7		
4	1.7, 3.7	5	0.9, 1.2, 1.5
6	1.2 m	7	㉠, ㉢, ㉡
8	3.1	9	2.1
10	4.2	11	2.8 L
12	5.7	13	3개
14	56.5		

1 수직선에서 오른쪽으로 0.5만큼 간 후 오른쪽으로 0.3만큼 더 가면 0.8입니다.

2 1.6+3.5는 0.1이 16+35=51(개)이므로 5.1입니다.

3 (3) $\begin{array}{r} \scriptstyle 1 \\ 3.6 \\ +\ 2.7 \\ \hline 6.3 \end{array}$ (4) $\begin{array}{r} \scriptstyle 1 \\ 2.8 \\ +\ 2.9 \\ \hline 5.7 \end{array}$

4 $\begin{array}{r} 1.2 \\ +\ 0.5 \\ \hline 1.7 \end{array}$ $\begin{array}{r} 2.3 \\ +\ 1.4 \\ \hline 3.7 \end{array}$

5 • 0.7+0.8=1.5 • 0.3+0.9=1.2
• 0.8+0.1=0.9

6 (이어 붙인 리본의 전체 길이)=0.4+0.8=1.2 (m)

7 ㉠ 2.8+0.3=3.1 ㉡ 0.9+1.7=2.6
㉢ 1.2+1.5=2.7
➡ ㉠ 3.1>㉢ 2.7>㉡ 2.6

8 1.0=1이고, 2.4>1>0.9>0.7이므로 가장 큰 수는 2.4, 가장 작은 수는 0.7입니다.
➡ 2.4+0.7=3.1

9 0과 1 사이가 똑같이 10칸으로 나누어져 있으므로 작은 눈금 한 칸은 0.1을 나타냅니다.
㉠=0.8, ㉡=1.3
➡ ㉠+㉡=0.8+1.3=2.1

10 ㉠ 0.1이 27개인 수: 2.7
㉡ $\frac{1}{10}$=0.1이 15개인 수: 1.5
➡ ㉠+㉡=2.7+1.5=4.2

11 (현수가 마신 물의 양)=1.1+0.6=1.7(L)
➡ (진석이와 현수가 마신 물의 양)
=1.1+1.7=2.8(L)

12 • 수지: 0.1이 14개인 수 → 1.4
• 강우: 일의 자리 숫자가 4이고, 소수 첫째 자리 숫자가 3인 소수 한 자리 수 → 4.3
➡ 1.4+4.3=5.7

13 2.4+0.6=3이고 3>□.5이므로 □ 안에 들어갈 수 있는 수는 3보다 작은 0, 1, 2입니다. 따라서 □ 안에 들어갈 수 있는 수는 모두 3개입니다.

14 만들 수 있는 소수 한 자리 수는 □□.□입니다.
가장 큰 소수는 높은 자리부터 큰 수를 차례로 놓고, 가장 작은 소수는 높은 자리부터 작은 수를 차례로 놓습니다.
• 만들 수 있는 가장 큰 소수 한 자리 수: 43.1
• 만들 수 있는 가장 작은 소수 한 자리 수: 13.4
➡ 43.1+13.4=56.5

70쪽~71쪽 문제 학습 ④

1 0.9, 0.8 **2** 67, 24, 43, 4.3
3 (1) 0.2 (2) 0.9 (3) 2.2 (4) 2.6
4 (위에서부터) 0.5, 0.3, 0.3, 0.1
5 2.7 **6** <
7 1.4−0.8=0.6, 0.6 m
8 2.9 **9** 2.3 kg
10 신혁, 1.6 m **11** ( )( )(○)
12 2.9 **13** 3개

1 수직선에서 오른쪽으로 1.7만큼 간 후 왼쪽으로 0.9만큼 되돌아오면 0.8입니다.

2 6.7−2.4는 0.1이 67−24=43(개)이므로 4.3입니다.

3 (2) $\begin{array}{r} \scriptstyle 0\ 10 \\ \not{1}.4 \\ -\ 0.5 \\ \hline 0.9 \end{array}$ (4) $\begin{array}{r} \scriptstyle 4\ 10 \\ \not{5}.3 \\ -\ 2.7 \\ \hline 2.6 \end{array}$

4 $\begin{array}{r} 0.9 \\ -\ 0.4 \\ \hline 0.5 \end{array}$ $\begin{array}{r} 0.6 \\ -\ 0.3 \\ \hline 0.3 \end{array}$ $\begin{array}{r} 0.9 \\ -\ 0.6 \\ \hline 0.3 \end{array}$ $\begin{array}{r} 0.4 \\ -\ 0.3 \\ \hline 0.1 \end{array}$

5 8.6−5.9=2.7

6 2.5−0.7=1.8, 3.1−1.2=1.9
➡ 1.8<1.9

7 (현태가 사용한 포장끈)−(지윤이가 사용한 포장끈)
=1.4−0.8=0.6 (m)

8 3.2>1.2>0.9>0.3이므로 가장 큰 수는 3.2, 가장 작은 수는 0.3입니다.
➡ 3.2−0.3=2.9

9 수박은 멜론보다 4.1−1.8=2.3 (kg) 더 무겁습니다.

10 5.2>3.6이므로 신혁이의 종이비행기가 5.2−3.6=1.6 (m) 더 멀리 날아갔습니다.

11 • 11.8−5.3=6.5 • 6.5−1.2=5.3
• 8.6−3.9=4.7
따라서 계산 결과가 5보다 작은 것은 8.6−3.9입니다.

12 • 1이 5개, 0.1이 4개인 수: 5.4
• 0.1이 25개인 수: 2.5
➡ 5.4−2.1=2.9

13 3.5−1.9=1.6이므로 1.6<1.□입니다.
따라서 □ 안에 들어갈 수 있는 수는 7, 8, 9로 모두 3개입니다.

72쪽~73쪽 문제 학습 ⑤

1 0.38
2 163, 248, 411 / 4.11
3 (1) 3.97 (2) 8.66 (3) 0.83 (4) 3.72
4 ( )(○) **5** 4.09, 6.43
6 1.37 m **7** 5.75
8 1.29 **9** $\begin{array}{r} \scriptstyle 1\ \ \ \\ 3.5\ 4 \\ +\ 2.7\ \ \\ \hline 6.2\ 4 \end{array}$
10 (위에서부터) 5, 3, 7
11 4.47 m **12** 1, 2, 3
13 10.09 **14** 은행

1 수직선에서 오른쪽으로 0.15만큼 간 후 오른쪽으로 0.23만큼 더 가면 0.38입니다.

2 1.63+2.48은 0.01이 163+248=411(개)이므로 4.11입니다.

4 $\begin{array}{r} 0.45 \\ +\,0.29 \\ \hline 0.74 \end{array}$ $\begin{array}{r} 0.31 \\ +\,0.41 \\ \hline 0.72 \end{array}$ ➡ 0.74>0.72

5 2.74+1.35=4.09
➡ 4.09+2.34=6.43

6 (두 끈의 길이의 합)=0.45+0.92=1.37 (m)

7 1 이 4개 → 4
0.1 이 2개 → 0.2
0.01이 5개 → 0.05
4.25
➡ 4.25보다 1.5만큼 더 큰 수: 4.25+1.5=5.75

8 • 태우: 0.01이 79개인 수 → 0.79
• 수지: 0.01이 50개인 수 → 0.50(=0.5)
➡ 0.79+0.5=1.29

9 소수의 덧셈을 할 때에는 소수점 자리를 맞추어 같은 자리 수끼리 더합니다.

10 $\begin{array}{r} 6.2㉠ \\ +\,1.㉡9 \\ \hline ㉢.64 \end{array}$
• ㉠+9=14 ➡ ㉠=5
• 1+2+㉡=6 ➡ ㉡=3
• 6+1=㉢ ➡ ㉢=7

참고 받아올림한 수를 빠뜨리고 계산하지 않도록 주의합니다.

11 1 cm=0.01 m이므로 327 cm=3.27 m입니다.
➡ 3.27+1.2=4.47 (m)

12 • 1.84+3.52=5.36 • 2.76+2.38=5.14
• 4.13+0.89=5.02
➡ 5.36>5.14>5.02

13 만들 수 있는 소수 두 자리 수는 □.□□입니다.
• 만들 수 있는 가장 큰 소수 두 자리 수: 7.52
• 만들 수 있는 가장 작은 소수 두 자리 수: 2.57
➡ (만들 수 있는 가장 큰 수와 가장 작은 수의 합)
=7.52+2.57=10.09

14 • (집~은행~학교)=2.33+3.45=5.78 (km)
• (집~우체국~학교)=3.38+3.44=6.82 (km)
➡ 5.78<6.82이므로 은행을 거쳐서 가는 길이 더 가깝습니다.

74쪽~75쪽 문제 학습 6

1 1.12
2 792, 683, 109 / 1.09
3 (1) 0.63 (2) 0.54 (3) 3.33 (4) 1.45
4 2.74
5 ㉡
6 (선 잇기)
7 1.5 m
8 ① $\begin{array}{r} 4.62 \\ -\,1.35 \\ \hline 3.27 \end{array}$ ② $\begin{array}{r} 9.17 \\ -\,5.98 \\ \hline 3.19 \end{array}$ ③ $\begin{array}{r} 6.87 \\ -\,3.69 \\ \hline 3.18 \end{array}$
9 쇠고기, 0.12 kg
10 (위에서부터) 4, 6, 9
11 0.05
12 5.9, 5.09, 0.81
13 4.95
14 3개

1 1.37−0.25=1.12

4 5.12−2.38=2.74

5 ㉠ 10.72−8.19=2.53 ㉡ 7.45−5.02=2.43
➡ 계산 결과가 2.43인 것은 ㉡입니다.

6 • 0.98−0.57=0.41 • 0.79−0.48=0.31
• 0.54−0.31=0.23 • 0.99−0.76=0.23
• 0.83−0.52=0.31 • 0.73−0.32=0.41

7 (남은 철사)
=(진석이가 가지고 있던 철사)−(동생에게 준 철사)
=2.75−1.25=1.5 (m)

9 0.7>0.58이므로 쇠고기를 0.7−0.58=0.12 (kg) 더 많이 샀습니다.

10 $\begin{array}{r} 9.㉠2 \\ -\,㉡.53 \\ \hline 2.8㉢ \end{array}$
• 10+2−3=㉢ ➡ ㉢=9
• 10+㉠−1−5=8, 4+㉠=8
➡ ㉠=4
• 9−1−㉡=2, 8−㉡=2
➡ ㉡=6

11 수직선에서 작은 눈금 한 칸의 크기는 0.01입니다. ㉠은 3.2에서 8칸만큼 더 간 곳이므로 3.28이고, ㉡은 3.3에서 3칸만큼 더 간 곳이므로 3.33입니다.
➡ ㉡−㉠=3.33−3.28=0.05

12 차가 가장 크려면 가장 큰 수에서 가장 작은 수를 빼야 합니다.
5.9>5.47>5.09이므로 5.9−5.09=0.81입니다.

참고 차가 가장 큰 뺄셈식: (가장 큰 수)−(가장 작은 수)

13 만들 수 있는 소수 두 자리 수는 □.□□입니다.
8 > 4 > 3이므로
• 만들 수 있는 가장 큰 소수 두 자리 수: 8.43
• 만들 수 있는 가장 작은 소수 두 자리 수: 3.48
➡ (만들 수 있는 가장 큰 수와 가장 작은 수의 차)
= 8.43 − 3.48 = 4.95

14 보이지 않는 부분의 수를 □라 하면
0.72 − 0.38 = 0.34이므로 0.34 > 0.3□입니다.
따라서 □ 안에 들어갈 수 있는 수는 1, 2, 3으로 모두 3개입니다.

76쪽 응용 학습 ①

1단계	15.64	1·1	6284
2단계	1564	1·2	1000배

1단계 어떤 수의 $\frac{1}{10}$이 1.564이면 어떤 수는 1.564의 10배이므로 15.64입니다.

2단계 15.64의 100배는 1564입니다.

1·1 62.97보다 0.13만큼 더 작은 수는
62.97 − 0.13 = 62.84입니다.
어떤 수의 $\frac{1}{100}$이 62.84이면 어떤 수는 62.84의 100배이므로 6284입니다.

1·2 • ㉠의 $\frac{1}{100}$이 2.71이면 ㉠은 2.71의 100배이므로 271입니다.
• 2.14보다 0.57만큼 더 큰 수는
2.14 + 0.57 = 2.71입니다.
㉡의 10배가 2.71이면 ㉡은 2.71의 $\frac{1}{10}$이므로 0.271입니다.
따라서 271은 0.271의 1000배이므로 ㉠은 ㉡의 1000배입니다.

77쪽 응용 학습 ②

1단계	1.96 kg	2·1	0.35 kg
2단계	3.92 kg	2·2	0.97 kg
3단계	0.55 kg		

1단계 (인형 7개의 무게) = 4.47 − 2.51 = 1.96 (kg)
2단계 (인형 14개의 무게) = 1.96 + 1.96 = 3.92 (kg)
3단계 (빈 상자의 무게) = 4.47 − 3.92 = 0.55 (kg)

2·1 (동화책 6권의 무게) = 6.83 − 3.59 = 3.24 (kg)
(동화책 12권의 무게) = 3.24 + 3.24 = 6.48 (kg)
➡ (빈 상자의 무게) = 6.83 − 6.48 = 0.35 (kg)

2·2 (축구공 5개의 무게) = 7.27 − 5.17 = 2.1 (kg)
(축구공 15개의 무게) = 2.1 + 2.1 + 2.1 = 6.3 (kg)
➡ (빈 상자의 무게) = 7.27 − 6.3 = 0.97 (kg)

78쪽 응용 학습 ③

1단계	5.63	3·1	5.01
2단계	8.77	3·2	3개

1단계 $\frac{1}{100}$ = 0.01, $\frac{1}{1000}$ = 0.001입니다.
1 이 5개 → 5
0.01 이 61개 → 0.61
0.001이 20개 → 0.02
5.63

2단계 5.63보다 3.14만큼 더 큰 소수는
5.63 + 3.14 = 8.77입니다.

3·1 • 0.01이 142개인 수는 1.42입니다.
• $\frac{1}{10}$ = 0.1, $\frac{1}{100}$ = 0.01입니다.
1 이 3개 → 3
0.1 이 5개 → 0.5
0.01이 9개 → 0.09
3.59
따라서 두 수의 합은 1.42 + 3.59 = 5.01입니다.

3·2 0.1 이 21개 → 2.1
0.01 이 15개 → 0.15
0.001이 6개 → 0.006
2.256
따라서 2.256보다 크고 2.26보다 작은 소수 세 자리 수는 2.257, 2.258, 2.259로 모두 3개입니다.

79쪽 **응용 학습 ④**

1단계 0.83 km
2단계 1.13 km
4·1 5.9 km
4·2 3.4 m

1단계 (아영이네 집~공원)
=(아영이네 집~문구점)−(문구점~공원)
=1.35−0.52=0.83 (km)
2단계 (아영이네 집~도서관)
=(아영이네 집~공원)+0.3
=0.83+0.3=1.13 (km)

4·1 (학교~도서관)
=(학교~우체국)+(서점~도서관)−(서점~우체국)
=3.2+4.5−1.8
=7.7−1.8=5.9 (km)

4·2 (㉯~㉰)
=(㉮~㉰)+(㉯~㉱)−(㉮~㉱)
=8.5+7.6−12.7
=16.1−12.7=3.4 (m)

80쪽 **응용 학습 ⑤**

1단계 5.51
2단계 2.81
5·1 9.92
5·2 6.38

1단계 어떤 수를 □라 하면 □+2.7=8.21,
□=8.21−2.7=5.51입니다.
2단계 어떤 수가 5.51이므로 바르게 계산하면
5.51−2.7=2.81입니다.

5·1 어떤 수를 □라 하면 □+5.2=10.1,
□=10.1−5.2=4.9입니다.
어떤 수가 4.9이므로 바르게 계산하면
4.9+5.02=9.92입니다.

5·2 어떤 수를 □라 하면 □+6.73=19.48,
□=19.48−6.73=12.75입니다.
어떤 수가 12.75이므로 바르게 계산하면
12.75−6.37=6.38입니다.

81쪽 **응용 학습 ⑥**

1단계 4, 2, 3, 8
2단계 4.238
6·1 5.763
6·2 4.32

1단계
- 4.2보다 크고 4.3보다 작은 소수 세 자리 수이므로 ㉠=4, ㉡=2입니다. ➡ 4.2㉢㉣
- 일의 자리 숫자가 4이므로 4+㉢=7, ㉢=3입니다. ➡ 4.23㉣
- 소수 셋째 자리 숫자가 나타내는 값은 0.008이므로 ㉣=8입니다.

2단계 따라서 조건을 모두 만족하는 소수 세 자리 수는 4.238입니다.

6·1 조건을 모두 만족하는 소수 세 자리 수를 ㉠.㉡㉢㉣이라 하면
- 5.7보다 크고 5.8보다 작은 소수 세 자리 수이므로 ㉠=5, ㉡=7입니다. ➡ 5.7㉢㉣
- 일의 자리 숫자가 5이므로 5+㉣=8, ㉣=3입니다. ➡ 5.7㉢3
- 소수 둘째 자리 숫자가 나타내는 값은 0.06이므로 ㉢=6입니다. ➡ 5.763

따라서 조건을 모두 만족하는 소수 세 자리 수는 5.763입니다.

6·2 조건을 모두 만족하는 소수는 소수 두 자리 수이므로 이 수를 ㉠.㉡㉢이라 하면
- 4보다 크고 5보다 작은 소수 두 자리 수이므로 ㉠=4입니다. ➡ 4.㉡㉢
- 일의 자리 숫자가 4이므로 4+㉡=7, ㉡=3입니다. ➡ 4.3㉢
- 이 소수를 10배 한 43.㉢에서 ㉢=2입니다.

따라서 조건을 모두 만족하는 소수 두 자리 수는 4.32입니다.

82쪽 **교과서 통합** 핵심 개념

1 (위에서부터) 영 점 영칠, 0.839, 이 점 이삼 / 5, 0.3, 0.04, 0.006
2 1.5, 15 / 0.26, 0.026
3 <, < / >, >
4 (위에서부터) 1, 3, 7 / 4, 10, 1, 9

BOOK ① 개념북 3 단원

83쪽~85쪽 단원 평가

1 0.47 2 오 점 영구칠
3 4.576 4 0.4, 0.7
5 0.83 6 1.76
7 2.8 8 ②
9 (위에서부터) 8.9, 4.1, 3.2, 1.6
10 2.86 11 4.3L
12 ② 1.06+0.43=1.49 ① 3.25−1.83=1.42 ③ 0.98+0.72=1.70
13 예 소수점 자리를 잘못 맞추어 계산했습니다. / 4.17−0.5=3.67
14 ㉠, ㉣ 15 1000배
16 은수 17 도서관, 공원, 수영장
18 5, 7, 6 19 1110
20 10.9

1 모눈종이 한 칸의 크기가 0.01이고 색칠된 부분이 47칸이므로 색칠된 부분의 크기를 소수로 나타내면 0.47입니다.

2 소수를 읽을 때 소수점 아래의 숫자는 자릿값을 읽지 않고 숫자만 차례로 읽습니다.

3 $4+0.5+0.07+0.006=4.576$

4 수직선에서 오른쪽으로 0.3만큼 간 후 오른쪽으로 0.4만큼 더 가면 0.7입니다.

6 $3.54-1.78=1.76$ 받아내림에 주의하여 계산합니다.

7 $\square=10.1-7.3=2.8$

8 숫자 6이 나타내는 수를 알아봅니다.
① 6 ② 0.06 ③ 0.6 ④ 0.6 ⑤ 0.006

9 • $5.4+3.5=8.9$ • $2.2+1.9=4.1$
• $5.4-2.2=3.2$ • $3.5-1.9=1.6$

10 ❶ 2.8과 2.9 사이가 똑같이 10칸으로 나누어져 있으므로 작은 눈금 한 칸의 크기는 0.01입니다.
❷ 따라서 ㉠에 알맞은 소수는 2.8에서 오른쪽으로 6칸만큼 더 간 2.86입니다.

채점 기준			
	❶ 작은 눈금 한 칸의 크기를 구한 경우	2점	5점
	❷ ㉠에 알맞은 소수를 구한 경우	3점	

11 (어제 마신 물의 양)+(오늘 마신 물의 양)
$=1.8+2.5=4.3$(L)

12 $1.42<1.49<1.7$

13 ❶ 예 소수점 자리를 잘못 맞추어 계산했습니다.
❷ $4.17-0.5=3.67$

채점 기준			
	❶ 이유를 쓴 경우	2점	5점
	❷ 바르게 계산한 경우	3점	

14 ㉠ 26 $\xrightarrow{\frac{1}{10}}$ 2.6 ㉡ 2.6 $\xrightarrow{\frac{1}{100}}$ 0.026
㉢ 2.6 $\xrightarrow{10배}$ 26 ㉣ 0.026 $\xrightarrow{100배}$ 2.6

15 ㉠이 나타내는 수는 1이고, ㉡이 나타내는 수는 0.001입니다.
1은 0.001의 1000배이므로 ㉠이 나타내는 수는 ㉡이 나타내 수의 1000배입니다.

16 ❶ 1700 g=1.7 kg이므로 두 사람이 딴 딸기의 무게를 비교하면 $1.59<1.7$입니다.
❷ 따라서 은수가 딸기를 더 많이 땄습니다.

채점 기준			
	❶ 두 사람이 딴 딸기의 무게를 비교한 경우	2점	5점
	❷ 누가 딸기를 더 많이 땄는지 구한 경우	3점	

17 1 m=0.001 km이므로 132 m=0.132 km입니다.
따라서 $0.132<0.587<1.05$이므로 집에서 가까운 곳부터 차례대로 쓰면 도서관, 공원, 수영장입니다.

18 ㉠.8 2 + 3.㉡ 4 = 9.5 ㉢
• 소수 둘째 자리 계산: $2+4=6$, ㉢=6
• 소수 첫째 자리 계산: 8+㉡=15, ㉡=7
• 일의 자리 계산: 1+㉠+3=9, ㉠=5

19 • 3.5는 0.035의 100배입니다. ➡ ㉠=100
• 70은 0.07의 1000배입니다. ➡ ㉡=1000
• 1.286은 12.86의 $\frac{1}{10}$입니다. ➡ ㉢=10
➡ ㉠+㉡+㉢=100+1000+10=1110

20 • 수진: 0.1이 34개인 수는 3.4입니다.
• 준호: 일의 자리 숫자가 7이고, 소수 첫째 자리 숫자가 5인 소수 한 자리 수는 7.5입니다.
➡ 수진이와 준호가 생각하는 소수의 합은 $3.4+7.5=10.9$입니다.

④ 사각형

88쪽 개념 학습 ①

1 (1) 수직 (2) 수선 (3) 가 (4) 가
2 (1) 예 (2) 예
(3) 예

1 (1) 직선 가와 직선 나가 만나서 이루는 각이 직각이므로 직선 가와 직선 나는 서로 수직입니다.
(2) 직선 가와 직선 나는 서로 수직이므로 직선 나는 직선 가에 대한 수선입니다.
(3) 직선 라와 만나서 이루는 각이 직각인 직선을 찾으면 직선 가입니다. 직선 라와 직선 가는 서로 수직입니다.
(4) 직선 가와 직선 라는 서로 수직이므로 직선 가는 직선 라에 대한 수선입니다.

2 (1) 직선이 세로로 그어져 있으므로 가로로 수선을 긋습니다.
(2) 직선이 가로로 그어져 있으므로 세로로 수선을 긋습니다.
(3) 모눈종이에서 기울어진 직선도 직각으로 만납니다.

89쪽 개념 학습 ②

1 (1) 나, 라 (2) 평행 (3) 라 (4) 라, 평행선
2 (1) 예 (2) 예
(3) 예

1 (1) 직선 가와 만나서 이루는 각이 직각인 직선을 찾으면 직선 나, 직선 라입니다.
(3) 한 직선에 수직인 두 직선은 서로 만나지 않으므로 직선 나와 만나지 않는 직선은 직선 라입니다.

2 (1) 직선이 가로로 그어져 있으므로 가로로 평행한 직선을 긋습니다.
(2) 직선이 세로로 그어져 있으므로 세로로 평행한 직선을 긋습니다.
(3) 기울어진 직선은 기울어진 가로 칸 수와 세로 칸 수를 세고 기울어진 정도를 같게 하여 평행한 직선을 긋습니다.

90쪽 개념 학습 ③

1 (1) ㉣ (2) ㉢ (3) ㉤
2 (1) 2 cm (2) 5 cm

1 (1) 평행선에 수직인 선분을 찾으면 ㉣입니다.
(2) 평행선에 수직인 선분을 찾으면 ㉢입니다.
(3) 평행선에 수직인 선분을 찾으면 ㉤입니다.

2 (1) 평행선 사이에 수선을 긋고 수선의 길이를 재어 보면 평행선 사이의 거리는 2 cm입니다.
(2) 평행선 사이에 수선을 긋고 수선의 길이를 재어 보면 평행선 사이의 거리는 5 cm입니다.

91쪽 개념 학습 ④

1 (1) 사다리꼴 (2) 나, 다
2 (1) 평행사변형 (2) 가, 다
3 (1) 3, 5 (2) 60, 120 (3) 100

3 (1) 평행사변형은 마주 보는 두 변의 길이가 같습니다.
(2) 평행사변형은 마주 보는 두 각의 크기가 같습니다.
(3) 평행사변형은 이웃하는 두 각의 크기의 합이 180°입니다.

92쪽 개념 학습 ⑤

1 (1) 마름모 (2) 가, 라
2

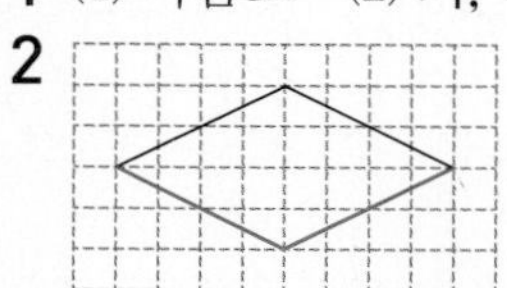

3 (1) 80, 5 (2) 110, 7 (3) 6, 90

2 마름모는 네 변의 길이가 모두 같은 사각형이므로 주어진 선분과 길이가 같도록 나머지 두 변을 그립니다.

3 (1) 마름모는 네 변의 길이가 모두 같고, 마주 보는 두 각의 크기가 같습니다.
(2) 마름모는 네 변의 길이가 모두 같고, 이웃하는 두 각의 크기의 합이 180°입니다.
(3) 마름모는 마주 보는 꼭짓점끼리 이은 두 선분이 서로 수직으로 만나고 이등분합니다.

93쪽 개념 학습 6

1 (왼쪽에서부터) 90, 8, 5
2 (왼쪽에서부터) 6, 90, 6
3 (1) 평행사변형, 직사각형 (2) 사다리꼴, 마름모

1 직사각형은 네 각이 모두 직각이고 마주 보는 두 변의 길이가 같습니다.

2 정사각형은 네 각이 모두 직각이고 네 변의 길이가 모두 같습니다.

3 (1) • 마주 보는 두 쌍의 변이 각각 평행하므로 평행사변형입니다.
• 네 변의 길이가 모두 같지 않으므로 마름모가 아닙니다.
• 네 각이 모두 직각이므로 직사각형입니다.
(2) • 평행한 두 변이 있으므로 사다리꼴입니다.
• 네 변의 길이가 모두 같으므로 마름모입니다.
• 네 변의 길이는 모두 같지만 네 각이 모두 직각이 아니므로 정사각형이 아닙니다.

94쪽~95쪽 문제 학습 1

1 ㉡
2 (위에서부터) 2, 1, 4, 3
3 직선 라
4
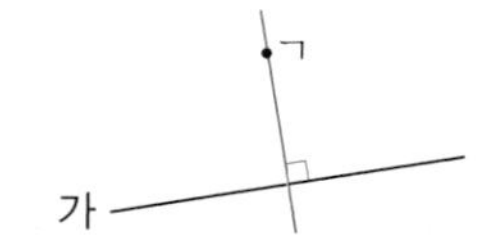

5 셀 수 없이 많습니다.
6 다, 라
7 변 ㄱㄹ, 변 ㄴㄷ
8 선분 ㄱㄷ, 선분 ㄴㄹ
9 직선 다, 직선 마
10 2개
11 ㉢
12 5개
13 40°

1 두 직선이 만나서 이루는 각이 직각인 것을 찾으면 ㉡입니다.

2 ① 주어진 직선에 대한 수선이 지날 곳에 점 ㄱ을 찍습니다.
② 각도기의 중심은 점 ㄱ에, 각도기의 밑금은 직선에 맞춥니다.
③ 각도기에서 90°가 되는 눈금 위에 점 ㄴ을 찍습니다.
④ 점 ㄱ과 점 ㄴ을 잇습니다.

3 직선 가와 수직으로 만나는 직선을 찾으면 직선 라이므로 직선 가에 대한 수선은 직선 라입니다.

4 삼각자에서 직각을 낀 변 중 한 변을 직선 가에 맞추고 직각을 낀 다른 한 변이 점 ㄱ을 지나도록 놓은 후 선을 긋습니다.
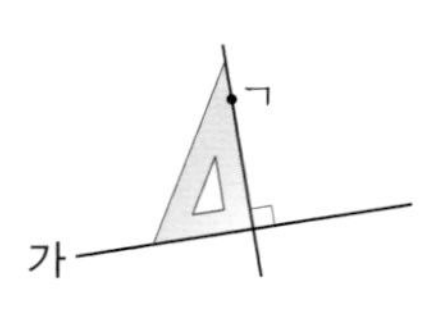

5 한 점이 주어지지 않은 경우 한 직선에 수직인 직선은 셀 수 없이 많으므로 직선 가에 대한 수선은 셀 수 없이 많이 그을 수 있습니다.
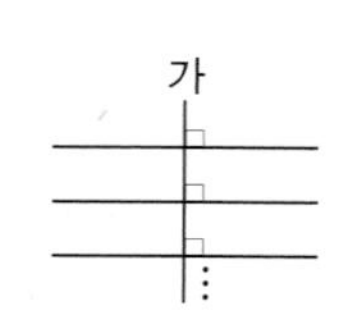

6 두 변이 만나서 이루는 각이 직각인 곳이 있는 도형을 찾으면 다, 라입니다.

7 직선 가와 만나서 이루는 각이 직각인 변을 찾으면 변 ㄱㄹ, 변 ㄴㄷ입니다.

8 서로 수직인 선분은 두 선분이 만나서 이루는 각이 직각인 선분 ㄱㄷ과 선분 ㄴㄹ입니다.

9 두 직선이 만나서 이루는 각이 직각인 것을 찾으면 직선 다와 직선 마입니다.

10 변 ㄷㄹ과 서로 수직인 변은 변 ㄷㄹ과 만나서 이루는 각이 직각인 변 ㄴㄷ, 변 ㅁㄹ로 모두 2개입니다.

11 ㉢ 직선 나와 수직인 직선은 직선 다와 직선 마로 2개이므로 직선 나에 대한 수선은 2개입니다.

12 점 ㄱ을 지나는 각 변에 대한 수선은 1개씩입니다.
변이 5개이므로 각 변에 그을 수 있는 수선도 모두 5개입니다.
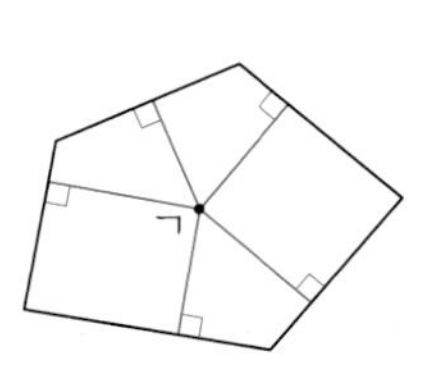

13 직선 가와 직선 나는 서로 수직이므로 두 직선이 만나서 이루는 각의 크기는 90°입니다.
➡ ㉠$=90°-50°=40°$

96쪽~97쪽 문제 학습 ❷

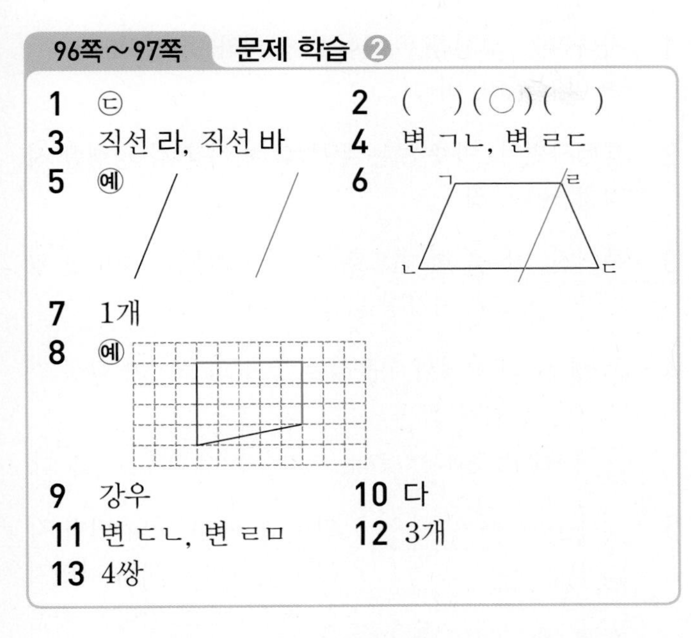

1 ㉢
2 ( )(○)( )
3 직선 라, 직선 바
4 변 ㄱㄴ, 변 ㄹㄷ
5 예
6
ㄱ
ㄹ
ㄴ
ㄷ
7 1개
8 예
9 강우
10 다
11 변 ㄷㄴ, 변 ㄹㅁ
12 3개
13 4쌍

1 두 직선을 길게 늘여도 서로 만나지 않는 것을 찾으면 ㉢입니다.

2 삼각자의 직각을 낀 한 변을 직선 가와 맞닿게 붙이고 삼각자를 움직여서 직선 가와 평행한 직선을 긋습니다.

3 직선 다, 직선 라, 직선 바는 직선 나와 수직입니다. 한 직선에 수직인 두 직선은 서로 만나지 않으므로 직선 다와 평행한 직선은 직선 라와 직선 바입니다.

4 변 ㄱㄴ과 변 ㄹㄷ은 변 ㄱㄹ에 수직이므로 변 ㄱㄴ과 변 ㄹㄷ은 평행합니다.

6 점 ㄹ을 지나고 변 ㄱㄴ에 평행한 직선은 1개만 그을 수 있습니다.

7 점 ㄱ을 지나고 직선 가와 평행한 직선은 1개만 그을 수 있습니다.

참고 한 점이 주어지지 않았다면 직선 가와 평행한 직선은 셀 수 없이 많이 그을 수 있습니다.

8 주어진 선분에 평행한 선분을 그어 평행선이 있는 사각형을 그립니다. 평행선이 한 쌍이나 두 쌍이 있도록 그릴 수 있습니다.

9 평행한 두 직선은 서로 만나지 않습니다.
두 직선이 만나서 이루는 각이 직각일 때 두 직선은 서로 수직이라고 합니다. 따라서 평행선에 대해 잘못 말한 사람은 강우입니다.

10 각 도형에서 평행한 변을 찾아보면 가, 라에는 없고, 나는 한 쌍, 다는 두 쌍입니다.
따라서 평행한 변이 가장 많은 도형은 다입니다.

11 • 변 ㄱㅂ과 변 ㄹㅁ은 변 ㅂㅁ에 수직입니다. 한 직선에 수직인 두 직선은 평행하므로 변 ㄱㅂ과 변 ㄹㅁ은 평행합니다.
• 변 ㄷㄴ과 변 ㄹㅁ은 변 ㄷㄹ에 수직이므로 변 ㄷㄴ과 변 ㄹㅁ은 평행합니다.
따라서 변 ㄱㅂ과 평행한 변은 변 ㄷㄴ, 변 ㄹㅁ입니다.

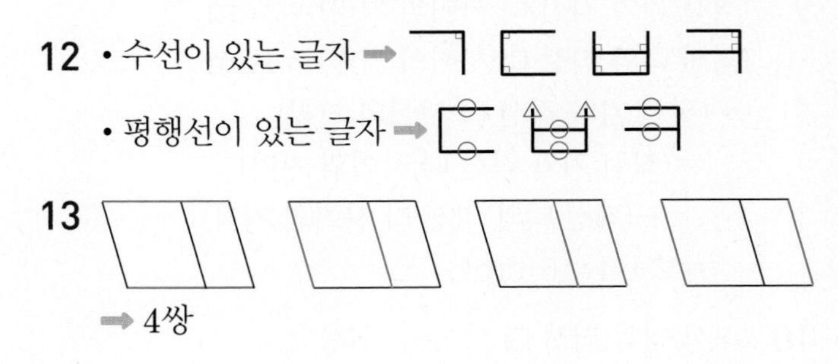

98쪽~99쪽 문제 학습 ❸

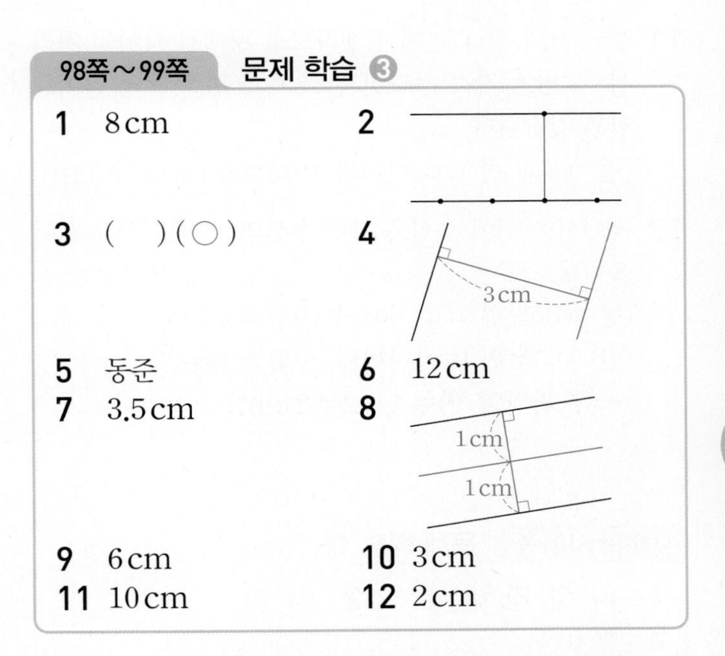

1 8 cm
2
3 ( )(○)
4
3 cm
5 동준
6 12 cm
7 3.5 cm
8
1 cm
1 cm
9 6 cm
10 3 cm
11 10 cm
12 2 cm

1 평행선 사이의 거리는 평행선에 수직인 선분의 길이이므로 8 cm입니다.

2 두 직선과 수직이 되도록 점을 잇습니다.

3 왼쪽 평행선 사이의 거리는 2.5 cm, 오른쪽 평행선 사이의 거리는 2 cm입니다.

5 평행선 사이의 선분 중 수선의 길이가 가장 짧습니다. 따라서 잘못 비교한 사람은 동준입니다.

6 평행선은 변 ㄱㄴ과 변 ㄹㄷ이므로 평행선 사이의 거리는 두 변에 수직인 변 ㄴㄷ의 길이입니다.
➡ (평행선 사이의 거리)=(변 ㄴㄷ의 길이)=12 cm

BOOK 1 개념북 4 단원

7 변 ㄱㄴ과 변 ㄹㄷ이 평행하므로 두 변 사이에 수선을 긋고 수선의 길이를 재어 봅니다.

8 주어진 평행선 사이의 거리는 2 cm입니다.
주어진 평행선 사이에 거리가 1 cm가 되도록 평행한 직선을 긋습니다.

9 (직선 가와 직선 나 사이의 거리)=2 cm
(직선 나와 직선 다 사이의 거리)=4 cm
➡ (직선 가와 직선 다 사이의 거리)
=(직선 가와 직선 나 사이의 거리)
+(직선 나와 직선 다 사이의 거리)
$=2+4=6$ (cm)

10 (직선 나와 직선 다 사이의 거리)
=(직선 가와 직선 다 사이의 거리)
−(직선 가와 직선 나 사이의 거리)
$=8-5=3$ (cm)

11 변 ㄱㅂ과 변 ㄴㄷ이 평행하므로 평행선 사이의 거리는 두 변에 각각 수직인 변 ㅂㅁ과 변 ㄹㄷ의 길이의 합과 같습니다.
(변 ㄱㅂ과 변 ㄴㄷ 사이의 거리)$=6+4=10$ (cm)

12 평행선 사이에 수선을 그어 수선의 길이를 각각 재어 봅니다.
(변 ㄱㅁ과 변 ㄴㄷ 사이의 거리)=2 cm
(변 ㄱㄴ과 변 ㅁㄹ 사이의 거리)=4 cm
➡ (두 거리의 차)$=4-2=2$ (cm)

100쪽~101쪽 문제 학습 4

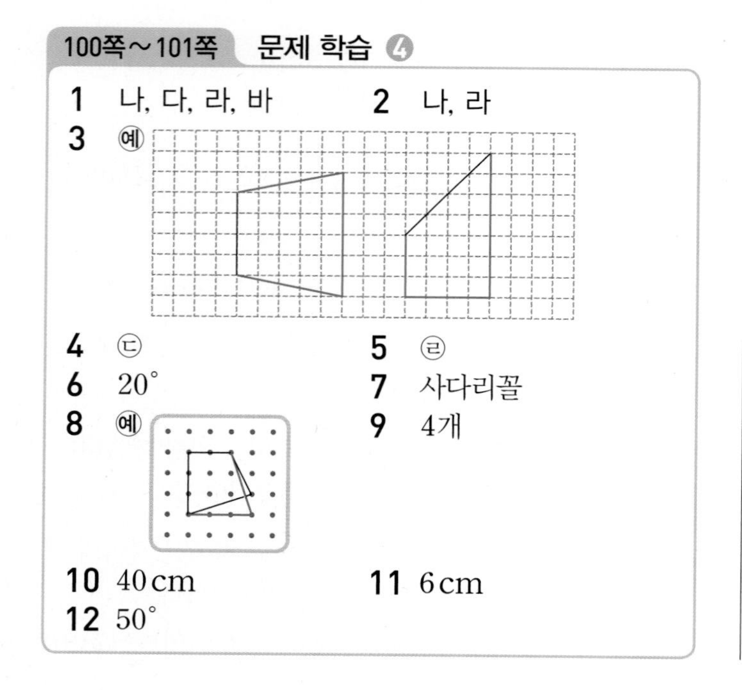

1 나, 다, 라, 바
2 나, 라
3 예
4 ㉢
5 ㉣
6 20°
7 사다리꼴
8 예
9 4개
10 40 cm
11 6 cm
12 50°

1 사다리꼴: 평행한 두 변이 한 쌍이라도 있는 사각형
➡ 나, 다, 라, 바

2 평행사변형: 마주 보는 두 쌍의 변이 각각 평행한 사각형 ➡ 나, 라

3 주어진 선분을 한 변으로 하고 평행한 두 변이 한 쌍이라도 있도록 사각형을 그립니다.

4 ㉢ 평행사변형에서 이웃하는 두 각의 크기가 항상 같지는 않습니다.

참고 평행사변형에서 이웃하는 두 각의 크기의 합은 180°입니다.

5 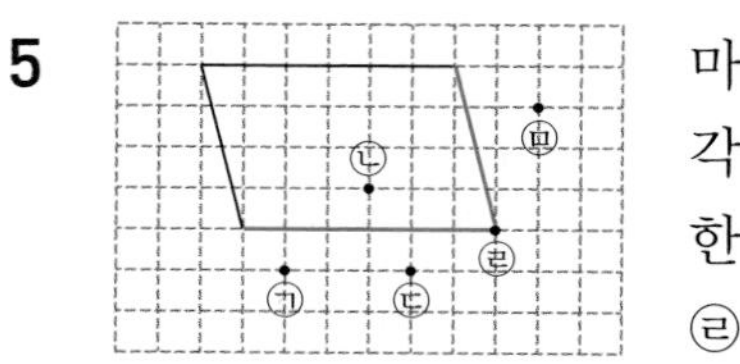

마주 보는 두 쌍의 변이 각각 평행해야 하므로 나머지 한 꼭짓점으로 알맞은 점은 ㉣입니다.

6 평행사변형에서 이웃하는 두 각의 크기의 합은 180°입니다. ➡ ㉠$=180°-160°=20°$

7 빗금친 부분을 펼쳤을 때 만들어진 사각형은 오른쪽과 같습니다. 만들어진 사각형은 평행한 두 변이 한 쌍 있으므로 사다리꼴입니다.

8 꼭짓점을 한 개만 옮겨서 평행한 두 변이 있도록 사각형을 만듭니다.

9 직사각형 모양의 종이는 위와 아래의 변이 평행하므로 잘라 낸 도형은 모두 위와 아래의 변이 평행한 사다리꼴입니다.
따라서 사다리꼴은 가, 나, 다, 라로 모두 4개입니다.

10 평행사변형은 마주 보는 두 변의 길이가 같습니다.
(변 ㄱㄴ의 길이)=(변 ㄹㄷ의 길이)=7 cm
(변 ㄱㄹ의 길이)=(변 ㄴㄷ의 길이)=13 cm
➡ (네 변의 길이의 합)$=7+13+7+13=40$ (cm)

11 평행사변형은 마주 보는 두 변의 길이가 같습니다.
네 변의 길이의 합이 22 cm이므로
(변 ㄱㄴ의 길이)+(변 ㄱㄹ의 길이)
$=22\div2=11$ (cm)입니다.
➡ (변 ㄱㄹ의 길이)$=11-5=6$ (cm)

12 평행사변형에서 이웃하는 두 각의 크기의 합은 180°이므로 (각 ㄱㄴㄷ의 크기)$=180°-40°=140°$이고, 각 ㄹㄴㄷ은 직각이므로 90°입니다.
➡ (각 ㄱㄴㄹ의 크기)$=140°-90°=50°$

102쪽~103쪽 문제 학습 ⑤

1 다
2 (1) 15 cm (2) 12 cm (3) 9 cm (4) 90°
3 ① 4 ㉢
5 있습니다 / 예 주어진 막대 네 개의 길이가 모두 같으므로 네 변의 길이가 모두 같은 마름모를 만들 수 있습니다.
6 30° 7 36 cm
8 14 cm 9 6 cm
10 44 cm 11 55°
12 60°

1 마름모: 네 변의 길이가 모두 같은 사각형 ➡ 다

2 (1) 마름모는 네 변의 길이가 모두 같습니다.
➡ (변 ㄹㄷ의 길이)=(변 ㄱㄹ의 길이)=15 cm
(2) 마름모에서 마주 보는 꼭짓점끼리 이은 두 선분은 서로 이등분합니다.
➡ (선분 ㄷㅇ의 길이)=(선분 ㄱㅇ의 길이) =12 cm
(3) (선분 ㄴㅇ의 길이)=(선분 ㄹㅇ의 길이)=9 cm
(4) 마름모에서 마주 보는 꼭짓점끼리 이은 두 선분은 서로 수직으로 만납니다.
➡ (각 ㄴㅇㄷ의 크기)=90°

3 ① 마름모 중에는 네 각의 크기가 같지 않은 것도 있습니다.

4 네 변의 길이가 모두 같아야 하므로 나머지 한 꼭짓점으로 알맞은 점은 ㉢입니다.

5 마름모는 네 변의 길이가 모두 같은 사각형이므로 주어진 막대를 네 변으로 하는 마름모를 만들 수 있습니다.

6 마름모에서 이웃하는 두 각의 크기의 합은 180°입니다.
➡ ㉠$=180^\circ-150^\circ=30^\circ$

7 마름모는 네 변의 길이가 모두 같습니다.
➡ (네 변의 길이의 합)$=9+9+9+9=36$ (cm)

8 마름모는 네 변의 길이가 모두 같으므로 한 변의 길이는 $56\div4=14$ (cm)입니다.

9 정삼각형은 세 변의 길이가 모두 같으므로 (철사의 길이)$=8\times3=24$ (cm)입니다.
마름모는 네 변의 길이가 모두 같으므로 한 변의 길이는 $24\div4=6$ (cm)입니다.

10 이등변삼각형은 두 변의 길이가 같으므로 (변 ㅁㄷ의 길이)=(변 ㅁㄹ의 길이)=11 cm입니다.
마름모 ㄱㄴㄷㅁ의 한 변의 길이가 11 cm이므로 (네 변의 길이의 합)$=11\times4=44$ (cm)입니다.

11 마름모에서 이웃하는 두 각의 크기의 합은 180°이므로 (각 ㄱㄴㄷ의 크기)$=180^\circ-55^\circ=125^\circ$입니다.
직선이 이루는 각의 크기는 180°이므로
㉠$=180^\circ-125^\circ=55^\circ$입니다.

12 (각 ㄴㄱㄹ의 크기)=□라 하면
(각 ㄱㄴㄷ의 크기)=□+□입니다.
마름모에서 이웃하는 두 각의 크기의 합이 180°이므로
(각 ㄴㄱㄹ의 크기)+(각 ㄱㄴㄷ의 크기)
=□+□+□=180°, □=60°입니다.

104쪽~105쪽 문제 학습 ⑥

1 가, 나, 다, 라, 마 2 가, 나, 다, 라
3 가, 라 4 가, 다
5 가 6 ㉢
7 38 cm 8
9 아닙니다 / 예 네 변의 길이가 모두 같지 않으므로 정사각형이 아닙니다.
10 수지
11 사다리꼴, 직사각형, 평행사변형
12 마름모, 정사각형 13 ①, ②
14 가, 나, 다, 라, 마, 바 / 가, 다, 바 / 가 / 가, 바 / 가

1 사다리꼴: 평행한 두 변이 한 쌍이라도 있는 사각형
➡ 가, 나, 다, 라, 마

2 평행사변형: 마주 보는 두 쌍의 변이 각각 평행한 사각형 ➡ 가, 나, 다, 라

3 마름모: 네 변의 길이가 모두 같은 사각형 ➡ 가, 라

4 직사각형: 네 각이 모두 직각인 사각형 ➡ 가, 다

5 정사각형: 네 변의 길이가 모두 같고 네 각이 모두 직각인 사각형 ➡ 가

6 ㉢ 정사각형은 마주 보는 두 쌍의 변이 각각 평행합니다.

7 직사각형은 마주 보는 두 변의 길이가 같습니다.
➡ (네 변의 길이의 합)$=7+12+7+12=38$ (cm)

8 • 정사각형과 직사각형은 마주 보는 두 변의 길이가 같고 네 각의 크기가 모두 직각으로 같습니다.
• 평행사변형은 마주 보는 두 변의 길이가 같습니다.

9 정사각형은 네 변의 길이가 모두 같고 네 각의 크기가 직각으로 모두 같습니다.

10 평행사변형 중에는 네 각이 모두 직각이 아닌 것도 있으므로 평행사변형은 직사각형이라고 할 수 없습니다. 따라서 잘못 말한 사람은 수지입니다.

11 같은 길이의 막대가 2개씩 있으므로 마주 보는 두 변의 길이가 같은 평행사변형과 직사각형을 만들 수 있습니다. 만든 평행사변형과 직사각형은 평행한 두 변이 있으므로 사다리꼴이라고 할 수 있습니다.

12 마주 보는 두 쌍의 변이 각각 평행한 사각형은 평행사변형, 마름모, 직사각형, 정사각형입니다. 그중 네 변의 길이가 모두 같은 사각형은 마름모, 정사각형입니다.

13 ③ 네 변의 길이가 모두 같지 않으므로 마름모는 될 수 없습니다.
④ 네 각이 모두 직각이 아니므로 직사각형은 될 수 없습니다.
⑤ 네 변의 길이가 모두 같지 않고, 네 각이 모두 직각이 아니므로 정사각형은 될 수 없습니다.

14 • 사다리꼴: 평행한 두 변이 한 쌍이라도 있는 사각형 ➡ 가, 나, 다, 라, 마, 바
• 평행사변형: 마주 보는 두 쌍의 변이 각각 평행한 사각형 ➡ 가, 다, 바
• 마름모: 네 변의 길이가 모두 같은 사각형 ➡ 가
• 직사각형: 네 각이 모두 직각인 사각형 ➡ 가, 바
• 정사각형: 네 각이 모두 직각이고 네 변의 길이가 모두 같은 사각형 ➡ 가

106쪽 응용 학습 ❶

1단계	90°	**1·1**	60°
2단계	70°	**1·2**	30°

1단계 선분 ㄱㄷ이 선분 ㄷㅁ에 대한 수선이므로 두 선분이 만나서 이루는 각의 크기는 90°입니다.
2단계 직선이 이루는 각의 크기는 180°입니다.
➡ (각 ㄱㄷㄴ의 크기)=180°−90°−20°=70°

1·1 직선 ㄱㄹ이 직선 ㄴㅁ에 대한 수선이므로 두 직선이 만나서 이루는 각의 크기는 90°입니다.
직선이 이루는 각의 크기는 180°이므로
㉠=180°−30°−90°=60°입니다.

1·2 직선 ㄱㄹ이 직선 ㄷㅂ에 대한 수선이므로 두 직선이 만나서 이루는 각의 크기는 90°입니다.
직선이 이루는 각의 크기는 180°이므로 ㉡=180°−120°=60°입니다.
삼각형의 세 각의 크기의 합은 180°이므로
㉠=180°−90°−60°=30°입니다.

107쪽 응용 학습 ❷

1단계	ㅂㅁ, ㄹㄷ	**2·1**	12 cm
2단계	13 cm	**2·2**	7 cm

1단계 평행선 사이의 거리는 평행선 사이의 수직인 선분의 길이입니다.
2단계 (변 ㄱㅇ과 변 ㄴㄷ 사이의 거리)
=(변 ㅇㅅ의 길이)+(변 ㅂㅁ의 길이)
+(변 ㄹㄷ 의 길이)=5+4+4=13 (cm)

2·1 (변 ㄱㄴ과 변 ㄹㄷ 사이의 거리)
=(변 ㄱㅇ의 길이)+(변 ㅅㅂ의 길이)
+(변 ㅁㄹ의 길이)=3+6+3=12 (cm)

2·2 (변 ㄱㅌ과 변 ㅂㅅ 사이의 거리)
=(변 ㄱㄴ의 길이)+(변 ㄷㄹ의 길이)
+(변 ㅁㅂ의 길이)
=(변 ㅌㅋ의 길이)+(변 ㅊㅈ의 길이)
+(변 ㅇㅅ의 길이)
=6+5+3=14 (cm)
➡ (변 ㅁㅂ의 길이)=14−2−5=7 (cm)

108쪽 응용 학습 ❸

1단계	10 cm	**3·1**	50 cm
2단계	54 cm	**3·2**	102 cm

1단계 정삼각형은 세 변의 길이가 모두 같으므로
(변 ㄱㄷ의 길이)=10 cm입니다.
직사각형은 마주 보는 두 변의 길이가 같으므로
(변 ㅁㄹ의 길이)=(변 ㄱㄷ의 길이)=10 cm입니다.
2단계 10+10+12+10+12=54 (cm)

3·1 마름모는 네 변의 길이가 모두 같으므로 (변 ㅂㄷ의 길이)=(변 ㄷㄹ의 길이)=(변 ㅁㄹ의 길이)=(변 ㅂㅁ의 길이)=7 cm입니다.
평행사변형은 마주 보는 두 변의 길이가 같으므로 (변 ㄱㄴ의 길이)=(변 ㅂㄷ의 길이)=7 cm, (변 ㄴㄷ의 길이)=(변 ㄱㅂ의 길이)=11 cm입니다.
➡ $7+11+7+7+7+11=50$ (cm)

3·2 마름모는 네 변의 길이가 모두 같고, 네 변의 길이의 합이 52 cm이므로 마름모의 한 변의 길이는 $52 \div 4=13$ (cm)입니다.
평행사변형은 마주 보는 두 변의 길이가 같으므로 (변 ㄹㅁ의 길이)=25 cm, (변 ㅂㅁ의 길이)=(변 ㄱㄹ의 길이)=13 cm입니다.
➡ $13+13+13+25+13+25=102$ (cm)

다른 방법 (변 ㅂㅁ의 길이)=(변 ㄱㄹ의 길이)이므로 빨간색 선의 길이는 (마름모의 네 변의 길이의 합)$+25+25=52+50=102$ (cm)입니다.

109쪽 응용 학습 ❹

1단계 4개
2단계 4개
3단계 1개
4단계 9개

4·1 9개
4·2 14개

①	②	③
④	⑤	⑥

1단계 ②, ③, ⑤, ⑥ → 4개
2단계 ②+③, ⑤+⑥, ②+⑤, ③+⑥ → 4개
3단계 ②+③+⑤+⑥ → 1개
4단계 $4+4+1=9$(개)

4·1

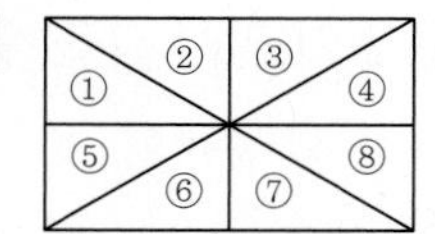

- 도형 2개짜리: ①+②, ③+④, ⑤+⑥, ⑦+⑧ → 4개
- 도형 4개짜리: ①+②+③+④, ⑤+⑥+⑦+⑧, ①+②+⑤+⑥, ③+④+⑦+⑧ → 4개
- 도형 8개짜리: ①+②+③+④+⑤+⑥+⑦+⑧ → 1개

➡ $4+4+1=9$(개)

4·2

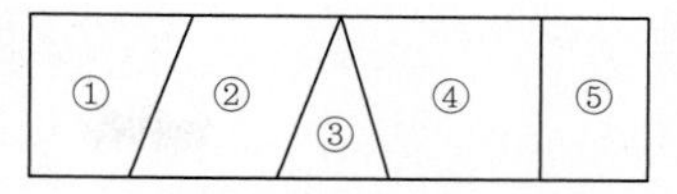

- 도형 1개짜리: ①, ②, ④, ⑤ → 4개
- 도형 2개짜리: ①+②, ②+③, ③+④, ④+⑤ → 4개
- 도형 3개짜리: ①+②+③, ②+③+④, ③+④+⑤ → 3개
- 도형 4개짜리: ①+②+③+④, ②+③+④+⑤ → 2개
- 도형 5개짜리: ①+②+③+④+⑤ → 1개

➡ $4+4+3+2+1=14$(개)

110쪽 응용 학습 ❺

1단계

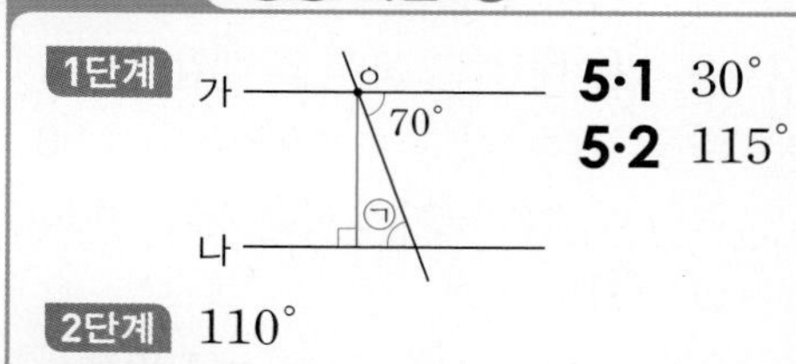

5·1 30°
5·2 115°

2단계 110°
3단계 70°

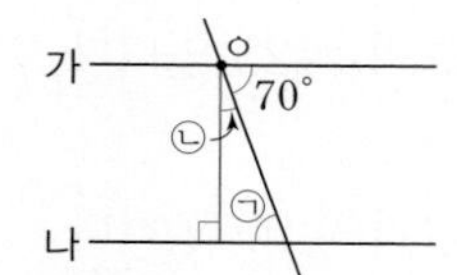

1단계 평행선 사이에 수선이 점 ㅇ을 지나도록 긋습니다.
2단계 평행선과 수선이 이루는 각의 크기는 90°이므로 ㉡$=90°-70°=20°$입니다.
만들어진 삼각형에서 (㉠을 제외한 두 각의 크기의 합)$=20°+90°=110°$입니다.
3단계 삼각형의 세 각의 크기의 합은 180°입니다.
➡ ㉠$=180°-110°=70°$

5·1

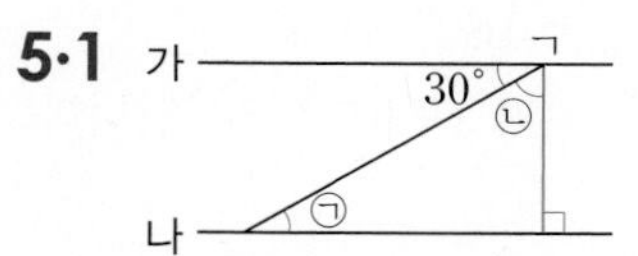

평행선 사이에 점 ㄱ을 지나는 수선을 긋습니다.
평행선과 수선이 이루는 각의 크기는 90°이므로 ㉡$=90°-30°=60°$입니다.
삼각형의 세 각의 크기의 합은 180°이므로 ㉠$=180°-60°-90°=30°$입니다.

5·2

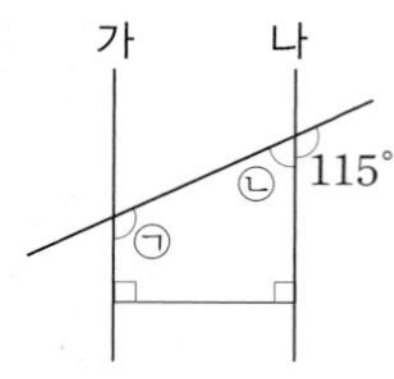

평행선 사이에 수선을 긋습니다.
직선이 이루는 각의 크기는 180°이므로
㉡$=180°-115°=65°$입니다.
사각형의 네 각의 크기의 합은 360°이므로
㉠$=360°-65°-90°-90°=115°$입니다.

111쪽 응용 학습 6

1단계 30°	6·1 130°
2단계 90°, 90°	6·2 50°
3단계 120°	

1단계 접은 부분과 겹쳐지는 부분의 각의 크기는 같습니다.
➡ (각 ㅁㄴㄹ의 크기)=(각 ㄹㄴㄷ의 크기)=30°

2단계 직사각형 ㄱㄴㄷㄹ은 네 각이 모두 직각입니다.
➡ (각 ㄱㄹㄷ의 크기)=(각 ㄴㄷㄹ의 크기)=90°

3단계 사각형 ㅂㄴㄷㄹ의 네 각의 크기의 합은 360°입니다.
➡ (각 ㄴㅂㄹ의 크기)
$=360°-30°-30°-90°-90°=120°$

6·1 접은 부분과 겹쳐지는 부분의 각의 크기가 같으므로 (각 ㄴㅁㅅ의 크기)=(각 ㄹㅁㄴ의 크기)=25°입니다.
직사각형의 네 각은 모두 직각이므로
(각 ㄴㄷㄹ의 크기)=(각 ㄷㄹㅁ의 크기)=90°입니다.
사각형의 네 각의 크기의 합은 360°입니다.
➡ (각 ㄴㅅㅁ의 크기)
$=360°-90°-90°-25°-25°=130°$

6·2 직선이 이루는 각의 크기는 180°이므로 (각 ㅅㄷㄹ의 크기)$=180°-100°=80°$, (각 ㅅㄷㅁ의 크기)=(각 ㅁㄷㄹ의 크기)$=80°\div2=40°$입니다.
(각 ㅁㅂㄷ의 크기)=(각 ㅁㄹㄷ의 크기)=90°이고
삼각형의 세 각의 크기의 합이 180°이므로
(각 ㅂㅁㄷ의 크기)$=180°-90°-40°=50°$입니다.

112쪽 교과서 통합 핵심 개념

1 다, 라 / 다, 라
2 ㄱㄹ, ㄴㄷ / ㄹㄷ, 6
3 (왼쪽에서부터) 9, 10 / 7, 7 / 13, 8
4 가, 나, 다, 라, 마 / 가, 다, 라, 마 / 가, 다 / 가, 마 / 가

113쪽~115쪽 단원 평가

1 직선 가, 직선 다
2 직선 다
3 ㉣
4 5, 90
5 사다리꼴, 평행사변형
6

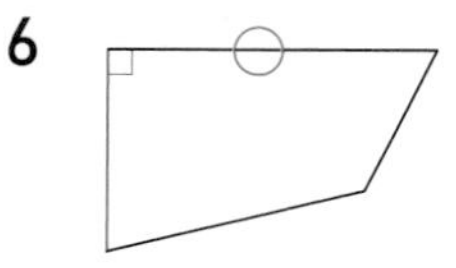

7 예

8 ⑤
9 변 ㄱㄹ, 변 ㄴㄷ
10 6 cm
11 8 cm
12 ㉢
13 110°
14 12 cm
15 ③, ⑤
16 정사각형
17 160°
18 35°
19 8 cm
20 50°

1 직선 라와 만나서 이루는 각이 직각인 직선을 모두 찾으면 직선 가, 직선 다입니다.

2 길게 늘여도 직선 가와 만나지 않는 직선은 직선 다입니다.
참고 한 직선에 수직인 두 직선은 평행합니다.

3 평행선 사이의 거리는 평행선 사이의 수선의 길이이므로 평행선 사이의 거리를 나타내는 선분은 ㉣입니다.

4 마름모는 마주 보는 꼭짓점끼리 이은 두 선분이 서로 수직으로 만나고 이등분합니다.

5 마주 보는 두 쌍의 변이 각각 평행하므로 평행사변형입니다.
평행사변형은 사다리꼴이라고 할 수 있습니다.

6 빨간색 변과 만나서 이루는 각이 직각인 변을 찾아 ○표 합니다.

7 각도기의 밑금을 주어진 직선과 맞춘 후 각도기에서 90°가 되는 눈금 위에 점을 찍고 수선을 긋습니다.

8 한 직선과 평행한 직선은 셀 수 없이 많이 그을 수 있습니다.

9 변 ㄱㄹ과 변 ㄴㄷ은 변 ㄱㄴ에 수직이므로 변 ㄱㄹ과 변 ㄴㄷ은 평행합니다.

10 ❶ (직선 가와 직선 나 사이의 거리)=2 cm
❷ (직선 나와 직선 다 사이의 거리)=4 cm
❸ (직선 가와 직선 다 사이의 거리)$=2+4=6$(cm)

채점 기준			
	❶ 직선 가와 직선 나 사이의 거리를 구한 경우	2점	5점
	❷ 직선 나와 직선 다 사이의 거리를 구한 경우	2점	
	❸ 직선 가와 직선 다 사이의 거리를 구한 경우	1점	

11 평행선은 변 ㄱㄹ과 변 ㄴㄷ이고, 평행선 사이의 거리는 변 ㄹㄷ의 길이입니다. 삼각형의 세 각의 크기의 합은 $180°$이므로
(각 ㄱㄷㄹ의 크기)$=180°-45°-90°=45°$, 삼각형 ㄱㄷㄹ은 이등변삼각형입니다.
➡ (평행선 사이의 거리)$=$(변 ㄹㄷ의 길이)$=8\,cm$

12 ㉠ 사다리꼴은 평행한 변이 한 쌍인 경우도 있으므로 사다리꼴은 평행사변형이라고 할 수 없습니다.
㉡ 사다리꼴은 이웃하는 두 변의 길이가 항상 같은 것은 아닙니다.

13 ❶ 평행사변형의 이웃하는 두 각의 크기의 합은 $180°$입니다.
❷ (각 ㄴㄷㄹ의 크기)$=180°-70°=110°$

채점 기준			
	❶ 평행사변형에서 이웃하는 두 각의 크기의 합을 설명한 경우	2점	5점
	❷ 각 ㄴㄷㄹ의 크기를 구한 경우	3점	

14 마름모는 네 변의 길이가 모두 같습니다.
➡ (변 ㄴㄷ의 길이)$=48\div4=12\,(cm)$

15 주어진 도형은 네 변의 길이가 모두 같지 않습니다.

16 • 마주 보는 두 쌍의 변이 각각 평행한 사각형: 평행사변형, 마름모, 직사각형, 정사각형
• 네 변의 길이가 모두 같은 사각형: 마름모, 정사각형
• 네 각의 크기가 모두 같은 사각형: 직사각형, 정사각형

17 (각 ㄱㅂㄷ의 크기)$=180°-120°=60°$
(각 ㄷㅂㅁ의 크기)$=180°-80°=100°$
➡ (각 ㄱㅂㅁ의 크기)$=60°+100°=160°$

18 직선 가는 직선 나에 대한 수선이므로 직선 가와 직선 나가 만나서 이루는 각의 크기는 $90°$입니다.
직선이 이루는 각의 크기는 $180°$이므로
㉠$=180°-55°-90°=35°$입니다.

19 ❶ 평행사변형은 마주 보는 두 변의 길이가 같으므로 (변 ㄱㄹ의 길이)$+$(변 ㄹㄷ의 길이)$=28\div2=14\,(cm)$입니다.
❷ (변 ㄹㄷ의 길이)$=14-6=8\,(cm)$입니다.

채점 기준			
	❶ 변 ㄱㄹ의 길이와 변 ㄹㄷ의 길이의 합을 구한 경우	2점	5점
	❷ 변 ㄹㄷ의 길이를 구한 경우	3점	

20 삼각형의 세 각의 크기의 합은 $180°$이므로 (각 ㄱㄴㄷ의 크기)$=180°-65°-65°=50°$입니다.
마름모는 마주 보는 두 각의 크기가 같으므로 (각 ㄱㄹㄷ의 크기)$=$(각 ㄱㄴㄷ의 크기)$=50°$입니다.

5 꺾은선그래프

118쪽 개념 학습 1

1 (1) 꺾은선그래프 (2) 주, 길이 (3) 1
2 (1) 요일, 횟수 (2) 1 (3) 횟수

1 (1) 연속적으로 변화하는 양을 점으로 표시하고, 그 점들을 선분으로 이어 그린 그래프를 꺾은선그래프라고 합니다.
(2) 꺾은선그래프의 가로와 세로에 무엇이 적혀있는지 찾습니다.
(3) 세로 눈금 5칸이 $5\,cm$를 나타내므로 한 칸은 $5\div5=1\,(cm)$를 나타냅니다.

2 (1) 꺾은선그래프의 가로와 세로에 무엇이 적혀있는지 찾습니다.
(2) 물결선 위의 세로 눈금을 보면 5칸이 5회를 나타내므로 한 칸은 $5\div5=1$(회)를 나타냅니다.
(3) 요일에 따라 윗몸 일으키기를 한 횟수의 변화를 나타내는 꺾은선그래프입니다.

119쪽 개념 학습 2

1 (1) 8 (2) 32 (3) 6
2 (1) 금 (2) 수, 토 (3) 토

1 (1) 세로 눈금 5칸이 10대를 나타내므로 한 칸은 2대를 나타냅니다.
3월의 휴대 전화 판매량은 세로 눈금 4칸이므로 8대입니다.
(2) 세로 눈금 한 칸은 2대를 나타내므로 8월의 휴대 전화 판매량은 32대입니다.
(3) 6월의 휴대 전화 판매량은 20대이고, 5월의 휴대 전화 판매량은 14대입니다.
➡ $20-14=6$(대)

2 (1) 점이 가장 높게 찍힌 금요일의 기록이 가장 좋습니다.
(2) 전날에 비해 기록이 떨어진 때는 꺾은선이 오른쪽 아래로 기울어진 수요일, 토요일입니다.
(3) 전날에 비해 기록이 가장 많이 떨어진 때는 꺾은선이 오른쪽 아래로 가장 많이 기울어진 토요일입니다.

120쪽 개념 학습 ③

1 (1) 동화책 수

(2)

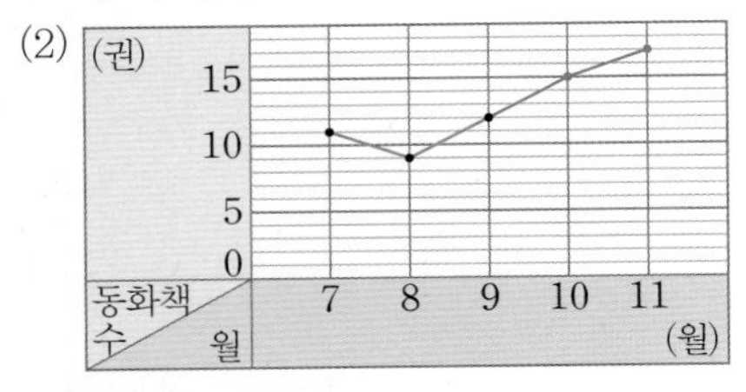

2 (1) 예 0타, 200타

(2)

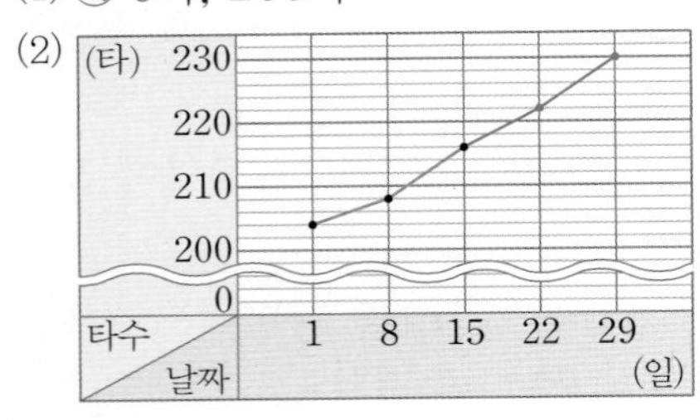

1 (1) 가로에 월을 나타낸다면 세로에는 동화책 수를 나타내어야 합니다.
(2) 10월(15권), 11월(17권)의 수량에 맞게 점을 찍고 선분으로 잇습니다.

2 (1) 가장 작은 값이 204타이므로 0타와 200타 사이에 물결선을 넣으면 좋을 것 같습니다.
중요 자료 중 값이 없는 부분만 물결선으로 줄여서 나타내야 합니다.
(2) 22일(222타), 29일(230타)의 수량에 맞게 점을 찍고 선분으로 잇습니다.

121쪽 개념 학습 ④

1 (1) ◯ (2) × (3) × (4) ◯

1 (1) 1달러가 930원일 때는 1월입니다.
1월의 신발 수출량은 21만 켤레입니다.
주의 신발 수출량을 나타낸 그래프에서 눈금의 단위가 '만 켤레'이므로 세로 눈금 한 칸의 크기는 1만 켤레입니다.
(2) 신발 수출량이 27만 켤레일 때는 3월입니다.
원 달러 환율을 나타낸 그래프에서 세로 눈금 한 칸의 크기는 10원이므로 3월의 1달러는 1010원입니다.
(3) 신발 수출량을 나타낸 그래프의 꺾은선을 보면 1월부터 5월까지 신발 수출량은 증가했습니다.
(4) 1월부터 5월까지 원 달러 환율이 올랐고, 1월부터 5월까지 신발 수출량도 늘었습니다.

122쪽~123쪽 문제 학습 ①

1 꺾은선그래프 2 날짜, 키
3 식물의 키의 변화 4 꺾은선그래프
5 예 가로는 월, 세로는 판매량을 나타냅니다.
/ 예 막대그래프는 막대로, 꺾은선그래프는 선분으로 나타냈습니다.
6 (1) 막대그래프 (2) 꺾은선그래프
7 1 ℃, 0.1 ℃ 8 (나) 그래프
9 강우 10 ㉡
11 ①, ④

4 꺾은선의 기울어진 방향과 기울기를 보면 시간의 흐름에 따른 변화를 한눈에 알아보기 쉽습니다.

6 자료의 양을 비교할 때는 막대그래프로 나타내는 것이 좋고, 시간의 흐름에 따른 변화를 알아볼 때는 꺾은선그래프로 나타내는 것이 더 좋습니다.

7 • (가) 그래프: 세로 눈금 5칸이 5 ℃를 나타내므로 한 칸은 1 ℃를 나타냅니다.
• (나) 그래프: 세로 눈금 5칸이 0.5 ℃를 나타내므로 한 칸은 0.1 ℃를 나타냅니다.

8 (나) 그래프와 같이 세로 눈금 한 칸의 크기를 작게 하면 베란다의 온도가 변화하는 모습을 뚜렷하게 볼 수 있습니다.

9 태우: (나) 그래프는 물결선이 있어서 세로 눈금 한 칸의 크기가 (가) 그래프보다 작습니다.

10 ㉠ 가로는 시간을 나타냅니다.
㉢ 꺾은선은 양초의 길이 변화를 나타냅니다.

11 ① 1년 단위로 조사했습니다.
④ 세로 눈금 5칸이 0.5살을 나타내므로 한 칸은 0.1살을 나타냅니다.

124쪽~125쪽 문제 학습 ②

1 2 cm 2 13일
3 예 8 cm 4 460 kg
5 2020년 6 2017년
7 2019년, 2020년 8 8, 9, 12, 15, 23
9 3회 10 화요일
11 금요일 12 12일
13 13일 14 18잔
15 168잔

1 세로 눈금 한 칸은 1 cm를 나타내므로 5일에 방울토마토 줄기의 길이는 2 cm입니다.

2 세로 눈금 11 cm와 만나는 점의 가로 눈금을 읽으면 13일입니다.

3 9일과 13일의 값을 이은 선분의 가운데 값을 읽으면 8 cm이므로 11일에 방울토마토 줄기의 길이는 8 cm였을 것 같습니다.

4 세로 눈금 한 칸은 10 kg을 나타내므로 2018년의 배 수확량은 460 kg입니다.

5 점이 가장 위에 찍힌 때는 2020년입니다.

6 전년에 비해 배 수확량이 줄어든 때는 그래프의 꺾은선이 오른쪽 아래로 기울어진 2017년입니다.

7 배 수확량이 가장 많이 변한 때는 그래프의 꺾은선이 가장 많이 기울어진 2019년과 2020년 사이입니다.

8 세로 눈금 한 칸은 1회를 나타냅니다.
요일별로 세로 눈금을 읽어 표를 완성합니다.

9
- 수요일에 팔굽혀펴기를 한 횟수: 12회
- 화요일에 팔굽혀펴기를 한 횟수: 9회

➡ $12-9=3$(회)

10 전날에 비해 팔굽혀펴기를 한 횟수가 가장 적게 늘어난 때는 그래프의 꺾은선이 가장 적게 기울어진 화요일입니다.

11 전날에 비해 팔굽혀펴기를 한 횟수가 가장 많이 늘어난 때는 그래프의 꺾은선이 가장 많이 기울어진 금요일입니다.

12 세로 눈금 한 칸은 2잔을 나타냅니다.
세로 눈금 34잔과 만나는 점의 가로 눈금을 읽으면 12일입니다.

13 녹차 음료 판매량이 전날에 비해 가장 적게 변한 때는 그래프의 꺾은선이 가장 적게 기울어진 13일입니다.

14 세로 눈금 한 칸은 2잔을 나타냅니다.
- 녹차 음료 판매량이 가장 많은 날: 14일(42잔)
- 녹차 음료 판매량이 가장 적은 날: 11일(24잔)

➡ $42-24=18$(잔)

15 11일: 24잔, 12일: 34잔, 13일: 36잔, 14일: 42잔, 15일: 32잔

➡ $24+34+36+42+32=168$(잔)

126쪽~127쪽 문제 학습 ③

1 19 kg　　**2** 예 1 kg

3 예

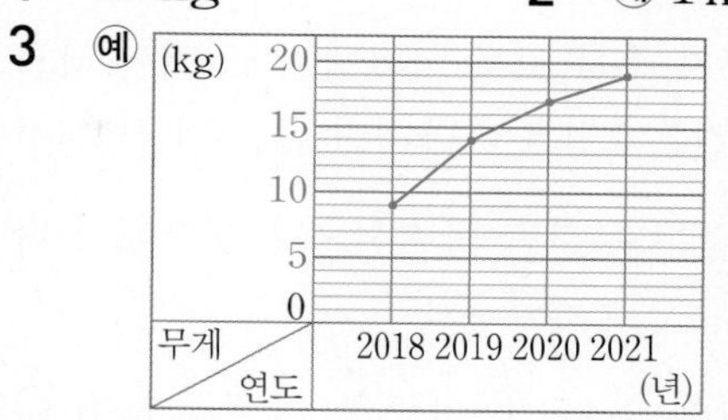

4 방문자 수　　**5** 예 0명, 40명

6 예 1명

7 예

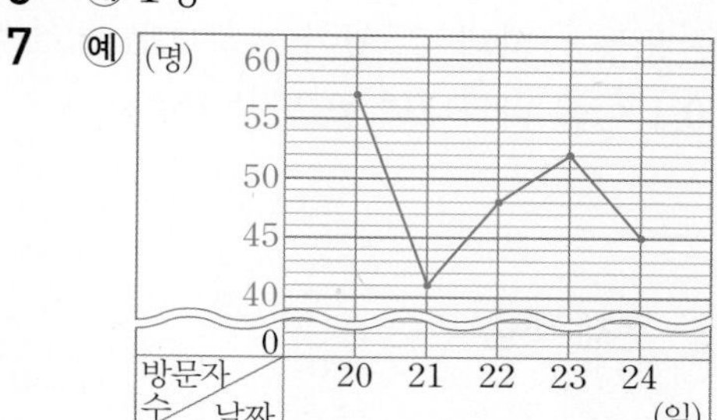

8 예 턱걸이를 한 횟수 / 월, 화, 수, 목, 금 / 9, 11, 12, 14, 15

9 예

턱걸이를 한 횟수

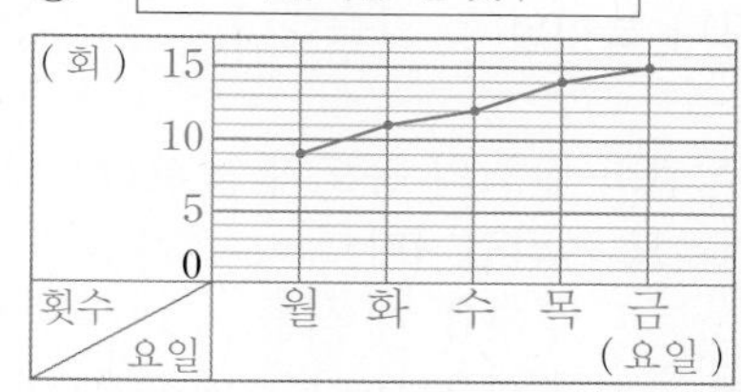

10 예 가장 작은 값이 340그루인데 물결선을 0그루와 350그루 사이에 잘못 넣었습니다.

11 예 평균 기온 / 8, 9, 10, 11, 12 / 14.4, 14.3, 15.1, 13.8, 14.2

12 예 0 ℃, 13.5 ℃　　**13** 예 0.1 ℃

14 예

평균 기온

(℃) 15, 14.5, 14, 13.5, 0 / 평균 기온 / 날짜 / 8 9 10 11 12 (일)

1 적어도 가장 큰 값인 19 kg까지 나타낼 수 있어야 합니다.

2 강아지의 무게를 모두 나타낼 수 있어야 하므로 세로 눈금 한 칸은 1 kg을 나타내면 좋을 것 같습니다.

3 가로 눈금과 세로 눈금이 만나는 자리에 점을 찍고, 점들을 선분으로 이어 꺾은선그래프로 나타냅니다.

5 가장 작은 값이 41명이므로 물결선을 0명과 40명 사이에 넣으면 좋을 것 같습니다.

6 누리집의 방문자 수를 모두 나타낼 수 있어야 하므로 세로 눈금 한 칸은 1명을 나타내면 좋을 것 같습니다.

10 자료의 값이 없는 부분만 물결선으로 생략해서 나타내야 합니다.

12 가장 작은 값이 13.8 ℃이므로 물결선을 0 ℃와 13.5 ℃ 사이에 넣으면 좋을 것 같습니다.

13 평균 기온을 모두 나타낼 수 있어야 하므로 세로 눈금 한 칸은 0.1 ℃를 나타내면 좋을 것 같습니다.

128쪽~129쪽 **문제 학습 4**

1 줄어들고
2 예 2010년보다 줄어들 것 같습니다.
3 (가) 마을
4 572명, 660명
5 (나) 마을
6 예 2020년보다 늘어날 것 같습니다.
7 14.1 ℃
8 예 대기 중 이산화 탄소의 농도가 높아질수록 지구의 평균 기온도 올라갑니다.
9 (가) 식물
10 (다) 식물
11 (나) 식물
12 ㉢

1 꺾은선이 오른쪽 아래로 기울어져 있으므로 가구당 아이 수는 줄어들고 있습니다.

2 1970년부터 2010년까지 가구당 아이 수가 계속 줄어들고 있으므로 2020년에도 2010년보다 가구당 아이 수가 줄어들 것 같습니다.

3 (가) 마을의 인구를 나타낸 그래프에서 꺾은선이 오른쪽 아래로 기울었다가 오른쪽 위로 기울어졌습니다.

4 • (가) 마을: 세로 눈금 한 칸이 1명을 나타내므로 2019년 (가) 마을의 인구는 572명입니다.
• (나) 마을: 세로 눈금 한 칸이 20명을 나타내므로 2019년 (나) 마을의 인구는 660명입니다.

5 (가) 마을: 578명, (나) 마을: 580명
➡ 인구가 더 많은 마을은 (나) 마을입니다.

6 2018년부터 2020년까지 (가) 마을의 인구는 계속 늘어나고 있으므로 2021년 (가) 마을의 인구는 2020년보다 늘어날 것 같습니다.

7 • 대기 중 이산화 탄소의 농도를 나타낸 그래프에서 세로 눈금 5칸이 20 ppm을 나타내므로 한 칸은 4 ppm을 나타냅니다.
➡ 316 ppm의 가로 눈금을 읽으면 1940년입니다.
• 지구의 평균 기온을 나타낸 그래프에서 세로 눈금 5칸이 0.5 ℃를 나타내므로 한 칸은 0.1 ℃를 나타냅니다.
➡ 1940년의 세로 눈금을 읽으면 14.1 ℃입니다.

9 꺾은선이 오른쪽 위로 많이 기울어졌다가 적게 기울어진 (가) 식물입니다.

10 꺾은선이 오른쪽 위로 적게 기울어졌다가 많이 기울어진 (다) 식물입니다.

11 꺾은선이 오른쪽 위로 올라가다가 오른쪽 아래로 내려가는 (나) 식물입니다.

12 ㉠ 1일에 비해 10일에 키가 7 mm만큼 자란 식물은 (가) 식물입니다.
㉡ 7일과 10일 사이의 값에 10 mm가 없으므로 잘못 예상했습니다.

130쪽 **응용 학습 1**

1단계 100개
2단계 200개
3단계 1700개
1-1 270개

1단계 세로 눈금 5칸이 500개를 나타내므로 한 칸은 100개를 나타냅니다.

2단계 2016년: 1100개, 2017년: 1300개, 2018년: 1500개, 2020년: 1900개
➡ 감 생산량이 전년에 비해 200개씩 늘어났습니다.

3단계 감 생산량이 전년에 비해 200개씩 늘어나므로 2019년의 감 생산량은 2018년의 감 생산량보다 200개 더 많습니다.
➡ $1500+200=1700$(개)

1-1 세로 눈금 5칸이 50개를 나타내므로 한 칸은 10개를 나타냅니다.
3월: 330개, 4월: 300개, 6월: 240개, 7월: 210개
책상 판매량이 전월에 비해 30개씩 줄었습니다.
➡ 5월의 책상 판매량은 $300-30=270$(개)입니다.

131쪽 응용 학습 ❷

1단계 1 kg
2단계 9, 11, 14
3단계

2·1 186, 192, 200

1단계 세로 눈금 5칸이 5 kg을 나타내므로 한 칸은 1 kg을 나타냅니다.
2단계 금요일에 남은 음식물의 양은 목요일보다 3 kg 더 많으므로 11+3=14 (kg)입니다.

2·1 꺾은선그래프의 세로 눈금 한 칸은 2 mm를 나타내므로 9살 때 192 mm, 10살 때 200 mm입니다. 발 길이가 7살 때보다 8살 때 8 mm 더 커졌으므로 8살 때 발 길이는 178+8=186 (mm)입니다.

132쪽 응용 학습 ❸

1단계 280만, 240만, 220만, 160만
2단계 예 0 kg, 150만 kg
3단계 예 10만 kg
4단계 예

3·1 예

2단계 가장 작은 값이 160만 kg이므로 0 kg과 150만 kg 사이에 물결선을 넣으면 좋을 것 같습니다.
3단계 포도 생산량을 모두 나타낼 수 있어야 하므로 세로 눈금 한 칸은 10만 kg을 나타내면 좋을 것 같습니다.

3·1 가장 작은 값이 26 mm이므로 0 mm와 25 mm 사이에 물결선을 넣고 세로 눈금 한 칸은 1 mm를 나타내면 좋을 것 같습니다.

133쪽 응용 학습 ❹

1단계 오후 1시
2단계 6 ℃
4·1 8월, 20권

1단계 운동장의 온도와 교실의 온도를 나타내는 점 사이가 가장 많이 벌어진 곳을 찾으면 오후 1시입니다.
2단계 운동장과 교실의 온도 차가 가장 큰 때는 오후 1시입니다.
오후 1시에 운동장의 온도는 31 ℃이고, 교실의 온도는 25 ℃입니다.
➡ 31−25=6 (℃)

4·1 만화책과 소설책의 판매량을 나타내는 점 사이가 가장 적게 벌어진 곳을 찾으면 8월입니다.
8월의 만화책 판매량은 450권, 소설책 판매량은 470권이므로 판매량의 차는 470−450=20(권)입니다.

134쪽 교과서 통합 핵심 개념

1 월, 판매량 / 1 / 108 / 3 / 2
2 예

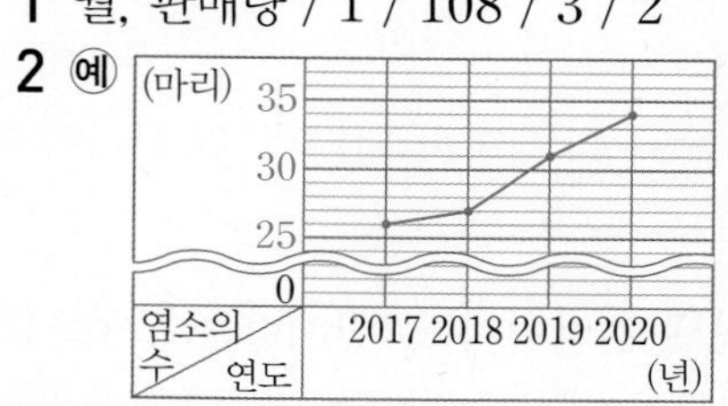

3 줄어들고, 줄어들 / 늘어나고, 늘어날

135쪽~137쪽 **단원 평가**

1 꺾은선그래프　　2 연도, 입학생 수
3 2명　　4 232명
5 판매량　　6 17개
7 예 1개
8 예

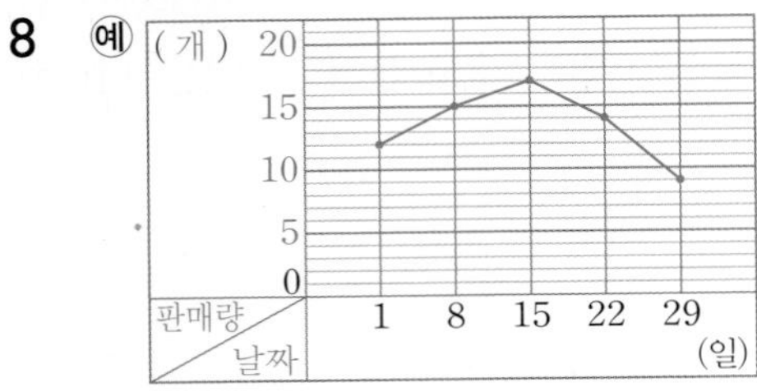

9 144 cm　　10 2018년, 2019년
11 ③, ⑤　　12 71, 74, 72, 76, 79
13 예

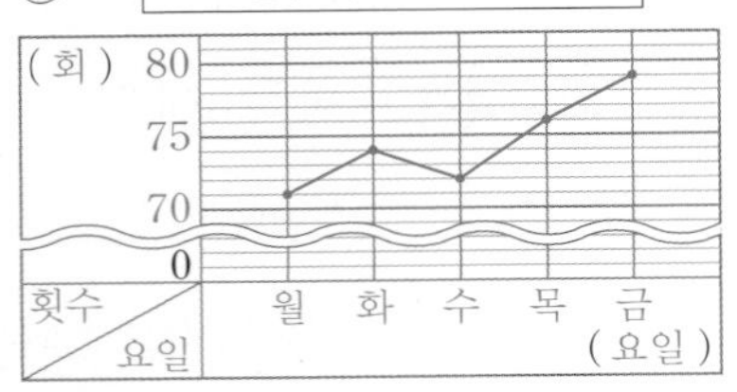

14 예 금요일보다 늘어날 것 같습니다.
15 0.6 ℃
16 예 13 ℃ / 예 수요일의 수온인 13.2 ℃와 금요일의 수온인 12.8 ℃의 가운데 값이 가리키는 세로 눈금이 13 ℃이기 때문입니다.
17 120 m　　18 106개
19 18개
20 예 6월보다 증가할 것 같습니다. / 예 미세먼지가 나쁨인 날수가 많아지면 마스크 판매량도 증가하기 때문입니다.

2 주어진 그래프의 가로와 세로를 보면 가로는 연도, 세로는 입학생 수를 나타냅니다.

3 세로 눈금 5칸이 10명을 나타내므로 한 칸은 2명을 나타냅니다.

4 입학생 수가 가장 많은 때는 2016년이고, 2016년의 입학생 수는 232명입니다.

5 가로에 날짜를 나타낸다면 세로에는 판매량을 나타내어야 합니다.

6 적어도 가장 큰 값인 17개까지 나타낼 수 있어야 합니다.

7 키보드 판매량이 1개 단위이고, 판매량을 모두 나타낼 수 있어야 하므로 세로 눈금 한 칸은 1개를 나타내면 좋을 것 같습니다.

9 세로 눈금 한 칸은 2 cm를 나타내므로 2020년의 혜원이의 키는 144 cm입니다.

10 ❶ 키가 가장 많이 자란 때는 꺾은선이 오른쪽 위로 가장 많이 기울어진 때입니다.
❷ 따라서 혜원이의 키가 가장 많이 자란 때는 2018년과 2019년 사이입니다.

채점 기준			
	❶ 꺾은선의 기울어진 정도로 키가 가장 많이 자란 때를 설명한 경우	2점	5점
	❷ 혜원이의 키가 가장 많이 자란 때를 구한 경우	3점	

11 꺾은선그래프로 나타내면 좋은 경우는 시간에 따른 변화를 알아보는 경우입니다. ➡ ③, ⑤
참고 ①, ②, ④ 각 항목의 크기를 비교하는 것이므로 막대그래프로 나타내는 것이 좋습니다.

12 문제를 읽고 요일에 알맞은 횟수를 씁니다.
(금요일에 줄넘기를 한 횟수)$=76+3=79$(회)

13 표를 보고 세로 눈금 한 칸은 몇 회를 나타낼지 정합니다.

14 수요일부터 줄넘기를 한 횟수가 늘어나고 있으므로 토요일의 줄넘기 횟수는 금요일보다 늘어날 것 같습니다.

15 세로 눈금 5칸이 0.5 ℃를 나타내므로 한 칸은 0.1 ℃를 나타냅니다.
➡ $13.3-12.7=0.6$ (℃)

16 ❶ 예 13 ℃
❷ 예 수요일의 수온인 13.2 ℃와 금요일의 수온인 12.8 ℃의 가운데 값이 가리키는 세로 눈금이 13 ℃이기 때문입니다.

채점 기준			
	❶ 목요일의 수온을 예상한 경우	3점	5점
	❷ 타당한 이유를 쓴 경우	2점	

17 이동한 거리는 10초 동안 40 m씩 늘었습니다.
➡ (30초 동안 이동한 거리)$=80+40=120$ (m)

18 미세먼지가 나쁨인 날수가 7일인 때는 4월입니다. 4월의 마스크 판매량은 106개입니다.

19 미세먼지가 나쁨인 날수가 전월에 비해 증가한 때는 5월입니다. 5월의 마스크 판매량은 4월에 비해 $124-106=18$(개) 더 늘었습니다.

20 ❶ 예 6월보다 증가할 것 같습니다.
❷ 예 미세먼지가 나쁨인 날수가 많아지면 마스크 판매량도 증가하기 때문입니다.

채점 기준			
	❶ 판매량을 예상한 경우	3점	5점
	❷ 타당한 이유를 쓴 경우	2점	

6 다각형

140쪽 개념 학습 1

1 (1) 가 (2) 다 (3) 나
2 (1) 육각형 (2) 칠각형 (3) 구각형

1 (1) • 나: 선분으로 완전히 둘러싸여 있지 않으므로 다각형이 아닙니다.
• 다: 곡선이 포함되어 있으므로 다각형이 아닙니다.
(2) • 가: 곡선이 포함되어 있으므로 다각형이 아닙니다.
• 나: 선분으로 완전히 둘러싸여 있지 않으므로 다각형이 아닙니다.
(3) • 가: 곡선이 포함되어 있으므로 다각형이 아닙니다.
• 다: 선분으로 완전히 둘러싸여 있지 않으므로 다각형이 아닙니다.

2 (1) 변이 6개인 다각형은 육각형입니다.
(2) 변이 7개인 다각형은 칠각형입니다.
(3) 변이 9개인 다각형은 구각형입니다.

141쪽 개념 학습 2

1 (1) 다 (2) 가 (3) 나 (4) 다
2 (1) (○) (   ) (   ) (2) (   ) (○) (   )
(3) (○) (   ) (   )

1 변의 길이가 모두 같고, 각의 크기가 모두 같은 다각형을 찾습니다.

2 (1) 정사각형은 네 변의 길이가 모두 같고 네 각의 크기가 모두 같은 사각형입니다.
(2) 정오각형은 다섯 변의 길이가 모두 같고 다섯 각의 크기가 모두 같은 오각형입니다.
(3) 정팔각형은 여덟 변의 길이가 모두 같고 여덟 각의 크기가 모두 같은 팔각형입니다.

142쪽 개념 학습 3

1 (1) (   ) (○) (2) (○) (   )
(3) (   ) (○)
2 (1) (2) (3) (4)

2 도형에서 서로 이웃하지 않는 두 꼭짓점을 모두 찾아 그어 봅니다.

142쪽 개념 학습 4

1 (1) 삼각형, 사각형 (2) 삼각형, 사각형
(3) 사각형, 육각형
2 (1) (2) 예 (3) 예 (4) 예

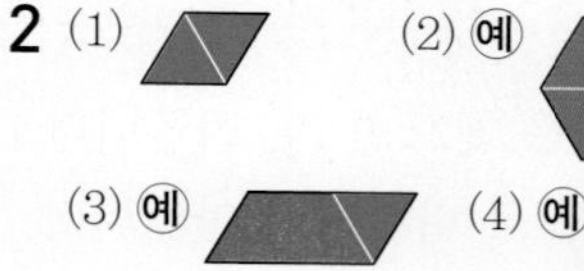
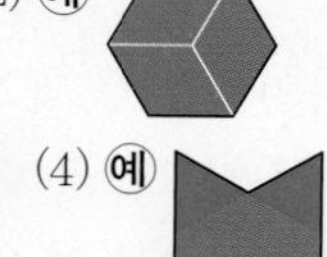

2 (1) ▲ 모양 조각은 모두 2개 필요합니다.
(2) ▱ 모양 조각은 모두 3개 필요합니다.
(3) ▲ 모양 조각 1개와 ⏢ 모양 조각 1개가 필요합니다.
(4) ▲ 모양 조각 2개와 ▱ 모양 조각 2개가 필요합니다.

144쪽~145쪽 문제 학습 1

1 가, 라
2 다, 라 / 가, 마 / 나, 바 3 육각형
4 팔각형
5 가, 다 / 예 다각형은 선분으로만 둘러싸인 도형인데 도형 가와 다는 곡선이 포함되어 있으므로 다각형이 아닙니다.
6 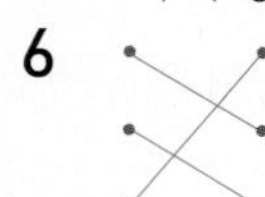
7 예 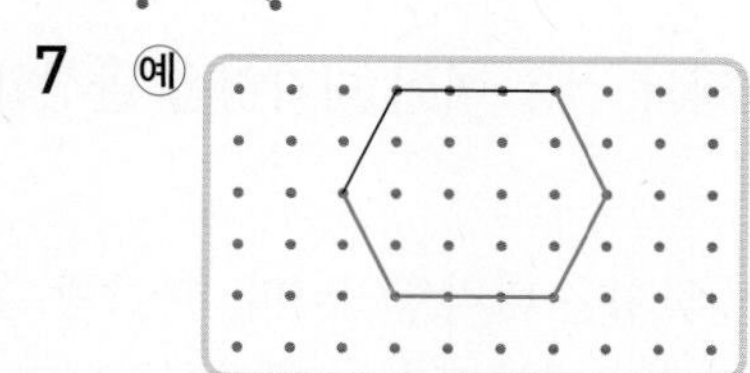
8 예 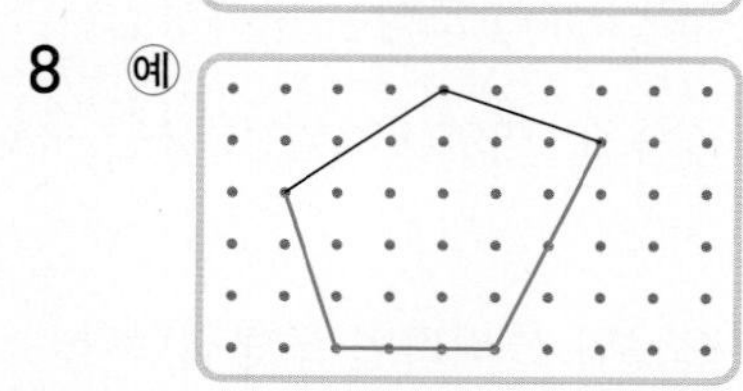
9 예 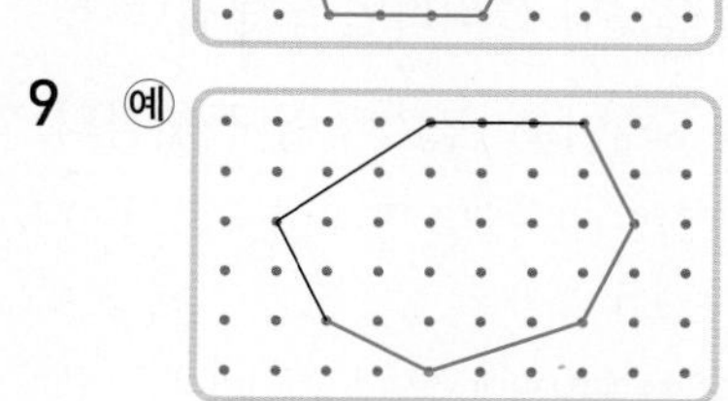

10 구각형

11

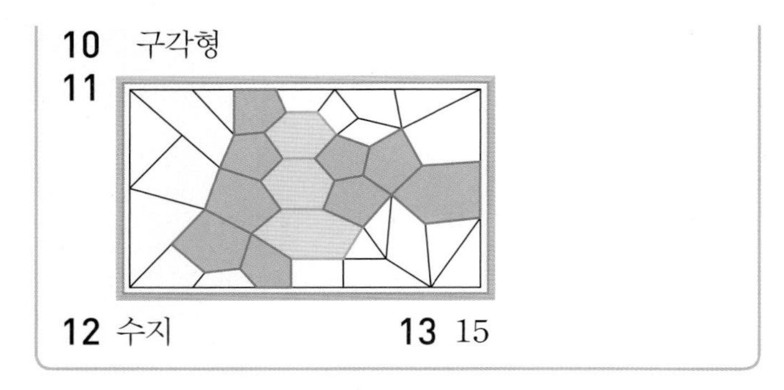

12 수지 13 15

1 선분으로만 둘러싸인 도형을 찾으면 가, 라입니다.
나: 곡선이 포함되어 있으므로 다각형이 아닙니다.
다: 선분으로 완전히 둘러싸여 있지 않으므로 다각형이 아닙니다.

2 다각형의 변의 수를 각각 세어 봅니다.
가는 6개, 나는 7개, 다는 5개, 라는 5개, 마는 6개, 바는 7개입니다.

3 변이 6개인 다각형이므로 육각형입니다.

4 변이 8개이므로 팔각형입니다.

6 • : 변이 5개 ➡ 오각형
• : 변이 9개 ➡ 구각형
• : 변이 3개 ➡ 삼각형

7 다각형은 변의 수에 따라 이름이 정해지므로 주어진 선분을 이용하여 변이 6개가 되도록 점과 점을 이어 다각형을 완성합니다.

8 변이 5개가 되도록 점과 점을 이어 다각형을 완성합니다.

9 변이 7개가 되도록 점과 점을 이어 다각형을 완성합니다.

10 선분으로만 둘러싸인 도형은 다각형입니다. 다각형 중에서 변과 꼭짓점이 각각 9개인 도형은 구각형입니다.

11 변이 5개인 도형은 초록색, 변이 6개인 도형은 주황색으로 색칠합니다.

12 수지: 다각형은 선분으로만 둘러싸인 도형입니다.

13 칠각형의 변의 수는 7개이고, 팔각형의 꼭짓점의 수는 8개입니다.
➡ ㉠+㉡$=7+8=15$

참고 다각형에서 변의 수와 꼭짓점의 수는 같습니다.

146쪽~147쪽 문제 학습 ❷

1 가, 라, 바

2 4, 정사각형 / 5, 정오각형 / 6, 정육각형

3 예

4 정팔각형

5 예

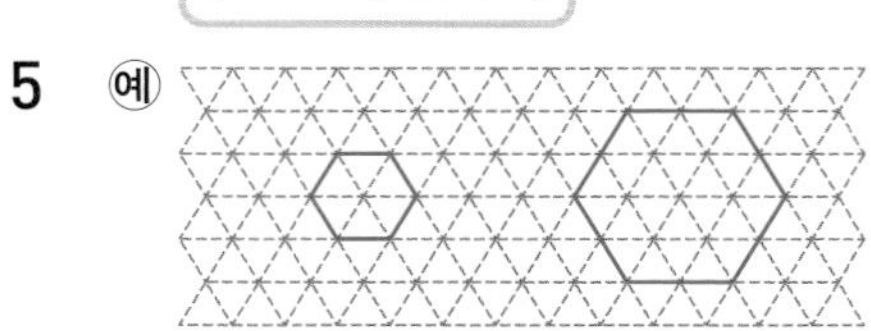

6 120, 4

7 ㉣

8 정다각형이 아닙니다 / 예 변의 길이는 모두 같지만 각의 크기는 모두 같지 않기 때문입니다.

9 40 m

10

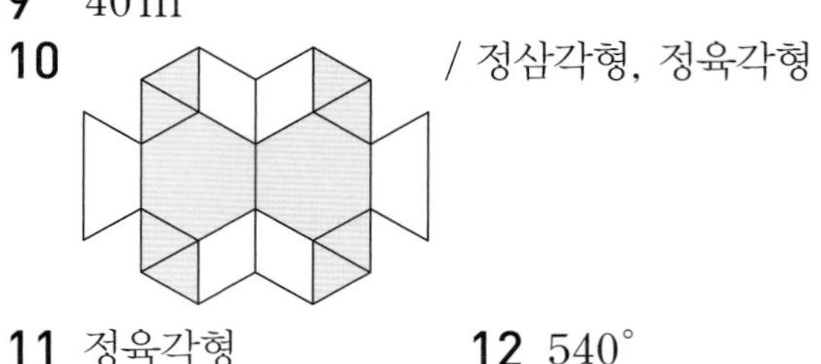

/ 정삼각형, 정육각형

11 정육각형

12 540°

1 변의 길이가 모두 같고, 각의 크기가 모두 같은 다각형을 찾으면 가, 라, 바입니다.

2 정다각형의 이름은 변의 수에 따라 정해집니다.
변이 ■개인 정다각형은 정■각형입니다.

4 선분 8개로 둘러싸여 있고 변의 길이가 모두 같고, 각의 크기가 모두 같은 도형은 정팔각형입니다.

5 6개의 변의 길이가 모두 같고, 6개의 각의 크기가 모두 같도록 크기가 서로 다른 정육각형을 각각 그립니다.

6 정육각형은 변의 길이가 모두 같고, 각의 크기가 모두 같습니다.

7 ㉣ 변의 수가 가장 적은 정다각형은 정삼각형입니다.

9 정팔각형의 한 변은 5 m이고 정다각형은 변의 길이가 모두 같습니다.
➡ (울타리의 길이)$=5\times8=40$ (m)

10 변의 길이가 모두 같고, 각의 크기가 모두 같은 다각형을 찾아 색칠합니다.
변이 3개인 정다각형은 정삼각형, 변이 6개인 정다각형은 정육각형입니다.

11 정다각형은 변의 길이가 모두 같으므로 변은 $42 \div 7 = 6$(개)입니다.
따라서 변이 6개인 정다각형은 정육각형입니다.

12 정오각형에는 각이 5개 있고 그 크기는 모두 같습니다.
➡ (정오각형의 다섯 각의 크기의 합)
$= 180^\circ \times 5 = 540^\circ$

148쪽~149쪽 문제 학습 ③

1 선분 ㄹㅅ (또는 선분 ㅅㄹ)
2 4개
3 (×) ( ) ( )
4 다, 라
5 나, 라
6 가, 나, 다, 라
7 (1) 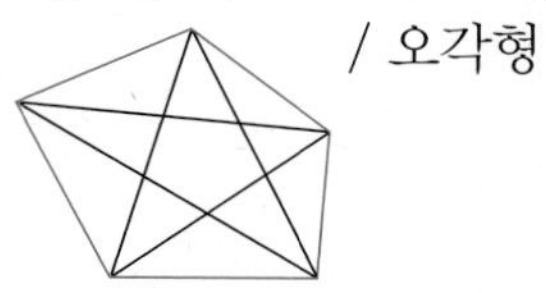 / 2개 (2) / 9개
8 12 cm
9 90
10 예 꼭짓점의 수가 많은 다각형일수록 더 많은 대각선을 그을 수 있습니다.
11 가, 다, 나
12 수민
13 / 오각형

1 대각선은 다각형에서 서로 이웃하지 않는 두 꼭짓점을 이은 선분입니다.
선분 ㄹㅅ은 한 꼭짓점과 변을 이은 선분으로 대각선이 아닙니다.

2 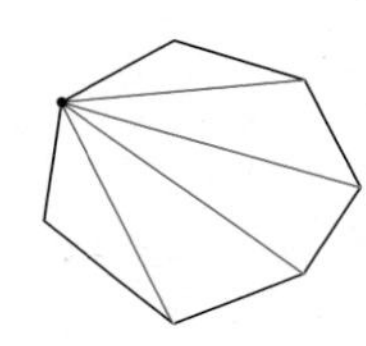
도형의 표시된 꼭짓점과 이웃하지 않는 꼭짓점을 찾아 잇습니다.
➡ 그을 수 있는 대각선은 모두 4개입니다.

3 삼각형에는 이웃하지 않는 꼭짓점이 없으므로 대각선을 그을 수 없습니다.

4 직사각형과 정사각형은 두 대각선의 길이가 같습니다.

5 마름모와 정사각형은 두 대각선이 서로 수직으로 만납니다.

6 평행사변형, 마름모, 직사각형, 정사각형은 한 대각선이 다른 대각선을 똑같이 둘로 나눕니다.

7 (1) 사각형에 그을 수 있는 대각선은 모두 2개입니다.
(2) 육각형에 그을 수 있는 대각선은 모두 9개입니다.

주의 대각선의 수를 셀 때 여러 번 세거나 빠뜨리고 세지 않도록 주의합니다.

8 마름모는 한 대각선이 다른 대각선을 똑같이 둘로 나누므로 (선분 ㄱㄷ)$= 6 \times 2 = 12$ (cm)입니다.

9 정사각형은 두 대각선이 서로 수직으로 만납니다.

11 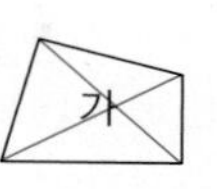 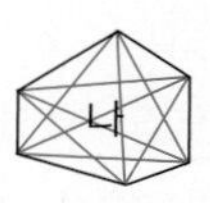 

- 도형 가에 그을 수 있는 대각선: 2개
- 도형 나에 그을 수 있는 대각선: 9개
- 도형 다에 그을 수 있는 대각선: 5개

➡ $2 < 5 < 9$이므로 대각선의 수가 적은 것부터 차례대로 기호를 쓰면 가, 다, 나입니다.

다른 방법 다각형의 변의 수가 많을수록 대각선을 많이 그을 수 있습니다.
다각형의 변의 수가 가: 4개, 나: 6개, 다: 5개이므로 변의 수가 적은 것부터 차례대로 기호를 쓰면 가, 다, 나입니다.

12 • 준서: 사각형에 그을 수 있는 대각선은 2개입니다.
• 태우: 사각형의 한 꼭짓점에서 그을 수 있는 대각선은 1개입니다.

13 두 대각선이 시작되는 꼭짓점을 선분으로 이으면 변이 5개인 오각형이 만들어집니다.

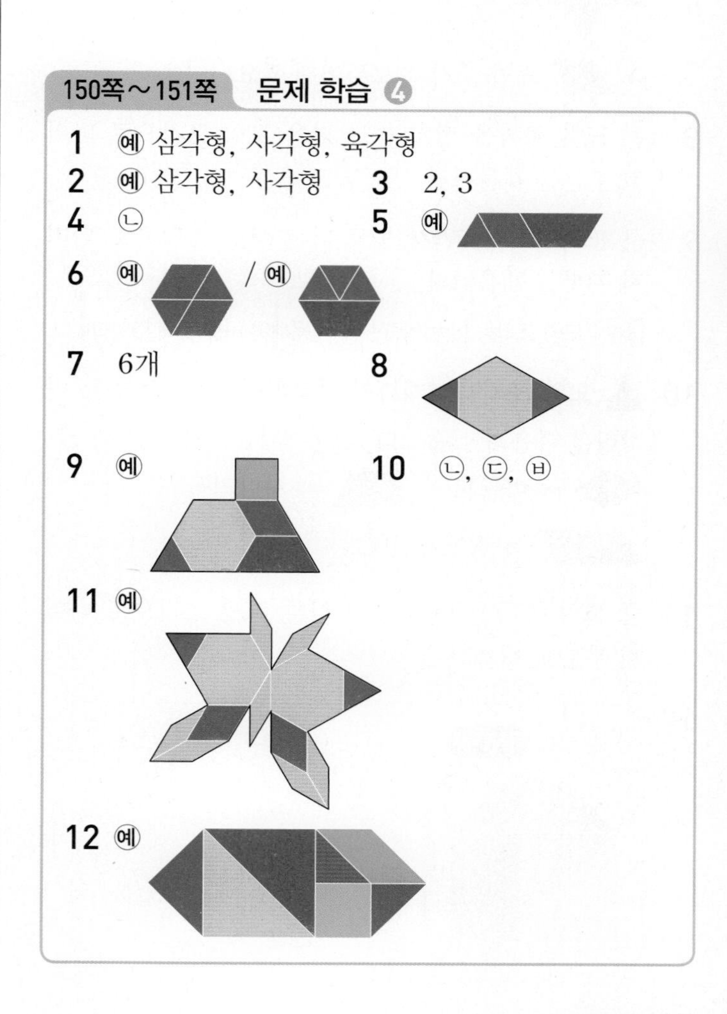

150쪽~151쪽 문제 학습 ④

1 예 삼각형, 사각형, 육각형
2 예 삼각형, 사각형
3 2, 3
4 ㉡
5 예
6 예 / 예
7 6개
8
9 예
10 ㉡, ㉢, ㉥
11 예
12 예

BOOK 1 개념북 6 단원

1 초록색 모양은 삼각형(또는 정삼각형), 빨간색 모양은 사각형(또는 사다리꼴), 노란색 모양은 육각형(또는 정육각형)입니다.

2 • 가: 모양 조각 6개로 꾸민 모양
➡ 변이 3개이므로 삼각형(또는 정삼각형)입니다.
• 나: 모양 조각 2개로 꾸민 모양
➡ 변이 4개이므로 사각형(또는 사다리꼴)입니다.

3 ➡ 모양 조각 2개,
➡ 모양 조각 3개

4 ㉡ 다각형이 서로 겹치지 않게 이어 붙였습니다.

5 마주 보는 두 쌍의 변이 서로 평행한 사각형을 만듭니다. 이때 큰 모양 조각부터 먼저 놓으면 쉽게 만들 수 있습니다.

6 6개의 변의 길이가 모두 같고, 6개의 각의 크기가 모두 같은 다각형을 만듭니다.

7

➡ 모양 조각은 모두 6개 필요합니다.

8 큰 모양 조각을 먼저 놓고 작은 모양 조각으로 나머지 부분을 채웁니다.

9 큰 모양 조각을 먼저 놓고 다른 모양 조각으로 나머지 부분을 채웁니다.
주의 모양 조각을 한 번씩만 모두 사용해야 하는 것에 주의합니다.

10 모양 조각을 4개까지 사용하여 만들 수 있는 다각형은 다음과 같습니다.
➡ 마름모 ➡ 사다리꼴
➡ 평행사변형

11 큰 모양 조각을 먼저 놓고 다른 모양 조각으로 나머지 부분을 채웁니다.

12
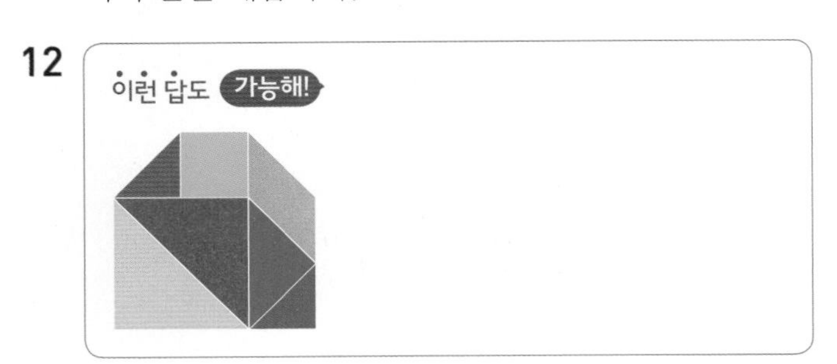

152쪽 응용 학습 ❶

1단계	54 cm	1·1	3 cm
2단계	6 cm	1·2	10 cm

1단계 직사각형은 마주 보는 두 변의 길이가 같으므로
(직사각형의 모든 변의 길이의 합)
$=17+10+17+10=54$ (cm)입니다.

2단계 정구각형은 길이가 같은 변이 9개이므로
(정구각형의 한 변)$=54\div9=6$ (cm)입니다.

1·1 가는 정삼각형, 나는 정팔각형입니다.
(가의 세 변의 길이의 합)$=8\times3=24$ (cm)
➡ (나의 한 변)$=24\div8=3$ (cm)

1·2 (정오각형을 만드는 데 사용한 철사의 길이)
$=13\times5=65$ (cm)
(정육각형을 만드는 데 사용한 철사의 길이)
$=65-5=60$ (cm)
➡ (정육각형의 한 변)$=60\div6=10$ (cm)

153쪽 응용 학습 ❷

1단계	12 cm	2·1	8 cm
2단계	22 cm	2·2	46 cm
3단계	34 cm		

1단계 평행사변형은 한 대각선이 다른 대각선을 똑같이 둘로 나눕니다.
➡ (선분 ㄱㄷ)=(선분 ㄷㅁ)$\times2$
$=6\times2=12$ (cm)

2단계 (선분 ㄴㄹ)=(선분 ㄴㅁ)$\times2$
$=11\times2=22$ (cm)

3단계 (두 대각선의 길이의 합)
=(선분 ㄱㄷ)+(선분 ㄴㄹ)$=12+22$
$=34$ (cm)

2·1 직사각형에서 두 대각선의 길이는 같고, 한 대각선이 다른 대각선을 똑같이 둘로 나눕니다.
따라서 선분 ㄴㄹ의 길이는 16 cm이므로
(선분 ㄴㅁ)$=16\div2=8$ (cm)입니다.

2·2 삼각형 ㄱㅁㄹ에서 세 변의 길이의 합이 40 cm이므로 (선분 ㄱㅁ)+(선분 ㅁㄹ)=40−17=23 (cm)입니다.
마름모에서 한 대각선은 다른 대각선을 똑같이 둘로 나누므로 (선분 ㄱㅁ)=(선분 ㄷㅁ)이고, (선분 ㄴㅁ)=(선분 ㄹㅁ)입니다.
따라서 마름모의 두 대각선의 길이의 합은 (선분 ㄱㅁ)+(선분 ㄷㅁ)+(선분 ㄴㅁ)+(선분 ㄹㅁ) =23×2=46 (cm)입니다.

154쪽 응용 학습 ❸

1단계	90°	**3·1**	45°
2단계	35°	**3·2**	60°

1단계 마름모는 두 대각선이 서로 수직으로 만나므로 (각 ㄱㅁㄴ)=90°입니다.

2단계 삼각형의 세 각의 크기의 합은 180°이므로 삼각형 ㄱㄴㅁ에서 (각 ㄱㄴㅁ)=180°−55°−90°=35°입니다.

3·1 정사각형은 두 대각선이 서로 수직으로 만나므로 (각 ㄱㅁㄴ)=90°입니다.
정사각형은 두 대각선의 길이가 같고, 한 대각선이 다른 대각선을 똑같이 둘로 나누므로 삼각형 ㅁㄱㄴ은 이등변삼각형입니다.
삼각형 ㅁㄱㄴ에서 (각 ㄱㄴㅁ)+(각 ㄴㄱㅁ)= 180°−90°=90°, (각 ㄱㄴㅁ)=(각 ㄴㄱㅁ)=90°÷2=45°입니다.

3·2 직사각형은 두 대각선의 길이가 같고, 한 대각선이 다른 대각선을 똑같이 둘로 나누므로 삼각형 ㄱㅁㄹ은 이등변삼각형입니다.
삼각형 ㄱㅁㄹ에서 (각 ㅁㄹㄱ)=(각 ㅁㄱㄹ)=30°이므로 (각 ㄱㅁㄹ)=180°−30°−30°=120°입니다.
➡ ㉠=180°−120°=60°

155쪽 응용 학습 ❹

1단계	1080°	**4·1**	144°
2단계	135°	**4·2**	140°, 20°

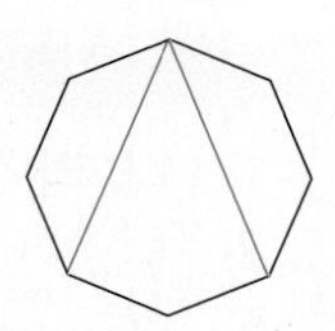

1단계 정팔각형은 사각형 3개로 나눌 수 있습니다. 사각형의 네 각의 크기의 합은 360°이므로 (정팔각형의 여덟 각의 크기의 합) =360°×3=1080°입니다.

2단계 정팔각형은 각이 8개 있고 그 크기가 모두 같으므로 (정팔각형의 한 각의 크기)=1080°÷8=135°입니다.

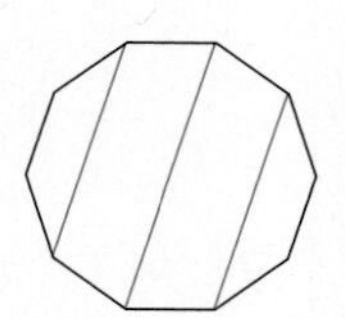

4·1 정십각형은 사각형 4개로 나눌 수 있습니다. 사각형의 네 각의 크기의 합은 360°이므로 (정십각형의 열 각의 크기의 합) =360°×4=1440°입니다.
정십각형은 각이 10개 있고 그 크기가 모두 같으므로 (정십각형의 한 각의 크기)=1440°÷10=144°입니다.

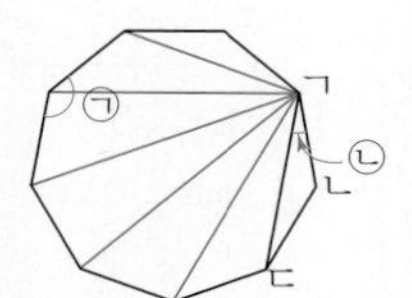

4·2 정구각형은 삼각형 7개로 나눌 수 있습니다. 삼각형의 세 각의 크기의 합은 180°이므로 (정구각형의 아홉 각의 크기의 합) =180°×7=1260°입니다.
➡ ㉠=(정구각형의 한 각의 크기) =1260°÷9=140°입니다.
(변 ㄱㄴ)=(변 ㄴㄷ)이므로 삼각형 ㄴㄱㄷ은 이등변삼각형입니다.
삼각형 ㄴㄱㄷ에서 (각 ㄱㄴㄷ)=140°이고, (각 ㄴㄷㄱ)=(각 ㄴㄱㄷ)=㉡이므로 140°+㉡+㉡=180°, ㉡+㉡=40°, ㉡=20°입니다.

156쪽 교과서 통합 핵심 개념

1 다, 라 / 다, 라
2 변, 각 / 4, 5, 6 / 삼, 오
3 2, 9

157쪽~159쪽 단원 평가

1 나, 라
2 칠각형
3 (○)(　)(○)
4 7, 135
5 ㉠
6 다 / 예 다각형은 선분으로만 둘러싸인 도형인데 도형 다는 곡선으로 둘러싸여 있으므로 다각형이 아닙니다.
7 (○)(　)
8 예

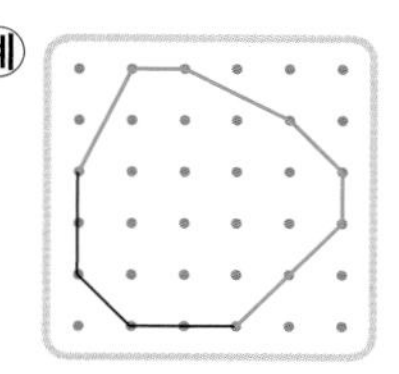

9 예

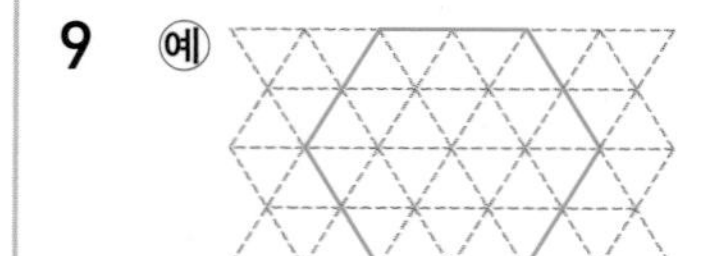

10 / 14개
11 예

12 나, 라
13 정십오각형
14 예
15 나
16 56 cm
17 48 cm
18 예 / 예

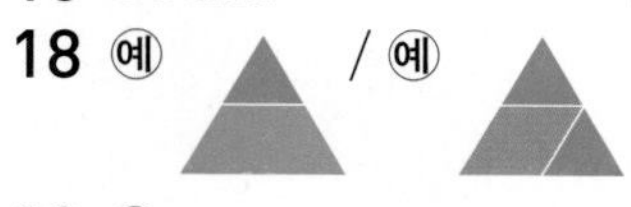

19 예

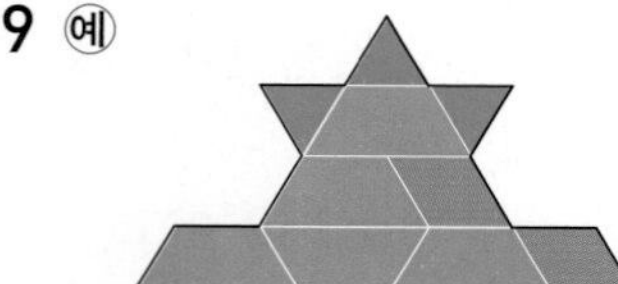

20 108°

4 정다각형은 변의 길이가 모두 같고, 각의 크기가 모두 같습니다.

5 대각선은 다각형에서 서로 이웃하지 않는 두 꼭짓점을 이은 선분입니다. ㉠은 꼭짓점을 이은 선분이 아니므로 대각선이 아닙니다.

6 ❶ 다
❷ 예 다각형은 선분으로만 둘러싸인 도형인데 도형 다는 곡선으로 둘러싸여 있으므로 다각형이 아닙니다.

채점 기준			
	❶ 다각형이 아닌 것을 찾은 경우	2점	5점
	❷ 다각형이 아닌 이유를 쓴 경우	3점	

7 ▲ 모양 조각을 3개 사용하여 채울 수 있습니다.
➡

9 6개의 변의 길이가 모두 같고, 6개의 각의 크기가 모두 같도록 그립니다.

10 칠각형에서 서로 이웃하지 않는 두 꼭짓점을 이은 선분은 모두 14개입니다.

11 모양 조각이 서로 겹치지 않게 길이가 같은 변끼리 이어 붙입니다.

12 마름모와 정사각형은 두 대각선이 서로 수직으로 만납니다.

13 ❶ 정다각형은 변의 길이가 모두 같으므로 변은 $75 \div 5 = 15$(개)입니다.
❷ 변이 15개인 정다각형은 정십오각형입니다.

채점 기준			
	❶ 정다각형의 변의 수를 구한 경우	2점	5점
	❷ 변이 15개인 정다각형의 이름을 바르게 쓴 경우	3점	

14 이런 답도 가능해!

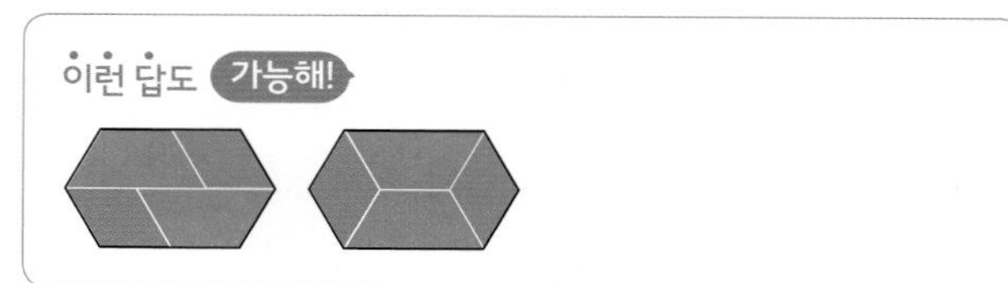

15 ❶ 도형 가, 나, 다에 각각 대각선을 그으면 도형 가의 대각선은 2개, 도형 나의 대각선은 9개, 도형 다의 대각선은 5개입니다.
❷ $9 > 5 > 2$이므로 대각선을 가장 많이 그을 수 있는 것은 나입니다.

채점 기준			
	❶ 각 도형에 그을 수 있는 대각선의 수를 구한 경우	3점	5점
	❷ 대각선을 가장 많이 그을 수 있는 것을 구한 경우	2점	

16 (정육각형의 한 변)=(정삼각형의 한 변)=8 cm
빨간색 선의 길이는 8 cm인 변 7개의 길이와 같으므로 $8 \times 7 = 56$ (cm)입니다.

17 평행사변형은 한 대각선이 다른 대각선을 똑같이 둘로 나누므로
(선분 ㄱㄷ)=(선분 ㄷㅁ)$\times 2 = 9 \times 2 = 18$ (cm),
(선분 ㄴㄹ)=(선분 ㄴㅁ)$\times 2 = 15 \times 2 = 30$ (cm)
입니다.
➡ (두 대각선의 길이의 합)$= 18 + 30 = 48$ (cm)

18 3개의 변의 길이가 모두 같고, 3개의 각의 크기가 모두 같은 다각형을 만듭니다.

20 정오각형은 삼각형 3개로 나눌 수 있습니다.
삼각형의 세 각의 크기의 합은 180°이므로
(정오각형의 다섯 각의 크기의 합)
$= 180° \times 3 = 540°$입니다.
➡ (정오각형의 한 각의 크기)$= 540° \div 5 = 108°$

34쪽 쉬어가기

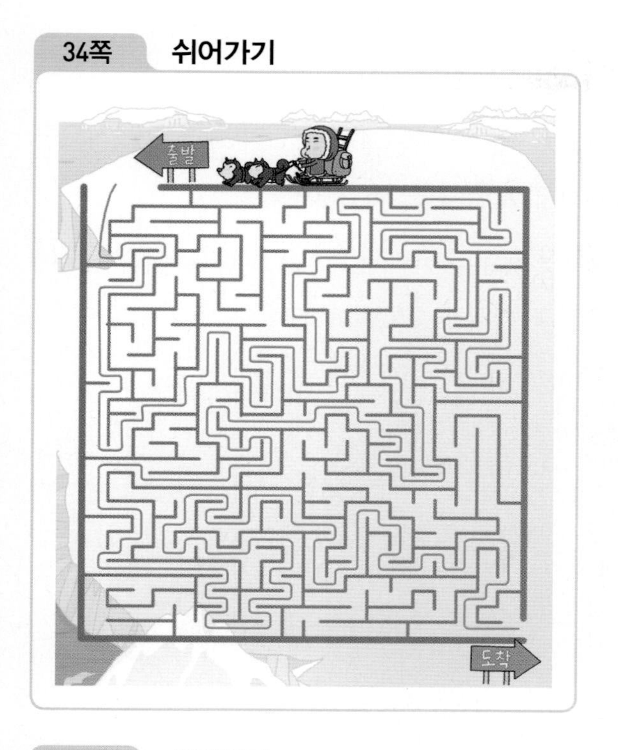

56쪽 쉬어가기

86쪽 쉬어가기

116쪽 쉬어가기

138쪽 쉬어가기

160쪽 쉬어가기

① 분수의 덧셈과 뺄셈

2쪽~4쪽 단원 평가 기본

1 5, 4, 9, 1, 2

2 예 (그림) / $\frac{2}{6}$

3 $3\frac{2}{3}$

4 $3\frac{7}{9}$

5 17, 9, 8, 8, 1, 3

6 $\frac{5}{9}$ L

7 $>$

8 $15\frac{4}{5}$ 시간

9 4 km

10 $2\frac{4}{12}$

11 $3\frac{1}{9}$ kg

12 $5\frac{1}{6}$

13 13

14 예 $4\frac{3}{10}$에서 1을 가분수로 바꾼 후 자연수 부분에서 1을 빼지 않고 계산했으므로 잘못되었습니다. / $4\frac{3}{10}-1\frac{5}{10}=3\frac{13}{10}-1\frac{5}{10}=2\frac{8}{10}$

15 현수, $2\frac{9}{15}$ m

16 $6\frac{4}{8}$

17 $\frac{6}{6}+\frac{8}{6}$, $\frac{7}{6}+\frac{7}{6}$

18 10

19 2, 3 / $3\frac{5}{8}$

20 $8\frac{5}{10}$

6 ❶ (어제 마신 식혜의 양)+(오늘 마신 식혜의 양)
$=\frac{2}{9}+\frac{3}{9}$ ❷ $=\frac{5}{9}$ (L)

채점 기준			
	❶ 어제와 오늘 마신 식혜의 양을 구하는 덧셈식을 세운 경우	2점	5점
	❷ 어제와 오늘 마신 식혜의 양을 구한 경우	3점	

8 (월요일에 잔 시간)+(화요일에 잔 시간)
$=7\frac{1}{5}+8\frac{3}{5}=15\frac{4}{5}$ (시간)

9 $2\frac{4}{7}+\frac{10}{7}=\frac{18}{7}+\frac{10}{7}=\frac{28}{7}=4$ (km)

10 $\square=3\frac{9}{12}-1\frac{5}{12}=2\frac{4}{12}$

11 $4\frac{3}{9}-\frac{11}{9}=\frac{39}{9}-\frac{11}{9}=\frac{28}{9}=3\frac{1}{9}$ (kg)

12 $7>3>2\frac{2}{6}>1\frac{5}{6}$ ➡ $7-1\frac{5}{6}=6\frac{6}{6}-1\frac{5}{6}=5\frac{1}{6}$

13 $3\frac{5}{8}-1\frac{7}{8}=\frac{29}{8}-\frac{15}{8}=\frac{14}{8}$
➡ $\frac{14}{8}>\frac{\square}{8}$이므로 □ 안에 들어갈 수 있는 자연수 중에서 가장 큰 수는 13입니다.

14 ❶ 예 $4\frac{3}{10}$에서 1을 가분수로 바꾼 후 자연수 부분에서 1을 빼지 않고 계산했으므로 잘못되었습니다.
❷ $4\frac{3}{10}-1\frac{5}{10}=3\frac{13}{10}-1\frac{5}{10}=2\frac{8}{10}$

채점 기준			
	❶ 계산이 잘못된 이유를 쓴 경우	3점	5점
	❷ 바르게 계산한 경우	2점	

15 $4\frac{2}{15}=\frac{62}{15}$이고 $\frac{62}{15}>\frac{23}{15}$이므로 현수가 철사를 $4\frac{2}{15}-\frac{23}{15}=2\frac{9}{15}$ (m) 더 많이 가지고 있습니다.

16 $5\frac{5}{8}+3\frac{3}{8}=8+\frac{8}{8}=8+1=9$
➡ $\square+2\frac{4}{8}=9$, $\square=9-2\frac{4}{8}=8\frac{8}{8}-2\frac{4}{8}=6\frac{4}{8}$

17 분모가 6인 두 가분수를 $\frac{■}{6}$, $\frac{▲}{6}$라 하면
■와 ▲는 모두 6과 같거나 6보다 커야 하고
$2\frac{2}{6}=\frac{14}{6}$이므로 ■+▲=14입니다.
따라서 분자가 될 수 있는 수는 6과 8, 7과 7입니다.

18 자연수 부분에서 $5-4=1$이므로 진분수 부분에서 ㉮−㉯=2입니다. ㉮와 ㉯는 7보다 작아야 하므로 나올 수 있는 ㉮와 ㉯의 값은 (6, 4), (5, 3), (4, 2), (3, 1)입니다.
따라서 ㉮+㉯가 가장 큰 때는 ㉮=6, ㉯=4일 때이므로 이때 ㉮+㉯의 값은 $6+4=10$입니다.

19 계산 결과가 가장 크려면 빼는 수가 가장 작아야 합니다. ➡ $6-2\frac{3}{8}=5\frac{8}{8}-2\frac{3}{8}=3\frac{5}{8}$

20 ❶ 어떤 대분수를 □라 하면 $\square+2\frac{7}{10}=7\frac{3}{10}$에서
$\square=7\frac{3}{10}-2\frac{7}{10}=6\frac{13}{10}-2\frac{7}{10}=4\frac{6}{10}$입니다.
❷ 따라서 어떤 대분수와 $3\frac{9}{10}$의 합은
$4\frac{6}{10}+3\frac{9}{10}=7+\frac{15}{10}=7+1\frac{5}{10}=8\frac{5}{10}$입니다.

채점 기준			
	❶ 어떤 대분수를 구한 경우	3점	5점
	❷ 어떤 대분수와 $3\frac{9}{10}$의 합을 구한 경우	2점	

5쪽~7쪽 **단원 평가** 심화

1 5, 7, 12, 12, 1, 3
2 8, 11 / 3, 4
3 23, 12, 11, 1, 4
4 $4\frac{5}{6}$
5 (선 잇기)
6 $4\frac{2}{10}$ L
7 $6\frac{4}{8}$ km
8 예 $\frac{4}{9}+\frac{2}{9}$는 분모는 그대로 쓰고 분자끼리 더하면 되므로 $\frac{4}{9}+\frac{2}{9}=\frac{4+2}{9}=\frac{6}{9}$입니다.
9 (○)( )( )
10 $1\frac{11}{20}$ m
11 ㉡, ㉢
12 $5\frac{9}{12}$, $3\frac{4}{12}$
13 $4\frac{12}{13}$
14 1, 2, 3
15 $1\frac{2}{9}$
16 $20\frac{4}{5}$ cm
17 $6\frac{2}{5}$ kg
18 $2\frac{5}{11}$
19 4개, $\frac{3}{10}$ L
20 $4\frac{3}{8}-\frac{14}{8}=2\frac{5}{8}$, $2\frac{5}{8}$

5 • $\frac{13}{15}-\frac{4}{15}=\frac{9}{15}$ • $\frac{10}{15}-\frac{5}{15}=\frac{5}{15}$

6 ❶ (어제와 오늘 마신 물의 양)
$=1\frac{7}{10}+2\frac{5}{10}$
$=3+\frac{12}{10}=3+1\frac{2}{10}\overset{❷}{=}4\frac{2}{10}$ (L)

채점 기준			
	❶ 어제와 오늘 마신 물의 양을 구하는 덧셈식을 세운 경우	2점	5점
	❷ 어제와 오늘 마신 물은 모두 몇 L인지 구한 경우	3점	

7 (박물관~미술관)
=(선우네 집~미술관)−(선우네 집~박물관)
$=9\frac{5}{8}-3\frac{1}{8}=6\frac{4}{8}$ (km)

8

채점 기준	잘못된 부분을 찾아 바르게 고친 경우	5점

9 • $1\frac{6}{11}+2\frac{8}{11}=3+\frac{14}{11}=3+1\frac{3}{11}=4\frac{3}{11}$
• $6-\frac{20}{11}=\frac{66}{11}-\frac{20}{11}=\frac{46}{11}=4\frac{2}{11}$
• $5\frac{3}{11}-1\frac{7}{11}=4\frac{14}{11}-1\frac{7}{11}=3\frac{7}{11}$

10 (소나무의 높이)−(은행나무의 높이)
$=4-2\frac{9}{20}=3\frac{20}{20}-2\frac{9}{20}=1\frac{11}{20}$ (m)

11 • $5-\frac{10}{3}=5-3\frac{1}{3}$에서 자연수끼리의 차가 2인데 $\frac{1}{3}$을 더 빼야 하므로 1과 2 사이입니다.
• $4-2\frac{3}{5}$에서 자연수끼리의 차가 2인데 $\frac{3}{5}$을 더 빼야 하므로 1과 2 사이입니다.

12 $4\frac{8}{12}+\frac{13}{12}=4+\frac{21}{12}=4+1\frac{9}{12}=5\frac{9}{12}$
➡ $5\frac{9}{12}-\square=2\frac{5}{12}$, $\square=5\frac{9}{12}-2\frac{5}{12}=3\frac{4}{12}$

13 $5\frac{10}{13}+1\frac{5}{13}=6+\frac{15}{13}=6+1\frac{2}{13}=7\frac{2}{13}$
➡ $2\frac{3}{13}+\square=7\frac{2}{13}$, $\square=7\frac{2}{13}-2\frac{3}{13}=4\frac{12}{13}$

14 $\frac{5}{8}+\frac{\square}{8}=\frac{5+\square}{8}$이고 $1\frac{1}{8}=\frac{9}{8}$이므로 $5+\square<9$입니다. ➡ □ 안에 들어갈 수 있는 자연수: 1, 2, 3

15 $\frac{31}{9}=3\frac{4}{9}$, $\frac{37}{9}=4\frac{1}{9}$, $\frac{26}{9}=2\frac{8}{9}$
수지가 고른 분수는 $\frac{26}{9}$, 태우가 고른 분수는 $\frac{37}{9}$입니다. ➡ $\frac{37}{9}-\frac{26}{9}=\frac{11}{9}=1\frac{2}{9}$

16 (색 테이프 3장의 길이의 합)$=8\times3=24$ (cm)
(겹쳐진 부분의 길이의 합)
$=1\frac{3}{5}+1\frac{3}{5}=2+\frac{6}{5}=2+1\frac{1}{5}=3\frac{1}{5}$ (cm)
➡ (이어 붙인 색 테이프의 전체 길이)
$=24-3\frac{1}{5}=23\frac{5}{5}-3\frac{1}{5}=20\frac{4}{5}$ (cm)

17 (성규의 가방 무게)
$=2\frac{3}{5}+\frac{6}{5}=\frac{13}{5}+\frac{6}{5}=\frac{19}{5}=3\frac{4}{5}$ (kg)
➡ (진우와 성규의 가방 무게의 합)
$=2\frac{3}{5}+3\frac{4}{5}=5+\frac{7}{5}=5+1\frac{2}{5}=6\frac{2}{5}$ (kg)

18 어떤 대분수를 □라 하면 $\square+1\frac{3}{11}=5$에서
$\square=5-1\frac{3}{11}=4\frac{11}{11}-1\frac{3}{11}=3\frac{8}{11}$입니다.
따라서 바르게 계산하면 $3\frac{8}{11}-1\frac{3}{11}=2\frac{5}{11}$입니다.

19 ❶ $1\frac{9}{10}-\frac{4}{10}=1\frac{5}{10}$ (L), $1\frac{5}{10}-\frac{4}{10}=1\frac{1}{10}$ (L), $1\frac{1}{10}-\frac{4}{10}=\frac{7}{10}$ (L), $\frac{7}{10}-\frac{4}{10}=\frac{3}{10}$ (L)

❷ 우유 $\frac{3}{10}$ L로는 케이크를 더 만들 수 없으므로 만들 수 있는 케이크는 모두 4개이고, 남는 우유는 $\frac{3}{10}$ L입니다.

채점 기준			
	❶ 전체 우유의 양에서 케이크 1개를 만드는 데 필요한 우유의 양을 뺄 수 있을 때까지 뺀 경우	3점	5점
	❷ 만들 수 있는 케이크의 수와 남는 우유의 양을 구한 경우	2점	

20 차가 가장 큰 뺄셈식을 만들려면 가장 큰 수에서 가장 작은 수를 빼야 합니다.

$4\frac{3}{8}>1\frac{7}{8}>\frac{14}{8}\left(=1\frac{6}{8}\right)$

➡ $4\frac{3}{8}-\frac{14}{8}=\frac{35}{8}-\frac{14}{8}=\frac{21}{8}=2\frac{5}{8}$

8쪽 수행 평가 ❶회

1 (1) 2, 3 (2) 9, 1, 2
2 (1) $\frac{7}{9}$ (2) $1\frac{1}{12}$
3 (1) $\frac{5}{8}$ (2) $1\frac{2}{10}$
4 $1\frac{3}{16}$
5 $1\frac{3}{5}$ km

3 (1) $\frac{3}{8}+\frac{2}{8}=\frac{5}{8}$

(2) $\frac{9}{10}+\frac{3}{10}=\frac{12}{10}=1\frac{2}{10}$

4 가장 큰 수: $\frac{12}{16}$, 가장 작은 수: $\frac{7}{16}$

➡ $\frac{12}{16}+\frac{7}{16}=\frac{19}{16}=1\frac{3}{16}$

5 $\frac{4}{5}+\frac{4}{5}=\frac{8}{5}=1\frac{3}{5}$ (km)

9쪽 수행 평가 ❷회

1 (1) 3, 1, 3, 4 (2) 11, 19, 3, 1
2 (1) $2\frac{3}{9}$ (2) 6
3 (1) $5\frac{6}{7}$ (2) $3\frac{8}{10}$
4 >
5 $5\frac{1}{8}$ L

3 (1) $3\frac{2}{7}+2\frac{4}{7}=(3+2)+\left(\frac{2}{7}+\frac{4}{7}\right)=5\frac{6}{7}$

(2) $2\frac{5}{10}+\frac{13}{10}=\frac{25}{10}+\frac{13}{10}=\frac{38}{10}=3\frac{8}{10}$

4 • $3\frac{7}{15}+1\frac{2}{15}=4\frac{9}{15}$

• $1\frac{9}{15}+2\frac{12}{15}=3+\frac{21}{15}=3+1\frac{6}{15}=4\frac{6}{15}$

➡ $4\frac{9}{15}>4\frac{6}{15}$

5 (처음 물통에 들어 있던 물의 양)
=(사용한 물의 양)+(남은 물의 양)
$=1\frac{7}{8}+3\frac{2}{8}=4+\frac{9}{8}=4+1\frac{1}{8}=5\frac{1}{8}$ (L)

10쪽 수행 평가 ❸회

1 (1) 1, 3 (2) 5, 3, 1, 2
2 (1) $\frac{4}{8}$ (2) $3\frac{1}{10}$
3 (1) $\frac{9}{15}$ (2) $2\frac{2}{7}$
4 ㉠
5 $1\frac{2}{11}$ m

3 (1) $\square=\frac{13}{15}-\frac{4}{15}=\frac{9}{15}$

(2) $\square=4\frac{6}{7}-2\frac{4}{7}=(4-2)+\left(\frac{6}{7}-\frac{4}{7}\right)$
$=2+\frac{2}{7}=2\frac{2}{7}$

4 ㉠ $\frac{9}{13}-\frac{4}{13}=\frac{5}{13}$ ㉡ $3\frac{8}{13}-3\frac{5}{13}=\frac{3}{13}$

5 $7\frac{10}{11}-6\frac{8}{11}=(7-6)+\left(\frac{10}{11}-\frac{8}{11}\right)=1\frac{2}{11}$ (m)

11쪽 수행 평가 ❹회

1 (1) 3, 1, 1 (2) 21, 9, 12, 2, 2
2 (1) $\frac{6}{7}$ (2) $1\frac{3}{4}$
3 (1) $2\frac{3}{12}$ (2) $1\frac{4}{9}$
4 ( ) (○)
5 쇠고기, $1\frac{5}{9}$ kg

4 • $3-\frac{13}{10}=\frac{30}{10}-\frac{13}{10}=\frac{17}{10}=1\frac{7}{10}$

• $4\frac{5}{10}-2\frac{7}{10}=3\frac{15}{10}-2\frac{7}{10}=1\frac{8}{10}$

➡ $1\frac{7}{10}<1\frac{8}{10}$

5 $3\frac{4}{9}=\frac{31}{9}$이므로 $\frac{17}{9}<\frac{31}{9}$입니다. 따라서 쇠고기를 $3\frac{4}{9}-\frac{17}{9}=\frac{31}{9}-\frac{17}{9}=\frac{14}{9}=1\frac{5}{9}$ (kg) 더 많이 샀습니다.

❷ 삼각형

12쪽~14쪽 단원 평가 기본

1 가, 나, 라 / 나
2 다, 라
3 나, 바
4 마
5 7, 7
6 80
7 ㉠, ㉣
8 36cm
9 13cm
10 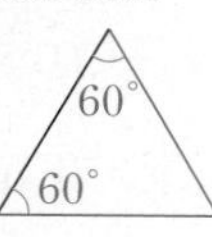

11 30°
12 9
13 15cm
14 예 색종이에 그린 두 변의 길이는 색종이의 한 변의 길이와 같으므로 세 변의 길이가 모두 같기 때문입니다.
15 ㉣
16 다, 가, 바 / 라, 마, 나
17 이등변삼각형, 정삼각형, 예각삼각형
18 예 세 각의 크기가 모두 60°로 같습니다. / 예 세 삼각형의 한 변의 길이가 서로 다릅니다.
19 예 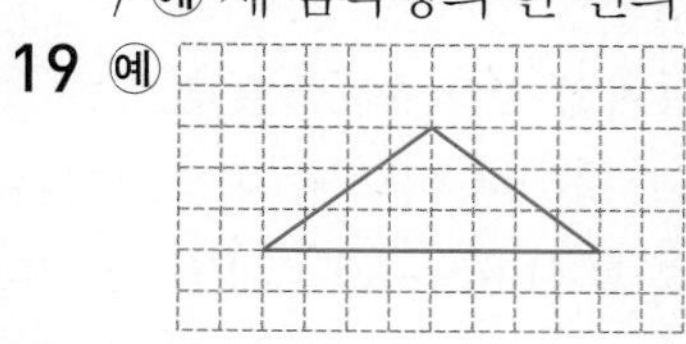
20 110

1 • 이등변삼각형: 두 변의 길이가 같은 삼각형
➡ 가, 나, 라
• 정삼각형: 세 변의 길이가 같은 삼각형 ➡ 나

참고 정삼각형은 세 변의 길이가 같으므로 두 변의 길이도 같습니다. ➡ 정삼각형은 이등변삼각형이라고 할 수 있습니다.

4 이등변삼각형: 다, 라, 마, 바, 둔각삼각형: 가, 마
➡ 이등변삼각형이면서 둔각삼각형인 것은 마입니다.

7 선분의 양 끝과 점 ㉠을 잇거나 점 ㉣을 이으면 한 각이 둔각인 삼각형이 만들어집니다.

8 (세 변의 길이의 합)$=12+12+12=36$(cm)

9 (변 ㄱㄴ)+(변 ㄱㄷ)$=34-8=26$(cm)
이등변삼각형은 두 변의 길이가 같으므로
(변 ㄱㄴ)=(변 ㄱㄷ)$=26\div2=13$(cm)입니다.

10 주어진 선분의 양 끝 점을 꼭짓점으로 하여 각각 크기가 60°인 각을 그리고, 두 각의 변이 만나는 점을 찾아 삼각형을 완성합니다.

11 ❶ 종이를 반으로 접었을 때 완전히 겹쳐진 두 변의 길이가 같으므로 삼각형 ㄱㄴㄷ은 이등변삼각형입니다.
❷ (각 ㄱㄴㄷ)+(각 ㄱㄷㄴ)$=180°-120°=60°$이고, 이등변삼각형은 두 각의 크기가 같으므로
(각 ㄱㄴㄷ)$=60°\div2=30°$입니다.

채점 기준			
	❶ 삼각형 ㄱㄴㄷ이 이등변삼각형임을 구한 경우	2점	5점
	❷ 각 ㄱㄴㄷ의 크기를 구한 경우	3점	

12 두 각의 크기가 같으므로 이등변삼각형입니다.
➡ 이등변삼각형은 두 변의 길이가 같습니다.

13 (나머지 한 각의 크기)$=180°-60°-60°=60°$이고, 세 각의 크기가 모두 60°이므로 정삼각형입니다.
정삼각형은 세 변의 길이가 같으므로
(세 변의 길이의 합)$=5+5+5=15$(cm)입니다.

14
채점 기준	
만든 삼각형이 정삼각형인 이유를 쓴 경우	5점

15 나머지 한 각의 크기를 각각 구하면 다음과 같습니다.
㉠ $180°-20°-45°=115°$
㉡ $180°-50°-40°=90°$
㉢ $180°-55°-25°=100°$
㉣ $180°-30°-65°=85°$
➡ 예각삼각형은 세 각이 모두 예각인 ㉣입니다.

17 만들 수 있는 삼각형은 세 변의 길이가 같은 정삼각형입니다.
정삼각형은 이등변삼각형이라고 할 수 있고, 세 각의 크기가 모두 60°로 예각이므로 예각삼각형입니다.

18
채점 기준	
같은 점과 다른 점을 모두 쓴 경우	5점
같은 점과 다른 점 중 1가지만 쓴 경우	3점

19 • 변이 3개이므로 삼각형입니다.
• 두 변의 길이가 같으므로 이등변삼각형입니다.
• 한 각이 둔각이므로 둔각삼각형입니다.
➡ 이등변삼각형이면서 둔각삼각형인 삼각형을 그립니다.

20 이등변삼각형은 두 각의 크기가 같으므로
(각 ㄱㄴㄷ)=(각 ㄴㄱㄷ)$=55°$이고,
삼각형의 세 각의 크기의 합은 180°이므로
(각 ㄱㄷㄴ)$=180°-55°-55°=70°$입니다.
직선이 이루는 각의 크기는 180°이므로
$\square°=180°-70°=110°$입니다.

15쪽~17쪽 단원 평가 심화

1 ②
2 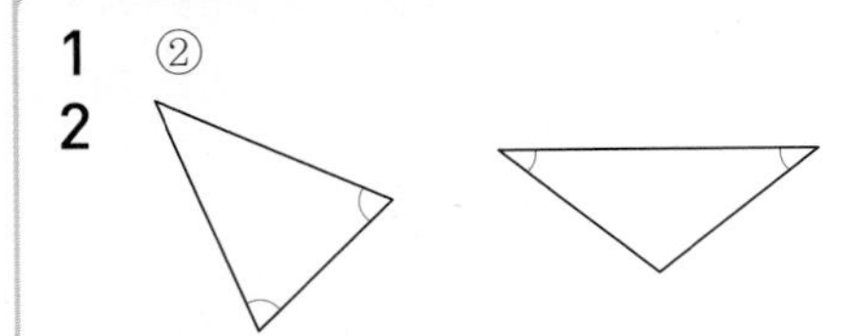
3 다
4 50
5 60, 9
6 2개
7 45°
8 15 cm, 18 cm
9 예
10 현수
11 예 정삼각형
12 바
13 ㉣
14 예 삼각형의 세 각의 크기의 합은 180°이므로 나머지 한 각의 크기는 180°−15°−35°=130°입니다. 따라서 삼각형의 한 각이 둔각이므로 예각삼각형이 아닙니다.
15 120°
16 14, 14
17 ㉡
18 이등변삼각형, 예각삼각형
19 30°
20 6개

2 이등변삼각형에서 길이가 같은 두 변에 있는 두 각의 크기는 같습니다.

3 예각삼각형: 세 각이 모두 예각인 삼각형 ➡ 다

참고 가: 한 각이 둔각이므로 둔각삼각형입니다.
나: 한 각이 직각이므로 직각삼각형입니다.

6 둔각삼각형: 한 각이 둔각인 삼각형 ➡ 나, 바(2개)

7 ❶ 삼각형의 세 각의 크기의 합은 180°이므로
(각 ㄱㄴㄷ)+(각 ㄴㄱㄷ)=180°−90°=90°입니다.
❷ 이등변삼각형은 두 각의 크기가 같으므로
(각 ㄱㄴㄷ)=(각 ㄴㄱㄷ)=90°÷2=45°입니다.

채점 기준			
❶ 각 ㄱㄴㄷ과 각 ㄴㄱㄷ의 크기의 합을 구한 경우	3점	5점
❷ 각 ㄱㄴㄷ의 크기를 구한 경우	2점	

8 이등변삼각형은 두 변의 길이가 같으므로 세 변의 길이는 4 cm, 4 cm, 7 cm 또는 4 cm, 7 cm, 7 cm입니다.
따라서 삼각형의 세 변의 길이의 합이 될 수 있는 길이는 4+4+7=15 (cm), 4+7+7=18 (cm)입니다.

9 주어진 오각형은 모든 각이 둔각이므로 둔각삼각형이 되도록 꼭짓점을 지나는 직선을 그어 먼저 둔각삼각형 2개를 만듭니다.

10 • 진아: 예각삼각형은 세 각이 모두 예각인 삼각형입니다.
• 현수: 둔각삼각형에는 예각이 2개, 둔각이 1개 있습니다.
• 민규: 직각삼각형에는 예각이 2개, 직각이 1개 있습니다.

11 변과 꼭짓점이 각각 3개인 도형은 삼각형이고 변의 길이가 모두 4 cm로 모두 같으므로 정삼각형입니다.

12 이등변삼각형: 가, 라, 바
➡ 가, 라, 바 중에서 예각삼각형은 바입니다.

13 세 변의 길이가 같은 삼각형이므로 정삼각형이고, 정삼각형은 이등변삼각형이라고 할 수 있습니다.
정삼각형은 세 각의 크기가 모두 60°로 예각이므로 예각삼각형입니다.

14

채점 기준	
잘못 말한 이유를 바르게 쓴 경우	5점

15 정삼각형은 세 각의 크기가 모두 60°이므로
(각 ㄱㄷㄴ)=60°이고, 직선이 이루는 각의 크기는 180°이므로 (각 ㄱㄷㄹ)=180°−60°=120°입니다.

16 • 정삼각형은 세 변의 길이가 같으므로
(정삼각형의 세 변의 길이의 합)
=12+12+12=36 (cm)입니다.
• 이등변삼각형은 두 변의 길이가 같으므로
8+□+□=36, □+□=28,
□=28÷2=14 (cm)입니다.

17 나머지 한 각의 크기를 각각 구하면 다음과 같습니다.
㉠ 180°−30°−110°=40°
㉡ 180°−65°−50°=65°
㉢ 180°−45°−100°=35°
➡ 두 각의 크기가 같은 삼각형을 찾으면 ㉡입니다.

18 (지워진 한 각의 크기)=180°−40°−70°=70°입니다. 두 각의 크기가 같으므로 이등변삼각형이고, 세 각이 모두 예각이므로 예각삼각형입니다.

19 ❶ 삼각형 ㄹㄴㄷ은 정삼각형이므로
(각 ㄹㄷㄴ)=60°, (각 ㄴㄷㄱ)=60°−30°=30°입니다.
❷ 삼각형 ㄱㄴㄷ은 이등변삼각형이므로
(각 ㄴㄱㄷ)=(각 ㄴㄷㄱ)=30°입니다.

채점 기준			
❶ 각 ㄴㄷㄱ의 크기를 구한 경우	3점	5점
❷ 각 ㄴㄱㄷ의 크기를 구한 경우	2점	

20 • 작은 삼각형 1개로 이루어진 예각삼각형: ②, ③, ⑥, ⑦ → 4개

• 작은 삼각형 4개로 이루어진 예각삼각형:

②+④+⑤+⑥, ③+④+⑤+⑦ → 2개

➡ (크고 작은 예각삼각형의 개수)$=4+2=6$(개)

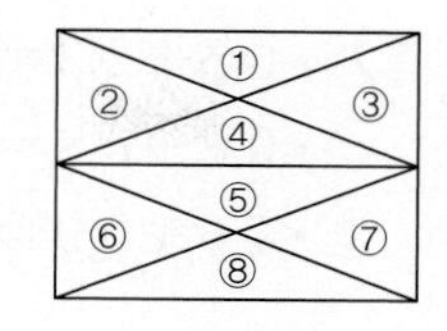

18쪽 수행 평가 ❶회

1 가, 나, 마 / 나 **2** (1) 11 (2) 10
3 (1) 8, 8 (2) 6, 6 **4** 16 cm

1 • 이등변삼각형: 두 변의 길이가 같은 삼각형
➡ 가, 나, 마
• 정삼각형: 세 변의 길이가 같은 삼각형 ➡ 나

참고 정삼각형은 두 변의 길이가 같으므로 이등변삼각형이라고 할 수 있습니다.

4 이등변삼각형은 두 변의 길이가 같으므로
(변 ㄱㄷ)=(변 ㄱㄴ)=12 cm입니다.
따라서 (변 ㄴㄷ)$=40-12-12=16$ (cm)입니다.

19쪽 수행 평가 ❷회

1 (1) 75 (2) 40, 40 **2** (1) 6 (2) 7
3 (1) 예 (2) 예
4 ㉡, ㉢ **5** 160

1 (2) 삼각형의 세 각의 크기의 합은 180°이므로
(나머지 두 각의 크기의 합)$=180°-100°=80°$
이고, 이등변삼각형은 두 각의 크기가 같으므로
□°$=80°\div2=40°$입니다.

2 두 각의 크기가 같으므로 이등변삼각형이고, 이등변삼각형은 두 변의 길이가 같습니다.

4 나머지 한 각의 크기를 각각 구하면 다음과 같습니다.
㉠ $180°-60°-35°=85°$,
㉡ $180°-45°-90°=45°$,
㉢ $180°-140°-20°=20°$
➡ 이등변삼각형을 모두 찾으면 ㉡, ㉢입니다.

5 (각 ㄴㄱㄷ)=(각 ㄱㄴㄷ)$=80°$
(각 ㄱㄷㄴ)$=180°-80°-80°=20°$
➡ □°$=180°-20°=160°$

20쪽 수행 평가 ❸회

1 (1) 60 (2) 60, 60
2 (1) (2)

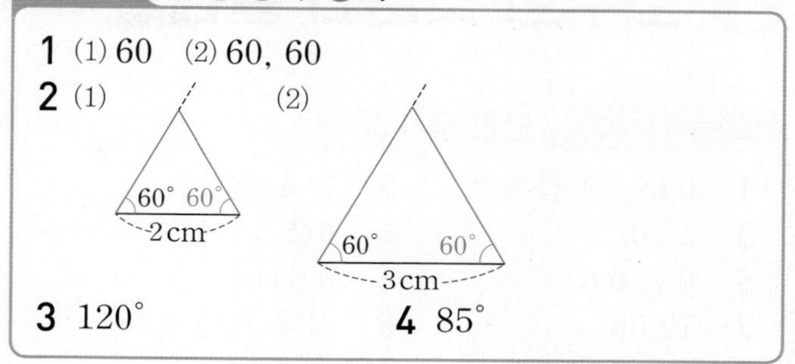

3 120° **4** 85°

3 정삼각형의 한 각의 크기는 60°이므로
(각 ㄱㄷㄴ)$=60°$입니다.
➡ 직선이 이루는 각의 크기는 180°이므로
㉠$=180°-60°=120°$입니다.

4 정삼각형 ㄱㄴㄷ에서 (각 ㄴㄱㄷ)$=60°$이고,
이등변삼각형 ㄱㄷㄹ에서 (각 ㄷㄱㄹ)$=25°$입니다.
➡ (각 ㄴㄱㄹ)$=60°+25°=85°$

21쪽 수행 평가 ❹회

1 나, 라 / 가, 마 / 다, 바
2 (1) 예
(2) 예
3
4 이등변삼각형, 둔각삼각형

1 • 예각삼각형: 세 각이 모두 예각인 삼각형 ➡ 나, 라
• 직각삼각형: 한 각이 직각인 삼각형 ➡ 가, 마
• 둔각삼각형: 한 각이 둔각인 삼각형 ➡ 다, 바

2 (1) 세 각이 모두 예각이 되도록 삼각형을 그립니다.
(2) 한 각이 둔각이 되도록 삼각형을 그립니다.

3 • 두 변의 길이가 같습니다. ➡ 이등변삼각형
• 세 각이 모두 예각입니다. ➡ 예각삼각형

4 두 각의 크기가 40°로 같으므로 이등변삼각형입니다.
(나머지 한 각의 크기)$=180°-40°-40°=100°$
이고, 한 각이 둔각이므로 둔각삼각형입니다.

③ 소수의 덧셈과 뺄셈

22쪽~24쪽 단원 평가 기본

1 0.65, 영 점 육오
2 7, 4, 3, 1
3 1.70
4 6.2
5 0.7, 0.6
6 0.64 m
7 12.58
8 지혜, 영민
9 0.344, 0.357
10 ㉣
11 ②
12 (선 잇기)
13 0.72+0.14=0.86, 0.86 L
14 7.94
15 박물관, 0.89 km
16 8.21
17 ㉢, ㉡, ㉠
18 4.819
19 3.96
20 2.95

1 모눈 한 칸의 크기가 0.01이고 색칠된 부분은 65칸이므로 0.65입니다.

3 소수점 아래 오른쪽 끝자리에 있는 0은 생략할 수 있습니다. ➡ 1.70=1.7

5 1.3만큼 색칠한 것에서 0.7만큼을 지우면 0.6이 남습니다.

6 ❶ 줄자의 가장 작은 눈금 한 칸의 크기는 0.01 m입니다.
❷ 따라서 리본의 길이는 0.6 m보다 0.04 m 더 길므로 0.64 m입니다.

채점 기준			
	❶ 줄자의 가장 작은 눈금 한 칸의 크기를 구한 경우	2점	5점
	❷ 리본의 길이를 구한 경우	3점	

7 1 이 12개 → 12
0.1 이 5개 → 0.5
0.01이 8개 → 0.08
12.58

8 3.164는 0.001이 3164개인 수이고 삼 점 일육사라고 읽습니다.

9 0.34와 0.35 사이가 똑같이 10칸으로 나누어져 있으므로 작은 눈금 한 칸의 크기는 0.001입니다.

10 ㉠ 128.5 $\xrightarrow{\frac{1}{100}}$ 1.285 ㉡ 12.85 $\xrightarrow{\frac{1}{10}}$ 1.285
㉢ 1.285 ㉣ 1.285 $\xrightarrow{100배}$ 128.5

11 ② 0.78<0.8 (7<8)

12 • 0.5+2.3=2.8 • 4.7−3.1=1.6
• 0.8+0.8=1.6 • 3.2−0.7=2.5
• 1.6+0.9=2.5 • 5.4−2.6=2.8

14 ❶ 5.09>4.32>2.85이므로 가장 큰 수는 5.09이고, 가장 작은 수는 2.85입니다.
❷ 따라서 가장 큰 수와 가장 작은 수의 합은 5.09+2.85=7.94입니다.

채점 기준			
	❶ 가장 큰 수와 가장 작은 수를 각각 구한 경우	2점	5점
	❷ 가장 큰 수와 가장 작은 수의 합을 구한 경우	3점	

15 1.9<2.79이므로 시청에서 더 가까운 곳은 박물관이고 2.79−1.9=0.89 (km) 더 가깝습니다.

16 ㉠ 0.01이 272개인 수는 2.72입니다.
㉡ 1 이 5개 → 5
0.1 이 4개 → 0.4
0.01이 9개 → 0.09
5.49
➡ ㉠+㉡=2.72+5.49=8.21

17 ㉠ 32.57은 3.257의 10배입니다. ➡ □=10
㉡ 1.9는 0.019의 100배입니다. ➡ □=100
㉢ 40은 0.04의 1000배입니다. ➡ □=1000
따라서 1000>100>10이므로 □ 안에 들어갈 수가 큰 것부터 차례대로 기호를 쓰면 ㉢, ㉡, ㉠입니다.

18 3보다 크고 5보다 작으므로 일의 자리 숫자는 3 또는 4입니다.
9는 0.009를 나타내므로 소수 셋째 자리 숫자는 9입니다.
3.819와 4.819 중에서 수직선에 나타내면 5에 더 가까운 수는 4.819입니다.

19 ❶ 만들 수 있는 소수 두 자리 수 중 가장 큰 수는 7.53이고, 가장 작은 수는 3.57입니다.
❷ 따라서 만들 수 있는 가장 큰 수와 가장 작은 수의 차는 7.53−3.57=3.96입니다.

채점 기준			
	❶ 만들 수 있는 가장 큰 수와 가장 작은 수를 각각 구한 경우	2점	5점
	❷ 만들 수 있는 가장 큰 수와 가장 작은 수의 차를 구한 경우	3점	

20 어떤 수를 □라고 하면 잘못 계산한 식은 □+0.8=4.55입니다.
➡ □=4.55−0.8=3.75이므로 어떤 수는 3.75입니다.
따라서 바르게 계산하면 3.75−0.8=2.95입니다.

25쪽~27쪽 단원 평가 심화

1	0.002	2	3.08, 삼 점 영팔
3	3.58	4	4.5
5	(선 잇기)	6	②
7	예 소수점 자리를 잘못 맞추어 계산했습니다. / $0.64+0.5=1.14$		
8	100배	9	1.57
10	0.6 kg	11	<
12	65 kg, 8.7 kg, 20 kg		
13	0.21	14	㉣, ㉠, ㉢, ㉡
15	0.075 m	16	(위에서부터) 4, 9, 3
17	4	18	0.3 m
19	2.17 km	20	㉠

1 수직선에서 작은 눈금 한 칸의 크기는 0.001입니다. 따라서 ㉠에 알맞은 수는 0.002입니다.

2 $3\frac{8}{100}=3+\frac{8}{100}=3+0.08=3.08$

3 $5.42-1.84=3.58$ (받아내림: 4 13 10)

4 $3.6+0.9=4.5$ (받아올림: 1)

6 8이 나타내는 수를 각각 구하면 다음과 같습니다.
① 8 ② 0.008 ③ 0.8 ④ 80 ⑤ 0.08

7 ❶ 예 소수점 자리를 잘못 맞추어 계산했습니다.
❷ $0.64+0.5=1.14$

채점 기준			
	❶ 잘못된 이유를 바르게 쓴 경우	2점	5점
	❷ 잘못된 부분을 찾아 바르게 계산한 경우	3점	

8 ㉠이 나타내는 수는 7이고 ㉡이 나타내는 수는 0.07입니다. 7은 0.07의 100배이므로 ㉠이 나타내는 수는 ㉡이 나타내는 수의 100배입니다.

9 ❶ 어떤 수를 10배 한 수가 15.7이므로 어떤 수는 15.7의 $\frac{1}{10}$인 수입니다.
❷ 15.7의 $\frac{1}{10}$은 1.57이므로 어떤 수는 1.57입니다.

채점 기준			
	❶ 어떤 수는 15.7의 $\frac{1}{10}$인 수임을 설명한 경우	2점	5점
	❷ 어떤 수를 구한 경우	3점	

10 (빈 병의 무게)$=2.3-1.7=0.6$ (kg)

11 • 9.2의 $\frac{1}{10}$: 0.92 • 920의 $\frac{1}{100}$: 9.2
➡ $0.92<9.2$

12 • 밀가루: 0.65 kg의 100배 ➡ 65 kg
• 버터: 0.087 kg의 100배 ➡ 8.7 kg
• 설탕: 0.2 kg의 100배 ➡ 20 kg

13 작은 눈금 한 칸의 크기는 0.01이므로 ㉠$=0.04$, ㉡$=0.17$입니다.
➡ ㉠+㉡$=0.04+0.17=0.21$

14 ㉠ $0.46+2.3=2.76$ ㉡ $1.22+0.96=2.18$
㉢ $4.3-1.85=2.45$ ㉣ $5.83-2.78=3.05$
➡ ㉣ 3.05 > ㉠ 2.76 > ㉢ 2.45 > ㉡ 2.18

15 • 첫 번째: 75 m의 $\frac{1}{10}$ ➡ 7.5 m
• 두 번째: 7.5 m의 $\frac{1}{10}$ ➡ 0.75 m
• 세 번째: 0.75 m의 $\frac{1}{10}$ ➡ 0.075 m

16 7.8㉠ − 3.㉡5 = ㉢.89
• 소수 둘째 자리 계산: 10+㉠−5=9, ㉠=4
• 소수 첫째 자리 계산: 8−1+10−㉡=8, ㉡=9
• 일의 자리 계산: 7−1−3=㉢, ㉢=3

17 ❶ $12.48+1.05=13.53$입니다.
❷ 13.□67 < 13.53이므로 □ 안에 들어갈 수 있는 수는 0, 1, 2, 3, 4이고 그중 가장 큰 수는 4입니다.

채점 기준			
	❶ $12.48+1.05$의 값을 구한 경우	2점	5점
	❷ □ 안에 들어갈 수 있는 수 중 가장 큰 수를 구한 경우	3점	

18 (색 테이프 2장의 길이의 합)
$=2.38+1.74=4.12$ (m)
➡ (겹쳐진 부분의 길이)$=4.12-3.82=0.3$ (m)

19 (학교에서 도서관까지의 거리)
$=1.38-0.59=0.79$ (km)
(집에서 학교를 거쳐 도서관까지 가는 거리)
$=1.38+0.79=2.17$ (km)

20 ㉠은 17.52, ㉡은 14.096입니다.
➡ 17.52 > 14.096이므로 더 큰 수는 ㉠입니다.

참고 ㉠ 1 이 17개 → 17
0.1 이 4개 → 0.4
0.01이 12개 → 0.12
합: 17.52

㉡ 10 이 1개 → 10
1 이 4개 → 4
0.01 이 9개 → 0.09
0.001이 6개 → 0.006
합: 14.096

28쪽 수행 평가 ❶회

1 0.38
2 (1) 일 점 칠이 (2) 영 점 오영구
3 일, 4 / 소수 첫째, 0.2 / 소수 둘째, 0.08 / 소수 셋째, 0.006
4 7.025
5 ㉡

2 소수를 읽을 때 소수점 아래의 숫자는 자릿값을 읽지 않고 숫자만 차례로 읽습니다.

주의 1.72를 일 점 칠십이, 0.059를 영 점 오백구라고 읽지 않도록 주의합니다.

4 숫자 2가 나타내는 수를 알아봅니다.
- 2.13 ➡ 2
- 7.025 ➡ 0.02
- 8.642 ➡ 0.002
- 4.271 ➡ 0.2

5 ㉠ 1 cm=0.01 m이므로 63 cm=0.63 m입니다.

29쪽 수행 평가 ❷회

1 (1) > (2) <
2 0.04, 40, 400 / 0.235, 2350
3 4.79에 ○표, 4.531에 △표
4 ㉢
5 채희

1 (1) $0.83>0.825$ (3>2) (2) $3.105<3.107$ (5<7)

2
- $\frac{1}{10}$을 계속 구하면 수가 점점 작아지므로 소수점을 기준으로 수가 오른쪽으로 한 자리씩 이동합니다.
- 10배를 계속 구하면 수가 점점 커지므로 소수점을 기준으로 수가 왼쪽으로 한 자리씩 이동합니다.

3 일의 자리 수가 모두 같으므로 소수 첫째 자리 수의 크기를 비교하면 7>5이므로 가장 큰 수는 4.79입니다.
4.531과 4.564의 일의 자리와 소수 첫째 자리 수가 같으므로 소수 둘째 자리 수를 비교합니다.
소수 둘째 자리 수의 크기를 비교하면 3<6이므로 가장 작은 수는 4.531입니다.

4 ㉠ 2.7 ㉡ 27 ㉢ 0.27 ㉣ 2.7
➡ 0.27과 같은 수는 ㉢입니다.

5 0.65<0.68이므로 귤을 더 많이 딴 사람은 채희입니다.

30쪽 수행 평가 ❸회

1 (1) 0.2, 0.8 (2) 0.5
2 (1) 4.2 (2) 1.4
3 (선 잇기)
4 7.9
5 0.8 m

1 (1) 수직선에서 오른쪽으로 0.6만큼 간 후 오른쪽으로 0.2만큼 더 가면 0.8입니다.
(2) 수직선에서 오른쪽으로 0.9만큼 간 후 왼쪽으로 0.5만큼 되돌아오면 0.4입니다.

2 (1)
$$\begin{array}{r} \scriptstyle 1 \\ 2.7 \\ +\ 1.5 \\ \hline 4.2 \end{array}$$
(2)
$$\begin{array}{r} \scriptstyle 3\ 10 \\ \not{4}.3 \\ -\ 2.9 \\ \hline 1.4 \end{array}$$

3
- 0.9+0.9=1.8
- 4.7−1.5=3.2
- 1.4+1.8=3.2
- 5.4−2.9=2.5
- 2.1+0.4=2.5
- 3.2−1.4=1.8

4 가장 큰 수: 5.6, 가장 작은 수: 2.3
➡ (가장 큰 수와 가장 작은 수의 합)
=5.6+2.3=7.9

5 (연희가 사용한 끈)−(소연이가 사용한 끈)
=1.6−0.8=0.8 (m)

31쪽 수행 평가 ❹회

1 (1) 14, 33, 47, 0.47 (2) 56, 25, 31, 0.31
2 (1) 5.83 (2) 2.74
3 (1) 0.58 (2) 0.62
4 <
5 1.39 L

2 (1)
$$\begin{array}{r} \scriptstyle 1\quad \\ 2.0\ 5 \\ +\ 3.7\ 8 \\ \hline 5.8\ 3 \end{array}$$
(2)
$$\begin{array}{r} \scriptstyle 7\ 11\ 10 \\ \not{8}.\not{2}\ 3 \\ -\ 5.4\ 9 \\ \hline 2.7\ 4 \end{array}$$

3 (1)
$$\begin{array}{r} 0.4\ 6 \\ +\ 0.1\ 2 \\ \hline 0.5\ 8 \end{array}$$
(2)
$$\begin{array}{r} 0.9\ 8 \\ -\ 0.3\ 6 \\ \hline 0.6\ 2 \end{array}$$

4
- 3.76+1.58=5.34
- 10.34−4.95=5.39

➡ 5.34<5.39

5 (남은 물의 양)=4.15−2.76=1.39 (L)

4 사각형

32쪽~34쪽 **단원 평가** 기본

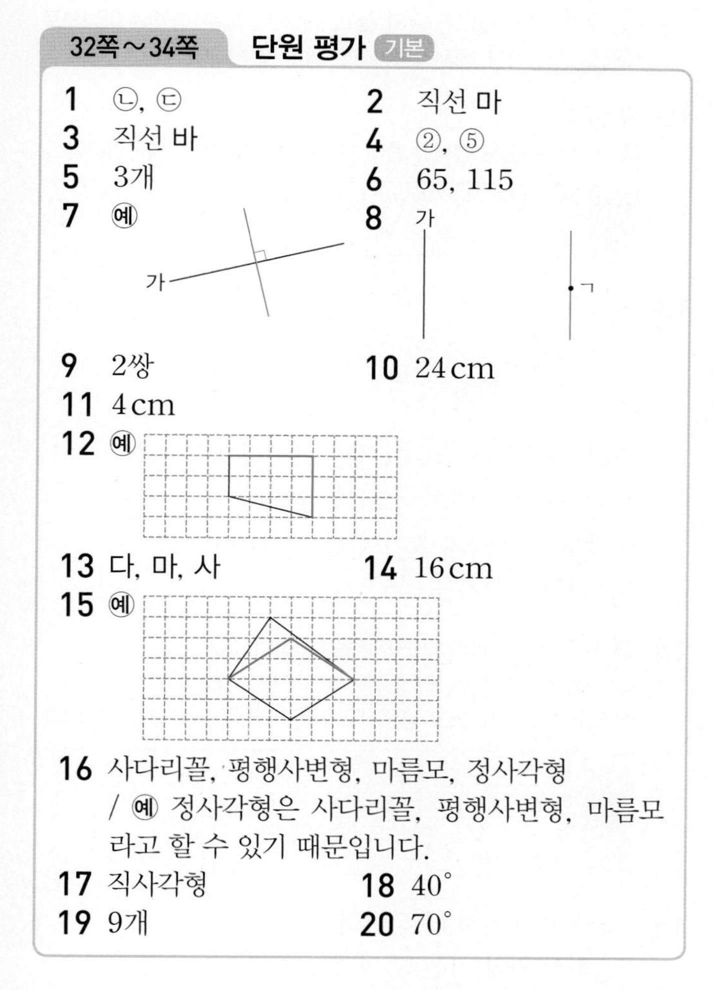

1 ㉡, ㉢
2 직선 마
3 직선 바
4 ②, ⑤
5 3개
6 65, 115
7 예
가
8 가
ㄱ
9 2쌍
10 24 cm
11 4 cm
12 예
13 다, 마, 사
14 16 cm
15 예
16 사다리꼴, 평행사변형, 마름모, 정사각형 / 예 정사각형은 사다리꼴, 평행사변형, 마름모라고 할 수 있기 때문입니다.
17 직사각형
18 40°
19 9개
20 70°

1 삼각자를 사용하여 두 직선이 만나서 이루는 각이 90°인 것을 찾습니다.

2 직선 가와 서로 수직으로 만나는 직선을 찾습니다.

3 한 직선에 수직인 두 직선은 평행합니다.

4 직선 가와 직선 나에 수직인 선분은 ②, ⑤입니다.

5 평행한 두 변이 한 쌍이라도 있는 사각형은 나, 다, 라로 모두 3개입니다.

6 평행사변형은 마주 보는 두 각의 크기가 같고, 이웃하는 두 각의 크기의 합은 180°입니다.

8 점 ㄱ을 지나고 직선 가에 평행한 직선은 1개만 그을 수 있습니다.

9 ❶ 평행한 변은 변 ㄱㅁ과 변 ㄷㄹ, 변 ㄴㄷ과 변 ㅁㄹ입니다.
❷ 따라서 평행한 변은 모두 2쌍입니다.

채점 기준			
	❶ 평행한 변을 모두 찾은 경우	3점	5점
	❷ 평행한 변은 모두 몇 쌍인지 구한 경우	2점	

10 변 ㄱㄴ과 변 ㄹㄷ이 평행하므로 두 변에 수직인 변 ㄱㄹ의 길이가 평행선 사이의 거리입니다.
따라서 평행선 사이의 거리는 24 cm입니다.

11 평행선 사이에 수선을 긋고 수선의 길이를 재어 봅니다.

12 평행한 두 변이 한 쌍이라도 있도록 사각형을 그립니다.

13 마주 보는 두 쌍의 변이 각각 평행한 사각형은 다, 마, 사입니다.

14 ❶ 마름모는 네 변의 길이가 모두 같습니다.
❷ 따라서 한 변의 길이는 $64 \div 4 = 16$(cm)입니다.

채점 기준			
	❶ 마름모는 네 변의 길이가 모두 같음을 설명한 경우	2점	5점
	❷ 마름모의 한 변의 길이를 구한 경우	3점	

15 네 변의 길이가 모두 같은 사각형을 만듭니다.

16 ❶ 사다리꼴, 평행사변형, 마름모, 정사각형
❷ 예 정사각형은 사다리꼴, 평행사변형, 마름모라고 할 수 있기 때문입니다.

채점 기준			
	❶ 도형의 이름으로 알맞은 것을 모두 찾은 경우	3점	5점
	❷ 타당한 이유를 쓴 경우	2점	

17 마주 보는 두 쌍의 변이 각각 평행한 사각형은 평행사변형, 마름모, 직사각형, 정사각형입니다. 이중 이웃하는 두 각의 크기가 같은 사각형은 직사각형, 정사각형이고, 이중 이웃하는 두 변의 길이가 다른 사각형은 직사각형이므로 조건을 모두 만족하는 사각형은 직사각형입니다.

18 직선 가와 직선 나가 만나서 이루는 각의 크기는 90°입니다. 직선이 이루는 각의 크기는 180°이므로
㉠$=180°-50°-90°=40°$입니다.

19
①	②
③	④

• 도형 1개짜리: ①, ②, ③, ④ → 4개
• 도형 2개짜리: ①+②, ③+④, ①+③, ②+④ → 4개
• 도형 4개짜리: ①+②+③+④ → 1개
➡ (크고 작은 사다리꼴의 개수)$=4+4+1=9$(개)

20 마름모는 네 변의 길이가 모두 같으므로 삼각형 ㄱㄷㄹ은 이등변삼각형입니다.
(각 ㄹㄷㄱ의 크기)=(각 ㄹㄱㄷ의 크기)$=55°$이고
삼각형의 세 각의 크기의 합은 180°이므로
(각 ㄱㄹㄷ의 크기)$=180°-55°-55°=70°$입니다.

BOOK 2 평가북 4단원

35쪽~37쪽 단원 평가 심화

1 수지
2 선분 ㄴㄹ, 선분 ㅂㄷ
3 ㉡
4 예
5 3cm
6
7 예
8 예
9 ②, ④
10 70°
11 ①, ②
12 ㉡ / 예 사다리꼴은 평행한 변이 한 쌍인 경우도 있기 때문입니다.
13 65°
14 2개
15 12cm
16 9cm
17 예 마주 보는 두 쌍의 변이 각각 평행합니다. / 예 마주 보는 두 각의 크기가 같습니다.
18 55°
19 12개
20 135°

1 직선 가에 대한 수선은 직선 라, 직선 바입니다.

2 삼각자를 사용하여 두 선분이 만나서 이루는 각이 직각인 것을 찾습니다.

5 평행선은 변 ㄱㄴ과 변 ㅁㄹ입니다. 평행선에 수직인 선분을 그어 길이를 재면 3cm입니다.

6 보기 의 평행선 사이의 거리가 2cm이므로 평행선 사이의 거리가 2cm가 되도록 주어진 직선과 평행한 직선을 긋습니다.

7 평행한 두 변이 한 쌍이라도 있는 사각형을 찾아 색칠합니다.

8 평행한 두 변이 한 쌍이라도 있도록 모눈을 이용하여 선을 긋습니다.

9 마주 보는 두 쌍의 변이 각각 평행한 사각형은 ②, ④입니다.

10 직선이 이루는 각의 크기는 180°이므로
(각 ㄴㄷㄹ의 크기)$=180°-110°=70°$입니다.
평행사변형은 마주 보는 두 각의 크기가 같으므로
(각 ㄹㄱㄴ의 크기)=(각 ㄴㄷㄹ의 크기)$=70°$입니다.

11 마주 보는 두 쌍의 변이 각각 평행하므로 사다리꼴, 평행사변형이라고 할 수 있습니다.

참고 네 변의 길이가 같지 않고, 네 각이 모두 직각이 아니므로 마름모, 직사각형, 정사각형이라고 할 수 없습니다.

12 ❶ ㉡
❷ 예 사다리꼴은 평행한 변이 한 쌍인 경우도 있기 때문입니다.

채점 기준			
	❶ 잘못된 것을 찾아 기호를 쓴 경우	3점	5점
	❷ 타당한 이유를 쓴 경우	2점	

13

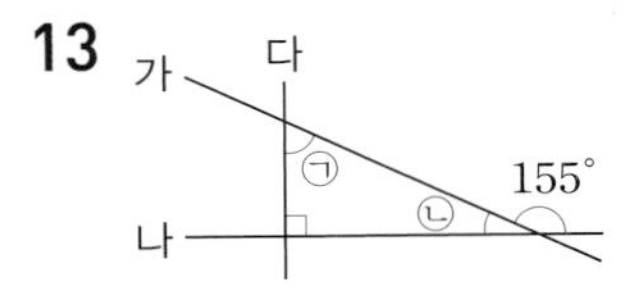

직선이 이루는 각의 크기는 180°이므로
㉡$=180°-155°=25°$입니다.
삼각형의 세 각의 크기의 합은 180°이므로
㉠$=180°-90°-25°=65°$입니다.

14 ❶ 서로 수직인 변이 있는 도형은 다, 마입니다.
❷ 평행한 변이 있는 도형은 가, 다, 라, 마, 바입니다.
❸ 따라서 수선도 있고 평행선도 있는 도형은 다, 마로 2개입니다.

채점 기준			
	❶ 수선이 있는 도형을 모두 찾은 경우	2점	5점
	❷ 평행선이 있는 도형을 모두 찾은 경우	2점	
	❸ 수선도 있고 평행선도 있는 도형은 모두 몇 개인지 구한 경우	1점	

15 (직선 가와 직선 다 사이의 거리)
=(직선 가와 직선 나 사이의 거리)
+(직선 나와 직선 다 사이의 거리)
$=8+4=12$ (cm)

16 평행사변형은 마주 보는 두 변의 길이가 같으므로
(변 ㄴㄷ의 길이)=(변 ㄱㄹ의 길이)=14cm입니다.
(변 ㄱㄴ의 길이)+(변 ㄹㄷ의 길이)
$=46-14-14=18$ (cm)이므로
(변 ㄱㄴ의 길이)$=18\div2=9$ (cm)입니다.

17

채점 기준		
	만들어진 사각형의 성질을 2가지 모두 쓴 경우	5점
	만들어진 사각형의 성질을 1가지만 쓴 경우	3점

18 마름모에서 마주 보는 꼭짓점끼리 이은 선분은 서로 수직이므로 (각 ㄱㅁㄹ의 크기)$=90°$입니다.
삼각형 ㄱㅁㄹ에서 세 각의 크기의 합은 180°이므로
(각 ㄱㄹㅁ의 크기)$=180°-35°-90°=55°$입니다.

19 : 3개, : 3개, : 2개, : 2개, : 1개, : 1개
➡ $3+3+2+2+1+1=12$(개)

20 각 ㄱㄴㄷ의 크기를 □라 하면 각 ㄴㄱㄹ의 크기는 □+□+□입니다.
마름모는 이웃하는 두 각의 크기의 합이 180°이므로 □+□+□+□=180°, □=45°입니다.
(각 ㄴㄱㄹ의 크기)=45°×3=135°입니다.

38쪽 수행 평가 ①회

1 (1) 라 (2) 마 **2** 나, 라, 마
3 (1) 가, ㄱ (2) ㄱ, 가
4 60°, 70°

2 두 변이 만나서 이루는 각이 직각인 곳이 있는 도형을 찾습니다.

3 점 ㄱ을 지나는 직선 가에 대한 수선은 1개만 그을 수 있습니다.

4 직선 가와 직선 라는 서로 수직이므로
㉠+30°=90°입니다. ➡ ㉠=90°−30°=60°
직선이 이루는 각의 크기는 180°이므로
20°+90°+㉡=180°입니다.
➡ ㉡=180°−20°−90°=70°

39쪽 수행 평가 ②회

1 (1) 2쌍 (2) 3쌍
2 (1) 가, ㄱ (2) 가, ㄱ
3 (1) 2 cm (2) 5 cm **4** 7 cm

1 (1) (2)

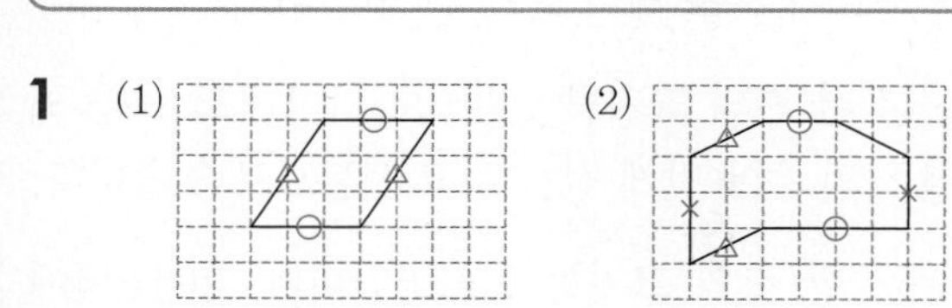

2 점 ㄱ을 지나고 직선 가와 평행한 직선은 1개만 그을 수 있습니다.

4 변 ㄱㅇ과 변 ㄴㄷ 사이의 거리는 변 ㅇㅅ, 변 ㅂㅁ, 변 ㄹㄷ의 길이의 합과 같습니다.
➡ 2+2+3=7 (cm)

40쪽 수행 평가 ③회

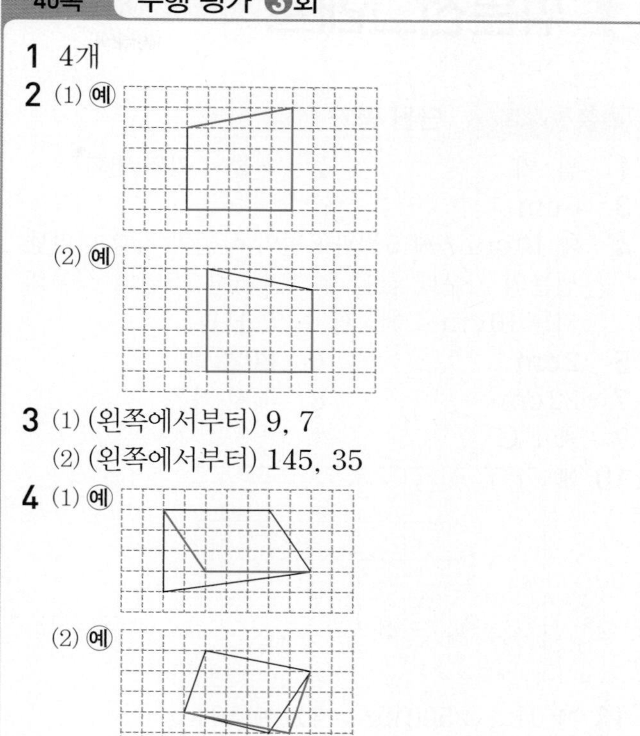

1 4개
2 (1) 예 (2) 예
3 (1) (왼쪽에서부터) 9, 7
(2) (왼쪽에서부터) 145, 35
4 (1) 예 (2) 예

1 평행한 두 변이 한 쌍이라도 있는 사각형은 가, 다, 라, 마로 모두 4개입니다.

3 (1) 평행사변형은 마주 보는 두 변의 길이가 같습니다.
(2) 평행사변형은 마주 보는 두 각의 크기가 같고, 이웃하는 두 각의 크기의 합이 180°입니다.

41쪽 수행 평가 ④회

1 (1) (2)

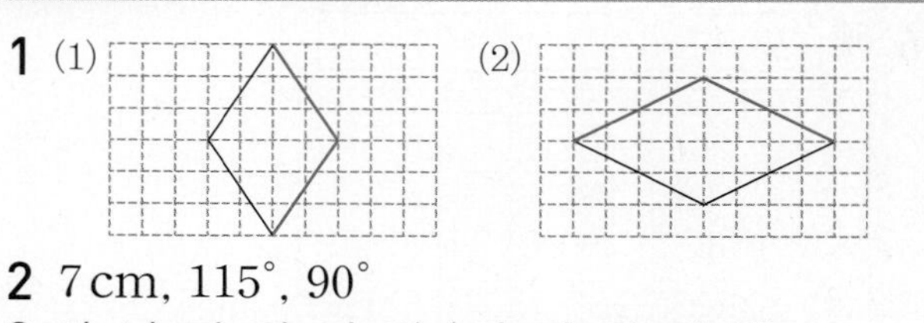

2 7 cm, 115°, 90°
3 가, 나, 다, 라, 마, 바 / 가, 다, 라, 마, 바 / 가, 라, 바 / 다, 라 / 라
4 10개

1 네 변의 길이가 모두 같도록 나머지 두 변을 그립니다.

2
- 마름모는 네 변의 길이가 모두 같습니다.
- 마름모는 이웃하는 두 각의 크기의 합이 180°입니다.
- 마름모는 마주 보는 꼭짓점을 이은 두 선분이 서로 수직으로 만납니다.

4

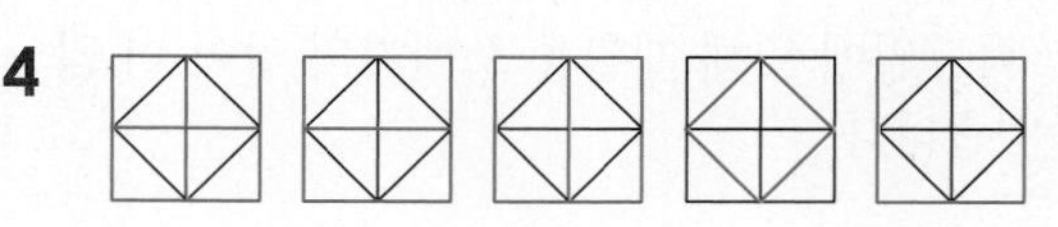

5 꺾은선그래프

42쪽~44쪽 단원 평가 기본

1 월, 키
2 식물의 키의 변화
3 6 cm
4 예 10 cm / 예 5월과 6월의 식물의 키를 나타낸 선분의 가운데 값을 읽으면 5월 15일의 식물의 키를 10 cm로 예상할 수 있습니다.
5 2 cm
6 2022년
7 22 cm
8 최저 기온
9 예 1 ℃
10 예
11 예 0 kg, 2500 kg
12 예 10 kg
13 예
14 예 필요 없는 부분을 물결선으로 줄여서 나타내면 고구마 생산량의 변화를 잘 나타낼 수 있습니다.
15 예 도서관에서 빌려 온 책의 수 / 17, 13, 6, 9, 20
16 예 도서관에서 빌려 온 책의 수

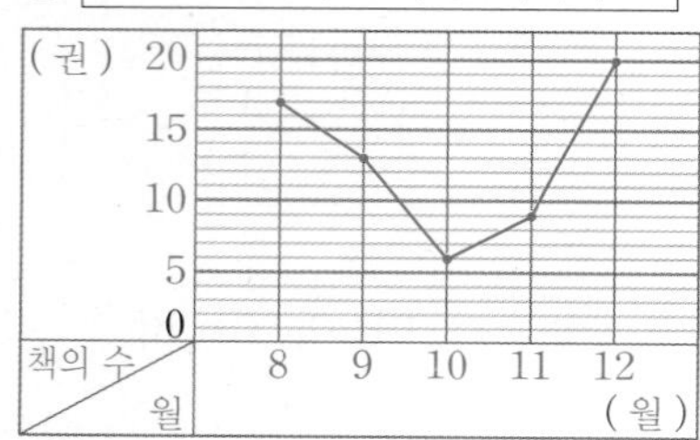

17 예 3400명
18
19 14일, 21일
20 2반 / 예 7일에 비해 재활용 쓰레기의 양이 더 많이 줄었습니다.

3 세로 눈금 5칸이 5 cm를 나타내므로 한 칸은 1 cm를 나타냅니다.
따라서 3월 1일의 식물의 키는 6 cm입니다.

4 ❶ 예 10 cm
❷ 예 5월과 6월의 식물의 키를 나타낸 선분의 가운데 값을 읽으면 5월 15일의 식물의 키를 10 cm로 예상할 수 있습니다.

채점 기준			
	❶ 5월 15일의 식물의 키를 예상한 경우	3점	5점
	❷ 타당한 이유를 쓴 경우	2점	

5 세로 눈금 5칸이 10 cm를 나타내므로 한 칸은 2 cm를 나타냅니다.

6 꺾은선이 전년에 비해 가장 많이 기울어진 때는 2022년입니다.

7 2018년 3월에 지은이의 키는 116 cm이고, 2022년 3월에 지은이의 키는 138 cm이므로
$138-116=22$ (cm) 자랐습니다.

9 최저 기온을 모두 나타낼 수 있어야 하므로 세로 눈금 한 칸은 1 ℃를 나타내면 좋을 것 같습니다.

10 표를 보고 요일별 최저 기온에 맞게 점을 찍고 선분으로 잇습니다.

11 가장 작은 값이 2530 kg이므로 물결선을 0 kg과 2500 kg 사이에 넣으면 좋을 것 같습니다.

12 고구마 생산량을 모두 나타내려면 세로 눈금 한 칸은 10 kg을 나타내면 좋을 것 같습니다.

13 가로에는 연도, 세로에는 생산량을 나타낸 후 표를 보고 연도별 생산량에 맞게 점을 찍고 선분으로 잇습니다.

14

채점 기준		
	물결선을 사용한 꺾은선그래프로 나타내면 좋은 점을 쓴 경우	5점

15 조사한 자료의 수를 세어 표를 완성합니다.

16 세로 눈금 한 칸의 크기를 1권으로 나타내고 표를 보고 월별 책의 수에 맞게 점을 찍고 선분으로 잇습니다.

17 세로 눈금 한 칸의 크기는 100명입니다. 2016년에는 3600명, 2018년에는 3200명이므로 2017년에는 가운데 값인 3400명이었을 것 같습니다.

18 세로 눈금 한 칸의 크기는 0.1 kg입니다.

19 꺾은선이 오른쪽 아래로 내려간 부분 중 가장 많이 기울어진 곳을 찾습니다.

20 ❶ 2반
❷ 예 7일에 비해 재활용 쓰레기의 양이 더 많이 줄었습니다.

채점 기준			
	❶ 성과가 더 좋은 학급을 쓴 경우	3점	5점
	❷ 타당한 이유를 쓴 경우	2점	

45쪽~47쪽 단원 평가 심화

1 꺾은선그래프 / 예 날짜별 기온을 꺾은선으로 나타내어 기울어진 정도로 기온의 변화를 알아보기 쉽습니다.
2 연도, 학생 수 **3** 160명
4 0.01 m **5** 1.51 m
6 4월, 6월 **7** 예 1.61 m
8 0.1, 1.2
9
10 4월 **11** 0.7 GB
12 전력 사용량 **13** 예 10 kWh
14 예
15 예 0분, 150분
16 예
17 예 낮과 밤의 길이의 차는 6월까지 커지다가 작아지고 있습니다.
18 380, 360 /

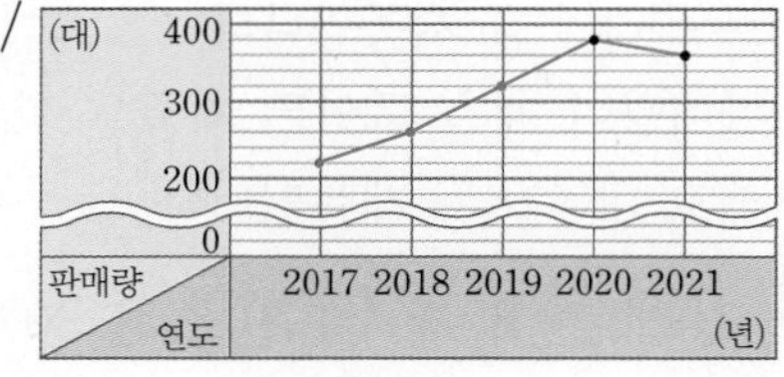

19 70가구, 600가구
20 예 가구 수가 계속 늘고 있으므로 1인 가구 수와 전체 가구 수는 2020년보다 늘어날 것 같습니다.

1 ❶ 꺾은선그래프
❷ 예 날짜별 기온을 꺾은선으로 나타내어 기울어진 정도로 기온의 변화를 알아보기 쉽습니다.

채점 기준			
	❶ 기온의 변화를 알아보기 쉬운 그래프를 찾은 경우	3점	5점
	❷ 타당한 이유를 쓴 경우	2점	

2 주어진 그래프의 가로와 세로를 보면 가로는 연도, 세로는 학생 수를 나타냅니다.

3 세로 눈금 한 칸은 10명을 나타내므로 2021년 4학년 학생 수는 160명입니다.

4 1.5 m와 1.55 m 사이를 5칸으로 나타내었으므로 세로 눈금 한 칸은 0.01 m를 나타냅니다.

5 세로 눈금 한 칸은 0.01 m를 나타내므로 2월 1일의 나무의 키는 1.51 m입니다.

6 그래프의 꺾은선이 가장 많이 기울어진 4월과 6월 사이입니다.

7 6월 1일의 나무의 키는 1.6 m이고, 8월 1일의 나무의 키는 1.62 m이므로 7월 1일의 나무의 키는 가운데 값인 1.61 m였을 것 같습니다.

8 세로 눈금 5칸이 0.5 GB를 나타내므로 한 칸은 0.1 GB를 나타냅니다.

9 6월의 데이터 사용량은 1.2 GB이므로 7월의 데이터 사용량은 $1.2+0.4=1.6$(GB)입니다.

10 꺾은선이 가장 적게 기울어진 4월입니다.

11 데이터 사용량이 가장 많은 달은 7월로 1.6 GB이고, 가장 적은 달은 5월로 0.9 GB입니다.
따라서 데이터 사용량의 차는 $1.6-0.9=0.7$(GB)입니다.

12 가로에 월을 나타낸다면 세로에는 전력 사용량을 나타내어야 합니다.

13 전력 사용량을 모두 나타낼 수 있어야 하므로 세로 눈금 한 칸은 10 kWh를 나타내면 좋을 것 같습니다.

15 가장 작은 값이 170분이므로 0분과 150분 사이에 물결선을 넣으면 좋을 것 같습니다.

17

채점 기준		
	알 수 있는 내용을 쓴 경우	5점

18 표와 꺾은선그래프를 비교하여 비어 있는 부분의 값을 구하고 꺾은선그래프를 완성합니다.

19 1인 가구 수를 나타낸 그래프에서 세로 눈금 한 칸은 10가구, 전체 가구 수를 나타낸 그래프에서 세로 눈금 한 칸은 100가구를 나타냅니다.

20

채점 기준	2021년 가구 수를 예상한 경우	5점

48쪽 수행 평가 ❶회

1 시각, 기온　　2 어느 도시의 기온 변화
3 1 ℃, 0.1 ℃　　4 ㈏ 그래프

3 • ㈎ 그래프: 세로 눈금 5칸이 5 ℃를 나타내므로 한 칸은 1 ℃를 나타냅니다.
• ㈏ 그래프: 세로 눈금 5칸이 0.5 ℃를 나타내므로 한 칸은 0.1 ℃를 나타냅니다.

4 ㈏ 그래프는 필요 없는 부분을 물결선으로 줄여 나타내어 평균 기온의 변화를 더 뚜렷하게 볼 수 있습니다.

49쪽 수행 평가 ❷회

1 0.8 kg　　2 4월
3 2019년　　4 0.2 t

1 세로 눈금 5칸이 0.5 kg을 나타내므로 한 칸은 0.1 kg을 나타냅니다.

2 꺾은선이 전월에 비해 가장 많이 기울어진 때는 4월입니다.

3 세로 눈금 4.6 t과 만나는 점의 가로 눈금을 읽으면 2019년입니다.

4 • 2017년의 콩 생산량: 4.1 t
• 2015년의 콩 생산량: 3.9 t
➡ 4.1−3.9=0.2 (t)

50쪽 수행 평가 ❸회

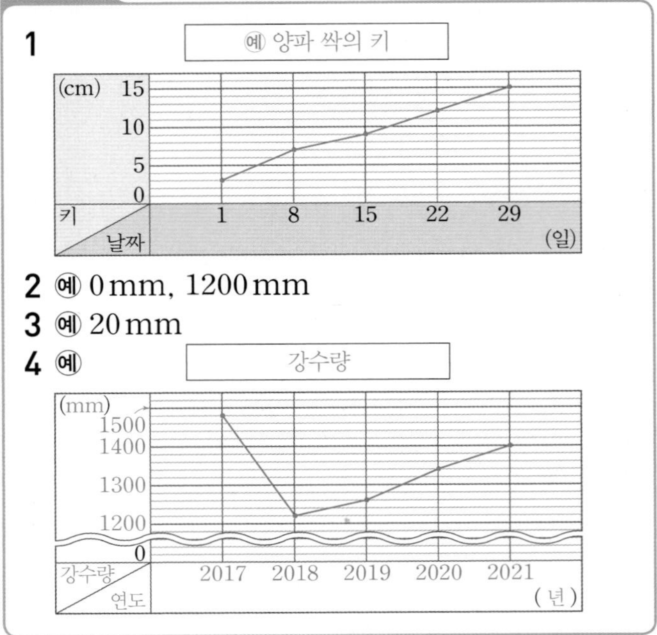

1 세로 눈금 5칸이 5 cm를 나타내므로 한 칸은 1 cm를 나타냅니다.

2 가장 작은 값이 1220 mm이므로 물결선을 0 mm와 1200 mm 사이에 넣으면 좋을 것 같습니다.

3 강수량을 모두 나타낼 수 있어야 하므로 세로 눈금 한 칸은 20 mm를 나타내면 좋을 것 같습니다.

51쪽 수행 평가 ❹회

1 370개　　2 ㉰, ㉯
3 ㉯ 제품　　4 예 ㉰ 제품

1 세로 눈금 5칸이 50개를 나타내므로 한 칸은 10개를 나타냅니다.

2 • 판매량이 계속 늘어난 제품은 꺾은선이 오른쪽 위로 올라간 ㉰ 제품입니다.
• 판매량이 계속 줄어든 제품은 꺾은선이 오른쪽 아래로 내려간 ㉯ 제품입니다.

3 ㉮ 10개, ㉯ 80개, ㉰ 70개, ㉱ 30개

4 7월에 ㉰ 제품의 판매량이 가장 많고 판매량도 계속 늘고 있으므로 ㉰ 제품의 8월 판매량도 7월보다 더 늘어날 것 같기 때문입니다.

6 다각형

52쪽~54쪽 단원 평가 기본

1 가, 라
2 라
3 ( )( )(○)
4 준희
5 4개
6 예 다각형은 선분으로만 둘러싸인 도형인데 곡선이 포함되어 있으므로 다각형이 아닙니다.
7 7개, 칠각형
8 예 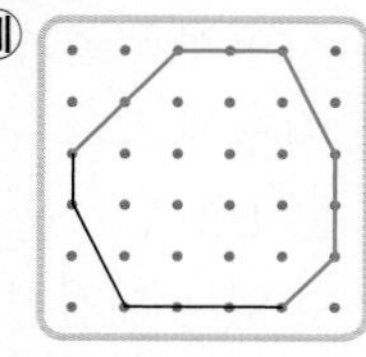
9 강우
10 정십이각형
11 9개
12 나, 라
13 다, 가, 나
14 예 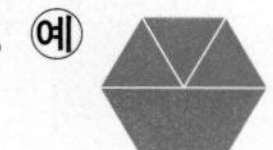
15 예
16 6 cm, 8 cm
17 104 cm
18 720°
19 예 / 예 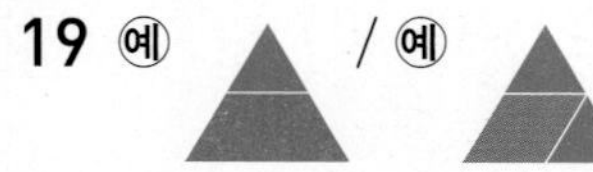
20 예 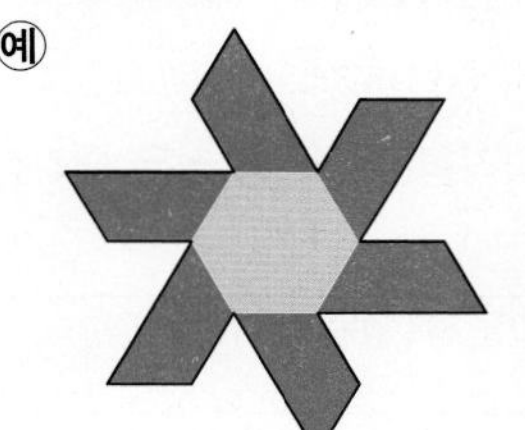

3 5개의 변의 길이가 모두 같고, 5개의 각의 크기가 모두 같은 다각형을 찾습니다.

4 대각선은 다각형에서 서로 이웃하지 않는 두 꼭짓점을 이은 선분이므로 대각선을 바르게 나타낸 사람은 준희입니다.

5  모양 조각은 모두 4개가 필요합니다.

6

채점 기준	다각형이 아닌 이유를 쓴 경우	5점

7 변의 수가 7개인 다각형이므로 칠각형입니다.

8 선분 8개로 둘러싸인 도형을 그립니다.

9 주어진 마름모는 변의 길이는 모두 같지만 각의 크기가 모두 같지 않으므로 정다각형이 아닙니다.

10 ❶ 12개의 선분으로만 둘러싸여 있으므로 십이각형입니다.
❷ 십이각형 중에서 변의 길이가 모두 같고, 각의 크기가 모두 같으므로 정십이각형입니다.

채점 기준			
	❶ 12개의 선분으로만 둘러싸인 도형을 구한 경우	2점	5점
	❷ ❶에서 구한 도형 중 변의 길이가 모두 같고, 각의 크기가 모두 같은 도형을 구한 경우	3점	

11 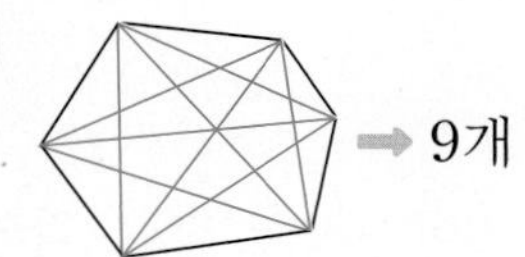 ➡ 9개

12 마름모와 정사각형은 두 대각선이 서로 수직으로 만납니다.
➡ 나, 라

13 도형에 그을 수 있는 대각선의 수는 가는 2개, 나는 0개, 다는 5개입니다.
따라서 대각선을 많이 그을 수 있는 도형부터 차례대로 기호를 쓰면 다, 가, 나입니다.

14 6개의 변의 길이가 모두 같고, 6개의 각의 크기가 모두 같은 다각형을 만듭니다.

15 이런 답도 가능해!
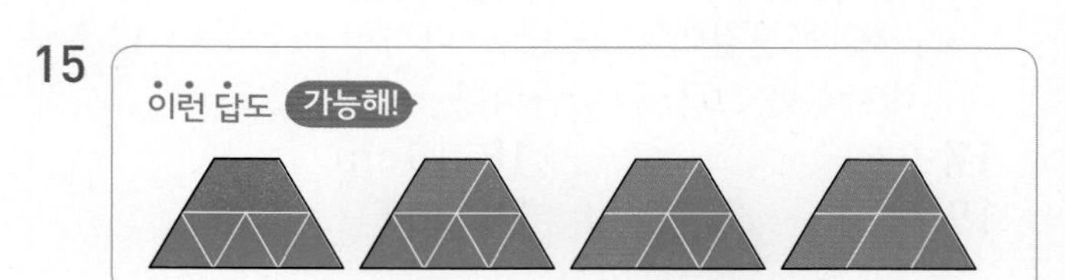

16 마름모의 한 대각선은 다른 대각선을 똑같이 둘로 나눕니다.
(선분 ㄱㅁ)=(선분 ㄱㄷ)÷2=12÷2=6(cm)
(선분 ㄴㅁ)=(선분 ㄴㄹ)÷2=16÷2=8(cm)

17 ❶ 변이 8개인 정다각형이므로 정팔각형입니다.
❷ 정팔각형은 변의 길이가 모두 같으므로 모든 변의 길이의 합은 $13\times8=104$(cm)입니다.

채점 기준			
	❶ 정다각형의 이름을 구한 경우	3점	5점
	❷ 정다각형의 모든 변의 길이의 합을 구한 경우	2점	

18 육각형은 사각형 2개로 나눌 수 있습니다.
사각형의 네 각의 크기의 합은 360°이므로 육각형의 여섯 각의 크기의 합은 360°+360°=720°입니다.

19 이런 답도 가능해!
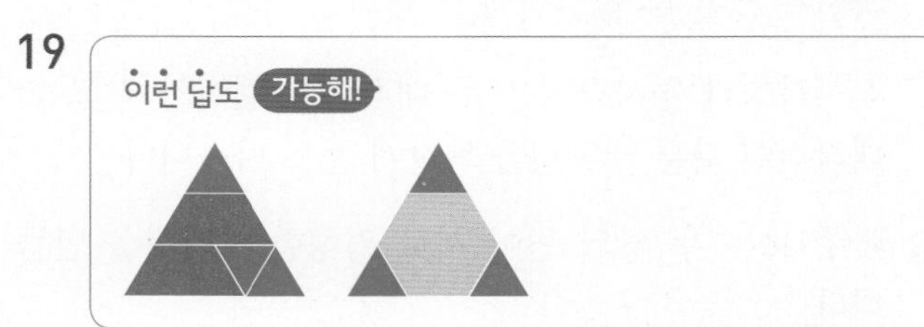

55쪽~57쪽 **단원 평가** 심화

1 나, 다, 마
2 오각형
3 마
4 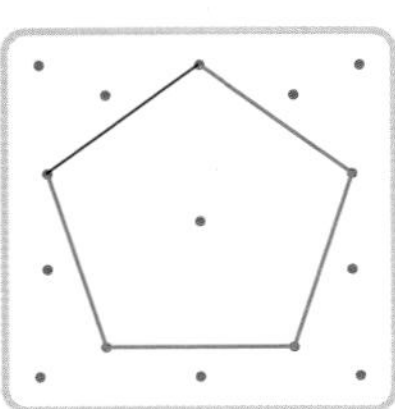

5 구각형
6 나 / 예 정다각형은 변의 길이가 모두 같고, 각의 크기가 모두 같은 다각형인데 도형 나는 각의 크기는 같지만 변의 길이가 모두 같지 않기 때문입니다.
7 ①
8 정칠각형
9 ②, ③
10 예

11 정구각형
12 14개
13 4개
14 24 cm
15 상호
16 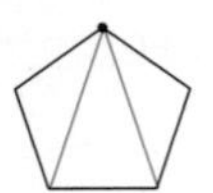 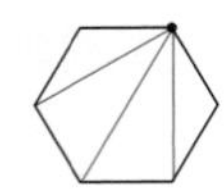 
/ 예 꼭짓점의 수가 많은 다각형일수록 더 많은 대각선을 그을 수 있습니다.
17 5개
18 15 cm
19 예 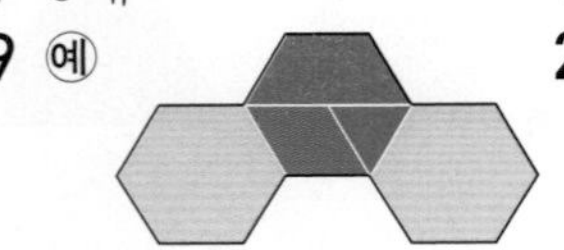
20 108°

2 변이 5개인 다각형이므로 오각형입니다.

5 선분으로만 둘러싸인 도형은 다각형입니다.
따라서 변이 9개인 다각형은 구각형입니다.

6 ❶ 나
❷ 예 정다각형은 변의 길이가 모두 같고, 각의 크기가 모두 같은 다각형인데 도형 나는 각의 크기는 같지만 변의 길이가 모두 같지 않기 때문입니다.

채점 기준			
	❶ 정다각형이 아닌 것을 찾은 경우	2점	5점
	❷ 정다각형이 아닌 이유를 바르게 쓴 경우	3점	

7 삼각형은 꼭짓점 3개가 서로 이웃하고 있으므로 대각선을 그을 수 없습니다.

9 직사각형과 정사각형은 두 대각선의 길이가 같고 한 대각선이 다른 대각선을 똑같이 둘로 나눕니다.

10 마주 보는 두 쌍의 변이 서로 평행한 사각형을 만듭니다.

11 정다각형은 변의 길이가 모두 같으므로 변은 $45 \div 5 = 9$(개)입니다.
➡ 변이 9개인 정다각형은 정구각형입니다.

12 ❶ ㉠ 육각형의 변의 수는 6개입니다.
㉡ 팔각형의 꼭짓점의 수는 8개입니다.
❷ ㉠+㉡$=6+8=14$(개)

채점 기준			
	❶ ㉠과 ㉡의 수를 각각 구한 경우	4점	5점
	❷ ㉠과 ㉡의 수의 합을 구한 경우	1점	

13 • 육각형에 그을 수 있는 대각선: 9개
• 오각형에 그을 수 있는 대각선: 5개
➡ 육각형에 그을 수 있는 대각선은 오각형에 그을 수 있는 대각선보다 $9-5=4$(개) 더 많습니다.

14 $4 \times 6 = 24$ (cm)

15 • 상호: 정사각형은 두 대각선이 서로 수직으로 만나므로 각 ㄱㅁㄹ의 크기는 90°입니다.
• 연우: 정사각형은 한 대각선이 다른 대각선을 똑같이 둘로 나눕니다.
한 대각선의 길이는 $6 \times 2 = 12$ (cm), 두 대각선의 길이의 합은 $12+12=24$ (cm)입니다.

16 ❶ 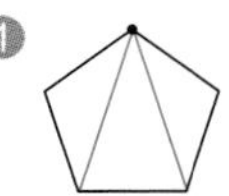 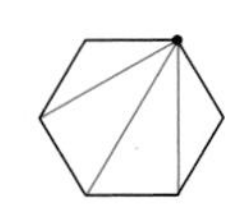 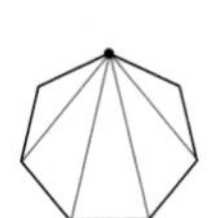
❷ 예 꼭짓점의 수가 많은 다각형일수록 더 많은 대각선을 그을 수 있습니다.

채점 기준			
	❶ 표시된 꼭짓점에서 그을 수 있는 대각선을 각각 모두 그은 경우	2점	5점
	❷ ❶에서 그은 대각선을 보고 알게 된 점을 쓴 경우	3점	

17 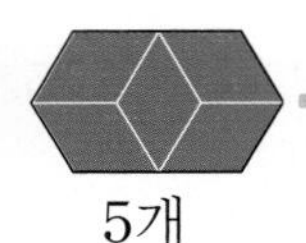
10개 5개
➡ $10-5=5$(개)

18 가는 정육각형, 나는 정팔각형입니다.
(가의 모든 변의 길이의 합)$=20 \times 6 = 120$ (cm)
➡ (나의 한 변)$=120 \div 8 = 15$ (cm)

19 모양 조각을 모두 사용해야 하므로 정삼각형 1개, 평행사변형 1개, 사다리꼴 1개를 이용하여 정육각형 모양을 채웁니다.

20 정오각형은 삼각형 3개로 나눌 수 있습니다.
(정오각형의 다섯 각의 크기의 합)
$=180° \times 3 = 540°$입니다.
정오각형은 각이 5개 있고 그 크기가 모두 같으므로
(정오각형의 한 각의 크기)$=540° \div 5 = 108°$입니다.

58쪽 수행 평가 ❶회

1 나, 다, 바　　2 다
3 팔각형　　4 (위에서부터) 7, 9, 5, 9
5 예 / 예

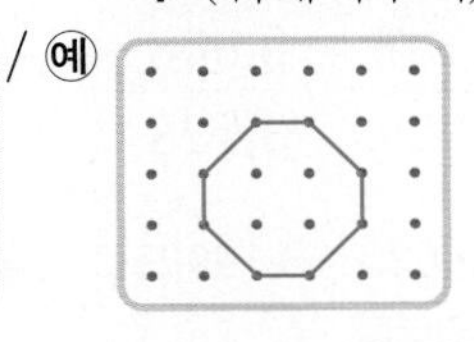

1 다각형: 선분으로만 둘러싸인 도형 ➡ 나, 다, 바

참고 • 가, 마: 곡선이 포함되어 있으므로 다각형이 아닙니다.
• 라: 선분으로 완전히 둘러싸여 있지 않으므로 다각형이 아닙니다.

2 변이 6개인 다각형을 찾으면 다입니다.

3 선분으로만 둘러싸여 있으므로 다각형입니다. 따라서 변이 8개인 다각형은 팔각형입니다.

4 오각형의 꼭짓점의 수는 5개, 칠각형의 변의 수는 7개, 구각형의 변과 꼭짓점의 수는 각각 9개입니다.

참고 다각형의 변의 수와 꼭짓점의 수는 같습니다.

5 오각형: 변이 5개인 다각형을 그립니다.
팔각형: 변이 8개인 다각형을 그립니다.

59쪽 수행 평가 ❷회

1 가, 다　　2 정칠각형
3 / 정구각형
4 7, 120　　5 10 cm

1 정다각형: 변의 길이가 모두 같고, 각의 크기가 모두 같은 다각형 ➡ 가, 다

2 변이 7개인 정다각형이므로 정칠각형입니다.

3 색칠하지 못한 정다각형은 변이 9개인 정다각형이므로 정구각형입니다.

4 정다각형은 변의 길이가 모두 같고, 각의 크기가 모두 같습니다.

5 (정팔각형을 만드는 데 사용한 털실의 길이)
$=5\times8=40$ (cm)
➡ (남은 털실의 길이)$=50-40=10$ (cm)

60쪽 수행 평가 ❸회

1 선분 ㄱㄷ, 선분 ㄴㄹ　　2 라
3 가, 다　　4 18 cm
5 14개

1 대각선: 다각형에서 서로 이웃하지 않는 두 꼭짓점을 이은 선분 ➡ 선분 ㄱㄷ, 선분 ㄴㄹ

2 삼각형은 서로 이웃하지 않는 두 꼭짓점이 없으므로 대각선을 그을 수 없습니다.

3 두 대각선이 서로 수직으로 만나는 다각형은 마름모, 정사각형입니다. ➡ 가, 다

4 직사각형은 두 대각선의 길이가 같으므로 두 대각선의 길이는 각각 9 cm입니다.
➡ (두 대각선의 길이의 합)$=9+9=18$ (cm)

5 도형에 그을 수 있는 대각선의 수를 각각 알아보면 가는 5개, 나는 9개입니다.
➡ $5+9=14$(개)

61쪽 수행 평가 ❹회

1 정삼각형, 사다리꼴, 정육각형
2 6개, 3개
3 예 / 예

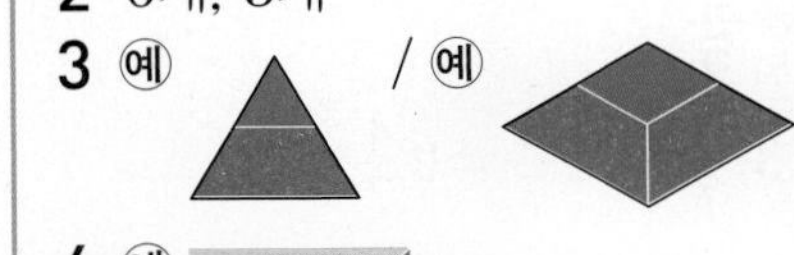

4 예

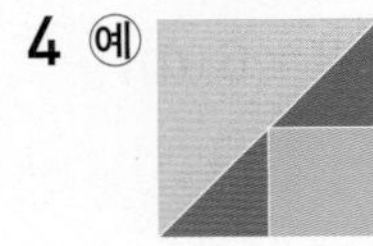

1 : 정삼각형, : 사다리꼴, : 정육각형

2 ➡ 6개 ➡ 3개

3 이런 답도 가능해!

4 모양 조각을 한 번씩만 모두 사용해야 하는 것에 주의합니다.

62쪽~64쪽 2학기 총정리

1 9, 1, 3　　2 $\frac{2}{5}$

3 $2\frac{4}{7}$　　4 $5\frac{1}{9}$ m

5 60, 4　　6 28 cm

7 이등변삼각형, 둔각삼각형

8 3.728

9

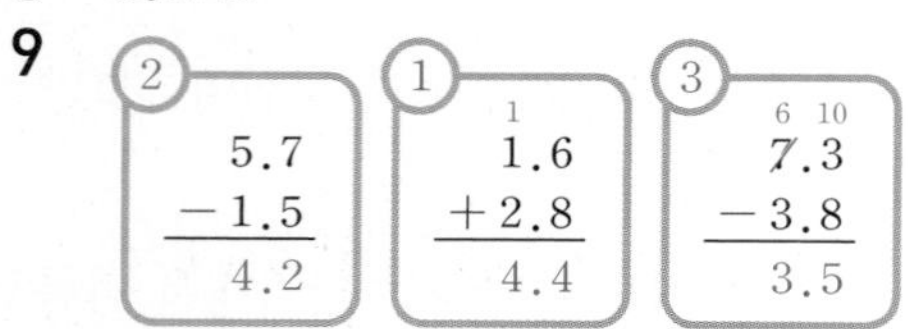

10 0.44　　11 직선 마, 직선 나

12 예

13 나, 라

14 15　　15 22 kg

16 2020, 2021

17 예 34 kg / 2020년 1월 1일의 몸무게인 30 kg과 2021년 1월 1일의 몸무게인 38 kg의 중간이 34 kg이기 때문입니다.

18 나, 다, 라, 마 / 나, 라

19 다, 나, 가　　20 예

2 $\frac{4}{5}-\frac{2}{5}=\frac{4-2}{5}=\frac{2}{5}$

3 $\square=4\frac{3}{7}-1\frac{6}{7}=3\frac{10}{7}-1\frac{6}{7}=2\frac{4}{7}$

4 (종이테이프 2장의 길이의 합)$=3+3=6$ (m)
(이어 붙인 종이테이프의 전체 길이)
$=6-\frac{8}{9}=5\frac{9}{9}-\frac{8}{9}=5\frac{1}{9}$ (m)

5 정삼각형은 세 변의 길이가 같고, 세 각의 크기가 60°로 모두 같습니다.

6 이등변삼각형은 두 변의 길이가 같으므로 나머지 한 변의 길이는 8 cm입니다.
➡ (세 변의 길이의 합)$=8+8+12=28$ (cm)

10 ❶ 삼각형의 세 각의 크기의 합은 180°이므로 나머지 한 각의 크기는 $180°-35°-110°=35°$입니다.
❷ 삼각형의 두 각의 크기가 35°로 같으므로 이등변삼각형입니다.
❸ 삼각형의 한 각이 110°로 둔각이므로 둔각삼각형입니다.

채점 기준			
	❶ 삼각형의 나머지 한 각의 크기를 구한 경우	1점	5점
	❷ 삼각형의 이름이 될 수 있는 것을 1가지 쓴 경우	2점	
	❸ ❷와 다른 이름을 1가지 더 쓴 경우	2점	

8
1　　이 3개 → 3
0.1　이 7개 → 0.7
0.01　이 2개 → 0.02
0.001이 8개 → 0.008
3.728

10 ❶ $8.63>8.625>8.19$이므로 가장 큰 수는 8.63, 가장 작은 수는 8.19입니다.
❷ 따라서 가장 큰 수와 가장 작은 수의 차는 $8.63-8.19=0.44$입니다.

채점 기준			
	❶ 가장 큰 수와 가장 작은 수를 각각 구한 경우	2점	5점
	❷ 가장 큰 수와 가장 작은 수의 차를 구한 경우	3점	

11 직선 가의 수선은 직선 가와 수직으로 만나는 직선이므로 직선 마입니다.
직선 가의 평행선은 직선 가와 만나지 않는 직선이므로 직선 나입니다.

12 평행한 변이 한 쌍이라도 있는 사각형이 되도록 한 꼭짓점을 옮깁니다.

14 (마름모의 네 변의 길이의 합)
$=12+12+12+12=48$ (cm)
평행사변형은 마주 보는 두 변의 길이가 같으므로
$\square+9+\square+9=48$, $\square+\square+18=48$,
$\square+\square=30$, $\square=15$입니다.

15 세로 눈금 5칸이 10 kg을 나타내므로 세로 눈금 한 칸은 2 kg을 나타냅니다.
➡ 2018년 준서의 몸무게: 22 kg

16 준서의 몸무게가 가장 많이 늘어난 때는 선분이 오른쪽 위로 가장 많이 기울어진 2020년과 2021년 사이입니다.

17 ❶ 예 34 kg
❷ 2020년 1월 1일의 몸무게인 30 kg과 2021년 1월 1일의 몸무게인 38 kg의 중간이 34 kg이기 때문입니다.

채점 기준			
	❶ 2020년 7월 1일의 준서의 몸무게를 쓴 경우	2점	5점
	❷ ❶에서 답한 것의 타당한 이유를 쓴 경우	3점	

18 다각형: 선분으로만 둘러싸인 도형 ➡ 나, 다, 라, 마
정다각형: 변의 길이가 모두 같고, 각의 크기가 모두 같은 다각형 ➡ 나, 라

19 도형에 그을 수 있는 대각선의 수를 각각 알아보면 가는 0개, 나는 2개, 다는 9개입니다.
따라서 대각선을 많이 그을 수 있는 도형부터 차례대로 기호를 쓰면 다, 나, 가입니다.

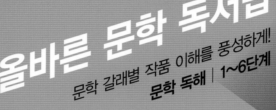

백점 수학 4·2

초등학교 학년 반 번 이름

믿고 보는 동아출판
초등 교재
기초학습서부터 교과서 개념 다지기, 과목별 전문서까지!
초등학교 입학 전부터, 예비 중등까지!
초등학생에게 꼭 필요한 영역을 빠짐없이! 동아출판 초등 교재 라인업
BEST
초능력 맞춤법 + 받아쓰기
초등 국어 1·2
쉽고 빠른 맞춤법 학습
받아쓰기 단계별 연습
국어 교과서 어휘 학습
초등 영역별 기초학습서
초능력 국어/수학/과학/한국사/한자
초능력 비주얼씽킹 과학
초능력 비주얼씽킹 초등 한국사
초능력 수학 연산
초능력 국어 독해
초능력 급수 한자
초고필 비문학 독해 1
5~6학년 예비 중등
초고필 지금 유리수의 사칙연산을 해야 할 때
초고필 지금, 국어 문법을 해야 할 때
초고필 지금 국어 어휘를 해야 할 때
초고필 지금 한국사를 해야 할 때
적중 반편성 배치고사 + 진단평가
예비 중등
초고필 국어/수학/한국사
적중 반편성 배치고사 + 진단평가